全国室内建筑师资格考试
培 训 教 材

中国建筑学会室内设计分会 编

中国建筑工业出版社

图书在版编目(CIP)数据

全国室内建筑师资格考试培训教材/中国建筑学会室内设计分会编. —北京：中国建筑工业出版社，2003
 ISBN 978-7-112-05691-0

Ⅰ. 全… Ⅱ. 中… Ⅲ. 室内设计—建筑师—资格考核—教材 Ⅳ. TU238

中国版本图书馆 CIP 数据核字(2003)第 015612 号

全国室内建筑师资格考试
培 训 教 材
中国建筑学会室内设计分会　编

*

中国建筑工业出版社出版、发行（北京西郊百万庄）
各地新华书店、建筑书店经销
北京建筑工业印刷厂印刷

*

开本：787×1092毫米　1/16　印张：42½　插页：1　字数：1033千字
2003年6月第一版　2012年1月第五次印刷
印数：6,501—7,500册　定价：**98.00元**
ISBN 978-7-112-05691-0
(11330)

版权所有　翻印必究
如有印装质量问题，可寄本社退换
（邮政编码 100037）

《全国室内建筑师资格考试培训教材》

编 委 会

主任委员 劳智权
副主任委员 饶良修 周家斌
主　　编 郑曙阳 陈静勇
副主编 赵 虎
编　　委（按姓氏笔划排列）
王 铁　王兴国　王鸣峰　尹传垠　刘盛璜　刘 轶
齐伟民　肖辉乾　李 沙　李天娇　李朝阳　李洪岐
朱亚丽　何 凡　何 明　张 进　张文举　张殿忠
陈金良　陈顺安　来增祥　林若慈　林 川　苗 壮
周浩明　周 彤　房志勇　贾 岩　黄学军　崔笑声
曹孝振　董 千　詹旭军

前　言

为了客观公正地界定室内设计人员的专业技术水平,加强和规范设计队伍的建设和管理,增强从业人员的责任感,充分发挥设计人员的作用。中国建筑学会室内设计分会根据广大设计人员的迫切要求,借鉴国外的做法,从 2002 年 6 月开始,对本会会员进行资格评审,并制定了"全国室内建筑师资格评审暂行办法"。按照"暂行办法"第二十条规定:从事建筑室内设计的相关专业和其他专业毕业的设计人员,申报各级室内建筑师资格前,需进行统一培训。经考试合格后,方可申报。

由于目前我国室内设计队伍的组织形态尚未形成一个比较合理的模式,正式受过专业教育的人员约占总数的 1/3,相当部分是从其他专业转行过来的,有关室内设计的基础理论、设计原理等尚缺乏专业的教育,致使在实际工程中,出现不少质量事故,因此,开展室内建筑师资格评审十分必要。而在评审前对这部分人员进行培训考核是一个重要的环节。根据这一要求,我们组织国内有室内设计专业教学的著名院校编写了这套教材,其目的是为了帮助受培训人员的复习,并起着指导作用。因此教材力求体现简明扼要、联系实际、概括而全面的特点。

本套教材共包括三部分,其内容及编写人员依次为:

第一部分为理论基础,第 1 章的编写者是齐伟民、李天娇;第 2 章的编写者是来增祥;第 3 章的编写者是刘盛璜;第 4 章的编写者是周浩明。

第二部分为技能基础,第 1 章的编写者是陈顺安、何明、张进、王鸣峰、詹旭军、黄学军、何凡;第 2 章的编写者是朱亚丽、詹旭军、周彤、尹传垠;第 3 章的编写者是王兴国、刘轶、肖辉乾、陈金良、张文举、张殿忠、李洪岐、林川、房志勇、贾岩、曹孝振。

第三部分为专业设计,第 1 章的编写者是李沙、苗壮、董千;第 2 章的编写者是李朝阳、崔笑声、王铁。

这套教材适用于室内建筑师资格评审工作前的短期培训,也可供各地开设室内设计师中长期培训作为教材使用。考生在复习教材时,应结合阅读相应的标准、规范及其他有关的参考资料,以便全面的掌握室内设计专业的一些基础知识。

同时,我们还编纂了一套复习题库,供考生复习使用。

教材编写过程中得到同济大学、吉林建工学院、江南大学、湖北美术学院、北京建工学院、天津大学、福州大学、中央美术学院、清华大学以及中国建筑设计研究院的大力协助和支持,在此表示衷心的感谢。

中国建筑工业出版社的领导和郭洪兰女士对本套教材的出版给予了大力的支持,在此一并表示衷心的感谢。

还要感谢潘晓微、张媛媛、陈屹立、冯艳斌、张凯、张思思、崔林、陈哲、邵飞、杨勇、刘晓莉、曹美一、王晖、张丽、李杰、凌志杰、赵艳红、钱杉杉、刘俊峰、郭志、张宏志、李艳丽、连莉、伍红霞、桑燕、王萍、江晓鹤、李丹、周童斌、张丽娜、史艳春、叶秋红、李明君、刘伟、张飞、刘林、崔晓莉、沈建明、董连水、任宇兰、杨波、吴承楠、王晓岩、许穆英、劳林明、张军等同志,他们在本套教材的资料搜集和整理,文字和图片扫描和录入,插图描绘以及后期排版编辑处理中做了大量工作。

由于编写时间仓促,不足之处还请广大读者批评指正。

本书编委会
2003年2月

目　　录

前言
第一部分　理论基础 …………………………………………………………… 1
第1章　中外建筑与室内设计简史 ……………………………………………… 3
　　1.1　中外建筑史纲 …………………………………………………………… 3
　　1.2　中外室内装饰史纲 ……………………………………………………… 13
　　1.3　现代室内设计史纲 ……………………………………………………… 36
第2章　室内设计方法与程序 …………………………………………………… 51
　　2.1　室内设计基本概念 ……………………………………………………… 51
　　2.2　室内设计工作方法与程序 ……………………………………………… 68
第3章　环境行为与室内设计 …………………………………………………… 71
　　3.1　人体工程学与室内设计 ………………………………………………… 71
　　3.2　行为心理学与室内设计 ………………………………………………… 75
第4章　生态室内环境设计 ……………………………………………………… 81
　　4.1　生态学、生态建筑与室内环境 ………………………………………… 81
　　4.2　生态室内环境特征 ……………………………………………………… 86
　　4.3　影响生态室内环境的相关因素 ………………………………………… 88
　　4.4　生态室内环境设计原则 ………………………………………………… 91
　　4.5　生态室内环境的使用质量 ……………………………………………… 95
　　4.6　生态室内环境中的艺术与技术 ………………………………………… 105

第二部分　技能基础 …………………………………………………………… 135
第1章　专业图示表达 …………………………………………………………… 137
　　1.1　概念设计与表达 ………………………………………………………… 137
　　1.2　方案设计与表达 ………………………………………………………… 153
　　1.3　施工图设计与表达 ……………………………………………………… 193
　　1.4　计算机辅助设计 ………………………………………………………… 216
第2章　专业写作与材料样板制作 ……………………………………………… 227
　　2.1　专业写作 ………………………………………………………………… 227
　　2.2　工程施工项目术语 ……………………………………………………… 241
　　2.3　材料样板制作 …………………………………………………………… 251
第3章　专业协调与法规知识 …………………………………………………… 257
　　3.1　室内光环境 ……………………………………………………………… 257
　　3.2　室内声环境 ……………………………………………………………… 268
　　3.3　室内装修设计防火 ……………………………………………………… 278
　　3.4　建筑装修装饰材料 ……………………………………………………… 312
　　3.5　建筑装修构造 …………………………………………………………… 356

3.6　室内给排水 ··· 414
　　3.7　建筑电气 ·· 434
　　3.8　建筑采暖、通风与空气调节 ··· 455
　　3.9　建设工程造价 ·· 465
　　3.10　建设项目管理 ·· 507

第三部分　专业设计 ·· 545
第1章　居住建筑室内设计 ··· 547
　　1.1　设计原理 ·· 547
　　1.2　功能分类 ·· 553
第2章　公共建筑室内设计 ··· 565
　　2.1　办公空间 ·· 565
　　2.2　交通空间 ·· 581
　　2.3　酒店、餐饮空间 ·· 609
　　2.4　商业空间 ·· 624
　　2.5　娱乐空间 ·· 637

主要参考书目 ·· 667

第一部分　理论基础

第1章 中外建筑与室内设计简史

1.1 中外建筑史纲

1.1.1 外国建筑史纲

1.1.1.1 古代埃及的建筑

公元前4000年左右,古埃及贵族就仿照住宅,用土坯建造了台形陵墓,第一座石头金字塔,是公元前2800年建造的,位于萨卡拉的昭塞尔金字塔,位于开罗附近的吉萨金字塔群(由胡夫、哈夫拉、门卡乌拉三座金字塔组成),以其精确的正方锥体形状,经典的对角线构图和与附属建筑的完美结合,成为埃及金字塔建筑的成熟代表(图1.1-1)。其后,古埃及帝王开始在隐秘的山谷中开辟墓

图1.1-1 吉萨金字塔群

室——悬崖墓,女法老哈特什帕苏的陵墓(公元前1520年)是其典型代表,它由庙宇、祭殿和堤道组成,陵墓内外布满壁画和雕塑。壮观的埃及神庙兴建于新王国时期,神庙内外空间沿轴线对称布置,形成一个长长的序列,空间处理的重点是巨大的牌楼门和多柱大厅。此时纪念性建筑物的重点由外部转到内部,规模最大的神庙是卢克索的阿蒙神庙和卡纳克的阿蒙神庙。

1.1.1.2 古希腊与古罗马的建筑

神庙是古希腊建筑中最重要的类型,通过对神庙造型的不断改进,希腊人发展了"柱式"。柱式由柱子(柱头、柱身、柱础)和檐部(檐口、檐壁、额枋)组成,各部分之间和柱距均以柱身底部直径为模数形成一定的比例关系。希腊柱式分三种:多立克柱式、爱奥尼柱式和科林斯柱式。多立克柱式最早出现,柱身粗壮,开有凹圆槽,槽背成尖形,柱头呈倒圆锥形,无柱础。爱奥尼柱式柱身修长,凹圆槽精致,有带状槽背,柱头每一面均有精美的爱奥尼盘螺图案,有线脚丰富的柱础。科林斯柱式柱头成倒钟形,四周以莨苕叶形装饰,较爱奥尼柱式更为华丽。

关于柱式的案例可以在雅典卫城(前437—前432)上找到。卫城建于雅典城中突起的小山之上,由卫城山门、伊瑞克提翁神庙、帕提农神庙(图1.1-2)、胜利神庙和守护神雅典娜雕像组成,其中帕提农神庙位于卫城的最高处,是卫城上最精美、最华丽的建筑,其形制采用列柱围廊式,处理手法上采用"视觉校正法",是希腊最有名的建筑。这组建筑群以其在外露岩石山丘上的错落布置,建筑与环境的绝妙配合,以及对柱式的组合运用,成为希腊建筑的

经典代表。

图1.1-2 帕提农神庙

古罗马帝国在材料、结构、施工以及空间的创造方面均有很大的成就,罗马大斗兽场、万神庙以及大型公共浴场是罗马建筑的典型代表。

大斗兽场(公元70—82年)结构为混凝土的筒形拱和交叉拱的组合,立面为券柱式和叠柱式的组合,建筑用椭圆形形体和券柱式的构图造就了丰富的光影变化和对比形式,是罗马帝国强大的象征。万神庙(公元120—124年)是古罗马膜拜诸神的庙宇,是一座集罗马穹顶和希腊门廊于一身的建筑,圆形正殿为建筑的精华,其高度与直径均为43.43米,穹顶顶部开有一直径8.23米的圆洞,室内尺度划分细致,形成了一个简洁、单纯、宏大的空间,是古罗马建筑的精品(图1.1-3)。公共浴场是一种多功能建筑,罗马城中最重要的浴场是卡拉卡拉浴场(公元211—217年)和戴克利先浴场(公元302年),浴场主体建筑正中轴线上依次排列着冷水浴场、大温水浴场、小温水浴场和圆形的热水浴场,将筒形拱、十字拱、梁柱结构和穹顶结构结合在一起,形成了完美的结构体系、丰富的空间变化和动人的空间序列,是古罗马建筑结构的最高成就之一。

图1.1-3 万神庙外观

古罗马继承了希腊柱式并加以发展,形成了罗马五柱式:多立克柱式、爱奥尼柱式、科林斯柱式、塔司干柱式和混合柱式。通过券柱式和连续券、巨柱式和叠柱式的形式,使其结构成就——拱券技术和柱式有机的结合在一起,丰富了建筑的构图手法。古希腊和古罗马盛期的建筑统称为"古典建筑",其建筑遗产对后世影响极大,一直是欧洲建筑师创作灵感的源泉之一。

1.1.1.3 拜占庭建筑

拜占庭建筑利用"帆拱"结构,解决了在方形平面上覆盖圆形穹顶的问题,由数学家安特米拉阿斯设计建造的圣索非亚大教堂(公元532—537年),是拜占庭时期最辉煌的成果。教堂正中是直径32.6米,高15米的巨大穹顶,穹顶是以40个肋架券为基础,底部开有40个窗子,使大穹顶仿佛飘于空中,两侧分别由半穹顶、拱券和墙体支撑侧向推力,形成一个在大穹顶的统率之下,流转贯通、有大有小、有高有低、主次分明的丰富空间。教堂内部,柱墩和墙壁用白、绿、红、黑等彩色大理石贴面,帆拱和穹顶部分采用拜占庭的特色装饰——彩色玻璃镶嵌画,灿烂夺目十分华丽。圣索非亚大教堂后来被土耳其人改为清真寺,并在四角增建了高耸的伊斯兰教尖塔(图1.1-4)。

图1.1-4 圣索非亚教堂

1.1.1.4 罗马风建筑与哥特建筑

公元9世纪左右,一种沿用罗马建筑形式,以半圆形拱券为基本特征的建筑风格开始盛行,其中意大利的罗马风建筑以细腻见长,造型精致的比萨教堂(公元11—13世纪)是其典型代表。

图1.1-5 巴黎圣母院

巨大的哥特式建筑与人们的信仰改变同时出现,最早的哥特式建筑,是建于巴黎附近的圣德尼修道院(公元1132—1144年),而建于公元1163年的巴黎圣母院(图1.1-5)则是法国哥特式建筑的原形。哥特式教堂的基本特征,第一是使用骨架券作为拱顶的承重构件,第二是使用飞券传递侧向推力,第三是使用二圆心尖券和尖拱。在此基础之上,教堂的室内空间狭长而高耸,墙面开有巨大的彩色玻璃窗,外观鲜明而极具个性,钟塔、小尖塔、飞券、瘦高的矢形窗户和无数的壁柱、线脚,构成了哥特建筑特有的向上升腾的强烈动势。

1.1.1.5 文艺复兴建筑

被称为文艺复兴之父的建筑巨匠伯鲁乃列斯基在佛罗伦萨的圣母大教堂(公元1421—1445年)的设计中,完成了具有文艺复兴特色的集中式穹顶,对角线直径42.2米的大穹顶,架在12米高的八角形鼓座上,结构合理,造型精美,充分体现了早期文艺复兴运动对"古典"的灵活运用。

文艺复兴运动的盛期和晚期是从教皇国罗马开始的,从布衣到豪绅的伯拉孟特将盛行

图 1.1-6 坦比哀多

一时的仿古罗马雄伟、刚健、宏大的纪念碑风格,在坦比哀多神堂(公元 1502—1510 年)中表现得淋漓尽致。16 棵多立克柱式的柱廊,鼓座支撑的半圆穹顶所形成的仿罗马神庙的小教堂,被认为是文艺复兴盛期最完美的范例(图 1.1-6)。圣彼得大教堂(公元 1506—1626 年)是文艺复兴晚期最伟大的建筑纪念碑,许多著名艺术家和建筑家都参与过设计和施工,历时 120 年才完成。意大利的建筑师帕拉弟奥建造的维琴察的圆厅别墅(1552 年),带圆穹顶的客厅,四方的一致性以及集中式手法在居住建筑中的尝试,吸引着众多的追随者。在维琴察的巴西利卡(1549—1614 年)的改造中,他又创造了柱式与拱券构图的又一经典组合:帕拉弟奥母题。同时,有"欧洲最漂亮的客厅"之称的圣马可广场,也完成于文艺复兴时期。

文艺复兴期间产生了许多建筑理论著作,阿尔伯蒂的《论建筑》一书,确立了长达几个世纪的审美标准,帕拉弟奥所著的《建筑四书》,维尼奥拉所著的《五种柱式规范》成为后人学习古典柱式的蓝本。

1.1.1.6 巴洛克建筑与古典主义建筑

17 世纪的西欧是一个动荡的时期,两种文化潮流对抗着,一种是以天主教堂为代表的巴洛克风格,一种是以宫殿为代表的古典主义风格。

巴洛克建筑的起点是由维尼奥拉和泡达设计的罗马耶稣会教堂(公元 1568—1602 年),其平面是拉丁十字式,柱式的组合采用双柱,山花采用弧形和三角形重合的形式,山墙采用来回反曲涡卷作为过渡(图 1.1-7)。17 世纪中叶,巴洛克进入鼎盛时期,波洛米尼设计的罗马四喷泉圣卡罗教堂(公元 1638—1667 年),伯尼尼设计的圣安德烈教堂(公元 1678 年)是其典型代表。巴

图 1.1-7 耶稣会教堂

洛克对城市建设也有很大的贡献,伯尼尼设计的圣彼得大教堂前的广场就是其典型代表。

卢浮宫东立面公元 1670 年建成,其立面采用上下分三段,左右分五段,各以中央一段为主、等级分明的构图形式,按完整的柱式构图进行处理,造型轮廓整齐,庄重雄伟,充分体现了唯理主义的宫廷文化特征,是古典主义里程

图 1.1-8 卢浮宫东立面

碑式的建筑(图 1.1-8)。17 世纪法国古典主义最典型的作品是小孟莎的恩瓦立德新教堂(公元 1680—1691 年)。西方世界最大的宫殿和园林——凡尔赛宫(公元 1661—1756 年),就是古典主义艺术最集中的代表。

1.1.1.7　建筑探新运动

18 世纪末到 19 世纪初,随着博览会的兴盛,建筑业有了彰显成就的机会:1851 年伦敦世界工商业博览会的展馆"水晶宫",1889 年法国博览会的埃菲尔铁塔和机器陈列馆……众多背离传统式样的建筑,向人们传递着工业化社会的信息。与此相对,许多建筑,如华盛顿的林肯纪念堂和杰弗逊纪念堂,巴黎歌剧院和华盛顿的美国国会大厦,都沿用或套用了历史上的建筑式样。

新旧建筑思潮从来没有像现在这样猛烈的对抗着,众多的建筑流派,此起彼伏。在英国,有以莫里斯为代表的工艺美术运动(1860—1900 年),其代表作"红屋"(图 1.1-9)充分表达了对利用本地材料的传统建造技术的认可;而流行于整个欧洲的新艺术运动(1890—1905 年),以自然生物形态为基础,采用新的金属工艺,创造了崭新的装饰风格,巴黎地铁多芬内站入口是其典型代表;在奥地利,瓦格纳创造的分离派(1840—1920 年)的宣言是:"一切不实用

图 1.1-9　红屋

的都不是美的",由他设计的维也纳的邮政储蓄银行,以简单、直率的风格体现着一种从容的高雅;在芝加哥,空间有限的压力使建筑高层化成为必然趋势,以沙利文为代表的芝加哥学派(1875—1910 年),其所奉行的"形式追随功能"这一信条,在水牛城的信托银行大厦和纽约市的"熨斗"大厦得以充分的诠释;在德国,德意志制造联盟(1907—1939 年)将新方法、新材料和新技术直接运用于产品和建筑之上,其中贝伦斯设计的透平机车间,格罗皮乌斯和梅耶设计的制造联盟办公楼是其典型的代表。

1.1.1.8　现代主义建筑

现代主义建筑是在 20 世纪初期形成的一种建筑风格。它提倡采用新的工业材料(钢筋混凝土、平板玻璃、钢铁构件)和预制件施工的方法,形式上简单明确,反对增加成本的装饰,建筑上强调功能性、理性原则,美学上则是以机械美学为中心的一种建筑方式和建筑思维方法。其在 20 世纪建筑史上形成影响最大的风格形式——"国际主义"风格。

"包豪斯"(Bauhaus)是现代建筑的起源学校,其校长格罗皮乌斯是 20 世纪建筑界最重要的人物之一,法古斯工厂是其成名之作,其设计的包豪斯校舍(1925—1926 年)是现代主义里程碑式的建筑。建筑由一些简单的基本形体构成,依实际功能要求布置平面,采用不规则的构图手法,按建筑材料的自身要素取得艺术效果,形成了不同于"古典"的全新建筑形象(图 1.1-10)。格罗皮乌斯创造的建筑功能空间语言,有力地促进了建筑设计原则和方法的革新。

柯布西耶是一位杰出的瑞典建筑师,1923 年出版了《走向新建筑》,提出"新建筑"的激昂宣言,1926 年提出"新建筑五点":底层架空,屋顶花园,自由平面,横向长窗,自由立面。他设计

图 1.1-10　包豪斯校舍

图 1.1-11　朗香教堂

的法国普瓦西的萨伏伊别墅（1923—1931年）将机器美学与抽象、传统和优美的形式精致结合，是这一理论的代表。柯布西耶于1952年完成的马塞公寓，单元多样，功能齐全，被巨大的柱子支撑着，用粗面混凝土装饰，将居住和城市环境溶为一体，是一座功能齐备的立体"城"。1950—1953年建于法国东部的朗香教堂，强调功能的布局，结合雕塑般的混凝土工艺，以奇特的墙体和屋顶，洞穴式孔洞所带来的神秘光线，创造了一种古朴、神圣的效果（图1.1-11）。柯布西耶用其新奇的建筑观和大量的建筑设计作品，成为20世纪影响最深远的建筑师之一。

　　密斯作为正统现代主义建筑的代表人物，在1928—1929年的巴塞罗那世界博览会德国馆的设计中，充分体现了"流动空间"理念。密斯的建筑以精确、简洁为主，并富有建筑的逻辑性。1948—1951年设计的芝加哥湖滨路860—880号公寓，两座用黑色钢铁和玻璃幕墙构成的建筑，以曲尺形组合，利用工字钢来强调工业感，对此后的高层建筑设计产生深远影响。1950年建成的范斯沃斯住宅，简单的长方形的玻璃盒子，8根钢柱，白色钢铁构架，巨大的玻璃幕墙，将"少就是多"的原则表现得淋漓尽致。建于1954—1958年的西格拉姆大厦是世界上最精美的摩天大楼之一，充分体现了密斯对技术精美的强调，是密斯高层建筑的代表作（图1.1-12）。密斯的建筑哲学广为传播，并对建筑领域和现代城市面貌产生了深远、广泛的影响。

　　赖特是美国最重要的建筑家之一，其著名的"草原风格"住宅，运用天然材料进行建造，室内空间灵活多变，外部突出的水平线条，其中以芝加哥的罗比住宅（1909年）为典型代表。

1934—1937年,著名的"流水别墅"建成,一组悬臂混凝土板将用当地材料建造的三层建筑架于"熊溪"之上,底部可直接到达溪水,外部有宽大的阳台,建筑与自然环境溶为一体,被视为美国20世纪30年代现代主义建筑的杰作,是其"有机建筑"理论的完美体现(图1.1-13)。纽约的古根汉姆博物馆(1952年)用一个连续不断上升的螺旋体,把走道和画廊结合在一起,形成一个围绕坡道的塑性空间。赖特提倡建筑的多样化,给世界建筑的发展以深刻的艺术启发。

图1.1-12 西格拉姆大厦　　　　　　图1.1-13 流水别墅

上述四位建筑大师在设计原则、表现手法和建筑理论上有着各自的区别和偏重,但他们以不同的方法体现着现代主义建筑的精神,成为现代主义建筑的典型代表人物。

1.1.1.9 多元化发展

20世纪初,现代主义冲破千百年的传统艺术准则,开创了建筑新纪元。20世纪中叶,后现代主义对现代主义提出修正,美国建筑师文丘里于1966年出版的《建筑的复杂性与矛盾性》便是后现代主义思潮的宣言书。其提倡要尊重历史,而非简单复古,推崇多样化,反对雕塑化和单一符号化,提倡引入大众文化和波普艺术的影响,在建筑中追求复杂性和矛盾性,使建筑的美学范畴得以扩大。后现代主义建筑多种多样,其中美国建筑师格雷夫斯设计的俄勒冈州波特兰市政大楼,英国建筑师斯特林设计的德国斯图加特市国立美术馆新馆是后现代主义建筑有代表性的例子。而后,解构主义揭竿而起,强调建筑要忽视理性,采用歪曲、错位、变形的手法,使建筑显得偶然、无序、残缺、奇险,充满动势和新鲜感。屈米设计的巴黎小城市公园是其代表作(图1.1-14)。建筑在此时也进入历史上最活跃的时期,众多的建筑风格诸如高科技派、后现代典雅主义、简约主义等层出不穷,创造并装点了我们赖以生存的

图 1.1-14　巴黎小城市花园

多彩世界。

1.1.2　中国建筑史纲

1.1.2.1　中国古代建筑的特征

中国古代建筑是世界建筑历史长河中的一个独立体系,具有如下基本特征:首先在结构作法方面,以木构架结构为主要的结构方式,分为抬梁、穿斗、井干三种做法,中国古代建筑以斗栱作为结构关键构件和度量单位。斗栱从结构构件演化到装饰构件,比例大小历代不同,同时一直是建筑等级的重要标志。其次,在建筑组群布局方面,建筑的基本单元是"间"(由四根木柱,上施梁枋构成),单体建筑通常由若干"间"组成,而建筑组群由若干单体建筑通过院落组成。中国古代建筑的庭院与组群布局一种沿轴线,以均衡对称的方式布置,另一种为自由构图。再次,中国古代建筑外部轮廓特征鲜明:屋顶由丰富的曲线和曲面组成(图1.1-15),柔和而壮丽。屋顶有五种基本形式:庑殿、歇山、悬山、硬山和攒尖,台基作为中国古建筑极具特色的组成部分,具有防水避潮,稳固屋基,调适构图,扩大体量,调度空间,标志等级等作用(图1.1-16)。木制屋身是建筑的主体部分,屋身立面的木装修占主要比重,彩绘是装饰的重点,建筑用色丰富而细腻,通过不同方式对组群进行处理,形成不同的建筑风格。在建筑类型方面,中国古代园林以其自然追求和理想意境而独具风格,而城市以其因地制宜和礼制思想而上下传承。最后,中国的工官制度对建筑产生很多影响,《营造法式》就是工官制度的产物。

图 1.1-15　攒尖屋顶

图 1.1-16　台基部分

1.1.2.2 中国古代建筑的发展阶段和主要建筑

中国古代建筑的发展可分为以下几个阶段:

一、原始社会的建筑

距今约 50 万年前的北京周口店猿人洞,是旧石器时代人类居住的遗迹,旧石器时代后期,我们的祖先用泥土和木材建造房屋,陕西西安半坡村的仰韶文化遗址和河南的龙山文化遗址,反映了该时期的建筑风貌。

二、夏、商、西周、春秋时期的建筑(公元前 21 世纪—前 476 年)

夏朝的建筑,我们只能通过文献对其了解。河南郑州是商朝的重要城市,发现的夯土高台遗迹,是用夯杵分层捣实而成,这标志着当时的夯土技术已经达到了成熟阶段。《考工记》记载了周朝的都城制度(图 1.1-17):"匠人营国,方九里,旁三门,国中九经九纬,经涂九轨,左祖右社,面朝后市",这一规划思想对后世影响甚大。在西周出现了瓦,解决了屋面防水问题,是建筑材料方面的一个重要进步。春秋时瓦得以普遍应用,并在建筑上施以彩画。

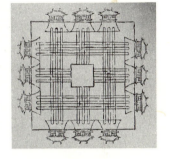

图 1.1-17 周王城图

三、战国、秦、两汉、三国时期的建筑(公元前 475 年—公元 280 年)

这一时期,城市林立,比较完整的大城市遗迹有战国时代的燕国的下都和赵国的邯郸,而西汉的长安,是商、周以来规模最大的城市。其城市规划地点选择在可攻可退的域位,城市以宫殿为中心作南北轴线布局,城市内设集中的市场和闾里。建筑遗迹以陵墓为多,空心砖墓、砖券墓、石板墓数量增加,标志着砖石技术迅速发展。

四、两晋、南北朝时期的建筑(公元 265—589 年)

在秦、汉的建筑基础之上,吸收印度、西藏等其他艺术因素,丰富了建筑形式,同时道教和佛教建筑大量兴建,产生了许多巨大的寺、塔、石窟以及精美的雕塑和壁画。北魏正光四年(公元 523 年)建造的河南登封县嵩岳寺塔是中国现存最早的砖塔,也是唯一的十二边形塔,用灰黄色砖砌成,轮廓呈缓和的曲线,十分秀丽(图 1.1-18)。石窟寺是此时佛教建筑的重要类型,有代表性的是山西大同市的云冈石窟,甘肃敦煌的莫高窟,甘肃天水的麦积山石窟,河南洛阳的龙门石窟等。

五、隋、唐、五代时期的建筑(公元 581—960 年)

隋文帝统一中国以后,建造了规划严整的大兴城,而著名工匠李春修建了世界上最早的敞肩券大石桥——安济桥。唐代国势强盛,首都长安

图 1.1-18 河南登封嵩岳寺塔

和东都洛阳规模巨大,建造宏伟。唐代佛教兴盛,留存至今的佛教殿堂有两处,山西五台山的南禅寺正殿和佛光寺正殿。佛光寺正殿平面采用"金厢斗底槽"的形式,外观为单檐庑殿,屋面坡度平缓,出檐深远,柱身粗壮,斗栱宏大,给人以雄健有力的感觉。隋、唐现存佛塔,多为砖塔,分为楼阁式塔、密檐塔和单层塔三种,其中楼阁式塔以西安兴教寺玄奘塔和大雁塔为代表,密檐塔的典型有云南大理崇圣寺的千寻塔、河南嵩山永泰寺塔和法王寺塔,建于隋大业七年的山东神通寺四门塔是用青石块砌成的典型单层塔,塔高约13m,平面正方形,每面正中开有小拱门,建筑形式古朴大方。唐代陵墓利用地形,因山为坟,有代表性的是陕西乾县的乾陵。

六、宋、辽、金时期的建筑(公元960—1279年)

北宋的城市规划发生了很大变化,取消了里坊和宵禁制度,临街设店,按行业成街,出现娱乐性建筑。宋朝建筑规模较小,但秀丽而富于变化,建筑装饰绚烂多彩,彩画种类繁多。造园方面有了因地制宜的手法,一直影响到明清,建造了一些木结构的佛塔和佛寺,山西应县佛宫寺释迦塔(1056年),是国内现存最古的木塔,建于两层砖台基之上,高67.31米,高九层(外观五层,暗四层)平面八角形,底径30米,设计巧妙,历经多次地震依然完好无缺。在建筑理论方面有喻皓所著的《木经》和李诫所著的《营造法式》。《营造法式》是政府颁布的建筑规范,确立了以"材"为模数的方法。

七、元、明、清时期的建筑(公元1271—1840年)

元朝兴建的都城"大都",是继唐长安以来又一规模巨大、规划完整的城市。明、清时期的建筑成为中国古建史上的最后一个高峰。城市建设除都城南京和北京外,还兴建了若干商业城镇,地域的差异使城市布局、面貌各有千秋。明代建造长城,修筑关隘,长达200年。明代陵墓、宫殿规模宏大,南京明孝陵和北京十三陵,是善于利用地形和环境来形成陵墓肃杀气氛的杰出实例,清代离宫、园林数目众多,从北京皇家园林颐和园、圆明园到江南私家园林,形成历史上一个造园高潮(图1.1-19)。1733年清朝颁布了《工部工程做法则例》,统一了官式建筑的构件模数和用料标准,简化了构造方法,使木构架体系进一步制度化。明末计成所著的《园冶》是对造园经验的总结,是我国最完整的造园著作,又名《夺天工》。在元大都基础上建造的明清北京城是完全按照传统礼制规划建造的城市,其宫城紫禁城采用合乎礼

图1.1-19 万寿山鸟瞰

制的秩序,体现了鲜明的等级制度。此时的建筑业,在设计、施工、组织、技术方面都已达到了相当高的水平。

从中华人民共和国成立到现在,我国建筑业进入活跃时期,出现了许多革命性的变化,百家争鸣,多元共生,而伴随着社会的进步,我国的建筑事业必将有更大的发展。

1.2 中外室内装饰史纲

1.2.1 古代埃及的室内装饰

古代的尼罗河流域(The Nile Valley)是人类文明的重要发源地,被称为四大文明古国的埃及(Egypt)就位于狭长的尼罗河谷地,古代埃及人创造了人类最早的、第一流的建筑艺术以及和建筑物相适应的室内装饰艺术,早在三千年前就已使用正投影绘制建筑物的立面图和平面图,绘制总图及剖面图,同时也会使用比例尺。

埃及的建筑及室内装饰史的形成和发展,大致可分下列几个时期:上古王国时期(公元前33世纪—前27世纪),古王国时期(公元前27世纪—前22世纪),中王国时期(公元前22世纪—前17世纪),新王国时期(公元前16世纪—前11世纪)。

1.2.1.1 上古王国时期

这一时期没有留下完整的建筑物,但从片断的资料中可以知道,主要是一些简陋的住宅和坟墓。由于尼罗河两岸缺少优质的木材,因此最初只是以棕榈木、芦苇、纸草、粘土和土坯建造房屋。用芦苇建造房屋,先将结实挺拔的芦根捆扎成柱形做成角柱,再用横束芦苇放在上边,外饰粘土而成。墙壁也是用芦苇编成,两面涂以黏土。它的结构方法主要是梁、柱和承重墙结合,由于屋顶粘土的重量,迫使芦苇上端成弧形,而称作台口线(gorge)成为室内的一种装饰。因此,这一时期室内装饰主要体现在其梁柱等结构的装饰上,而空间的布局只是比较简单的长方形。

1.2.1.2 古王国和中王国时期

遗存至今的古王国时期主要建筑是皇陵建筑,即举世闻名的规模雄伟巨大、形式简单朴拙的金字塔。这一时期神庙建筑发展相对缓慢,其建筑材料在早期是以通过太阳晒制的土砖及木材为主,后来逐渐出现了一些石结构,如第三王朝法老的神庙建筑。建筑是由柱厅、柱廊、内室和外室等部分组成的单元建筑群,室内的墙壁布满花岗石板,地面铺以雪花石膏。柱式的形式比较多,既有简单朴素的方形柱,也有结实精壮的圆形柱,还有一种类似捆扎在一起的芦苇杆状的外凸式沟槽柱。柱式的发明和使用是古王国时期室内设计中最伟大的功绩,也是建筑艺术中最富表现力的部分(图1.2-1)。

中王国时期,随着政治中心由尼罗河下游转移到上游,因此,出现了背靠悬崖峭壁建成的石窟陵墓,成为中王国时期建筑的主要形式。古王国和中王国时期的住宅,它的室内布局与现今的住房相差无几,尤其是贵族的住宅,内部很明确地划分成门厅、中央大厅以及内眷居室,仆人房。中央大厅为住宅的中心,其天花板上有供采光的天窗。大厅中央一般是带莲头的深红色柱子,墙面装饰往往是画满花鸟图案的壁画。

家具在古王国时期有所发展,以往埃及人日常生活中在室内地面盘腿打坐,这时已出现较简单的木框架家具。

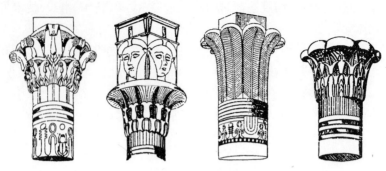

图 1.2-1　古埃及柱头

1.2.1.3　新王国时期

新王国是古埃及的全盛时期,为适应宗教统治,宗教以阿蒙神(Amon)为主神,即太阳神,法老被视为神的化身,因此神庙取代陵墓,成为这一时期突出的建筑。神庙在一条纵轴线上以高大的塔门、围柱式庭院、柱厅大殿、祭殿以及一连串的密室组成的一个连续而与外界隔绝的封闭性空间,而没有统一的外观,除了正立面是举行宗教仪式的塔门,整个神庙的外形只是单调、沉重的石板墙,因此神庙建筑真正的艺术重点是在室内。其中大殿室内空间中,密布着众多高大粗壮且直径大于柱间净空的柱子,人在其中感到处处遮挡着视线,使人觉得空间的纵深复杂无穷无尽。柱子上刻着象形文字和比真人大几倍的彩色人像,其宏大的气势使人感到自己的渺小和微不足道,自然给人一种压抑、沉重和敬畏感,从而达到宗教所需要的威慑感。为加强宗教统治,这样的神庙遍及全国,其中最为著名的是卡纳克(Karnak)阿蒙(Ammon)神庙,也是当今世界上仅存规模最大的庙宇(图 1.2-2)。

在这一时期贵族的住宅也有所发展,室内的功能更加多样,除了主人居住的部分,还增加了柱厅,和一些附属空间,如谷仓、浴室、厕所、厨房等。其中柱厅为住宅

图 1.2-2　卡纳克阿蒙神庙大殿遗址

的中心,其顶棚也高出其它房间,并设有高侧窗。这些住宅仍是多为木构架的,墙垣以土坯为主,并且有装修,墙面一般抹一层胶泥砂浆,再饰一层石膏,然后画满植物和飞禽的壁画,顶棚、地面、柱梁都有各种各样异常华丽的装饰图案。

1.2.2　古代西亚的室内装饰

古代西亚也曾是人类文明的最早摇篮。西亚地区指伊朗高原以西,经两河流域而到达地中海东岸这一狭长地带,幼发拉底河(Euphrates)和底格里斯河(Tigris)之间称为美索不达

米亚平原(Mesopotamia),正是这没有天然屏障广阔肥沃的平原,才使各民族之间互相征战,以至于王朝不断更迭,从公元前19世纪开始先后经历了古巴比伦、亚述、新巴比伦和波斯王朝。

1.2.2.1 苏美尔

这一时期主要建筑是山岳台,它是一种多层高台。由于两河下游缺乏良好的木材和石材,人们用粘土和芦苇造屋,公元前四世纪起才开始大量使用土坯。一般房屋在土坯墙头搭树干作为梁架,再铺上芦苇,然后拍一层土。因为木质低劣,室内空间常常向窄而长方向发展,因此也无需用柱子。布局一般是面北背南,内部空间划分采用芦苇编成的箔作间隔。因为当地夏季湿热而冬季温和,多设有一间或几间浴室,用砖铺地。

1.2.2.2 古巴比伦王国

古巴比伦(Babylon)王国的文明基本是继承苏美尔文化的传统。这一时期是宫廷建筑的黄金时代。宫殿豪华而实用,既是皇室办公驻地,又是神权政治的一种象征,还是商业和社会生活的枢纽。宫殿往往和神庙结合成一体,以中轴线为界,分为公开殿堂和内室两部分,中间保持着一个露天庭院。室内空间比较完整的是玛里(Mari)城,一座公元前1800年的皇宫。皇宫大面积是著名的庙塔所在的区域,在另一侧小部分是国王接见大厅和附属用房,在大厅周围的墙壁上是一幅幅充满宗教色彩的壁画。

1.2.2.3 亚述

两河上游的亚述人(Assyia)于公元前1230年统一了两河流域,又开始大造宫殿和庙宇,最著名的就是萨尔贡王宫(Palace of Sargon)。宫殿分为三部分:大殿、内室寝宫和附属用房。大殿后面是由许多套间组成的庭院。套间里有会客大厅,皇室的寝宫就在会客大厅的楼上,宫殿中装饰辉煌,令人惊叹。四座方形塔楼夹着三个拱门,在拱门的洞口和塔楼转角的石板上雕刻着象征智慧和力量的人首翼牛像,正面为圆雕,可看到两条前腿和人头的正面,侧面为浮雕,可看到四条腿和人头侧面,一共五条腿,因此各个角度看上去都比较完整,并没有荒谬的感觉(图1.2-3)。宫殿室内装饰得富丽堂皇,豪华舒适,其中含铬黄色的釉面砖和壁画成为装饰的主要特征。

1.2.2.4 新巴比伦王国

公元前612年,亚述帝国灭亡,取而代之建立起来的是新巴比伦(Neo-Babylon)王国,这一时期都城建设的发展成就惊人,最为杰出的是被称为世界七大奇迹之一的"空中花园"(Hanging Garden)。宫殿饰面技术、室内装饰也更为豪华艳丽,内壁镶嵌着多彩的琉璃砖,这时的琉璃砖已取代贝壳和沥青而成为主要饰面材料。琉璃饰面上有浮雕,它们预先分成片断做在小块的琉璃上,贴面时再拼合起来,

图1.2-3 萨尔贡王宫拱门人首翼牛像

内容多为程式化的动植物或其他花饰,在墙面上均匀排列或重复出现,不仅装饰感强,而且更符合琉璃砖大批量模制生产的需要。这时的装饰色彩比较丰富,主色调是深蓝、浅蓝、白色、黄色和黑色。

1.2.2.5 波斯

波斯(Persia)即现在的伊朗,于公元前538年攻占巴比伦成为中东地区最强大的帝国。波斯对于所统治的各地不同民族的风俗都予以接纳,包括亚述和新巴比伦的传统艺术,同时吸取埃及等地的文化融合而成独特的波斯文化。波斯的建筑与室内装饰也有着鲜明而浓厚的民族特色,其中代表波斯建筑艺术顶峰的是帕赛玻里斯宫殿(Palace of Persepolis)。它建在一个依山筑起的平台上,大体分成三部分:北部是两个正方形大殿,东南是财库,西南是寝宫。两个大殿中,其中大的一座柱子共一百根,故被称为"百柱大殿"。柱子极其精致而生动,柱头是经过高度概括对称的两个牛头,它们背靠一个身子,木梁从牛身上穿过。柱础是高高的覆钟形,并刻着花瓣。天花的梁枋和整个檐部都包着金箔,墙面画满了壁画。

波斯后期的室内编织工艺也达到了较高的水平,其中丝织品的图案花纹是极受欧洲人欢迎的,基本上有两种纹样:一种是以大圆团花为主体,四周连以无数小圆花的图案;另一种是狩猎为主的情景性图案。这些编织品曾布置和陈设在宫殿的寝宫和一些贵族住宅的室内空间中,既是生活必需品又是装饰品。

1.2.3 古代爱琴海地区的室内装饰

古代爱琴海地区以爱琴海(Aegean Sea)为中心,包括希腊半岛、爱琴海中各岛屿与小亚细亚西岸的地区。它先后出现了以克里特(Crete)、迈锡尼(Mycenae)为中心的古代爱琴文明,史称克里特——迈锡尼文化。爱琴文化是个独立的文化体系,它的建筑,尤其是内部空间设计具有独特的艺术魅力。

属于岛屿文化的克里特(约公元前20世纪上半叶)是指位于爱琴海南部的克里特岛,其文化主要体现在宫殿建筑,而不是神庙。宫殿建筑及内部设计风格古雅凝重,空间变化莫测极富特色。最有代表性的就是克诺索斯王宫(Palace of Knossos),它是一个庞大复杂的依山而建的建筑,建筑中心是长方形庭院,四周是各种不同大小的殿堂、房间、走廊及库房,而且房间之间互相开敞通透,室内外之间常常用几根柱子划分,这主要是克里特岛终年气候温和的原因。另外,内部结构极为奇特多变,正是因为它依山而建,造成王宫中地势高差很大,空间高低错落,走道及楼梯曲折回环,变化多端,曾被称为"迷宫"。功能上的舒适很关键,敞开式的房间在夏天可以感受到微风,另一部分可以关闭的房间在冬天能用铜炉烧水。另外还备有洗澡间和公共厕所,并有十分完备的下水道系统。装饰与舒适同等重要,宫殿的室内和庭院中铺着石子,其它房间和有屋顶的地方都铺有地砖。柱廊和门廊中的柱子都是木制的,上粗下细,整个柱式造型奇异而朴拙,又不失细部装饰。房间和廊道的墙壁上充满壁画,顶棚也涂了泥灰,绘有一些以植物花叶为主的装饰纹样,光线通过许多窄小的窗户和洞孔射入室内,使人置身其间有一种扑朔迷离的神秘感(图1.2-4)。

作为大陆文明的迈锡尼是位于希腊半岛的一座古城,其文化与克里特文化在很多方面都有所不同,它的宫殿建筑是封闭而与外界隔绝的,主要房间被称作"梅格隆"(megarn),含意是"大房间"的意思,其形状是正方或长方形,中央有一个不熄的火塘,是祖先崇拜的一种象征。一般是四根柱子支撑着屋顶。它的前面是一个庭院,其它型制同克诺索斯宫殿一样,空间呈自由状态发展,没有轴线。

1.2.4 古代希腊的室内装饰

古代希腊(Helles)是指建立在巴尔干半岛及其邻近岛屿和小亚细亚西部沿岸地区诸国的总称。古代希腊是欧洲文化的摇篮,希腊人在各个领域都创造出令世人刮目的充满理性文化的光辉成就,建筑艺术也达到相当完美的程度,按其发展主要可分为三个时期:古风时期(前8世纪—前5世纪);古典时期(前5世纪—前4世纪);希腊化时期(前4世纪以后)。

1.2.4.1 古风时期

古风时期(Archaic Period)的建筑及其室内装饰艺术尚处在发展阶段,尤其是内部设计更是处于低潮期,而且当时的社会认为建筑艺术更重要的是表现在建筑的外部,因此他们的全部兴趣和追求都体现在建筑的外部。也正是由于这一时期在神庙建筑及其建

图1.2-4 克诺索斯王宫内部

筑装饰上所奠定坚实的基础,其设计原则和规律对以后的建筑及室内装饰产生深远的影响。

典型的神庙是大理石建成的有台座的长方形建筑,其中短边是主要立面和出入口,上面有扁三角形的山墙。神庙的中间是供置神像的正殿,前后各有一过厅,殿堂的四周是一圈柱廊,是外观的重要部分,它的主要建筑装饰部位就是柱廊中的柱子和神庙前后上部的山墙及檐壁。这些构件基本上决定了神庙整个面貌。因此古希腊建筑艺术的发展,都集中在这些构件的形式、比例和相互组合上。

室内殿堂中往往立一尊神像,这一时期的雕刻是比较幼稚的,风格也较古拙,环绕内墙周围常常设计成浮雕带,内容多为盛大的宗教活动。

1.2.4.2 古典时期

古典时期(Classical Period),是希腊建筑艺术的黄金时代。在这一时期,建筑类型逐渐丰富,风格更加成熟,室内空间也日益充实和完善。

帕提农(The Parthenon)神庙作为古典时期建筑艺术的标志性建筑,座落在世人瞩目的雅典卫城的最高处。它不仅有着庄严雄伟的外部形象,内部设计也相当精彩,内部殿堂分为正殿和后殿两大部分。正殿沿墙三面有双层叠柱式回廊,柱子也是多立克式的。中后部耸立着一座高约12米的用黄金、象牙制作的雅典娜(Athena)神像。整个人像构图组合精彩,被恰到好处地嵌入建筑所廓出的内部空间中(图1.2-5)。神庙内墙上是浮雕带,这是帕提农神庙浮雕中最精彩的一部分。后殿是一个近似方形的空间,中间四根爱奥尼柱式,以此标志空间的转换。帕提农神庙是希腊建筑艺术的典范作品,无论外部与内部的设计都遵循理性及数学的原则,体现了希腊和谐、秩序的美学思想。

1.2.4.3 希腊化时期

公元前4世纪后期,北方的马其顿(Macedonia)发展成军事强国,统一了希腊,并建立起包括埃及、小亚细亚和波斯等横跨欧、亚、非三洲的马其顿大帝国,这个时期被称为希腊化时

期(Hellenic Period)。这一时期,一改以往以神庙为中心的建筑特点,而是向着以会堂、剧场、浴室、俱乐部和图书馆等公共建筑类型发展,建筑风格趋向纤巧别致,追求光鲜花色,从而也失去了古典时期那种堂皇又明朗和谐的艺术形象。

内部空间设计方面,除了形式上的秀丽典雅外,在功能方面的推敲已相当深入,如麦加洛波里斯(Megalopolis)剧场中的会堂内部空间,座位沿三面排列,逐排升高。其中最巧妙的是柱子都以讲台为中心呈放射线形排列,任何一个角落的座位都不会遮挡视线。

古希腊的建筑及其室内装饰以其完美的艺术形式,精确的尺度关系,营造出一种具有神圣、崇高和典雅的空间氛围。不仅以三种经典华贵的柱式为世人瞩目,在室内陈设上也达到很高的成就,其中雕塑便是最好的典范。

图1.2-5　帕提农神庙室内

1.2.5　古代罗马的室内装饰

正当古希腊繁荣开始衰落时,西方文化的另一处发生地——罗马(Rome),在亚平宁半岛崛起了。古代罗马包括亚平宁半岛、巴尔干半岛、小亚细亚及非洲北部等地中海沿岸大片地区,以及今西班牙、法国、英国等地区。古罗马自公元前500年左右起,进行了长达二百余年的统一亚平宁半岛的战争,统一后改为共和制。以后,不断地对外扩展,到公元前1世纪建立了横跨欧、亚、非三洲的罗马帝国。古希腊的建筑被古罗马继承并把它向前大大推进,达到奴隶制时代的最高峰,其建筑类型多,形制发达,结构水平也很高,因此建筑及室内装饰的形式和手法极其丰富,对以后的欧洲乃至世界的建筑及室内设计都产生深远的影响。

1.2.5.1　罗马共和时期

这一时期开始广泛应用券拱技术,并达到相当高的水平,形成了古罗马建筑的重要特征。由于这一时期重视广场、剧场、角斗场、高架输水道等大型公共建筑,相对而言室内装饰发展并不显著,但是柱式却在古希腊的基础上大大发展起来。

这时的住宅,可分为四合院和公寓住宅。其中四合院住宅是供奴隶主贵族居住的,现存的大多位于古城庞培(Pompeii)。这类住宅的格局多为内向式,临街很少开窗,一般分前厅和柱廊庭院两大部分,前厅为方形,四面分布着房间。中央为一块较大的场地,上面的屋顶有供采光的长方形天窗,与它相对应的地面有一个长方形泄水池。房间室内采光、通风都较差,壁画也就成为改善房间环境的主要方法,成为这一时期室内装饰中最明显的特点。壁画一般分为两类:一类是在墙面上,用石膏制成各种彩色仿大理石板,并镶拼成简单的图案,壁画上端用檐口装饰;另一类最为独特,也是罗马人的首创,它是在墙面上绘制具有立体纵深感的建筑物,通过视觉幻象来达到扩大室内空间的目的。有的像开一扇窗看到室外的自然风景;有的仿佛是房中房使房间顿显开敞。另外壁画的构图往往采用一种整体化的构图方法,即在墙面用各种房屋构件或颜色带划分成若干几何形区域形成一个完整的构图,同时也借鉴柱式的构成分为基座、中部和檐楣三段(图1.2-6)。

1.2.5.2 罗马帝国时期

罗马帝国是世界古代史上最大的帝国,其中在公元前三世纪至一世纪初,兴建了许多规模宏大,而且具有鲜明时代特征的建筑,成为继古希腊之后的又一高峰。万神庙(The Pantheon)成为这一时期神庙建筑最杰出的代表,它最令人瞩目的特点就是以精巧的穹顶结构创造出饱满、凝重的内部空间——圆形大殿,大殿地面到顶端的高度与穹窿跨度都是43.3米,也就是说整个大殿的空间正好嵌下一个直径为43.3米的大圆球。在穹顶的中央,开有直径为8.9米的圆形天窗,成为整个大殿唯一的采光口,而且在结构上,它又巧妙地省去圆顶巅部的重量,达到了功能、结构、形式三者的和谐统一。整个半球型穹窿表面依经线、纬线划分而形成逐级向里凹进的方格,逐排收缩,下大上小,既有很强秩序感的装饰作用,又进

图1.2-6 庞培住宅室内壁画

一步减轻穹顶的重量而具有结构功能。与穹顶相对应的地面是用彩色大理石镶嵌成方形和圆形的几何图案。大殿的四周立面按黄金比例做两层檐部的线脚划分。底层沿周边墙面作7个深深凹进墙面的壁龛,二层是假窗和方形线脚交替组成的连续性构图。整个四周立面处理得主次分明,虚实相映,整体感强。当人们步入大殿中如身临苍穹之下,加上阳光呈束状射入殿内,随着太阳方位角度产生强弱、明暗和方向上的变化,依次照亮七个壁龛和神像,更给人一种庄严、圣洁的感觉,并与天国、神祇产生神秘的联想感应。万神庙这种单一集中式空间,处理不好很容易单调乏味,然而正是利用这单纯有力的空间形体,通过构图的严谨和完整,细部装饰的精微与和谐以及空间处理的参差有致,使其成为集中式空间造型最卓越的典范(图1.2-7)。

古罗马公共设施的另一项突出成就是公共浴场(Thermae),它不仅是沐浴的场所,而且是一个市民社交活动中心,除各种浴室外,还

图1.2-7 万神庙内景

有演讲厅、图书馆、球场、剧院等。

1.2.6 拜占庭的室内装饰

公元395年，罗马帝国分裂成东西两个帝国。东罗马帝国的版图是以巴尔干半岛为中心，包括小亚细亚、地中海东岸和非洲北部，建都黑海口上的君士坦丁堡，得名为拜占庭帝国。拜占庭(Byzantine)的文化是由古罗马遗风、基督教和东方文化三部分组成的与西欧文化大相径庭的独特的文化，对以后的欧洲和亚洲一些国家和地区的建筑文化发展，产生了深远的影响。

在建筑及室内装饰上最大的成就表现在基督教堂上，最初也是沿用巴西利卡的形制，但到5世纪，创建了一种新的建筑形制，即集中式形制。这种形制的特点是把穹顶支承在四个或更多的独立支柱上的结构形式，并以帆拱作为中介的连接。同时可以使成组的圆顶集合在一起，形成广阔而有变化的新型空间形象。与古罗马的拱顶相比，这是一个巨大的进步。

其在内部装饰上也极具特点，墙面往往铺贴彩色大理石，拱券和穹顶面不便贴理石，就用玻璃锦砖(马赛克)或粉画。马赛克是用半透明的小块彩色玻璃镶成的。为保持大面积色调的统一，在玻璃马赛克后面先铺一层底色，最初为蓝的，后来多为金箔作底。玻璃块往往有意略作不同方向的倾斜，造成闪烁的效果。粉画一般常用在规模较小的教堂，墙面抹灰处理之后由画师绘制一些宗教题材的彩色灰浆画。柱子与传统的希腊柱式不同，而具有拜占庭独特的特点：柱头呈倒方锥形，并刻有植物或动物图案，一般常见的是忍冬草。

位于君士坦丁堡(Constantinople,今伊斯坦布尔)的圣索菲亚(St.Sophia)大教堂可以说是拜占庭建筑最煌辉的代表，也是建筑室内装饰史上的杰作。教堂采取了穹窿顶巴西利卡式布局，中央大殿为椭圆形，即由一个正方形两端各加一个半圆组成，正方形的上方覆盖着高约15米，直径约33米的圆形穹窿，通过四边的帆拱，支承在四角的大柱墩上，柱墩与柱墩之间连以拱券。在穹窿的底部有一圈密排着40个圆卷窗洞凌空闪耀，使大穹窿显得轻巧透亮。由于这是大殿中唯一的光源，在幽暗之中形成一圈光晕，使穹窿仿佛悬浮在空中。另外，教堂内装饰也极为华丽，柱墩和墙面用彩色大理石贴面，并由白、绿黑、红等颜色组成图案，绚丽夺目。柱子与传统的希腊柱式不同，大多是深绿色的，也有深红色的。穹窿和帆拱全部采用玻璃马赛克描绘出君王和圣徒的形象，闪闪发光，酷似一粒粒宝石。地面也用马赛克铺装。整个大殿室内空间高大宽敞，气势雄伟，金碧辉煌，充分体现出拜占庭帝国的伟大气派。圣索菲亚教堂是延伸的复合空间，而非古罗马万神庙那

图1.2-8 圣索菲亚大教堂室内

种单一的、封闭型空间。它的成就不只在其建筑结构和内部的空间形象上,而且在细部装饰处理上也对当时及后来的室内装饰产生很大的影响(图1.2-8)。

1.2.7 罗马式时期的室内装饰

罗马式(Romanesque)的这个名称是19世纪开始使用的,含有"与古罗马设计相似"的意思。它是指西欧从11世纪晚期发展起来并成熟于12世纪,主要特点就是其结构来源于古罗马的建筑构造方式,即采用了典型罗马拱券结构。

罗马式教堂的空间形式,是在早期基督教堂的基础上,再在两侧加上两翼形成十字形空间,且纵身长于横翼,两翼被称为袖廊。这种空间造型,从平面上看象征基督受难的十字架,而且纵身末端的圣殿被称为奥室。拱顶在这一时期主要有筒拱和十字交叉拱两种形式,其中十字交叉拱首先从意大利北部开始推广,然后遍及西欧各地,成为罗马式的主要代表形式。大殿和侧廊使用十字拱之后,自然就采用正方形的间,而且大殿的宽度为侧廊的两倍。于是,中厅和侧廊之间的一排支柱,就粗细大小相间,而且大殿的侧立面,也是一个大开间套着两个小开间。这种十字形的教堂,空间组合主次分明,十字交叉点往往成为整个空间艺术处理的重点,由于两个筒形拱顶相互成十字交叉形成四个挑棚以及它们结合产生的四条具有抛物线效果的拱棱,给人的感觉冷峻而优美。在它的下面有着供教士们主持仪式的华丽的圣坛。教堂立面由于支承拱顶的拱架券一直延伸下来,贴在支柱的四面形成集束,进而教堂内部的垂直因素得到加强。这一时期的教堂空间向狭长和高直发展,狭长引向祭坛,高直引向天堂。尤其以高直发展为主,以强化基督教的基本精神,给人一种向上的力量。在早期基督时代,就开始兴起朝圣热使各国交流频繁,从而促进罗马式风格的广泛形成。

11—12世纪是罗马式艺术在法国形成和逐步繁盛的时期,并在西欧中世纪文化中起着带头作用。卡恩(Caen)的圣艾蒂安(Saint Etienne)教堂有很高的艺术价值。它实际上是一个十字交叉拱顶,但是中间再加一道平行助架,如此将穹顶一分为六。这被分成六部分的拱顶不再用很重的横跨拱门来分割,而用简单轻巧的肋架来分隔,这样既可以减轻重量,又可以使中堂拱顶有一种连续的整体感。

杜汉姆大教堂(Durham Cathedral),在英国罗马式教堂中占有特殊的地位,被看作是罗马式建筑发展的高峰(图1.2-9)。

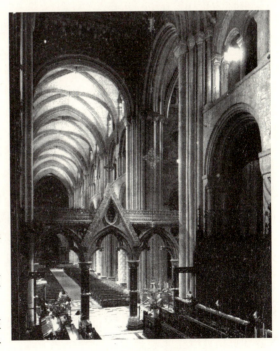

图1.2-9 杜汉姆大教堂室内

1.2.8 哥特式的室内装饰

12世纪中叶,罗马式设计风格继续发展,产生了以法国为中心的哥特(Gothic)式建筑,然后很快遍及欧洲,13世纪到达全盛时期,15世纪随着文艺复兴的到来而衰落。

哥特式建筑是在罗马式基础上发展起来的,但其风格的形成首先取决于新的结构方式。

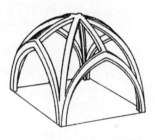

图1.2-10 十字尖拱示意图

罗马式风格虽然有了不少的进步,但是拱顶依然很厚重,进而使中厅跨度不大,窗子狭小,室内封闭而狭窄。而哥特风格由十字拱演变成十字尖拱,并使尖拱成为带有助拱的框架式,从而使顶部的厚度大大的减薄了(图1.2-10)。中厅的高度比罗马式时期更高了,一般是宽度的3倍,且在30米以上。柱头也逐渐消失,支柱就是骨架券的延伸。教堂内部裸露着近似框架式的结构,窗子占满了支柱之间的面积,支柱由垂直线组成,肋骨嶙峋几乎没有墙面,雕刻、绘画没有依附,极其峻峭冷清。垂直形态从下至上,给人的感觉整个结构就像是从地下长出来的一样,产生急剧向上升腾的动势,从而使内部的视觉中心不集中在祭坛上,而是所有垂线引导着人的眼睛和心灵升向天国,从而也解决了空间向前和向上两个动势的矛盾。哥特式风格的教堂空间设计同其外部形象一样,以具有强烈的向上动势为特征来体现教会的神圣精神。由于教堂墙面面积小,窗子却很大,于是窗就成了重点装饰的地方。工匠们从拜占庭教堂的玻璃马赛克中得到启发,用彩色玻璃镶嵌在组成图案的铅条中而组成一幅幅图画,后来被称为玫瑰窗(rose window)。

法国是哥特式建筑及室内装饰风格的发源地,其中最令人瞩目的就是位于法国东北部作为法兰西国王加冕的兰斯大教堂(Reims Cathedral),整个教堂室内形体匀称,装饰纤巧,工艺精湛,成为法国哥特式建筑及室内装饰发展的顶峰(图1.2-11)。

1.2.9 文艺复兴的室内装饰

14世纪,在以意大利为中心的思想文化领域,出现了反对宗教神权的运动,强调一种以人为本位并以理性取代神权的人本主义思想,从而打破中世纪神学的桎梏,自由而广泛地汲取古典

图1.2-11 兰斯大教堂室内

文化和各方面的营养,使欧洲出现了一个文化蓬勃发展的新时期,即文艺复兴(Renaissance)时期。"文艺复兴"一词,源为意大利语,为再生或复兴的意思,即复兴希腊、罗马的古典文化,后来被作为14—16世纪欧洲文化的总称。

在建筑及室内装饰上,这一时期最明显的特征就是抛弃中世纪时期的哥特式风格,而在宗教和世俗建筑上重新采用体现着和谐与理性的古希腊、古罗马时期的柱式构图要素。此外,人体雕塑、大型壁画和线型图案锻铁饰件也开始用于室内装饰,这一时期许多著名的艺术大师和建筑大师都参与了室内设计,并参照人体尺度,运用数学与几何知识分析古典艺术的内在审美规律,进行艺术作品的创作。因此将几何形式用作室内装饰的母题是文艺复兴时期主要特征之一。

1.2.9.1 早期文艺复兴的室内装饰

15世纪初叶,意大利中部以佛罗伦萨为中心出现了新的建筑倾向,在一系列教堂和世俗建筑中,第一次采用了古典设计要素,运用数学比例创造出一批具有和谐的空间效果,令人耳目一新的建筑作品。

伯鲁乃列斯基(Brunelleschi,1337—1446)是文艺复兴时期建筑及室内装饰第一个伟大的开拓者。他善于利用和改造传统,他是最早对古典建筑结构体系进行深入研究的人,并大胆地将古典要素运用到自己的设计中,并将设计置于数学原理的基础上,创造出朴素、明朗、和谐的建筑室内外形象。被誉为早期文艺复兴代表的佛罗伦萨主教堂(Florence Cathedral)就是其代表作,佛罗伦萨主教堂不仅以全新而合理的结构与鲜明的外部形象而著称,而且也创造了朴素典雅的内部形象(图1.2-12)。

图1.2-12　佛罗伦萨主教堂室内

达·芬奇(Leonardo da Vinci,1452—1519)是文艺复兴时期最伟大的天才艺术家,在建筑方面虽没留下完整的作品,但却留下一系列建筑素描。这些素描的重要性在于:一方面将解剖学的素描技巧运用于建筑素描,创造了建筑透视图,而在此之前建筑绘图只局限于平面和立面图,这种新的素描技巧为建筑室内外设计提供了更多的信息量,从而促进了关于建筑是有机整体观点的发展;另一方面达·芬奇的建筑素描都是以十字或八角形为基础的集中式教堂。这反映了他先进的建筑艺术观点,因为集中式建筑能更好地体现整体统一的观念,而且更重视与人密切相关的室内环境。

1.2.9.2 盛期文艺复兴的室内装饰

15世纪中叶以后,发源于意大利的文艺复兴运动很快传播到德国、法国、英国和西班牙等国家,并于16世纪达到高潮,从而把欧洲整个文化科学事业的发展推进到一个崭新的阶段。同时由于建筑艺术的全面繁荣,从而带动室内装饰与设计向着更为完美和健康的方向发展。

整个文艺复兴运动自始至终都是以意大利为中心而展开的。作为世界上最大的教堂圣彼得大教堂(St·Peter's Cathedral)是文艺复兴时期最宏伟的建筑工程。它是在罗马老圣彼得教堂的废墟上重建的,教堂平面为罗马十字形,在十字交叉处的顶部是个真正球面穹窿,而不是佛罗伦萨那样分为八瓣的,穹顶直径41.9米,内部顶点高123.4米,几乎是万神庙的三倍。空间气质昂扬、健康而饱满;细部装饰典雅精致而又有节制。教堂内安装许多出自名家大师之手的雕像壁画,从而使人感到这里并不是倍受精神压迫的教堂而是充满着人文主义气息的神圣艺术殿堂(图1.2-13)。

米开朗琪罗设计的新圣器室(New sacristy)和劳仑齐阿纳图书馆(Biblioteca Laurenziana),同样富于美感和创造性。米开朗琪罗首先是位雕塑家,其次才是画家和设计师,因此,其设计语言具有饱满的体积感和具有张力的雕塑感使他的作品带有一种不可摹仿的个人风格特质。

法国的枫丹白露宫(Palais de Fontaineleau)是法国文艺复兴的代表建筑。整个宫殿内部经过全面的装饰后,成为法国宫廷中最著名的离宫。

图1.2-13　圣彼得大教堂室内

1.2.10　巴洛克室内装饰

16世纪下半叶,文艺复兴运动开始从繁荣趋向衰退,建筑及其室内装饰进入一个相对混乱与复杂的时期,设计风格流派纷呈。产生于意大利的巴洛克风格,以热情奔放,追求动态,装饰华丽的特点逐渐赢得当时的天主教会及各国宫廷贵族的喜好,进而迅速风靡欧洲,并影响其它设计流派,使17世纪的欧洲具有巴洛克时代之称。巴洛克(Baroque)这个名称,历来有多种解释,但通常公认的意思是畸形的珍珠,是18世纪以来对巴洛克艺术怀有偏见的人用作讥讽的称呼,带有一定的贬意,有奇特、古怪的含意。

巴洛克的设计风格打破了对古罗马建筑师维特鲁威的盲目崇拜,也抛弃了文艺复兴时期种种清规戒律,追求自由奔放,充满世俗情感的欢快格调。欧洲各国巴洛克室内装饰风格有一些共同的特点:首先在造型上以椭圆型、曲线与曲面等极为生动的形式突破了古典及文艺复兴的端庄严谨、和谐宁静的规则,着重强调变化和动感。其次是打破建筑空间与雕刻和绘画的界限,使它们互相渗透,强调艺术形式的多方面综合。室内各部分的构件如天顶、柱子、墙壁、壁龛、门窗等被综合成为一个集绘画、雕塑和建筑的有机体,主要体现在天顶画的艺术成就。其三,在色彩上追求华贵富丽,多采用红、黄等纯色,并大量饰以金银箔进行装饰,甚至也选用一些宝石、青铜、纯金等贵重材料以表现奢华的风格。此外,巴洛克的室内设计还具有平面布局开放多变,空间追求复杂与丰富的效果,装饰处理强调层次和深度。

巴洛克设计风格最先在意大利的罗马出现,耶稣会(Jesuits)教堂被认为是第一个巴洛克建筑。法国的凡尔赛王宫(Palace of Versailles)是欧洲最宏大辉煌的宫殿。它位于巴黎的近郊,整个王宫布局十分复杂而庞大。王宫内部有一系列大厅,如马尔斯厅、镜厅、阿波罗厅等等。王宫建筑的外部是明显的古典风格,内部则是典型的巴洛克风格,装饰异常豪华,彩色大理石装饰随处可见,壁画雕刻充满各个房间,枝形灯、吊灯比比皆是。其中最豪华的是镜厅,它是凡尔赛宫最主要的大厅,凡重大仪式均在此举行,许多国际条约也在此签署(图1.2-14)。其他诸如征战厅、和平厅、礼拜厅以及国王厅等室内装饰设计也十分瑰丽豪华。

图1.2-14 凡尔赛王宫镜厅

奥地利麦尔克修道院(monastery of melk)以雄伟壮观的设计充分体现了巴洛克风格。修道院高踞于多瑙河畔高高的岩石上。内部空间尤为优雅富丽,设计师打破了理性的束缚,用生动多变的手法和令人惊奇的装饰创造了一个充满世俗情感,欢快奇异的宗教环境(图1.2-15)。

1.2.11 洛可可室内装饰

法国从18世纪初期逐步取代意大利的地位而再次成为欧洲文化艺术中心,主要标志就是洛可可建筑风格的出现。洛可可风格是在巴洛克风格基础上发展起来的一种纯装饰性的风格,而且主要表现在室内装饰上。它发端于路易十四(Louis XIV)晚期,流行于路易十五(Louis XV)时期,因此也常常被称作"路易十五"式。洛可可(Rococo)一词,来源于法语,是岩石和贝壳的意思。洛可可也同"哥特式"、"巴洛克"一样,是18世纪后期用来讥讽某种反古典主义的艺术的称谓,直到19世纪才同"哥特式"和"巴洛克"一样被同等看待,而不再有贬义。

图1.2-15 麦尔克修道院室内

17世纪末,18世纪初法国的专制政体出现危机,对外作战失利,经济面临破产,社会动荡不安,王室贵族们便产生了一种及时享乐的思想,尤其是路易十五上台后,更是过着奢侈荒淫的生活，他要求艺术为他服务，成为供他享乐的消遣品。他们需要的是更妩媚、更柔软细腻，而且更琐碎纤巧的风格，来寻求表面的感观刺激，因此在这样一个极度奢侈和趣味腐化的环境中产生了洛可可装饰风格。

洛可可艺术的成就主要表现在室内设计与装饰上，它具有鲜明的反古典主义的特点，追求华丽、轻盈、精致、繁复的艺术风格。具体的装饰特点有以下几方面：

1. 在室内排斥一切建筑母题。过去用壁柱的地方改用镶板或镜子。凹圆线脚和柔软的涡卷代替了檐口和小山花，圆雕和高浮雕换成色彩艳丽的小幅绘画和薄浮雕，并且浮雕的轮廓融进衬底的平面之中，线脚和雕饰都是细细、薄薄的，总之，装饰呈平面化而缺乏立体性。

2. 装饰题材趋向自然主义。最常用的是千变万化地舒卷着、纠缠着的草叶。此外还有贝壳、棕榈等，为了模仿自然形态，室内部件往往做成不对称形状，变化万千，但有时也流于矫揉造作。

3. 惯用娇艳的颜色。常选用嫩绿、粉红、玫瑰红等，线脚多为金色的，顶棚往往画着蓝天白云的天顶画。

4. 喜爱闪烁的光泽。墙上大量镶嵌镜子，悬挂晶体玻璃的吊灯，多陈设瓷器，壁炉用磨光的大理石，特别喜爱在镜前安装烛台，造成摇曳不定的迷离效果。

巴黎的苏比兹（Soubise）公馆椭圆形客厅是洛可可早期的代表性作品。这是一座上下两层的椭圆形客厅，尤其以上层的客厅格外引人注目。整个椭圆形房间的壁面被8个高大的拱门所划分，其中4个是窗，一个是入口，另外3个拱也相应做成镜子装饰。顶棚与墙体没有明显的界线，而是以弧形的三角状拱腹来装饰，里面是绘有寓言故事的人体画，画面上缘横向展开并连接成波浪形，再上是由金色的草茎蜗纹线装饰，并与正在嬉戏的裸体儿童的高浮雕与天花板的穹顶自然地连接起来。整个客厅都被柔和的圆形曲线主宰着，使人忘记了室内界面的分界线，线条、色彩和空间结构浑然一体（图1.2-16）。

图1.2-16　苏比兹公馆客厅

洛可可设计风格在一定程度上反映了没落贵族的审美趣味和及时行乐的思想，表现出的是一种快乐的轻浮。因此，总体上说格调是不高的，但是洛可可的装饰风格影响也是相当久远的。

洛可可时期的家具及室内陈设在18世纪的艺术中也格外引人注目，家具以回旋曲折的贝壳曲线和精细纤巧的雕饰为主要特征。壁毯和绢织品主要用作上流社会室内的壁饰和椅子靠背面以及扶手上，为室内空间增加了典雅和柔美的气氛。此外，一些烛台等金属工艺也都反映出优美自然的洛可可趣味。

1.2.12　新古典主义的室内装饰

18世纪中叶以法国为中心，掀起了"启蒙运动"的文化艺术思潮，也带来了建筑领域的思想解放。同时欧洲大部分国家对巴洛克、洛可可风格过于情绪化的倾向感到厌倦,加之考古界在意大利、希腊和西亚等处古典遗址的发现,促进了人们对古典文化的推崇。因此,首先在法国再度兴起以复兴古典文化为宗旨的新古典主义(Neoclassicism)。当然,复兴古典文化主要是针对衰落的巴洛克和洛可可风格,复古是为了开今,通过对古典形式的运用和创造,体现了重新建立理性和秩序的意愿。为此,这一风格广为流行,直至19世纪上半叶。

在建筑及室内装饰设计上,新古典主义虽然以古典美为典范,但重视现实生活,认为单纯、简单的形式是最高理想。强调在新的理性原则和逻辑规律中,解放性灵,释放感情。具体在室内设计上有这样一些特点:首先是寻求功能性,力求厅室布置合理;其次是几何造型再次成为主要形式,提倡自然的简洁和理性的规则,比例匀称,形式简洁而新颖;然后是古典柱式的重新采用,广泛运用多立克、爱奥尼、科林斯式柱式,复合式柱式被取消,设在柱础上的简单柱式或壁柱式代替了高位柱式。

新古典主义在英国成熟比较早,圣保罗大教堂(St Paul's Cathedral)是英国国家教会的中心教堂,虽然在平面上还是传统的罗马十字形布局,但在空间形象塑造上却洗炼脱俗、耐人寻味。首先,前后两个巴西利卡大厅的顶棚分别是三个小穹顶,既简洁又形成很强的秩序感,而且又与中央穹顶相呼应,从而取得既统一又有变化的和谐效果。另外设计上综合了某些巴洛克风格奔放华丽的因素,装饰构件的形体明确,肯定而考究有较强的雕塑感,不像洛可可风格那样形体界线混浊模糊,整个空间洋溢着理性的激情,同时也充分体现了严格、纯净的古典精神(图1.2-17)。

图1.2-17　圣保罗大教堂室内

1.2.13　浪漫主义和折衷主义室内装饰

在西欧艺术发展中,1789年的法国大革命是一个转折点,从此人们对艺术乃至生活的总的看法经历了一场深刻的变化。由于这场社会变革而出现了一种思想:即关于艺术家个人的创造性,及其作品的独特性。这也表明艺术的新时期已经到来。因此代表着进步的、推动历史前进的浪漫主义(Romanticism)和折衷主义便应运而生了。

1.2.13.1　浪漫主义

18世纪下半叶,英国首先出现了浪漫主义建筑思潮,它主张发扬个性,提倡自然主义,反对僵化的古典主义,具体表现为追求中世纪的艺术形式和趣味非凡的异国情调。由于它更多地以哥特式建筑形象出现,又被称为"哥特复兴"。

英国议会大厦(Houses of Parliament),一般被认为是浪漫主义风格盛期的标志。议会大厦建筑按功能布置,条理分明、构思浑朴,被誉为具有古典主义内涵和哥特式的外衣。其

图 1.2-18　巴黎国立图书馆室内

内部设计更多地流露出玲珑精致的哥特风格。

19 世纪初，一些浪漫主义建筑运用了新的材料和技术，这种科技上的进步，对以后的现代风格产生很大的影响。最著名的例子是巴黎国立图书馆。该图书馆采用新型的钢铁结构，在大厅的顶部由铁骨架帆拱式的穹窿构成，下面以铁柱支撑。铁制结构减少了支撑物的体积，使内部空间变得宽敞和通透，结构也显得灵巧轻盈。圆的穹顶和弧形拱门起伏而有节奏，给人以强烈的空间感受。同时，为了保留对传统风格的延续，在适当的部位做了古典元素的处理（图 1.2-18）。

1.2.13.2　折衷主义

折衷主义从 19 世纪上半叶兴起，流行于整个 19 世纪并延续到 20 世纪初。其主要特点是追求形式美，讲究比例，注意形体的推敲，没有严格的固定程式，随意摹仿历史上的各种风格，或对各种风格进行自由组合。由于时代的进步，折衷主义反映的是创新的愿望，促进新观念、新形式的形成，极大地丰富了建筑文化的面貌。

折衷主义以法国为典型，这一时期重要的代表作品是巴黎歌剧院，一个马蹄形多层包厢剧院，剧院共有 2150 个座位，整个观众厅富丽堂皇，到处是巴洛克雕塑、绘画和装饰，顶棚是顶皇冠。观众厅的外侧也是一个马蹄形休息廊。剧院内平面功能、视听效果、舞台设计都处理得十分合理、完善，反映了 19 世纪设计水平的成熟。剧院的楼梯厅是由白色大理石制成的，构图非常饱满，是整个空间艺术处理的中心，也是交通的枢纽，在装饰上也是花团锦簇、珠光宝气、富丽异常（图 1.2-19）。

1.2.14　中国古代的室内装饰

中国的历史源流久远，在辽阔的疆土上居住的人民创造了光辉灿烂的文化，对人类的发展做出了重要贡献。同西方建筑、伊斯兰建筑一起被称为世界三大建筑体系的中国建筑，不同于其他建筑体系都以砖石结构为主，而是以独特的木构架体系著称于世，同时也创造了与这种木构架结构相适应的外观与室内布局方式

图 1.2-19　巴黎歌剧院楼梯大厅

及装饰方法。

1.2.14.1 上古至秦汉时期

上古至秦汉(—公元220年)是中国建筑逐步形成和发展的阶段。从远古的穴居、巢居开始,人们就开始有目的地营造自己的生存空间,直至公元前21世纪出现了中国历史上第一朝代——夏代开始,又经过商、周、春秋、战国至秦汉,中国古代建筑作为一个独特的体系,已基本上形成。

根据墓葬出土的画像石、画像砖,汉代的住宅已比较成熟和完善。一般规模较小的住宅,平面为方形或长方形,屋门开在当中或偏在一旁。有的住宅规模稍大,有三合式与日字形平面的住宅,布局常常是前堂后寝,左右对称,主房高大。贵族居住的住宅更大,合院内以前堂为主,堂后以墙、门分隔内外,门内有居住的房屋,但也有在前堂之后再建饮食歌乐的后堂。从这里已经看出,中国住宅的合院布局已经形成,这种主次分明,位序井然,充分反映出中国家庭中上下尊卑的思想观念。

住宅内部中的陈设也是随着建筑的发展以及起居习惯的演化而决定的。由于跪坐是当时主要的起居方式,因而席和床榻是当时室内的主要家具陈设,尤其是汉代的床用途最广泛。人们在床上睡眠、用餐、会客。汉朝的门、窗常常置帘与帷幕,地位较高的人或长者往往也在床上加帐幔,逐渐成为必须的设施,夏天既可避蚊虫,冬天又蔽风寒,同时也起到装饰居室的作用。

1.2.14.2 三国、两晋、南北朝和隋唐时期

从东汉末年到三国鼎立,再到两晋和南北朝近三百年的对峙,一直到公元581年隋文帝统一中国,这段时期是中国历史上长期处于分裂的状态,是最不稳定的一个阶段,直至唐朝才成为一个长治久安的国家。这个时期的建筑,在继承秦汉以来成就的基础上,并吸收融合外来文化的影响,逐渐形成一个成熟完整的建筑体系。

这一时期宫殿、住宅继续高度发展。宫殿建筑由于年代久远没有现存,而室内情况因为留传下来的绘画、墓葬明器以及文字资料相对更丰富,从住宅建筑的变迁上反映的更充分一些。这一时期的住宅总体上还是继续传统的院落式木构建筑形式。到隋唐时期住宅有明文规定的宅第制度,贵族的宅院在两座主要房屋之间用具有直棂窗的回廊连接为四合院,布局的方法多是有明显的轴线和左右对称。从三国到隋代统一,朝代不断更迭,无疑也促进了民族大融合,室内装饰与陈设也发生了很多变化。席地而坐的习惯虽未完全改变,但传统家具有了不少新发展,如床已增高,人们既可以坐在床上,又可以垂足坐于床沿。东汉末年西北民族进入中原以后,逐渐传入了各种形式的高坐具,如椅子、圆凳等,尤其是进入隋唐时期,以上层贵族逐渐形成垂足而坐的习惯,长凳、扶手椅、靠背椅以及与椅凳相适应的长桌、方桌也陆续出现,直至唐末后期的各种家具类型已基本齐备。家具的式样简明、朴素大方,线条也柔和流畅。室内的屏风一般附有木座,通常置于室内后部的中央,成为人们起居活动和家具布置的背景,进而使室内空间处理和各种装饰开始发生变化,与早年席地而坐的方式已迥然不同了。

自汉代开始传入佛教以来,佛教建筑也逐渐成为一个主要的建筑类型。到了隋唐时期,佛寺遍布中国各地,但大多都已毁坏,流传下来的唐代佛寺殿堂较为完整的只有两处,即山西五台山的南禅寺(Nanchan Temple)正殿和佛光寺(Foguang Temple)正殿(图1.2-20)。这两座大殿的内部空间设计同外观形象一样,其风格虽有汉代的痕迹,但却透出一种圆熟的古

图 1.2-20 佛光寺正殿

朴和凝重,而不是单纯的粗放,既富有大气又不乏细腻。

1.2.14.3 宋、辽、金元和明清时期

唐朝结束又经过五代十国战乱之后,进入北宋与辽,南宋与金、元对峙的时期,接着于 1368 年建立了明朝。后来满族贵族夺取了政权,于 1661 年灭了明朝统一了中国。从北宋开始形成中国建筑又一个新的发展阶段,取得了不少成就。明清时期又在传统的基础上不断进行丰富和发展,成为中国古代建筑史上的最后一个高峰。

进入宋朝以后,宗教建筑除佛寺外,祠庙也是一个主要类型。祠庙是古代宗族祭祠祖先的地方,有宗祠、家祠、先贤祠等。被视为宋式建筑代表作的山西太原晋祠(TaiYuan Jinci),就是现存规模最大的一座,晋祠的主殿圣母殿建成于 1032 年,位于晋祠中轴线上,坐西朝东,殿面阔七间,进深六间,平面近方形。殿内梁架用减柱做法,所以内部空间宽敞。

明清时期中国古代建筑的木构架体系更加成熟和完善,但也趋向程式化和装饰化,北京故宫也称紫禁城(Forbidden City)是现存规模最大,保存最完好的古建筑群。而且室内装修与设计也是其他任何朝代都无法比拟的,太和殿的内部装修就是其中最辉煌的一个,明清两代皇帝即位、大婚、朝会、命将出征等都在这里举行。殿内设七层台阶的御座,环以白石栏杆,上置皇帝雕龙金漆宝座,座后为七扇金屏风,左右有宝像、仙鹤。殿中矗立 6 根蟠龙金漆柱,殿顶正中下悬金漆蟠龙吊珠藻井。整个大殿的装修金碧辉煌,同时又不失庄重严肃,给人一种很强的威慑力(图 1.2-21)。内廷中的乾清宫是皇帝的寝宫,也是清朝皇帝为举行内廷典礼,召见官员,接见外国使臣的地方,其内部布置接近太和殿,正前方也是一个雕龙宝座,后设五扇龙饰屏风,左右安置香炉、香筒、仙鹤等陈设。屏风上置"正大光明"匾额,是大殿中最引人注目的焦点(图 1.2-22)。

宋朝的住宅,一般外建门屋,内部仍采取四合院形式。贵族的住宅继续沿用汉以来前堂后寝的传统原则,但在接待宾客和日常起居的厅堂与后部卧室之间,用穿廊连成丁字形、工字形或王字形平面。至明清时期,这种四合院组合形式更加成熟稳定,成为中国古建筑的基本形式,也是住宅的主要形式。北方住宅以北京的

图 1.2-21 北京故宫太和殿室内

四合院住宅为代表,它的内外设计更符合中国古代社会家族制的伦理需要。四合院内部根据空间划分的需要,用各种形式的罩、隔栅、博古架进行界定和装饰。另外山东的曲阜孔府(Kong Family Mansion, Qufu)也是北方现存最完整的一座大型府邸,其室内装饰与布置充分反映出明清较成熟的住宅府邸基本形式(图1.2-23)。南方的住宅也有许多合院式的住宅,最常见的就是"天井院"。它是一种露天的院落,只是面积较小,其基本单元是以横长方形天井为核心,三面或四面围以楼房。正房朝向天井并且完全敞开,以便采光与通风,各个房间都向天井

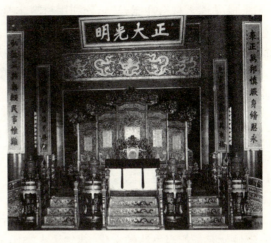

图1.2-22　北京故宫乾清宫室内

院中排水,称为"四水归堂"。正房一般为三开间,一层的中央开间称为堂屋,也是家人聚会、待客,祭神拜祖的地方。堂屋后壁称为太师壁,太师壁上往往悬挂植物山水书画,壁两侧的门可通至后堂。太师壁前置放一张几案,上边常常供奉祖先牌位、烛台及香炉等,也摆设花瓶和镜子,以取"平平静静"的寓意。几案前放一张八仙桌和左右两把太师椅,堂屋两侧沿墙也各放一对太师椅和茶几。堂屋两边为主人的卧室。安徽黟县宏村月塘民居内部设计就是其中典型的一例(图1.2-24)。

图1.2-23　山东曲阜孔庙室内

图1.2-24　宏村民居室内

到宋朝时,终于完全改变了商周以来的跪坐习惯及其有关家具,桌椅等家具在民间已十分普遍,同时还衍化出诸如圆或方形的高几、琴桌、小炕桌等新品种,随着起坐方式的改变,家具的尺度也相应地增高了。至明清时期家具已相当成熟,品种类型也相当齐全,而且选材

31

合理,既发挥了材料性能,又充分利用材料本身色泽与纹理,达到结构和造型的统一。另外室内设计发展到明清的时候,出现了很多灵活多变的陈设,诸如书画、挂屏、文玩、器皿,盆景,陶瓷,楹联、灯烛、帐幔等等,都成为中国传统室内设计中不可分割的组成部分。

自明、清代以来,室内的木装修同外檐装修一样成为建筑内外装饰设计的一个重要特征。内装修内容和形式都十分丰富,室内的隔断,除板壁之外,还有用落地罩、花罩、栏干罩等,以及博古架,书架、帷幔等不同的方式进行空间划分。内装修的材料,多采用紫檀、花梨、楠木制作。结构均为榫卯结构,造型洗练,工艺精致。室内的木装修已成为中国传统室内设计的主要内容。

1.2.15 古代其他亚洲国家的室内装饰

1.2.15.1 古代印度的室内装饰

古代印度是指今印度、巴基斯坦、孟加拉所在的地区。早在公元前三千多年印度河和恒河流域就有了相当发达的文化,建立了人类历史上最早的城市。大约在公元前两千年左右,外来的征服者在印度北部建立了一些小国家,制定出种姓制度,创立了婆罗门教,即后来的印度教。公元前5世纪末,产生了佛教,后来又出现了专修苦行的耆那教。因而印度的文化与宗教的关系非常密切,宗教性的建筑及内部设计代表了古代印度设计的最高成就。

孔雀王朝(The Maurya dynasty)在公元前3世纪中叶统一了印度,建筑在继承本土文化的基础上又融合了外来的一些影响,逐步形成佛教建筑设计的高峰。这一时期除了著名的桑契(Sanchi)大窣堵坡(Great Stupa)建筑物之外,内部设计主要集中在举行宗教仪式的石窟建筑中,这种石窟通常被称为"支提"(Chaitya)。支提多为瘦长的马蹄形,通常为沿纵向纵深布置,尽端成为半圆形后殿,两排石柱沿岩壁将空间划分为中部及两则通廊,这种通廊实际上是没有实际用途,非常窄的假廊。后殿上方覆盖着半个穹窿,纵向则覆盖筒状拱顶,后殿尽端处设置一个窣堵坡为了增加采光量,常常在大门厅的上方凿开一个火焰形的券洞。最著名的是卡尔里(Karli)支提(图1.2-25)。

图1.2-25 卡尔里支提内部

10世纪以后,印度各地普遍采用石材建造大量的婆罗门庙宇,其建筑的特点酷似塔状,外部的建筑形式决定着内部的筒形空间特点,空间结构并不是很发达,并保留着许多木结构的手法。1000—1300年间,主要在印度北部,建造了大量耆那教庙宇,其型制同印度教的相似,但较开敞一些。柱厅的平面通常为十字形,正中有八角形或圆形的藻井,以柱子和柱头上长长的斜撑支承。建筑物内外一切部位都精雕细琢,装饰繁复,工艺精巧。其中西部的阿布山(Mt.Abu)上集中了许多耆那教庙宇。

1.2.15.2　古代日本的室内装饰

日本自古就同中国有着亲密的文化交流关系,它们的古代建筑同中国建筑有共同的特点,室内也是一样,无论在平面布局、结构、造型或装饰细节方面。历史上两国文化交流的关系始终不断,尤其到中国的唐朝达到顶峰。所以,日本的建筑及室内设计保存着比较浓厚的中国唐代设计风格特征。

日本传统的建筑及室内设计的特点是与自然保持协调关系并和自然浑然一体,因此,木材是日本建筑的基本材料,木架草顶下部架空也就成了日本建筑的传统形式。公元6世纪以后,随着中国文化的影响和佛教的传入,使建筑、类型和型制更加多样化。

寝殿造　寝殿造是平安时代(Heian period,784—1185)出现的,它的空间布置特点是:供主人居住的是中央寝殿,左、右、后三面是眷属所住的对屋,寝殿与对屋之间有走廊相连,整个布局大致对称,房间几乎没有固定的墙壁,只有隔扇状的拉门来划分空间,这种拉门非常轻巧,如将它们关闭起来,整个房间就会一一隔开,如打开拉门,小房间又会顿然消失,变成一个大空间。

书院造　到了镰仓时代(1185—1333)住宅平面形式和内部分隔都变得复杂起来,直至室町时代形成了"书院造"。书院造住宅平面开敞,分隔更为灵活,简朴清雅。一幢房子的若干空间里,有一间地板略高于其他房间,且正面墙壁上划分为两个壁龛,左面宽一点的,叫押板,用做挂字画,放插花等清供之处;右面的是一个可以放置文具图书的博古架叫做违棚,左侧墙紧靠着押板的一个龛叫副书院,右侧墙上是卧室的门,分为四扇,中间两扇可以推拉,两侧是死扇。这种门及隔扇是较粗的外框及里面的细木方格组成的格栅,糊有半透明的纸,既是墙壁,也是门窗,常被称为障壁。到了桃山时代书院造开始兴盛起来,从而形成今天和风住宅的渊源。书院造住宅的代表是江户时代(Yedo period,1615—1867)京都的二条城二之丸殿(图1.2-26)。

图1.2-26　二条城二之丸殿室内

日本人习惯席地而坐,最初在人常坐的地方铺上草编的席子,从室町时代(Yedo period,

1333—1573)开始与书院造发展过程平行,逐渐产生了在室内满铺地席而被称为榻榻米,进而又使其模数化,一般为6尺×3尺(约为1.8m×0.9m)为一叠,一般一间为四叠半,大于四叠半的叫广间,小于四叠半的叫小间。

茶室 从桃山时代(Momoyama period,1573—1614)开始,日本形成了茶道,相应地也就出现了草庵式茶室,这种茶室很小,一般只有四叠半,室内除了一般的木柱,草顶、泥壁、纸门外,还常用不加斧凿的毛石做踏步或架茶炉,用圆竹做窗棂或悬挂搁板,用粗糙的苇席做障壁。柱、梁、檩、椽往往是带树皮的干,不求修直。

数寄屋 继茶室之后又出现了田舍风的住宅,称为数寄屋。数寄屋平面布局规整而讲究实用,少一些造作的野趣,因此更显得自然平易,装饰上则惯于将木质构件涂成黑色并在障壁上画一些水墨画。最具代表性的例子是江户时代京都的桂离宫(Katsura Imperial Palace)。

佛教于6世纪即奈良时代传到日本,中国唐朝的佛寺建筑开始在日本广泛流行。佛寺的平面到平安时代开始采用邸宅寝殿造型制,一正两厢,用廊子连接,地面架空四周出平台。板障和门都是画着四方净土风光的一扇一扇从天花到地面的推拉门,在装饰上充满了贵重材料的点缀,花巧而繁复。后来的寺庙建筑受中国的影响更明显一些,出现了唐式和天竺式。其中天竺式的主要特点表现在结构上,其构架整体性强,比较稳定。最有代表性的是兵库县的净土寺的净土堂(图1.2-27)。

图1.2-27 净土寺净土堂

1.2.16 伊斯兰建筑的室内装饰

公元6世纪末,由阿拉伯的穆罕默德(Muhammad)创立了伊斯兰教并逐步扩大其势力,8世纪在西亚、北非,甚至远至地中海西岸的西班牙等地都建立了政教合一的阿拉伯帝国。虽然至9世纪又逐步解体,但是由于许多新兴王朝政治进步,经济繁荣,以及宗教信仰的强大力量,伊斯兰文化艺术一直稳定地向前发展。一致的伊斯兰信仰决定这些国家文化艺术具有共同的形式和内容,并在继承古波斯的传统上,吸取希腊、罗马、拜占廷艺术,甚至东方的中国和印度文化,创造出世界上独一无二的光辉灿烂的伊斯兰文化。

建筑及室内装饰是伊斯兰文化的主要代表,尽管各个国家地区的风格不尽相同,但伊斯兰建筑及内部设计都有它基本的形式。伊斯兰宗教建筑的主要代表就是清真寺,宫殿、驿馆、浴室等世俗建筑的类型也较多,但留存下来的却很少。早期的清真寺主要也采用巴西利卡式,分主廊和侧廊,只不过圣龛必须设在圣地麦加的方向。在10世纪出现的集中式清真寺,除保持巴西利卡的传统外,在主殿的正中辟为一间正方形大厅,上面架以大穹顶,内部的后墙仍然是朝向麦加方向的圣龛和传教者的讲经坛。

位于耶路撒冷(Jerusalem)的圣岩寺(The Dome of the Rock)是留存至今最古老的伊斯兰教建筑之一，建于7世纪的晚期。室内布局为集中式的八边形，中央为穹顶，穹顶的下部是20个带彩绘玻璃的拱窗。与穹顶对应的下面是穆罕默德"凳霄"时用的圣岩，周围环有两重回廊。整个内部空间无论是空间布局、结构分布，还是立面造型都体现出一种简洁有力的几何美感(图1.2-28)。

　　8世纪初阿拉伯人占领了伊比利亚半岛，从而对西班牙建筑产生强烈的影响。其中科尔多瓦(Cordoba)大清真寺最能体现伊斯兰建筑室内设计的光辉成就，其风格基本与其它伊斯兰世界一样，但又融入了西班牙的某些地方特色，同时也借鉴北非建筑的一些手法。大殿东西长126米，南北宽112米，有柱18排，共648根，密如森林，相互掩映，渺无边际。柱头和顶棚之间重叠着两层马蹄形拱券，以削弱多柱的单调，都用红砖和白色大理石交替砌筑(图1.2-29)。

　　图1.2-28　圣岩寺室内　　　　　　　　图1.2-29　科尔多瓦大清真寺大殿

　　突出室内整体装饰效果是伊斯兰艺术的一个重要特征。主要分为两大类，一类是多种花式的拱券和与之相适应的各式穹顶。拱券的形式有双圆心的尖券、马蹄形券、海扇形券、复叶形券、叠层复叶形券等。它们在装饰上具有强烈的效果，在叠层时具有蓬勃升腾的热烈气势。一类是内墙装饰，往往采用大面积表面装饰。

　　伊斯兰建筑内部设计不仅重视装饰艺术，而且在室内陈设上也有很高的追求。伊斯兰纺织工艺发达，早在古波斯时期就有传统的纺织工艺，以"东方地毯"闻名于世的地毯和土耳其地毯就已有一千多年的历史。清真寺宫殿以及住宅除地面铺满了精致的地毯，墙壁也悬挂着华丽的挂毯。人们还大量使用锦缎，制作帷幕挂饰和座垫，其中丝织拜垫是宗教生活中非常重要的用品,因为虔诚的穆斯林教徒每天要祈祷五次,拜垫面积不大,但编织却异常考究。

1.3 现代室内设计史纲

1.3.1 工艺美术运动和新艺术运动的室内设计

19世纪中叶以后,伴随着工业革命的蓬勃发展,建筑及室内设计领域进入一个崭新的时期。此时折衷主义由于缺乏全新的设计观念不能满足工业化社会的需要,自然要退出历史舞台。另一方面,工业革命后建筑大规模发展,造成设计千篇一律、格调低俗,而且施工质量粗制滥造,对人们的居住和生活环境产生了恶劣影响。在这种情况下,现代设计形成一股强大的反动力,反对保守的折衷主义,也反对工业化的不良影响。进而引发建筑室内设计领域的变革,而出现工艺美术运动和新艺术运动。

1.3.1.1 工艺美术运动

在整个19世纪各种建筑艺术流派中,对近代室内设计思想最具影响的是发生于19世纪中叶英国的工艺美术运动(Arts and Crafts)。这场运动是一批艺术家为了抵制工业化对传统建筑、传统手工业的威胁,为了通过建筑和产品设计来体现民主思想而发起的一个设计运动。

引起这场设计革命的最直接的原因是工业革命后机器化大生产所带来的与艺术领域的冲突,即借助机器批量生产缺乏艺术性产品的同时,也丧失了先辈艺术家的审美性。诗人和艺术家莫里斯(William Morris,1834—1896)是这场运动的先驱。他提倡艺术化的手工制品,反对机器产品,强调古趣。1859年,他邀请原先作哥特风格事务所的同事韦伯(Philip Webb,1831—1915)为其设计住宅——红屋,这个红色清水墙的住宅,融合了英国乡土风格及17世纪意大利风格,平面根据功能需要布置成L形,而不采用古典的对称格局,力图创造安逸、舒适而不是庄重、刻板的室内气氛(图1.3-1)。

图1.3-1 "红屋"室内

随"红屋"之后,这种审美情趣的逐步扩大,使工艺美术运动蓬勃发展起来。1861年莫里斯等人成立设计事务所,专门从事手工艺染织、家具、地毯、壁纸等室内实用艺术品的设计与制作。莫里斯事务所设计的家具就采用拉斐尔前派爱用的暗绿色来代替赤褐色,壁纸织物设计成平面化的图案。室内装饰上,墙面是木制的中楣将墙划分成几个水平带,最上部有时用连续的石膏花做装饰,或是贴着镏金的日本花木图案的壁纸。室内陈设上喜爱具有东方情调的古扇、青瓷、挂盘等装饰。莫里斯等人的学术思想虽然内涵深刻,然而其工艺美术运动本身由于更多地关心手工艺趣味,最后渐渐地走上了唯美主义的道路。

1.3.1.2 新艺术运动

真正具有现代设计思想的建筑活动是出现在19世纪80年代开始于比利时布鲁塞尔的新艺术(Art Noveau)运动。新艺术运动不同于工艺美术运动的是它并不完全反抗工业时代,而是积极地运用工业时代所产生的新材料和新技术。新艺术运动主张艺术与技术相结合,在室内设计上体现了追求适应工业时代精神的简化装饰。主要特点是装饰主题模仿自然界草本形态的流动曲线,并将这种线条的表现力发展到前所未有的程度,产生出非同一般的视觉效果。

这一时期的主要设计团体有成立于1884年的"二十人小组"和1894年成立的"自由美学社",它们是包括许多不同艺术行业的同仁组织,在设计方面作出杰出贡献的著名大师,首推霍塔和费尔德。

霍塔(Victor Horta,1861—1947)是新艺术风格的奠基人。他的住宅即霍塔住宅,是新艺术运动代表作品之一。住宅空间整体流畅、生动活泼,把不同属性的材料相互搭配,不同语言的形式相互揉和在一起。另一个作品范埃特韦尔德(Van Eetvelde)府邸的圆顶沙龙也是霍塔更为成熟的作品。室内是由八个金属支柱形成的环形拱券架支承起了一个金属玻璃圆顶,结构轻盈而且具有很强的形式感,同时也为室内提供了明亮柔和的光线。楼梯扶手、栏杆都是植物形的曲线,产生一种律动的美感。整个空间华美、优雅而和谐,具有音乐般的迷人效果(图1.3-2)。

霍塔的设计特色还不局限于这些活泼、有活力的线型,他对现代室内空间的发展也颇有贡献。用模仿植物的线条,把空间装饰成一个整体,他设计的空间通敞、开放,与传统封闭式空间截然不同。另外他在色彩处理上也十分轻快响亮,这些也蕴涵了现代主义设计的许多思想。

图1.3-2 范埃特韦尔德府邸室内

1.3.2 现代主义运动时期的室内设计

进入20世纪以来,欧美一些发达国家的工业技术发展迅速,新的技术、材料、设备工具不断发明和完善,极大地促进了生产力的发展,同时对社会结构和社会生活也带来了很大的冲击。在建筑及室内设计领域也发生了巨大的变化。重视功能和理性的现代主义成为室内设计的主流。

1.3.2.1 现代主义的开端

20世纪初,在欧洲和美国相继出现了艺术领域的变革,这场运动影响极其深远,它完全、彻底地改变了视觉艺术的内容和形式,出现了诸如立体主义、构成主义、未来主义、超现实主义等一些反传统、富有个性的艺术风格,所有这些都对建筑及室内设计的变革产生了直接的激发作用。

现代主义建筑风格主张设计为大众服务,改变了数千年来设计只为少数人服务的立场,它的核心内容不是简单的几何形式,而是采用简洁的形式达到低造价、低成本的目的,从而使设计服务于最广泛的大众。现代主义设计先驱之一路斯(Adolf Loos,1870—1933)在其著作《装饰与罪恶》中系统地剖析了装饰的起源和它在现代社会中的位置,并提出了自己反装饰的原则立场。他认为重视功能、形式简单的设计作品才能符合现代文明,应大胆地抛弃繁琐的装饰。

后来被称为美国著名的现代建筑大师赖特(Frank Lloyd Wright,1869—1959)在使用钢材、石头、木材和钢筋混凝土方面,创造出一种新的并与自然环境相结合的令人振奋的新关系,而且在空间几何平面布置与轮廓等方面也表现出非凡的天才。这时期的作品就是著名的"草原式住宅"(Prairie House)。其布局与大自然结合,使建筑物与周围环境融为一体。室内空间尽量做到既分隔又联成一片,并根据不同的需要有着不同的层高。起居室的窗户一般比较宽敞,以保持与自然界的密切联系。建筑的外形充分反映了内部空间的关系。内部建筑用材也尽量表现材料的自然本色与结构特征。

在一次大战期间,没有受到战争干扰的荷兰发展了新的设计及理论,出现了"风格派"(Destill),风格派的核心人物是画家蒙德里安(Piet Mondrian,1872—1944)和设计师里特威尔德(G·T·Rietveld,1888—1964)。风格派主要追求一种终极的、纯粹的实在,追求以长和方为基本母题的几何体,把色彩还原回三原色,界面变成直角、无花饰,用抽象的比例和构成代表绝对、永恒的客观实际。总之,20世纪早期设计思想和创作都异常活跃,现代主义的作品开始逐步地出现在世界各地。

1.3.2.2 包豪斯

包豪斯(Bauhaus)是1919年在德国合并成立的一所设计学院,也是世界上第一所完全为发展设计教育而建立的学院。这所学院是由德国著名建筑家、设计理论家格罗皮乌斯(Walter Gropius,1883—1969)创建的,他被称为现代建筑、现代设计教育和现代主义设计最重要的奠基人。1938年由于法西斯主义的扼制,迫使他来到美国哈佛大学,继续推进现代设计教育和现代建筑设计的发展。

格罗皮乌斯主张艺术与技术相结合,重视形式美的创新,同时对功能因素和经济因素予以充分重视,坚决同艺术设计界保守主义思想进行论争,他的这些主张对现代设计的发展起了巨大的推动作用。1923年,包豪斯设计作品展是包豪斯首届毕业作品和教学成就的大检阅,除了师生设计的家具、灯具及各种日常工业品外,还展出了"院长办公室"的室内设计,充分展示了包豪斯学派的新风格。

后来继任包豪斯设计学院院长的密斯(Mies vander Rohe,1886—1969)于1929年为巴塞罗那世界博览会设计了德国馆,这个作品充分体现密斯"少就是多"的著名理念,也凝聚了密斯风格的精华和原则：水平伸展的构图、清晰的结构体系、精湛的节点处理以及高贵而光滑的材料运用。在这个作品中密斯以纤细的镀铬柱衬托出光滑的大理石墙面的富丽，大理石墙面和玻璃墙自由分隔，寓自由流动的室内空间于一个完整的矩形中。室内的椅子是采用扁钢交叉焊接成X形的椅座支架，上面配以黑色柔光皮革的座垫，这就是其著名的"巴塞罗那椅"（图1.3-3）。

图1.3-3 "德国馆"室内

包豪斯对于现代主义设计来说是十分重要的一页，它的思想至今还影响着各国的设计界，而其最重要的贡献是奠定了现代工业设计教育的坚实基础。

1.3.2.3 柯布西耶与赖特

柯布西耶（Le Corbusier,1887—1965）是现代主义建筑运动的大师之一。从20世纪20年代开始，直至去世为止，他不断的以新奇的建筑观点和建筑作品，以及大量未实现的设计方案使世人感到惊奇。他后期的设计已超越一般的现代主义设计而具有跨时代的意义。

柯布西耶在现代主义大师中论述最多，理论最全面，他早期的《走向新建筑》一书，主张把建筑美和技术美结合起来，把合目的性、合规律性作为艺术的标准，主张创造表现时代精神的建筑，同格罗皮乌斯一样，提出建筑设计应该由内到外开始，外部是内部的结果。萨伏伊别墅（Villa Savoye）就是他早期作品的代表。这一作品的内部空间比较复杂，各楼层之间采用了室内很少用的斜坡道，坡道一部分隐在室内，一部分露于室外。这样既加强了上下层的空间连续性，也增强了室内外空间的互相渗透。

赖特在两次世界大战期间设计了不少优秀建筑，这些作品使他成为美国最重要的建筑师之一。1936年他设计了著名的流水别墅（Falling Water），这是为巨商考夫曼（E.J.Kawfman）在宾夕法尼亚州匹茨堡市郊区设计的别墅。其设计把建筑架在溪流上，而不是小溪旁。别墅是采用钢筋混凝土大挑台的结构布置，使别墅的起居室悬挂在瀑布之上。在外形上仍采用其惯用的水平穿插、横竖对比的手法，形体疏松开放，与地形、林木、山石流水关系密切。室内外空间连续而不受任何因素破坏。起居室的壁炉旁一块略为凸出地面的天然巨石被原样保留着，地面和壁炉都是就地选用石材砌成。赖特

图1.3-4 流水别墅室内

对自然光的利用巧妙,使室内空间生机盎然。另外,流水别墅空间陈设的选择、家具样式设计与布置也都匠心独具,使内部空间更加精致和完美(图1.3-4)。

赖特把自己的作品称作有机建筑。他自己解释说有机建筑是一种由内而外的建筑。它的目标是整体性,有机是表示内在——哲学意义上的整体性。赖特的这种有机理论及与环境相联系的动态空间概念为现代主义室内设计谱写了不朽的篇章。

1.3.3 国际主义风格时期的室内设计

第二次世界大战结束后,西方国家在经济恢复时期开始进行大规模建筑活动。造型简洁、重视功能并能大批量生产的现代主义建筑迅猛地发展起来,建筑及室内设计观念日趋成熟,从而形成一个比较多样化的新局面。这一时期,主要是指1945年至20世纪70年代初期,总的来说是国际主义风格(International Style)逐渐占主导地位的时期。

国际主义风格运动阶段主要是以密斯的国际主义风格作为主要建筑形成的,特征是采用"少就是多"的减少主义原则,强调简单、明确、结构突出,强化工业特点。在国际主义风格的主流下,出现了各种不同风格的探索,从而以多姿多彩的形式丰富了建筑及室内设计的风格和面貌。

1.3.3.1 粗野主义、典雅主义和有机功能主义

以柯布西耶为代表,以保留水泥表面模板痕迹,采用粗壮的结构来表现钢筋混凝土的"粗野主义"(Brutalism),追求粗鲁的、表现诗意的设计是国际主义风格走向高度形式化的发展趋势。1950年柯布西耶在法国一个山区的小山岗上设计的朗香教堂(La Chapelle de Ronnchamp)是其里程碑式的作品。扭曲而古怪的形状,无论是墙面还是屋顶几乎找不到一根直线。内部一半空间设置了坐椅,一半空着,分别供坐着和站着的祈祷者使用。祭坛在大厅的东面,墙面仍是向内弯曲的弧线形,窗户大小不均,上下无序成为一个个透光的方孔,当光线射进室内时便组成奇特的光的节奏。光线昏暗神秘,迫使人们只能把视线向祭坛方向延伸,造成一种"唯神忘我"的宗教感受(图1.3-5)。

"典雅主义"(Formalism)讲究结构精细,简洁利落。代表人物是日裔美国建筑师雅马萨奇(Minoru Yamasaki,1912—1986)。针对单纯强调功能的现代主义建筑,雅马萨奇提

图1.3-5 郎香教堂室内

出设计要满足心理功能,即秩序感等美的因素以及使人的生活增加乐趣和令人欢愉振奋的形态,而不仅仅是实用这个功能要求。1955年他在底特律设计的麦克格里戈(Mc Gregor)纪念会议中心就是努力探索典雅主义室内设计的代表作品。他在国际主义风格的基础上对建筑进行的细部处理,改变了现代主义风格单调、刻板的面貌,赋予建筑空间以形式美感。

"国际主义风格"的命名人—约翰逊(Philip Johnson),也是后现代主义大师,成为横跨两个时代为数不多的人物。这一时期的代表作就是接受密斯的邀请与其合作进行西格拉姆(The Seagram Builing)大楼的内部设计,这一作品开始有意识地引用典雅主义手法,使国际主义风格较为丰富和典雅(图1.3-6)。

图1.3-6　西格拉姆大楼办公室

以粗壮的有机形态,用现代建筑材料和结构设计大型公共建筑空间,最突出的代表人物是美国建筑师沙里宁(Eero Saarinen,1910—1961),他被称为是有机功能主义的主将。有机功能主义(Organic Functionalism)风格是采用有机形态和现代建筑构造结合,打破了国际主义建筑简单立方体结构的刻板面貌,增加建筑内外的形式感。肯尼迪国际机场(Kennedy Airport)的美国环球航空公司候机大楼是沙里宁有机功能主义的重要建筑。外观造型酷似一只振翅欲飞的大鸟,内部空间层次丰富、功能合理。更重要的是由于结构的因素产生一种全新的空间形象。它集象形特质、应力形态与功能性于一体,充分实现了形式、结构和功能的统一,是突破了国际主义风格走出有机形态道路的重要代表作品。

1.3.3.2　20世纪60年代以来的现代主义

20世纪60年代以后,现代主义设计继续占主导地位,国际主义风格发展得更加多样化。与此同时,环境的观念开始形成,建筑师思考的领域扩大到阳光、空气、绿地、采光照明等综合因素的内容。

室内外空间的分界进一步模糊,高楼大厦内开始出现街道和大型庭院广场,公共空间中强调休闲与娱乐等更富人性化的氛围。

美国著名现代建筑师约翰·波特曼(John Portman)以其独特的旅馆空间成为这一时期杰出的代表。他以创造一种令人振奋的旅馆中庭:共享空间——"波特曼空间"而闻名。共享空间在形式上大多具有穿插、渗透、复杂变化的特点,中庭共享空间往往高达数十米,成为一个室内主体广场。波特曼重视人对环境空间感情上的反应和回响,手法上着重空间处理,倡导把人的感官上的因素和心理因素融汇到设计中去。如采用一些运动、光线、色彩等要素,同时引进自然、水、人看人等手法,创造出一种宜人的、生机盎然的新型空间形象。由波特曼设计的亚特兰大桃树中心广场旅馆的中庭就是这种典型的共享空间,中庭是由支撑整个大厦结构的6层高的圆柱形成的,各层的平面部分只剩下电梯井的位置和狭窄的走廊。在圆柱外围几个高台上层层后退的挑台,形成了上大下小的空间。挑台上设有咖啡座,种植树木,悬挂藤蔓植物。中庭地面由水面覆盖,柱间水面上设置着椭圆形象船一样的咖啡厢座以及圆形的树池。阳光由屋顶的玻璃天窗射入室内,进而使整个空间气氛更加令人赏心悦目、叹为观止(图1.3-7)。

波特曼的共享空间在20世纪80年代初又有更进一步的发展。由蔡德勒在加拿大多伦多设计的伊顿中心(Eaton Center)也取得了空前的成功,并且对当时世界的商业购物中心影响很大。伊顿中心创造出一个极富生活气息、功能完备、充满情感和美感的城市商业环境。

始终坚持现代主义建筑原则的美籍华裔著名建筑大师贝聿铭(Pei Ieohming),他设计的华盛顿国家美术馆东馆的建筑是这一时期最重要的作品。内部的空间处理更是引人入胜,其中巨大宽敞的中庭是由富于空间变化纵横交错的天桥与平台组成,巨大的黑红两色活动雕塑自三角形母题的采光顶棚垂下,使空间顿感活跃,产生了动与静,光与影,实与虚的变幻。还有一幅挂毯挂在大理石墙上,使这堵高大而枯燥的墙面生色不少。中庭还散落一些树木和固定艺术构件,与国际主义风格时期的建筑与室内设计相比,尽管作品风格不尽相同,但都注重功能和建筑工业化的特点,反对虚伪的装饰。在室内设计方面的特征,还具有空间自由开敞、内外通透;内部空间各界面简洁流畅;家具、灯具、陈设以及绘画雕塑等质地纯正、工艺精细等特征。

图1.3-7 桃树广场旅馆中庭　　　　　　　　图1.3-8 华盛顿国家美术馆中庭

1.3.4 后现代主义时期的室内设计

20世纪60年代末在建筑中产生的后现代主义,主要是针对现代主义、国际主义风格千篇一律、单调乏味的减少主义特点,主张以装饰的手法来达到视觉上的丰富,设计讲究历史文脉、引喻和装饰。提倡折衷处理的后现代主义在70、80年代得到全面发展,产生了很大影响。"后现代主义"(Post—Modemism)这个词含义比较复杂。从字面上看,是指现代主义以后的设计风格。早在1966年,美国建筑师文丘里(Robert Venturi)就认为形式是最主要的问题,提出要折衷地使用历史风格及波普艺术的某些特征和商业设计的细节,追求形式的复杂性与矛盾性来取代单调刻板、冷漠乏味的国际主义风格,这不仅继承了现代主义设计思想,而且更重要的是拓宽了设计的美学领域。

1.3.4.1 戏谑的古典主义

戏谑的古典主义(Ironic Classicism)是后现代主义中影响最大的一种设计类型。它用折衷的、戏谑的、嘲讽的表现手法来运用部分的古典主义形式或符号,同时用各种刻意制造矛盾的手段,诸如变形、断裂、错位、扭曲等把传统构件组合在新的情境中,以期产生含混复杂的联想;在设计中充满一种调侃、游戏的色彩。被视为后现代主义室内设计典范作品的奥地利旅行社,是由汉斯·霍莱因(Hans Hollein)于1978年设计的。旅行社营业厅设在一楼是个饶有独特风味的中庭。中庭的顶棚是拱形的发光天棚,它仅用一颗植根于已经断裂的古希腊柱式中的白钢柱支撑,采用这种寓意深刻的处理手法体现了设计师对历史的理解。钢柱的周围散布着九棵金属制成的摩洛哥棕榈树,象征着热带地区。透过宽大的棕榈树时,可以望见具有浓郁印度风格的休息亭,这又给人一种想像,一种对东方久远文明的向往。当人们从休息亭回头观望时,会看到一片倾斜的大理石墙面与墙壁相接,使人很自然联想到古埃及的金字塔。所有这些历史的、现代的,不同地域和不同国家的语言符号恰如其分地体现着文丘里的"含混"、"折衷"和"复杂"。而且在这里具体运用这些引喻象征的语汇也引发了人们对异国情调的无限遐思及对旅行的热切向往和期待(图1.3-9)。

图1.3-9 奥地利旅行社中庭

由美国最有声望的后现代主义大师格雷夫斯(Michael Graves)在佛罗里达设计的迪斯尼世界天鹅旅馆和海豚旅馆也带有明显的戏谑古典主义痕迹。建筑的外观富有鲜明的标志性,巨大的天鹅和海豚雕塑被安置在旅馆的屋顶上。内部设计更是同迪斯尼的"娱乐建筑"风格保持一致,在这里古典的设计语汇仍然充斥其中,古典的线脚、拱券和灯具以及中世纪教堂建筑中的集束柱都非常和谐地存在于一个空间之中。

1.3.4.2 传统现代主义

传统现代主义其实也是狭义后现代主义风格的一种类型。与戏谑的古典主义不同,它

图1.3-10　福冈凯悦酒店大厅

没有明显的嘲讽,而是适当地采取古典的比例、尺度及某些符号特征作为发展设计的构思,同时更注意细节的装饰,在设计语言上更加大胆而夸张,并多采用折衷主义手法,因而设计内容也更加丰富、奢华。

格雷夫斯设计的位于肯塔基州的休曼纳(Humana)大厦,是他最为突出的现代传统主义代表作品。内部设计更堪称后现代主义经典。朴实、凝重、有力的空间感觉与外观紧紧呼应。整个形象运用了现代的空间和手法,没有明显的古典语汇,但通过引喻与暗示却给人一种浓浓的,那种传统的高雅而华贵的氛围。位于日本福冈的凯悦酒店与办公大楼也是由格雷夫斯设计的。酒店部分由一个13层高的圆筒体及两座六层高的附楼组成,圆筒体居中有明确的轴线对称关系,室内空间也是高潮迭起(图1.3-10)。

后现代主义是从现代主义和国际风格中衍生出来并对其进行反思、批判、修正和超越的产物。然而后现代主义在发展的过程中没有形成坚实的核心,也没有出现明确的风格界限,有的只是众多的立足点和各种流派风格特征。

1.3.5　现代主义和后现代主义以后的室内设计

20世纪70年代以来,随着科技和经济的飞速发展,人们的审美观念和精神需求也随之发生明显的变化,世界建筑和室内设计领域呈现出新的多元化格局,设计思想和表现手法更加多样。在后现代主义不断发展的同时,还有一些不同的设计流派也在持续发展。尤其是室内设计逐渐与建筑设计分离,室内设计更是获得了前所未有的充分的发展,呈现出一派色彩纷呈,变化万端的景象。

1.3.5.1　高技派风格

高技派(High Tech)风格在建筑及室内设计形式上主要是突出工业化特色、突出技术细节,强调运用新技术手段反映建筑和室内的工业化风格,创造出一种富于时代情感和个性的美学效果。该风格有如下具体特征:1.内部结构外翻,显示内部构造和管道线路,强调工业技术特征;2.表现过程和程序,表现机械运行。如将电梯、自动扶梯的传送装置都做透明处理,让人们看到机械设备运行的状况;3.强调透明和半透明的空间效果。喜欢采用透明的玻璃、半透明的金属格子等来分隔空间。以充分暴露结构为特点的法国蓬皮杜国家艺术中心(Center Culture Pompidov)坐落于巴黎市中心,是由英国建筑师罗杰斯(Richard Rogers)和意大利建筑师皮亚诺(Renzo Piano)共同设计。建筑外观像一个现代化的工厂,结构和各种涂上颜色的管道均暴露在外。在室内空间中所有结构管道和线路同样都成为空间构架的有机组成部分(图1.3-11)。

香港汇丰银行也是一个具有国际影响意义的高技派作品,其结构方式是大多数部件采用了飞机和船舶的制造技术,然后经过精密安装。大厦的内部空间同外部形象一样给人一种恢宏壮观的感受,多层复合的共享大厅传达出一种令人振奋的强烈的工业结构特征。

1.3.5.2 解构主义

解构主义(Deconstruction)作为一种设计风格的形成,是20世纪80年代后期开始的,它是对具有正统原则与正统标准的现代主义与国际主义风格的否定与批判。

图1.3-11 蓬皮杜国家艺术中心室内

虽然运用现代主义语汇,但它却从逻辑上否定传统的基本设计准则,而利用更加宽容的、自由的、多元的方式重新构建设计体系。其作品极度地采用扭曲错位和变形的手法使建筑物及室内表现出无序、失稳、突变、动态的特征。设计特征可概括为:1.刻意追求毫无关系的复杂性,无关联的片断与片断的叠加、重组,具有抽象废墟般的形式和不和谐性;2.反对一切既有的设计规则,热衷于肢解理论,打破了过去建筑结构重视力学原理的横平竖直的稳定感、坚固感和秩序感;3.无中心、无场所、无约束,具有设计因人而异的任意性。解构主义的出现与流行也是源于随社会不断发展,以满足人们日益高涨的对个性、自由的追求以及追新猎奇的心理。

被认为是世界上第一个解构主义建筑设计家的弗兰克·盖里(Frank Gehry)早在1978年就通过自己的住宅进行了解构主义尝试。在盖里这个住宅的扩建中,他大量使用了金属瓦楞板、铁丝网等工业建筑材料,表现出一种支离破碎没有完工的特点。然而这种破碎的结构方式、相互对撞的形态只是停留在形式方面,而在物质性方面不可能真的解构,象厨房中操作台、橱柜等都是水平的,以至于各种保温,隔声、排水等功能就不能任意解构、颠倒(图1.3-12)。

1.3.5.3 其他流派

随着世界经济的发展所带来的观念更新,不可避免地产生新的文化思潮,其表现形态也是多姿多彩的。这一时期室内设计领域也达到

图1.3-12 盖里住宅厨房

空前的繁荣,呈现出令人眼花缭乱的室内设计所特有的风格与流派。

一、极简主义

这种流派是对现代主义的"少就是多"纯净风格的进一步精简和抽象,发展成"少即一切"的原则。它抛弃在视觉上多余的任何元素,强调设计的空间形象及物体的单纯、抽象,采用简洁明晰的几何形式,使作品整体、秩序而有力量。极简主义的室内设计一般有如下特征:1.将室内各种设计元素在视觉上精简到最少,大尺度低限度地运用形体造型;2.追求设计的几何性和秩序感;3.注意材质与色彩的个性化运用,并充分考虑光与影在空间中所起的作用(图1.3-13)。

二、新古典主义

也被称为历史主义(Neo-classical),是当代社会比较普遍流行的一种风格。主要是运用传统美学法则并使用现代材料与结构进行室内空间设计,追求一种规整、端庄、典雅、有高贵感的一种设计潮流,反映出当代人的怀旧情绪和传统情结。它号召设计师们要到历史中去寻找美感。新古典主义的具体特征如下:1.追求典雅的风格,并用现代材料和加工技术去追求传统的风格特点;2.对历史中的样式用简化的手法,且适度地进行一些创造;3.注重装饰效果,往往会去照搬古代家具、灯具及陈设艺术品来烘托室内环境气氛(图1.3-14)。

图1.3-13 巴黎霍姆时装店　　　　　图1.3-14 纽约古曼商场

三、新地方主义

与现代主义趋同的"国际式"相对立,新地方主义(New Regionalism)主要是强调地方特色或民俗风格的设计创作倾向,提倡因地制宜的乡土味和民族化的设计原则。新地方主义一般有如下特征:1.由于地域有差异因此就没有严格的一成不变的规则和确定的设计模式,设计时发挥的自由度较大,以反映某个地区的艺术特色;2.设计中尽量使用地方材料、做法;3. 注意建筑室内与当地风土环境的融合,从传统的建筑和民居中吸取营养,因此具有浓郁的乡土风味。

四、超现实主义

在室内设计中营造一种超越现实的、充满离奇梦幻的场景,通过别出心裁的设计,力求在有限的空间中制造一种无限的空间感觉,创造"世界上不存在的世界",甚至追求一种太空感和未来主义倾向。超现实主义室内设计手法离奇、大胆,因而产生出人意料的室内空间效果。超现实主义一般有如下特征:1. 内部空间设计形式奇形怪状,令人难以捉摸;2. 运用浓重、强烈的色彩及五光十色变幻莫测的灯光效果;3. 陈设与安放造型奇特的家具和设施。

五、孟菲斯派

1981年以索特萨斯(Ettore Sottsass Jnr)为首的设计师们在意大利米兰结成了"孟菲斯(Memphis)集团",他们反对单调冷峻的现代主义,提倡装饰,强调手工艺方法制作的产品,并积极从波普艺术、东方艺术、非洲及拉美的传统艺术中寻求灵感。孟菲斯派对当代世界范围的设计界影响是比较广泛的,尤其是对现代工业产品设计、商品包装、服装设计等方面都产生了很大的影响。孟菲斯派的室内设计一般有如下特征:1. 室内设计空间布局不拘一格,具有任意性和展示性;2. 常用新型材料、明亮的色彩和新奇的图案来改造一些传统的经典家具;3. 在设计造型上打破横平竖直的线条,采用波形曲线、曲面和直线与平面的组合来取得意外的室内效果;4. 常对室内界面进行表层涂饰,具有舞台布景般的非长久性特点。

六、白色派

在室内设计中大量运用白色,构成了这种流派的基调。由于白色给人纯净的感觉,又能增加室内的亮度,而且在造型上又有独特的表现力,使人感到积极乐观或产生美的联想。白色派(The Whitens)的室内设计一般有如下特征:1. 空间和光线是白色派室内设计的重要因素,往往予以强调;2. 室内墙面和顶棚一般均为白色材质,或带有一点色彩倾向的接近白色的颜色,通常在大面积白色的情况下,采用小面积的其他颜色进行对比;3. 地面色彩不受白色的限制,一般采用各种颜色和图案的地毯;4. 选用简洁、精美和能够产生色彩对比的灯具、家具等室内陈设品。

七、光亮派

光亮派竭力追求丰富、夸张、富于戏剧性变化的室内气氛。在设计中强调利用现代科技的可能性,充分运用现代材料、工艺和结构,去创造一种光彩夺目、豪华绚丽、交相辉映的效果。光亮派室内设计一般有如下特点:1. 设计时大量使用不锈钢、铝合金、镜面玻璃、磨光石材或光滑的复合面板等装饰材料;2. 注重室内灯光照明效果,惯用反射光照明以增加室内空间丰富的灯光气氛;3. 使用色彩鲜艳的地毯和款式新颖、别致的家具及陈设艺术品。

八、新表现主义

新表现主义的室内作品多用自然的形体,包括自然动物和人体等有机形体,运用一系列粗俗与优雅、变形与理性的相对范畴来表现这种风格。同时以自由曲线、不等边三角形及半圆形为造型元素,并通过现代技术成果创造出前所未有的视觉空间效果。新表现主义的室内设计有如下特征:1. 运用富有雕塑感的有机形体以及自由的界面处理;2. 高新技术提供的造型语言与自然形态的对比;3. 常用一些隐喻、比拟等抽象的手法。

进入20世纪80年代以来,随着室内设计与建筑设计的逐步分离,以及追求个性与特色的商业化要求,室内设计所特有的流派及手法已日趋丰富多彩,因而极大地拓展了室内空间环境的面貌。除以上例举的流派以外,还有一些诸如听觉空间派、东方情调派、文脉主义、超级平面美术派、绿色派等风格流派也都具有一定影响。

1.3.6 新现代主义时期的室内设计

新现代主义(Neo-Modernism)是指现代主义自20世纪初诞生以来直至20世纪70年代以后的发展阶段。尽管在20世纪末以来,世界建筑及室内设计呈现出多元化的局面,尤其是经过国际主义的垄断,后现代主义和解构主义的冲击,但现代主义仍坚持理性和功能化,相对于其他流派逐渐衰退之时而成为20世纪末建筑及室内设计发展的主流,并逐步加以提炼完善形成了新现代主义。新现代主义继续发扬现代主义理性、功能的本质精神,但对其冷漠单调的形象进行不断的修正和改良,突破早期现代主义排斥装饰的极端做法,而走向一个肯定装饰的、多风格的、多元化的新阶段。同时随着科技的不断进步,在装饰语言上更关注新材料的特质表现和技术构造细节,而且在设计上更强调作品与人文环境与生态环境的关系。

20世纪70年代初,针对国际主义风格单一刻板的垄断格局,在设计界出现了大规模调整的浪潮,新现代主义是在美国逐渐开始形成。由通常被视为新现代主义泰斗的美国著名设计师理查德·迈耶(Richard Meier)设计的亚特兰大海伊艺术博物馆(High Museum of Art),就是这种风格的代表。当人们通过精心设计的一系列内外空间序列来到四层高的中央大厅时,眼前豁然开朗,呈现出一种纯净澄明的景象。阳光透过具有装饰性的放射形顶梁光棚洒向墙面,产生极有节奏的光影。大厅一侧水平的楼板和垂直的圆柱以及突出的正方形墙面形成一种很规矩的虚实关系,也为空间注入了很强的现代感和力量感(图1.3-15)。

图1.3-15 海伊艺术博物馆大厅

新现代主义强调空间与技术的交融,注重技术构造和新材料的应用来增强设计的表现力。美国伊利诺州联邦(State of Ulionis Center, Chicago)大厦是80年初由德裔美籍建筑师墨菲·扬(Murphy Jahn)设计的。它的外形是由立方体和一圆锥组成,造型新颖奇特,成为该城市中重要的标志性建筑。内部中庭是空间的中心。环状的巨大空间直通到顶,顶部组织有序的金属网架恰好成为一种体现技术美的装饰。垂直的景观电梯和凌空挑出的楼梯以及地下的扶梯不仅加强了各层空间的联系,也为整个中庭增加了活力。在材料的选用上还大胆地使用了金属、镜面玻璃等现代材料,更使空间设计语言传达出一种新材料的特质,气势恢宏、令人振奋的空间形象是其他传统建筑无法比拟的。

主张建筑应包含自然生态环境,强调建筑空间与人和自然的关系也是新现代主义的探索方向之一。被称为美国第三代建筑师的西萨·佩里设计的彩虹中心四季庭园,曾获"全美进步建筑"奖。它坐落于尼亚加拉瀑布城中心区一条商业步行街上。建筑采用钢结构玻璃幕墙,室内则是鸟语花香另一种景象。高大的常绿乔木,低矮的灌木和草皮;精心设计的硬质铺地、水池喷泉和小品,在阳光的照耀下,树影千重、浓绿翠黛,人们漫步其间有如沐浴在绚丽多姿的大自然中(图1.3-16)。

新现代主义突破了现代主义排斥装饰的极端做法,而走向一个肯定装饰的多风格时期。出生于瑞士的建筑师马里奥·博塔(Mario Botta),他的作品装饰风格独特而简洁,既有地中海般的热情,又有瑞士钟表般的精确,旧金山现代艺术博物馆就是这样的一个杰出作品。该建筑造型中最为引人注目的就是由黑白条石构成的斜面的塔式筒体,而这里恰恰就是整个建筑的核心——中央大厅,黑白相间的水平装饰带再次延伸到室内,无论是地面、墙面还是柱础、接待台,都非常有节制地运用了这种既有韵律感又有逻辑性的语言,不仅增加了视觉上的雅致和趣味,也使空间顿然流畅起来。

图1.3-16 彩虹中心四季庭园室内

在现代主义发展的过程中,一直强调功能、结构和形式的完整性,而对设计中的人文因素和地域特征缺乏兴趣。而新现代主义在这些方面却给予充分的关注。侧重民族文化表现,更注重地域民族的内在传统精神表达的一些探索性的作品开始出现。日本的设计师在这方面的尝试比较多。其中颇负盛名的安藤忠雄(Tadao Ando)便是其中之一。他一直用现代主义的国际式语汇来表达特定的民族感受、美学意识和文化背景。日本传统的建筑就是亲近自然,而安藤一直努力把自然的因素引入作品中,积极地利用光、雨、风、雾等自然因素,并通过抽象写意的形式表达出来,即把自然抽象化而非写实地表达自然。安藤的"光的教堂""水的教堂"就是其代表作(图1.3-17)。

图1.3-17 "水的教堂"室内

新现代主义讲究设计作品与历史文脉的统一性和联系性,有时虽采用古典风格,但并不直接使用古典语汇,而多用古典的比例和几何形式来达到与传统环境的和谐统一。法国巴黎的奥尔塞艺术博物馆原是废弃多年的火车站,直至1986年决定把它改造为艺术馆。其室内设计成功的运用统一的装饰语言将原来车站多样的体量整合统一起来,最大限度地使文脉延续下去。位于纽约的四季酒店(Four Seasons Hotel)的室内设计也是具有新古典主义内涵的新现代主义优秀作品,其整个空间传达出一种超越时代的优雅感,并创造出一种威严的、欢庆的空间形象(图1.3-18)。

总之,随着社会不断地发展和科学技术的进步,新现代主义在肯定现代主义功能和技术结构体系的基础上,从不同的切入点去修正、完善和发展现代主义,使新现代主义呈现出多元的形式和风格而向前发展,而并非某一个单一的设计风格。正是由于现代主义具备在社会发展阶段的合理性,新现代主义的探索将会走上一个更高的发展层次,并且很可能在21世纪形成主要设计潮流。

图1.3-18　四季酒店室内

第2章 室内设计方法与程序

2.1 室内设计基本概念

2.1.1 室内设计的含义

室内设计顾名思义是对建筑物室内空间环境的设计,是建筑设计的延续、深化和再创作。

人的一生,绝大部分时间是在室内度过的。因此,人们设计、创造的室内环境,必然会直接关系到室内生活、生产活动的质量,关系到人们的安全、健康、效率、舒适等等。室内环境的创造,应该把保障安全和有利于人们的身心健康作为室内设计的首要前提。人们对于室内环境除了有使用安排、冷暖光照等物质功能方面的要求之外,还常有与建筑物的类型、性格相适应,符合人们文化精神生活的室内环境氛围、风格文脉等精神功能方面的要求。

由于人们长时间地生活活动于室内,因此,现代室内设计,或称室内环境设计,相对地是环境设计系列中和人们关系最为密切的环节。室内设计的总体,包括艺术风格,从宏观来看,往往能从一个侧面反映相应时期社会物质和精神生活的特征。随着社会发展的历代的室内设计,总是具有时代的印记,犹如一部无字的史书。这是由于室内设计从设计构思、施工工艺、装修、装饰材料到内部设施,必然和社会当时的物质生产水平、社会文化和精神生活状况联系在一起;在室内空间组织、平面布局和装饰处理等方面,从总体说来,也还和当时的哲学思想、美学观点、社会经济、民俗民风等密切相关。从微观的、单个的作品来看,室内设计水平的高低、质量的优劣又都与设计者的专业素质和文化艺术素养等联系在一起。至于各个单项设计最终实施后其成果的品位又和该项工程具体的施工技术、用材质量、设施配置情况,以及与建设者(即业主)的协调关系密切相关,即设计是具有决定意义的最关键的环节和前提,但最终成果的质量则有赖于:设计——施工——用材(包括设施)以及与业主关系的整体协调。

室内设计是根据建筑物的使用性质、所处环境和相应标准,运用物质技术手段和建筑美学原理,创造功能合理、舒适优美、满足人们物质和精神生活需要的室内环境。这一空间环境既具有使用价值,满足相应的功能要求,同时也反映了历史文脉、建筑风格、环境气氛等精神因素。

上述含义中,明确地把"创造满足人们物质和精神生活需要的室内环境"作为室内设计的目的,即以人为本,一切围绕为人的生活、生产活动创造美好的室内环境。

室内设计从整体上把握设计对象的依据因素则是:

使用性质——建筑物和室内空间的功能设计要求;

所在场所——这一建筑物和室内空间的周围环境状况;

经济投入——相应工程项目的总投资和单方造价标准的控制。

设计构思时,需要运用物质技术手段,即各类装修装饰材料和设施设备等,还需要遵循建筑美学原理。这是因为室内设计的艺术性,除了有与绘画、雕塑等艺术之间共同的美学法则(如对称、均衡、比例、节奏等等)之外,作为"建筑美学"更需要综合考虑使用功能、结构施工、材料设备、造价标准等多种因素。建筑美学总是和实用、技术、经济等因素联结在一起,这是它有别于绘画、雕塑等纯艺术的差异所在。

现代室内设计既有很高的艺术性的要求,涉及文化、人文及社会学科,其设计的内容又有很高的技术含量,并且与一些新兴学科,如人体工程学、环境心理学、环境物理学等关系极为密切。现代室内设计已经在环境设计系列中发展成为独立的新兴学科。

对室内设计含义的理解,以及它与建筑设计的关系,许多学者从不同的视角、不同的侧重点来分析,有不少见解深刻、值得我们仔细思考和借鉴的观点,例如:

认为室内设计"是建筑设计的继续和深化,是室内空间和环境的再创造";

认为室内设计"是建筑的灵魂,是人与环境的联系,是人类艺术与物质文明的结合";

我国前辈建筑师戴念慈先生认为"建筑设计的出发点和着眼点是内涵的建筑空间,把空间效果作为建筑艺术追求的目标,而界面、门窗是构成空间必要的从属部分。从属部分是构成空间的物质基础,并对内涵空间使用的观感起决定性作用,然而毕竟是从属部分。至于外形只是构成内涵空间的必然结果"。

日本千叶工业大学的小原二郎教授提出:"所谓室内,是指建筑的内部空间。现在'室内'一词的意义应该理解为既指单纯的空间,也指从室内装饰发展而来的规划、设计的内容",其"范围极其广泛,以住宅为首,不仅包括写字楼、学校、图书馆、医院、美术馆、旅馆、商店等各种建筑,甚至扩展到机车、汽车、飞机、船舶等领域。以上诸方面各具有不同的条件、功能和技术要求"。

建筑师普拉特纳(W. Platner)则认为,室内设计"比设计包容这些内部空间的建筑物要困难得多",这是因为在室内"你必须更多地同人打交道,研究人们的心理因素,以及如何能使他们感到舒适、兴奋。经验证明,这比同结构、建筑体系打交道要费心得多,也要求有更加专门的训练"。

美国前室内设计师协会主席亚当(G. Adam)指出,"室内设计涉及的工作要比单纯的装饰广泛得多,他们关心的范围已扩展到生活的每一方面,例如:住宅、办公、旅馆、餐厅的设计,提高劳动生产率,无障碍设计,编制防火规范和节能指标,提高医院、图书馆、学校和其他公共设施的使用效率。总之一句话,给予各种处在室内环境中的人以舒适和安全"。

白俄罗斯建筑师 E·巴诺玛列娃(E·Ponomaleva)认为,室内设计是设计"具有视觉限定的人工环境,以满足生理和精神上的要求,保障生活、生产活动的需求",室内设计也是"功能、空间形体、工程技术和艺术的相互依存和紧密结合"。

室内装饰或装潢、室内装修、室内设计是几个通常为人们所认同的,但实际上内在含义有所区别的词义。

室内装饰或装潢(Interior Ornament or Decoration):装饰和装潢原义是指"器物或商品外表"的"修饰"(见《辞海》第4387页),是着重从外表的、视觉艺术的角度来探讨和研究问题。例如对室内地面、墙面、顶棚等各界面的处理,装饰材料的选用,也可能包括对家具、灯具、陈设和小品的选用、配置和设计。

室内装修(Interior Finishing):Finishing 一词有最终完成的含义,室内装修着重于工程技术、施工工艺和构造做法等方面，顾名思义主要是指土建工程施工完成之后，对室内各个界面、门窗、隔断等最终的装修工程。

室内设计(Interior Design)：如本节上述含义，现代室内设计是综合的室内环境设计，它既包括视觉环境和工程技术方面的问题，也包括声、光、热等物理环境以及氛围、意境等心理环境和文化内涵等内容。

美国的室内设计师资格委员会(NCIDQ)认为，执业室内设计师应该受过相应的专业教育，具有从事室内设计的工作经历，也就是说需要具有一定的学历、资历要求，并且通过相应的考试。室内设计师应该能够从事三方面的工作：

首先，能识别、探索和创造性地解决有关室内环境的功能和质量方面的问题；

其次，能运用室内构造、建筑体系与构成、建筑法规、设备、材料和装潢等方面的专业知识，为业主提供与室内空间相关的服务，包括：立项、设计分析、空间策划与美学处理；

最后，能提供与室内空间设计有关的图纸文件，其设计应该从提高和保护公众的健康、安全和福利为目标。

应该说，这一委员会提出的对执业室内设计师的要求和能够从事的设计工作内容，可供我们借鉴。

2.1.2 室内设计的基本理念

现代室内设计从创造符合可持续发展，满足功能、经济和美学原则，并体现时代精神的室内环境出发，需要确定以下的一些基本理念。

2.1.2.1 环境为源，以人为本

现代室内设计，这一创造人工环境的设计、选材、施工过程，甚至延伸到后期使用、维护和更新的整个人为活动过程，理应充分重视环境的可持续发展、环境保护、生态平衡、资源和能源的节省等现代社会的准则，也就是室内设计以"环境为源"的理念。

"可持续发展"(Sustainable Development)一词最早是在20世纪80年代中期欧洲的一些发达国家提出来的。1989年5月联合国环境署发表了《关于可持续发展的声明》，提出"可持续发展系指满足当前需要而不削弱子孙后代满足其需要之能力的发展"。1993年联合国教科文组织和国际建筑师协会共同召开了"为可持续的未来进行设计"的世界大会，其主题为各类人为活动应重视有利于今后在生态、环境、能源、土地利用等方面的可持续发展。联系到现代室内环境的设计和创造，设计者绝不可急功近利、只顾眼前，而要确立节能、充分节约与利用室内空间、力求运用无污染的"绿色装饰材料"以及创造人与环境、人工环境与自然环境相协调的观点。

"以人为本"的理念，即是在设计中以满足人和人际活动的需要为核心。

"为人服务，这正是室内设计社会功能的基石"。室内设计的目的是通过创造室内空间环境为人服务，设计者始终需要把人对室内环境的需求，包括物质使用和精神两方面放在设计的首位。由于设计的过程中矛盾错综复杂，问题千头万绪，设计者需要清醒地认识到要将以人为本，为人服务，为确保人们的安全和身心健康，为满足人和人际活动的需要作为设计的核心。为人服务这一真理虽平凡，但在设计时往往会有意无意地因过多从局部因素考虑而被忽视。

现代室内设计需要满足人们的生理、心理等要求，需要综合地处理人与环境、人际交往等多项关系，需要在为人服务的前提下，综合解决使用功能、经济效益、舒适美观、环境氛围

等种种要求。设计及实施的过程中还会涉及材料、设备、定额、法规以及与施工管理的协调等诸多问题。所以现代室内设计是一项综合性极强的系统工程,而现代室内设计的出发点和归宿只能是为人和人际活动服务。

从为人服务这一"功能的基石"出发,需要设计者细致入微、设身处地地为人们创造美好的室内环境。因此,现代室内设计特别重视人体工程学、环境心理学、审美心理学等方面的研究,用以科学地、深入地了解人们的生理特点、行为心理和视觉感受等方面对室内环境的设计要求。

针对不同的人、不同的使用对象,相应地应该有不同的要求。例如:幼儿园室内的窗台,考虑到适应幼儿的尺度,窗台高度由通常的 900~1000cm 降至 450~550cm,楼梯踏步的高度也在 12cm 左右,并设置适应儿童和成人尺度的二档扶手;一些公共建筑顾及残疾人的通行和活动,在室内外高差、垂直交通、厕所盥洗等许多方面应作无障碍设计(图 2.1-1);近年来地下空间的疏散设计,如上海的地铁车站,考虑到老年人和活动反应较迟缓的人们的安全疏散,在紧急疏散时间的计算公式中,引入了为这些人安全疏散多留 1min 的疏散时间余地。上面的三个例子,着重是从儿童、老年人、残疾人等人们的行为生理的特点来考虑。

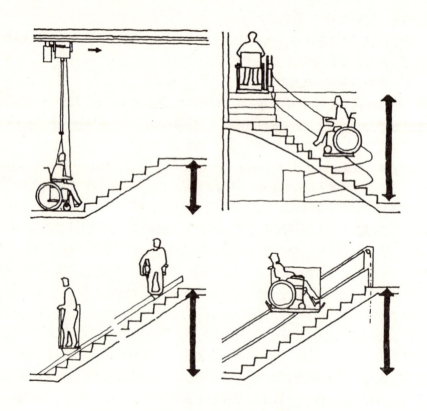

图 2.1-1 解决垂直高差楼梯中的无障碍设计

在室内空间的组织、色彩和照明的选用方面,以及对相应使用性质室内环境氛围的烘托等方面,更需要研究人们的行为心理、视觉感受方面的要求。例如:教堂高耸的室内空间具有神秘感,会议厅规整的室内空间具有庄严感,而娱乐场所绚丽的色彩和缤纷闪烁的照明给人以兴奋、愉悦的心理感受。我们应该充分运用现时可行的物质技术手段和相应的经济条件,创造出满足人和人际活动所需的室内人工环境(图2.1-2)。

图2.1-2 不同室内空间氛围给予人们不同的心理视觉感受
(a)高耸神秘的教堂;(b)宜人的餐饮场所;(c)温馨的居室

"环境为源,以人为本"的理念,首先强调尊重自然规律,顺应环境发展,注重人为活动与自然发展的融洽与协调。"环境为源,以人为本"正是演译我国传统哲学"天人合一"的观念。

2.1.2.2 系统与整体的设计观

现代室内设计需要确定"系统与整体的设计观"。这是因为室内设计确实紧密地、有机地联系着方方面面,不能孤立地就事论事,就室内论室内。白俄罗斯建筑师 E·巴诺玛列娃曾提到:"室内设计是一项系统,它与下列因素有关,即整体功能特点、自然气候条件、城市建设状况和所在位置以及地区文化传统和工程建造方式等等"。环境整体意识薄弱,容易就事论事,"关起门来做设计",使创作的室内设计缺乏深度,没有内涵。当然,使用性质不同,功能特点各异的设计任务,相应地对环境系列中各项内容联系的紧密程度也有所不同。但是,从人们对室内环境的物质和精神两方面的综合感受来说,仍然应该强调对环境整体应予充分重视。

现代室内设计的立意、构思,室内风格和环境氛围的创造,需要着眼于对环境整体、文化特征以及建筑物的功能特点等多方面的考虑。现代室内设计,从整体观念上来理解,应该看成是环境设计系列中的"链中一环"(图2.1-3)。

室内设计的"里",和室外环境的"外"(包括自然环境、文化特征、所在位置等),可以说是一对相辅相成辩证统一的矛盾,正是为了更深入地做好室内设计,就愈加需要对环境整体有足够的了解和分析,着手于室内,但首先要着眼于"室外"。当前室内设计的弊病之一——相互类同,很少有创新和个性,对环境整体缺乏必要的了解和研究,从而使设计的依据流于一般,设计构思局限封闭。看来,忽视环境与室内设计关系的分析,也是重要的原因之一。

现代室内设计,或称室内环境设计,这里的"环境"着重有两层含义:

一层含义是,室内环境是指包括室内空间环境、视觉环境、空气质量环境、声光热等物理环境、心理环境等许多方面,在室内设计时固然需要重视视觉环境的设计(不然也就不是室

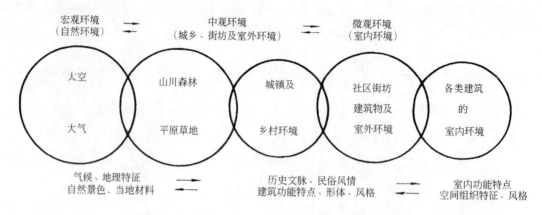

图 2.1-3　室内设计——环境设计系列的"链中一环"

内设计),但是不应局限于视觉环境,对室内声、光、热等物理环境,空气质量环境以及心理环境等因素也应极为重视。因为人们对室内环境是否舒适的感受,总是综合的。一个闷热、背景噪声很高的室内,即使看上去很漂亮,待在其间也很难给人愉悦的感受。一些涉外宾馆中投诉意见比较集中的,往往是晚间电梯、锅炉房的低频噪声和盥洗室中洁具管道的噪声,影响休息。不少宾馆的大堂,单纯从视觉感受出发,过量地选用光亮硬质的装饰材料,从地面到墙面,从楼梯、走马廊的栏板到服务台的台面、柜面,使大堂内的混响时间过长,说话时清晰度很差,当然造价也很高。美国室内设计师费歇尔(Fisher)来访上海时,对落脚的一家宾馆就有类似上述的评价。

另一层含义是,应把室内设计看成自然环境——城乡环境(包括历史文脉)——社区街坊、建筑室外环境——室内环境这一环境系列的有机组成部分,是"链中一环",是一个系统,它们相互之间有许多前因后果或相互制约和提示的因素存在。

2.1.2.3　科学性与艺术性相结合

现代室内设计的又一个基本理念,是在创造室内环境中高度重视科学性,高度重视艺术性及其相互的结合。从建筑和室内发展的历史来看,具有创新精神的新的风格的兴起,总是和社会生产力的发展相适应。社会生活和科学技术的进步,人们价值观和审美观的改变,促使室内设计必须充分重视并积极运用当代科学技术的成果,包括新型的材料、结构构成和施工工艺,以及为创造良好声、光、热环境的设施、设备。现代室内设计的科学性,除了在设计观念上需要进一步确立以外,在设计方法和表现手段等方面,也日益受到重视。设计者已开始认真的以科学的方法,分析和确定室内物理环境和心理环境的优劣,并已运用电子计算机技术辅助设计和绘图。贝聿铭先生早在 20 世纪 80 年代来华讲学时所展示的华盛顿艺术馆东馆室内透视的比较方案,就是以电子计算机绘制的,这些精确绘制的非直角的形体和空间关系,极为细致真实地表达了室内空间的视觉形象。

一方面需要充分重视科学性,另一方面又需要充分重视艺术性,在重视物质技术手段的同时,高度重视建筑美学原理,重视创造具有表现力和感染力的室内空间和形象,创造具有视觉愉悦感和文化内涵的室内环境,使生活在现代社会高科技、高节奏中的人们,在心理、精神上得到平衡,即将现代建筑和室内设计中的高科技(High-tech)和高感情(High-touch)问题有机结合。总之,室内设计是科学性与艺术性、生理要求与心理要求、物质因素与精神因素的平衡和综合。

在具体工程设计时,会遇到不同类型和功能特点的室内环境(生产性或生活性、行政办公或文化娱乐、居住性或纪念性等等),对待上述两个方面的具体处理,可能会有所侧重,但从宏观整体的设计观念出发,仍然需要将两者结合。科学性与艺术性两者决不是割裂或者对立,而是可以密切结合的。意大利设计师 P·奈尔维(P.Nervi)设计的罗马小体育宫和都灵展览馆,尼迈亚设计的巴西利亚菲特拉教堂,屋盖的造型既符合钢筋混凝土和钢丝网水泥的结构受力要求,结构的构成和构件本身又极具艺术表现力(图 2.1-4);荷兰鹿特丹办理工程审批的市政办公楼,室内拱形顶的走廊结合顶部采光,不作装饰的梁柱处理,在办公建筑中很好地体现了科学性与艺术性的结合(图 2.1-5)。

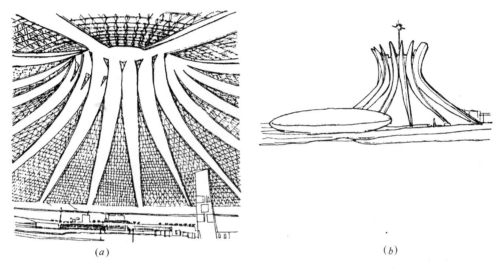

图 2.1-4 巴西利亚菲特拉教堂
(a)教堂内景;(b)教堂外景

2.1.2.4 时代感与历史文脉并重

从宏观整体看,正如前述,建筑物和室内环境,总是从一个侧面反映当代社会物质生活和精神生活的特征,铭刻着时代的印记,但是现代室内设计更需要强调自觉地在设计中体现时代精神,主动地考虑满足当代社会生活活动和行为模式的需要,分析具有时代精神的价值观和审美观,积极采用当代物质技术手段。

同时,人类社会的发展,不论是物质技术的,还是精神文化的,都具有历史延续性。追踪时代和尊重历史,就其社会发展的本质讲是有机统一的。在室内设计中,在生活居住、旅游休息和文化娱乐等类型的室内环境里,都有可能因地制宜地采取具有民族特点、地方风格、乡土风味,充分考虑历史文化的延续和发展的设计手法。应该指出,这里所说的历史文脉,并不能简单地只从形式、符号来理解,而是广义地涉及规划思想、平面布局和空间组织特征,甚至设计中的哲学思想和观点。日本著名建筑师丹下健三为东京奥运会设计的代代木国立竞技馆,尽管是一座采用悬索结构的现代体育馆,但从建筑形体和室内空间的整体效果,确实可说它既具时代精神,又有日本建筑风格的某些内在特征(图 2.1-6);阿联酋沙迦的国际机场,同样的,也既是现代的,又凝聚着伊斯兰建筑的特征,它不是某些符号的简单搬用,而是体现这一建筑和室内环境既具时代感,又尊重历史文脉的整体风格(图 2.1-7)。

图 2.1-5 荷兰鹿特丹市政厅结合顶部采光的拱形顶走廊

2.1.2.5 动态发展观

室内环境由于使用功能变化,例如:住宅室内增置家庭办公,办公组团的重新组合,商店经营门类、经营方式的改变等等,都将使室内空间的分隔、室内装饰和设施配置相应变化;也由于人们对室内环境艺术氛围、时尚风格等审美观的改变,也使室内环境需要作出相应的变化,这是室内设计与建筑设计相对地有较大区别的地方。因此,室内设计通常需要考虑给室内环境留有更新改变的余地,需要以动态发展的理念来进行设计,要使对平面布局、室内空间分隔的调整、装饰材料的更新、设施设备的改变等具有可能性。

我国清代文人李渔,在他室内装修的专著中曾写道:"与时变化,就地权宜","幽斋陈设,妙在日异月新",即所谓"贵活变"的论点。他还建议不同房间的门窗,应设计成不同的体裁和花式,但是具有相同的尺寸和规格,以便根据使用要求和室内意境的需要,使各室的门窗可以更替和互换。李渔"活变"的论点,虽然还只是从室内装修的构件和陈设等方面去考虑,但是它已经涉及了因时、因地的变化,把室内设计以动态的发展过程来对待。

现代室内设计的一个显著的特点,是由于它对时间的推移,从而引起室内功能相应的变化和改变,显得特别突出和敏感。当今社会生活节奏日益加快,建筑室内的功能复杂而又多变,室内装修装饰材料、设施设备,甚至门窗等构配件的更新换代也日新月异。总之,室内设计和建筑装修的"无形折旧"更趋突出,更新周期日益缩短,而且人们对室内环境艺术风格和气氛的欣赏和追求,也是随着时间的推移在改变。

据悉,日本东京男子西服店近年来店面及铺面的更新周期仅为一年半;我国上海市不少

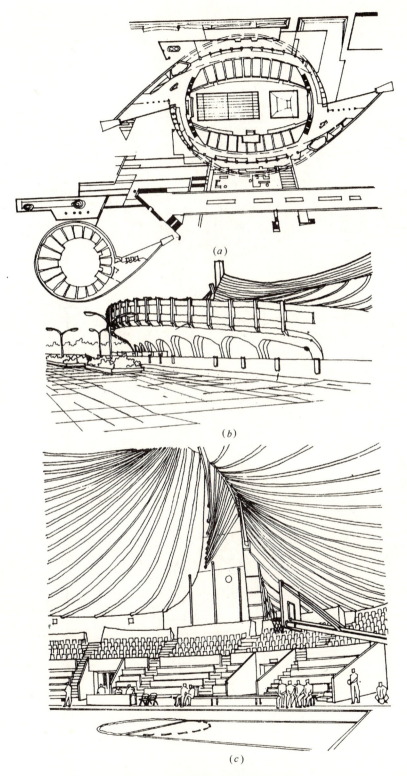

图 2.1-6 日本东京代代木国立竞技馆
(a)平面；(b)外观；(c)室内

(a)

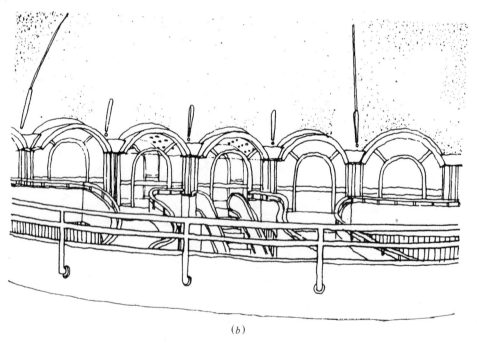

(b)

图 2.1-7 具有伊斯兰建筑特征的沙迦国际机场
(a)机场外观;(b)候机楼室内

餐馆、理发厅、照相馆和服装商店的更新周期也只有2～3年,旅馆、宾馆的更新周期约为5～7年。随着市场经济、竞争机制的引进,购物行为和经营方式的变化,新型装修装饰材料、高效照明和空调设备的推出,以及防火规范、建筑标准的修改等等因素,都将促使现代室内设计在空间组织、平面布局、装修构造和设施安装等方面都留有更新改造的余地,室内设计的依据因素、使用功能、审美要求等等都不能看成是一成不变的,而是应以动态发展的过程来认识和对待。室内设计动态发展的观点同样也涉及其他各类公共建筑和量大面广的居住建筑的室内环境(图2.1-8)。

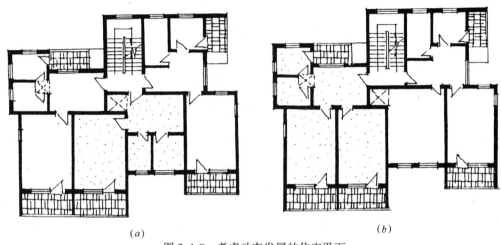

图2.1-8 考虑动态发展的住宅平面
(a)近期为三套一室一厅;(b)远期为两套二室一厅

2.1.3 室内设计的内容

现代室内设计在遵循可持续发展、环境保护、有利于生态平衡、节省资源和节约能源等原则的前提下,设计师应以满足"人的行为和活动"为核心,研究创造美好宜人的室内空间环境。

现代室内设计包括的主要内容有:

(1) 室内空间的组织、调整、利用和再创造;
(2) 室内平面功能分析、布置和调整;
(3) 室内各界面:地面、墙面、顶棚等使用特点分析,线、形、图案等的装饰设计及构造设计;
(4) 室内采光、照明、声学设计,考虑光影和音质效果及隔吸声处理;
(5) 室内色彩设计,确定主色调和色彩配置;
(6) 根据使用要求、环境氛围和相应装饰标准,选用各界面不同质地的装饰材料;
(7) 协调室内环控、水、电、音响等设计要求,在空间组织和界面处理上根据设备要求作整体协调和相应调整;
(8) 对室内内含物:家具、灯具、陈设、织物等的布置、选用或设计;室内绿化、水、石等的布置。

现代室内设计,也可称谓"室内环境设计",需要综合解决有关室内环境的各类问题,涉及许多方面(图2.1-9)详见表2.1-1、表2.1-2。

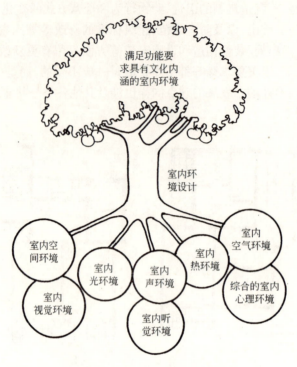

图 2.1-9 室内环境包含的内容

室内设计内容包含的主要方面　　　　　　　　　　　表 2.1-1

室内设计内容	
	室内空间组织、调整和再创造
	室内平面功能分析和布置
	地面、墙面、顶棚等各界面线形和装饰设计
	考虑室内采光、照明要求和音质效果
	确定室内主色调和色彩配置
	选用各界面的装饰材料、确定构造做法
	协调室内环控、水、电等设备要求
	家具、灯具、陈设等的布置、选用或设计室内绿化布置

室内环境设计的环境系列 表 2.1-2

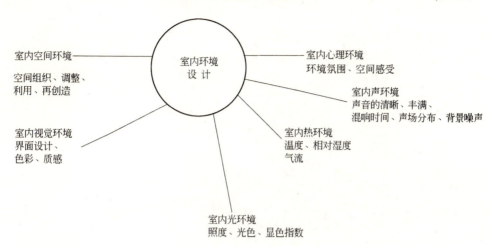

和现代室内设计关系密切的一些学科和技术因素列表如下(表 2.1-3):

图 2.1-10~图 2.1-15 分别为室内空间组织、室内界面处理、结构构件与室内界面造型的结合以及天然采光照明与平顶及室内空间环境的结合示例。

室内设计与相关学科和技术因素 表 2.1-3

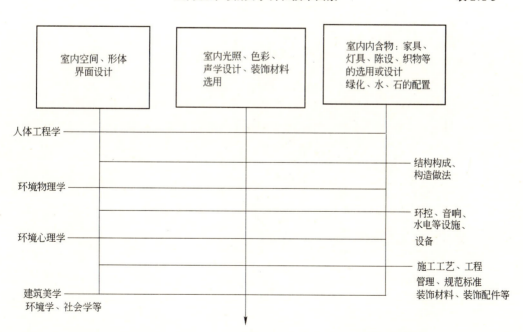

图2.1-10 某中庭的室内空间组织

图2.1-11 多伦多市伊顿中心的室内空间组织

图 2.1-12 室内界面处理示例
(a)顶面形状及墙面图案构成处理；(b)结合照明灯槽及风口的顶面造型处理

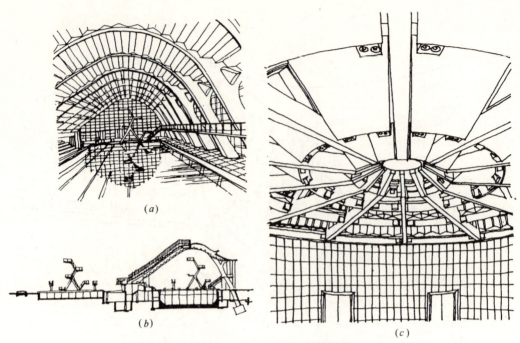

图 2.1-13　结构构件与室内界面造型的结合
(a)拱形结构构件与顶界面的结合；(b)拱形结构构件剖面；(c)放射形骨架与顶界面的结合

图 2.1-14　室内通道的天然采光与照明

图 2.1-15 室内设计的内含物示例
(a)家具;(b)卫生设施

2.2 室内设计工作方法与程序

2.2.1 室内设计工作方法

现代室内设计的工作方法,实际上是要设计者对室内设计的含义、基本理念和设计内容等具有一定的理解,并且需要经过一些工程实践后,才能对室内设计的工作方法有所认识。

室内设计的工作方法,首先是设计的思考方法,即在进行室内设计的设计任务时应该如何思考,其次是设计工作中的一些具体工作方法。

2.2.1.1 室内设计的思考方法

室内设计的思考方法主要有以下几点:

(1) 大处着眼、细处着手,总体与细部深入推敲。

大处着眼,即是如上一节中所叙述的,室内设计应考虑的几个基本观点。这样,在设计时思考问题和着手设计的起点就高,有一个设计的全局观念。细处着手是指具体进行设计时,必须根据室内的使用性质,深入调查、收集信息,掌握必要的资料和数据,从最基本的人体尺度、人流动线、活动范围和特点、家具与设备等的尺寸和使用它们必须的空间等着手。

(2) 从里到外、从外到里,局部与整体协调统一。

建筑师 A·依可尼可夫曾说:"任何建筑创作,应是内部构成因素和外部联系之间相互作用的结果,也就是'从里到外'、'从外到里'。"

室内环境的"里",以及和这一室内环境连接的其他室内环境,以至建筑室外环境的"外",它们之间有着相互依存的密切关系,设计时需要从里到外,从外到里多次反复协调,务使更趋完善合理。室内环境需要与建筑整体的性质、标准、风格以及与室外环境相协调统一。

(3) 意在笔先或笔意同步,立意与表达并重。

意在笔先原指创作绘画时必须先有立意,即深思熟虑,有了"想法"后再动笔,也就是说设计的构思、立意至关重要。可以说,一项设计,没有立意就等于没有"灵魂",设计的难度也往往在于要有一个好的构思。具体设计时意在笔先固然好,但是一个较为成熟的构思,往往需要有足够的信息量,有商讨和思考的时间,因此也可以边动笔边构思,即所谓笔意同步,在设计前期和出方案过程中使立意、构思逐步明确,但关键仍然是要有一个好的构思。

对于室内设计来说,正确、完整又有表现力地表达出室内环境设计的构思和意图,使建设者和评审人员能够通过图纸、模型、说明等全面地了解设计意图,也是非常重要的。在设计投标竞争中,图纸质量的完整、精确、优美是第一关,因为在设计中,形象毕竟是很重要的一个方面,而图纸表达则是设计者的语言,一个优秀室内设计的内涵和表达也应该是统一的。

2.2.1.2 室内设计的具体工作方法

室内设计的具体工作方法,由于设计任务和设计工作的复杂和多面,尚难以系统、有条理地逐一列出,但以下几点仍应在设计具体工作中应予重视:

(1) 调查和信息收集

对建设单位的设计任务要求、使用功能特点、环境氛围设想、资金投入与造价标准等的意向进行调查,同时对室内设计任务所在的周围环境、建筑物、结构构成和设施设备等进行现场踏勘和调查、汇总形成设计的资料依据。

多渠道收集与设计任务有关的各类技术资料的信息,如通过相关的书籍、杂志、约请熟悉同类设计任务的专业人员进行了解咨询,通过电脑网上收集有关的信息等等。

(2) 设计定位

在通过调查、分析、收集相关资料信息之后,对接受的设计任务作出定位,是非常必要的,这里的"定位"是指:

1) 设计任务所处的时代、时间特征,所在的地域、周边地区和室内空间所在的"左邻右舍"情况的"时空定位";

2) 设计任务使用功能特点、使用性质要求的"功能定位";

3) 设计任务和业主祈望营造的环境氛围、造型格调的"风格定位";

4) 还有业主的整体资金投入和单方造价标准的"规模与标准定位"。

(3) 相关工种协调

室内设计工作,最终设计成果的优劣,设计意图是否具有可操作性,与室内设计和相关的空调、给排水、强弱电气等设施、设备的整体协调关系极为密切。例如,室内空调风口位置、水管、电线的布置等均与室内设计的整体功能效果密切相关,同时与室内声、光、热有关的相应设施、设备的配置与协调,也与风、水、电、设施、设备的配置与协调同等重要,这也是现代室内设计的重要内涵之一。

(4) 与土建和装修施工的前后期衔接

室内设计既受前期土建工程的制约,如承重结构部位、管道设施的布置等,也要为装修施工提供合理方便、可操作的设计方案。

(5) 方案比较

室内设计从实际情况分析,往往具有多种应对设计任务的方案,它们总是各有长短和得失,只有通过不同方案的分析比较,才能得出优选的解答。因此,室内设计方案的比较不仅是业主选择最佳作品的需要,也是设计师自身重要的工作方法之一。

2.2.2 室内设计工作程序

室内设计根据设计的进程,通常可以分为4个阶段,即设计准备阶段、方案设计阶段、施工图设计阶段和设计实施阶段。

(1) 设计准备阶段

1) 设计准备阶段主要是接受委托任务书,签订合同,或者根据标书要求参加投标;明确设计期限并制定设计计划进度安排,考虑各有关工种的配合与协调;

2) 明确设计任务和要求,如室内设计任务的使用性质、功能特点、设计规模、等级标准、总造价,根据任务的使用性质所需创造的室内环境氛围、文化内涵或艺术风格等;

3) 熟悉设计有关的规范和定额标准,收集分析必要的资料和信息,包括对现场的调查踏勘以及对同类型实例的参观等;

4) 在签订合同或制定投标文件时,还包括设计进度安排,设计费率标准,即室内设计收取业主设计费占室内装饰总投入资金的百分比(通常由设计单位根据任务的性质、要求、设计复杂程度和工作量,提出收取设计费率数,最终与业主商议确定)。

(2) 方案设计阶段

方案设计阶段是在设计准备阶段的基础上,进一步收集、分析、运用与设计任务有关的资料与信息,构思立意,进行初步方案设计,深入设计,进行方案的分析与比较。

确定初步设计方案,提供设计文件。室内设计初步设计方案的文件通常包括:

1) 平面图(包括家具布置),常用比例1:50,1:100;

2) 室内立面展开图,常用比例1:20,1:50;

3) 平顶图或仰视图(包括灯具、风口等布置),常用比例1:50,1:100;

4) 室内透视图(彩色效果);

5) 室内装饰材料实样版面(墙纸、地毯、窗帘、室内纺织面料、墙地面砖及石材、木材等均用实样,家具、灯具、设备等用实物照片);

6) 设计意图说明和造价概算。

初步设计方案需经审定后,方可进行施工图设计。

(3) 施工图设计阶段

施工图设计阶段需要补充施工所必要的有关平面布置、室内立面和平顶等图纸,还需包括构造节点详图、细部大样图以及设备管线图,编制施工说明和造价预算。

(4) 设计实施阶段

设计实施阶段也即是工程的施工阶段。室内工程在施工前,设计人员应向施工单位进行设计意图说明及图纸的技术交底。工程施工期间需按图纸要求核对施工实况,有时还需根据现场实况提出对图纸的局部修改或补充(由设计单位出具修改通知书)。施工结束时,会同质检部门和建设单位进行工程验收。

为了使设计取得预期效果,室内设计人员必须抓好设计各阶段的环节,充分重视设计、施工、材料、设备等各个方面,并熟悉、重视与原建筑物的建筑设计、设施(风、水、电等设备工程)设计的衔接,同时还须协调好与建设单位和施工单位之间的相互关系,在设计意图和构思方面取得沟通与共识,以期取得理想的工程设计成果。

第3章 环境行为与室内设计

在了解环境行为与室内设计关系前,应明确以下七个基本观念:

1. 天地生万物,万物共生,相生相克,人和环境始终处于交互作用状态。人类征服自然创造了新的环境,当环境失去支持能力时,人类的发展也受到限制,因此,在平衡中求发展,应是环境行为的准则。走可持续发展的道路,应是每一位建筑师和室内设计师的环境观。

2. 我们的地球如同一只"双层壳的蛋","外壳"是大气层;"内壳是水层"。"两壳"之间是生物圈,生存着动物、植物、微生物,还有我们人类。有了大气层,人类才避免了宇宙射线的伤害;有了水层,人类才避免了来自地球内部的岩浆灼伤,故保护大气层和水层也就是保护我们人类自己,这是人类创造新环境的前提。

3. 人类的一切建筑活动都是为了满足人的生产和生活需要,也都会受到环境和技术的制约。建筑活动的结果均以空间的形式表现出来,人对空间的占有和支配是生命的渴望和本能。简而言之,"需要、环境、形式"就是建筑的全部内容,这就是建筑学。

4. 人是环境中的人,环境是人的环境,形式是人和环境所需要和所允许的形式。人和环境的交互作用主宰了设计的全过程,这就是建筑设计。

5. 室内设计是建筑设计的一部分,是建筑设计的深入和继续,是室内空间环境的再创造。

6. 人和环境的交互作用表现为刺激和效应,效应必须满足人的需要,需要反映为人在刺激后的心理活动的外在表现和活动空间状态的推移,这就是人的环境行为。

7. 人类几千年的建筑活动,各自根据环境的特点,总结出适合自己需要的"营造法式",随着社会的发展,艺术的追求,在营造法式的基础上又产生了许多有价值的"图式理论"。进入20世纪,建筑业的发展,科技进步,又出现了以功能法则为基础的"建筑空间理论"。到了20世纪70年代,环境问题成了世界重大活动的中心话题,以人和环境交互作用观念发展起来的"建筑行为理论",将成为本世纪建筑创作的主要理论,也是室内设计的理论基础。

3.1 人体工程学与室内设计

3.1.1 人体工程学的由来及其与室内设计的关系

要了解人的建筑行为,首先要认识人类自己,认识人与工程系统及其环境的关系,故人体工程学就是研究人与工程系统及其环境的科学。

人体工程学的概念其原意就是讲的工作和规律。这是1857年由波兰教授雅斯特莱鲍夫斯基提出的,用英文表达"Ergonomics",它来源于希腊文,其中"Ergos"是工作,"nomes"是规律。人体工程学是20世纪40年代兴起的一门技术科学。表达人体工程学的定义有各种不同的表达方法,故其名称较多,有"实验心理学"、"工程心理学"、"心理工艺学"、"人类工效学"、"功量学"、"功力学"、"宜人学"、"人体工程学"、"人类工程学"、"人的因素"、"人间工学"、"人机工程学"等等。国际工效学会(International Ergonomics Association,简称IEA)的会章把工效学定义为:"这门学科是研究人在工作环境中的解剖学、生理学、心理学等诸方面的因素,研究人——机器——环境系统中的交互作用着的各组成部分(效率、健康、安全、舒适等)在工作条件下,在家庭中,在休假的环境里,如何达到最优化的问题。"考虑室内设计的特点,本文仍习用人体工程学的名称。

人体工程学不是哪一位科学家发明的,就其概念而言,自人类诞生之日起,就出现人体工程学问题,如原始人狩猎用弓箭,砍柴用斧子,挑担用扁担,都存在着人和工具的关系,存在工作和效率问题。在漫长岁月中,特别是经过工业革命,两次世界大战及战后的大规模建设及当今科学技术的发展,人体工程学得到迅速发展,应用范围极广。可以说,凡是涉及到与人有关的科学,都存在人体工程学的概念。设计一件衣服,要知道人体尺寸和人体表面温度;设计一辆汽车不仅要懂得空气动力学,还要知道人在车中的功能尺度,振动对人的影响,异常情况下人的安全要求;人至太空,要了解人在失重情况下的心理活动,运动特点和操作要求;在企业管理中,要懂得人际行为的特点,才能充分发挥人的作用,如此等等。

建筑设计和室内设计,应用人体工程学的例子则更多。要使建筑更好的为人所用,就要懂得人的生理特点和心理及行为的要求;要使环境很舒适,就要懂得人的知觉特性;要使家具和设备使用方便,就要了解人体及活动时的各种结构尺寸和功能尺寸;要使建筑形态符合人的审美要求,就要懂得人的视觉特征,以及人和环境交互作用的特点等等。因此,随着社会的发展、科技的进步,人体工程学所涉及的范围,也超出了原有的含义。

本文只是介绍人体工程学与室内设计的关系,而不是人体工程学的全部,但其原理不仅适合室内设计,同样适合城市设计、建筑设计、工业设计等等,其相互关系和内容用简图表达如下:

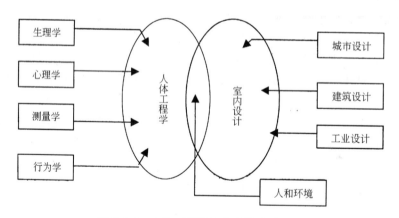

图 3.1-1 人体工程学与室内设计关系图

3.1.2 生理学与室内设计

与室内设计关系较密切的生理学基本知识有人体感觉系统、血液循环系统和运动系统等知识。

3.1.2.1 感觉系统与室内设计

人体的感觉系统是由神经系统和感觉器官组成。了解神经系统才能知道心理活动发生的过程,了解感觉器官才懂得刺激与效应发生的生理基础。

神经系统分为中枢神经系统和周围神经系统。前者包括脑和脊髓,其中脑又分为大脑、小脑、间脑和脑干四个部分。周围神经系统则是由脑干发出的 12 对脑神经和脊髓发出的

31对脊神经组成。

人体的感觉器官分内、外感官。与室内设计关系密切的主要是外感官,即眼、耳、鼻、口、皮肤等。

当人体内部和外部环境的各种因子刺激人体的感觉器官时,通过神经系统,则产生各种感觉,如视觉、听觉、嗅觉、味觉、肤觉,俗称"五觉"。这种效应,称为"五觉效应"。与室内设计关系较密切的则是视觉、听觉、嗅觉和肤觉。知道各种知觉特性,才能做出适合人体需要的室内设计。

1. 眼睛的生理基础。了解眼睛是由眼球、眼眶、结膜、泪器、眼外肌组成,才能了解视觉机能,如视力、适应、视度、视野、闪烁、眩光、立体视觉等规律,才能懂得影响形象思维的规律;了解视度和物体的关系,如物体的视角、物体和其背景间亮度对比、物体的亮度、观察者与物体的距离、观察时间的长短等各种特性,才能科学地把握室内的视觉范围和视区分布的质量,正确地处理好家具、设备等位置与视觉的关系,并利用影响室内视觉形象的各种因素,如形态、光影、色彩、质地、旷奥度等,创造出适合人的视觉要求的室内环境。

2. 耳朵的生理基础。了解耳朵是由外耳、中耳和内耳组成,才能了解声音与听觉的关系,如声源、可听声范围、声音的物理量和感觉量、噪声级大小与主观感觉、噪声对人的影响;掌握听觉特性,如听觉适应、听觉方向、音调音色、响度级与响度、听觉与时差、双耳听闻效应、掩蔽效应、声音的记忆和联想等知识,才能做好室内噪声控制和隔声,做好室内音质设计。

3. 鼻子的生理基础。了解鼻子是由外鼻、鼻腔和副鼻窦三部分组成,才能了解嗅觉的特性,如嗅觉感受阈限及其与刺激物的体积流速的关系、嗅觉适应的特点、嗅觉的相互作用、失嗅和错嗅的反应、以及激素对嗅觉的影响等,才能科学的把握室内空气品质的标准,保障人体健康。

4. 皮肤的生理基础。皮肤是由表皮、真皮、皮下组织和皮肤衍生物(汗腺、毛发、皮脂腺、指甲)组成,它是人体最大的感觉器官,能感知室内热环境的质量;它具有"呼吸"功能,有散热和保温的作用;依靠神经网络,可产生触、温、冷、痛等感觉。了解这些特性,利用触觉特点,做好无障碍环境,把握振动感觉的特点,做好隔振措施,保障人体健康;了解温度觉特点,做好室内热环境;知道痛觉的特点,做好室内及家具和设备的界面处理,保障人体舒适感。

3.1.2.2 血液循环系统与室内设计

人体的血液循环系统是由心脏和血管组成。整个血液循环系统分大循环(即体循环)、中循环(即肺循环)和微循环三个部分,它是人体营养的输送线和"通讯网"。保障血液循环系统畅通无阻,是室内家具设备和建筑细部空间尺度设计的准则。

如果我们使用的家具尺度不合理,如桌椅面太高,脚不着地,坐久了下肢血液循环受阻,腿脚则麻木。

人体的血液循环是抗重力循环,头是"散热器",脚是"吸热器",如果室内地面材料的蓄热系数太小,如水泥或石材地面,生活久了,对人体下肢血液循环是不利的。夏季制冷或通风,其风口位置最好在高处。

人体的血液循环是一个振荡过程,故室内温度和湿度不宜停留在一个恒定的水平上,要保持一定的温湿差,才能保障人体健康。

3.1.2.3 运动系统与室内设计

人体运动系统是由骨骼、关节和肌肉组成,这造就了人体特定的空间形态,也维持了人体内力和重力平衡的规律以及在日常生活和工作中的各种姿态。与室内设计关系最密切的主要是人体静态姿势,主要有以下几种(见图 3.1-2):

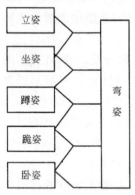

图 3.1-2 人体静态姿势

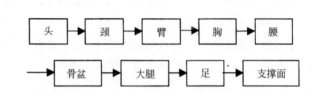

图 3.1-3 人体重力传递简图

由于人体姿势不同,人体内力和重力传递的路线也不同,见图 3.1-3。当人体处于弯姿时,重力则使脊柱处受弯。如常期处于弯曲状态,则脊柱会产生变形,故我们在确定家具、设备以及扶手、拉手等空间尺度时,要尽可能减少人体受弯的姿势,以保障人体健康。

3.1.2.4 人体测量学与室内设计

1. 基本概念

人体测量学是通过测量人体各部位尺寸来确定个人之间和群体之间在人体尺寸上差别的一门科学。

影响人体尺寸的因素很多,主要有种族、地区、性别、年龄、职业、环境等。随着时间和空间的变化,人体尺寸也在慢慢的变化。

人体测量的主要内容有四个方面:人体构造尺寸、人体功能尺寸、人体重量和推拉力。

人体构造尺寸(即人体结构尺寸)是指人体静态尺寸。它包括头、躯干、四肢等在标准状态下测得的尺寸。在室内设计中应用最多的人体构造尺寸有:身高、坐高、臀部——膝盖长度、臀部宽度、膝盖和膝腘高度、大腿厚度、臀部——膝腘长度、坐时两肘之间的宽度等。

人体功能尺寸,是指人体动态尺寸,这是人体活动时所测得的尺寸,由于行为目的不同,人体活动状态不同,故测得的各种功能尺寸也不同。更精确测量其尺寸是困难的,但根据人在室内活动范围的基本规律,也可以测得其主要功能尺寸。测量的方法主要有四种:丈量法、摄像法、问卷法、自动控制或遥感测试法。

2. 百分位

由于人类个体和群体差异,人体尺寸都有很大变化,设计工业产品或确定某种与人相关空间尺度,一般不能用"平均数"(即平均值),而将人体某一尺寸在一定范围内进行数值分段,如将被试的身高或肩宽等在尺寸上分为一百个等分,这就是百分位,又叫百分点。

统计学表明,任意一组特定对象的人体尺寸分布均符合正态分布的规律,即大部分属于中间值,只有一小部分属于过大或过小的值,设计时也不可能满足所有人要求,故使用时均参照国家规定标准:《中国成年人人体尺寸》(GB 1000—88)。

由于百分位是从最小到最大进行数值排列的,这就表明高位的数值大于低位的数值。有两点要特别注意:

(1) 人体测量中的每一个百分位的数值,只表示某一项人体的尺寸。
(2) 绝对没有一个人在各种人体尺寸的数值上都同时处在同一百分位上。

选择测量数据时要注意根据设计内容和性质来选择合适的百分数据。以下几点原则可供参考:

(1) 够得着的距离,一般选用第5百分位的尺寸,如设计坐着或站着的高度等;
(2) 容得下的距离,一般选用第95百分位的尺寸,如设计通行间距等;
(3) 常用高度,一般选用第50百分位的尺寸,如门铃、把手等;
(4) 可调节尺寸,可能时增加一个调节尺寸,如升降椅或可调节的木隔板等。

3.2 行为心理学与室内设计

行为心理学实际上也属于人体工程学的研究范畴。它和室内的关系,实质上就是将人在建筑环境的心理和行为的规律用在室内设计中。

3.2.1 心理和行为

心理学是研究人的心理现象及其活动规律的科学。心理是人的感觉、知觉、注意、记忆、思维、情感、意志、性格、意识倾向等心理现象的总称。

从哲学上讲,人的心理是客观世界在人头脑中主观能动的反映,即心理活动的内容来源于我们的客观现实和周围环境。每一个具体的所想、所作、所为均有两个方面,即心理和行为。两者在范围上有所区别,又有不可分割的联系。心理和行为都是用来描述人的内外活动,但习惯上把"心理"的概念主要用来描述人的内部活动(但心理活动反映涉及外部活动),而将"行为"的概念主要用来描述人的外部活动(但人的任何行为都是发自内部的心理活动)。所以人的行为是心理活动的外在表现,是活动空间状态的推移。

由于客观环境随着时间和空间的变化而不断改变,故人的心理活动也随之而改变。心里活动是依靠大脑机能来实现的,这就受到人体自身特点的影响。由于年龄、性别、职业、道德、伦理、文化、修养、气质、爱好等不同,每个人心理活动千差万别。心理学的研究和应用也在不断深化和扩大。为研究人的心理活动,建立了"实验心理学",这是各门应用心理学的基础。研究人和环境的交互作用,建立了"环境心理学","建筑环境心理学"则是其中的一部分。为研究人际关系,建立了"人际关系学",研究商业活动,建立了"商业心理学"等等,这些都是应用心理学。

人的心理活动一般可分为三大类型:一是人的认识活动,如感觉、知觉、注意、记忆、联想、思维等的心理活动;二是人的情绪活动,如喜、怒、哀、乐、美感等心理活动;三是人的意志活动,这是在认识活动和情绪活动基础上进行的行为、动作、反映的活动。

心理活动在心理学中常用三种维度来描述其活动特征:一是心理活动的过程,如正在进行的感觉、知觉,正在体验的喜悦,正在做出的动作;二是心理活动状态,如在进行的心理活动中,感觉到什么内容,什么程度,比如高兴还是很高兴;三是个性心理特点,如不同的性格、气质、价值观、态度等特点。

心理活动的各种特征是建立"心理量表"和"行为模式"的基础。

3.2.2 人和环境的交互作用

一切事物都在运动,万物都在相互作用,人和建筑环境也时刻都在交互作用,创造安全、环保、健康的室内环境是业主的目标,也是室内建筑师的职责。

3.2.2.1 环境构成

广义地说,环境是包括我们周围一切事物的总和,建筑环境则包括自然环境、生物环境、人工环境、社会环境和信息环境。建筑是人工环境的一部分,同时与其他环境产生交互作用。

3.2.2.2 刺激与效应

生态系统中的各种因素都是相互作用、相互制约的。当人体受到各种环境因素作用,其中也包括人群之间及人体自身因素,人体各种感官受到刺激后,就要作出相应的反应,这就是刺激与效应,人体外感官主要是五觉效应,即视觉、听觉、嗅觉、味觉和肤觉。如果刺激量太小,则不能引起人们感官的反应,刺激量中等时,人们会能动地作出自我调整,当刺激量超出人们接受能力时,人们会主动地作出反应,会改变或调整环境,甚至创造新的环境,以适应自我需要。这种刺激效应是人类及其社会发展的基础,也是室内设计的理论依据。

3.2.2.3 知觉传递与表达

研究知觉传递与表达的目的,在于为科学地确定能为人体接受的环境因子的物理量,化学量和心理量,创造适合人们需要的健康、安全、卫生的人工环境。

知觉传递是依靠人体感官,通过神经系统来实现的,知觉传递是动态的平衡系统,见下图:

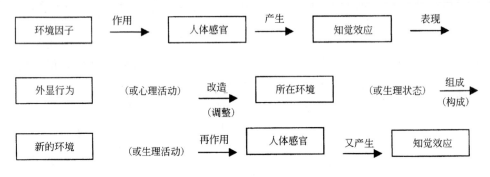

图 3.2-1 知觉传递系统

作用于人体的环境因子如果是物理刺激,则用物理量来测量。如引起视觉的光和色,可通过光谱仪和色谱仪来确定其波长等物理量;如果是化学刺激,则用化学量来测量,如引起嗅觉的气味,可用化学试剂和气体分析仪来测定其他化学成份;如果是心理因素,则用心理量表来表达。常用的心理量表有顺序量表、等距量表和比例量表。顺序量表既没有相等单位又没有绝对零,只把事物排出一个顺序,等距量表则进一步确定某事物的差距是多少,但不能确定某事物原始量,而比例量表既有相等单位又有绝对零。

3.2.3 心理学与室内设计

在以人为本的室内设计中,上述的每一种心理现象都会影响室内设计的效果及其评估的结果。

3.2.3.1 感觉和知觉

感觉是人的大脑两个半球对于客观事物的个别情况的反映,这是最简单的一种心理现象,是心理活动的基础。它分外部感觉,如视觉、听觉、嗅觉、味觉、皮肤感觉等,另一种是内部感觉,如运动感觉、平衡感觉等。另外,还有一些感觉是属于几种感觉的结合,如触摸觉就是皮肤感觉和运动感觉的结合。

感觉有以下几种特性:

第一是感觉适应。这是由于感觉器官不断接受同一刺激物的刺激而产生的。比如我们从明亮处突然进入暗处,开始时什么都看不见,但过一会就不再感到眼前漆黑一团了,这就是视觉的暗适应,反之,叫做视觉的明适应。在室内设计时,就要考虑室外和室内环境的差异所造成的感觉适应,如出入口的光觉适应,空调房间的温觉适应等。

第二是感觉疲劳。当同一刺激物的刺激时间过长时,由于生理原因,感觉适应就要变成感觉疲劳。如"久闻不知其香",这是嗅觉疲劳;"熟视无睹",这是视觉疲劳等等;故室内装修时,就要考虑室内外环境变动的灵活性,不断地变化,以唤起人们新的感觉,这对商业建筑装修设计尤为重要。另外,感觉疲劳具有周期性,一种刺激被抑制时,另一种刺激则亢进,交替作用造成对环境的适应。认识其周期性规律,则可"超前"设计。

第三是感觉的对比。这是因为同一感觉器官能接受不同刺激物的刺激,这就产生了比较。在室内设计中,当室内净空较低时,则用低矮的小家具,以显示室内净空的高大。再如用粗糙烘托光洁,用灰暗衬托明亮等等。

第四是感觉的补偿。当某种感觉丧失后,其他感觉可在一定程度上进行补偿。如盲人的听觉和触摸觉就比他失明前发达,耳聋人的视觉很敏锐等,这就为残疾人的室内外环境的无障碍设计提供了理论依据。

知觉是我们大脑两个半球对于一个具有某些统一特征的现象或对象所发生的反映,它具有以下几个基本特性:

一是知觉的选择性。人们在知觉周围的事物时,总是有意或无意地选择少数事物作为知觉的对象,而对其余事物的反映较为模糊。如观瞻一幢高层建筑,比较注意其顶部,观瞻多层建筑,比较注意其出入口,进入室内比较注意主人的动作和居室的装潢及陈设,而比较少关心顶棚和地板。

二是知觉的整体性。我们的任何知觉都是客观对象或现象的整体性,而不是个别特性。如看一个室内效果,是感知室内环境的总效果,而不是材料、色彩、光影等个别特性,故室内设计要注意整体效果。

三是知觉的理解性。人们在知觉事物的过程中,总是根据以往的知觉经验来理解事物的,故室内设计师要多参加实践,积累经验,才能更好地理解室内设计的要领。

四是知觉的恒常性。人们知觉事物,知觉的效果不因知觉条件的改变而改变,如看一座假山,因为知道真山的形状,所以仍然知觉这座假山是山的形状。

3.2.3.2 注意和记忆

人的各种心理活动均有一定的指向性和集中性,心理学称之为"注意"。注意分无意注意和有意注意。无意识注意是指没有预定的目的,也不需要再作意志努力的注意,它是由于周围环境的变化而引起的。注意力是有限的,被注意的事物也有一定的范围,这就是注意的广度。在建筑环境设计时,特别是商业建筑,为引起人们的注意,应加强环境的刺激量,常用的方法有三种：

一是加强环境的刺激强度，如利用强光、巨响、奇香、异臭、艳色等刺激。

二是加强环境刺激的变化性，如采用闪动的灯光，节奏变化大的音乐，阵阵的清香，跳跃的色彩等刺激。

三是采用新异突出的形象刺激，如少见的或奇异的建筑形态，名牌或名人效应、强烈的广告等。

记忆是过去的经验在人头脑中的反映，是人脑对外界刺激的信息储存。记忆分动作记忆、情绪记忆、形象记忆和语词记忆。与建筑及室内设计关系密切的是形象记忆。记忆过程中有许多规律，如能合理利用就能加强记忆力。一是记忆活动要有明确的目标；二是对记忆的材料进行理解；三是注意记忆材料的特征；四是多种感官的并用；五是采用多种形式复习记忆材料。许多好的建筑创作，好的室内设计，其素材都源于生活，因此，作为设计师，要时刻加深对周围环境的记忆，记住你认为满意的建筑实例，才能举一反三进行创作。

3.2.3.3 思维和想像

思维是人脑对客观现实的间接和概括的反映，是认识过程的高级阶段。思维的基本过程是分析、综合、比较、抽象和概括。

室内设计包含的内容很多，但在思维过程中，可将各种因素，如室内空间、环境色彩和光影等分解为各个部分来思考，然后再结合设计本身的要求，综合各种因素的关系，比较出各自特点，抽象出各个因素的本质特征，最后概括出一个简要的方案。

想像就是利用原有的形象在人脑中形成新形象的过程。室内设计需要想像，每一个作品的创造活动，都是创造想像的结果。缺乏创造想像能力的建筑师和室内设计师，没有创造性的指导思想，不可能创造出优秀的具有一定风格的作品。再现或模仿他人的设计，其结果必然是大同小异或千篇一律。

3.2.4 行为学与室内设计

3.2.4.1 环境行为学

20世纪中叶，"建筑决定论"的观点在建筑设计领域中曾占有一定的地位。不少建筑师认为建筑决定人的行为，片面认为使用者将按设计者的意图去使用和感受建筑环境，这实质上取消了环境中的物理、化学、生物、文化、社会、人类心理等诸因素的交互作用。直到20世纪后期，人们才试图从人类的环境知觉（生理的刺激与反映）及环境认知（心理与心智的意象）探讨不同类型使用者的本能需求与活动模式，不同情况下的心理状况与喜好，并透过使用者参与及评估等回馈的程序，建立起适宜的，满足人们需要的生活和工作环境的参考准则，这就是环境行为学研究的由来和内容。

环境行为学的研究是环境心理学在建筑学领域中的应用，它的基本观点是：人的行为与环境处在一个相互作用的生态系统与环境可持续发展的过程中。

环境与行为的交互作用可归纳为三个过程：

第一是环境提供知觉刺激，这些刺激能在人们的生理和心理上产生某种含义，使新建成的环境能满足人的生理、心理及行为的需要。

第二是环境在一定程度上鼓励或限制个体之间的交互作用。

第三是人们主动建造的新环境又影响自己的物质环境，成为一个新的环境因素。行为学是一门研究人的行为规律及人与人之间、人与环境之间相互关系的科学。它研究范围很广,涉及因素很多,它的产生是社会发展的结果,许多科学家、心理学家、人类学家、建筑师等经过几十年的研究和实践,才逐步形成一门独立的新兴学科。

3.2.4.2 行为特征和习性

环境行为是环境和行为相互作用、相互影响的过程,它有以下一些特征:

一是行为的发生,必须具备一个特定的客观环境,只有客观环境(包括自然环境、生物环境、社会环境和信息环境)对人的作用(包括群体),才能产生各种行为表现,其作用的结果又使人类创造一个适合自身需要的新的客观环境。

二是环境行为是人类的自我需要。人类是环境中的人,不同层次的人对环境的需要是不一样的,并且永远不会停留在一个水平上,这就推动了环境的改变,使建筑活动深入和继续。

三是环境行为是受到客观环境制约,人是有理智的,深知客观环境是有限的。

四是环境行为和需要的共同作用。心理学家库尔特·列文[K·Lewin]提出,人们行为是人的需要和环境两个变量的函数,这就是著名的人类行为公式:

$$B = F(P \cdot E)$$

式中　E——环境(Enviroment)
　　　B——行为(Behavior)
　　　F——函数(function)
　　　P——人(Person)

人的行为习性,是指人在与环境交互作用的过程中,逐步形成了适应环境的本能,这就是人的行为习性:

一是抄近路。当人们清楚知道目的地和位置时,或是有目的移动时,总是有选择最短路程的倾向。我们经常会看到,有一片草地,即使周围设置了简单路障,由于其位置阻挡人们的近路,结果仍旧被穿越,久而久之,就形成了人行便道。

二是识途性。这是动物的习性,人类也有这种本能,当人们不熟悉路径时,会边摸索边到达目的地,而返回时,为了安全又寻找来路返回。这就提醒设计师在公共场所的出入口处,要标明疏散口的方向和位置,确保安全。

三是左转弯和左侧通行。在公共场所,会发现人们有左转弯和左侧通行的习性,这对商场柜台布置,展厅展面安排以及楼梯位置的确定均有指导意义。

四是从众习性。从众习性是动物的追随本能,俗话说有"领头羊"。人类也有这种"随大流"的习性。这种习性对室内安全设计有很大影响,当发生火灾或异常情况时,要有正确的导向,避免一人走错,多人尾随。

五是聚集效应。其类似从众习性,人类有好奇的本能,当某处发生异常情况时,会集聚许多人,这就是聚集效应。在商场室内设计,人们会设置许多模特儿造成人群聚集的假象,以招徕顾客。

3.2.4.3 行为模式

人的行为模式是将人在环境中的行为特性加以总结和概括,将其规律模式化。由于模式化的目的、方法和内容的不同,人的行为模式也各不相同。与建筑设计和室内设计关系密切的是空间行为模式,即将人在环境中的主要行为表现的过程,逗留的空间分布用图形表现出来,成为模式化,这就是空间形为模式。图3.2-2即是按人在户内空间流动的行为所建立的空间行为模式,图中的数量是按观察100次统计分析的结果。

人在各场所之间流动的次数是不同的,由此可见各空间的密切程度也是不同的,这就为建筑空间布局奠定了基础。

3.2.4.4 行为与室内设计

室内环境设计是室内各种因素的综合设计,人的行为因素只是其中的一个主要因素,它还涉及人的知觉因素,设计时要综合考虑。

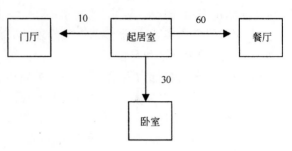

图 3.2-2 人在户内的空间行为模式

行为与室内设计的关系主要表现在以下几个方面:

一是确定行为空间尺度。根据室内环境行为表现,室内空间大小可分为大空间、中空间、小空间和局部空间等不同行为空间尺度。

大空间如体育馆、大礼堂、大餐厅、大商场、大舞厅等,在这种空间里,空间尺度是大的,空间感是开放性的,每个人的空间基本是等距离的。

中空间如办公室、教室、实验室等,这不仅是一个单一的个人空间,又是有相互联系的公共空间,既要满足个人空间行为要求,又要满足公共事务的行为要求,既有私密性又有开放性。

小空间如卧室、客房、档案室等,其空间尺度要满足个人要求,具有一定的私密性。

局部空间是指人体功能尺寸空间,是人在立、坐、卧、跪、弯时所需要的空间尺度。

二是确定行为空间分布。根据人在室内环境中的行为状态,行为空间分布表现为有规则和无规则两种情况。

有规则的空间分布表现为"前后"(如讲演厅、观众厅、普通教室等)、"左右"(如展览厅、商品陈列厅、画廊等)、"上下"(如楼电梯、中庭、下沉式广场等)、"指向"(如走廊、通道、门厅等)等各种空间分布状态。

无规则的空间分布如居室、办公室等,人在此空间里的分布,多数是随意的。

三是确定行为空间形态。人在室内空间中的行为表现具有很大的灵活性,即使是行为很有秩序的室内空间,其行为表现也有很大的灵活性,行为和空间形态的关系,也是内容和形式的关系。实践证明,一种内容有多种形式,一种形式有多种内容,因此室内空间形态是多样化的,要求设计师综合其他要求,多创作、多比较后而定。

四是行为空间组合。室内空间尺度、室内空间行为分布、室内空间形态基本确定后,还要结合人们的知觉要求(如视觉、听觉、嗅觉、肤觉等)对室内空间大小、形态、布局的影响进行空间组合和调整。这里不再赘述,详见(人体工程学与室内设计,刘盛璜编著,中国建筑工业出版社,1997)。

第4章 生态室内环境设计

随着21世纪的到来,全世界都在思考,我们将给子孙后代留下一个什么样的地球?

进入近代社会以来,人类对于地球掠夺性的开发,使地球资源日趋减少,地球环境日益恶化,人们逐渐意识到,如果仍然按照过去的思维模式,以征服自然为荣,那么人类的生存之路必将越走越窄,自取灭亡将是人类的最终结局。于是,生态问题被提到了从没有过的高度,生态建筑应运而生,作为生态建筑重要组成部分的生态室内环境设计也同时产生,成为人类走可持续发展之路的一个不可或缺的重要部分。

4.1 生态学、生态建筑与室内环境

4.1.1 生态学

生态学(Ecology)最初是由德国生物学家赫克尔(Ernst Heinrich Haeckel)于1869年提出的,Ecology一词来自于希腊语"oikos"与"logos"。前者意为house或household即为居住地的意思,后者为学科研究的意思。赫克尔把生态学定义为研究有机体及其环境之间相互关系的科学。他指出,"我们可以把生态学理解为关于有机体与周围外部世界的关系的一般学科,外部世界是广义的生存条件。"

生态学认为自然界的任何一部分区域都是一个有机的统一体,即生态系统。生态系统(ecosystem)是一定空间内生物和非生物成分通过物质的循环、能量的流动和信息的交换而相互作用、相互依存所构成的生态学功能单元。生态系统包括生命和非生命两部分,非生命部分主要指空气、土壤、水等生物生存环境;生命部分则又可分为三类:生产者——植物;消费者——以动物为主,当然包括人类;分解者——细菌和真菌。能量通过绿色植物的光合作用进入了生态系统,一部分动物以植物为食物,这种动物再被食肉动物捕食,能量又以有机化合物(如动物脂肪等)的形式储存起来,生产者和消费者的尸体、排泄物等都要被分解者分解,把复杂的有机分子转变和还原成简单的无机化合物,以维持循环过程。

生态系统具有自动调节恢复稳定状态的能力,达到能量流动和物质流动的动态平衡,即生态平衡。每一个生态系统都是一个物质循环、能量流动的系统,地球表面无数的生态系统的物质循环和能量流动,汇合成地表大自然的总的物质循环和能量流动系统,整个自然界就是在物质循环和能量流动中,不断地变化和发展,生生不息。

但是,生态系统的调节能力是有限度的,如果超过了这个限度,生态系统就无法调节到生态平衡状态,系统就会走向破坏和解体。

人类不断提高生活质量的欲望,既是社会技术发展的动力,也是索取自然资源的根源。为此,人们在短时期内开采了地球储存了几百万年的大量矿藏资源,有肆意挥霍用于生活取暖的,也有用于工业提炼或加工制造产品的,还有为交通工具提供燃料用于运送食物、货品的……而这些资源消耗最终所产生的废气、废渣、废物肆虐着地球的环境,困扰着生活在地

球上的人们。

4.1.2 生态建筑学与生态室内环境

全球的环境问题引起了人们的普遍关注,也促使业内人士开始了对地球上的大型人工建造物——建筑对自然环境影响的研究和评估。结果发现,在引起全球气候变暖的有害物中有50%是在建筑的建造和使用过程中产生的。在建筑的建造和使用过程中所耗费的能源也占能耗总量的三分之一。至此,建筑师们不得不将人类自身的活动纳入到生态系统中,重新评价人、建筑与环境之间的关系。

20世纪60年代,建筑师保罗·索勒里(Paolo Soleri)创建了城市建筑生态学理论,把生态学(Ecology)和建筑学(Architecture)合并而成为一体,即Arcology,意为生态建筑学,并在《生态建筑学:人类理想中的城市(Arcology: the city in the image of Man, Paolo Soleri, Cambridge: MIT Press,1969)》中提出了生态建筑学的理论。1969年美国著名景观建筑师麦克哈格(Ian L. McHarg)所著《结合自然的设计》(Design with Nature)的出版,标志着生态建筑学的诞生,而作为建筑空间主角的室内环境设计也就自然成为生态建筑设计的重要组成部分,生态室内环境设计由此应运而生。

所谓生态建筑学是立足于生态学思想和原理上的建筑规划设计理论和方法,概括地说是用生态学的原理和方法,将建筑室内外环境作为一个有机的、具有结构和功能的整体系统来看待,以人、建筑、自然和社会协调发展为目标,有节制地利用和改造自然,寻求最适合人类生存和发展的符合生态观的建筑室内外环境。生态学和建筑学经过各自的发展走向结合,给城市规划和建筑设计、室内设计赋予了更为丰富的内涵,注入了全新的活力。

生态室内环境设计是一种可持续发展的设计,主要包括"灵活高效"、"健康舒适"、"节约能源"、"保护环境"等四个主要内容,环境要素成为生态室内设计的核心问题。以保护环境为己任的室内环境设计,必须将环境意识贯穿于整个设计的全过程。

4.1.3 生态室内环境设计溯源

在人类建筑发展的历史长河中,曾经产生过形形色色的建筑类型与形式,其中散布于世界各地的乡土建筑,虽然并未成为正统建筑史的主要内容,但从生态建筑与室内环境设计发展的角度上来说,其本身所蕴涵的生态学含义以及与自然环境的紧密结合,使它理应成为生态建筑史的主角。非洲土著的住居、我国黄土高原的窑洞、新疆的土拱住宅、西藏的碉房、内蒙草原的蒙古包、云南傣族的竹楼等等都与当地的气候环境和材料相适应,与自然环境有机和谐。乡土建筑无论是在对气候的适应、对资源的利用以及与当地其他自然环境的结合方面,都堪称我们学习的典范。

现代建筑以令人瞩目的技术以及钢、玻璃和混凝土等大一统材料,使建筑与自然环境和地域特性相对立,但是,综观整个现代建筑的历史发展,不难发现,在"国际式"的主流中,却仍有许多建筑师们始终在孜孜不倦地探索着建筑与自然环境之间的关系,其中尤以芬兰的阿尔瓦·阿尔托、美国的F·L·赖特、巴克明斯特·富勒和法国的勒·柯布西耶最为典型。

4.1.3.1 阿尔瓦·阿尔托(Alvar Aalto,1898—1976)

芬兰建筑师阿尔瓦·阿尔托以独特的视角关注着人、自然和技术之间的关系,他讲求浪漫情感与地域特点相结合的设计理念,对当今的生态建筑有着极其深远的影响。尽管植根于现代建筑那强调整体功能要求的设计原则,他还是避开了这些抽象简化的思想体系,发现了引起他内心共鸣的设计理念。

他完全倾注于研究地域文化与建筑的关系以及建筑的"人情化"上,突出表现在与周围环境的密切配合、巧妙利用地形、布局上的使人逐步发现、尺度上的"化整为零"和与人体配合、运用不规则的曲面、变化多样的平面形式、室内空间的自由流动和不断延伸等方面,具体则表现在砖、木等传统材料的运用,对现代材料的柔化和多样性处理上,如为了消除钢筋混凝土的冰冷感,在钢筋混凝土的柱身上故意缠上一些藤条(图4.1-1),为了使机器生产的门把手不致有生硬感,而把门把手设计得像人手捏出来的一样。这些看起来与现代建筑的工业化要求——横平竖直、排列规则——是完全违背的,但他总是千方百计地将经济性和标准化因素付诸于工程的设计中。阿尔瓦·阿尔托所设计的建筑形式、细部处理、韵律节奏都是与芬兰的自然景观——曲折蜿蜒的湖岸、突兀光滑的岩石和树影婆娑的森林——相呼应的,就如他的著名玻璃器皿的形状象征着芬兰这个千湖之国众多湖泊的湖岸轮廓线一样。他能满足建筑的经济性要求,很大程度上应该归功于对木材的广泛使用。由于不象钢铁和钢筋混凝土那样具备坚固耐久的结构特性,木材在现代建

图4.1-1 缠藤条的柱子
设计:阿尔瓦·阿尔托

筑中已不再作为结构材料使用了,仅在手工制品和民间工艺品中得到运用。芬兰有着丰富的木材资源,在阿尔托的眼中,木材具有极大的弹性和可塑性,木材变化的纹理和人情化的质感不同于工业产品而独具表现力。木材不仅成为他的建筑空间的组成元素,而且是其设计的畅销至今的经典家具的主要构成部分。不可否认阿尔瓦·阿尔托的设计作品中运用了现代主义的手法,但他更注重从精神与实用两个方面对人与建筑、室内的相互间关系进行推敲,将自然光引入室内,静静地温柔地投射在家具上、人的脸上、身上、背上……满屋的流光溢彩,温情脉脉。如果说勒·柯布西耶的建筑高高在上,令人肃然起敬,那么阿尔托的建筑则完全融入自然环境中,是从属于自然环境的。阿尔托是一位现代建筑师,其建筑形式和建造方式的设计灵感根植于生于斯、长于斯的祖国,他对当地独特的气候条件、文化背景和经济状况的熟悉和了解,使他的设计永远不会脱离当地的人文、自然环境。

4.1.3.2 F·L·赖特(Frank Lloyd Wright,1869—1959)

F·L·赖特坚持着自己的设计信念,自始至终从传统建筑及其自然环境中汲取灵感。这位出生并生长在美国中西部的建筑师,以敏锐的洞察力和判断力了解欧洲建筑产生的根源,而没有受到欧洲历史和文化的羁绊。日本早期的传统建筑也对他的建筑理论的形成产生很大的影响,不仅在流动空间方面,而且对建筑材料的选择和恰到好处的运用推崇不已。他根

据实际的使用功效确定材料,通过这种方法,他还发掘了一些原材料的新特性和潜在作用,当然这些天然材料对于如今的可持续设计有着不可估量的作用。家乡独特的自然景观和考古学价值是赖特主要的灵感之源,他深知建筑应该植根于大地,与自然环境融为一体,而不是相互对峙。

赖特的"有机建筑"理论由于其在与环境的关系上始终坚持相容而不是相对的立场,因此,自始至终蕴涵着强大的生命力,成为当今生态建筑实践的重要组成部分。

4.1.3.3 理查德·巴克明斯特·富勒(Richard Buckminster Fuller,1895—1983)

另外还要提到的同样对生态建筑有着卓著贡献的现代主义建筑先锋应该是巴克明斯特·富勒。他是一位不太"安分守己"的人物,总是在设计思想和方法上另辟蹊径,从传统意义上讲,他既不能算作现代主义的旗手,也没有被认为是对可持续建筑的发展有着重要作用的人物。但他确实是一位"文艺复兴式"的全才,有头脑、有远见,但却是在业外逐渐被人所理解。多元化的视野让他具有各个学科的综合能力,这是在单一学科里无法获得的。在吸收了多学科的精髓后,产生了一系列打破常规的设计——狄马西昂住宅(Dymaxion House)、狄马西昂汽车(Dymaxion Car)、浴室(Bathroom)、短线穹窿(Geodesic Dome),以及很多具有启发性的理论及言辞。美国建筑师学会对他的评价是"一个设计了迄今人类最强、最轻、最高效的围合空间手段的人,一个把自己当作人类应付挑战的实验室的人,一个时刻都在关注着自己发现的社会意义的人,一个认识到真正的财富是能源的人和一个把人类在宇宙间的全面成功当作自己的目标的人"。他所从事的工作包括设计、艺术、科学和哲学等,最值得引起重视的是他的研究理论:相对于宇宙,地球只是沧海一粟,地球上各个系统及组成部分是彼此联系,互相依存的。他的"全球一镇计划"(One Town World Plan)计划比马绍尔·麦克鲁恩(Marshall McLuhan)的"地球村(Global Village)"要早35年,他认为,随着财富的不断累积,交通工具、通讯方式的改变,文化、艺术和教育信息互相汇聚融合,将会使全球缩小地区差异。1938年,富勒出版了他的第一本书《九链抵月》(Nine Chains to Moon),强调了全球上各组成系统应该彼此依赖、和谐相处、多样共存的特性。富勒决不是一个纯自然的人,他倡导技术先行来解决人口剧增、城市更新等问题,但从未提到过即将发生的生态环境危机,显然他认为人类的自身资源——智慧和技术进步可以缓解或避免这些危机。他合理、公正地综观全世界的资源分配利用问题,认为全世界是一个平衡的生态有机体,提出应该在全球范围内可持续发展的观点,要对有限的物质资源进行最充分和最合宜的设计,满足人类的长远需要。他的名言"少费而多用(Ephemeralization)",常令人想起密斯·凡德罗的名言"少就是多",密斯是对美学内涵的表现形式的阐述,而富勒面对的则是严谨的科学和工程技术的简约精神。他的创造发明与构造施工都着眼于工程学的角度。通过精确的几何学计算加上对材料富有创造力的使用,将生产、组装、运作等方面所需资源都缩减到最少。他所创作的短线穹窿(geodesic dome)以材料省、重量轻的组合覆盖空间结构而著称于世。

富勒1929年发表的狄马西昂住宅(Dymaxion House)(图4.1-2),使富勒的名字迅速为人所知。Dymaxion(动态最大)一词是富勒将"动态"、"最大化"和"张力"三个词汇综合在一起而创造出来的,这种住宅是由一根中心柱子吊着整个六角空间而构成的,无论是外观造型还是室内空间都给人以全新的感觉。它超越了传统的捆绑在水电管网上的砖盒子的住宅概念,具有合适的模数关系,高效、灵活、舒适、重量轻,可以安装在任何需要的地点,完全采用自动化控制,而且可以利用太阳能和电池实现能量自给。这一设计对于减少建造过程对环境造成的破坏,减少资源的消耗有着十分重要的意义,它促使人们在设计中寻找利用高效率的技术手段代替传统的技术。但是,正如富勒所预见的那样,建筑业将仍然维持着以往的传统:技术革新少、劳动强度大、施工工期长、建造精度低,因而他的"少费而多用"理论首先在其他诸如造船、航空、宇航等领域得到了发扬光大,进而逐渐地为人们所接受并得到发展。

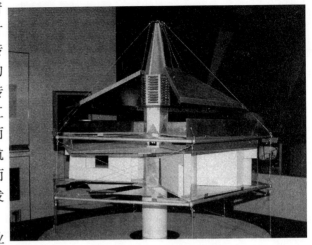

图4.1-2 狄马西昂住宅模型
设计:理查德·巴克明斯特·富勒

尽管他在将理论引入传统建造业这一实践过程中困难重重,富勒的影响力仍然十分明显,他直接影响、启发了一批建筑师及结构工程师。让·普鲁弗(Jean Prouvé,1901—1984)、弗雷·奥托(Frei Otto)等都从富勒处受益匪浅,创造出了轻质的预制薄膜结构(Membreane Structure)。富勒也受到许多高技派人士的尊敬,如诺曼·福斯特(Norman Foster)、简·卡普里奇(Jan Kaplicky),他们从富勒的理论中找到了依靠技术先行来解决环境破坏问题和遏制社会不良现象产生的理论依据。

4.1.3.4 勒·柯布西耶(Le Corbusier,1887—1966)

勒·柯布西耶可以说是现代运动最典型的倡导者,他的作品是哲理、艺术与诗意的融合。他思想复杂多变,他的作品形式多样,他的情感倾向前后不一,"自然"始终是他建筑理论与实践的主题,但在建筑与自然的关系上,却时常表现出一种矛盾的、不稳定的倾向。但是他对这一问题所作的探求,对于生态建筑的理论与实践无疑是十分有益的。因此,他永远都是一位有争议的人物。

印度昌迪加尔(Chandigarh)行政中心的设计,可以说是柯布西耶考虑建筑与自然关系的一个最典型的例子,在昌迪加尔行政中心的设计中,柯布西耶使用了一系列的手法来对付当地干旱炎热的气候条件。为了降温,议会、省长官邸和法院前面布置了大片水池,建筑的方位也考虑到夏季主导风向,使大部分房间都能获得穿堂风。在法院建筑中,为了保持室内的凉爽舒适,柯布西耶把建筑的主要部分用一个巨大的钢筋混凝土顶棚罩了起来,顶棚的横断面呈V字形,前后向上翻起,它既可遮阳,又不妨碍穿堂风吹过。法院的入口处有三个高大的柱墩,直通到顶,形成一个开敞的门廊,空气流通。法院的主立面是尺寸很大的混凝土遮阳板组成的巨大格子图案,上部逐渐向外探出,与巨大的屋顶相呼应,同时也有利于室外凉爽气流穿入室内。而昌迪加尔的省长官邸(The Governor's Palace)的设计,则体现了柯布西耶对建筑植根于周围环境思想的回归,他利用一切手段来强调两者之间的关系。大厦设计成方形,巨大的底座之上是三层的主体,上面是一个向上反翘的顶盖,在喜马拉雅山脉的背景下,它既是一个绝好的观景平台,同时又是一个遮阳设施,还可以作为收集季风雨的蓄水池。

通过对上述四位先驱的回顾,可以看到,所有争论的焦点都集中在环境问题上。阿尔瓦·阿尔托将简单教条的建筑语言渐变为含蓄的地方情感；赖特崇尚材料以及原始和乡土的互惠关系；富勒则洞察了地球的未来，提倡恰当有效的科技应用与资源分配方法；勒·柯布西耶始终都在探讨着建筑与自然环境之间的关系，开始时冷静、机械，结束时深奥、虚幻。

现代主义的设计师并非仅仅专注于社会工程、工业化或技术美学的信条，概括四位大师的思想体系，我们可以看到，建筑反映环境这一思想即使在今后也不会为人所弃，这可以从多方面得以证实。

4.2 生态室内环境特征

由于增加了生态因素，生态室内环境除了具有一般意义上的室内环境所具有的一切基本特征以外，还具有许多不同于一般室内环境的特征，概括起来主要有：系统整体性、生态有机性、界面的封闭性以及系统调控的人为性、微观性及与人的亲近性、使用的动态性、生态审美性、设计的开放性等。

4.2.1 系统整体性

生态建筑学是建筑学与生态学相结合的一门交叉科学，生态建筑学将建筑置于整个地球生态系统之下，作为整个生态系统的一个子系统，它受到系统整体的制约，同时又对整个生态系统产生影响，它与生态系统中的其他子系统一起，共同维系着整个生态系统的健康发展。

室内环境的系统整体性，包括三个方面的层次，一是室内环境与建筑的关系，二是室内环境与自然环境的关系，三是室内环境中诸因素之间的相互关系。

4.2.1.1 室内环境与建筑的整体关系

作为建筑重要组成部分的室内环境，虽处于比建筑更低的层次，但它与建筑本身之间、与自然环境之间以及室内诸要素之间都是一种相辅相成的整体关系，不可割裂。不管建筑与室内环境设计工作的分工如何明确，不管最后由谁来负责室内环境设计工作，也不管最后的室内环境设计采用何种具体的手法、达到何种程度，建筑与室内环境设计之间的整体统一关系永远都是设计师应该重点考虑的内容。要做到上述要求，就必须坚持建筑与室内的一体化设计，即从建筑设计开始，建筑师就应该充分考虑今后建筑的使用要求，如果由专门的室内设计师担任室内环境设计任务，那么室内设计师一开始就应该加入设计的行列，参与到建筑设计的工作中来。以这种观点来进行建筑室内环境设计，能够使我们取得城市环境的连续性，使建筑具有更好的可持续发展性。

4.2.1.2 室内环境与自然环境的整体关系

生态室内环境与周围环境之间也是一种有机统一的整体关系。赖特认为，建筑必须同所在的场所、建筑材料以及使用者的生活有机地融为一体。"有机建筑是一种由内而外的建筑，它的目标是整体性"，"有机表示内在的——哲学意义上的整体性。在这里，总体属于局部，局部属于整体；在这里，材料和目标的本质，整个活动的本质都像必然的事物一样，一清二楚"。

符合生态原则的室内环境设计必须处理好室内与自然环境之间的关系问题，建筑室内环境作为整体环境的一部分，作为地球总的生态链中的一环，它必须与其他各个环节协调发展。生态室内环境设计主要着眼点有两方面，一是提供有益健康的室内环境，并为使用者创造高质量的生活环境;二是保护环境,减少消耗。然而在现实当中,这两者之间存在有一定的矛盾,事实上往往是人们为了追求高质量的人工生活环境而向自然索取并大量消耗自然资源,这种只有索取没有回报的做法对自然造成的是无法弥补的损失,最终将会对人类自身带来损害。因此生态室内环境设计既要利用天然条件与人工手段创造良好的室内环境,同时又必须控制并减少人类对于自然资源的使用,不给自然环境增加额外的负担,实际上是为了实现向自然索取与回报之间的平衡。因此生态室内环境设计应该在节能、环保等方面进行周密的考虑。

4.2.1.3 室内环境中诸要素之间的整体关系

在生态室内环境设计中,对组成室内的各要素从比例、均衡、统一、对比、尺度、色彩冷暖、材料肌理等形式美的角度来考虑仍然是十分重要的(不管是传统的美学原理还是诸如解构主义等新流派所标榜的新的美学思想),因为人的生理和心理因素永远是一个复杂、难以捉摸而又实际存在的东西,这一点无论建筑理论如何发展,都是不可能回避的,过去传统的室内设计,大多也正是主要从这些方面来考虑的。但是,符合生态原则的室内环境设计同时也十分关注室内物理因素对人身体的物理影响,如家具、陈设的人体工学特征、室内空气品质、室内照明条件、室内防噪性能、室内温湿度等,而影响这些指标的因素是相互关联的、极其复杂的,室内整体环境是所有这些因素协同作用的结果,任何割裂其相互关系的做法都是不可取的,都会将室内环境设计引入可怕的误区。

因此,在生态室内环境设计中,上述诸要素并不是各自独立存在的点状结构,而是呈现出一种彼此紧密联系的网状结构。当我们在处理具体问题时很少出现只需解决某一因素就使问题得以解决的情况,往往会同时面对这些因素的共同影响。例如,也许在保证室内有充足的自然光线的同时,却又意外地带来了室内得热过多,而使室内温度过高的副作用;也许仅仅是出于节能目的而使用太阳能设施,但同时也产生了环保效益,并有效利用了资源,而且不会对环境造成污染。因此生态室内环境设计应该是一种整体的、系统的设计,需要综合考虑各种因素的影响,做出统一规划。

4.2.2 生态有机性

按照生态学的原则,建筑与室内共同成为一个有机的生命体,建筑的外壳是生命体的皮肤,建筑的结构是支撑的骨骼,而室内所包容的一切则是生命体的内脏,建筑只有在这三者的协同作用下才能保持生机,健康地成长。因此必须坚持室内与建筑的一体化设计,同时充分考虑室内诸要素之间的协调关系以及室内环境对整个自然环境可能带来的负面影响。

4.2.3 界面的封闭性,系统调控的人为性

建筑室内环境一般是由建筑的封闭外壳围合而成的,因此与其他生态子系统相比,它具有更强的封闭性,由于建筑室内环境界面的相对封闭性以及室内环境中人工因素所占的比重比在自然环境中要高得多,因而也使室内生态系统成为一个不完全的生态系统,其自身无法完成能流和物流的循环,自调能力是有限的,必须借助于人工来维持平衡,但这也同时提高了系统的可控性,我们可以借助于现代科技的力量,创造出一个既接近自然,又符合健康、舒适要求的人类生活与工作的天堂。

4.2.4 微观性及与人的亲近性

在整个生态系统中,建筑室内环境虽然处于微观层次,然而却是与人类关系最为密切的一环,因此生态室内环境设计在充分考虑其对环境的影响时,也应该考虑对人的关怀,真正

做到"以人为本"。

4.2.5 使用的动态性

建筑室内的使用永远处于一个动态的过程，室内的使用对象与使用需求每时每刻都在发生着变化，这就要求我们在进行室内设计时，应该采用相应的措施，尽量满足这种动态变化的使用需求，使室内环境永保活力。

4.2.5.1 使用对象的动态性

建筑室内的使用对象永远处于动态的状况，随着时间的变化，建筑物室内包含的人数、人的感觉特点等永远都是一个变数，由此而导致的对室内环境的反作用也就同样是一个变数。这一点对于公共场所来说是显而易见的，即使在人员构成相对稳定的住宅建筑中，这种情况也不例外，家庭人员情况会随着时间的变化而发生变化，从而导致对室内空间需求的变化。

在一般的公共建筑室内空间中，使用对象的动态性比居住建筑要强得多，这就要求室内环境设计必须满足大多数人的使用要求，设计师所要做的工作也比居住建筑室内环境设计要复杂得多。

4.2.5.2 使用需求的动态性

建筑室内的使用要求将会随着室内人员的变动而变化，此外，随着社会生活节奏的加快，建筑室内的使用性质也会随时发生变化，一座建筑物，也许今天还是一座仓库，明天就会是一座办公楼或是一家大型舞厅。室内的使用性质变了，室内的一切也就必须随之而改变，这样才能符合新功能的要求。

4.2.6 生态审美性

作为艺术，生态建筑的室内环境设计必须要遵循人类普遍的美学原理，为人们提供视觉的愉悦和精神上的享受，但除此之外它还必须顾及到人类以外的一切生物的生存与发展权利，顾及到整个自然环境的可持续发展，因此生态建筑美学就是能够充分体现关乎生态秩序和建筑空间的多维关系的一种新的、综合的功能主义美学。

4.2.7 设计的开放性——公众参与

生态建筑的室内环境应该能够满足尽可能多的人们的需要，其设计应该是综合了大多数人的智慧的结晶，由公众参与的开放性设计方法是达到这一要求的有效途径，同时这也对设计师的职业道德与业务素质提出了更高的要求。

4.3 影响生态室内环境的相关因素

4.3.1 自然因素

生态室内环境处于微观的系统层次，从属于自然，因此必然会受到自然条件的制约。当地的自然条件对室内环境的形成以及质量的好坏有着直接的影响，因此也是室内环境设计中考虑生态因素的最基本依据之一。这些自然因素包括地理因素、气候因素、场地条件等。

4.3.2 建筑自身因素

建筑室内环境是借建筑外壳的包被而形成的，因此，建筑本身的总体形态、平面布局、剖面形式、结构选型乃至一个小小的构件、一处细微的节点都有可能影响室内环境的生态特性。

4.3.3 室内物理因素

建筑室内的通风、采光、日照、温度、湿度、噪声等因素,直接构成了室内的物理环境,是体现室内环境健康性和舒适度的重要指标,这些指标能否达到相关的健康和舒适要求是衡量室内环境生态质量高低的重要参考依据。

4.3.4 人的因素

使用者的个体情况也与室内环境设计有着直接的联系,使用者的生理特征、心理习惯等都直接影响着室内环境的具体使用方式,健康舒适的生态室内环境必须满足人的生理、心理方面的要求,只有生理上的满足而没有心理上的愉悦或者反之,都将是不全面的。因此,人体工程学也就成为室内环境设计最为重要的科学依据之一。

4.3.5 社会因素

4.3.5.1 法律与伦理道德

生态建筑学体现了一种全新的建筑观,它不是一种风格、流派或者技术上的创新,而是一种建筑思想和伦理上的革命,除了以现代科学作为其强大的技术后盾,还必须依靠广大民众和设计师的自觉和国家法律机器的强制规范,尤其是在开始阶段,这一环节显得尤为重要。国家和地方都应该制定相应的法律法规,来约束人们的思想和行为,使人们的思想和行为能够自觉地纳入到生态发展的轨道上来。此外,对于生态室内环境的评价并非仅仅局限于室内设计这一环节,而是涵盖了建筑的整个生命过程,其中包括建筑的建造和日后的维护使用,生态室内环境的建立并不只是设计师一家的责任,因此,加强对广大设计师和普通市民的环境教育,普及生态知识,提高民众的生态意识就成为建筑室内环境走可持续发展之路的重要保证。

4.3.5.2 文化传统与地方性

随着世界全球化发展趋势的加快,全球文化趋同的现象也越来越明显,对建筑与室内的影响也越来越强烈,这种现象如果继续发展下去,无疑将成为建筑与室内发展史上的一大悲哀,建筑与室内设计师们有责任挽回这一局面。"只有民族的才是世界的",我们必须充分尊重各地的文化传统与地域特性,使现代建筑与室内环境在现代化的同时,保持其多样性,使建筑与室内环境的大花园中始终百花盛开,欣欣向荣。了解历史、注重文化、走群众路线,是实现这一目标的有效途径。

4.3.6 经济因素

经济因素历来就是建筑与室内发展的重要制约因素,生态建筑与室内环境的理论与实践必须具有经济上的可行性,才能被人们所广泛接受。从经济规律和历史发展可以看出,随着经济的不断发展,环境状况会经历一个"好——坏——好"的过程,如果把经济发展水平作为坐标横轴,把环境状况作为坐标纵轴,这个过程就会呈现出一条倒"U"形曲线,这就是"环境库兹涅茨(Kuznets)曲线"(图 4.3-1)。

但是,建筑与室内环境走生态发展之路,绝对不应该只考虑本人或者本部门的局部利益,而应该从人类良性发展的总体目标出发,在生态建筑的实践过程中顾全大局,唯利是图的极

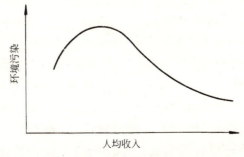

图 4.3-1 环境库兹涅茨曲线

端个人主义、本位主义思想与可持续发展原则是相悖的。当然,生态建筑与室内环境的实践必定会带来良好的经济效益,但这种效益很可能要在很长的时间过程中才能体现出来,也有可能在局部工程中根本不会显示出来,但却由此而带来了总体效益的提高。因此,对生态建筑与室内环境经济效益的评判,不能仅以局部利益和近期利益为依据,而是应该从总体的、长远的眼光来看待,"(环境)寿命周期评价法"(LCA)不失为一种较为全面的评价方法。

"(环境)寿命周期评价法"摒弃了常规的仅考虑建筑或室内改造时从原材料的购买到建筑物交付使用这一周期内所发生的经济内容的做法,而是从包括原材料的开采和加工、构配件的制造、运输、安装,建筑与室内环境的建造、运行和维护,以及最终的材料再生利用和废弃物的管理这一"从生到死"的整个过程来考虑其环境与经济效益。在所有这些因素中,忽略任何一个因素都将是不全面的,因为这样实际上忽略了阶段特征前后全过程的影响。根据"(环境)寿命周期评价法",负责任的经济与环境策略必须置于一个统一的整体中来考虑,过去那种只考虑"我的"利益,而不考虑整个环境影响的"自私自利"的做法将要行不通了。

"(环境)寿命周期评价法"表明,建筑初期一味地节省投资,可能会使今后的运行成本大大增加,从而使投资者得不偿失,这一点也同样适用于建筑的室内装修上。例如,为了节省装修投资,而选用了较为便宜,但耐久性较差或者有毒的装修材料,尽管节约了初期成本,但返修的几率大大增加,使用的寿命也会大大缩短,如果因为采用有毒材料而引起员工工作效率的降低或身体的损伤,那么其潜在的损失就可能更大,很显然,这是一种不明智的做法。研究表明,在建筑室内的施工与修缮过程中采用绿色建筑措施,能够显著地节省建筑的运行成本,同时提高员工的工作效率,从而大大节约建筑寿命期间的费用,当然也减少了环境寿命周期成本。

按照"(环境)寿命周期评价法(LCA)",建筑室内对资源的消耗应该是指与建筑室内间接和直接相关的一切能量消耗,包括原材料的开采、加工,建筑构配件的加工和制造,材料、建筑构配件的运输,建筑与室内环境的施工建造,建筑与室内环境的运行和维护,直至建筑的最终报废、拆除与旧材料的回收等过程中所耗费的所有能量,根据各阶段能量消耗的不同特征,这些能量可分为内含能量、灰色能量、诱发能量和运行能量。

内含能量(embodied energy) 即在建筑与装修材料、构配件和其他建筑系统产品的加工制造中所消耗的能量,其中很大部分为非再生矿物燃料的消耗。

灰色能量(grey energy) 即材料和构件从出产地运送到施工现场所消耗的能量,这部分能量的降低可以通过发展地方工业和利用本地材料来达到,对于那些没有地产资源的地区,则需详细计算运输距离和运输方式,这是最直接的评价方法。

诱发能量(induced energy) 是建造过程本身消耗的能量,与内含能量和灰色能量相比,一般不会过于突出,因而往往容易被忽视。但从整个施工现场的管理和运作来说,其重要程度不亚于施工效率和健康、安全措施。在这一点上建筑师应该监督建造者对施工过程制定完善的节能措施,包括避免材料的浪费、节约用水和生态化的废料处理,而且这些措施的采用应该贯穿于建筑与室内环境施工的全过程。

运行能量(operating energy) 即在建筑与室内环境实际运行过程中所耗费的能量,包括建筑的运行和维护,建筑中各种仪器、设备使用过程中所耗费的能量,是研究者、设计师及立法者最关注的能量形式。只要房屋存在,这种能耗就得维持,有的甚至会持续几百年时间。

"(环境)寿命周期评价法(LCA)"也是衡量建筑室内环境对于资源消耗的一个全面而有

效的方法。

美国测试和材料学会(ASTM)的建筑经济学专业委员会曾经推出过另一种主要用来评判建筑经济特性的评价标准 ASTM E917—93,即"度量建筑和建筑系统寿命周期成本的标准实践",使用了"建筑物寿命周期成本(LCC)"的概念,这一概念与"(环境)寿命周期"的概念不同。"(环境)寿命周期"开始于原材料的开采,终止于材料的回收、再生或废弃。而"建筑寿命周期"开始于材料在建筑物中的使用、安装,并在寿命周期成本的研究期间延续,这一期间的长短除取决于材料本身的使用寿命外,还与投资者的使用时间、范围有关。一旦材料被安装到建筑物内,这两个寿命周期就开始搭接、重叠。LCC 方法用建筑物的寿命周期而不用环境寿命周期,是因为在这一整个时间范围内,投资者都需要不断地投入财力,投资者正是根据这些作为决策的依据。

LCC 方法涉及在初投资、置换、运行、维修和报废处置的整个研究期间的成本。研究周期的选定根据使用者(或投资者)使用性质的不同而不同。例如,如果使用者租用某处作为娱乐场所,他会以合同签署的时间长短来作为研究周期,而办公楼的永久性使用业主或租户则会把建筑物本身的寿命来作为研究周期,这说明其使用时间将与建筑物的寿命相始终。所以,"(环境)寿命周期"是一个更长的周期,他包含了"建筑寿命周期"。对于一般的投资者,他们会更关心"建筑寿命周期",因为这与他们的经济利益直接相关。

如何才能使人们自觉地关心"(环境)寿命周期",这将是一项十分艰巨的工作,这除了可以通过立法来制定一定的规则以外,还需要依靠广大民众整体素质的提高、环境意识的加强、环境伦理观的进一步确立。

由于实现了建筑与室内环境的生态化发展,由此而带来的社会效益是根本无法用经济来衡量的,在这里,急功近利的思想是根本行不通的。

4.4 生态室内环境设计原则

生态室内环境设计作为关注自然生态环境的可持续发展的设计,所涉及的因素十分广泛,因此生态室内环境设计的原则和实际的手法也是十分宽泛的,但总结起来,可概括为3 F 和5 R。所谓的3 F,即:Fit for the nature、Fit for the people、Fit for the time,是从生态室内环境设计的目标来讲的;所谓的5 R,即:Revalue、Renew、Reuse、Recycle、Reduce,主要是从对生态室内环境设计的重新认识和实现生态室内环境设计的具体途径来考虑的。

4.4.1 3F 原则

4.4.1.1 Fit for the nature——适应自然,即与环境协调原则

从狭义上讲,与环境协调原则强调了建筑室内与周围自然环境之间的整体协调关系。从广义上讲,与环境协调的原则还强调了建筑室内环境与地球整体的自然生态环境之间的协调关系。

尊重自然、生态优先是生态设计最基本的内涵,对环境的关注是生态室内环境设计存在的根基。与环境协调原则是一种与环境共生意识的体现,室内环境的营建及运行与社会经济、自然生态、环境保护的统一发展,使建筑室内环境融合到地域的生态平衡系统之中,使人与自然能够自由、健康地协调发展。我们应该永远记住:人类属于大地,而大地不属于人类,自然并不是人类的私有财产。

回顾现代建筑的发展历程,在与环境的关系上,人们注意较多的仍是狭义概念上的与环境协调,人们往往把注意力集中在与基地环境的视觉协调上,如建筑的体量、形态等与基地的地形地貌之间的协调,建筑融于基地自然环境之中,室内环境室外化等等,这些做法无疑都是正确的。但是,对于建筑与室内环境与自然之间广义概念上的协调,却并没有引起足够的重视,许多建筑与室内环境,仅从直观形式上来讲,与周围环境非常和谐,甚至堪称"天衣无缝"——与地形结合紧密、体量得当、错落合宜、朝向良好、环境自然;室内空气清新、四季如春。但是,在这些表面视觉上的和谐背后,却往往隐藏着与大自然不和谐的另一面——污水横流,没有任何处理地随意排放,使多少清澈河流臭气四逸;厨房的油烟肆虐,污染周围空气;娱乐场所近百分贝的噪声强劲震撼,搅得四邻无法安睡,所有这些,都是与生态原则格格不入的。因此,生态室内环境设计,不仅要求室内环境与周围自然景观之间的协调,还十分强调与整个自然环境之间在生态意义上的协调。

4.4.1.2　Fit for the people ——适于人的需求,即"以人为本"的设计原则

人类营造建筑的根本目的就是要为自己提供符合特定需求的生活环境。但是,人的需求是各种各样的,包括生理上的和心理上的,相应地对于建筑室内环境的要求也有功能上的和精神上的,而影响这些需求的因素是十分复杂的,因此,作为与人类关系最为密切,为人类每日起居、生活、工作提供最直接场所的微观环境,室内环境的品质直接关系到人们的生活质量,生态室内环境设计在注重环境的同时还应给使用者以足够的关心,认真研究与人的心理特征和人的行为相适应的室内空间环境特点及其设计手法,以满足人们生理、心理等各方面的需求,符合现代社会文化的多元多价。

有一点需要澄清的是,"以人为本"并不等于"以人为中心",也不代表人的利益高于一切。根据生态学原理,地球上的一切都处于一个大的生态体系之中,它们彼此间相互依存、相互制约,人与其他生物乃至地球上的一切都应该保持一种平等的关系,人不能凌驾于自然之上。虽然,追求舒适是人类的天性,本无可非议,但是实现这种舒适条件的过程却是要受到整个生态系统制约的,换言之,人类的各种活动都不可能是随心所欲的,人类只允许在一定的限度内,在保证自然生态环境不被破坏的前提下追求舒适与满足。"以人为本"的人,是广义、抽象的人,是代表着过去、现在和将来不断生息繁衍的整个人类,而绝不是具体的人,即某个人或某些人,更不应该是自我意义上的人。因此,"以人为本"必须是适度的,是在尊重自然原则制约下的"以人为本"。生态室内环境设计中对使用者利益的考虑,必须服从于生态环境良性发展这一大前提,任何以牺牲大环境的安宁来达到小环境的舒适的做法都是不合适的。

4.4.1.3　Fit for the time ——适应时代的发展,即动态发展原则

室内环境中的诸要素始终处于一种动态的变化过程,不只是室内的物理环境会随着四季的更迭以及各种因素的变化而变化,而且随着时间的推移,建筑内部的各部分功能也可能发生很大的变化。另外室内使用者的情况也始终处于变化之中,这就要求生态室内环境设计应该具有较大的灵活性,以适应这些动态的变化。

由于可持续发展概念本身就是一种动态的思想,因此生态室内设计过程也是一个动态变化的过程。赖特认为,没有一座建筑是"已经完成的设计",建筑始终持续地影响着周围环境和使用者的生活。这种动态思想体现在生态室内环境设计中,就是室内设计还应留有足够的发展余地,以适应使用者不断变化的需求,包容未来科技的应用与发展。毕竟营造室内环境的最终目的是要更好地为人所用,科技的追求始终离不开人性,我们必须依靠科技手段来解决及改善室内环境,使我们的生活更加美满,同时又有利于自然环境持续发展。

4.4.2 5R原则

4.4.2.1 Revalue原则

Revalue意为"再评价",引伸为"再思考"、"再认识"。长期以来,人类已经习惯了对自然的索取,而未曾想到对自然的回报,尤其是工业革命以来,人们更是受工业革命所取得的成果所鼓舞,不惜以牺牲有限的地球资源、破坏地球生态环境为代价,疯狂地进行各种人类活动,从而导致了人类自身生存环境的破坏,直到这种破坏开始直接威胁到人类的生存,人们才意识到问题的严重性。人们不得不重新审视自己过去的行为,重新评价传统的价值观念。

尽管现代建筑对此进行了拨乱反正,开始强调使用功能在建筑中的重要性,但是,事实上,在对建筑的实际评判过程中,人们往往会对建筑的"艺术"部分给予更多的关注,至于建筑对于环境、对于整个地球生态的影响,似乎很少有人过问,这是现代建筑的一大误区。因此,对于新时代的建筑师来说,只有更新观念,以可持续发展的思想对建筑"再思考"、"再认识",才能真正认清方向,重新找到准确的设计切入点。

4.4.2.2 Renew原则

Renew有"更新"、"改造"之意。这里主要是指对旧建筑更新、改造后重新利用。

拆除旧建筑必然会带来垃圾、噪声的污染,造成人力、物力和财力的浪费,拆除旧建筑,意味着必须增建新建筑。新建筑的建造过程,又会产生新的资源和能量消耗,产生新的废弃物,还会占用更多的土地,增加新的环境负担。由此可见,如果能充分利用现有质量较好的建筑,通过一定程度的改造后加以利用,满足新的需求,将可以大大减少资源和能量的消耗,有利于环境的保护,值得提倡。

4.4.2.3 Reduce原则

Reduce原意为"减少"、"降低",在生态建筑中,则有三重含义,即减少对资源的消耗、减少对环境的破坏和减少对人体的不良影响。

(1) 减少对资源的消耗,例如节能、节约用水、节约原材料等。

(2) 减少对自然的破坏,充分利用可再生资源,合理利用非再生自然材料和减少废弃物都有助于减少对自然的破坏(图4.4-1)。

(3) 减少对人体的伤害。建筑建造的目的就是为了人们的身心健康,不合理的盲目建造会导致对使用者的影响,乃至伤害。因此在建筑与室内环境的设计、建造与使用过程中,应该采取一切措施,减少建筑与室内环境对人的伤害。

4.4.2.4 Reuse原则

Reuse有"重新使用"、"再利用"等含义。在生态建筑中,是指重新利用一切可以利用的旧材料、构配件、旧设备、旧家具等,以做到物尽其用,减少消耗,维护生态环境。有智者言:世界上本没有垃圾,只有放错了地方的东西。

4.4.2.5 Recycle原则

Recycle有"回收利用"、"循环利用"之意。这里是指根据生态系统中物质不断循环使用的原理,将建筑中的各种资源尤其是稀有资源、紧缺资源或不能自然降解的物质尽可能地加以回收、循环使用,或者通过某种方式加工提炼后进一步使用。同时,在选择建筑材料的时候,预先考虑其最终失效后的处置方式,优先选用可循环使用的材料。实践证明,物质的循

图 4.4-1　英国多赛特郡威斯敏斯特小屋,1996
设计:Edward Cullinan Architects
建筑采用林业生产中的副产品——木材下脚料所建造
左:外景,右:室内

环利用可以节约大量的资源,同时可以大大地减少废物本身对自然环境的污染(图 4.4-2)。

3F 和 5R 诸原则从不同的角度对生态室内环境设计进行了阐述,但事实上,这些原则在某些方面是交叉和重叠的,它们之间有许多方面都是共通的,因此我们可以将这些原则的具体内容概括为:经济、环保、健康和高效等四个方面。经济、环保涉及到更为宏观的层面,而且经济的主要实现途径之一——节能,更多的是涉及到绿色技术方面的工作,因此节能与环保,往往在相当程度上是配合建筑设计来实现的,而室内的健康与高效因素与人的日常工作和生活有着更为密切的关系,而且主要是通过室内环境设计的手段来实现的。

图 4.4-2　德国弗赖堡的个人住宅
设计:T.Spiegelhalter
一座除太阳能收集装置以外完全用回收的废旧材料建造的私人住宅

室内环境在整个生态环境中虽然处于微观层次,但是根据生态学原理,它与整个生态系统中各环节的所有因素都有关系,大到所处地理环境、城市形态乃至大气质量,小到建筑的一砖一瓦、室内的一桌一椅。不过有些因素如大气质量、所处地理环境等往往是建筑师或室内设计师所无法直接控制的,设计师对于单体建筑室内环境质量的直接控制一般只能从建筑开始,这包括从建筑选址、建筑设计、建筑施工、建筑运行和维护,直到建筑报废拆除或再循环利用的全过程。正如前面章节中所强调的那样,建筑与室内之间是一种整体关系,是一种包容与被包容的互为依存、互为因果关系,有鉴于此,要想获得符合生态原则的良好室内环境,首先应该在建筑的开始阶段就做到建筑师与室内设计师的紧密合作,坚持建筑与室内的一体化设计,对于旧建筑的室内更新设计,室内设计师也应该充分了解建筑师的设计理念以及周围环境的文脉因素,真正做到室内与建筑的一体性,这是搞好生态室内环境设计的必要前提。

生态室内环境的设计与营造本身就是一个十分复杂的系统工程,必须在各个不同的阶段,从各个不同的角度,采取不同的措施才能达到预期的目的。

4.5 生态室内环境的使用质量

人类营造建筑与室内环境的最基本目的就是供人们所使用,不管建筑如何发展,这都将是一个永恒的主题。人们的使用又主要有赖于建筑的室内空间,高质量的室内环境是保证建筑有效使用的最基本的条件。而室内的使用功能、空气质量、热舒适程度、光环境条件和声环境状况则又是保证室内使用质量的最主要因素。

4.5.1 生态室内环境中的使用功能

就室内环境功能设计的一般性原则而言,生态室内环境与普通室内环境之间并没有本质的区别,其设计的基本手法也基本相同,但由于生态室内环境本身的性质和特征,使得生态室内环境设计有其自身的特点,主要体现在两个方面,即"灵活性与长效性"和"人性化"。

灵活性与长效性 是指生态室内环境必须适应室内使用需求动态变化的要求,使室内环境具有更强的适应性和使用寿命(图4.5-1)。

人性化 是指生态室内环境设计必须处处体现对使用者的人性关怀,使使用者无论在物质上还是精神上都能得到最好的满足,为此,设计师应该采取积极的措施来寻找相应的解决办法。

4.5.2 生态室内环境中的物理质量

室内环境的空气质量、热舒适程度、光环境条件和声环境状况等往往都是容易被人忽视的因素,但实际上这些物理因素却是衡量室内环境生态特性的主要指标,这些问题处理不好,将会

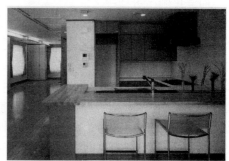

图4.5-1 日本某实验住宅可根据需要灵活改变室内空间

直接影响到人们的正常使用,甚至会给人们的身心健康带来严重的危害。对于这些问题的解决,需要依靠很强的专业技能,因此,必须借助于现代科技的力量。此外,除建筑师与室内设计师必须要有广泛的知识面以外,还需要有相应的专业人员共同参与。

4.5.2.1 室内空气质量

室内空气质量指室内空气污染物(颗粒状或气体状)的聚集程度及范围,是衡量室内空气对人体影响的重要指标,目前许多国家对室内空气中主要有害成分的含量都有明确的规定,美国供热、制冷及空调工程师协会(ASHREA)标准规定了此类空气污染及相应暴露程度的最低标准。该标准规定可接受的室内空气品质为:"空气中不含有关当局所规定的达到有害聚集程度的污染物,并且80%以上的人在这种空气中没有表示出不满。"

影响室内空气质量的因素很多,其中包括室外空气品质、建筑材料的成分、工作人员及其活动情况等。

(1) 室内空气污染对人体的危害

目前,多数人对自己的生活和工作空间到底会如何影响自己的身体健康没有足够的认识。而要正确了解环境对健康的影响,就必须首先清楚健康的标准是什么。对于健康,我国1979年版《辞海》的定义是:"人体各器官系统发育良好,功能正常,体质健壮,精力充沛并且有良好劳动效能的状态。通常用人体测量、体格检查和各种生理指标来衡量"。1999年新版辞海则修改为:"人体各器官系统发育良好,功能正常,体质健壮,精力充沛并具备健全的身心和社会适应能力的状态,通常用人体测量、体格检查,各种生理和心理指标来衡量"。而世界卫生组织(WHO)的定义则是"在身体上、精神上、社会上完全处于良好的状态,而不只是没有疾病或虚弱"。由此看来,过去那种仅仅满足于身体没有疾病的观念是非常片面的,健康所要追求的应该是一种整体状态下的完满。

在日常生活中,如果室内空气污染已经造成了明显的身体伤害,就较容易受到使用者和有关部门的重视,但是一些表面上很难看出,但实际上却已经严重伤害或潜在伤害人们健康的情况,往往并没有受到人们的注意和重视。一些失败的建筑方法,以前和现在都一直在威胁着人类的健康。"病态建筑综合症"(Sick Building Syndrome)就是一个典型的例子。据美国的统计资料表明:大约有1/5~1/3的大楼是容易使人患上"病态建筑综合症"的"病态建筑"(Sick Building),其中的工作人员,有20%会感到身体不适,从而影响员工的工作效率和身心健康,长此以往,甚至会导致病变的发生(表4.5-1)。

室内常见有害物质对人体健康影响一览表　　　　表4.5-1

有害物质名称	有害物质来源	对人体健康的影响
二氧化硫	灶具不完全燃烧	呼吸道功能衰退,慢性呼吸疾病,早亡
一氧化碳	灶具不完全燃烧	窒息死亡
二氧化氮	电炉使用中的电化反应等	肺损害,慢性结膜炎,视神经萎缩
氨气	建筑材料,作为防冻剂的尿素	头昏,不适,黏膜刺激
苯	透明或彩色聚氨酯涂料,过氯乙烯、苯乙烯焦油防潮内墙涂料,密封填料	抑制人体造血功能,造成白细胞、红细胞或血小板减少,对神经系统产生危害,具体表现为头痛、不适,黏膜刺激、发炎,肝损害,不育(二甲苯)
酯	聚醋酸乙烯胶粘剂(白乳胶),水性10号塑料地板胶,水乳性PAA地板胶	对人体黏膜有刺激性,能引起结膜炎、咽喉炎等疾病

续表

有害物质名称	有害物质来源	对人体健康的影响
醛	硬质纤维板、木屑纤维板、胶合板，801胶，脲甲醛树脂与木材蚀花板、人造纤维板、强化木地板	对皮肤和黏膜有强烈刺激，会引起皮肤黏膜炎症，引起头痛、乏力、心悸、失眠，对神经系统不利
丙烯腈	丙烯酸系列合成地毯、窗帘	引起结肠癌、肺癌
聚氯乙烯(PVC)	塑料墙纸，塑料地板，地板块，塑料制品，工程塑料护墙板、百叶窗	致癌
聚苯乙烯(PS)		
五氯苯酚	木制品(防虫剂等)	头昏
呋喃	塑料制品，地板，地毯(阻燃剂、柔软剂等)	致癌
含氯氟烃(CFC)	涂料，胶粘剂等	刺激皮肤，致癌，肝、肾损害，
多环芳烃(PAH)	烹调，加热用气(煤)，汽车尾气等	致癌，致畸
苯并(a)芘(BaP)	烹调油烟、灶具燃烧	致癌，致畸
氡气	砖、砂，石材，土壤，陶瓷等	肺癌
真菌、细菌	室内霉斑、螨虫、虱子等小昆虫	过敏，人体内部机体组织尤其是肺损害
电磁雾	通电导线，家用电器，电脑，电热毯，手机等	致癌，白血病，神经疾病，心脏疾病，抑郁症，失眠
空气中的悬浮颗粒	石棉纤维、灰尘、粉尘、及其他大气污染	肺部疾病等

所以，只有在避免了有毒物质和有害材料的情况下，才有可能获得健康的室内环境。生活在工业化国家中的人们几乎每天都在被迫品尝由无数的化学和人造材料混合而成的"鸡尾酒"，更为糟糕的是，我们目前还很难知道这种"鸡尾酒"对于健康的确切影响。

(2) 提高室内环境空气质量的具体措施

保证室内环境空气的质量，必须从建筑与室内环境的设计与建造以及使用者正确的日常使用与维护两个方面来努力。

1) 设计与施工手段

针对上述各种室内污染物在室内的产生与传播特点，在进行建筑与室内环境设计和施工过程中，应该根据建筑所处环境的实际情况以及建筑和室内环境的性质，合理地进行设计和施工。

(A) 合理的建筑选址

一旦建筑项目计划已经确定，那么业主与设计师在建筑的初期规划和选址时，就应该对当地的地质、土壤、周围环境等进行认真的调查研究，应该注意避开室外空气污染较为严重的地区，选择自然通风条件较好的地段，不要选择土壤含有放射性污染的基地，注意避开高压输电线路、无线电发射装置等，以免受到先天的电磁污染。

(B) 合理的通风、换气设计

改变过去片面注重建筑表面视觉形态而忽视建筑内部环境的做法，合理地进行建筑与室内环境设计。重视建筑物的通风设计，保证建筑室内有良好的通风效果，尤其是在可能大量产生有害物质的空间和有大量人流积聚的场所如剧场、大型商场等更应该注意通风设计，加大通风量。在进行厨房的通风设计时，应该借助于有关技术产品，保证厨房内的污浊空气能够通过烟道或窗户等及时向外排放，避免户间交叉污染。集中空调设施一定要有新风补给系统,并保证有足够的新风补充到室内。

(C) 绿色的建筑装修材料与室内陈设品

选用环保型的建筑与室内装修材料,是减少室内环境污染的有效手段。所以,在选择建筑与室内装修材料时应该严格把关,尽量引进不含或少含有害成分的建筑与装修材料,严格按照有关规定施工,不以次充好、不违规使用有毒的添加剂。

家具是室内环境中的主要陈设品,在家具材料与家具的制作过程中所用的各种胶粘剂、油漆等是室内有毒物质的主要来源。因此,对于家具生产厂家来说,应该本着对用户负责、对环境负责的态度,在家具制作过程中严格执行国家的有关标准。对于室内设计师和用户来说,则应该提高自身的环境保护和自我保护意识,避免选用和购买不符合国家规定的家具与其他室内陈设品。

(D) 合格的室内电器,正确的摆放位置与电力布线

选用合格的室内电器和设备,并严格按照设备要求进行布置、安装和使用,这是保证室内不受或少受电磁污染的必要手段。

电磁场的强度随着距离的增大而减小。离开电器越远,电磁感应作用就会越小,在布置电器时,应该时刻牢记这一点。

2) 室内环境的使用与维护手段

除了在建筑与室内的设计与建造过程中采取适当的措施外,在建筑与室内环境的日常使用与维护中,也应该注意以下几点,使室内保持良好的运行状态。

(A) 在室内装修完成之后,不要立即入住或使用,应该打开房间的门窗,在保持房间良好的对外通风情况下,尽量让室内的有害成分向外散发,经过一段时间后,等室内有害成分含量低于标准值之后,再行使用。

(B) 人们常常由于怕房间空气对流和损失能量而不愿打开门窗,导致房间通风不良,造成空气质量下降。实际上应该在不影响房间内物理舒适度的情况下,经常保持房间的通风换气,及时将室内的污浊空气排到室外,并不断补充新鲜空气。对于空调房间,也应该保证必要的通风换气次数,但在开窗换气时应注意将空调关闭,以免不必要的能量浪费。

(C) 合理使用各种灶具。使用时尽量保持空气流通,防止燃烧时产生的有害物质在室内积聚。不要在房间中尤其是空调房间中吸烟,吸烟不仅直接危害吸烟者本人的身体健康,其对环境造成的污染,会影响其他人的身体健康,据研究,被动吸烟比主动吸烟危害更大。

(D) 保持房间的清洁与干燥,降低室内空气中悬浮颗粒的数量,减少消除室内病毒、细菌、真菌、螨虫等的孳生条件。

(E) 不使用各种不符合绿色标准的防虫剂和防霉剂。

(F) 不要在人流拥挤、空气污浊的室内环境中长时间停留,其中以车站、大型商场、电影院等场所较为典型。在全空调的大型商场中的逛店时间不应超过两小时。在这类百货商场中,由于人流量极大,室内空间的面积也极大,往往造成空调新风补给不足,导致空气中二氧化碳等有害成分激增。另外,多数商场的商品类型和展出与出售方式也经常处于变动之中,局部的重新装修经常不断,但装修区与正常营业区之间往往只有视线上的阻隔,装修中散发出来的各种有害物质直接进入营业区,造成整个商场空气质量的下降,在这样的环境中长时间逗留,势必造成身体的伤害。

(G) 减小由电器产生的电磁场污染,这是电器生产厂家义不容辞的责任,但是作为使

用者,树立正确的自我保护意识也非常重要。一些主要用于卧室和儿童房中的电器,如电视机、闹钟式收音机等应该有屏幕保护和接地,这些设备中多数与电磁场污染有很大的关系,尤其是当它们靠近头部或身体时情况更为严重。一些必需靠近身体使用的电器,如剃须刀、电吹风、电热毯等等,应该尽可能少用。电剃须刀和电热毯等会直接在人体皮肤上产生非常强大的电磁场,其强度高达10000nT(约30~40毫高斯)。电热毯也许是卧室中最为严重的电磁危害源,这种电热设备根本就不应该使用,而普通暖水瓶、热水袋等传统方式将永远都是最好的暖床手段。荧光灯和调光开关也会产生强大的磁场(50毫高斯),用于门铃(100毫高斯)和低压电灯等低压系统中的变压器也是这样。带有变压器的电器在使用结束后,应该及时拔下插头。其他的电器,如电吹风、电炉灶等周围都会产生极高的磁场强度,但是,由于它们使用的时间一般不长,因此,比那些长时间持续使用的电器所产生的危害要小得多。

在使用较旧的家用电器时,应该记住,它们必须始终保持正确的正负极相位。即电器的相位必须与电缆中的相位相匹配。如果相位相反,电器照样可以运转,但会产生更强的电磁场。研究表明,简单地调转一下插头就可以减少90%的磁场强度。许多现代电器插头只能单向插入插座之中,从而消除了这一问题,当然,前提是插座的正负极接线必须准确。

(H)合理利用绿化吸收空气中的有害物质。许多植物都有净化空气的作用,如吊兰、盆竹、鸭跖草等对甲醛有良好的吸收作用,新装修的室内,可以多放置一些,以便加快室内有害气体浓度的降低。但是,室内绿化的使用,也应该因地制宜。并不是所有的地方绿化都越多越好,因为一般的植物在白天进行光合作用时,会吸收二氧化碳、一氧化碳、甲醛等有害气体,释放出氧气。但在晚间,则正好相反,非但不释放氧气,反而会吸收氧气,从而导致室内含氧量的减少。因此,如卧室等晚间使用的房间,就不宜放置过多的植物。另外,许多植物对某些人来讲,可能会成为过敏源,尤其是婴幼儿,对花草(特别是某些花粉)过敏的比例比成年人要高得多,诸如广玉兰、绣球、万年青、迎春花等花草的茎、叶、花都可能引发婴幼儿的皮肤过敏,而仙人掌、仙人球、虎刺梅等带刺的植物,则很容易伤人,因此一般婴幼儿卧室内不宜放置。

影响室内空气质量的因素是多方面的,室内空气质量的好坏是各种相关因素共同作用的结果,仅仅关注某些局部的因素是远远不够的。生态建筑与室内环境的设计与使用是一项十分细致的工作,只有一丝不苟地把握好其中的每一个环节,才能使室内达到最佳的生态性能。

4.5.2.2 室内热舒适程度

(1)室内热舒适环境的影响因素

室内热舒适环境是由温度、湿度、空气流速、换气次数和大气压等条件的综合作用而决定的。

室内热舒适环境不仅会给人带来不同的冷暖感觉,还会造成对人的生理和心理的影响。长期处于不舒适的室内环境之中,轻则影响工作效率,重则造成对人体的严重伤害。室内热舒适程度是室内温湿度、空气流速、换气次数和气压条件等综合作用的结果,此外还与使用者的个体差异等因素密切相关,是一个复杂的物理作用过程,需要运用科学的设计方法,借助于各种专业的技术手段,通过精确的热工计算才能实现其良性的发展,建筑与室内设计师再也不可能仅凭单一的知识结构,按照个人的主观臆断来完成这样复杂的任务。因此,室内设计师与暖通工程师等的紧密合作,就成为完成这一环节的关键。就建筑与室内设计师而言,应该尽可能通过一些设计措施,为室内的热工设计提供良好的基础,协同改善室内的热舒适状况。室内热舒适环境还与室内环境的使用有着密切的关系,否则即使是再好的设计,只要使用者使用不当,维护不周,也不可能形成舒适的室内热环境。值得注意的是,室内热舒适环境的创造还必须与总体的能源策略相一致,不应该因为保证了室内的热舒适条件而忽略了节能与环保方面的要求,只有在这两个方面的要求同时得到了满足,才能够被认为是成功的。

(2) 保证室内环境热舒适质量的具体措施

鉴于上述对室内热舒适质量的影响因素,生态室内环境要求在设计、建造和维护使用等各个环节都采取行之有效的措施,以达到良好的室内热舒适环境。

1) 设计措施

(A) 合理地进行建筑设计,为室内环境设计创造良好的前提条件。建筑的围护结构应该根据热工计算来决定其材料的使用与构造方式。

(B) 在进行室内环境设计时,不应该破坏或削弱建筑原有围护结构的保温隔热性能。

(C) 建筑的顶楼或利用阁楼的建筑,需在顶楼或阁楼增加吊顶,并在其中填充合适的保温(隔热)材料。

(D) 采用密封性能良好的门窗,并在安装时严格把握安装质量,防止渗漏的发生。

(E) 在没有空调的建筑中,合理的地采用各种自然力,以被动式或被动结合主动的方式达到保温(隔热)与通风的要求。

(F) 在空调房间中应该根据有关标准或有关的热舒适要求控制房间的有关热舒适度指标。

(G) 在冬季寒冷地区,尽量争取更多的自然阳光照入室内,增加室内的热辐射得热,在夏季炎热时,则采取恰当的遮阳措施,防止阳光对室内的直射。

(H) 在冬季寒冷的地区,室内尽量多采用给人以温暖感的装修材料,不在人体经常接触的地方使用光滑、冰冷给人以冷感的装修材料,如大理石、玻璃、不锈钢等。

(I) 合理地采用高储热性能的材料,如传统的砖、石、混凝土等材料,自然调节室内的温度,减少室内的温度波动。

2) 维护与使用措施

(A) 夏季炎热时,尽可能地增加室内空气的对流,合理地使用房间的穿堂风。冬季寒冷时,加强房间的密封措施,防止门窗的空气渗漏,但是,为了防止室内空气过于污浊,也应该注意房间的通风换气次数。

(B) 在炎热的夏季尽量少使用会产生热量的家用电器,如电视、音响、电脑等,以减少室内环境的得热量。

(C) 夏季尽可能保持室内空气的干燥,增加人体的舒适度,同时减少螨虫孳生的机会。

(D) 利用室内植物和水体来自然调节室内空气的温湿度。

(E) 空调房间的温度与室外温度不应相差太大,以防进出时人体不适,引起感冒或其他疾病。

4.5.2.3 室内光环境条件

(1) 室内光环境对人的影响

低劣的照明会导致严重的生理危害。大量的研究表明,低劣的照明会导致头疼、腰痛等症状,是病态建筑综合症的主要原因之一。研究发现,有大量的工作场所照明条件不符合要求,即使一些明文规定必须符合有关照明规定的办公室和工厂中,状况也不容忽视,家庭中的状况就更差了。

许多人都知道,缺乏日光能够导致一种被称为"季节性情感失调症"(Seasonal Affective Disorder,SAD)的疾病,许多人在冬季,尤其是纬度较高的北方都曾经经历过。人眼所接受的日光刺激不仅使我们能够看到物体,而且还有调整和促进新陈代谢和荷尔蒙的作用,日光中的紫外线可以促进维生素D的产生,维生素D是人体吸收钙质所必须的物质,因此,建筑中缺乏日光与精神紧张水平的上升以及缺钙有着密切的关系,而缺钙则是导致骨质疏松症的因素之一。日光还可以治疗许多疾病。

现在,许多人过于依赖各种各样的电灯泡,误认为人工照明可以取代自然日光,在进行社区、住宅和室内环境设计时,人们注意得较多的是便利的交通和漂亮的外观,而不是对空气和日光的接近。

光是人们接受外界信息最主要的媒介,人们借助于光,才能通过视觉观察到外界事物,人们从外界所获得的信息中,有80%以上来自于视觉。在建筑室内环境中,光照度的大小、亮度的分布、光线的方向、光谱成分等构成了其中的光环境特性,室内光环境质量不仅决定了人们的视物质量、工作效率、室内的安全、舒适和方便,还与室内的美学效果有着直接的关系,人们对光环境的感受,不仅是一个生理过程,也是一个心理过程。它分别从视觉心理、视觉生理等不同方面影响着人们。

(2) 室内光环境设计

室内的照明,一般可分为环境照明、工作照明和气氛照明三种方式。

环境照明是指室内环境中的普通照明,其目的只是为一般室内活动提供基本的照明条件,因此对于照度的要求并不非常严格,如普通的家庭卧室或客厅的日常起居,只需要一只40~60W的普通白炽灯或30~40W的日光灯就可以了,如果是作为看电视的背景光线或者为了夜间起夜方便,那么,只要15W甚至更小的照明就可以满足要求。环境照明虽然对照度的要求并不高,但要求整个空间内的照度比较均匀,没有死角。

工作照明是指专为某一工作而提供的工作面范围内的局部照明。工作照明虽然范围较小,但对照度、光色、光源方向等的要求却比环境照明要高得多,与被视物体的特征、工作任务的要求、有效自然光的辅助程度、周围环境的影响,甚至使用者的年龄、生理心理特点等都有密切的关系,是一项十分复杂的指标,为此各个国家都有各种场合对于照明的特殊标准。符合生态要求的工作照明设计,首先应该满足光的照度标准,对于一些有特殊用途的房间,还必须考虑光线对室内物品的损害,如书库、档案库、博物馆的藏品库以及一些贵重展品的展示照明等都应该选用紫外线少的光源或安装过滤紫外线的灯具。

气氛照明的主要目的是室内气氛的营造,因此更注重光的外在表现,如光源位置、投射方向、角度、灯具造型、光色等,而对照度的要求并不是非常严格。关于气氛照明,因主要涉及照明艺术的范畴,此处不作过多的论述。

从理论上讲,不管是来自照明器具的人工照明,还是来自于室外的自然光线,只要其在工作面上或整体室内环境的照度达到一定的要求,就可以满足使用要求,但事实上,照明器具发出的人工光的光谱成分比较单一,而且了无变化,而自然光是一种全光谱的光,其光线无论从光色、光度等方面来讲都异常丰富。人是大自然的一部分,亿万年来的进化,人们已经习惯于大自然千变万化的自然光线,除了给人以明暗等物理的视觉感受,自然光还提示人们时间的变化和季节的更迭,更能引起人们强烈的思想感情。此外,光线和视觉的持续变化可刺激视神经系统,使我们更加机敏、更富有创造力。因此,与人工光相比,它已经超越了纯粹的物理特性,具有超凡的表现力。长期工作在人工光源环境下的人们,除了工作效率降低以外,还会失去时间感、方向感,甚至引起头晕、恶心、情绪低落、注意力无法集中等"病态建筑综合症"。因此,从生态和健康的角度来看,房间必须有充足的自然光线。我们在进行建筑与室内环境设计时,应该尽可能地利用自然光,除非某些特殊的场合,一般情况下应该避免全人工照明的室内环境,当然这也是绿色运动中节能和环保的需要(图4.5-2)。

中庭花园内景

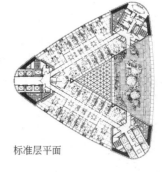

局部剖面　　标准层平面

图4.5-2　德国法兰克福商业银行,1997
设计:福斯特合伙人事务所
福斯特打破了一般建筑中庭一通到底的传统做法,他将60层高的塔楼上下分为五段,三角形建筑的侧边每隔8层便设置一个4层的中庭花园,中庭在平面上按顺时针方向螺旋式上升换位设置,使建筑中几乎每一个办公室都有直接采光和良好的自然通风

　　从以上分析可以看出,室内光环境条件的好坏不仅会影响室内艺术气氛的创造,还会直接影响人在室内环境中的视物质量和工作效率,更严重的是,太差的光照条件,往往会造成对人体尤其是眼睛的损伤,甚至还会导致事故的发生。因此,提高室内的光环境质量,是生态室内环境设计的一个重要内容。室内光环境设计不仅要在各个部位达到有关的照度标

准,还必须考虑实际的视物质量。除了照度以外,眩光是室内照明中最常见的问题,设计师应该采用各种方式合理地解决眩光问题。

自然光是大自然赐予人类的最好照明手段,也是质量最高的一种照明方式,对于自然光的合理运用,不仅可以提高室内环境的光照条件,而且还有利于身体健康,更值得注意的是,这也是节约能源,降低消耗的重要保障,是室内环境设计考虑生态因素的重要措施。因此,生态建筑的室内环境设计应该把自然光的合理应用作为优先考虑的内容,只有在自然光照不能满足室内应有的照明条件或需要运用特殊的照明来强化某种艺术气氛的情况下,才考虑增加适当的人工照明。但是,事物都是一分为二的,引进自然光,有时也会带来一些负面的影响,如室内光线过强而影响人们的休息;夏季自然光引入过多,会增加室内的制冷负荷等。但是,只要设计师能够具体问题具体分析,借助于某些技术手段,采用适当的遮阳、通风形式,那么这些问题是完全可以解决的。

4.5.2.4 室内声环境状况

(1) 室内环境中的噪声危害

室内声音主要由背景噪声、干扰噪声和需要听闻的声音等构成。背景噪声是指听者周围的噪声,通常是指房间使用过程中所不可避免的噪声。干扰噪声是指对人们需要听闻的声音产生干扰的其他各种声音的混合。

噪声使人烦恼,精神无法集中,影响工作效率,妨碍休息和睡眠。长期在强噪声下工作的人,除了耳聋外,还有头昏、头痛、神经衰弱、消化不良等症状,往往导致高血压和心血管疾病。噪声还会对胎儿产生不良影响。

(2) 室内环境降噪

室内声环境是由室内外之间的声能流动以及室内各发声体之间的声能流动而构成的,即室外的声音通过门、窗、建筑围护结构等进入室内,室内的声音同样也经过相同的渠道传播到室外,构成城市噪声的一部分,同时室内的各种声源如人的谈话声、电话铃声、机器发出的振动声等相互传播、融合,形成室内的环境噪声。

一般来说,室内环境中危害最大的噪声主要可归纳为以下几种:

1) 由空气传播的声音,如说话声、音乐、电话铃声及其他一般噪声等。

2) 由人走过地板、关门等产生的碰撞声,水在水管中流动而产生的流水声或振动声,空调噪声等。

3) 外部噪声,指来自建筑外部的噪音,如交通噪声等。

根据噪声传播的不同特点,室内环境设计中的降噪对策也是不同的。要想保证室内有良好的声环境质量,首先也必须从建筑设计开始,从建筑的选址、布局、与城市街道的关系、建筑本身的形式、围护结构的材料、构造做法等各个方面来考虑,尽量减少外界噪声对建筑室内的影响。如建筑应尽可能地远离工厂、城市干道、操场、娱乐场所等噪声源,在建筑平面中,需要安静的房间应布置在远离噪声源的一侧,在建筑与噪声源之间设置隔声屏障等。在进行室内功能分配时,将会发出较大噪声的房间如机房、娱乐室等与需要保持安静的房间分开布置,中间以一些过渡性的区域来分隔,以减少噪声的干扰。

(1) 空气传声

建筑厚实的墙体和楼板是防止空气传声最简单、最好的办法。声波到达墙体和楼板时,有一部分会被墙体和楼板所反射,另有一部分声波的能量会被墙体或楼板所吸收,所以不会产生振动,这就是为什么厚实的墙体或楼板具有良好隔声效果的基本原理。此外,地毯、墙体的软质贴面材料、家具面料和吸声顶棚等相对较软的材料同样具有吸收空气传声的作用,在吸声过程中,声波被转换成热能。需要说明的是,一些良好的吸声材料从空气质量的角度来说常常并不十分理想,使用时应加以重视。

(2) 撞击声

一般来说,混凝土楼板和其他实体地板都是撞击声的良好导体,阻隔撞击声的方法之一,就是采用软质的纤维材料,如麻丝和其他纤维等,这些隔音材料可以吸收声波的能量,从而使声音发生衰减,达到降噪的目的。在这一弹性隔热层之上需要铺设混凝土或灰泥,以增加其耐久性并增强地面的质量。铺设混凝土或灰泥层时,一定要防止混凝土或灰泥与楼板直接相接,否则会形成热桥。混凝土或灰泥层也可用混凝土块或其他干性材料代替,从而减少湿作业量,但在这种情况下,垫层之上还需覆盖一层木纤维板等找平兼隔声层,最后再铺设真正的面层材料。值得注意的是,各层材料以及材料与材料之间的任何空隙都应该用软质隔声材料填实,从而避免空腔产生振动而将声音放大。

在室内设计实践中,常常采用轻钢龙骨石膏板轻质隔墙来分割室内空间,由于较少采用隔声措施,一般隔声效果都达不到规定的要求,于是很多人对轻质隔墙的使用产生误解。其实只要在设计和施工时采用适当的隔声措施,在两层面板之间填充合适的隔声材料,仍然可以达到较好的隔声效果。但是应该注意的是,必须选用不会对室内空气产生污染、对人体无害的隔声材料,如果能够选用回收材料制成的隔声材料,如用回收的废纸制成的隔声纤维板等,将会收到更好的环境效益。

对于建筑室内原有隔声较差的墙体或顶棚,也可以通过一定的处理来改善其隔声性能,比如可以在原有墙体之前或顶棚之下再加一层新的墙体或顶棚,在新旧墙体之间填以隔声材料。但使用这种方法时必须注意,新的墙体或顶棚绝对不能与不希望产生传声作用的构件直接接触,否则就会产生"声桥",而使声音通过这些构件传至其他区域。

建筑室内的各种管道是室内噪音的一个重要来源,要解决这一问题,可选购低噪声的管道装置,另外也可以通过一些相应的降噪措施,来达到降噪的目的,可在管道外用隔音材料包裹起来。空调的风口也是容易产生噪声的地方,应该配以合适的垫圈,并同样用隔声材料包裹起来。

由于隔声材料一般来说皆具有良好的隔热性能,所以在取得良好的隔声效果的同时,也提高了建筑、室内的隔热性能,可谓一举两得。但是,反之则不然,因为某些良好的隔热材料,其隔声效果可能很差,聚苯乙烯就是一个典型的例子。

(3) 外界噪声

影响室内声环境质量的室外噪声主要包括交通噪声、工业噪声、施工噪声、室外社会噪声和生活噪声等。交通噪声主要是指机动车辆在运行时产生的噪声;施工噪声源于建筑施工和市政施工;工业噪声主要是工厂以及工商企业内的固定设备产生的噪声;社会噪声是一个不太稳定的污染源主要来自集贸市场、摊贩、流动商贩的沿街叫卖和卡拉OK、舞厅的音乐演奏和播放;生活噪声指的是多层楼内用户间的相互干扰,如从临近建筑或用户传来的电视、音响、洗衣机等家用电器发出的声响等。

隔绝室外噪声最为简便有效的办法,应该是安装密封性能良好的高质量门窗。当然,对于一些旧的临街建筑,也不一定需要更换所有的窗户,有时,只要在玻璃与窗框之间增添或更换性能良好的密封条,将窗框与墙体之间的缝隙修补填实,就可以明显地改善房间的隔声性能,减少外界噪声对室内的影响。当然,也可以更换窗户的玻璃,采用新型的隔声玻璃,在美国,这种玻璃已被普遍采用,其厚度只要4mm,即可达到一般的隔声要求。

在居住建筑中,封闭阳台也是隔绝外界噪声的一个行之有效的方法。封闭阳台等于是在原有窗户之外又增加了一层窗户,白天可将阳台打开,使阳台依然保持原来的效果,休息时将阳台关闭,既可起到隔声的作用,又可防尘。不过,阳台封闭之后,多少改变了原来阳台与室外空间之间的关系,减弱了阳台空间与大自然之间的渗透关系,这可以通过在阳台上增加绿化的办法加以改善。

在室内增加绿色植物,也是室内减噪的有效办法,植物既能对室内空气起过滤作用,为室内补充足够的氧气,同时也可为室内环境提供良好的吸声减噪效果。

现代建筑中大面积玻璃幕墙的使用,不仅带来了节能方面的问题,同时也造成了隔声方面的缺憾。"双层皮"幕墙系统的开发,为解决这一缺憾带来了福音。由于"双层皮"幕墙的内外两层玻璃以及中间部分的空隙,使得"双层皮"幕墙在达到良好的通风、采光、保温、隔热效果的同时,也具有良好的隔声性能。

以上所述隔声措施,除"双层皮"幕墙技术以外,基本上没有太高的技术含量,实施起来也较为简便,但效果良好,也较经济,值得提倡。其实,对于一般建筑而言,如果能在各个环节都进行深入细致的考虑,并能在实施过程中严格遵循工艺流程,那么要达到一般的隔声效果并不是一件十分困难的事情。

4.6 生态室内环境中的艺术与技术

4.6.1 生态室内环境的艺术性

4.6.1.1 艺术性与生态性的完美统一

生态建筑虽然十分注重室内环境的使用质量,提倡节约,反对过度的表面视觉处理,但是,作为建筑,生态建筑也具有一般建筑所拥有的一切艺术属性,也肩负着为人类创造美,为人们带来美的享受的艺术使命。生态建筑并不是一种风格或者形式的改变,而是一种建筑伦理观的真正革命,生态建筑生态性能的好坏与建筑本身的风格并没有直接的关系。就形式而言,一座真正的生态建筑,可以是现代主义的,也可以是后现代的或者解构主义的,只要室内环境在健康、高效、节能、环保等方面确实达到了生态建筑所应该达到的相应目标。因此,普遍的美学法则,只要和建筑与室内环境的生态性之间没有冲突,就将仍然适用,从而表现出艺术性与生态性相分离的一面。

但是,生态建筑的室内环境设计,就艺术性和生态性之间的从属关系来讲,生态性无疑将是第一位的,艺术性从属于生态性之下,因为生态建筑最为关心的并不是建筑或室内在视觉上的漂亮或不漂亮,而是建筑与室内环境是否确实为人们提供了舒适、健康的生活和工作场所,是否确实对环境友好。

生态室内环境设计总是把对于生态的考虑放在首位,在设计中采用一切可以采用的手段来保证室内环境达到最高的生态标准。新的或者特殊的生态设计措施的使用,为室内环境中视觉元素的丰富与出新带来了良好的契机,使室内环境的艺术性由于生态的考虑而更加丰富,甚至产生一种全新的视觉效果,从这一点上来讲,生态室内环境设计又表现出相互关联的一面。

4.6.1.2 生态室内环境艺术建构中的"顺"与"迎"

生态室内环境设计应该达到艺术性和生态性的完美统一,要想做到这一点,在生态室内环境的艺术建构中必须遵循"顺——迎"的法则。室内设计中的"顺"与"迎"可以从两个方面来理解,首先是"顺",即对建筑原有结构和空间的顺应,指室内设计根据建筑原有的条件,因地制宜地进行设计;第二个方面是"迎",即在原有建筑所提供的条件先天不足,或与当前的设计要求有巨大冲突时,设计师不应该循规蹈矩、缩手缩脚,而应该在不破坏建筑原有结构,不影响建筑生态特性的前提下,积极迎战、大胆创新(图4.6-1)。

图4.6-1 德国柏林国会大厦改造,1999

设计:福斯特与合伙人事务所

新建的玻璃穹顶是室内环境设计的焦点,它除了在体形上创造了一种前所未有的视觉形象外,还造就了一种满足节能和自然采光要求的基本构件,穹顶成为名副其实的天窗,使室内向景观和自然光线敞开。穹顶的"核心"部分是一个覆盖着各种角度镜子的锥体,可以反射水平射入室内的光线,还有一个可移动的保护装置按照太阳运行的轨道运转,以防止过热和眩光。穹顶还包含了科学合理的自然通风系统,保证室内的空气循环。

"顺——迎"法则也适用于建筑与室内环境和自然之间关系的处理上,建筑与室内环境应该从属于自然,室内环境应该为自然增光添彩,而不应该给环境抹黑,给环境加重负担,中国传统的"天人合一"思想就是这一法则的贴切反映。

4.6.2 生态室内环境的技术因素

4.6.2.1 技术与建筑、室内的关系

在建筑发展的历史长河中,技术始终起着举足轻重的作用,尤其是进入近现代以来,技术对建筑发展的贡献更是功不可没,可以说,技术是建筑发展的主要动力。但是技术的发展也给人类带来了巨大的灾难,当今全球范围内所发生的生态危机,主要是由飞速发展的高新技术所带来的。技术和生产发展的全球化,使全球文化趋同的现象日益加剧,使各地区丰富多彩的传统文化受到严重的威胁,建筑趋向平庸,特色逐渐消失。对于技术的高度追求,又使人们忽视了建筑中对于情感的表达,使建筑技术味有余而人情味不足,现代文明理应具有的高情感生活也渐趋衰落。技术使我们增强了自身生存的能力,使我们能够更有效地抵抗自然对人类的威胁,但技术又具有很大的不可预知性,人类在利用技术为自己造福的同时,也隐藏着许多潜在的危害,因此,技术实际上是一把双刃剑,我们应该积极利用其有利的一面,为生态室内环境设计服务。

4.6.2.2 生态室内环境设计中的高技术与低技术

生态建筑与室内环境中的技术有高技术和低技术之分。生态建筑设计研究主要存在着两种不同的类型,即主张"生态决定论"的乡村类型和主张"技术决定论"的城市类型。"技术决定论"早期以巴克明斯特·富勒为代表,"少费多用"是这一思想的集中体现,此外它还有一定的反地域倾向。"技术决定论"与"高技派"有着密切的联系,富勒的"少费多用"思想对"高技派"的许多建筑师都产生过一定的影响。早期的"高技派"建筑由于过分渲染技术在建筑中的表现,忽视了技术对于环境的影响,也忽视了建筑对传统、对地域、对人的情感因素的考虑而成为人们批评的焦点。但是,经过不断的思索,同时也受到生态思想的影响,"高技派"建筑师们正在努力改变自己的形象,使高技术为生态建筑与室内环境的理论与实践服务。经过他们的努力,已经产生了一批既高度反映传统文化、地域精神,又充分利用现代技术实现生态目标的生态型建筑(图 4.6-2)。

图 4.6-2 新喀里多尼亚让·玛丽·吉芭欧文化中心,1998
设计:伦佐·皮亚诺
建筑充分体现了"既要高技术,又要高情感"的设计宗旨,同时它又是高技术与地方性、特色化紧密结合的优秀作品,其对当地文化传统与地域情感的尊重,在此建筑中得到了淋漓尽致的表现。其村落式的总体规划、由传统木材和现代不锈钢材料所组合构造成的"棚屋"形式,形似未编织完的竹篓的独特外形,都使人们联想起当地特有的建筑与文化传统,其水天一色的总体效果,更是引起人们无限的遐想。

绿色化、数字化、智能化、仿生化是现代高技术生态建筑与室内环境的新的特点。

生态高技术建筑能够将绿色生态体系"移植"到建筑的室内环境之中,既可以借助于自然景观价值"软化"建筑的硬技术味,在视觉上与周围环境取得和谐,达到共生,同时又能协同机械调控系统,使建筑内部有良好的室内气候条件和较强的生物气候调节能力,创造出田园般的舒适环境。

生态建筑十分重视建筑室内的物理环境,同时也将降低建筑物的耗能特性作为设计的主要目标。建筑室内的物理环境主要是通过声、光、热等物理参数来控制的,现代计算机技术使对这些参数的精确和自动控制成为可能,同时还可以通过虚拟现实的方法,模拟室内环境的运行情况,从而使人们可以在设计阶段就对未来的室内环境有一个较为准确的评估。

现代计算机技术也使得室内环境的运行可以实现全面的自动化,使建筑成为一个具有反应能力和自我调控能力的智能型生态体系(图 4.6-3)。

冬季白天　　冬季晚上　　夏季白天

图 4.6-3　美国华盛顿特区郊外的赫吉住宅

设计:Jersey Devil

建筑中最显眼的视觉元素——"旋转罩"(Roto-lid),是一种由计算机控制的遮光天窗,它能随季节或一天中时间的变化而自动转动。旋转罩以等边三角形为基形,这使其隔热旋转面板可以有 3 种不同的位置,它始终围绕东西向主轴转动。在冬季的白天,面板面向北方导入温暖的阳光,到了晚上,面板旋转到下方堵住连通室内的三角形通道,阻止热量散失。在夏季的白天,面板朝向南方,挡住南面的阳光,从而在接受北面光线,满足照明的同时使室内获得的热量减到最少。这种 3 英寸的隔热电镀铝面板,具有极好的平衡性,只需要极小的力就能使它们旋转。

　　生态高技术的仿生,主要是技术层面上的仿生,这与以往视觉形态层面上的仿生有所不同。通过在技术层面上模拟生物体在自然进化过程中所形成的科学、合理的结构或其他生理性能和生态规律,使建筑具有某些"生物特性",从而有效地实现高技术建筑的生态活性。

　　与高技术相比,低技术具有经济、便利、与自然协调、地域特征强烈的特点,许多传统的乡土建筑中都蕴涵着丰富的低技术成分,那些看似原始的低技术至今仍然在发挥着十分重要的作用。虽然高技术已成为现代生态室内环境中不可或缺的主要手段,但低技术同样是生态室内环境技术的有效补充,传统低技术与现代高技术的良好结合,是提高建筑室内环境生态质量的有效保证(图 4.6-4)。

　　室内环境设计中的高生态,必须依靠具体的技术对策才能实现,而技术对策的科学性是保证其发挥最大作用的必要前提。

4.6.3　生态室内环境设计中的技术对策

4.6.3.1　改善建筑与室内环境的耗能特性

　　建筑中的能量使用,就其对环境的影响而言是最有争议的。在美国,总能量消耗的 35% 是用于建筑——每年为 29000^5 Btu。住宅建筑中制冷和制热所耗费的能量超过 7000^5 Btu,产生出 4.2 亿 t 的二氧化碳和 900 万 t 的其他大气污染物。其实在这些能量消耗中,有

 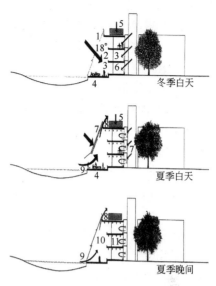

图 4.6-4　德国盖尔森基兴科技园,1995

设计:Kiessler + Partner

高科技与低技术紧密结合的范例。建筑建于一个废弃的钢铁厂旧址,建筑前面开挖了一个湖泊,既美化了环境又可作为雨水蓄留池并起到降低空气温度的作用。建筑西面设计了一条长约 300m、高 3 层的"拱廊",它既是建筑内外空间的主要视觉控制元素,也是降低投资和运行成本基础上的节能管理策略的核心。建筑正面安装 Thermoplus 隔热玻璃,其开启状态可随季节变化而自由调节。在冬季,可将低处的挡板关闭,在夏季可将它们滑向上方,就像是大型的上下推拉窗,这样做主要是为了获得自然通风,并且可以使人们感受到临水而居的感觉,同时地板下的室温调节系统有助于室内降温,调节过程中被热空气加温的水可以进一步加以利用。建筑还设有一个室外雨棚,避免了拱廊地面在夏天出现过热的现象。

70%的能量可以通过一些能量保护措施来节约,如良好的隔热、更换窗户、提高气密性、安装现代化的和更有效的制热和空调系统以及利用周围的环境设计来阻挡冬天的寒风或遮蔽夏天的炎炎烈日等。

其实,无须昂贵复杂的技术,仅通过增加隔热性能等简单方法,就可以达到减少能源消耗的目的。当然合理地运用一些经过实践证明是可靠的建筑材料和先进的建筑技术,对于建造低能耗建筑,提高居民的生活质量也是必不可少的。

(1) 低能耗建筑

低能耗建筑的基本特征是在供热时所消耗的能量比当地建筑规范所规定的最低标准还要低。这些当地的建筑规范,如美国的能源之星家庭(Energy Star Home)本身已经比一般允许的耗能指标低 30%。随着具体情况的变化,规范也始终处于变化之中,因此低能耗一词也不是一个静态的概念。低能耗建筑在建筑外壳的任何部分都要求有恰当的隔热措施。

建筑的热损失主要是通过墙、门窗、屋顶和地基等实现的,但是如果屋顶阁楼已经被转用作为房间进行使用而没有合适的隔热措施,那么整个建筑热损失的比例就会发生变化——通过屋顶散失的热量将会大大增加。同样,在一些地下室被频繁使用的建筑中,其热损失也将大大上升。

在新建的建筑中,通过合理地利用高效隔热材料,可以明显地减少热损失。这些隔热措施将在低能耗住宅中得到更广泛的应用。

热损失通常是由建筑外壳的空气渗透所导致的。在一些传统的阁楼式建筑(如民居)中,大部分的空气泄漏是通过屋顶阁楼和窗户的缝隙进入建筑室内的,而大部分的热量也正是以相同的方式逸出屋外的,因此,在低能耗建筑的设计和建造中,必须杜绝这样的缝隙,良好的抹灰层是达到这一要求的重要手段。在木结构建筑中,墙和屋顶、地板的连接处都采取相应的防风措施将是十分必要的。

老式供热系统最严重的问题是,它们不仅效率低,而且难以控制,分配系统漏气,隔热性能差。相反,低能耗建筑采用高效、现代的供热系统,可以根据室内需求的变化作出灵敏的反应,所有的空气配送管道都有良好的密封、隔热性能。在液体循环供热系统中,热水管也有良好的隔热处理。

建筑节能最主要的措施,可概括如下:

(A) 建筑所有的外围护构件,如外墙、窗户、屋顶和地下室等,都应该具有有效的隔热措施。

(B) 避免热桥和其他途径的能量泄漏。

(C) 采用气密性好的建筑构造方式,避免由于空气对流而导致的热损失。

(D) 采用高效的供热系统。

(E) 使用储热性能较高的建筑材料,为建筑与室内提供合适的储热性能,这一点在使用被动式太阳能设施时尤其重要。

(2) 建筑外形与热损失

建筑外围的构造是影响建筑室内热量损失和获得的最主要因素。这意味着建筑越是紧凑,表面积越小,能效就越高,由此保证建筑室内所有空间都能得到良好的使用,而且符合使用者的功能要求。那么如何才能将房间安排得最好,使所有的空间都不至于浪费?当使用者的需求发生改变时,房间是否可以在今后重新分隔或合并?这些问题在设计阶段就必须提出来,以保证所有的空间都能高效地利用,从而减少建筑供热和制冷所需的能量。

在此,不妨可以以最大量建造并与人们的生活关系最为密切的住宅建筑来进行分析。建筑的形状完全可以在不牺牲建筑容量的情况下设计得更加紧凑。简洁的几何体,如半球、半圆柱、立方体等都具有最低的热损耗,因为相对于其容积来讲,它们的表面积都比较小。就能源消耗而言,圆顶建筑是最有效的建筑形式,从这一点来说,穹隆顶应该是最理想的屋顶形式。

与坡屋顶的单层住宅相比,具有相同容积的三层的正方体住宅的表面积将减少44%。现在住宅中十分流行的所有装饰形象,如小角楼、老虎窗、凹窗或阳台等,尽管它们可以使建筑外貌更具视觉吸引力,但却在建筑容积不变的情况下增加了建筑的表面积,更为糟糕的是,这些装饰与散热器的散热片具有相同的效果,与简洁、光滑的墙面相比,它们向外传热的比例要大得多。另外,如果建筑的平面带有多个翼权或者说比较分散,就很难达到高效的隔热效果。

在某个特定的气候环境中,为了考虑太阳辐射的角度和方向以及主导风向,适应气候的建筑在设计时无论在建筑的朝向还是窗户的安排上,都会考虑这些因素,因此这些建筑物的外形很少能够真正做到横平竖直,这就要求设计者根据具体情况,确定建筑外形设计的具体原则。在这里建筑师必须确立一个新的观念:即形体紧凑、简洁并不能与乏味无趣划等号。一些不需供暖的附属空间如库房、阳台、辅助用房、挑檐、遮阳、隔热性能良好的高质量的大窗户(在美国具有NFRC证书以及U值少于0.35的窗户)乃至玻璃窗和外墙及屋顶上的藤蔓等,都可以用来提高建筑的能效,而且还可以活跃建筑外形,打破建筑因考虑紧凑因素而造成的单调感,使建筑更加引人注目。

因为上述原因,独院式住宅通常被认为不是理想的节能型建筑。在这类住宅中,建筑外表面积与容积的比例(A/V率)平均约为2:3或0.71,而位于集合住宅中部的住宅,其A/V率小于1:2或0.45。实际上,A/V越低,能效越高。建造紧凑、简洁的建筑无论从节约空间还是从节约能源来讲,都有着明显的优点。当然,独院式住宅在通风、采光以及空间艺术上的优势也是建筑设计时不得不考虑的,另外对于没有供暖设施的民间建筑来说,传统庭院在通风、采光等方面的优势也是一般大体块式建筑所无法比拟的。

(3) 被动式建筑

低能耗住宅的供暖系统采用的主要是被动式而不是主动式,这种建筑称为被动式建筑。这种类型的住宅每年消耗的能量通常少于$15kWh/m^2$,而根据美国能源情报部(US Energy Information Administration (EIA))的报告,美国住宅建筑中平均每年消耗的热能大约为$90kWh/m^2$。

用"被动式"一词来命名此类系统,主要是因为使用这种系统的建筑只需极少的热能和极少的供热设施来满足其对供热的需求。这类建筑主要是通过以下途径进行工作的:

(A) 充分利用居住者身体的自然散热和电冰箱、热水器、炉灶、计算机等家用电器所散发的热量;

(B) 利用余热回收通风系统(Heat Recovery Ventilation System,HRV)再回收和再循环热空气;

(C) 借助于被动式太阳能技术。

建筑物室内本身就是一个巨大的散热体,但其产生的热能却通常被人们所低估。一个人在坐姿状态下(如读书时)会向周围空间释放出大约100W的热能,轻微活动时(如打字等)将增至150W,而进行重体力活动时,则将增至250W。一台计算机能够释放出150W的热能,而一台复印机所释放出的热能可达1300W,一个四口之家的家用电器如电炉、室内照明器具以及电冰箱等每天可释放出大约$10 kWh/m^2$的剩余热量,"一个灯泡能够加热整个房子",这在被动式住宅中并不是言过其实的。

在被动式建筑中,穿过窗户到达室内的太阳热量,会由于玻璃的高隔热性能而被大大减少,如高效R-8(U值为0.13)高级玻璃(highly-efficient R-8 super-glazing),然而,如果利用R3-4(U值为0.33~0.25)高质量低辐射(low-e)玻璃窗户,太阳照射所提供的热量能够在具有较差或中等隔热性能的住宅中很好地满足所有的供热需要。即使是在经常性多云天气的气候情况下,其潜在的热能量每年也有$20 kWh/m^2$,几乎接近全部的热能需求。

在被动式住宅中,人们尽力试图高效使用或少用电器,并安装综合管道系统来储水。根据被动式住宅中所取得的数据,其日常供暖的总能耗可以降低到$15kWh/m^2$,用于加热水的能耗为$7kWh/m^2$,而家用电器的能耗则为$10kWh/m^2$。有些被动式住宅被设计成只使用可再生能源,如光电和风能等,从而根本摆脱了对传统矿物燃料的依赖。在这些零能源(Zero-energy)住宅的例子中,通常利用太阳能技术来发电和加热家庭用水。

4.6.3.2 充分利用可再生资源

太阳能利用

太阳是地球最重要的能源,它持续向地球的大气辐射 1353W/m² 的能量,实际到达地球表面的太阳能大约是全世界能量需求的 10000 倍。所有可再生的能源,不管来自风力还是水力,或者是有机物的分解,但最初都是来自于太阳,甚至矿物燃料实际上也是由生命过程从太阳能转化而来,并埋藏在地表之下。

太阳能建筑的目标就是要通过主动和被动的方式利用太阳能。被动式供暖可由许多技术手段来完成。在直接获得式建筑中,如有可能,设计师会有意地延长建筑的一个面,并将它精确地朝向南方,以大面积的南向窗户接收太阳的电磁能。在非直接获得式系统中,则通过附在建筑中的玻璃暖房(或其他类型的太阳房或储热室)来接收来自太阳的能量。

主动式太阳能是根据系统的功能,通过各种技术手段来利用太阳能,这些技术包括使用透明的绝热材料,利用热工技术来集热(比如太阳能热水供暖系统)以及利用光电技术来发电等。

太阳能建筑是一种先进的、极具吸引力的获得建筑所需能源的建筑,如果设计得好,它也并不会造成建筑形式上的千篇一律,相反,它可以适用于各种建筑形式。这种方法实际上只是我们为了满足建筑所需的能源而采取的优化地球资源利用的策略之一。

1) 直接获得式太阳能建筑与建筑朝向

建筑物通过房间的窗户直接接纳太阳辐射而获取太阳能的方式称为直接式太阳能获得方式,接收来自于太阳的能源要求建筑基本上沿东西向延伸,形成坐北朝南的布局,以利于最大限度地直接接纳太阳光线。屋面的倾斜度也应该正确设计以保证太阳能收集器和太阳能电池达到最大的效率。通常人们希望延长建筑的南立面。南向开窗,北向无窗的建筑所耗费的能量比没有向阳窗户的建筑要少 30%,因此,应该尽量在建筑的南向安装窗户,在需要供热的季节里,使太阳光和来自太阳射线的热量能够较好地穿入建筑。悬挑和屋檐、向外伸出的阳台或者遮阳板等能够在夏季太阳处于最高位置时提供有效的遮阳保护。

不幸的是,在有些特殊情况下不允许建筑面向南方。如果有可能的话,值得努力去劝说开发商和地方规划部门做出一点例外的抉择,适当修改规划方案。如果建筑偏离正南方 20°,那么可获得的太阳能就会减少 5%,所以,一般情况下,建筑的偏向不应该超过这个范围。在这种情况下,保证建筑周围没有相邻的建筑、其他构筑物、绿篱或树木等阻碍太阳光线的照射,这一点也非常重要。

作为一种总体策略,建筑南向的开窗面积应该介于整个墙面面积的 20%~60% 之间。当玻璃窗的面积超过 60% 时,除非安装高效玻璃,否则在冬季总体上通过玻璃损失的能量将超过获得的能量。在夏季,就必须安装遮阳装置或通过机械通风系统来阻止室内温度过高,从而增加运行费用。

用这种方法来直接获得太阳热量的建筑,用于供热的能量消耗较少,其照明所需的能量耗费也较低,从这一角度上来讲是比较经济的。较少的人工照明不仅意味着较低的电力耗费,对于用户来讲,也会因为能获得较充足的自然、全光谱的日光而获得更好的感觉。

2) 非直接获得式太阳能空间

太阳能通过一些辅助的空间设施如太阳房、暖房、储热房甚至入口门厅等来获得,而后储存起来并转换到主体建筑中,这种方式称为非直接获得式被动太阳能设计。要想最有效地获得太阳能,所用的玻璃必须是高效、高质量的。如果在夏季当白天出现温度高峰后,有水平安置的玻璃面直接吸收太阳照射,并考虑使用具有较高太阳能吸收系数(Solar Heat

Gain Coefficient,SHGC)的玻璃窗,效果将会更好。

建筑本身也应该具有适当的储热性能,石头或混凝土地板以及太阳房和主体建筑空间之间的砖石墙体都是很好的高储热材料。

研究表明,通过在房间南部增加太阳房,由中等隔热性能的墙体所损失的能量可以减少达20%。虽然这种隔热方式成本要高一些,但是其优点却是不言而喻的——在较温暖的季节里,太阳房可以作为室内空间而直接使用,从而扩大了生活空间。但这种空间会影响与其相连的房间的通风效果。

如果太阳房在冬季被作为房间来使用,那么可能它本身就需要供暖,这样,就会多耗费有用的能量,因为暖房的玻璃墙不可能达到不透明墙体的隔热能力,从而导致热量的外溢,与传统的墙体相比,这是其不足之处。另外,在设计太阳房或暖房时,通过某些手段保证其夏季良好的通风性能以及良好的遮阳性能是十分重要的,否则很有可能因夏季得热太多又无适当的储热措施而造成室内过热,给夏季室内的制冷增加负荷。

3) 建筑布局

将建筑朝南向布置,可以更好地满足内部的房间布置。在白天,人们的大多数时间是在起居室、餐厅和一些其他的特殊区域中度过的,因此,这些房间最理想的朝向应该是南向,而卧室、卫生间和一些其他用途的房间以及楼梯间、贮藏室等,要么使用频率很低,要么多在晚间使用,因此应该朝北布置。在建筑朝北的一面除了在那些夏天气候特别热的地区以外,窗户所占面积不应超过整个立面面积的10%,以保证有良好的自然通风和足够的自然采光。采用这种布局原则,较少使用的房间可以作为其他需供热的生活空间的热缓冲区域。

在住宅中,卧室的位置是值得探讨的。在我们的传统观念中,卧室是住宅中最为重要的房间,所以我国一般的住宅设计中,总是将卧室放在朝南的位置。这种传统的布局方式,对于大多数没有供暖的住宅来说还算合理。但是,如果是在有集中供暖的住宅建筑中,这种布局就未必合理。首先,卧室是供人们夜间睡眠使用的,一般来讲白天很少使用,因此,纵使白天有再好的太阳照射,人们一般也无法享受,而到了晚间,只要房间有舒适的物理环境,就可以保证卧室的良好使用。其次,建筑的南向空间是有限的,应该将白天使用频率最高的房间放在南侧,在住宅中,这类房间主要有起居室、书房、餐厅、儿童活动区等。因此,在冬季供暖的住宅中,卧室可布置在房间的东向或东北向,以接纳早晨的良好日照。

4) 热量的储藏

太阳能建筑中以被动方式获得的太阳能,如果在建筑中没有一定的材料来很好地保存和分配,那么这些热量就不可能得到充分发挥。这些材料被称为"储热体"(Thermal Mass),砖石内墙以及天然石材地面、钢筋混凝土等,都是很好的储热体(图4.6-5)。储热体在受到太阳照射时被缓慢地加热,可将暂

图4.6-5 太阳房与主体建筑之间的砖石墙都是良好的高储热材料

时过剩的热量长时间地储存起来,在白天温度下降时、晚间或其他需要的时候再慢慢地释放出来,从而避免因所获得的热量过剩而导致房间过热,起到平衡室内温度的作用,使房间更卫生、更舒适,而且还可以减少用于房间供暖的非再生能源的消耗。

有时隔热性能良好的太阳能建筑可能因为天气的原因而接收较多的太阳能,如果不使用储热性能较高的材料,房间就会因为加热过度而使室内温度升高,使人感到很不舒服。储热体应该根据南向玻璃面积的大小按比例进行设置。

由于储热体这种逐渐接收和释放热量的特性,可以用来缓和室内的温度波动,所以,即使在普通建筑中,储热体对室内温度的调节作用也是十分有益的。在夏季,它有助于房间保持凉爽、舒适。白天,它可以吸收室内过多的热量而避免室内温度的升高,夜间则可通过开敞的窗户吹入的空气将表面冷却,带走积存的热量,恢复白天吸收热量的能力。这就是为什么南欧的建筑普遍用厚重的石材建造的原因之一。

但是,如采用储热性能较好的石材铺地或其他陶瓷材料铺地,因其热传导系数都很高,所以即使房间很暖和,但当人们光脚踩在上面时也会有一种不舒服的冰冷感。所以,一般来说,这类铺地材料最好与地下供热系统结合起来使用。鉴于这一原因,喜欢在室内光脚走路或喜欢木材、地毯或软木地面的用户,应该考虑将储热材料设于墙面或顶棚。由于木材不能有效地储存热量,所以木材不太适合于太阳能建筑。对于住宅来说,较为理想的是用石材结合其他合适的材料来建造,因此半木质的住宅,如一些传统民居建筑就是一种很理想的方案,在这些民居中,基本的木构架往往与砖、石、泥土等储热性能较好的材料结合使用。此外,也可以采用轻、重结合的方法,比如在建筑的外围采用轻质的木材,而在建筑的内部则采用厚重的材料,尽管这种做法存在着另外的一些缺点,但至少在保证建筑良好的储热特性、减小室内温度波动幅度上是十分有利的。

5) 太阳能的使用

如果在设计之初没有考虑采用被动方式利用太阳能,也可以通过主动式或其他高技术的方法来接收太阳能。不过以被动方式获得太阳能一般来说要比使用各种高技术的主动方式更为经济。

用主动方式利用太阳能主要有两种途径,一种是利用太阳能来产生热量的太阳能系统,即太阳能集热器,另一种则是利用太阳能来发电的光电太阳能系统,称为模块(module)或阵列(array)(图4.6-6)。

太阳能热水系统吸收太阳辐射并转换为热量储存起来,通常表现为水箱的形式。在家用热水系统中,收集到的能量用于直接将流动的水加热或者通过热交换器将水加热。太阳能热水系统所节约的能量很容易以年度为基础计算出来,但是,由于气候和阳光的变

图 4.6-6 光电太阳能系统——模块

化,每一时段内(小时、天、日等)节约的数据是不可预知的。除了节约能量的费用以外,太阳能热水器的其他一些有利因素包括:可通过增大水箱容积而增大容量;无污染;由于几乎不可能出现太阳能系统和备用系统同时损坏的情况,所以可靠性增加。用于热水的太阳能集热器的设置位置非常重要,如在美国大陆,收集器应该可以在正南向左右30°的范围内偏转。此外,其倾斜角(与水平面的夹角)等于当地纬度,这样可以保证一年内最大程度地获得热量,并且通常适合于太阳能热水。但是,如果将倾斜度设置为当地纬度减去15°,那么,其在夏季就可以获得最多的热量,倾角为纬度加15°,就可以使冬天获得最多的热量,而且使全年中所获得的太阳能更为均匀。一般来说,最好是将收集器安装在最接近理想方位的倾斜屋面上,以降低安装成本,并兼顾美观的要求。

国外研究资料表明,一个普通的太阳能集热器每年可以产生每平方英尺10000~230000Btu的能量。考虑一般的热量损失,以及太阳光的可获得程度,一个家用太阳能热水系统可以满足一个典型家庭热水要求的40%~60%,一些高温收集系统则可以提供全年热水需要量的80%,太阳能集热系统所用的材料,根据所希望的运行温度的不同而不同。

低温系统通常不设隔热材料,所产生的热水温度比周围温度高10℃,它们常用来作为游泳池的加热。中温系统产生的热水温度比外部温度高10~50℃,主要用于家庭日常用水。高温系统利用高效集热器集中收集太阳能,而集热管周围的排水管提供非常良好的隔热特性。高温系统可用于家庭的高温用水以及其他特殊用途。

太阳能热水系统可根据热量转换方式进一步划分为主动式、被动式、直接式和间接式。作为备用,传统的热水方式仍然有必要保留,以便天气不好或修理时备用。

除了应用广泛的太阳能热水系统,还有太阳能空气加热系统。相对地讲,空气的导热性较差,但是当其受热时却很容易传输。集热器可以放在建筑的侧面也可以放在屋顶上。被加热的空气通过管道传入地板将地板加热,其方法很像古罗马的火炕供热系统。但是,在这种情况下,热量储存问题更难解决。

运用光电组件从太阳转换和储存能量是两种完全不同的办法。在这种系统中,能量以直流电的形式储存在电池中,使它能够在任何时候都可以用以各种不同的用电需要,但是获得的太阳能转换成电能的过程却并不是很经济的。在美国,装置在屋顶上面积约$20m^2$的收集器,所产生的电量足够满足一个四口之家电力需求量的二分之一(约2kW)。但是这一系统的成本大约为15000美元,整个系统的花费大约为7.5美元/W,大约要经过25年才能收回成本。

6)透明隔热系统

透明隔热系统将太阳能技术和被动式太阳能方式紧密地结合在一起,这一系统的运行原理是在建筑上安装一个太阳能收集装置,使直接位于绝热体后面的墙体得到加热。这种系统中最重要的构造元素是由丙烯酸玻璃(有机玻璃或Polymethylmethacrylate)或碳酸酯制成的微毛细管,近来也有人正在对纤维素进行试验。但是,不管用什么材料,其做法都是将太阳辐射穿过透明的绝热材料有效地传送到后面的实体墙面或黑色的表面上,使这个巨大的实体墙面被加热并逐渐向建筑室内释放热量(图4.6-7)。

作为热能传输媒介的透明纤维状材料,其绝热性能能保证建筑中的热量尽可能少地向外泄漏,系统的外面有一层Polymethylmethacrylate有机玻璃或玻璃板保护层。夏季可以通过遮阳装置(白色的卷帘式遮阳)来调节进入室内的太阳辐射热量的多少。现在,科学家们正在研

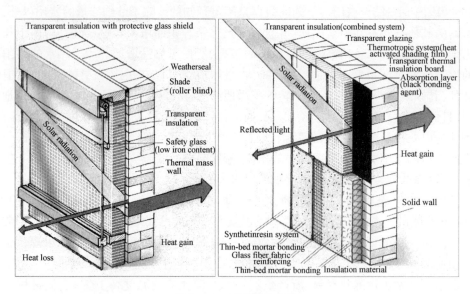

图 4.6-7 透明隔热系统

制一种在室外温度升高时可以自动改变颜色的百叶窗帘,从而可以不再需要机械窗帘。

这种系统给用户带来的益处是十分明显的。在德国弗赖堡(Freiburg)的一个多户型住宅区中,与采用常规隔热措施的同类建筑相比,采用这种系统的建筑在供暖期间可以节省22%的能量。经过不断的研究改进,专家们用丙烯酸玻璃泡代替通常使用的毛细管,许多公司制造出了比以前更为便宜的透明隔热系统。但是尽管价格已经全面下降,这种系统仍然不能说是真正经济的。

对于这种透明隔热系统,还存在着一些另外的问题,如在不需要供暖的时候隔热系统必须用适当的方式遮挡起来,因此必须另外开发一种有效的控制系统。对于需要更新但又无法在南墙面加开窗户的旧建筑来说,这种透明的隔热系统是较为经济的,在这种情况下,它可以安装在窗间墙上。

对于使用这种系统的建筑来讲,建筑外观的美学问题以及与建筑风格的匹配问题必须认真考虑。尤其对于住宅来说,更是如此,系统光洁但有点冷冰冰的外表面可能无法与周围建筑相协调,甚至与住宅的性格相抵触。

7) 零能量与过剩能量建筑

用发电设备以太阳能或其他可再生资源发电供热,使建筑不再需要外部能源供给的建筑称为零能量建筑(zero-energy building)。这种建筑无论何时都不需要从燃烧矿物燃料或核电厂等外界能量供给系统供给能量。这类建筑通过一切可再生能源获得的多余能量在任何时候都可以储存起来,然后在需要的时候再将其输出使用。还有一种过剩能量建筑(plus-energy building),它所产生的电能大于自己所需要的电量。在使用高效隔热系统、有相当可观的被动式太阳能而且房间布局合理的情况下,就可以达到这种状态。美国的有关实践表明,面积为 350 平方英尺(31.5m²)的家用热水太阳能收集器,以及约 420 平方英尺(38.6m²)的光电系统足以满足整个建筑所需能量的五分之四。所以,建筑只需要再从其他方面得到 1.1kWh/平方英尺(11kWh/m²)的能量就可以了。在科罗拉多的奥德·斯诺马斯(Old Snowmass),能源专家亨特(Hunter)和艾默利·鲁文斯(Amory Lovins)建造了一幢被动供暖、高度隔热、部分埋入地下的住宅,落基山学院(Rocky Mountain Institute)研究中心就设在这座建筑之中。这座建筑99%的房间供暖和热水供应都是依靠被动和主动式太阳能系统,而95%的电量来自于白天光电系统所产生的电能,只有少于10%的电力来自于普通供电,少于二分之一的热水来自于普通的热水供应。

4.6.3.3 提高室内空间围合体的隔热性能

隔热是设计良好的建筑的最重要的特征之一,就建筑室内的物理环境方面而言,也是最难处理的实际问题之一。

热是分子在特殊物质中的一种震荡。随温度升高而加剧,当振动较强的分子向附近较冷的分子传递能量,或者反之,就会导致分子振荡,形成热传导。热传导可以在任何材料中发生,也可以在任何相邻的材料之间发生,但其强度是不同的,这就是为什么不可能完全防止而只能减少热损失的原因。一般来说铁等重而密实的材料是热的良导体,反之轻质多孔的材料如羊毛等则是热的不良导体。空气也是一种不良导体,这就是为什么可以通过增加材料的孔隙率或增加微小的空腔来减小密实材料热传导的原因。水的导热性能是空气的25倍,这就很好地解释了为什么隔热材料不能受潮,一旦隔热材料受潮,大多数隔热措施的隔热性能就会降低。许多惰性气体如氩气和氪气比空气的导热性更差,因而,经常被用于双层隔热玻璃之间改善玻璃的隔热性能。

材料导热系数 λ 以 $Btu/ft^2/h/°F/in.$(Btu/平方英尺/小时/华氏度/英寸)表示,即 λ 值是指当材料两边的温差为1华氏度时,面积为1平方英尺,厚度为1英寸的材料在1小时内所通过的能量的 Btu 值,如采用米制来表示则为 $\lambda = W/m^2/h/°K/m$(瓦/平方米/小时/开尔文温度/米)。λ 的数值越小,材料的导热性能就越差,这意味着通过材料的能量较小。如果用英制来表达,铜的 λ 值为2724,混凝土为12,蜂窝状多孔砖为1.4,木材为0.78~1.78,聚氨酯泡沫为0.16,这些数据可以用来计算由各种构件组成的独立构造单元的热损失——U 值。例如,简单的空心墙体可能由多种材料所组成:外层抹灰、石材、内墙抹灰和用来砌筑石块的砂浆等。热传导的计算相当复杂,涉及到 λ 值和每层材料的厚度以及内部空气层的热阻和墙体表面与室内外空气间热转换的阻力。

U 值的大小表明了面积为1平方英尺,温差为1度时,每小时通过墙体等结构的热量的 Btu 值。外部结构元素的 U 值——墙、屋顶和地下室上方的地板或(屋顶、地板等下面的)电线、水管通过的狭小空隙等——影响着居住者的健康以及建筑外壳所损失的能量。然而,绝对不能小看了决定墙体热损失的窗户的质量。不管是用什么东西来形成建筑空间,只要它具有良好的隔热性能,都有助于增加居住者的舒适度,节约能源。据粗略估算,可以使用下面的算式:U 值×20=加仑(油)/平方英尺/年(K 值×10=升(油)/平方米/年),也就是说,如果一种特殊的构造元素的 U 值乘以20(或 K 值乘以10),其乘积就是一年中通过该元素损失的能量换算成油的加仑数(或升数)。所以,U 值越小,热损失就越小。这一系数可以通过增加每一层材料的厚度来使之保持最小,但是很明显,这种方法也是有一定限度的,因为墙体、地板等结构单元不可能太厚。解决这一问题的较好方法就是增加建筑材料的孔隙率,使之内部产生无数小的空隙,减轻重量。这种方法已经在许多建筑材料中得到应用,如现在常用的加气混凝土砖等。不过,这样做会降低材料的强度,从而降低承重墙的结构完整性。第三种解决方法是使用那些本身并不是很好的隔热材料,但当与具有良好隔热性能的轻质材料结合使用时可以提供优良的承重性能的建筑材料。下列为一些构造元素在

美国的最大建议 U 值,其中第二个 U 值是为不超过两层的低能耗住宅(LEH)所设立的。

外墙:0.08;　　　　　LEH:0.035

窗户:0.53;　　　　　LEH:0.26

屋顶:0.035;　　　　 LEH:0.026

地下室顶面:0.11;　　LEH:0.053

要将 U 值转化为 R 值,可以使用公式 $R=1/U$。要确定 K 值(米制),则可将 U 值乘以 5.68。

(1) 热桥

建筑元素的 U 值应该尽可能同质以避免热桥的出现。热桥出现在一些特殊的表面区域,如比其他表面产生更多热损失的墙面。热量总是在阻力最小的地方泄露。通常混凝土和砖墙的砖之间就会形成热桥。混凝土的窗过梁或延伸到外墙面的混凝土楼板也会形成热桥,必须通过额外的隔热措施来进行缓解,否则就会产生大量的热损失。再如,柱基或混凝土墙的基础与立面相交界的地方、平屋顶的女儿墙也会不可避免地产生热桥(图4.6-8)。要解决这些问题,最佳的办法就是设置连续的外部隔热层。

热桥不仅会导致能量损失,它们还能导致对建筑结构的损害。建筑室内来自潮湿空气的水分将在这种热桥附近或热桥上产生凝结作用,从而很快导致结构的损害,长期的冷凝水积聚,还会导致霉菌的产生,影响人的身体健康。在伸出建筑之外的一些构件上,如悬挑的阳台和屋顶的出檐等处普遍都会产生热桥。当阳台的基部锚固于墙体时,要想在热工上将其完全隔离开来,这几乎是不可能的,能量必定会向外逃逸,这就是为什么有这

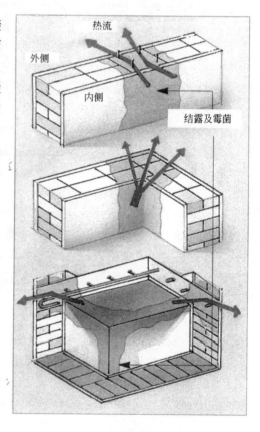

图 4.6-8　建筑中容易产生热桥之处

么多建于 20 世纪 70 年代的建筑会遭受这么大的结构损害的重要原因。针对这种情况,国外趋向于将阳台作为一个完全独立的构件来建造,使之处于建筑的热外壳之外。热桥还经常在内墙与外墙相交的地方以及有内墙隔热层的地方出现。

与热桥有关的另一个问题是材料两侧膨胀和收缩率的不同。温度相差越大,应力就越大,从而导致抹灰、砂浆或混凝土产生裂缝。热桥还会影响居住者的健康和舒适,因为它会引起不希望的空气流动,隔热层的缝隙越大,空气流动就越厉害。

在建筑的转角处,由于吸收热量的内墙面要比失去热量的外墙面的面积小,因此热桥是不可避免的。假设这一问题出现于多孔砖建造的 24cm 厚的墙上,墙面两侧为抹层灰($K=1.42$),外墙面的温度 $-10℃$,室内温度为 $20℃$,经计算可以得出,内墙面的温度大约为

14℃,这一温度太低,会令人感到很不舒服,而在角部,内墙面温度更会低达5℃,从而不可避免地会对构造产生伤害。但是有效的隔热措施能够减少角部的温差达2~4℃。热桥经常很小,例如,落在空心砖墙里的极少量的砂浆、贯通的螺栓,甚至是轻质墙体之间的抹灰连接体,都会形成热桥。如果抹灰太厚,也会不同程度地形成热桥。有时,墙体会被放置供暖散热器的壁龛或供电的插座盒所削弱,这也会产生热桥。而所有这些因素,都是我们所容易忽视的。所以在建筑与室内的设计、施工与维护中,应该给予这些因素以充分的重视,减少热桥的产生。

(2) 防空气对流和防风

建筑外壳或某些地方的缝隙使空气能够自由地进出建筑,其对建筑与室内的影响与热桥相似。在这方面存在问题最为严重的是建筑的窗户,而且,至今这一问题还很难彻底解决。不过,如果窗户的制造质量过关,符合有关的标准,那么它们的气密性应该是有保障的。当然,必须借助于一定的技术手段,才能使之既不漏气同时又能保持良好的隔热性能。在实墙建造的现代建筑中,最为薄弱的环节是屋顶,而对于木板或木框架结构的建筑,问题就更为严重。在面积为$1m^2$的单元上,即使缝隙的宽度只有1mm,长度只有1m,在内外压力差为30Pa时(风压系数为2),隔热效果就会下降5倍。在靠近缝隙的地方,任何隔热效果都将完全丧失,即使房间里感觉不到任何空气流动,但实际上能量也正在大量浪费,湿气开始积聚。对于防空气流动、防风的问题,人们通常很少会采取措施,建议国家有关部门应该针对我国的具体实际,颁布新的有关标准,以有效地规范建筑构配件的生产,以及构件之间连接体的空气渗漏问题。

建筑立面的实墙部分都用抹灰(如拉毛水泥等外粉刷和石灰砂浆等内粉刷)来防止漏风,但仅靠这些是远远不够的。因此在建筑施工与日后的室内装修中,即使那些嵌入内墙抹灰层的小构件,如插座盒、接线盒等也必须有良好的抹灰基底,如果施工技术不够,施工不到位,那么今后肯定会出现问题。当处理防止空气流动和防止漏风时,缝隙是否穿透墙壁,是否可以透过缝隙从内看到外,这并没有太大的差别。事实上,只要在内外隔热层上产生渗漏断面,使空气从渗漏处进入,向内渗透扩散,穿过建筑的有关元件,最终不管在什么地方进入建筑室内,这就已经对建筑造成了损害。

即使屋顶或墙体框架内部隔气层完好,确实起到隔气的作用,但只要外墙上的防护层如贴面等或者屋顶下的隔气层的任何泄漏都将使得空气进入隔热材料,从而降低隔热效果,良好的隔热效果基本上取决于存留于隔热材料中的空气。显然,保证隔气层安装良好这一点非常重要,这意味着各隔气层必须互相有充分的搭接长度,而且互相之间必须用特殊的丁基橡胶带固定起来,如果用纸的话,则必须用特殊的胶水粘合起来。封箱带、地毯胶带、或极薄的铝膜带一般保用期不会超过一年,所以都是不合适的。隔气膜也不能太薄,便宜的聚乙烯薄膜从生态的概念上来讲并不是一种保护性能较好的材料,首先,它是人造的,尽管相对来讲它比其他人造材料对环境更为友好。

其次,这类隔气层的主要缺点是它们很大程度上阻止了室内湿气的向外扩散,所以对室内空气质量的提高并没有什么作用。一种更为生态的解决方法,就是使用很薄的特殊木质纤维层或专门用于内部隔潮湿和隔气的牛皮纸以及用于重型屋顶基垫层的浸渍式木纤维板。这里用了"隔潮湿"这一词语而不是"隔潮气",这个词经常用于生态建筑,因为它确实具有合适的潮气散发特性,高质量的这类材料带有极小的细孔,从而允许潮气向外扩散。

另一个经常出现的问题是由大量由通气孔、排气管、烟囱等等造成的穿透所造成的渗漏通道。当必须开口时，如排气管或烟囱等无法避免时，保证在洞口周围有良好的防风措施，这一点是绝对重要的，任何不必要的开口都应该避免。

(3) 建筑的外壳

建筑采用传统的砖结构还是木框架结构，其最终的结果有着很大的差别，尽管木构建筑当其内部的粉刷完成之后，在室内的外在形式上很难与砖石结构建筑区别开来，但当在其中生活时，室内环境给人的感觉却是完全不同的。

1) 墙体构造

建筑的墙体可以有内外墙以及承重墙与非承重墙之分。内墙主要用于内部空间的划分，所以它们一般比外墙要薄，当然他们也提供不同空间之间的隔音、分隔不同的热工区域，有时还起到控制空气湿度的作用。外墙则为生活区域提供必要的围护，通常也作为楼板和屋顶的支撑构件，因此，日益增长的隔热要求正在成为外墙设计的主要考虑因素。

建造的方式以及是否可以就地获得建筑材料，对于建筑材料的确定起着很重要的作用。第二次世界大战后预制装配式建造方式极大地排挤着传统的建造方法，这些新的体系普遍产生了不良的后果，所以在很多地区，传统的建筑方法又正在重新得到复兴，尽管可能采用全新的建筑材料。相应地，不管一座建筑是否采用实体的砖石结构方式，即用石材或其他矿物材料，还是采用木材或以木材为基础配合其他的材料的轻质设计，这已不仅仅是一个"风格"的问题。一般情况下，美国等国家的建筑法规只允许在1~2层的建筑中使用木框架结构。但最近，一些地区的政策已开始有所放宽，允许使用经防火处理的木材和覆有多层石膏板的具有防火性能的墙体，来建造3~4层的建筑。实际上，在世界各地都有一些居住密度较高的多层木质住宅的成功例子，而上述法规的变动正是对这些成功实例的反应。

此外，砖石建筑和木构建筑方式均有自身的优缺点，鉴于此，可以采用一种混合的建筑方式，既可以满足隔热的要求，达到良好的储热性能，又可以满足舒适的要求，同时又有良好的视觉形象。对于木构建筑来说，其外墙板都可以经过粉刷来增加其防火性能，同时其外表还可以保持半木结构的形式特征。另一方面，厚重的砖石住宅也可以在外层饰以木板，形成木质外墙的效果。

2) 玻璃外墙

现代建筑大师密斯对于玻璃材料的使用始终情有独钟，他一直幻想着能用钢和玻璃制造出精致而大体量的建筑，现在，这一梦想早已成为现实。现代技术的发展使玻璃可以不再局限于仅仅作为窗户而存在，它可以作为墙体、屋顶、地面等主要结构或构造体运用于建筑与室内环境之中，使建筑透明化，成为现代建筑追求开放与交流的一种表现。而且这种交流已经从空间的交流扩展到信息交流的层面上来，建筑向外部展示的不仅仅是自身的造型和内部壮观的景色，更是通过开放的空间、透明的外墙展示出建筑内在的空间次序和各种内在的信息。

由于玻璃的尺寸受制造和施工的限制，大面积玻璃幕墙的透明性只能通过玻璃的各种构造体系来达到，因此，玻璃幕墙的支撑构造方式成为人们关注的焦点之一，概括起来，主要有以下几种主要的方式。

筋玻璃构造方式

在玻璃墙面中增加垂直于墙面的筋坡璃，玻璃之间通过胶粘剂结合在一起，这种方式无需传统的金属支撑框架,使墙面完全由玻璃组成,从而带来空间的完全透明和开放感。

SSG 构造方式(Structural Sealant Glazing)

这是从筋玻璃构造方式的基础上发展而来的。在玻璃的内侧,以铁、铝合金、不锈钢等金属代替筋玻璃作为结构支撑,材料之间采用粘接方式,玻璃在金属框的外部互相粘接,并与金属框粘结在一起,使出现在建筑外部的是完全齐平对接的玻璃墙面。

DPG 构造方式(Dot Point Glazing)

这在国内被称为点支式玻璃构造方式,是在强化玻璃的四角钻出小孔,插入带有自由旋转系统的金属支撑点,四点为一组,各组之间一般通过金属网架进行联系和支撑(图4.6-9)。DPG 结构方式出现的时间并不长,但却推广迅速,并已出现于我国的许多新建筑之中,是一种杰出的结构方式。它不仅可以产主高透明度的玻璃墙面,同时也由于其支撑体系的结构特点,可以不受限制地制造出大面积的和任意倾斜角度的玻璃墙面。

图 4.6-9　点式玻璃构造方式

以上是几种基本的构造方式,表现在单体建筑中,则往往会在此基础上,结合自身的结构造型设计,出现各自不同的构造特色。

尽管大玻璃或玻璃幕墙可以使建筑室内得到充分的自然光照,从而降低建筑室内的照明耗能,但玻璃建筑在追求透明的同时所遇到的最大问题便是能源的浪费,大面积玻璃幕墙使建筑中用于室内空调的能量大幅度上升,从而严重威胁着玻璃幕墙的生命。曾几何时,玻璃建筑陷入了四面楚歌的境地。但是,现代技术再一次化解了这一难题,Low E 玻璃和"双层皮"幕墙系统的开发,使大体量玻璃建筑重获新生。

Low E 玻璃

Low E 玻璃(Low Emissivity Glazing,也译作"娄义"玻璃)是一种低辐射镀膜玻璃,欧洲制造商于 20 世纪 60 年代开始研制这种特殊的镀层玻璃,1978 年在美国的英特佩(interpan)成功地被应用于建筑物上。

由于表面的特殊镀层,Low E 玻璃可以阻挡可见光的长波,从而降低辐射热的透过率,提高玻璃的隔热性能。尽管玻璃本身带有淡淡的绿色,但向明亮的室外眺望时,几乎感觉不到与普通玻璃之间的差别。普通玻璃的透光率为 79%,辐射热透过率为 0.73,Low E 玻璃的透光率为 67%,辐射热透过率仅为 0.41。

"双层皮"玻璃幕墙

"双层皮"幕墙系统可以很好地解决建筑的透明性与节能之间的矛盾,被公认为是具有生态意义的外墙系统,近十余年来在发达国家得到了广泛的应用。

"双层皮"幕墙根据其构造方式的不同有多种类型。

(A) 外挂式"双层皮"幕墙

这是"双层皮"幕墙家族中最简单的一种方式,建筑真正的外墙位于"外皮"之内300~2000mm处,"双层皮"之间的空间既不做水平分隔,也不做竖向分隔(图4.6-10)。这种幕墙系统具有明显的隔声效果,但因"双层皮"之间的气流缺乏组织,所以对改善建筑室内的热环境并无明显作用,因而主要用于城市嘈杂环境中,以隔绝噪声为主要目的。

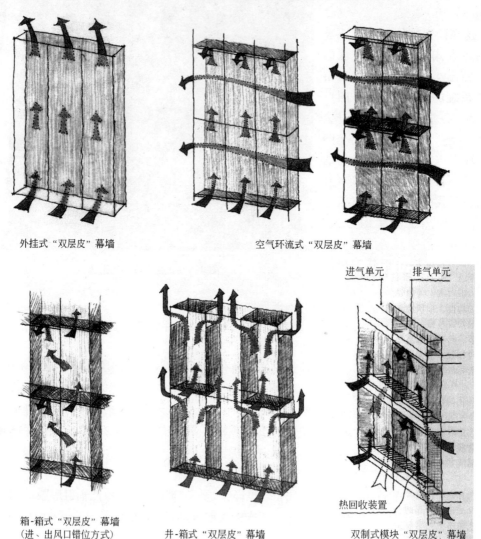

图4.6-10 外挂式"双层皮"玻璃幕墙[注]

为了增强幕墙对室内热环境性能的改善效果,可在幕墙两侧及上下作竖向封闭,同时在其上檐及下部增设进、出风调节盖板。冬天盖板关闭,"双层皮"间的空气在阳光辐射下可形成温度缓冲层,减少了室内、外温差,因而可以降低建筑外立面的传热系数。夏天,打开上、

注:图片引自李保峰."双层皮"幕墙类型分析及应用展望.《建筑学报》2001年第11期。

下调节盖板,利用"双层皮"内的温差及"烟囱效应",可通过对流方式带走室内热量。若将"外皮"设计为可转动的单反玻璃页片,则此"外皮"也可作为可调式遮阳及自然通风系统(图4.6-11)。

图 4.6-11　德国柏林波茨坦中心德比斯大厦,1998
设计:伦佐·皮亚诺建筑事务所

(B) 空气环流式"双层皮"幕墙

这种"双层皮"幕墙系统在"双层皮"之间每隔两层高设置一个金属或玻璃挡板水平分隔层,使每两层之间形成一个水平向贯通的夹层走廊,走廊"外皮"的上、下部分别设有可调节的进、出风口。整个建筑的四周在竖向上形成多个空气环流层。冬天,南侧受阳光辐射的热空气可以流向北侧,使得建筑的各个朝向都有一个温度相近的缓冲圈;夏天,北侧温度较低的空气沿环流层流向南侧,使整个环流层温度降低。这种水平向的空气环流可以与竖向的自由对流同时起作用,只需开启"外皮"南侧或北侧相应的气流进、出调节板即可加强这种温度缓冲圈的效果。

(C) 走廊式"双层皮"幕墙

这种幕墙系统与空气环流式"双层皮"幕墙相类似,所不同的是这一幕墙系统每一层都设置有水平分隔层,每层楼的楼板和天花高度分别设有进、出风调节盖板。这种系统的第一代是将立面上的进、出风口对齐设置,使下层走廊的部分排气又变成了上层走廊的进气,从而影响了空气质量和温度缓冲效果。改进后的进、出风口在水平方向错开一块玻璃的距离,避免上述不良影响。德国杜塞尔多夫的"城市之门"(City Gate,Dusseldorf,Germany。设计:Petzinka,Pink und Partner,1997)采用的正是这一系统。

这幢低能耗办公大楼建造在一块菱形基地上,包括两幢高80m的16层塔楼,塔楼之间是高58m的中庭,塔楼顶部通过三层桥式结构相连。整个建筑被一层玻璃包裹着,在这层玻璃外壳之中,两座塔楼都安装有木框架的双层隔热玻璃。在单层玻璃和双层玻璃之间有一个0.9m~1.4m宽的阳台,起着衰减噪声和隔热的作用。窗户上的电控百叶窗可以遮蔽阳光,同时还能使热空气上升而从走廊排出室内。

(D) 箱—箱式"双层皮"幕墙

与走廊式"双层皮"幕墙不同的是,箱—箱式"双层皮"幕墙在水平方向以两块玻璃为一单元,分别在其两边做竖向分隔,形成一层楼高、两块玻璃宽的箱式玻璃夹层单元。每单元的进、出风口也在水平方向上错开设置,是当今最常用的"双层皮"幕墙形式,德国的法兰克福商业银行、爱森的RWE办公楼均采用了这一形式。

(E) 井—箱式"双层皮"幕墙

井—箱式是箱—箱式的变体。但井—箱式"双层皮"幕墙在竖向有规律地设置了贯通层(井),这样,"双层皮"之间便形成纵横交错的网状通风系统,由于"井"相对较深,其上、下部空气温差导致的"烟囱效应"加速了"双层皮"之间的空气流动,使得井—箱式"双层皮"幕墙具有更高的通风效率,在夏天尤为适宜。因进、排气口距离较远,完全杜绝了空气"短路"的可能,而在冬天则可以关闭或减小进风口,减缓"井"内空气流速,以形成适宜的温度缓冲区。

(F) 双制式模块"双层皮"幕墙

这种幕墙实际上是由四个箱—箱立面与一个双制式通风技术单元组合而成。冬天室外冷空气首先进入本层进气区,在"双层皮"之间经阳光预热,再通过设于楼板一侧的交换器进入室内,而另一侧排出的气流先经过交换器排入其上层换气单元的排气区内,再经由该单元上方的出气孔排到室外,两边的交换器相结合便形成上述技术单元。交换器除吸收阳光辐射以外,还可以吸收排出空气的余热,用于对低温进气进行预热;在夏天,这一技术单元转换成主动式太阳能微制冷单元,可以对进气进行预冷,避免因进气温度过高而导致的室内制冷能耗的增加。而排气则利用夹层中的温差自然进行。

透光透气隔声夹层玻璃

透光透气隔声夹层玻璃是一种新型的建筑玻璃,是为了解决透光、透气与隔声、防尘之间的矛盾而研制的。

该新型玻璃系由玻璃基体和平板玻璃连接而成,在玻璃基体的内表面至少设有一段与户外空间相通的入口槽和一段与户内空间相通的出口槽,出入口槽经曲折的路径互相连通,平板玻璃的内表面与玻璃基体的内表面连接成一体,构成夹层玻璃。

采用该新型建筑玻璃,可不必开门窗就能透气,同时通过通气槽的特殊结构又能起到隔声、防尘的效果,解决了传统建筑玻璃透光、透气和隔声、防尘之间的矛盾(图4.6-12)。

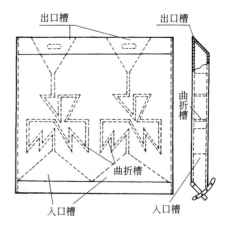

图4.6-12 透光透气隔声夹层玻璃

4.6.3.4 合理解决室内环境中的潮湿问题

建筑室内环境中有许多问题是由潮湿引起的。在新建的建筑中,相当一部分的湿气是包含在建筑材料自身内。比如,与水泥类建筑材料如混凝土、砂浆、抹灰等一起使用的水会逐渐蒸发出来,其原因一部分是因为潮湿对水泥养护是必不可少的,而且养护的过程实际上会持续相当长的一段时间,甚至好几年。而砖中的水分会持续释放达12个月之久,混凝土砖或石灰砖甚至会持续3年之久。木材、刷有涂料的墙体、以及其他材料在建筑完工之后也会有一段干燥时间。这些潮湿源对建筑室内环境的损害都是实实在在的。还有一种损害则是由湿气凝结而造成的,被称为"结露",有时也被称为"出汗",一般是由热桥、漏风或不恰当的隔热所引起的。一旦表面开始"出汗",就会出现发霉的现象并迅速蔓延,随着霉菌的扩散,其他小虫也获得了立足之地。这种"出汗"现象也会出现在墙或屋顶的内壁。建筑材料中的有些矿物质中会有盐分沉积,这也会削弱结构和建筑的隔热效果。只要防潮措施不严,水分也能穿入墙体,潮湿可能会由水管破裂受损的水槽或是由地基土壤首先引起的。墙体基础中没有防潮或者防水措施,潮气就会上升。

(1) 墙体结露的原因

要想说明一座建筑的空气中湿度是否太高是不太容易的。一般来讲只有当实际看到有水气凝结时,人们才认为出现了问题,但实际上,当这种情况真正出现时,已经为时已晚。

空气中可容纳的湿气含量取决于空气的温度,温度越高,空气中的湿气含量就可以越高,当温度在0℃时,每立方米空气中可以吸收4.8g水分,在-20℃时,下降到0.9g,当空气温度在30℃时,则可增加至30.4g。

正是温度决定了水分向空气中的蒸发以及冷凝的开始。水汽开始凝结时的温度称为"结露点",结露点取决于空气的温度和相对湿度(湿气在空气中的含量,与空气所能含有的最大量有关,通常用百分数来表达)。在空气温度为22℃,相对湿度为70%时,结露点将是16.3℃,也就是说,在这种环境中,在温度比空气温度低6℃的表面上就会产生结露。

住宅室内的湿气大都源自厨房和浴室,室内人员也会通过呼吸或排汗释放出水分。例如人在睡觉时,每小时能释放出大约60g水汽,在从事轻体力劳动时,大约为100g,当从事重体力劳动时,则会高达300g。通常的淋浴会产生大约1700g水汽,满负荷运转的洗衣机为6000g,一个四口之家每天会向室内空气中释放出大约15L的水分。

(2) 墙面结露与霉菌

过去,在我们还没有洗衣机、淋浴设备甚至室内厕所时,最大的潮气源只有下厨和人们自身水分的散发,而由于技术和质量的原因,窗户和建筑自身通常会漏风,从而使雾气很快消散。如果在玻璃窗上形成凝结水,也会很快挥发掉。但是今天,随着我们的生活变得越来越方便、舒适而且高效,直接导致冷凝水产生并导致建筑发霉的因素也在日益增加,概括起来主要有三种,即热桥、不恰当的通风以及不能很好吸收湿气的表面。

霉菌孢子只有在潮湿并存在有机材料的情况下才会生存并大面积繁殖。墙纸、木材,以及涂料都提供了良好的孳生场所。湿气会在热桥等较冷的区域出现凝结,气压越高,这种现象出现得越早。不幸的是,我们永远都不可能彻底避免热桥,所以,我们不得不采取措施来降低湿度。在大多数情况下,我们所要做的就是适当的通风。在冬季,室外较冷的空气所含的湿气比室内空气要少得多,所以,通风可以保证室内潮湿空气及时排出室外。在白天最好将房间进行3~4分钟的快速换气,每天3次左右,这样不仅可以使室内外空气达到完全交换,而且不给墙壁和家具任何冷却的时间。另一种办法是采用机械通风系统,如余热回收通风(HRV)系统等。但是最好的方法应该是在室内创造出分散的湿气"槽"或者创造出一些能像海绵一样在高湿度期间吸收水汽,而当湿度下降时,又将湿气释放出来的表面,从而避免湿气的损害。许多生态的材料可以做到这一点,其中包括木材、陶土、石膏、石灰、砖以及各种天然纤维制成的铺地材料和家具面料,如亚麻等。玻璃、金属、塑料和油漆表面不具备这种特性,因此必须严格限制其使用。霉斑一旦出现就应该立即处理,因为它能够导致严重的身体伤害。最好不用刺激性的氯化物杀真菌剂或清洁剂,这些材料中含有氯,它对人体是有害的,所以最好是用萜烯或酒精为溶剂的清洁剂,或者用5%的醋酸溶液。也可以用苏打和水作成一种浆水用硬毛刷擦洗。受影响的表面不能用乳胶涂刷,而应该使用矿物涂料,他们可以防止霉菌的重新出现。

(3) 结露对墙体的损害

表面潮湿或结露大多数都可以通过蒸发作用从室内除去,但是大约有2%的湿气会通过墙体传到建筑的外表面。这一过程称为湿气的扩散,这种现象是由于因人的活动而使建筑室内的压力高于室外的压力而造成的。墙体对这种压力会有一定的抵抗作用,其阻抗可以通过计算而得出。这种阻抗系数通常用 μ 来表示,是指材料阻止湿气从室内向外扩散能力的大小。对于有机隔热材料,如植物纤维物质等,μ 值是1,表示其阻挡扩散的能力较差,砖墙的 μ 值是8,混凝土是70,聚苯乙烯为100,μ 值越高,其阻挡扩散的能力就越强。

但是,扩散不可能也不应该完全消除。如果湿气能够很容易地找到通过墙体散逸到室外的通路,水汽向外扩散对结构是没有什么害处的。

如果建筑的某个地方确实产生了大量的凝结水,那么损害就不可避免了。正如前面所说的,这种损害最有可能出现在热桥上,但是也会影响到更大的范围,如果隔水层位置不合适,中间断开,或墙体内有缝隙使湿气可以四处弥散,那么,其损害就会传播到其他地方。

当通过墙体扩散的水蒸气到达某个温度处于或低于结露点的表面时,就会产生凝结,因此,墙体中特殊构件的结露点应该位于凝结水不会产生危害的地方,在这个位置可以很容易地使凝结水向外散发。

正因为如此,在墙体外表面刷油漆或用能阻止水汽的人造树脂制品是不可取的,为防止雨水侵袭而采取的这种处理措施寿命不可能很长,而由于阻止扩散和将湿气堵在墙内而导致的危害,其代价将可能是惨重的,而且很难处理。所以,隔热材料应该能在不降低其整体效果的情况下吸收和扩散湿气。这就是为什么密闭防潮的隔热材料如聚苯乙烯和聚氨酯在建筑的室内和室外都不应该使用的主要原因。在室内装修的实例中,我们经常会遇到这样的事情,许多人为了防止湿气透过墙壁影响护墙板,而在护墙板和墙壁之间增加了一层聚苯乙烯塑料薄膜,本意是希望这层薄膜能够对护墙板起到保护作用,但实际结果却往往事与愿违,护墙板反而加速霉变直至腐朽。运用上述原理,就很容易解释这一现象:室内水汽在较冷的薄膜表层遇冷结露,而密闭的薄膜又阻止了水汽的扩散,从而凝结水滋养了霉菌的生长繁殖。

4.6.3.5 保证室内环境的良好通风

要想始终保证愉快健康的室内气候,每个房间中的空气都应该有大约每3小时一次的完全换气,厨房和卫生间的换气次数应该更多。

(1) 自然通风

要想获得自然通风,在上风和下风的窗户应该完全开启,上下风向之间的通风路径必须畅通,以获得良好的穿堂风。当然,在通风期间,室内所有的空调装置都应该关闭,除非有些空调装置能够感知到窗户打开而自动关闭。

但是,在实际操作中,这种做法并不很有效,窗户可能会一直呈半开状态,从而造成大量的能源浪费。同一建筑中一些没有供暖的房间可能一直处于通风状态,导致内墙冷却而造成过度的能量损失。从敞开的窗户吹入的凉风使人感到不舒服,使人们再打开取暖设备,从而使问题更为严重。

(2) 废气排放式通风系统

最简单、最节俭的通风系统通常是将废气排放管道和机械风扇结合在一起,墙上的通风孔或微孔通风口与窗户结合在一起,允许新鲜空气进入室内。通风孔应该具有一定程度的隔音能力,其大小应该根据通风的程度来决定,但是,废气排放装置将厨房、浴室和厕所的湿气排到室外时,会造成整个建筑的室内气压略低于室外,这会使新鲜空气在通过窗户或外墙上的通风孔有效地流入室内,但同时这也会造成其他拔风道或烟囱的空气倒灌,造成燃烧产生的有毒烟气进入室内。

要保证空气从可控制的地方而不是从拔风道或烟囱等开口进入室内,建筑必须有良好的密封性能,所有的废气排放管道必须有防止空气倒灌的抑制风门。原则上讲,这些有计划的通风口应该取代那些漏风的缝隙,这些缝隙通常出现在那些安装质量较差的门和窗户的周围,会造成极大的能量损失。

在设计这种排气装置时,计算进风口面积的比例十分重要,如果进风量过小,系统将无法达到预期的通风换气要求,但如果进风量太大,就会造成能量的损失,或者引起使用者的不适。一些特殊的室内燃烧器具如煤气灶、煤气热水器等最好要有单独的进风装置从室外提供新鲜空气,以减少室内新鲜空气的消耗,保证室内的空气质量。

(3) 新风供给系统

新风供给系统的原理是用风扇将室外新鲜空气通过管道送至建筑的中心部位,或者通过多根管道将新风送到一些常用的房间。在外墙的气密性相对较差的建筑中,不应该使用这种供风系统,否则空气将穿入外墙,导致湿气损害和霉菌的孳生。

将空气供暖系统转换为进风系统的方法之一,是将新风管与回风管在中央风扇之前相连接,由于回风管相对来讲处于负压状态,这样,只要风扇运转,就可以有效地将室外空气汇入到回风气流,并通过传统的送风管道在投资增加很小的情况下分送到需要的房间。由于这种方式只有在风扇运转的情况下才可能产生通风,最好是使用平时持续低速运转,在需要供暖或制冷时可以切换到高速运转状态的风扇。

从技术上讲,供风系统与一些排气装置如炉灶的排风罩、脱排油烟机的排气管等可以组成平衡系统,但是,通常平衡系统包括两组相同的风扇,一组用于将室外的新鲜空气抽入室内,另一组用于将废气排出室外。这就使用于通风的开口限制为两个,一个用于进风,一个用于排废气,从而在系统关闭时,减少了不必要的空气渗漏途径。与供暖和空调系统分开操作的平衡系统可以在需要时撇开供暖或制冷要求任意地打开或关闭。从而在提供良好通风的同时减少能量的消耗。可以对进入室内的空气进行过滤,使过敏体质患者免除过敏之苦。当室外空气污染程度较高时,甚至可以将系统完全关闭。

(4) 余热回收式通风

为在通风时防止能量损失,可以从排出的空气中回收热量。在余热回收通风系统中,废气流经一个热交换器,热交换器能够从废气中吸收热量。在冬季,将与废气一起排出室外的热量通过回收可以用来预热即将进入室内的新风。在夏季,室内排出的冷空气能够从进入室内的空气中吸收热量,使空气干燥并冷却。使用余热回收通风系统(HRV)时,室外的新鲜空气只允许从一个点流经热交换器,然后通过各送风口分送到各个空间中去。废气被导入热交换器后,有75%或更多的能量可以被转换到进入室内的新鲜空气之中。一个效率为75%的余热回收系统,当室内温度为21℃,室外温度为5℃时,可将进入室内的新鲜空气预热到13℃,从而节约了大量的能量,甚至可以因此采用较小的供暖系统。在这过程中,湿气、臭气和灰尘等均可以被系统所过滤。对新鲜空气的过滤也可以有效地防止花粉和其他污染物进入室内。

在这种系统中,热交换器、风管是系统中最贵重的组件,所以风管应尽可能缩短。另外风管不应该有直角相交或十字相交,应该有合适的断面尺寸,断面不应过大,也不应过小,如果直径过小,风速就必须加大,从而导致噪声增大和能源的浪费。

风管使用的典型材料为钢、铝和塑料玻璃管、罗纹管,但从环境和健康的角度来看,镀锌铁皮是最好的。风管的内壁应该尽可能光滑,以减小阻力,同时不容易积灰,使风压的损失减到最小。此外,风管不应该用吸水或能产生静电的材料制造,以使系统污染的危险降到最小。风口的位置应该认真推敲,以避免噪声和不舒适的气流。系统每隔2~3个月维护一次,以保证风管内没有积灰或潮气积聚,如果需要的话,还应该更换过滤装置。

尽管余热回收系统初期投资较大,但完全可以在以后的运行过程中得到收回。

(5) 空调系统

在欧洲,空调系统主要用于办公和工业建筑,但在美国,也广泛应用于家庭之中,而且有更加流行的趋势。在1993年,美国有超过4200万的家庭拥有中央空调,由于将空调与强制送风供热系统结合起来比较容易,导致过去50年中作为家庭供暖主要手段的强制送风供热方式的急速增加(从1950年的26%增加至1993年的54%),以及辐射式供暖系统的持续下降(从1950年的24%下降至1993年的14%)。这些复杂的机械系统常常用作供暖、通风和空调(HVAC)系统。然而一些专家认为这些系统是引起"病态建筑综合症"(SBS)的主要原因。

在空调系统的使用中,以空气作为供热媒介的缺点是它将导致室内空气对流或不舒适的温度变化。此外,这些系统也是产生噪声的主要原因之一。另一个缺点是由灰尘和来自各种材料的挥发物在空气循环过程中所形成的空气污染。但是,空调系统的主要危险在于在某种特定的情况下,在过滤器和容易产生冷凝水的角落会产生真菌和细菌的孳生、繁殖。如果温度高于25℃,在较为潮湿的地方就会造成微生物的大量繁殖。军团病菌的危险性应该得到充分的重视,军团病的爆发(1976年在费城,1985年在斯坦福医院)曾造成巨大的人员伤亡,其病原体就是通过建筑的空调系统传播的。

因此,空调系统的使用,仅仅从健康危害这一项就应该引起人们的高度重视。这种情况也同样存在于主要用于气候温暖地区的无数小型空调系统之中,尽管它们不会像大型机械通风系统那样将细菌大规模传播,但却仍然会造成一些令人不舒服的影响,如室内空气对流、温度过度变化而引起的寒冷以及噪声污染等。这些系统还会导致巨大的能量浪费,应该引起人们的重视。

(6) 其他可供选择的制冷手段

其实有许多被动式和技术制冷方式可以作为机械空调的有效替代方式,以避免空调系统的上述缺点。例如,在开敞式平面布置的多层建筑中,可将空调开口设于建筑的最高点或靠近最高点的位置(室内高气压区)和低处的隐蔽部位(室内低气压区)。高处风口的室内高气压,可以迫使室内热空气排出室外,而低处风口处的空气在室外高气压的作用下得到冷却,室外的新鲜空气流入室内,补充从高处排出的空气。

植物和开敞的水池以及喷泉等也有冷却空气的效果,而且能够使室内空气保持一定的湿度。当空气流经植物和开敞的水面时,就会产生蒸发作用,如果有充足的干燥空气不断补充,湿空气能够及时地排出室外,带走热量,那么其冷却空气的作用将是十分明显的。在夏天,家庭中的植物和小面积开敞水面也具有一定的改进室内气候的作用。

也有一些机械制冷系统,如吸收式制冷系统等,适用于商业环境中。比如在办公楼和旅馆中,其运行所需要的热量可以由太阳能来提供。太阳能集热器可以产生95℃的热水通过吸收式冷却器,这些热能可用来产生9℃的冷水,其过程类似于老式的电冰箱。这种系统所适用的惟一能源是电力,用以驱动循环泵。此外它还能产生足够的热水满足旅馆大部分日常用水的需要。利用太阳能制冷是夏季空调建筑的理想方式,因为在夏季最容易获得太阳能,正好可满足制冷的需要。实际上,社区中的同时发热发电系统(Cogeneration System)可以独立使用或与太阳能热水系统结合起来,以常年提供电力以及供热、制冷功能。这些系统所产生的冷水可以用于顶棚制冷,通过冷水管网降低顶棚的温度,最终达到房间降温的效果。另一种使用冷却水的新型制冷系统是辐射式顶棚制冷系统(Radiant Cooling System),其装置类似于辐射式供热片,但位置一般在顶棚上或靠近顶棚,也可以设在灯槽中(图4.6-13)。但是,在使用这种系统时,系统和顶棚的温度不应该低于水汽的结露点,否则就会产生冷凝水。由于热空气总是向上运动,所

图 4.6-13 辐射式顶棚制冷系统

以室内的热量大多都可以用这种冷却顶棚来吸收。这种冷却顶棚和辐射式冷却板早已在计算机房中得到普遍使用,也很适合于旧建筑的室内改造。

4.6.3.6 合理用水

相比之下,水是非常便宜的自然资源,但是,尽管如此,地球的水资源并不像人们想象中的那样充足。地球上的水资源中,只有3%可供人们使用,2.997%被冰封在冰盖之下或埋藏过深而无法开采,只有0.003%为地下水、水气和地面水。幸运的是只要我们能够有效防止水源污染或开采的速度不超过自然水力循环的补充速度,那么,供我们使用的水还是足够的。在世界的许多地方,水的拥有与否甚至就是贫富的标记,许多地区冲突就是由于争夺水源而引发的。

对水源有聚积、净化和补充作用的自然水力循环由于人类的介入而受到影响,即使在雨水充足的欧洲腹地,充足的地下水也必须经过复杂的技术手段经净化后才能饮用。近几年我国一些主要的江、河、湖泊,由于人为的污染而导致水质严重下降的事实,也给人们敲响了保护水资源、节约用水的警钟。但是,实际情况却不容人们乐观,因为恰恰就在一些水源短

缺的地方,如城区、度假区和半干旱地区的灌溉工程中,水被人们过度使用。在美国,从地表和地下所提取的水有38%被用于发电厂的冷却水,41%是用于农业需求,其中主要是灌溉用水。这些水在输送和使用过程中浪费严重,大多数使用效率很低,农业区的地下水还经常遭到肥料和杀虫剂的污染。有11%的水用于工业上的商品制造,余下的10%为家庭和市政用水。

(1) 饮用水管

由于自来水始终处于相关健康机构的监督之下,所以,来自于市政供水部门的水通常都是洁净的。但在某些供水系统比较陈旧的地区,地下供水总管采用的是石棉水泥管,这些管道很可能会对健康造成某些危害。身体与这种水的密集接触(如洗澡等)是否会引起健康危害,虽至今尚无定论,但在对石棉水管存有疑虑的情况下,最好还是在水龙头上安装可以滤掉石棉纤维的过滤装置。

饮用水可以因为硝酸盐含量的增高而受污染,这些硝酸盐会从肥料和其他农用化学品中进入地下水,硝酸盐可以被人体转换为有毒的亚硝酸盐和有致癌作用的亚硝酸盐。

在许多国家,有很多公用供水管网采用的是老式的钢管,许多老房子的水管使用的是钢管、铸铁管或镀锌钢管,在我国情况更为严重。在这些水管中,钢管的危害最为严重。尽管在一些水质很硬的地区,管内的沉积物可以形成保护层,阻止铅溶入水中,但是,这种保护是极其有限的,应该立即更换。在20世纪50年代到70年代,几乎所有的美国住宅都用铜管作为供水管,但铜管与铜管之间以含铅量很高的焊料焊接,这些铜管由于电解质腐蚀而导致大量的铅溶入水中,尤其是当水管中的积水时间较长时问题就更为严重。即使量很小,铅也是一种特殊的神经毒素,它能损害成人的神经系统,阻碍儿童认知功能的发展,其对人体免疫系统的破坏使人体感染的几率大大增加,甚至可能导致癌症。如果要用这种水烧煮食物或作为饮用水,应该先将自来水管中的水放掉几分钟,然后再接用,这样做可以将积在水管中的含铅量较高的水排出,但这样又造成了水资源的浪费。现在这种铜管仍在普遍使用,但是,那种含铅的焊料或接头已被禁止使用。

铜管具有其他金属或非金属水管所不具备的许多优点,铜管作为水管大规模使用历史已逾百年。上海外滩的诸多欧式建筑,虽已历经近百年,但铜管系统仍在正常工作。因此,铜管被证明是经得起时间考验的供水管。

世界著名建筑和各地五星级宾馆几乎无一例外地使用铜管。北京东方广场、上海金茂凯悦大酒店、美国纽约大都会博物馆、澳大利亚悉尼歌剧院,新加坡樟宜国际机场和香港中银大厦等都选用铜管作为供水管道。发达国家和地区铜管的使用率均超过60%(美国85%,英国95%,澳大利亚90%,新加坡81%,香港75%)。

铜管对于水质的二次污染相对较小,而且铜管中的铜离子可阻止水中多种细菌的繁殖并杀灭细菌。实验显示,99%以上的水中细菌在进入铜管5个小时后自行消失。[15]但是,铜管本身也会向水中增添有毒的金属离子。饮用水中铜的高度积聚会危害婴儿的健康,尤其是当婴儿还没有能力通过胆囊将铜排泄掉时情况更为严重。所以,早晨的第一杯热水不应该用来泡制婴儿食物,而应该作其他用处。此外,在一些水的酸性很强、水质很硬的地区,铜管很有可能生锈和腐蚀而使问题加剧。另外铜管不应该与镀锌管混合使用,因为电解质腐蚀会导致锌和镉这两种高毒金属元素从镀层中释放到水中,从而使铜管的优点丧失殆尽。

如果仅从卫生的角度来考虑,那么最好的饮用水管应该是不锈钢管。不锈钢管具有使用寿命长、对人体无危害的优点。但不锈钢的连接不应该采用焊接,因为焊接点的电解质腐蚀会使铬和镍溶入水中。但是,不锈钢管的代价却是十分昂贵的。

有一种塑钢(或塑铝)水管可以作为替代物。塑钢(或塑铝)水管成本低、安装简便、无腐蚀,容易成型。在一些水质很硬或很软的地区,塑钢(或塑铝)水管尤其适用。但是,从环境的观点来看,只有以饮用级的聚乙烯所制造并以高压接头连结的水管才被推荐使用。灰色的聚丙烯水管过去曾用过一段时间,现在已经废止不用。在大多数地区,PVC水管只能用于非饮用水如灌溉等。如果条件许可,在任何情况下,PVC都应该被禁止使用,因为对于这种有争议的塑料的危害几乎已经尽人皆知。

PPR管是近年来出现的一种新型的有机塑料水管,这种塑料的稳定性和耐久性都比以往的各种塑料要好,而且据称对水质不会产生二次污染。不过,这种水管由于投入使用时间还较短,对其各方面的性能尚无法得到可靠的检验。

(2) 水资源保护

自从1950年以来,世界范围的水消耗几乎已经翻了三番,达到每人每天约150L。但只有很少的一部分可饮用水是真正用于饮用的,大量的可饮用水被用来冲刷厕所、洗涤和洗澡等非饮用用途,其中有些由于粗心大意而白白地滴流掉了。根据德国用水管理部门的估计,在德国,每年有近1000亿 m^3 的可饮用水,仅仅因为滴漏和不合适的洗涤器械而白白浪费。今天,我们有各种设备和电器,使节水变得更加容易。例如,有一种限流器,使用时不管水龙头开多大,都可以限制水龙头的流量,只要将它与充气器结合使用,那么,从莲花喷头或水龙头中出来的水会让人感觉与以前一样充沛。一般的淋浴喷头每分钟的流量大约为25L,而加上节水装置后则可减至每分钟约5.5L。加装节水装置后一个四口之家每个龙头每天将节约11~15L水,而仅仅淋浴喷头每天就可节水550~750L(按每位家庭成员每天使用淋浴计算)。通过在厕所水箱中安装机械装置,每次冲水量可以减少一半,这可以使一个四口之家节水达到每天95L。另一种办法是安装新的节水马桶,这种马桶每次冲水从过去通常的19L减少到6L。虽然这些马桶的冲尽能力可能会比老式的抽水马桶要差一点,但是,它们却能为一个四口之家每天节约大约150L的水,其节水效果是十分显著的。现在市场上还有一种新型冲水马桶,使用者可根据需要选择12L、6L等不同的冲水量,既解决了冲尽能力的问题,又达到了节水的目的。

(3) 雨水收集

雨水是一般用水和花园灌溉的理想水源,其含钙量低,温度适中,收集简便,收集成本低。在一般的家庭中,马桶用水占整个家庭日常用水的30%以上,而且用的都是饮用级的自来水,而事实上,抽水马桶只需要一般的清水就可以了。应该说,雨水是一种很好的选择。经过简单技术处理的雨水完全可以达到常规的要求。

雨水也是合适的洗衣用水,由于雨水水质较软,洗衣时可减少洗衣粉和水质软化剂的用量,从而减少对环境的化学污染。一些专家相信,雨水的使用可以使每个家庭每年节约50000L宝贵的饮用水。一般来说,只要某地区的年降雨量在600mm以上,都可以考虑收集雨水作为主要的家庭用水水源。

据研究,如果考虑雨水蒸发和从屋顶流入蓄水池时的损失,那么,一座基底面积为$90m^2$的住宅其实际收集的雨水大约相当于理想状态下 $55m^2$ 面积上所接收的雨水量(1mm 降雨量 = 1 升 $/m^2$)。一般来说,这足以满足这座住宅的厕所、花园和洗衣用水。据估计,全美国现有多达25万套雨水收集系统,其中有许多是用于低收入家庭和家庭成员较为年长的家庭。过去,就算是在雨水充沛的地区,蓄水池也只是一种应付暂时干旱或某些特殊基地缺水的权宜之计,但是现在,在许多地区,它们已被列为对付缺水问题的重要手段之一。

在雨水收集的设计中,对雨水收集面的考虑显得特别重要。雨水收集面必须能够保证所收集雨水的水质达到某种标准。绿色植被屋顶或庭院表面含有过多的生物物质,它们会污染水质;沥青屋面中含有有毒的石油物质,会使水的颜色变黄;水泥石棉瓦屋面中的石棉纤维也会污染水质;有些金属屋面如镀锌钢板和锌板,其金属离子会溶入水中,使其无法饮用,甚至不适合于浇花和洗衣;木质屋面会使防腐剂溶入水中。因此,从环境和健康的角度来看,这些屋面都不适合于雨水的收集。另外,雨水收集面上的苔藓、落叶和沉积灰泥等必须定期清除,否则就容易使细菌孳生繁衍。如果可能的话,还可以安装过滤装置,当然,这要视所收集雨水的用途而定。

(4) 中水

未经处理的淋浴和洗衣废水不应该直接用来冲洗厕所,这些脏水很难长时间储存,容易变质,导致细菌和霉菌的大量繁殖,并发出难闻的气味。脏水还会堵塞设备,使设备的清理和故障频率增加。所以,家庭废水在重新使用之前必须经过适当的处理。最好的处理手段是通过生物净化系统。在经过最初的沉淀净化或初步过滤之后,废水被引入含有沙砾石灰等基质,并种有芦苇和灯心草等水生植物的净化池。植物根部的微生物保证脏物被生物降解,与处理厕所污水(称为"黑水")的污水处理厂相比,处理来自淋浴等的污水的中水净化系统仅需面积为每人 $2\sim3m^2$ 的水池即可。经这种系统净化的水质可达到冲洗厕所或浇花的洁净程度。目前,有关人员正在试验将室外净化池上下迭落放置,以节省空间。

4.6.3.7 室内废物处理

生态建筑室内环境设计非常重视室内废物的处理。室内废物主要由生活垃圾,人、动物等的排泄物以及各种废旧物品如废纸、废瓶子、废旧电池等。这些废物有许多会对自然环境产生不良的影响,有些废物很难自然降解,可以在自然环境中保存数十年甚至上千年。所以,在建筑室内环境中,除了尽量少使用或不使用这些难以自然降解的物品或材料外,在室内环境的设计、建造和日后的运行中,都必须采取相应的措施来保持室内环境的整洁,同时减少这些废物对室内环境和自然环境的污染。

除了对一些特殊的废弃物(如放射性废料、有毒废料等)严格按照有关要求进行特殊处理外,对于室内日常废旧物品的处理,主要是采用搜集后,由垃圾处理工厂集中处理的方法。但是垃圾的分类投放、分类搜集则最好由使用者直接完成,以免垃圾进入处理厂后再由人工分类而造成人力、物力、财力的浪费以及对环境的二次污染。

美国国立奥杜邦协会(National Audubon Society, New York, USA. 设计:Croxton Collaborative)总部是由一座已有百年历史的老建筑改造而成。垃圾分类、用物理设备(即滑槽、回收中心、堆肥设施等)来支持废物循环利用的实施是设计时为保护和回收利用资源而制订的五点计划的重要组成部分。为此,设计师专门设计了一套特别的废物处理系统。该系统运用了4个从顶到底的管状滑道,每一滑道都被指定装入预先分类的废物:白纸、混合纸、铝制品和塑料、有机废料等。这些废物在地下二层被送入分离箱中,其中有机废物将被转化成肥料,用来给屋顶温室中的植物施肥(图 4.6-14)。

对于室内产生的生活垃圾和厕所污物,除通过城市排污管网直接冲走另行处理,还可以通过建于建筑物之内的堆肥装置来加以处理，这样既可以减轻城市垃圾处理系统的压力，也可以使得自行处理后的垃圾、污物能够被用来作为肥料用于庭院绿化的施肥。

鉴于讲求生态效益是未来建筑与室内环境设计的必由之路以及我国在生态建筑与室内环境研究与设计方面所处的落后状态，我们在深入挖掘传统生态技术，积极引进国外先进生态技术经验的同时，也应该积极开展生态建筑技术方面的研究，开发出具有中国特色的，适合于中国气候特点的生态技术。此外，在生态建筑技术的研究中，应该改变过去单纯研究技术的思路，将技术研究与其在生态建筑与室内环境设计中的应用联系起来，使技术研究不至于脱离设计实践，同时，也能够使建筑技术与艺术的结合更加有机。

图 4.6-14　美国国立奥杜邦协会
室内垃圾收集装置
设计：Croxton Collaborative

第二部分　技能基础

第1章 专业图示表达

1.1 概念设计与表达

进入一个项目最初设计阶段需要从一个很好的切入点着手,即准确地把握项目的中心问题,系统化地展开思路,以唤起适宜的形式。一般的说室内工程有三种目的:满足机能、创造效益和表现有利的艺术形式。由此目的产生意图。设计意图是个先导因素,表达意图是整体设计进程的重要环节。这就要求设计师能提示一种最简捷的表达手段——设计概念草图。

设计概念草图对于设计师自身起着分析思考问题的作用。对于观者是意变图的表达方式,宗旨在于交流。设计概念草图的信息交流包含着三种层面指向以及图面深度与设计阶段的限定。每个层面有者各自不同的表达图型:其一是设计师自我体验的层面,是作设计思考所用的图像,简约而有摸索性,演变而不带结论性。其二是设计师行内研究的层面,所用的是抽象图形以提交讨论,从而激发和展开新思路。其三是设计师与业主交流的层面,图像要求符合沟通对象在可接受程度的范围内作出相应深度的设计概念草图。强调直观性,粗线条,能多向发展,供业主选择,特别注意要把业主引向项目中的实质性问题上来讨论。

本节编写目的是将设计概念草图表达的定义、作用、内容、图型及构想与方法等方面进行系统的展开表述,供室内设计专业人士参考。

1.1.1 定义

设计概念草图是将专业知识与视觉图形作交织性的表达,为深刻了解项目中的实质问题提供分析、思考、讨论、沟通的图面,并具有极为简明的视觉图形和文字说明。

1.1.2 作用

设计概念草图是作用于项目设计最初阶段的预设计和估量设计,同时又是创造性思维的发散方式,对问题产生系统的构想并使之形象化,是快捷表达设计意图的交流媒介。

1.1.3 内容

设计概念草图的表达内容是按项目本身问题的特征划分的。针对项目中反映的各种不同问题相应产生不同内容草图,旨在于将设计方向明确化。具体内容如下:

1.1.3.1 反映功能方面的设计概念草图

室内设计是对建筑物内部的深化设计或二次设计,很多项目是针对因原有建筑使用性质的改变所产生的功能方面的问题,因此项目设计即是通过合适的形式和技术手段来解决的这些问题。应用设计概念草图手段将围绕着使用功能的中心问题展开思考。其中有关平面分区、交通流线、空间使用方式、人数容量、布局特点等诸方面的问题进行研究,这一类概念草图的表达多采用较为抽象的设计符号集合并配合文字数据、口述等综合形式(图1.1-1、图1.1-2)。

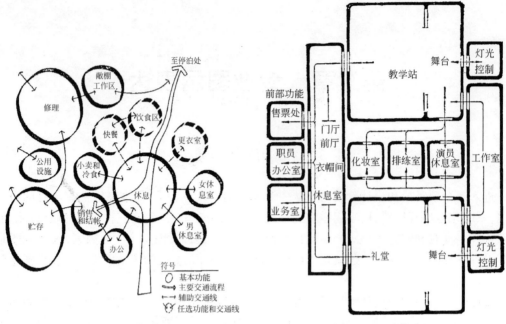

图 1.1-1　功能联系　　　　　　　　　图 1.1-2　功能分区

1.1.3.2　反映空间方面的设计概念草图

室内的空间设计属于限定设计。只能结合原有建筑物的内部进行空间界面的思考,要求设计师理解建筑物的空间构成现状,结合使用要求采用因地制宜的方式,并能努力的克服原建筑缺陷,善于化腐朽为神奇,将不利的怪异空间创改成独特的艺术空间。

空间创意是室内设计最主要的组成部分,它既涵盖功能因素又具有艺术表现力。设计概念草图易于表现空间创意并可形成引人注目的画面。其表达方法非常丰富。表现原则要求明朗概括,有尺度感,直观可读,平立剖面与文字说明相结合(图 1.1-3～图 1.1-5)。

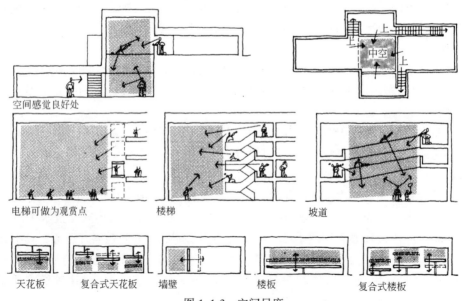

图 1.1-3　空间尺度

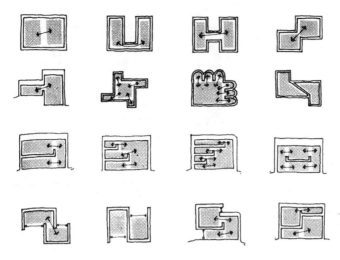

图1.1-4 空间之间的关系

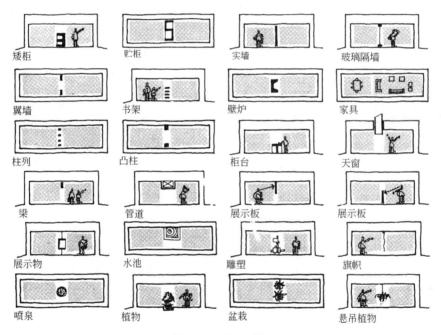

图1.1-5 空间分隔

1.1.3.3 反映形式方面的设计概念草图

室内环境的构成除了空间和设备要素外,立面装修构件的风格样式是视觉艺术的语言,这包含着设计师与业主审美观交流的中心议题。因此,要求设计概念草图表达具有准确的写实性和说服力,必要时辅助以成形的实物场景照片,背景文化说明,在同一项目内提供多种形式以供比较。对于美的选择往往是整个项目设计过程中关键的阶段和烦恼的阶段,有时是最愉快的阶段,这里面因素很多,审美趣味相投或相反这是一个方面,有感染力的交流技巧是一个方面,最主要还是依赖设计师自身具备的想像力与描绘能力,特别要注意对设计深度把握,概念草图是最好的手段(图1.1-6,图1.1-7)。

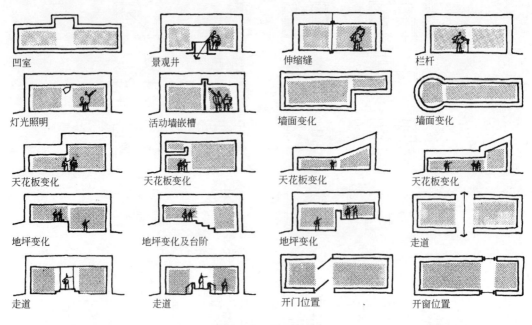

图 1.1-6 界面形式

图 1.1-7 空间形式

1.1.3.4 反映技术方面的设计概念草图

目前艺术与科学同步进入了人类生活的每一方面。室内设计也日益趋向科学的智能化、标准化、工业化、绿色生态化。这意味着设计师要不断的学习,了解相关门类的科学概念,努力的将其转化到本专业中来。要提高行业的先进程度必须提高设计的技术含量。室内设计是为了具体的提高人的生活质量,室内环境品质反映着人的文明生活的程度。因此把技术因素升华为美感元素和文化因素,设计师要具有把握双重概念结合的能力。技术方面的设计概念草图表达既包含正确的技术依据,又具有艺术形式的美感(图1.1-8,图1.1-9)。

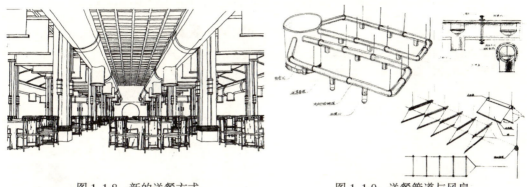

图1.1-8　新的送餐方式　　　　　　　图1.1-9　送餐管道与风扇

1.1.4　图型

设计概念草图的表达图型是按交流需要划分的。现有的三种图型在项目设计中有着不同层面上交流的作用,包括了从感觉到概念,抽象到具体,象征到现实,个人到公众的行业内外可接受的惯例图型。设计概念草图的表达图型分为具象图型、抽象图型、象征图型。

图1.1-10　办公楼门厅草图　　　　　　图1.1-11　旅馆门厅草图

图1.1-12　设计学专业教室

141

1.1.4.1 具象图型

具象图型设计概念草图的表达特征用途：

(1) 用具体描绘的手法直观地表达设计意图(图 1.1-10,图 1.1-11)。

(2) 将设计师构想变成生动的情景化表达(图 1.1-12)。

(3) 将设计图的平、立、剖深化为直观的画面表达(图 1.1-13～图 1.1-16)。

图 1.1-13 原型

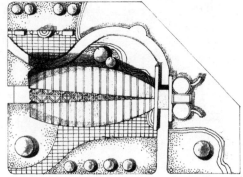

图 1.1-14 平面

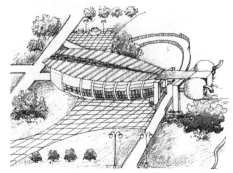

图 1.1-15 立面

图 1.1-16 剖面

(4) 引用与设计项目相似的实物、图片、画面支持意图表达(图 1.1-17,图 1.1-18)。

图 1.1-17 条屏

图 1.1-18 鱼腹

(5) 运用各个视点、角度描绘空间与物体做验证表达(图1.1-19,图1.1-20)。

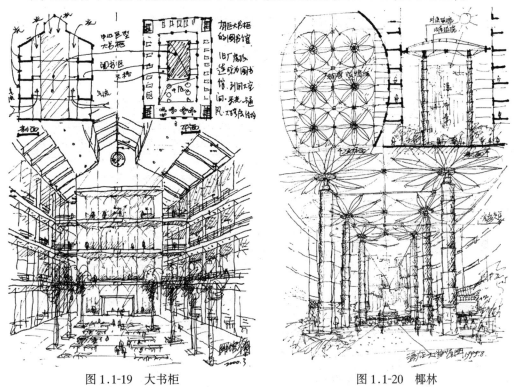

图1.1-19 大书柜　　　　　　图1.1-20 椰林

(6) 空间与物体可识别的简化表达(图1.1-21～图1.1-24)。

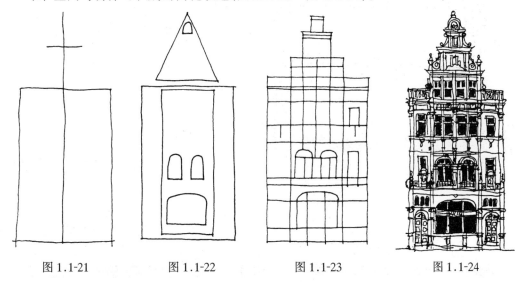

图1.1-21　　图1.1-22　　图1.1-23　　图1.1-24

1.1.4.2 抽象图型

抽象图型设计概念草图的表达特征用途：

(1) 设计进程是由模糊向清晰的系列变化过程。在开始使用的往往是草图的形式,由于想法的不确定因素,画面只是一些个人体验的脑、眼、手自我交流的随意符号,它仅作用于个人思考的演化,是对萌生新设想,寻找火花的记录(图1.1-25)。

143

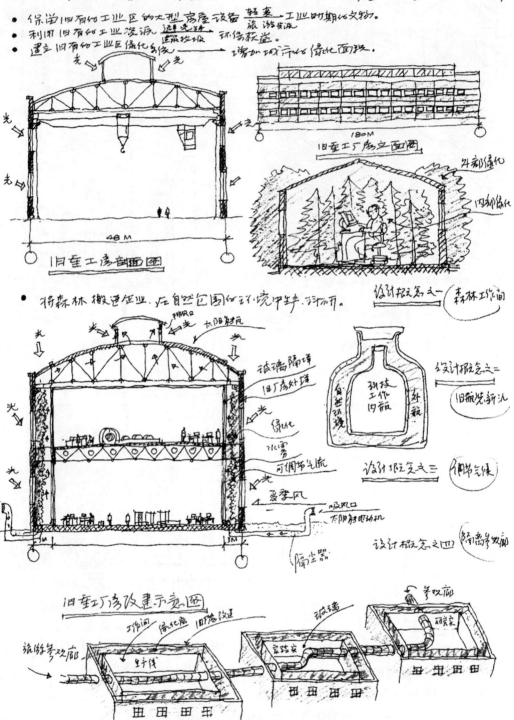

图 1.1-25 旧工厂改造成科研中试基地

（2）用于专业交流的设计语言是在专业内部形成的。它约定了一套有明确指认意义又高度抽象的图形，作为用于设计交流的符号表达系列（图1.1-26，图1.1-27）。

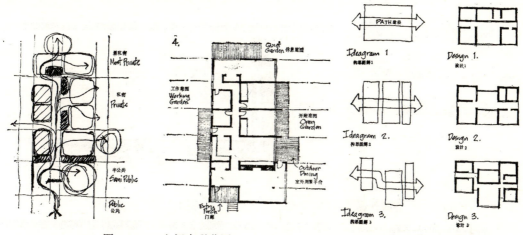

图1.1-26　空间串联草图　　　　　　　　图1.1-27　空间串联草图

（3）高度抽象的概念图形在设计过程中有着框架关系的可变性，单元体多重指向性，多种含意的表达功能（图1.1-28～图1.1-32）。

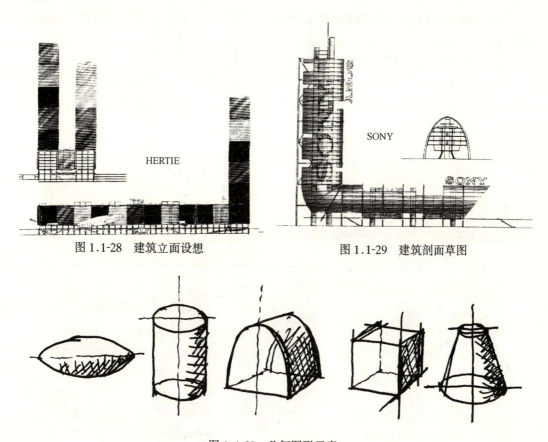

图1.1-28　建筑立面设想　　　　　　　　图1.1-29　建筑剖面草图

图1.1-30　几何图形元素

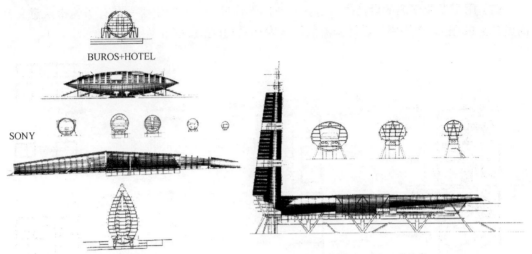

图 1.1-31　建筑外观　　　　　　　　图 1.1-32　建筑外观

1.1.4.3　象征图型

象征图型设计概念草图的表达特征、用途：

象征的艺术形式是以文化和心理动机为先导指定的符号系统。象征图型在建筑和室内设计专业中占有特定的位置。由于文化艺术因素的主导地位，室内空间界面形态常被带上文化风格的深刻烙印，新与旧的象征形式反映在设计概念上较为突现。为此本节又将这类图型划分为传统和当代两类象征图型。

（1）传统的象征手法的图型

众所周知象征主义在西方的、东方的各类建筑形式符号中有其独自的文化含意。用象征手法和历史文脉的概念做设计是 20 世纪 80 年代国际盛行的模式，90 年代则在中国流行（图 1.1-33，图 1.1-34）。

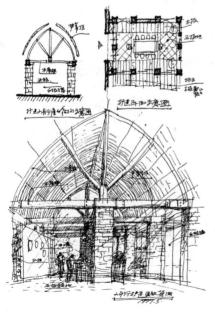

图 1.1-33　有传统符号的室内　　　　　图 1.1-34　传统风格的室内

(2) 当代象征手法的图型

每个时代都产生新的审美主流形式,引导着一个时代的设计文化,它是整个社会文化背景、国际交流背景、生产技术水平的综合背景在物质上的体现。正如当代的设计主流风格是数字化为统领的审美思潮,包含有人性化的、生态化的、走向太空的等等理想色彩。

虽然设计的过程是物质技术与文化形式并重的过程,但是在追求新理想环境的进程中,从象征主义形式出发是一条快捷的设计之路(图1.1-35,图1.1-36)。

图1.1-35 仿生形态

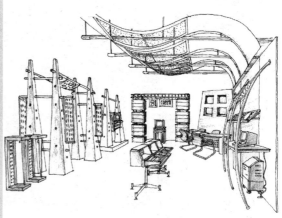

图1.1-36 时尚化工作室

(3) 符号象征与颜色象征的图型(图1.1-37,图1.1-38)。

图1.1-37 相关联想图形

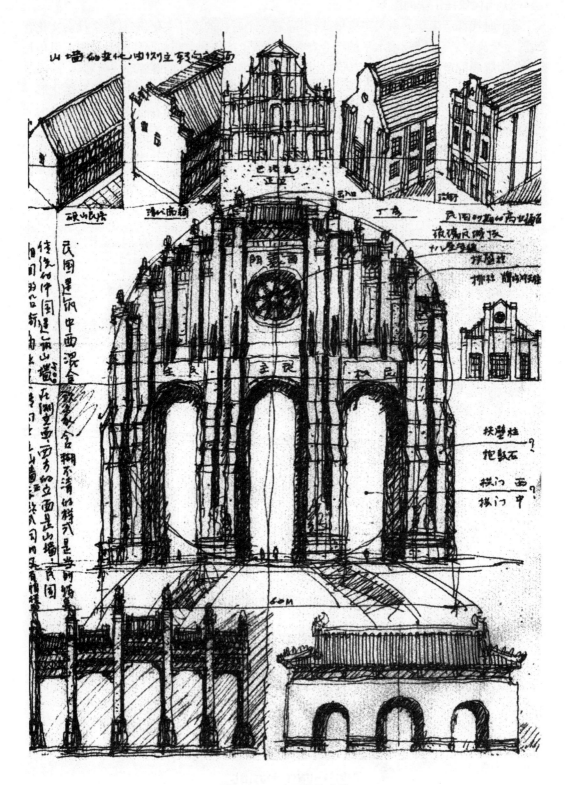

图 1.1-38 中西传统合璧

1.1.5 构想与方法

设计概念的构想是用视觉图形进行思考的过程。思维需要意象,意象中又包含着思维,把看不见的变成看得见的,思考,眼看、手画、表达、交流,在这种摸索的行为中产生创造的火花,有可能将进行很多的轮回。这历程艰辛、兴奋、模糊、奥妙。很多人试图探求一条有规律的艺术创作之路,结果发现那比艺术创作本身更为艰难。

项目设计中好的概念形成是设计进程中最重要的一步,必须先行。一般的说,前面有两条摸索的路。其一是用理性方法的逻辑思维排列出与项目有关与相关因素,运用图形演变系统分类,分析推理来获得理想的"好概念"。另一路是靠灵性的感悟下获得好的构想。总之只有靠思考与动手,交流表达时才会产生结果。

下列的构想方法片断,仅供参考。

1.1.5.1 图形构想方法图例(图 1.1-39～图 1.1-48)

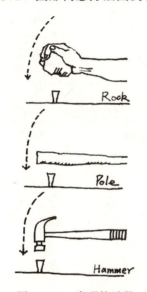

图 1.1-39 发现的过程

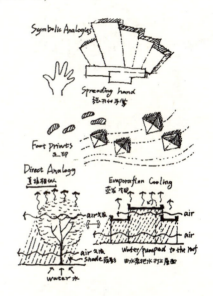

图 1.1-40 象征模拟

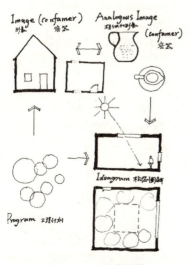

图 1.1-41 异质同构

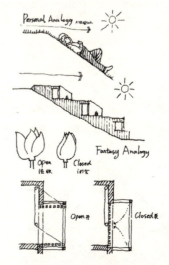

图 1.1-42 幻想的相似

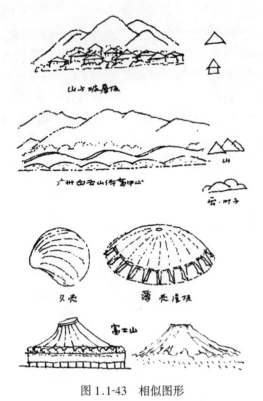

图 1.1-43 相似图形

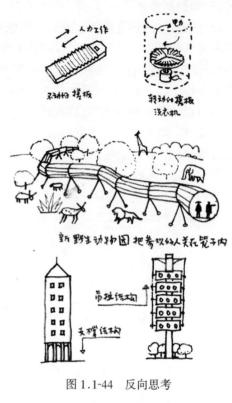

图 1.1-44 反向思考

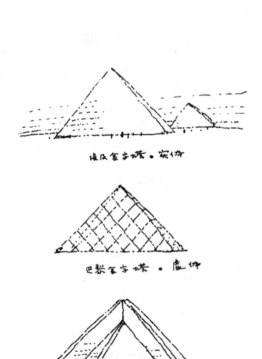

图 1.1-45 思维联想

图 1.1-46 简化提炼

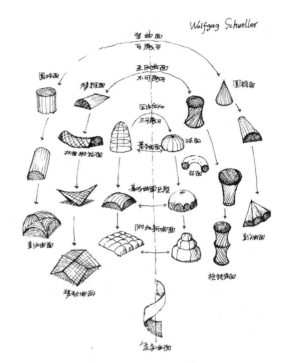

图 1.1-47　排列阵矩构想　　　　　　　图 1.1-48　逻辑展开构想

1.1.5.2　设计概念草图的表现技法(图 1.1-49～图 1.1-51)。

图 1.1-49　钢笔淡彩草图

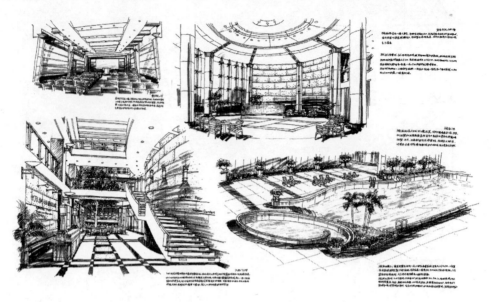

图 1.1-50 马克笔草图

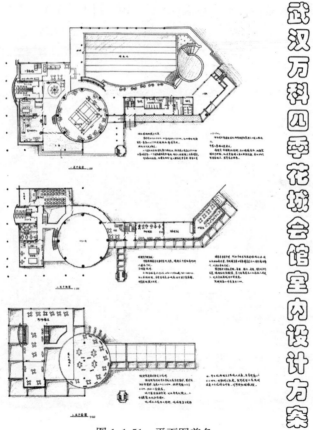

图 1.1-51 平面图着色

1.2 方案设计与表达

1.2.1 方案设计的目的和作用

方案设计是对设计对象的规模、生产等内容进行预想设计。目的在于对要设计的项目中存在的或可能发生的问题,事先作好全盘的计划,拟定解决这些问题的办法、方案,用图纸和文件表达出来。方案设计的作用是与业主和各工种进行深入设计或讨论施工方式,互相配合协作的共同依据。

1.2.2 方案设计的程序

(1) 了解项目
(2) 分析项目
(3) 进行设计

1.2.3 方案设计的表达内容

方案设计的表达主要是针对设计者与业主双方一致同意的任务书而制作的,通过图纸、说明书和计算书等文件将设计、施工管理等各方面的问题全面清晰的表达出来。其中包括:

(1) 图册
(2) 模型
(3) 动画

1.2.4 方案图册

方案图册是方案设计阶段重要的设计文件。它通过文字和图形的表达方式对设计意图作出准确的描述和计划。

1.2.4.1 方案图册所包含的基本内容

(1) 封面:工程项目的名称和制作时间。
(2) 目录:清晰的反映方案图册中各内容的名称和顺序。
(3) 设计说明:主要说明工程项目所在位置、规模、性质、设计依据和设计原则,各项设备和附属工程的内容和数量,施工技术要求和工程兴建程序,以及技术经济指标和工程概算等。
(4) 材料样板:主要说明工程项目中主要材料的选择和搭配效果。
(5) 透视图和效果图:通过绘制室内空间的环境透视图,可使人们看到实际的室内环境,它是一种将三度空间的形体转换成具有立体感的二度空间画面的绘图技法,它是以透视制图为骨架,绘画技巧为血肉的表达方式,将设计师预想的方案比较真实地再现。
(6) 平面图:根据建筑物的内容和功能使用要求,结合自然条件、经济条件、技术条件(包括材料、结构、设备、施工)等,来确定房间的大小和形状,确定房间与房间之间以及室内与室外之间的分隔与联系方式和平面布局,使建筑物的平面组合满足实用、经济、美观和结构合理的要求。
(7) 立面图:根据建筑物的性质和内容,结合材料、结构、周围环境特点以及艺术表现要求,综合地考虑建筑物内部的空间形象,外部的体形组合、立面构图以及材料质感,色彩的处理等,使建筑物的形式与内容统一,创造良好的建筑艺术形象,以满足人们的审美要求。
(8) 剖面图:根据功能和使用方面对立体空间的要求,结合建筑结构和构造特点来确定房间各部分高度和空间比例;考虑垂直方向空间的组合和利用;选择适当的剖面形式,进行垂直交通和采光、通风等方面的设计,使建筑物立体空间关系符合功能、艺术和技术、经济的要求。

1.2.4.2 方案设计的深度

为了共同的认知和理解,制图标准在设计表达手段里起着重要作用。它们所代表的共同语言使得我们有可能在头脑里组织并形成我们要交流的内容。

1.2.4.3 制图中的投影概念

投影原理是绘制正投影图的基础。一般的工程图纸,都是按照正投影的概念绘制的,即假设投射线互相平行,并垂直于投影面,为了把物体各面和内部形状变化都反映在投影图中,还假设投射线是可以透过物体的(图1.2-1)。

1.2.4.4 三面正投影图

图1.2-1 投影概念

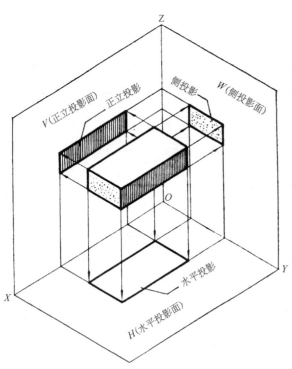

图1.2-2 三面正投影

制图首先要解决的矛盾是如何将立体实物的形状和尺寸准确地反映在平面的图纸上。一个正投影图能够准确地表现出物体的一个侧面的形状,但还不能表现出物体的全部形状。如果将物体放在三个相互垂直的投影面之间,用三组分别垂直于三个投影面的平行投射线投影,就能得到这个物体的三个方面的正投影图(图1.2-2)。一般物体用三个正投影图结合起来就能反映它的全部形状和大小(图1.2-3)。

1.2.4.5 制图的基本表达方法

(1) 平面图

房屋建筑的平面图就是一栋房屋的水平剖视图。即假想用一水平面把一栋房屋的窗台以上部分切掉,切面以下部分的水平投影图就叫平面图。

一栋多层的楼房若每层布置各不相同,则每层都应画平面图,如其中有几个楼层的平面布置相同,可只画一个标准层的平面图。平面图主要表示房屋的占地面积,内部的分隔、房间大小、台阶、楼梯、门窗等局部的位置和大小,墙的厚度,室内陈设的布置等。

平面图有几种:如总平面图、分层平面图、吊顶平面图等(图1.2-4)。

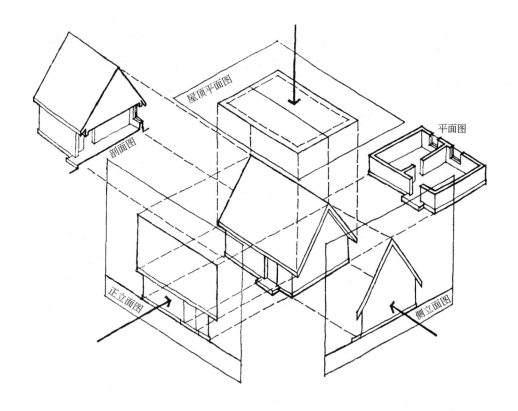

图 1.2-3

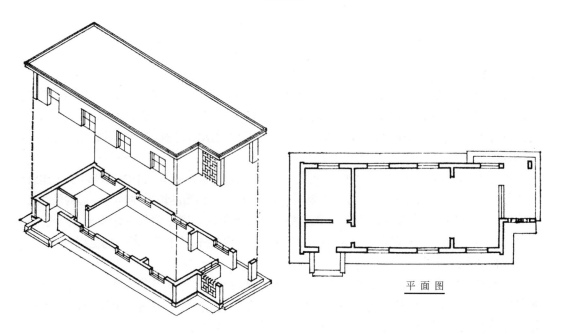

图 1.2-4

(2) 立面图

立面图就是一栋房子或房间的正立投影图与侧投影图。通常按建筑或房间各个立面的朝向的正立投影图所绘制的。立面图主要表明除建筑结构之外各个部位的材料形状,房屋的长、宽、高的尺寸,屋顶的形式,门窗洞口的位置,墙身等(图 1.2-5)。

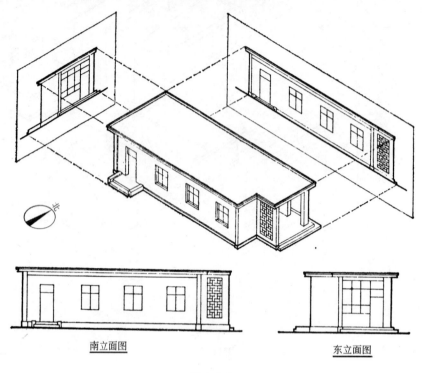

图 1.2-5

(3) 剖面图

剖面图系假想用一平面把建筑物沿垂直方向切开,切面后的部分的正立投影图就叫做剖面图。剖面图主要表明建筑物内部在高度方面的情况,如屋顶的坡度、楼房的分层和层高房间和门窗各部分的高度、楼板的厚度等,同时也可以表示出建筑物所采用的结构形式(图 1.2-6)。

以上介绍可以看出平、立、剖面图相互之间既有区别,又紧密联系。平面图可以说明建筑物各部分在水平方向的尺寸和位置,却无法表明它们的高度;立面图能说明建筑物外形的长、宽、高尺寸,却无法表明它的内部关系;而剖面图则能说明建筑物内高度方向的布置情况。因此,只有通过平、立、剖三种图互相配合才能完整地说明建筑物以内到外,从水平到垂直的全貌。

(4) 轴测投影图

轴测投影图是种比较简单的立体图。前面所讲的三面正投影是用水平投影、正立投影、侧投影三个图形共同反映一个物体的形状。不易看懂,而轴测图则用一个图形直接表示物体的立体形状,有立体感,比较容易看懂。几种常用的轴测投影:

1) 轴测正投影

轴测正投影包含两种形式:三等正轴测(或称正等测)、二等正轴测(或称正二测)(图 1.2-7～图 1.2-8)。

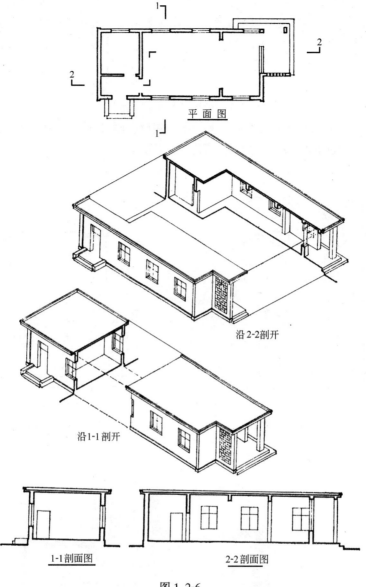

图 1.2-6

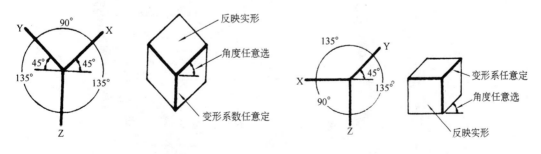

图 1.2-7 三等正轴测　　　　　　　　图 1.2-8 二等正轴测

三等正轴测是轴测图中最常用的一种,以正立方体为例,投射线方向穿过正立体的对顶角,并垂直于轴测投影面。正立方体相互垂直的三条棱线,也即三个坐标轴,它们与轴测投影面的倾斜。角度完全相等,所以三个轴的变形系数相等,三个轴间角也相等。

二等正轴测的特点是三个坐标轴中有两个轴与轴测投影面的倾斜角度相等,因此这两个轴的变形系数相等,三个轴间角也有两个相等(图1.2-8)。

2) 轴测斜投影

轴测斜投影包含两种形式:水平斜轴测和正面斜轴测。

水平斜轴测的特点是:物体的水平面平行于轴测投影面,其投影反映实形;它们之间的轴间角为90度,而铅垂线的轴其变形系数可不考虑,也可定为3/4、1/3或1/2(图1.2-9~图1.2-10)。

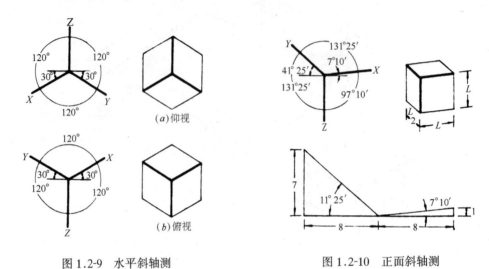

图1.2-9 水平斜轴测　　　　　　图1.2-10 正面斜轴测

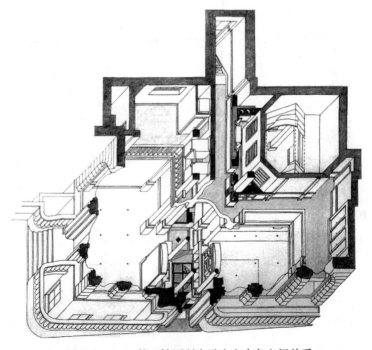

图1.2-11 二等正轴测所表示出室内各空间关系

正面斜轴测的特点是:物体的正立面平行于轴测投影面,其投影反映实形,X、Z 轴平行轴测投影面,均不变形,它们之间的轴间角为 90 度 X 轴为水平线,Z 轴为铅垂线,Y 轴为斜线。它为水平线夹角常用 30°、45°、60°也可自定。它的变形系数可不考虑,也可定为 3/4、2/3 或 1/2。

1.2.4.6 制图要求与规范

正投影制图要求使用专业的绘图工具,在图纸上所作的线条必须粗细均匀,光滑整洁,交接清楚。因为这类图纸是以明确线条,描绘建筑内部空间形体来表达设计意图的。所以严格的线条绘制和严格地遵守制图规范是它的主要特征。

就室内设计而言,目前国家还没有正式颁布制图标准。室内设计专业基本上是沿用建筑制图的标准,如中华人民共和国建设部 2001 年颁布的《房屋建筑制图统一标准》GB/T 50001—2001、《总图制图标准》GB 50103—2001、《建筑制图标准》GB/T 50104—2001。

1.2.4.7 方案设计中的效果图

1.2.4.7.1 几种常用的透视图画法

(1) 一点透视

一点透视也称平行透视,是一种简易的室内透视画法,十分接近正立投影画法。与立面图一样,一点透视的视角与被画景物,与其"取景框"相垂直;不一样的是距离较远的物体在图面上显得较小,虽然二者实际尺寸是一样大。一点透视中垂直于画面的全部平行线均表现为消失于远处的一个灭点(消失点)。灭点与视点正好重合。制作一点透视的简单办法是从一个立面或剖面图开始,然后以视点为消失点,以投影方式将室内中各物体的形状与大小比例表达出来(图 1.2-12)。

(2) 两点透视

两点透视也称成角透视。当所描绘的物体没有垂直于"取景框",与画面形成一定的角度,而产生两个灭点(消失点)。消失点在视平线上。成角透视可以提供较强的三维体量,但绘制精确的二点透视是比较费工的画法,直到计算机三维制图的应用,这种情况才有所改观。采用也日益增多(图 1.2-13)。

(3) 俯(仰)视图

俯(仰)视图也称三点透视。这种画法基本上与两点透视相似,只是增加一个在画面下方的第三灭点,以描绘纵向线条消失于该灭点的视觉效果。除了表达对特定空间的感受外,

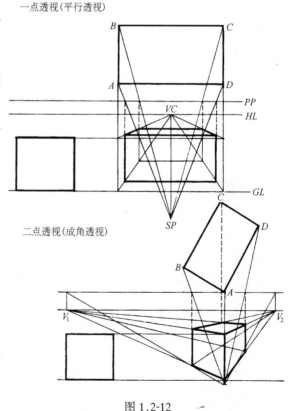

一点透视(平行透视)

二点透视(成角透视)

图 1.2-12

159

图 1.2-13 两点透视

如视点选择恰当,三点透视画法还能有助于描绘建筑物各部分在三维空间里之相互关系。

1.2.4.7.2 透视效果图表现技法

(1) 铅笔画技法

铅笔是透视效果图技法中历史最久的一种。由于这种技法所用的工具容易得到,技法本身也容易掌握,绘制速度快,空间关系也能表现得比较充分。

绘图铅笔所绘制的黑白铅笔画,类似美术作品中的素描,主要通过光影效果的表现来描述室内空间,尽管没有色彩,仍为不少人偏爱(图 1.2-16)。

彩色铅笔画色彩层次细腻,易于表现丰富的空间轮廓,色块一般用排列有序的密集线条画出,利用色块的重叠,产生更多的色彩。也可以用笔的侧锋在纸面平涂,产生有规律排列的色点组成的色块,不仅速度快,且有一种特殊的效果(图 1.2-14～图 1.2-16)。

图 1.2-14 彩色铅笔画

(2) 钢笔画技法

钢笔画分为两种:一种是徒手绘制;一种是通过丁字尺、三角板等工具绘制。徒手钢笔

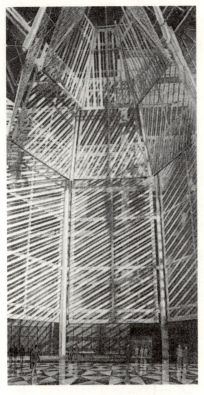

图 1.2-16　黑白铅笔画

画一般用于搜集资料、设计草图,也可作为初步设计的表现图。它的线条流畅美观,并通过对物体的取舍和概括来表达设计师的意图。工具钢笔画线条坚挺,易出效果,尽管没有颜色,但画的风格较严谨,细部刻画和面的转折都能做到精细准确,并用点线的叠加来表现室内空间的层次和质感(图 1.2-17～图 1.2-18)。

图 1.2-15　彩色铅笔画

图 1.2-17　钢笔画　　　　　图 1.2-18　钢笔画

(3) 水彩色技法

水彩色淡雅层次分明,结构表现清晰,适合表现结构变化丰富的空间环境,水彩的色彩明度变化范围小,图画效果不够醒目,作图较费时。水彩的渲染技法有平涂、叠加、退晕等(图1.2-19)。

图1.2-19 水彩画

(4) 透明水色技法

色彩明快鲜艳,比水彩更为透明清丽。更适于快速表现,由于调色时叠加有渲染,次数不宜过多,色彩过浓时不宜修改等特点,多与其他技法混合,如钢笔淡彩等(图1.2-20)。

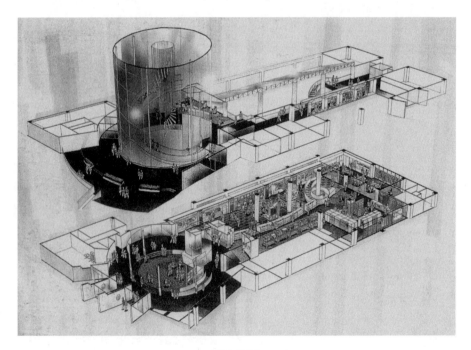

图1.2-20

(5) 水粉色技法

水粉色表现力强,色彩饱和浑厚,不透明,具有较强的覆盖性能,以白色调整颜料的深浅,用色的干、湿、厚、薄能产生不同的艺术效果,适用于多种空间环境的表现。使用水粉色绘制效果图绘画技巧性强,由于色彩干湿度变化大,湿时明度较低,颜色较深,干时明度较高,颜色较浅。但掌握不好容易产生"怯"、"粉"、"生"的毛病(图1.2-21~图1.2-23)。

图1.2-21 水粉画

图1.2-23 水粉画　　　　　　　　　图1.2-22 水粉画

(6) 马克笔技法

马克笔分油性、水性两种,具有快干,不需用水调和,着色简便,绘制速度快的特点,画面风格豪放,类似于草图和速写的画法,是一种商业化的快速表现技法。马克笔色彩透明,主要通过各种线条的色彩叠加取得更加丰富的色彩变化。马克笔绘出的色彩不易修改,着色过程中需注意着色的顺序,一般是先浅后深。马克笔的笔头是毡制的,具有独特的笔触效果,绘制时可尽量利用这种笔触的特点(图1.2-24~图1.2-27)。

图1.2-24 马克笔　　　　　　　　　图1.2-25 马克笔

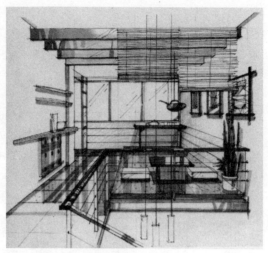

图 1.2-26 马克笔

图 1.2-27 马克笔

马克笔在吸水与不吸水的纸上会产生不同的效果,不吸水的光面纸上色彩相互渗透,吸水的毛面纸上色彩灰暗沉着,可根据不同需要选用。

(7) 喷绘技法

喷绘技法画面细腻,变化微妙有独特的表现力和现代感,是与画笔技法完全不同的。它主要以气泵压力经喷笔喷射出的细微雾状颜料的轻、重、缓、急配合阻隔材料,遮盖不着色的部分进行作画(图 1.2-28)。

(8) 计算机效果图

日益发展得更加高级复杂的计算机图象制作程序,为设计师提供了更多的图象表达技

图 1.2-28 喷绘

术和工具。本章第四节中有详细的阐述,本文就不作过多的介绍。

1.2.4.7.3 效果图的制作程序

（1）准备工作

整理好绘图的环境,备齐各种绘图工具并放置于合适的位置,使其轻松顺手。

（2）熟悉图纸

对设计图纸的认真思考和研究,充分了解图纸的要求,是画好效果图的基本条件。

（3）透视角度

根据表达内容的不同,选择不同的透视方法和角度,选取最能表现设计意图的角度。

（4）绘制底稿

用描图纸或透明性好的拷贝纸上绘制底稿,准确地画出所有物体的轮廓线。

（5）技法选择

根据使用空间的功能内容选择最佳的绘画技法,或按照图纸的交稿时间,决定采用快速,还是精细的表现技法。

（6）绘制过程

按照先整体后局部的顺序作画,要做到:整体用色准确,落笔大胆,以放为主。局部小心细致,行笔稳健,以收为主。

（7）作品校正

对照透视图底稿校正:尤其是水粉画法在作画时易破坏轮廓线,须在完成前予以校正。

（8）出图装裱

依据透视效果图的绘画风格与色彩,选定装裱的手法。

1.2.5 模型

模型能以三度空间的表现力表现一项设计,观赏者能从各个不同角度看到建筑物的体形、空间及其周围环境,因而它能在一定程度上弥补图纸表达的局限性。现代设计复杂的功能要求,全新技术手段与巧妙的艺术构思常常需要借助难以想象的空间形态,仅仅用图纸是难以充分表达它们的。设计师常常在设计过程中借助于模型来酝酿、推敲和完善自己的设计创作。

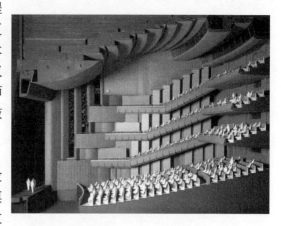

1.2.5.1 模型的种类

按照用途分类:一是展示用的,多在设计完成后制作;一是设计用的(又称工作模型),即在设计过程中进行方案推敲和修改而制作的(图1.2-29)。前者制作精美,后者比较概念化。

图1.2-29 设计用模型

1.2.5.2 传统模型制作的主要材料

(1) 油泥(橡皮泥)、石膏条块或泡沫塑料条块

多用于设计用模型,尤其在城镇规划和住宅街坊的模型制作中广泛采用。

(2) 木板或三夹板、塑料板

(3) 硬纸板或吹塑纸板

各种颜色的吹塑纸(学名"聚苯乙烯")用于模型的制作非常方便和适用。它和泡沫塑料块一样,切割和粘接都比较容易。

(4) 有机玻璃、金属薄板等

多用于能看到室内布置或结构构造的高级展示用的建筑模型,加工制作复杂,价格昂贵。

1.2.5.3 现代模型制作的材料

现代模型制作作为一个新兴的专业从设计中独立出来,逐渐成为一个全新的产业,许多厂

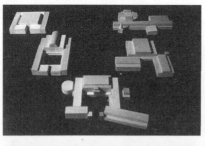
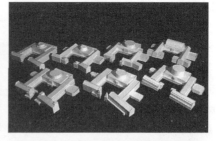

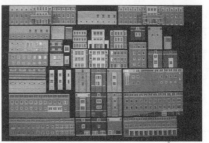

图1.2-30 制作细部模型便于推敲和修改

商也积极配合,开发出许多新的制作设备和模型材料。种类繁多,做工精致(图1.2-30)。

(1) 墙面系列

根据实际装修材料,仿制出不同质感的模型材料。如台湾真大石材系列(图1.2-34)。

(2) 配件系列

根据实际情况制作的门窗样式、楼梯等配件的模型,可以在模型中直接使用。如英国Preise配件系列(图1.2-31)。

图1.2-31 英国Preise配件系列

(3) 配景系列

根据实物按比例制作的环境小品、室内陈设、喷泉、路灯、长椅、篱笆、汽车等模型。如英国Preise配景系列,日本田宫ABS系列,香港永诚小汽车系列(图1.2-31、图1.2-32、图1.2-35)。

日本田宫ABS系列　　　　　　　美国Tomson绿化系列　　奥地利Heue树木系列

图1.2-32　　　　　　　　　　　　　　　图1.2-33

(4) 人物系列

按比例制作的不同性别,年龄和姿势的人物模型。英国Preise人物系列(图1.2-31)。

(5) 绿化系列:按比例制作的各种花卉树木的植物模型。如美国Tomson绿化系列,奥地利Heue树木系列,德国FILLER草皮系列等(图1.2-33、图1.2-34)。

1.2.6 实例、方案图册

(1) 封面:工程项目的名称和制作时间(图1.2-36)

(2) 目录:(图1.2-37)

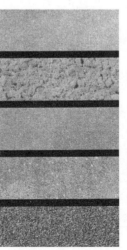

德国FILLER草皮系列　　　台湾真大石材系列

图1.2-34

167

图 1.2-35 香港永诚小汽车系列

图 1.2-36 封面示例

江中会馆室内设计方案
JIANZHONGHUIGUAN SHINEISHEJI FANGAN

TUZHIMULU
图纸目录

1 设计说明
2 设计理念
3 功能分区平面图
4 消防疏散平面图
5 交通流线平面图
6 半地下层平面图
7 一层平面图
8 二层平面图
9 半地下层吊顶平面图
10 一层吊顶平面图
11 二层吊顶平面图
12 一层门厅效果图
13 一层大堂效果图
14 一层大餐厅效果图
15 一层会议室效果图
16 半地下层咖啡厅效果图
17 半地下层台球室效果图
18 二层休闲厅效果图
19 二层豪华套房客厅效果图
20 二层豪华套房客房效果图
21 二层豪华套房卫生间效果图
22 二层标准间效果图
22 装饰材料表

图1.2-37 目录示例

(3) 设计说明:说明设计定位、设计的规模、设计依据。根据掌握资料来说明设计师的创意理念(图1.2-38、图1.2-39)。

江中会馆室内设计方案
JIANZHONGHUIGUAN SHINEISHEJI FANGAN

设计说明
SHESHUOMING

项目概况 本项目位于江西省南昌市江中制药厂区内,背山面水,景色怡人。建筑为三层框架结构,属公共类服务性建筑。

项目规模 江中会馆总建筑面积为4327m²
1. 底层面积1419m²,其中咖啡厅188.5m²、健身房76.7m²、娱乐区98.3m²、设备用房109m²
2. 一层面积1429m²,其中入口大厅81m²、大堂区305m²、休息区210m²、餐饮区159.8m²、会议区291m²、厨房104m²
3. 二层面积1479m²,其中标准客房518m²、套房155m²、休闲区138m²、走廊181.4m²

设计依据
1. 设计委托书
2. 业主提供的有关技术资料、文件、图纸
3. 中华人民共和国国家标准GB 50222—95《建筑内部装修设计防火规范》

注:装修中的空调口做法
1. 送风口采用侧送式、隐藏式
2. 回风口采用吸顶式、隐藏式

图1.2-38 设计说明示例之一

江中会馆室内设计方案
JIANZHONGHUIGUAN SHINEISHEJI FANGAN

设计理念
SHEJILINIAN

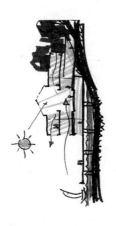

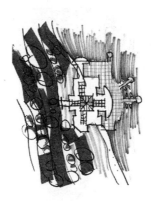

设计理念

体现环境意义的三要素"自然环境、人工环境、场所"江中会馆的建筑选址别具匠心，建筑一边延伸至水面，强调建筑与环境的关系。室内设计尊重建筑本身的理念，帮助人们完整理解建筑与建筑环境之间的各种复杂联系及意义。

会馆依山傍水，山峰、河流由于其呈现不同的自然现象，而获得其自身的环境意义，设计采用相互渗透的手法引入自然环境，结合以材料、色彩等多方面构成的人造环境加以补充、展现、质朴、温馨的场所精神，使人们体会到环境的真正意义。

图 1.2-39 设计说明示例之二

(4) 功能分区（图 1.2-40）

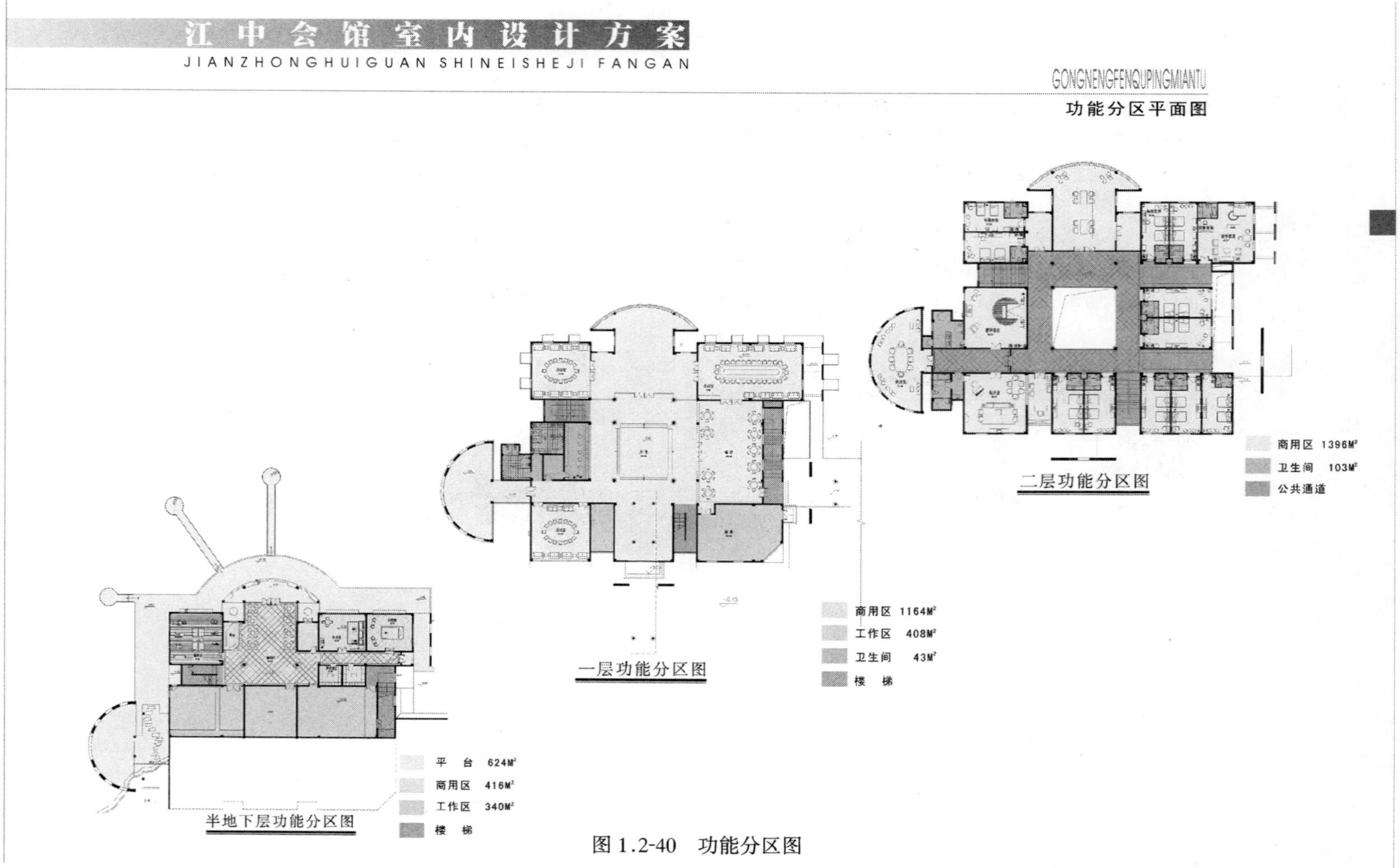

图 1.2-40 功能分区图

(5) 消防疏散（图1.2-41）

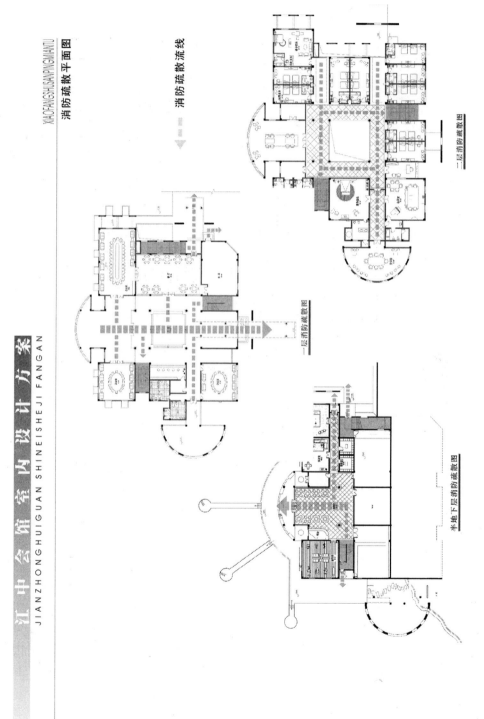

图1.2-41 消防疏散图

(6) 交通流线（图1.2-42）

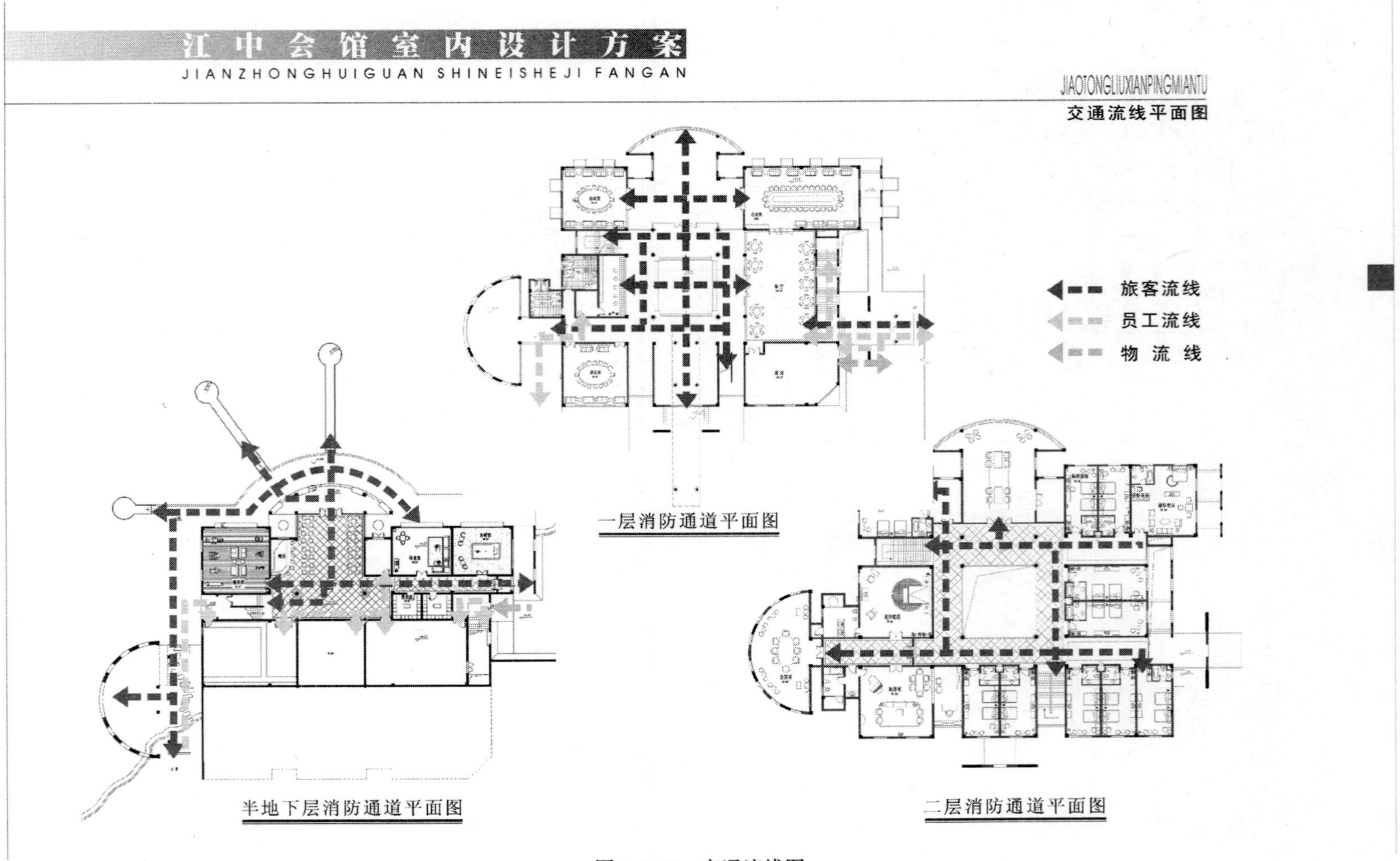

图1.2-42 交通流线图

(7) 平面设计图:包括地面材料,平面容量(图1.2-43~图1.2-45)

江中会馆室内设计方案
JIANZHONGHUIGUAN SHINEISHEJI FANGAN

半地下层平面图
BANDIXIACENGPINGMIANTU

咖啡厅:188.5m² 容纳:38人
健身房:76.7m² 容纳:7人
台球室:48.7m² 容纳:4人
游艺室:49.6m² 容纳:12人

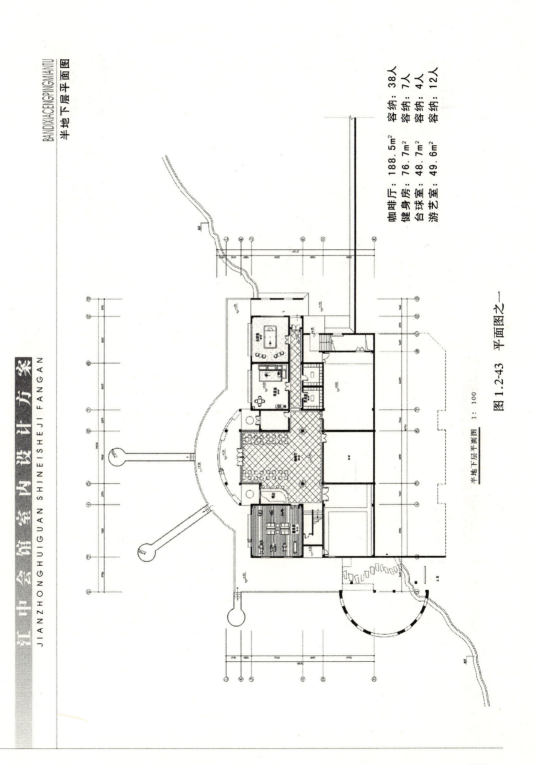

半地下层平面图 1:100

图1.2-43 平面图之一

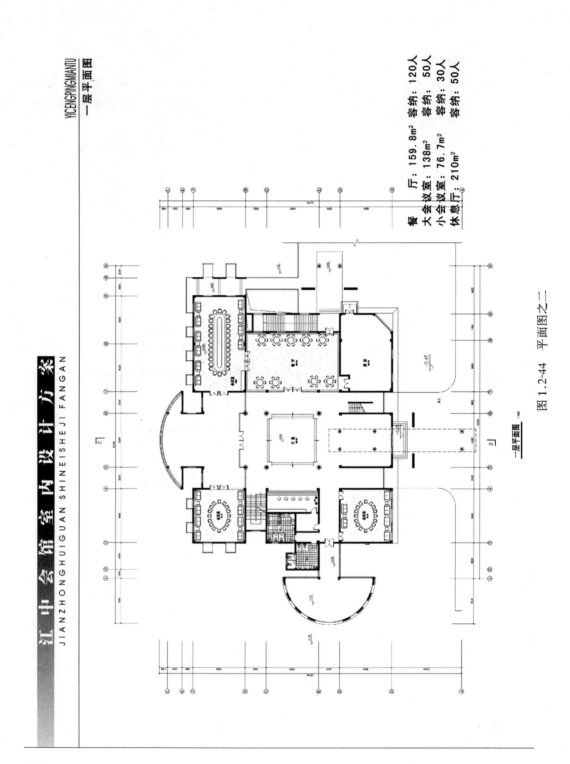

图 1.2-44 平面图之二

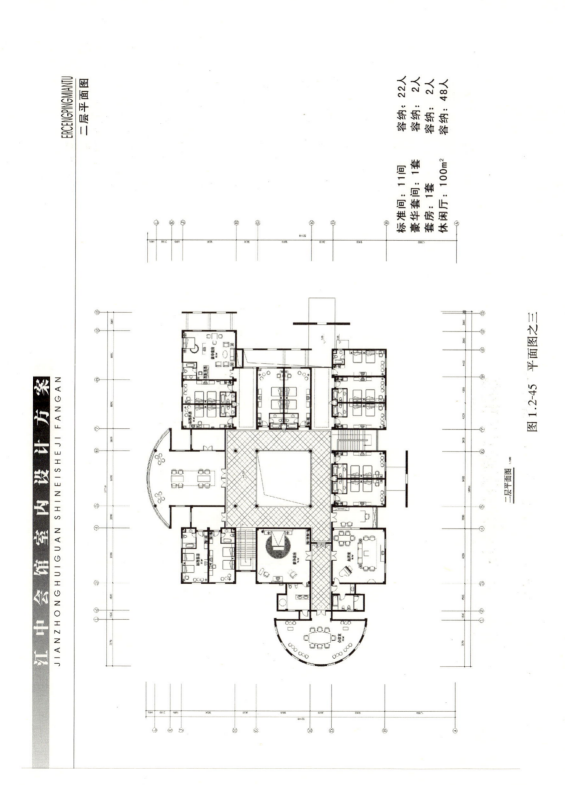

图 1.2-45 平面图之三

(8) 吊顶平面图：包括灯具指示、照度要求及空调口（图 1.2-46～图 1.2-48）

江中会馆室内设计方案
JIANZHONG HUIGUAN SHINEISHEJI FANGAN

半地下层吊顶平面图
BANDYXIACENGDIAODINGPINGMIANTU

照度标准：
门　厅：500 lx
总服务台：700 lx
寄存处：75 lx
大堂：500 lx
厨房：300 lx
餐厅：300 lx
咖啡厅：75 lx
健身房：100 lx
台球室：100 lx
游艺厅：100 lx
更衣室：75 lx
走廊：75 lx
客房：75 lx

基础照明：
低色温节能筒灯
重点照明：
低色温石英射灯
装饰照明：
高色温反光灯槽
低色温吊灯
低色温壁灯

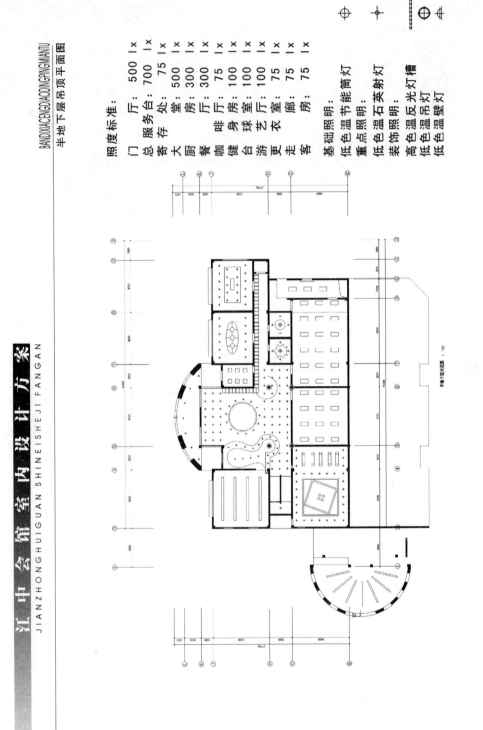

图 1.2-46　吊顶平面图之一

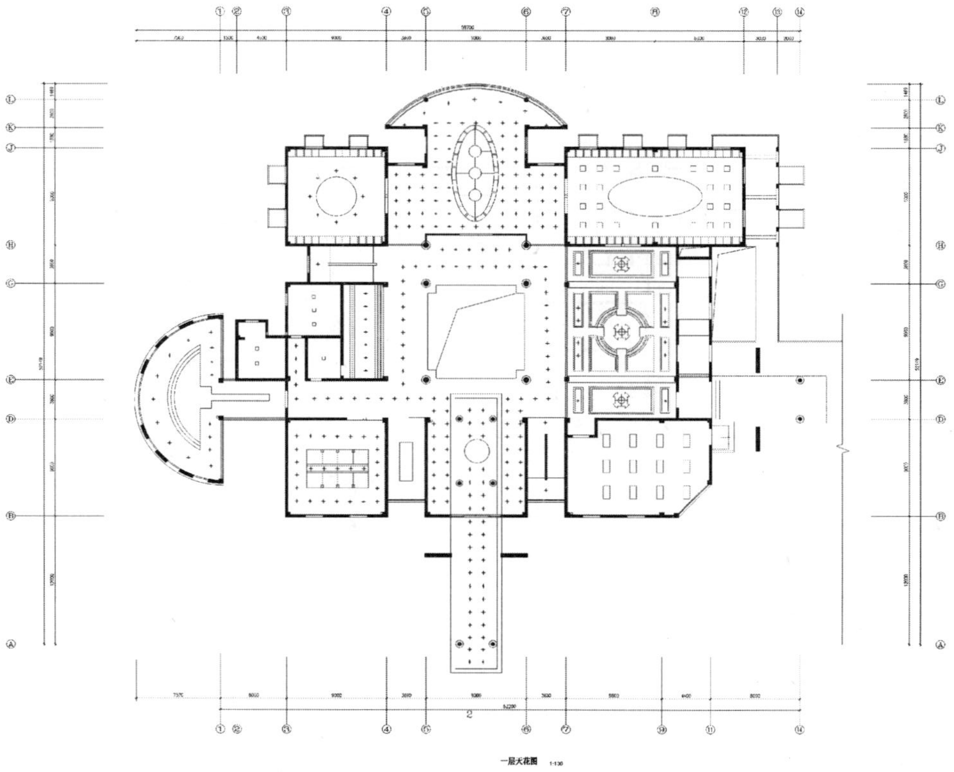

图 1.2-47 吊顶平面图之二

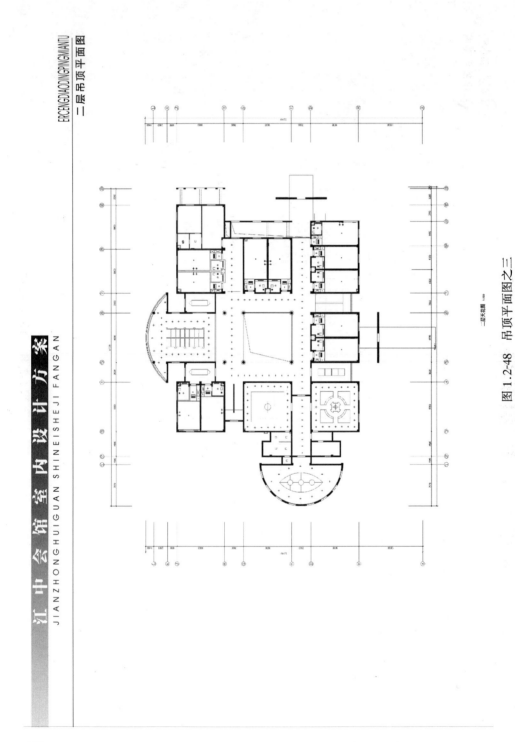

图 1.2-48 吊顶平面图之三

(9) 效果图(图1.2-49~图1.2-59)

江中会馆室内设计方案
JIANZHONGHUIGUAN SHINEISHEJI FANGAN

一层门厅效果图
YICENGMENTINGXIAOGUOTU

图1.2-49 效果图之一

江中会馆室内设计方案
JIANZHONGHUIGUAN SHINEISHEJI FANGAN

一层大堂效果图
YICENGDATANGXIAOGUOTU

图 1.2-50　效果图之二

江中会馆室内设计方案
JIANZHONGHUIGUAN SHINEISHEJI FANGAN

一层大餐厅效果图
YICENGDACANTINGXIAOGUOTU

图 1.2-51 效果图之三

江中会馆室内设计方案
JIANZHONGHUIGUAN SHINEISHEJI FANGAN

一层会议室效果图
YICENGHUIYISHIXIAOGUOTU

图1.2-52 效果图之四

半地下层咖啡厅效果图

图 1.2-53 效果图之五

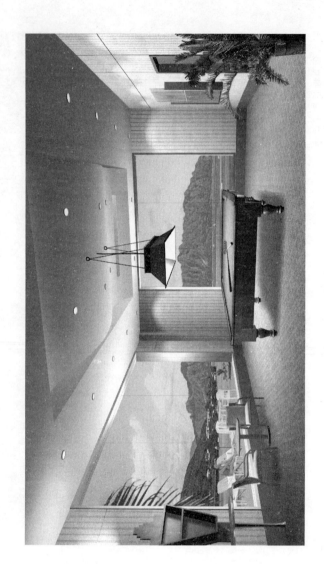

图 1.2-54 效果图之六

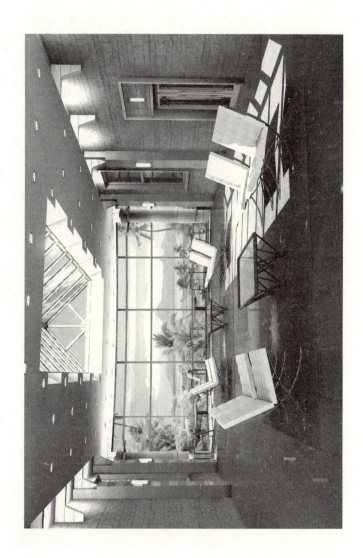

图 1.2-55 效果图之七

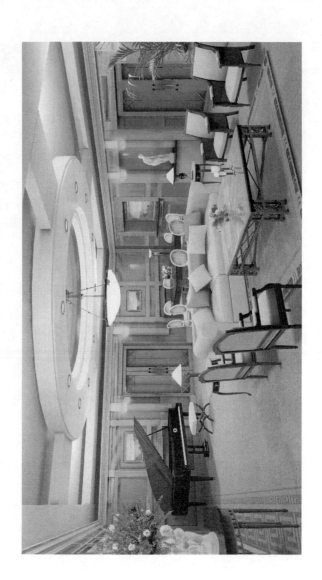

图1.2-56 效果图之八

图 1.2-57 效果图之九

ERCENGHAOHUATAOFANGWEISHENGJIANXIAOGUOTU
二层豪华套房卫生间效果图

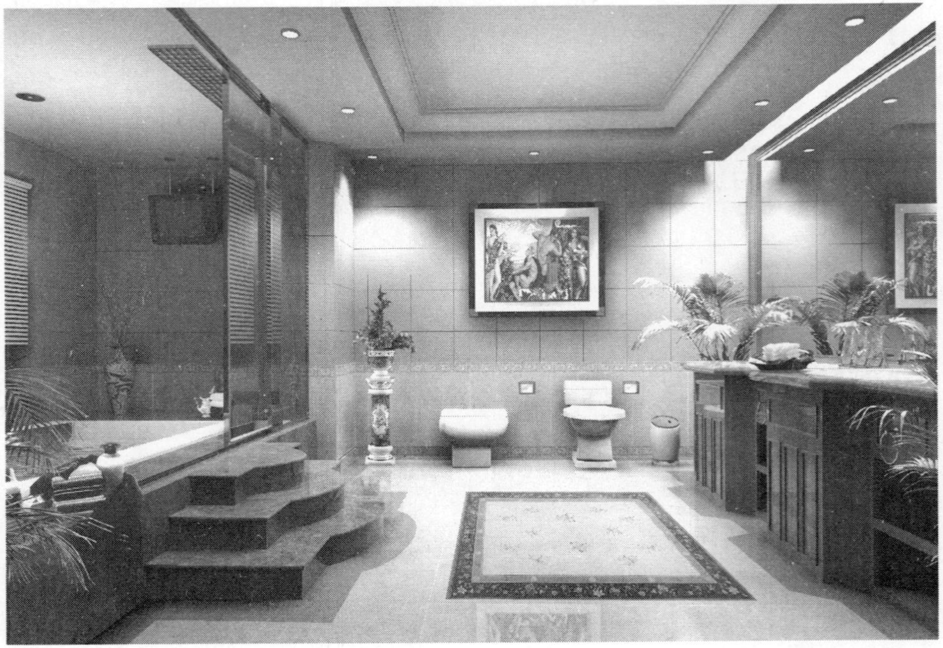

图 1.2-58　效果图之十

图1.2-59 效果图之十一

(9) 材料表(图 1.2-60)

江中会馆室内设计方案
JIANZHONGHUIGUAN SHINEISHEJI FANGAN

ZHUANGSHICAILIAOBIAO
装饰材料表

实样	用途	规格	用量	技术参数	实样	用途	规格	用量	技术参数
银线米黄大理石	墙面 地面	600*600 *20 600*800 *20	$1500m^2$		砂面不锈钢	墙面 嵌条	1220 *2440*1	$8m^2$	
啡网纹大理石	墙面 踢脚 地面 拼花	600*200 *20	$50m^2$		泰国柚木	家具 贴面	1220* 2440	$87m^2$	
12厚透明白玻	窗户	1500 *2000 *12	$75m^2$		铸铁栏杆	栏杆		$87m^2$	
金钻麻花岗石	地面	1500 *2000 *12	$40m^2$		彩色双层条筋玻璃	墙面	1200 *2100	$8.6m^2$	
泰国柚木	家具 贴面	1220* 2440	$15m^2$						

实样	用途	规格	用量	技术参数	实样	用途	规格	用量	技术参数
泰国柚木	墙面 家具	1220 *2440	$120m^2$		织物窗帘	窗帘		$54m^2$	
红影	墙面	1220 *2440	$11m^2$		彩色双层条筋玻璃	墙面	900 *2100	$12m^2$	2
地毯	地面		$155m^2$		地毯	地面		$23m^2$	
工艺地毯	地面		$5.4m^2$		家具布艺	家具		$10m^2$	
织物墙纸	墙面		$58m^2$						

图 1.2-60 材料表示例

1.3 施工图设计与表达

1.3.1 室内设计施工图的定义
施工图是设计单位的"技术产品",是室内设计意图最直接的表达,是指导工程施工的必要依据。

1.3.2 室内设计施工图的作用
施工图对工程项目完成后的质量与效果负有相应的技术与法律责任,施工图设计文件在工程施工过程中起着主导作用。

(1) 能据以编制施工组织计划及预算。
(2) 能据以安排材料、设备定货及非标准材料、构件的制作。
(3) 能据以安排工程施工及安装。
(4) 能据以进行工程验收及竣工核算。

施工图设计文件的深度除对工程具体材料及做法的表达外,还应明确工程相关的标准构配件代号、做法及非标准构配件的型号及做法。

1.3.3 室内设计施工图设计应符合标准设计制图规范
在施工图设计中应积极推广和正确选用国家、行业和地方的标准设计,并在设计文件的图纸目录中注明图集名称,其目的在于统一室内设计制图,保证制图质量,提高制图效率,做到图面清晰、简明,符合设计、施工、存档的要求,适应工程建设的需要。

1.3.3.1 图纸幅面规格
(1) 图纸幅面及图框尺寸,应符合表1.3-1的规定。

幅面及图框尺寸(mm)　　　　　　　　　　　　　　表 1.3-1

幅面代号 尺寸代号	A0	A1	A2	A3	A4
$b \times l$	841×1189	594×841	420×594	297×420	210×297
c	10			5	
a	25				

(2) 需要微缩复制的图纸,其中一个边上应附有一段精确米制尺度。四个边上均附有对中标志,米制尺度的总长应为100mm,分格应为10mm。对中标志应画在图纸各边长的中点处,线宽为0.35mm,伸入框内应为5mm。

(3) 需要加长图纸的短边一般不应加长,长边可以加长,但应符合表1.3-2的规定。

图纸长边加长尺寸(mm)　　　　　　　　　　　　　表 1.3-2

幅面尺寸	边长尺寸	边长加长后尺寸
A0	1189	1486　1635　1783　1932　2080　2230　2378
A1	841	1051　1261　1471　1682　1892　2102
A2	594	743　891　1041　1189　1338　1486　1635
A3	420	630　841　1051　1261　1471　1682　1892

注:有特殊需要的图纸,可采用 $b \times l$ 为 841mm×891mm 与 1189mm×1261mm 的幅面。

(4) 图纸以短边为垂直边,称为横式;以短边为水平边,称为立式。一般 A0~A3 图纸宜横式使用,必要时也可立式使用。

(5) 一个项目设计中,每个专业所使用的图纸一般不宜多于两种幅面,不含目录及表格所采用的 A4 幅面。

1.3.3.2 标题栏与会签栏

(1) 图纸的标题栏、会签栏及装订边的位置,应符合下列规定:

1) 横式使用的图纸,应按(图 1.3-1)的形式布置。

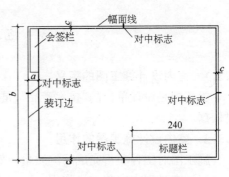

图 1.3-1 A0~A3 横式幅面

2) 立式使用的图纸,应按图 1.3-2 和图 1.3-3 的形式布置。

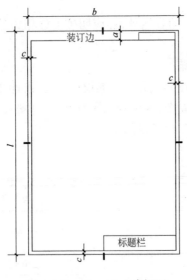

图 1.3-2 A0~A3 立式幅面

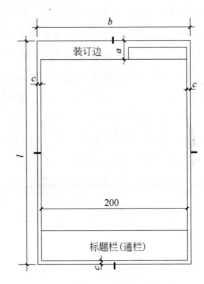

图 1.3-3 A4 立式幅面

(2) 标题栏应按图 1.3-4 所示,根据工程需要选择确定其尺寸、格式及分区。签字区应包含实名列和签名列。涉外工程的标题栏内,各项主要内容的中文下方应附有译文,设计单位的上方或左方,应加"中华人民共和国"字样。

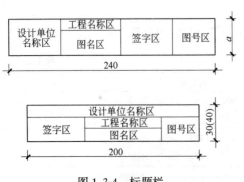

图 1.3-4 标题栏

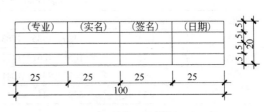

图 1.3-5 会签栏

(3) 会签栏应按图 1.3-5 的格式绘制,其尺寸应为 100mm×20mm,栏内应填写会签人员所代表的专业、姓名和日期(年月日);一个会签栏不够时,可另加一个,两个会签栏应并列;不需要会签栏的图纸可不设会签栏。

1.3.3.3 图线

(1) 图线的宽度 b,宜从下列线宽系列中选取:2.0、1.4、1.0、0.7、0.5、0.35mm。每个图样应根据复杂程度与比例大小,先选定基本线宽 b,再选用表 1.3-3 中相应的线宽组。

线宽组(mm)　　　　　　　　　　　　表 1.3-3

线宽比	线 宽 组					
b	2.0	1.4	1.0	0.7	0.5	0.35
$0.5b$	1.0	0.7	0.5	0.35	0.25	0.18
$0.25b$	0.5	0.35	0.25	0.18	—	—

注:1. 需要微缩的图纸,不宜采用 0.18mm 及更细的线宽。
　　2. 同一张纸内,各不同线宽中的细线,可统一采用较细的线宽组的细线。

(2) 室内设计施工图制图,应选用表 1.3-4 所示的图线。

图　线　　　　　　　　　　　表 1.3-4

名　称		线型	线宽	一　般　用　途
实　线	粗	———————	b	主要可见轮廓
	中	———————	$0.5b$	可见轮廓线
	细	———————	$0.25b$	可见轮廓线,图例线
虚　线	粗	- - - - - - -	b	见各有关专业制图标准
	中	- - - - - - -	$0.5b$	不可见轮廓线
	细	- - - - - - -	$0.25b$	不可见轮廓线,图例线
单点长画线	粗	—·—·—·—	b	见各有关专业制图标准
	中	—·—·—·—	$0.5b$	见各有关专业制图标准
	细	—·—·—·—	$0.25b$	中心线、对称线等
单点长画线	粗	—··—··—	b	见各有关专业制图标准
	中	—··—··—	$0.5b$	见各有关专业制图标准
	细	—··—··—	$0.25b$	假想轮廓线、成型原始轮廓线
折断线		⌒⌐⌐⌐	$0.25b$	断开界线
波浪线		∿∿∿	$0.25b$	断开界线

(3) 同一张图纸内,相同比例的各图样,应选用相同的线宽组。
(4) 图纸的图框和标题栏线,可采用表 1.3-5 的线宽。

图框线、标题栏线的宽度(mm)　　　　　　　表 1.3-5

幅面代号	图框线	标题栏外框线	标题栏分格线、会签栏线
A0、A1	1.4	0.7	0.35
A2、A3、A4	1.0	0.7	0.35

(5) 相互平行的图线,其间隙不宜小于其中的粗线宽度,且又不小于0.7mm。

(6) 虚线、单点长画线或双点长画线的线段长度和间隔,宜各自相等。

(7) 单点长画线或双点长画线,当在较小图形中绘制困难时,可用细实线代替。

(8) 单点长画线或双点长画线的两端,不应是点。点画线与点画线交接或点画线与其他图线交接时,应是线段交接。

(9) 虚线与虚线交接或虚线与其他图线交接时,应是线段交接。虚线为实线的延展线时,不得与实线连接。

(10) 图线不得与文字、数字、或符号重叠、混淆,不可避免时,应首先保证文字等的清晰。

1.3.3.4 字体

(1) 图纸上所需书写的文字、数字或符号等,均应笔画清晰、排列整齐,标点符号应清楚正确。

(2) 文字的字高,应从如下系列中选用:3.5、5.7、10、14、20mm,如需书写更大的字,其高度应按$\sqrt{2}$的比值递增。

(3) 图样及说明中的汉字,宜采用长仿宋体,宽度与高度的关系应符合表1.3-6的规定。

长仿宋体字高宽关系(mm)　　　　　　　　　　　表1.3-6

字高	20	14	10	7	5	3.5
字宽	14	10	7	5	3.5	2.5

(4) 汉字的简化字书写,必须符合国务院公布的《汉字简化方案》和有关规定。

(5) 拉丁字母、阿拉伯数字与罗马数字的书写、排列,应符合表1.3-7的规定。

拉丁字母、阿拉伯数字与罗马数字书写规则　　　　　表1.3-7

书 写 格 式	一 般 字 体	窄 字 体
大写字母高度	h	h
小写字母高度(上下均无延伸)	$7/10h$	$10/14h$
小写字母伸出的头部或尾部	$3/10h$	$4/14h$
笔 画 宽 度	$1/10h$	$1/14h$
字 母 间 距	$2/10h$	$2/14h$
上下行基准线最小间距	$15/10h$	$21/14h$
词 间 距	$6/10h$	$6/14h$

(6) 拉丁字母、阿拉伯数字与罗马数字,如需写成斜体字,其斜度应是从字的底线逆时针向上倾斜75°,斜体字的高度与宽度应与相应的直体字相等。

(7) 拉丁字母、阿拉伯数字与罗马数字的字高,应不小于2.5mm。

(8) 数量的数值注写,应采用正体阿拉伯数字。

(9) 分数、百分数和比例数的注写,应采用阿拉伯数字和数学符号,例如:四分之三、百分之二十五和一比五十应分别写成3/4、25%、和1:50。

(10) 当注写的数字小于1时,必须写出个位的"0",小数点应采用圆点,齐基准线书写,例如 0.01。

1.3.3.5 比例

(1) 图样的比例,应为图形与实物相对应的线性尺寸比。比例的大小,是指其比值的大小,如 1:50 大于 1:100。

(2) 比例的符号为":",比例应以阿拉伯数字表示,如 1:1,1:2 等。

(3) 比例宜注写在图名的右侧,字的基准线应取平;比例的字高宜比图名的字高小一号或两号,如图 1.3-6。

平面图 1:100　　⑥1:20

图 1.3-6　比例的注写

(4) 绘图所用的比例,应根据图样的用途与被绘对象的复杂程度,从表 1.3-8 中选用,并优先用表中常用的比例。

绘图所用的比例　　　　　　　　　　表 1.3-8

常用比例	1:1、1:2、1:5、1:10、1:20、1:50、1:100、1:150、1:200、1:500
可用比例	1:3、1:4、1:6、1:15、1:25、1:30、1:40、1:250

(5) 一般情况下,一个图样应选用一种比例。

1.3.3.6 符号

(1) 剖切符号

1) 剖视的剖切符号应符合下列的规定:

(A) 剖视的剖切符号应由剖切线位置线及投射方向线组成,均以粗实线绘制。剖切位置线的长度宜为 6~10mm;投射方向线垂直于剖切位置线,长度短于剖切位置线,宜为 4~6mm(图 1.3-7)。绘制时,剖视的剖切符号不应与其他图线接触。

(B) 剖视剖切符号的编号宜采用阿拉伯数字,按顺序由左至右、由上至下连续编排,并应注写在剖视方向线的端部。

(C) 需要转折的剖切位置线,应在转角的外侧加注与该符号相同的编号。

(D) 建(构)筑物剖面图的剖切符号宜注在±0.000 标高的平面图上。

2) 断面的剖切符号应符合下列规定:

(A) 断面的剖切符号应只用剖切位置线表示,并应以粗实线绘制,长度宜为 6~10mm。

(B) 断面剖切符号的编号宜采用阿拉伯数字,按顺序连续编排,并应注写在剖切位置线的一侧;编号所在的一侧应为该断面的剖视方向(图 1.3-8)。

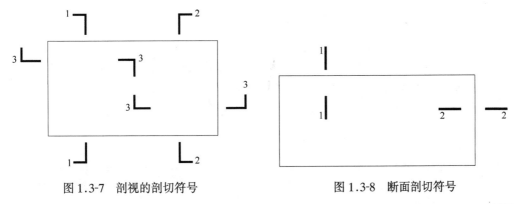

图 1.3-7　剖视的剖切符号　　　　图 1.3-8　断面剖切符号

3) 剖面图或断面图,如与被剖切图样不在同一张图内,可在剖切位置线的另一侧注明所在图纸编号,也可在图上集中说明。

(2) 索引符号与详图符号

1) 图样中的某一局部或构件如需另见详图,应以索引符号索引(图 1.3-9a)。索引符号是由直径为 10mm 的圆和水平直径组成,圆及水平直径均应以细实线绘制,索引符号应按下列规定编写:

(A) 索引出的详图,应在索引符号的上半圆中用阿拉伯数字注明该详图编号。如与被索引的详图在同一图中,应在下半圆中画一段水平细实线(图 1.3-9b)。

(B) 索引出的详图,如与被索引详图不在同一图中,应在索引符号的下半圆中用阿拉伯数字注明该详图所在图纸编号(图 1.3-9c)。数字较多时,可加文字标注。

(C) 索引出的详图,如采用标准图,应在索引符号水平直径的延长线上加注该标准图册编号(图 1.3-9d)。

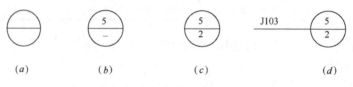

图 1.3-9 索引符号

2) 索引符号如用于索引剖视详图,应在被剖切的部位绘制剖切位置线,并以引出线引出索引符号,剖切位置线所在的一侧应为投射方向。索引符号的编写如(图 1.3-10)。

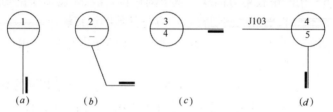

图 1.3-10 用于索引剖面详图的索引符号

3) 零件、钢筋、杆件、设备等的编号,以直径为 4~6mm(同一图样应保持一致)的细实线图表示,其编号应用阿拉伯数字按顺序编写(图 1.3-11)。

4) 详图的位置和编号,应以详图符号表示。详图符号的圆应以直径为 14mm 粗实线绘制。详图应按下列规定编写:

(A) 详图与被索引的图样同在一张图中时,应在详图符号内用阿拉伯数字注明详图编号(如图 1.3-12)。

(B) 详图与被索引的图样不在同一张图中时,应用细实线在详图符号内画一水平直径,在上半圆中注明详图编号,在下半图中注明被索引的图纸编号(图 1.3-13)。

图 1.3-11 零件、钢筋等的编号　　图 1.3-12 与被索引图样同在一张图纸内的详图符号　　图 1.3-13 与被索引图样不在同一张图中的详图符号

(3) 引出线

1) 引出线应以细实线绘制,宜采用水平方向的直线,与水平方向成 30°、45°、60°、90°的直线,或经上述角度再折为水平线。文字说明宜写在水平线的上方(图 1.3-14a),也可注写在水平线的端部(图 1.3-14b)。索引详图的引出线应与水平直径相连接(图 1.3-14c)。

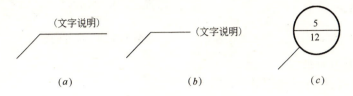

图 1.3-14 引出线

2) 同时引出几个相同部分的引出线,宜互相平行(图 1.3-15a),也可画成集中于一点的放射线(图 1.3-15b)。

3) 多层构造或多层管道共用引出线,应通过被引出的各层。文字说明宜注写在水平线的上方,或注写在水平线

图 1.3-15 共用引出线

的端部,说明的顺序由上至下,并应与被说明的层次相互一致;如层次为横向排序,则由上至下的说明顺序应与左至右的层次相互一致(图 1.3-16)。

(4) 其他符号

1) 对称符号由对称线和两端的两对平行线组成。对称线用细点画线绘制;平行线用细实线绘制,其长度宜为 6~10mm,每对的间距宜为 2~3mm;对称线垂直平分于两对平行线,两端超出平行线宜为 2~3mm(图 1.3-17)。

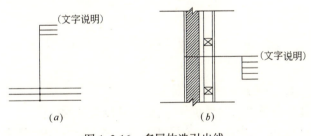

图 1.3-16 多层构造引出线

图 1.3-17 对称符号

2) 连结符号应以折断表示需连接的部位。两部位相距过远时,折断线两端靠图样一侧应标注大写拉丁字母表达连接编号。两个被连接的图样必须用相同的字母编号(图 1.3-18)。

3) 指北针如图 1.3-19 所示,其圆的直径宜为 24mm,用细实线绘制;指北针尾部宽度为 3mm,指针头部应注写"北"或"N"(涉外工程图纸使用)字。需较大直径绘制指北针时,指针尾部宽度宜为直径的 1/8。

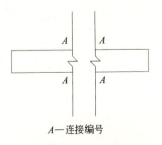

A—连接编号

图 1.3-18 连接符号

图 1.3-19　指北针

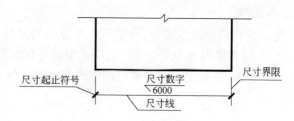

图 1.3-20　尺寸的组成

1.3.3.7　尺寸标注

(1) 尺寸界线、尺寸线及尺寸起止符号

1) 图样上的尺寸，包括尺寸界线、尺寸线、尺寸起止符号和尺寸数字(图 1.3-20)。

2) 尺寸界线应用细实线绘制，一般应与被注长度垂直，其一端应离开图样轮廓线不小于 2mm，另一端宜超出尺寸线 2～3mm。图样轮廓线可用作尺寸界线(图 1.3-21)。

3) 尺寸线应用细实线绘制，应与被注长度平行。图样本身的任何图线均不得用作尺寸线。

4) 尺寸起止符号一般用中粗斜短线绘制，其倾斜方向应与尺寸界线成顺时针 45°角，长度宜为 2～3mm。半径、直径、角度与弧长的尺寸起止符号，宜用箭头表示(图 1.3-22)。

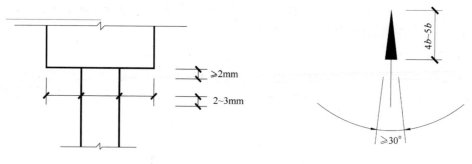

图 1.3-21　尺寸界限　　　　　图 1.3-22　箭头尺寸起止符号

(2) 尺寸数字

1) 图样上的尺寸，应以尺寸数字为准，不得从图上直接量取。

2) 图样上的尺寸单位，除标高及总平面图以米为单位外，其他必须以毫米为单位。

3) 尺寸数字的方向，应按(图 1.3-23a)的规定注写。若尺寸数字在 30°斜线区内，宜(按

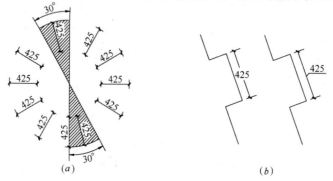

图 1.3-23　尺寸数字的注写方向

图 1.3-23b)的形式注写。

4）尺寸数字一般应依据其方向注写在靠近尺寸线的上方中部。如没有足够的注写位置,最外边的尺寸数字可注写在尺寸界线的外侧,中间相邻的尺寸数字可错开注写(图 1.3-24)。

图 1.3-24　尺寸数字的注写位置

(3) 尺寸的排列与布置

1）尺寸宜标注在图样轮廓以外,不宜与图线、文字及符号等相交(图 1.3-25)。

2）互相平行的尺寸线,应从被注写的图样轮廓线由近向远整齐排列,较小尺寸应离轮廓线较近,较大尺寸应离轮廓线较远(图 1.3-26)。

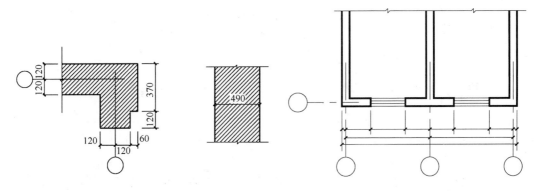

图 1.3-25　尺寸数字的标注　　　图 1.1-26　尺寸的排列

3）图样轮廓线以外的尺寸界线,距图样最外轮廓之间的距离,不宜小 10mm。平行排列的尺寸线的间距,实为 7～10mm,并保持一致(图 1.3-25)。

4）总尺寸的尺寸界线应靠近所指部位,中间的分尺寸的尺寸界线可稍短,但其长度应相等(图 1.3-26)。

(4) 半径、直径、球的尺寸标注

1）半径的尺寸线应一端从圆心开始,另一端箭头指向圆弧。半径数字前应加注半径符号"R"(图 1.3-27)。

2）较小圆弧的半径,可按图 1.3-28 形式标注。

3）较大圆弧的半径,可按图 1.3-29 形式标注。

4）标注圆的直径尺寸时,直径数字前应加直径符号"ϕ"。在圆内标注的尺寸线应通过圆心,两端箭头指至圆弧

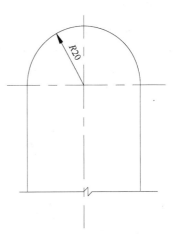

图 1.3-27　半径的标注方法

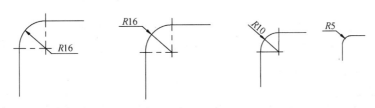

图 1.3-28　小圆弧半径的标注方法

(图1.3-30)。

5) 较小圆的直径尺寸,可标注在圆外(图1.3-31)。

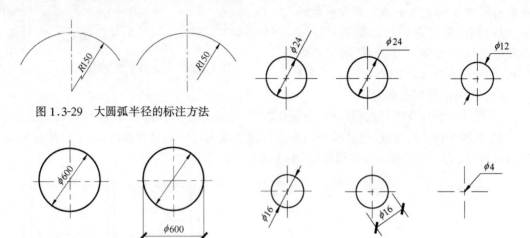

图1.3-29　大圆弧半径的标注方法

图1.3-30　圆直径的标注方法　　　　　图1.3-31　小圆直径的标注方法

6) 标注球内的半径尺寸时,应在尺寸数字前加注符号"SR"。标注球的直径尺寸时,应在尺寸数字前加注符号"Sϕ",注写方法与圆弧半径和圆直径的尺寸标注方法相同。

(5) 角度、弧度、步长的标注

1) 角度的尺寸线应以圆弧表示。该圆弧的圆心应是该角的顶点,角的两边为尺寸界线。起止符号应以箭头表示,如没有足够位置画箭头,可用圆点代替,角度数字应按水平方向注写(图1.3-32)。

2) 标注圆弧的弧长,尺寸线应以该圆弧圆心的圆弧线表示,尺寸界线垂直于该圆弧的弦,起止符号用箭头表示,弧长数字上方应加注圆弧符号"⌒"(图1.3-33)。

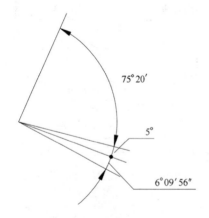
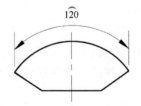

图1.3-32　角度标注方法　　　　　　　图1.3-33　弧度标注方法

3) 标注圆弧的弦长时,尺寸线应以平行于该弦的直线表示,尺寸界线垂直于该弦,起止符号用中粗短斜线表示(图1.3-34)。

(6) 尺寸的简化标注

1) 连续排列的等长尺寸,可用"等长尺寸×个数＝总长"的形式标注(图1.3-35)。

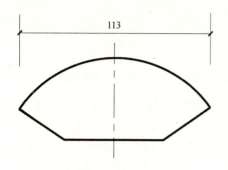

图1.3-34 弦长标注方法　　　　图1.3-35 等长尺寸简化标注方法

2）对称构配件采用对称省略画法时,该对称构配件的尺寸线应超过对称符号,仅在尺寸线的一端画尺寸起止符号,尺寸数字应按整体全尺寸注写,其注写位置宜与对称符号对齐（图1.3-36）。

(7) 标高

1）标高符号应以等腰直角三角形表示,按图1.3-37a所示形式用细实线绘制,如标高位置不够,也可按图1.3-37b所示形式绘制。标高符号的具体画法如图1.3-37c、d所示。

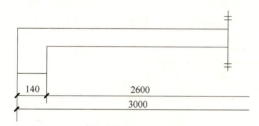

图1.3-36 对称构配件尺寸标注方法

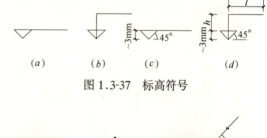

图1.3-37 标高符号

2）总平面图室外地坪标高符号,宜用涂黑的三角形表示（图1.3-38a）。具体画法如图1.3-38b所示。

3）标高符号的尖端应指至被注高度的位置。尖端一般应向下,也可向上。标高数字应注写在标高符号的左侧或右侧（图1.3-39）。

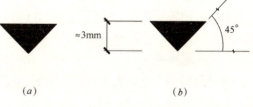

图1.3-38 总平面图室外地坪标高符号

4）标高数字以米为单位,注写到小数点后第三位。在总平面图中,可注写到小数点后第二位。

5）零点标高应注写成±0.000,正数标高不注"+",负数标高应注"-",例如3.000、-0.600。

6）在图样的同一位置上需表示几个不同标高时,标高数字可按图1.3-40的形式注写。

图 1.3-39 标高的指向　　　　图 1.3-40 同一位置注写多个标高数字

1.3.4 室内设计施工图的编制(本节中重点阐述的是室内装修施工图部分,其余如电气、给排水、暖空等相关专业施工图在第三章中有具体阐述。)

装修施工图设计应根据已批准的初步设计方案进行编制。内容以图纸为主,其编排顺序为:封面;图纸目录;设计说明(或首页);图纸(平、立、剖面图及大样图、详图);工程预算书以及工程施工阶段的材料样板。同时各类专业的图纸应该按图纸内容的主次关系、逻辑关系,有序排列。

1.3.4.1 封面

封面包括项目名称、建设单位名称、设计单位名称、设计编制时间四个部分。

1.3.4.2 图纸目录

图纸目录是施工图纸的明细和索引。

施工图纸编排应按工种子项独立书写,不得在一份目录内编入其他子项或其他工种新设计的图纸,其目的在于方便归档,查阅和修改。

图纸目录应排列在施工图纸的最前面,且不编入图纸序号内,其目的在于出图后增加或修改图纸时,方便目录的续编。

图纸目录应先列新绘图纸,后列选用的标准图或重复利用图。

图纸目录编排应注意:

(1) 新绘图

新绘图纸应依次按首页(设计说明,材料做法表,装修门、窗表)、基本图(平、立、剖面图)和详图三大部类编排目录。

(2) 标准图

目前有国家标准图、大区标准图、省(市)标准图、本设计单位标准图四类。选用的标准图一般只写图册号及图册名称,数量多时可只写图册号。

(3) 重复利用图

多是利用本单位其他工程项目图纸,应随新绘图纸出图。重复利用图必须在目录中写明项目名称、图别、图号、图名。

(4) 新绘图、标准图、重复利用图三部分目录之间,应留有空格,以便补图或变更图单时加填。

(5) 应注意目录上的图号、图名应与相应图纸上的图号、图名一致。设计工程名称、单项名称应与合同及初步设计相一致。

(6) 图号应从"1"开始依次编排,不得从"0"开始。

(7) 图纸规格应根据复杂程度确定大小适当的图幅,并尽量统一,以便于施工现场使用。

1.3.4.3 首页

(1) 设计说明

设计说明主要介绍工程概况,设计依据、设计范围及分工、施工及制作时应注意的事项,其内容包括:

1)本项工程施工图的设计依据。

2)根据初步的方案设计,说明本项工程的概况。其内容一般应包括工程项目名称、项目地点、建设单位、建筑面积、耐火等级、设计依据、设计构思等。

3)对于工程项目中特殊要求的做法说明。

4)对采取的新材料、新做法的说明。

编写设计说明的具体格式及方法,在本教材的第2章"2.1"节中有具体介绍。

(2)工程材料做法表

工程材料做法表应包含本设计范围内各部位的装饰用料及构造做法,以文字逐层叙述的方法为主或者引用标准图的做法与编号,否则应另绘详图交待。

设计部分除以文字说明外,也可用表格形式表达上,在表格上填写相应的做法或编号。

编写工程材料做法表,应注意:

1)表格中做法名称应与被索引图册的做法名称、内容一致,否则应加注"参见"二字,并在备注中说明变更内容。

2)详细做法无标准图可引时,应另行书写交待,并加以索引。

3)对于选用的新材料、新工艺应落实可靠。

编写工程材料做法表的具体方法及格式,在本教材的第2章"2.1"节中有具体介绍。

(3)装修门窗表

门窗表是一个子项中所有门窗的汇总与索引,目的在于方便工程施工,编写预算及厂家制作。

在编写门、窗表时应注意:

1)在装修中所涉及门窗表的设计编号,建议按材质、功能或特征分类编写,以便于分别加工和增减数量。

2)在装修中所涉及洞口尺寸应与平、立、剖面图及门窗详图中相应尺寸一致。

3)在装修中所涉及各类门窗栏内应留空格,以便增补调整。

4)在装修中所涉及各类门窗应连续编号。

1.3.4.4 图纸

室内设计施工图图纸部分由平面图、立面图、剖面图、大样详图及指定所用洁具等五金件产品型号五个类别组成,其中:

(1)平面图

1)平面图的形式及其重要性

平面图是室内设计施工图中最基本、最主要的图纸,其他图纸(立面图、剖面图及某些详图)是以它为依据派生和深化而成,同时平面图也是其他相关工种(结构、设备、水暖、消防、照明、配电等)进行分项设计与制图的重要依据,反之,其他工种的技术要求也主要在平面图中表示。

因此,平面图与其他施工图纸相比,则更为复杂,绘图要求更全面、准确、简明。

2)平面图的表达内容

平面图一般是指在建筑物门窗洞口处水平剖切的俯视(大空间影剧场、体育场、馆等的剖切位置可酌情而定），按直接正投影法绘制。室内设计施工图中还应包括建筑各层装修部位的吊顶平面图。平面图所表达的是设计对各层室内的功能及交通、家具及设施布置，地面材料及分割，以及施工尺寸、标高、详图的索引符号等。吊顶平面图所表达的是各层室内的照明方式、灯具、消防烟感、喷淋布置、空调设备的进、回风口位置以及各级吊顶的标高、材料、详图索引符号等。

平面图绘制的内容可分为两个层次：

（A）用细实线和图例表示剖切到的原建筑实体断面，并标注相关尺寸，如墙体、柱子、门中、窗等。

（B）用粗实线表示装修项目涉及范围的建筑装修界面部、配件及非固定设施的轮廓线，并标注必要的尺寸和标高（图1.3-41、图1.3-42）。

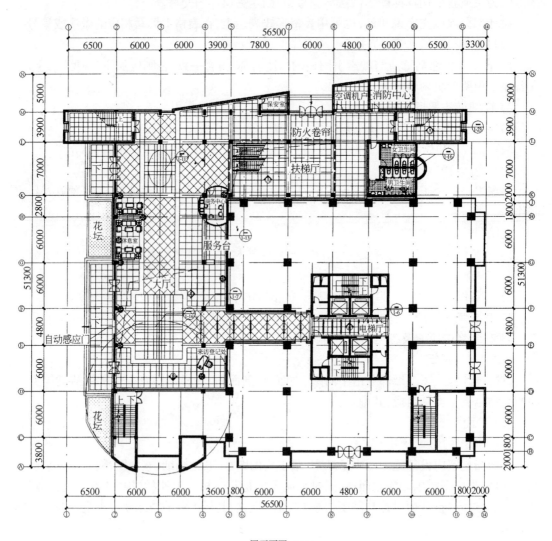

一层平面图 1:100

图1.3-41 平面图

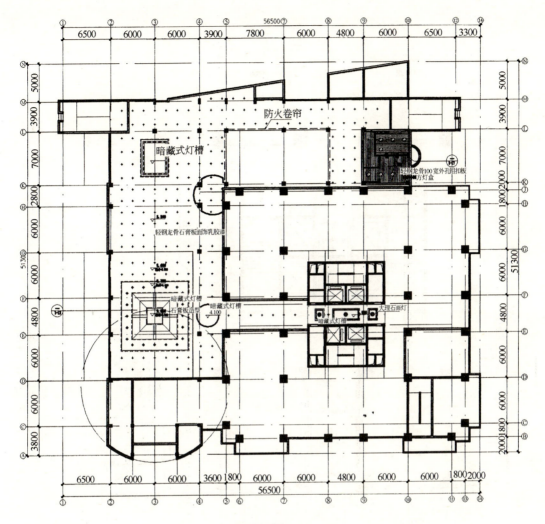

一层顶平面图 1:100

图 1.3-42 顶平面图

3) 局部放大平面图

根据工程性质及复杂程度,应绘制复杂部分的局部放大平面图,其中应注意:

(A) 复杂的特殊的局部空间,往往需绘制放大平面图才能表达清楚。放大平面图常用的比例为 1:50。

(B) 放大平面应在第一次出现的平面图中索引,其后重复出现的层次则不必再引,平面图中已索引放大平面的部位,不要再标注欲在放大平面中交待的尺寸、详图索引等。

(C) 放大平面中的门、窗不必再标注门窗号。即门、窗号一律标注在平面图中,这样便于统计和修改(图 1.3-43)。

(2) 立面图

1) 立面图的形式

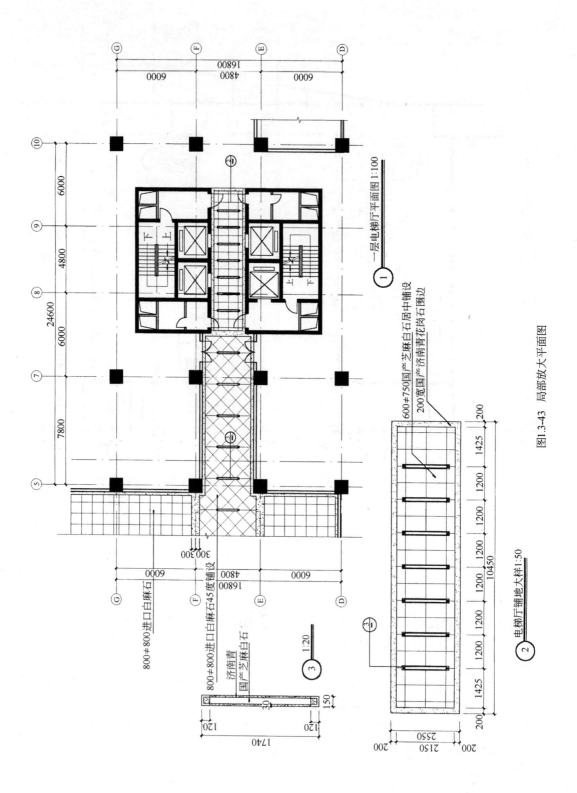

图1.3-43 局部放大平面图

立面图在室内设计施工图中,是用以表达室内各立面方向造型、装修材料及构件的尺寸形式与效果的直接正投影图。

2)立面图的表达内容

立面图表达投影方向可见的室内装修界面轮廓线和构造、构配件做法及必要的尺寸与标高。

3)绘制立面图的要求

(A)室内各个方向界面的立面应绘全。内部院落及通层的局部立面,可在相关的剖面图上表示,如果剖面不能表达全面,则需单独绘出。

(B)在平面图中表示不出的编号,应在立面图上标注。

(C)各部分节点、构造应以详图索引,注明材料名称或符号。

(D)立面图的名称可按平面图各面的编号确定(如××A立面图,××B立面图等);也可以根据立面两端的建筑定位轴线编号确定(如:①~⑧轴立面图,A~B轴立面图等)。

(E)前后立面重叠时,前者的外轮廓线宜向外侧加粗,以方便看图。

(F)立面图的比例,根据其复杂程度设定,不必与平面图相同。

(G)完全对称的立面图,可只画一半,在对称轴处加绘对称符号即可(图1.3-44~图1.3-46)。

(3)剖面图

1)剖面图的形式

剖面图是室内的竖向剖视图,应按直接正投影法绘制。

2)剖面图的表达内容

(A)用细实线和图例画出所剖到的原建筑实体切面(如:墙体、梁、板、地面、屋面等)以及标注必要的相关尺寸和标高。

(B)用粗实线绘出投影方向剖切部位的装修界面轮廓线,以及标注必要的相关尺寸和材料。

(C)有时在投影方向可以看到室外局部立面,如果其他立面没有表示过,则用细实线画出该局部立面。

3)绘制剖面图的要求

(A)剖视位置宜选择在层高不同,空间比较复杂,具有代表性的部位。

(B)剖面图中应注明材料名称、节点构造及详图索引符号。

(C)主体剖切符号一般应绘在底层平面图内。剖视方向宜向上,向左,以利于看图。

(D)标高系指装修完成面及吊顶底面标高。

(E)内部高度尺寸,主要标注吊顶下净高尺寸。

(F)鉴于剖视位置多选在室内空间比较复杂,最有代表性部位,因此墙身大样或局部节点应从剖面图中引出,对应放大绘制,以表达清楚(图1.3-47)。

(4)详图

1)详图的形式及其重要性:

详图是整套施工图中不可或缺的部分,是施工过程中准确地完成设计意图的依据之一。

2)详图的表达内容及其注意事项

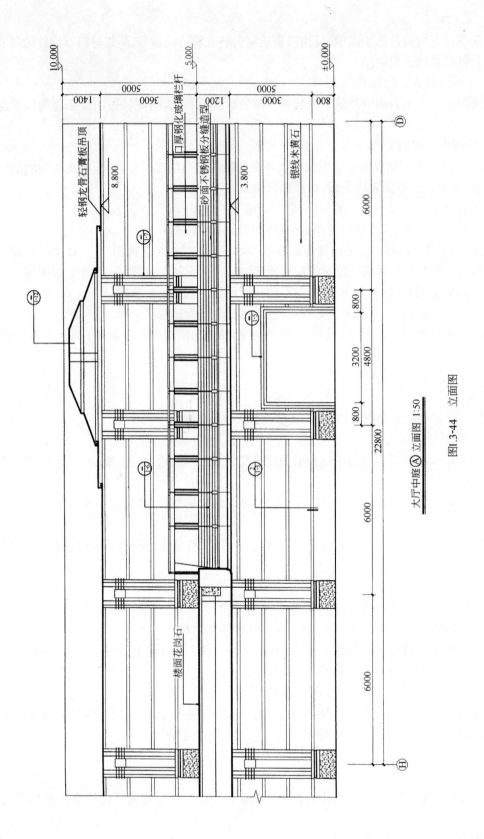

图1.3-44 立面图

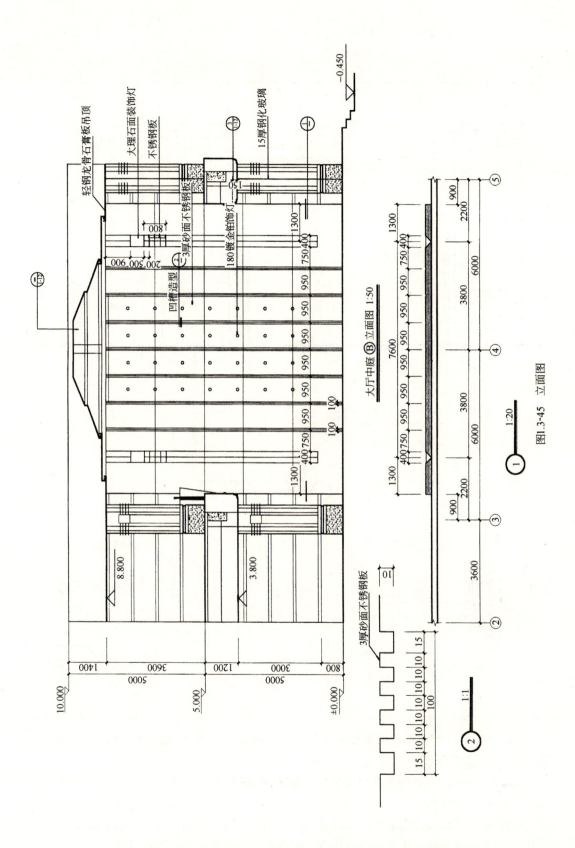

图1.3-45 立面图

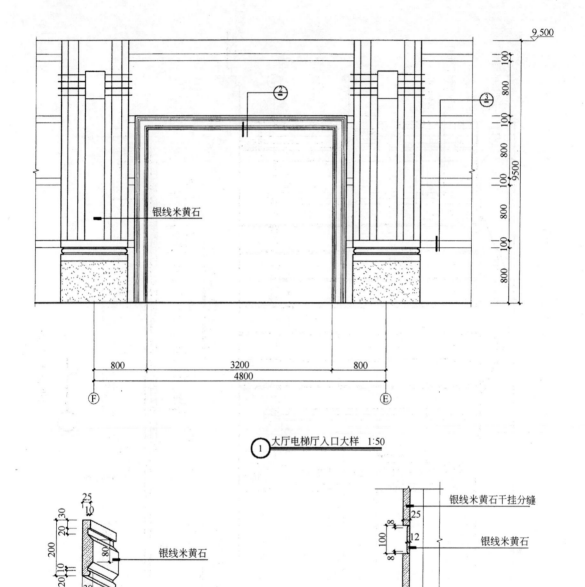

图 1.3-46 立面图

（A）在平、立、剖面图中尚未能表示清楚的一些局部构造、装饰材料、做法及主要的造型处理应专门绘制详图。

（B）利用标准图、通用图可以大量节省时间，提高工作效率，但要避免索引不当和盲目"参照"，引用时应注意：

·选用前应仔细阅读图集的相关说明，了解其使用范围、限制条件和索引方法。

·要注意所选用的图集是否符合规范？哪些做法或节点构造已经过时淘汰？

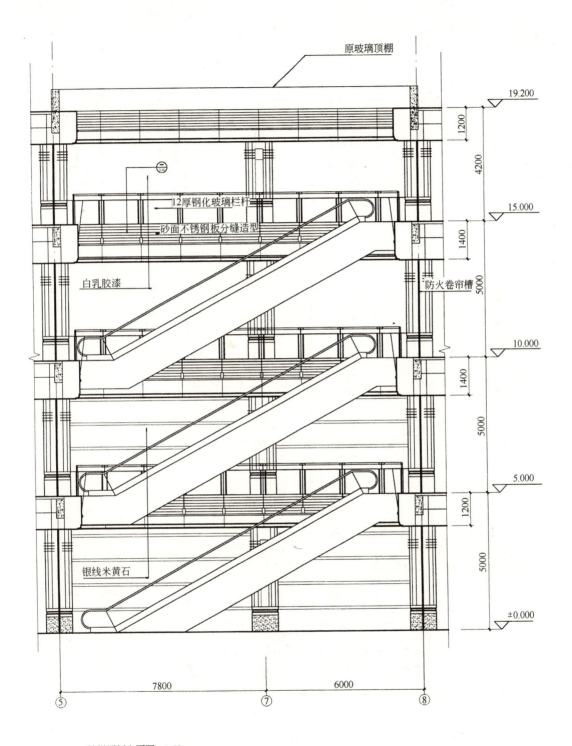

图 1.3-47 剖面图

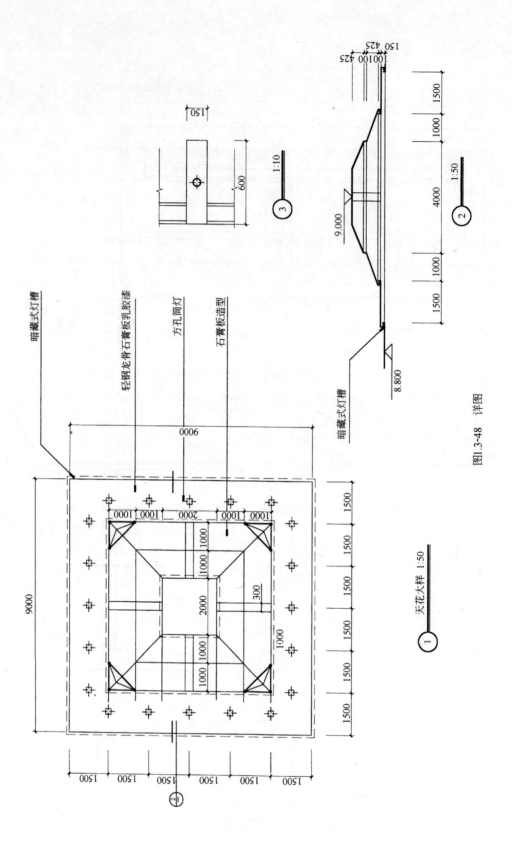

图1.3-48 详图

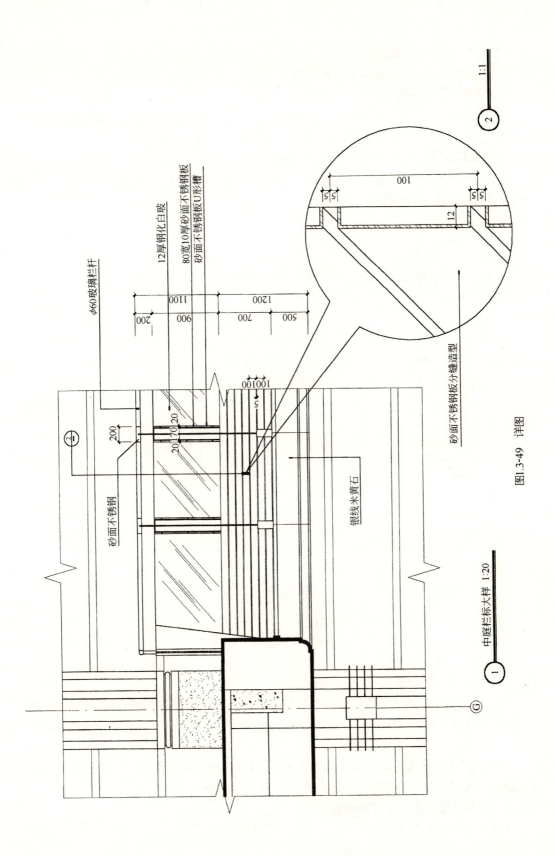

图1.3-49 详图

- 要对号入座,避免张冠李戴。
- 选用的标准要恰当,应与本工程相符合。
- 索引符号要标注完全。

(C) 标准图、通用图只能解决一般性量大面广的功能性问题,对于设计中特殊做法和非标准构件的处理,仍需自己设计非标准构、配件详图(图1.3-48~图1.3-50)。

(5) 指定所用五金件、洁具等的产品型号

室内设计施工图根据建筑的自身条件及投资金额,选定合适的五金件及洁具等的产品型号及规格,并作合理的说明。

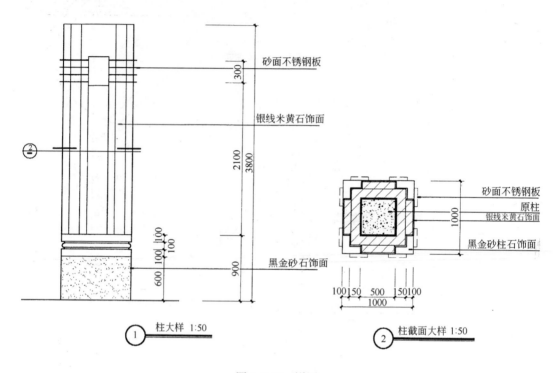

图1.3-50 详图

1.4 计算机辅助设计

1.4.1 计算机绘图概述

计算机绘图是指通过运用计算机及其相关软件绘制出相应的二维、三维及四维的图形和图像,是设计表达的一种方式。它在设计过程中和传统的图示表达有着相同的作用与功能。

计算机绘图在图像表达的方式和手法上给设计师、建筑师们提供了更多的选择,扩展了视觉思维的范围,促进了设计交流方式的更新,提高了工作效率。

1.4.2 计算机绘图在设计过程中的作用

1.4.2.1 概念设计

(1) 概念设计的前期准备工作

在进入概念设计之前,设计人员必须为熟悉项目而收集相应的资料,通过计算机整理出电子文件、影像资料等。

(2)概念设计中的辅助工作——描述现场的空间关系

通过计算机三维绘图软件,设计人员可以快速准确地用线条或体块绘制出虚拟的空间模型,给设计师以直观的空间感受。

1)体块模型

体块模型可用作不同的方案的比较。计算机操作简便,能对它迅速加以调整(图1.4-1)。

图1.4-1 体块模型

2)线框透视

通过计算机中虚拟摄像机的变换,可以很快得到不同角度和视点的透视图,作为设计师的构思底图(图1.4-2、图1.4-3)。

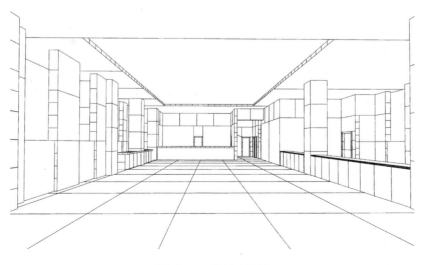

图1.4-2 线框透视图

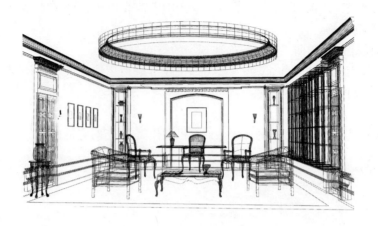

图1.4-3 线框透视图

3) 剖面透视图

计算机可迅速准确地将竖向剖面和三维透视图结合起来,能全面分析建筑内部的结构和空间特征(图1.4-4)。

图1.4-4 剖面透视图

1.4.2.2 方案设计

（1）制图

日益更新的制图软件,不仅减少了工作量,而且从制图约定中得来的模块设计可以使设计人员在运用计算机绘图时如同探囊取物。

数量上的运算(诸如平面空间涉及的面积、容纳的人数、灯具的数量及照度等)对于计算机而言都相对简便很多。

运用相应的绘图软件,设计人员可以快速复制出不同类型的图来(例如表达功能分区的色块图、表达流线的交通图、表达天棚设计的天花图等)。

立体图像通过计算机制图软件,可以将二维的图像在保持比例尺不变的前提下,利用复制功能快速地制作出轴测图(图1.4-5～图1.4-8)。

（2）效果图

运用计算机绘制效果图已成为方案设计中最为重要的手段之一。它能精确模拟出接近

图 1.4-5 家具轴测

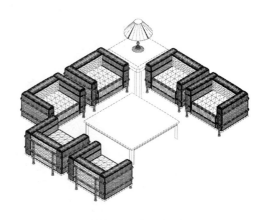
图 1.4-6 家具轴测

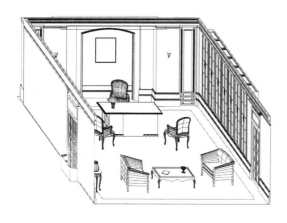
图 1.4-7 轴测图

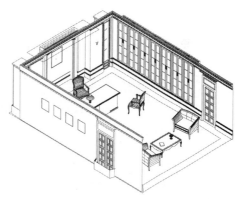
图 1.4-8 轴测图

实地场景的真实效果,能从造型、光影、体量、材质、色彩、气氛等方面明确表达设计师的意图。

1) 光

计算机图像制作程序已经可以就特定的地理纬度、不同的季节和钟点复制出阳光的效应,某些动态程序还可以模拟一定时间段里光线的作用(图 1.4-9～图 1.4-12)。

图 1.4-9 阳光效果

图 1.4-10 阳光效果

图 1.4-11 阳光效果

图 1.4-12 阳光效果

通过设计师给出的室内人工光照度的要求,计算机的渲染软件可以模拟出室内灯光的效果(图 1.4-13～图 1.4-14)。

图 1.4-13 灯光效果

图 1.4-14 灯光效果

2) 质感

通过对自然界的模拟和材料样本的收集、整理、编辑,计算机可以建立它的材质库,并不断地扩大更新,方便的材质库使计算机的仿真模拟技术更有效(图 1.4-15～图 1.4-18)。

图 1.4-15 材质仿真

图 1.4-16 材质仿真

图 1.4-17 材质仿真

图 1.4-18 材质仿真

3) 色彩

用对比的手法选择合适的颜色搭配,计算机在这方面使设计研究工作更方便(图 1.4-19~图 1.4-21 画廊)。

图 1.4-19

图 1.4-20

图 1.4-21

4) 气氛

对气氛的描绘是设计中不可或缺的一部分,而运用计算机去营造气氛则成为计算机绘图效果中十分重要且有趣的工作(图 1.4-22~图 1.4-27 教堂)。

图 1.4-22　　　　　　　　图 1.4-23　　　　　　　　图 1.4-24

图 1.4-25　　　　　　　　　图 1.4-26　　　　　　　　　图 1.4-27

（3）动画

计算机的三维软件不仅可以制作出静态的立体图像，还可以根据时间的变化制成动态的图像，也就是第四维的空间图形。计算机动态图像的产生及迅速发展，不仅给予我们传统图像之另外的表达方式，而且还给了我们进行思索之新的工具，它给设计及交流所带来的冲击是极其巨大的。

通过高超的仿真模拟技术及影视剪辑合成等手段，再配以音乐的效果，使得方案设计的交流更像身临实景中漫游（图 1.4-28～图 1.4-29）。

图 1.4-28　办公室

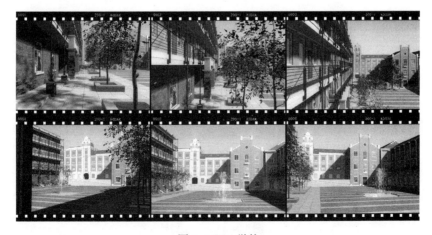

图 1.4-29　学校

1.4.2.3 施工图设计

(1) 计算机绘制施工图能够提高设计的工作效率

1) 高速的复制能力是计算机绘图最大的优点之一,它使制图人员省掉了许多繁重且枯燥的工作。

2) 大量的施工图可以数据化进行存储,这是计算机的文件管理的一大特点。它能清楚的将文件分类储存到硬盘或光盘上,并且随时提调出来进行修改;通过互联网,还能进行远程传送。

3) 计算机制图模块的使用及图库的更新、扩展也能提高制图的效率(图 1.4-30~图 1.4-35)。

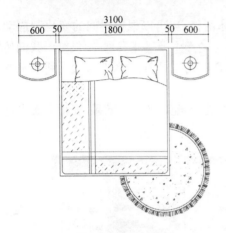

图 1.4-30 双人床

图 1.4-31 地面拼花

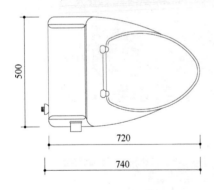

图 1.4-32 坐便器平面

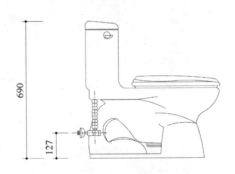

图 1.4-33 坐便器立面

图 1.4-34 铁花栏杆

4）制图软件的快速发展,使设计人员在运用计算机绘制二维图形的同时,也得到了相应的三维立体图形,设计师通过这些手段,可以快速地分析设计结果(图1.4-36～图1.4-37)。

(2) 精确的数据化操作使计算机在施工图绘制阶段成为设计师忠实可靠的工具。它不但能准确地标注尺寸,还能快速

图1.4-35 铁花栏杆

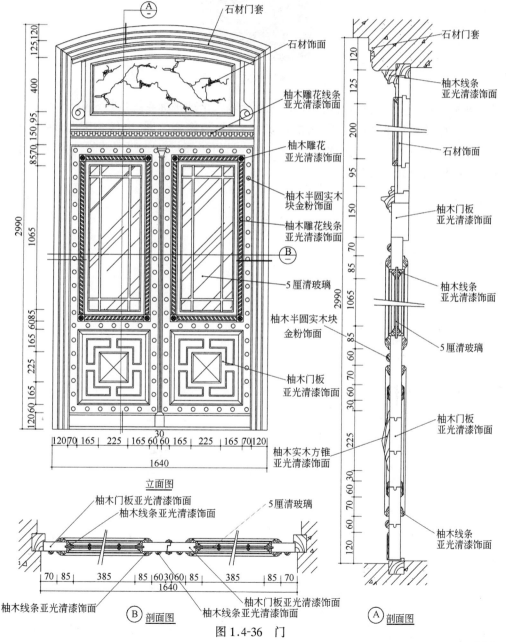

图1.4-36 门

图 1.4-37 门

地核查数据,甚至还可以将设计底图精确无误地输入全球坐标系统进行定位分析。

(3) 针对不同类别的施工图(例如建筑施工图、装修施工图、电气施工图、暖通施工图等),都设计有相应的专业制图软件,专业设计人员可以通过这些便利的软件设计出好的专业模块,快速制作出施工图来。

第2章 专业写作与材料样板制作

2.1 专业写作

2.1.1 文本的定义

专业设计与工程管理文本是用文字、图表、数据等对建筑物室内设计与工程施工过程中所涉及的相关文件的书面表达形式。

文本根据其内容可分为三大类：

(1) 说明类

1) 概念设计说明

2) 方案设计说明

3) 施工图设计说明

(2) 文件类

1) 设计建议书

2) 可行性研究报告

3) 投标标书

4) 项目估算、概算、预算

(3) 合同类

1) 建设工程设计合同

2) 备忘录

3) 设计师与顾问工程师合同

4) 装饰工程承包合同

(4) 工程管理类

2.1.2 文本的作用

专业设计与工程文本是信息、图表的紧密结合。它为设计及施工提供了切实可行的组织计划、方法、步骤、法律依据和系统的资料管理系统，以明确、清晰、方便的语言格式成为设计及施工中不可缺少的重要组成部分。

2.1.3 设计说明

2.1.3.1 概念设计说明

在创作构思阶段，概念设计说明可以辅助概念草图，用简要的文字表达设计者的创作意图。

概念设计主要表达设计概念，即表达创意构思和主要的设计元素，其文本不要求有过多的硬性指标，但须包括一些基本内容：

(1) 项目基本情况

(2) 项目设计的背景和依据

(3) 项目设计构思和主要的设计元素

2.1.3.2 方案设计说明

方案设计说明是方案文本必要的组成部分。它针对招标文件,对项目设计方案作出详尽的说明。

在提交方案设计时,方案设计说明是设计文本的重要部分。在方案评标中,评标单位根据方案设计说明、方案图纸及投标单位的报价、工期、主要材料用量、施工方案、质量实绩、企业信誉等来进行综合评价,择优确定中标单位,而其中除设计方案用图纸表达外,其余均须用文字、图表等文本说明。

在方案设计说明中有许多应特别注意的:

(1) 说明工程项目所在位置、规模、性质等概况;

(2) 说明工程项目的设计原则和设计依据、规范,如防火规范等;

(3) 作为投标方的资质材料要准备充分;

(4) 设计的材料品质、质量等各方面要有详细的说明;

(5) 经济技术指标要完备;

(6) 文字与图形相结合的处理应相得益彰,以描述设计主题为要;

(7) 由于方案设计内容繁多,可考虑用不同的色纸表达不同的内容,以方便查阅;

(8) 可应用计算机演示。

2.1.3.3 施工图说明

施工图说明是用语言的形式表达设计师对材料、设备的选择和对质量的要求,并精确描述建造安装方法和质量。

它的作用有以下几点:

(1) 可使施工单位对工程概况有总体认识;

(2) 是指导施工的重要依据;

(3) 是竣工验收及结算的依据。

通常施工图以图示表现了物体将怎样建造,施工图说明则用准确的语言和数字进一步描述了施工质量和要求,规定了材料、做法及安装质量要求等。

施工图说明作为工程设计的明确要求,而成为预算、投标以及施工的依据。

2.1.4 文件

2.1.4.1 设计建议书

设计建议书是室内建筑师向业主提供其设计服务的最直接的形式,表明其服务范围、设计流程、设计收费简介等情况。以下是一个标准的设计建议书的格式:

(1) 项目计划

明确和完整地总结业主提出的具体要求,特别要说明业主对设计的期望,然后表明你将如何根据这些要求来完成设计任务。

(2) 设计过程

详细叙述所有设计阶段,每一阶段的具体任务和每一阶段的具体成果,同时明确每一阶段的时间表,以及各阶段之间是如何衔接的。

(3) 设计收费

明确写明每一阶段的具体设计费用和总的设计费用。

(4) 附加服务

明确告诉业主所有不在项目计划内的服务都将成为附加服务,并写明附加服务的收费办法和收费标准。

(5) 可报销的费用

写明要求报销的费用种类,例如考察费等。

(6) 设计所介绍

设计建议书还可以包括设计师简介,以及设计实例。这样可以增强业主对事务所、建筑师的了解,提高竞争力。

(7) 设计分析

设计分析可以单独作为一个设计文件出现,也可以放在设计建议书中。它需要说明项目的目标、要求、限制等,其中重点描述解决问题的方法、依据和手段等。

在设计分析中可对当前设计中需解决的问题进行总结、归纳,通过分析给甲方提供几种切实可行的解决方案和设计手法,能使业主的思路趋于明确化。

2.1.4.2 可行性研究报告

可行性研究报告主要从技术、经济及协作配套等方面对项目设立的必要性、可能性进行全面、系统的分析论证,不同行业的项目其内容的侧重点不同。

可行性研究报告的格式:

(1) 可行性研究报告的主要内容

一般来讲,编写一个室内设计项目的可行性研究报告应包括封面、目录、正文、附件和附图五个部分。

1) 封面

一般要包括可行性报告的名称、专业研究编写机构名称及编写报告的时间三个内容。

2) 目录

为了便于写作和阅读人员将报告的前后关系、假设条件及具体内容条理清楚地编写和掌握,必须编写目录。

3) 正文

它是可行性报告的主体,一般来讲,应包括以下内容:

(A) 概况

包括:项目背景、项目概况、委托方、受托方、可行性研究的目的、可行性研究的编写人员、编写的依据、编写的假设和说明;

(B) 市场调查和分析

(C) 设计方案

(D) 建设方式和建设进度

(E) 投资估算及资金筹措

(F) 项目财务评价

(G) 风险分析

(H) 可行性研究的结论

(I) 研究人员对项目的建议

(J) 相应的附表

4) 附件

它包含项目运行的主要法律依据,是可行性研究报告必不可少的部分。一般来讲,一个项目在做正式的可行性研究时,必须有政府有关部门的批准文件(如房产证、购房或租房合同等)。专业人员必须依照委托书和上述文件以及相应的法律、法规方能编写项目可行性研究报告。

5) 附图

一份完整的可行性报告应包括以下附图:项目的位置图、地形图、有时也包括项目所在地区或城市的总体规划图等,以便针对总体规划考察项目的可行性。

(2) 可行性研究报告正文部分的编写

正文部分是可行性研究报告的核心部分,应包含以下几个部分:

1) 概况

(A) 进行可行性研究的背景;

(B) 所研究项目的名称、性质、地址、周边的市政配套和基础设施现状,交通及周围环境等;

(C) 委托方的名称、地址、法人代表、营业执照登记号及联系人;

(D) 受托方的名称、地址、法人代表、营业执照登记号及联系人;

(E) 可行性研究的目的;

(F) 可行性研究的编写人员名单;

(G) 可行性研究的编写依据;

(H) 研究报告的假设和说明。

2) 市场调查分析

要求对项目进行宏观、区域和微观的市场分析和调查,及对未来的供给、需求和价格的预测,不仅要有定性的分析,还要有定量的指导。

3) 设计方案

要求写出项目所具备的设计方案及建设过程中市政条件是否具备。市政条件包括水、电、煤、卫、通讯、供暖(部分地区)及道路等的配套情况。在报告中必须有这些市政条件是否具备的书面文件。

4) 建设方式和建设进度

专业人员可对项目的建设方式的委托提出建议或由委托方提供建设方式和进度安排,他们一旦确定则为其后进行投资估算作了准备。

5) 投资预算和资金筹措

要求写出项目建设过程中必须发生的各项费用并逐一计算资金筹措部分,要就整个项目投资额和相应的支付时间作出融资安排,例如:自有资金、贷款和营业收入这三种主要资金来源的安排等。

6) 项目的财务评价

要求写出主要财务评价指标的计算结果,如净现值、现值指数、内含报酬率和动态回收期等。

7) 风险分析

一般要求计算出保本销售额、盈亏平衡点及对主要敏感因素在有利和不利情况下的敏感分析并计算出相应的财务评价指标。

8) 结论

要求写出该项目可行性研究的结论,明确说明该项目是否可行,是否具有较强的抗风险能力。

9) 有关建议

是专业机构的专业人员在进行可行性研究中发现的一些有利于项目获得更佳的经济效益、社会效益、环境效益等方面的建议,供委托方参考。

10) 附表

是可行性研究报告中涉及的诸多计算表,如空间使用、人数安排、功能安排、经济投入等。

2.1.4.3 投标标书

投标标书可分为方案投标书、工程投标书两类。其中方案投标书又可分为明标和封闭标。

(1) 方案投标

方案投标书可分为正、副两本。正本包括以下内容:

1) 投标告示书

2) 招标文件(邀标函或招标广告)

3) 法人委托授权书

4) 业绩

(A) 公司业绩

(B) 类似工程

(C) 资质证

(D) 职称证:包括项目经理证、预算员证、设计师证、监理证。

5) 获奖证书

(A) 工程类获奖证书

(B) 设计类获奖证书

副本即为设计方案。

明标与封闭标的区别是明标允许设计讲解,在副本上可标明投标单位。封闭标不允许设计讲解,副本上不得标明投标单位。因此,封闭标的设计说明必须清晰、详尽,便于查阅。

(2) 工程投标

工程投标书包括投标告示书、招标文件(邀标函或招标广告)、法人委托授权书、投标报价、投标文件、业绩。其中投标文件包括以下内容:

1) 总则说明

本施工组织设计对如下问题提出解决方案:

(A) 本施工组织设计的任务

(B) 编制依据

(C) 施工工艺规范及技术标准

(D) 编写原则

2) 工程概况

(A) 工程概述

(B) 本标段装修方案说明

(C) 标段装修工程难点和主要策略

3) 技术设计保障体系

主要交代为保证技术与施工的衔接做出的保障手段。

4) 对材料品质的控制策略

为保证材料供应、材料质量的管理、运行制度。

5) 对人工素质的控制策略

对工人素质、技术水平的要求和管理措施。

6) 施工机具的准备措施

工具的保管、发放、维修措施及施工工具进场安排。

7) 施工总体部署

包括施工准备、施工顺序、各部门职责及协调手法、工期控制等。

8) 交叉作业与协调措施

如何做好各项工艺的合理安排、成品保护等。

9) 主要工序的作业标准和难点解决

根据我国《建筑装饰工程施工验收规范》、《建筑安装工程质量检验评定统一标准》作出的施工工艺和难点解决方案。

10) 施工过程质量控制体系

包括施工技术管理工作、质量的控制、和施工操作质量的控制。

11) 施工交接和半成品保护制度

主要指成品保护的具体措施。

12) 工程质量通病及防治措施

13) 安全文明施工措施

主要指文明施工的管理措施。

14) 潮季、雨季施工措施

15) 夜间施工保障措施

16) 工程保修表

17) 投标单位及主设计师简介,有影响力作品简介

见附录:质量保证体系

工程的投标文本基本上包括以上内容,投标单位可根据实际情况有所取舍。

2.1.4.4 工程估、概、预算

在设计的不同阶段对工程的造价会有不同的计算方法,通常在概念设计阶段是估算,以每平方的造价为设计依据;在方案设计阶段是概算;施工图阶段是比概算更精确的预算。这些报价文本是设计中的经济依据,不可缺少。

2.1.5 合同

2.1.5.1 建设工程设计合同

设计师要求其劳动得到回报的根据是建筑师与业主之间的合约,设计师与业主必须要有书面合同。该合同必须要有三个基本内容:第一,要明确合同项目的准确内容;第二,合同的时间期限;第三,合同的金额。一旦双方签字就成为有法律效力的协议。

质量体系文件和资料
发放登记表

合同样式：
封面：

建设工程设计合同（一）
（民用建设工程设计合同）

工 程 名 称：_____
工 程 地 点：_____
合 同 编 号：_____
（由设计人编填）
设计证书等级：_____
发 包 人：_____
设 计 人：_____
签 订 日 期：_____

中华人民共和国建设部监制

正文：

发包人：_____

设计人：_____

发包人委托设计人承担_____工程设计，经双方协商一致，签订本合同。

第一条 本合同依据下列文件签订：

1.1 《中华人民共和国合同法》、《中华人民共和国建筑法》、《建设工程勘察设计市场管理规定》。

1.2 国家及地方有关建设工程勘察设计管理法规和规章。

1.3 建设工程批准文件。

第二条 本合同设计项目的内容：名称、规模、阶段、投资及设计费等见下表：

序号	分项目名称	建设规模		设计阶段及内容			估算总投资（万元）	费 率（％）	估算设计费（元）
		层数	建筑面积（m²）	方案	初步设计	施工图			
说明									

第三条 发包人应向设计人提交的有关资料及文件：

序 号	资料及文件名称	份数	提交日期	有 关 事 宜

第四条　设计人应向发包人交付的设计资料及文件：

序号	资料及文件名称	份数	提交日期	有关事宜

第五条　本合同设计收费估算为＿＿＿＿＿＿＿元人民币。设计费支付进度详见下表。

付费次序	占总设计费%	付费额(元)	付费时间（由交付设计文件所决定）
第一次付费	20%定金		本合同签订后三日内
第二次付费			
第三次付费			
第四次付费			
第五次付费			

说明：
1　提交各阶段设计文件的同时支付各阶段设计费。
2　在提交最后一部分施工图的同时结清全部设计费，不留尾款。
3　实际设计费按初步设计概算(施工图设计概算)核定，多退少补。实际设计费与估算设计费出现差额时，双方另行签订补充协议。
4　本合同履行后，定金抵作设计费。

第六条　双方责任

6.1　发包人责任：

6.1.1　发包人按本合同第三条规定的内容，在规定的时间内向设计人提交资料及文件，并对其完整性、正确性及时限负责，发包人不得要求设计人违反国家有关标准进行设计。

发包人提交上述资料及文件超过规定期限15天以内，设计人按合同第四条规定交付设计文件时间顺延；超过规定期限15天以上时，设计人员有权重新确定提交设计文件的时间。

6.1.2　发包人变更委托设计项目、规模、条件或因提交的资料错误，或所提交资料作较大修改，以致造成设计人设计需返工时，双方除需另行协商签订补充协议(或另订合同)、重新明确有关条款外，发包人应按设计人所耗工作量向设计人增付设计费。

未签合同前发包人已同意，设计人为发包人所做的各项设计工作，应按收费标准，相应支付设计费。

6.1.3　发包人要求设计人比合同规定时间提前交付设计资料及文件时，如果设计人能够做到，发包人应根据设计人提前投入的工作量，向设计人支付赶工费。

6.1.4　发包人应为派赴现场处理有关设计问题的工作人员，提供必要的工作生活及交通方便条件。

6.1.5　发包人应保护设计人的投标书、设计方案、文件、资料图纸、数据、计算软件和专利技术。未经设计人同意，发包人对设计人交付的设计资料及文件不得擅自修改、复制或向第三人转让或用于本合同外的项目，如发生以上情况，发包人应负法律责任，设计人有权向发包人提出索赔。

6.2 设计人责任：

6.2.1 设计人应按国家技术规范、标准、规程及发包人提出的设计要求，进行工程设计，按合同规定的进度要求提交质量合格的设计资料，并对其负责。

6.2.2 设计人采用的主要技术标准是：_____

6.2.3 设计合理使用年限为_____年。

6.2.4 设计人按本合同第二条和第四条规定的内容、进度及份数向发包人交付资料文件。

6.2.5 设计人交付设计资料及文件后，按规定参加有关的设计审查，并根据审查结论负责，对不超出原定范围的内容做必要调整补充。设计人按合同规定时限交付设计资料及文件，本年内开始施工，负责向发包人及施工单位进行设计交底、处理有关设计问题和参加竣工验收。在一年内项目尚未开始施工，设计人仍负责上述工作，但应按所需工作量向发包人适当收取咨询服务费，收费额由双方商定。

6.2.6 设计人应保护发包人的知识产权，不得向第三人泄露、转让发包人提交的产品图纸等技术经济资料。如发生以上情况并给发包人造成经济损失，发包人有权向设计人索赔。

第七条 违约责任：

7.1 在合同履行期间，发包人要求终止或解除合同，设计人未开始设计工作的，不退还发包人已付的定金；已开始设计工作的，发包人应根据设计人已进行的实际工作量，不足一半时，按该阶段设计费的一半支付；超过一半时，按该阶段设计费的全部支付。

7.2 发包人应按本合同第五条规定的金额和时间向设计人支付设计费，每逾期支付一天，应承担支付金额千分之二的逾期违约金。逾期超过 30 天以上时，设计人有权暂停履行下阶段工作，并书面通知发包人。发包人的上级或设计审批部门对设计文件不审批或本合同项目停缓建，发包人均按 7.1 条规定支付设计费。

7.3 设计人对设计资料及文件出现的遗漏或错误负责修改或补充。由于设计人员错误造成工程质量事故损失，设计人除负责采取补救措施外，应免收直接损失部分的设计费。损失严重的根据损失的程度和设计人责任大小向发包人支付赔偿金，赔偿金由双方商定为实际损失的_____%。

7.4 由于设计人自身原因，延误了按本合同第四条规定的设计资料及设计文件的交付时间，每延误一天，应减收该项目应收设计费的千分之二。

7.5 合同生效后，设计人要求终止或解除合同，设计人应双倍返还定金。

第八条 其他

8.1 发包人要求设计人派专人留驻施工现场进行配合与解决有关问题时，双方应另行签订补充协议或技术咨询服务合同。

8.2 设计人为本合同项目所采用的国家或地方标准图，由发包人自费向有关出版部门购买。本合同第四条规定设计人交付的设计资料及文件份数超过《工程设计收费标准》规定的份数，设计人另收工本费。

8.3 本工程设计资料及文件中，建筑材料、建筑构配件和设备，应当注明规格、型号、性能等技术指标，设计人不得指定生产厂、供应商。发包人需要设计人的设计人员配合加工定货时，所需要费用由发包人承担。

8.4 发包人委托设计人配合引进项目的设计任务，从询价、对外谈判、国内外技术考察直至建成投产的各个阶段，应吸收承担有关设计任务的设计人参加。出国费用，除制装费外,其他费用由发包人支付。

  8.5 发包人委托设计人承担本合同内容之外的工作服务,另行支付费用。

  8.6 由于不可抗力因素致使合同无法履行时,双方应及时协商解决。

  8.7 本合同发生争议,双方当事人应及时协商解决。也可由当地建设行政主管部门调解,调解不成时,双方当事人同意由_____仲裁委员会仲裁。双方当事人未在合同中约定仲裁机构,事后又未达成仲裁书面协议的,可向人民法院起诉。

  8.8 本合同一式_____份,发包人_____份,设计人_____份。

  8.9 本合同经双方签章并在发包人向设计人支付定金后生效。

  8.10 本合同生效后,按规定到项目所在省级建设行政主管部门规定的审查部门备案。双方认为必要时,到项目所在地工商行政管理部门申请鉴证。双方履行完合同规定的义务后,本合同即行终止。

  8.11 本合同未尽事宜,双方可签订补充协议,有关协议及双方认可的来往电报、传真、会议纪要等,均为本合同组成部分,与本合同具有同等法律效力。

  8.12 其他约定事项:_____

发包人名称:	设计人名称:
（盖章）	（盖章）
法定代表人:(签字)	法定代表人:(签字)
委托代理人:(签字)	委托代理人:(签字)
住　　所:	住　　所:
邮政编码:	邮政编码:
电　　话:	电　　话:
传　　真:	传　　真:
开户银行:	开户银行:
银行账号:	银行账号:
建设行政主管部门备案:	鉴证意见:
（盖章）	（盖章）
备 案 号:	经 办 人:
备案日期:　年 月 日	鉴证日期:　年 月 日

2.1.5.2 备忘录

  建筑师与业主签定设计合同后,还会有许多细节与业主协调,建筑师必须以书面的形式将这些结果记录下来。只有达成书面协议后建筑师才可以开始工作,否则业主可以拒绝付费,同时如果业主以后更改设计,业主也必须对此负责,包括增加设计费用。

2.1.5.3 设计师与顾问工程师设计合同

  在方案设计阶段要明确所采用的装修材料、装修构造、暖通水电等的系统构成。因此要与顾问工程师进行协调,共同探讨各种系统方案的可行性。这些与工程师的合同性质类似业主与设计师的关系。

  基本应包括以下内容:

  (1)顾问工程师的责任

(2) 顾问工程师的基本服务范围

(3) 顾问工程师的权利

(4) 设计师的责任

(5) 仲裁

(6) 终止、暂停和废弃合同

(7) 顾问工程师设计费用

(8) 其他规定

这里需要说明的是以上各章规定之外的其他要求或服务,通常设计师都要求顾问工程师取得设计师的书面同意后,方可雇用其他顾问工程师。

2.1.5.4 装饰工程承包合同

工程承包合同是经济合同中的一类,是发包方与承包方为完成装饰工程任务所签订的具有法律效力的书面合约,主要明确双方的责任、权利及经济利益关系。

(1) 装饰工程承包合同的种类

工程承包合同按建设阶段划分,有勘察合同、设计合同、建筑安装合同和装饰合同。

工程承包合同按承包关系划分,有总包合同和分包合同。

工程承包合同按承包方式划分,有包工包料、包工不包料、一次性包干和包定额单价等。

(2) 装饰工程承包合同的主要条款

根据《中华人民共和国经济合同法》,建设工程承包合同应具备以下主要条款。

1) 标的

合同标的(指材料、货物、劳务、工程项目等)要明确。如装饰工程承包合同中要明确工程项目、工程量、工期和质量等。

2) 数量和质量

合同数量要明确计算单位(如吨、米、平方米、立方米、件等),在质量上要明确采用标准等。

3) 价款或酬金

价款和酬金是经济合同的主要部分,合同中要明确货币的名称、支付方式、单价、总价等。

4) 履行的期限、地点和方式

履行包括工程开始到完成的全过程及工程期限、地点及结算方式等。

5) 违约责任

当当事人违反承包合同或不按承包合同规定期限完成时,将受到违约罚款。违约罚款有违约金和赔偿金等。

(3) 装饰工程承包合同的签订

装饰工程承包合同有按招标方式订立的承包合同和按概预算定额、单价订立的承包合同两类。前者按招标文件的要求报价,签订合同。后者是由双方协商洽谈,统一意见后签订。

订立装饰工程承包合同应注意的几个问题:

1) 装饰工程承包项目种类多、内容复杂,在签订合同时应根据具体情况,由当事人协商订立各项条款。应注意执行国务院发布的《建设工程勘察设计合同条例》和《建筑安装工程承包合同条例》的有关规定。

2) 签订装饰工程承包合同应注意工程项目的合法性,了解该项目是否列入国家基本年度计划,是否经有关部门批准;还要注意当事人的真实性,避免那些不是法人资格、没有施工能力(技术力量)的单位充当施工方;此外还要看施工条件,土建工程注意拆迁、资金、材料、设备是否落实,现场水、电、道路、电话是否通畅,场地是否平整等施工条件是否具备。

3) 合同必须按照国家颁发的有关定额、取费标准、工期定额、质量验收规范标准执行。双方当事人应该核定清楚后签约。如果是招标投标方式承包签订合同,双方可以不受国家定额、取费和工期的规定限制,但在标书中必须明确。

4) 签订合同中用词造句严谨肯定,详尽明确,免得事后争议。

建筑装饰工程合同条款

甲方:

乙方:

按照《中华人民共和国经济合同法》和《建筑安装工程承包合同条例》的原则,结合本工程具体情况,双方达成如下协议。

第1条 工程概况

1.1 工程名称:

　　 工程地点:

　　 工程内容:

　　 承包范围:

1.2 开工日期:

　　 竣工日期:

　　 总日历日期:

1.3 质量等级:

1.4 合同价款:

第2条 合同文件及解释顺序

第3条 合同文件使用的语言文字、标准和使用法律

3.1 合同语言

3.2 适用法律法规

3.3 适用标准、规范

第4条 图纸

4.1 图纸提供日期

4.2 图纸提供套数

4.3 图纸特殊保密要求和费用

第5条 甲方驻工地代表

5.1 甲方驻工地代表及委派人员名单

5.2 实行社会监理的总监理工程师姓名及其被授权范围(如果有)

第6条 乙方驻工地代表

第7条 甲方工作

7.1 施工场地具备开工条件和完成时间的要求:

7.2 水、电、电讯等施工管线进入施工场地的时间,地点和供应要求:

7.3 施工场地内主要交通干道及其与公共道路的开通时间和起止地点:

7.4　工程地质和地下管网线路资料的提供时间：

7.5　办理证件、批件的名称和完成时间：

7.6　水准点与坐标控制点位置提供和交验要求：

7.7　会审图纸和设计交底的时间：

7.8　施工场地周围建筑物和地下管线的保护要求：

第8条　乙方工作

8.1　施工图和配套设计名称、完成时间及要求：

8.2　提供计划、报表的名称、时间和份数：

8.3　施工防护工作的要求：

8.4　向甲方代表提供办公和生活设施的要求：

8.5　对施工现场交通和噪声的要求：

8.6　成品保护的要求：

8.7　施工场地周围建筑物和地下管线的保护要求：

8.8　施工场地整洁卫生的要求：

第9条　进度计划

9.1　乙方提供施工组织设计（或施工方案）和进度计划的时间：

9.2　甲方代表批准的时间：

第10条　延期开工

第11条　暂停施工

第12条　工期延续

第13条　工期提前

第14条　检查和返工

第15条　工程质量等级

15.1　工程质量等级要求的经济支出：

15.2　质量评定仲裁部门名称：

第16条　隐蔽工程、中间验收

16.1　中间验收部位和时间：

第17条　重新检验

第18条　合同价款及调整

18.1　调整的条件：

18.2　调整的方式：

第19条　工程预付款

19.1　预付工程款总金额：

19.2　预付时间和比例：

19.3　扣回时间和比例：

19.4　甲方不按时付款应承担的违约责任：

第20条　工程量的核实确认

20.1　乙方提交工程量报告的时间和要求：

第21条　工程款支付

21.1 工程款支付方式：

21.2 工程款支付金额和时间：

21.3 甲方违约的责任：

第22条 甲方供应材料设备

22.1 甲方供应材料、设备的要求（付清单）：

第23条 乙方采购材料设备

第24条 设计变更

第25条 确定变更价款

第26条 竣工验收

26.1 乙方提交竣工资料和验收报告的时间：

26.2 乙方提交竣工图的时间和份数：

第27条 竣工结算

27.1 结算方式：

27.2 乙方提交结算报告的时间：

27.3 甲方批准结算报告的时间：

27.4 甲方将拨款通知送达经办银行的时间：

27.5 甲方违约的责任：

第28条 保修

28.1 保修内容、范围：

28.2 保修期限：

28.3 保修金额和支付方法：

28.4 保修金利率：

第29条 争议

29.1 争议的解决程序：

29.2 争议解决方式：

第30条 违约

30.1 违约的处理：

30.2 违约金的数额：

30.3 损失的计算方法：

30.4 甲方不按时付款的利息率：

第31条 索赔

第32条 安全施工

第33条 工程分包

33.1 分包单位和分包工程内容：

33.2 分包工程价款的结方法：

第34条 不可抗力

34.1 不可抗力的自然灾害认定标准：

第35条 保险

第36条 工程停建或缓建

第37条　合同生效与终止
第38条　合同份数
38.1　合同副本份数：
38.2　合同副本的分送责任：
38.3　合同书制定费用：

合同订立时间：	年　月　日
发包方(章)：	承包方(章)
地址：	地址：
法定代表人：	法定代表人：
委托代理人：	委托代理人：
电话：	电话：
开户银行：	开户银行：
账号：	账号：
邮政编码：	邮政编码：
鉴(公)证意见：	
经办人：	鉴(公)证机关(章)
	年　月　日

2.1.5.5　工程管理类文本

工程管理类文本是配合工程管理的需要建立一个权限明确、责任清晰、分工细致、要求严格和高效率的管理组织架构(见附表)。

2.2　工程施工项目术语

2.2.1　工程项目术语

工程项目术语是专业内在工程项目进行中，为了方便工作的交流、配合，在长期工程实践中使用并形成的一种共同认定的工程表达语言。

本节主要是针对室内装饰工程项目中的一些常见工程术语进行分类概述。室内装饰工程是指在建筑物的主体结构工程以外为了满足使用功能的需要，所进行的装设和修饰，可分为墙面、地面、顶棚、门、窗、柱、楼梯扶手、固定家具和设施等装饰工程项目。

2.2.2　墙面工程

指建筑物空间围合体的做法与表面处理。按构造与材料区分，有清水墙面、清水混凝土墙面、抹灰墙面、无机板块墙壁面、竹木类墙面、金属墙面、玻璃墙面、壁纸墙面等。

2.2.2.1　清水墙壁面

使用质地优良的粘土砖或天然石砌筑的墙体，灰缝处理整齐密实，以防雨水渗漏。其本身已具有质朴的外观和良好的耐风雨、抗污染性能，不另做墙面处理。

2.2.2.2　清水混凝土墙面

选专用模板浇筑，拆模后在外墙面留下模板纹印，不另做墙面处理。

2.2.2.3　抹灰墙面

由找平层和面层构成，找平层在干燥部位可用石灰砂浆，在潮湿部分多采用水泥砂浆；

面层可用不同的材料、做法,做出不同的表面效果。通常有抹平法、拉毛法和集石法。

(1) 抹平法

面层用铁抹子抹光,也可用木楔打实,使砂粒外露呈粗糙的表面。

(2) 拉毛法

在砂浆抹灰时用棕刷、笤帚或滚筒等工具,通过拉、搭、洒、滚等工艺可以形成拉毛墙面。

(3) 集石法

用石屑作骨料,在水泥初凝后用斧子斩剁,即成斩假石面;用粗石屑拌和的灰浆罩面,再用水喷淋,冲去表面水泥,露出石屑,即成水刷石墙面;在水泥砂浆罩面后,喷撒石屑,即成干粉石墙面;喷撒陶瓷碎粒,即成彩瓷粒墙面;喷撒人造或天然的粉色粗砂,即成彩砂墙面。

2.2.2.4 无机板块墙面

(1) 陶瓷墙面

将瓷砖、玻璃、陶瓷锦砖(马赛克)等饰面材料用水泥砂浆或胶粘贴在找平层上。

(2) 石材墙面

将花岗石、大理石或人造石作为饰面材料用于室内、外墙、柱面装修,按施工工艺分为干挂法、水泥砂浆灌注法、胶贴法。

2.2.2.5 竹木类墙面

在室内整个墙面或下半部分,用木板、竹板或胶合板、纤维板等作成的保护层。覆盖整个墙面的称护壁,仅覆盖下部的称墙裙。

2.2.2.6 金属及复合板墙面

可用钢、铜、铝、不锈钢、低合金耐蚀钢、铝塑板等金属及复合板材作墙面。金属板面用卡具、螺钉或锚固件悬挂在异型钢龙骨上或用胶贴在基层上。

2.2.2.7 玻璃墙面

用于室内墙面的玻璃有平板玻璃、压花玻璃、喷砂玻璃、彩色玻璃、镜面玻璃、玻璃砖等。用于外墙面的还有夹层玻璃、光变玻璃、盒式空腹玻璃、隔热玻璃等。一般应作钢化处理,玻璃墙面可用钢夹、螺钉、卡条悬垂或固定在墙面,玻璃与玻璃、玻璃与龙骨配件之间用硅酮胶粘结。

2.2.2.8 塑料墙面

塑料墙面自重轻、易清洁、易安装,色泽鲜艳,表面可制成各种花纹图案。但塑料的热膨胀系数大,易老化和燃烧。塑料墙面可用钉、螺钉、定型卡条或粘胶固定。

2.2.2.9 壁纸墙面

是采用纸、织物作为基层,涂以合成材料的壁纸。表面可处理成各种花纹、图案、质感。要求壁纸易清洗、耐磨、耐腐蚀、难燃或不燃。壁纸可用胶粘贴在抹灰层或胶合板的墙面,有些壁纸背面带胶,可直接粘贴。

2.2.3 地面工程

是指建筑物内部和周围地表的铺筑层,也指楼层表面的铺筑层(楼面),地面按构造通常由面层和基层两部分组成(图 2.2-1)。面层直接承受物理和化学作用,并构成室内空间形象;基层包

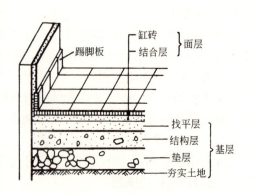

图 2.2-1 地面的构成

括找平层、结构层和垫层,有时还包括管道层。

地面按施工方法分为三大类:整体浇注地面、板块地面、卷材地面。

2.2.3.1 整体浇注地面

用现场浇注法作为整片的地面,可分为无机材料地面和有机材料地面。

(1) 无机材料地面

1) 水泥地面

水泥地面通常用水泥砂浆抹成,施工方便,但易起砂,多用于标准较低的建筑。如果用水泥、细石屑(不掺砂)或干硬性的富水泥砂浆作面层,用磨光机打磨,地面可不起砂。

2) 水磨石地面

用水泥作凝结材料,白云石子作骨料,或用彩色水泥和彩色大理石子。可用玻璃和铜条分格、拼花,待水泥凝结到一定硬度,用金刚砂打磨,再用草酸清洗、打蜡,即成水磨石地面,特点是光洁、坚硬、耐磨、价格较低,应用广泛。

3) 菱苦土地面

用菱苦土、锯末、滑石粉和矿物颜料加氧化镁溶液,调成胶泥(有时还掺入砂或石屑),抹平压实,硬化后用磨光机磨光、打蜡。

(2) 有机材料地面

1) 环氧树脂沥青地面

用环氧树脂、沥青漆和二乙烯三胺作胶粘剂,用石英粉、石英砂作填充料配成砂浆,分数次刮抹磨光而成。

2) 聚醋酸乙烯塑料地面

用聚醋酸乙烯乳液加入细砂、石英粉等调制的砂浆抹成。

2.2.3.2 板块地面

板块地面是用板块状材料现场铺贴、安装的地面。包括石材地面、水泥板块地面、陶瓷板地面、木板地面、金属板地面、复合板地面。

(1) 石材地面

天然石材或人造石材锯剖成20~30mm厚的板材,或50mm以上的板材,表面可磨光,也可凿毛火烧,用水泥砂浆粘贴在找平层上,也可铺放在砂垫层上。

(2) 水泥板块地面

有水磨石板块、水泥板块和混凝土板块,在工地预制,在现场铺贴,方法与石材地面相同。

(3) 陶瓷板地面

通常厚度约3~20mm,可烧制成各种色彩、质感、形状和花纹,用水泥砂浆或胶粘贴在找平层上。

(4) 木板地面

一般在找平层上做一层(30~60)mm×(30~60)mm的木龙骨网格,在木龙骨上铺设长条木地板,用钉和胶固定、粘结。如要求弹性,在木龙骨下加衬橡胶垫或钢板弹簧,即成弹性地面,适用于体育馆、舞台等。

(5) 金属板地面

用背面带肋或铁脚的钢板嵌入砂浆垫层或固定在钢架上。如采用能调节高度的支架,上面放置400~600mm见方的铝合金或钢板块,即成架空板块式地板。架空部分可用来敷设备种管线,多用于防静电要求高的计算机房或电信类建筑。

(6) 复合地板

用印刷纸皮和密度板高温、高压制成,下垫泡沫垫,直接铺于找平层,用胶粘接合缝。

2.2.3.3 卷材地板

厚度约 2~10mm 的地毯、塑料、橡胶等成卷的铺材,也可裁成小块片状进行铺贴。可干铺在水泥砂浆找平层上,也可用胶粘贴。铺地毯时一般下可添设一层泡沫橡胶衬垫,以增加地面弹性和消声性能。

2.2.4 顶棚

指室内空间上部的结构层或装修层,又称天花、天棚。常用顶棚有两类:露明顶棚和吊顶棚。

2.2.4.1 露明顶棚

屋顶(或楼板层)的结构下表面直接露于室内空间。

2.2.4.2 吊顶棚

在屋顶(或楼板层)结构下,另吊挂一顶棚,称吊顶棚。吊顶棚可节约空调能源消耗,美化空间形式。结构层与吊顶棚之间可作布置管线之用。

(1) 吊顶棚的形式

1) 连片式

将整个吊顶棚作成平直或弯曲的连续体(图 2.2-2a)。

2) 分层式

在同一室内空间,根据使用要求,将局部吊顶棚降低或升高,构成不同形状的分层小空间。或将吊顶棚从横向或纵向、环向,构成不同的层次(图 2.2-2b)。

3) 立体式

将整个吊顶棚按一定规律或图形进行分块,安装凹凸较深而具有船形、波浪形、角锥、箱形外观的预制块材,具韵律感和节奏感(图 2.2-2c)。

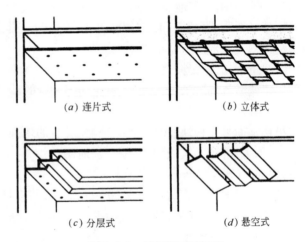

图 2.2-2 吊顶棚形式示意

4) 悬空式

把杆件、板材或薄片吊挂在结构层下,形成格栅状或自由状的悬空层(图 2.2-2d)。

(2) 吊顶棚的构造

吊顶棚通常由面层、基层和吊杆三部分组成。

1) 面层

面层作法可分为现场抹灰和预制安装两种。现场抹灰一般在灰板条、钢板网上抹灰浆。找平后,罩面可用乳胶漆、防瓷涂料等饰面。

预制安装可用木、竹制板块以及各种胶合板、纤维板、石膏板及钢、铝等金属板、复合板、玻璃等,一般用木龙骨或轻钢龙骨固定,也可用胶粘。

2) 基层

主要用来固定面层,可单向或双向(成框格形)布置木龙骨,将面板钉在龙骨上,出于防火要求,现多用轻钢龙骨或铝合金龙骨。

3) 吊杆

又称吊筋。多数情况下,顶棚是借助吊杆均匀悬挂在屋顶或楼板层的结构层下。吊杆可用木条、钢筋或角钢来制作,金属吊杆上最好附有便于安装和固定面层的各种调节件、接插件、挂插件。

2.2.5 门

门是指在建筑物内部或外部沟通两个空间的出入口,有的仅设门洞,有的加设门扇。门通常是指有门扇的出入口。门洞可以通行和通风;门扇关闭时起屏蔽作用,具有隔声、保温、隔热、防护等功能。

2.2.5.1 门按其开启方式(图2.2-3)

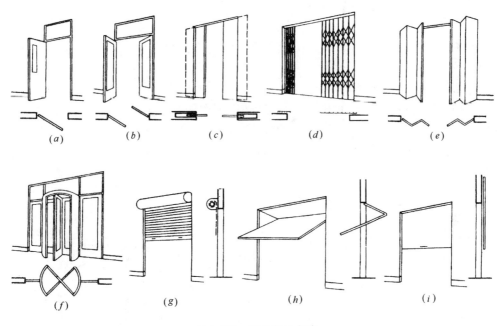

图2.2-3 门开启的方式

(1) 开平门

开平门分单扇和双扇,通常用铰链(合页)装在门樘上(图2.2-3a)。中国旧称双扇平开门为蝴蝶门。

(2) 弹簧门

弹簧门是平开门的一种,装置弹簧铰链、或门顶弹簧、地弹簧等,能自动关闭,分单向开的和双向开的两种(图2.2-3b)。弹簧门具有减少室内热量散失和风沙尘土侵入的优点,多用于公共建筑。

(3) 推拉门

有单扇,双扇和多扇,以双扇的居多(图2.2-3c)。一般推拉门上下有导轨,为了推拉方便,常在门扇上部或下部安装滑轮。还有一种铁栅推拉门,拉开成网形,开门时折合推于两旁(图 2.2-3d)。

(4) 折叠门

由多扇门扇连接而成,每边三扇以上的,上部应用导轨和滑轮等设备,开启时折叠起来置于两旁。(图 2.2-3e)多作为连通两个房间空间之用。

(5) 转门

转门中间设有转轴,连接三或四个带玻璃的门扇,绕轴转动(图 2.2-3f),有保证进出秩序和保持室温的作用。

(6) 卷帘门

用叶板或空格帘幕制成,开启时卷在门顶上部(图 2.2-3g),可用电力或人力转动。叶板式多用于工业建筑,空格式多用于沿街的民用建筑。

(7) 上翻门

为向上翻折,两边设有导轨或平衡装置的大门(图 2.2-3h),优点是利用室内上部空间,出入方便,常用于车库的大门。

(8) 升降门

由人力或电力操纵启闭(图 2.2-3i),多用于工厂,不占地方,但门上面必须有足够的空间。

(9) 自动门

用接触板或用超声波、电磁场、光电管、红外线等作信号系统,控制机械装置,使平开的或推拉的玻璃门自动启闭,适用于大、中型公共建筑。

此外,还有特殊用途的隔声门、保温门、防火门、防爆门和防射线门等。

2.2.5.2 一般门的构造

主要有两部分:门扇和门樘。门樘又称门框,由上槛、中槛、边框等构成;门扇由上冒头、下冒头和边梃等构成。(图 2.2-4)为了通风、采光,可在门的上部设腰窗(亮子)。门樘与墙间的缝隙用木条盖缝,称门头线,俗称贴脸,门按材料区分为:

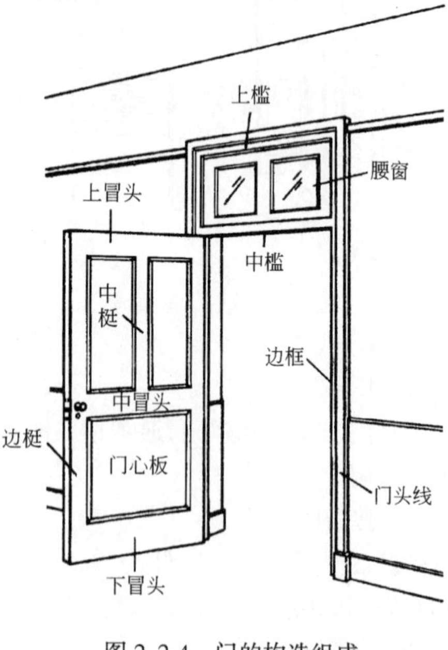

(1) 木门

门扇主要有实拼门、镶板门和夹板门三种。实拼门用厚木料拼成,较坚固,有时加横档或斜撑,用作外门、园门等。镶板门用木料作框,框内镶嵌木板或纤维板(称门心板或裙板),一般用作内外门。夹板门用断面较小的木料作框格,双面粘贴胶合或纤维板,表面较光洁,一般用作内门。木门常与玻璃、百叶板和纱组成玻璃门、百叶门和纱门等。

图 2.2-4 门的构造组成

(2) 玻璃门

在门扇的局部或全部装置玻璃,用以透光和避免遮挡视线发生碰撞。现代的整块玻璃门用厚玻璃,钢化玻璃或有机玻璃,四周为金属框,有的不用框而将金属配件直接安装在玻璃上。

(3) 金属门

有钢门和铝合金门等，一般由实腹或空腹的专用型材制成门樘以及门扇的框子，镶以玻璃或金属薄板。

此外，塑料、纤维复合材料，加筋水泥砂浆等材料也可制作门樘、门扇。

2.2.6 窗

窗是装设在围护结构上的建筑配件，用于采光、通风或观望等。外墙上的窗一般还有隔声、保温、隔热和装饰等作用，内墙上的窗多为间接采光、观察而设。

2.2.6.1 窗按开启方式（图2.2-5）

(1) 平开窗

构造简单，开启方便，它在窗扇一侧安装铰链，开启时沿水平方向转动，有内开（图2.2-5a）和外开（图2.2-4b）之分。平开窗也可做成双层窗。

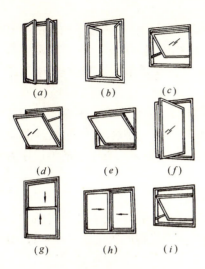

图 2.2-5 窗扇开启方式

(2) 翻窗

窗扇的铰链装在上边的为上悬窗（图2.2-5c）或撑窗，外开时可防雨；铰链装在下边的为下悬窗（图2.2-5d），宜于内开。

(3) 转窗

有垂直旋转和水平旋转两种：水平旋转的为中悬窗（图2.2-5e），常用作高窗和门上腰窗；垂直旋转的通称立式转窗（图2.2-5f），可旋转成不同角度以调节进风量，有导风作用。

(4) 推拉窗

有竖向推拉窗（图2.2-5g）和水平推拉窗（图2.2-5h），开窗时不另占空间，窗扇受力壮态好，装较大玻璃不易破碎。

(5) 滑轴窗（图2.2-5i）

开启后窗扇和窗樘在转轴外形成一条离缝，便于擦拭，有利于空气对流通风。

2.2.6.2

窗由窗扇和窗樘两部分组成（图2.2-6），用五金零件连接。窗扇内镶嵌玻璃或窗纱等，设窗芯分格；窗樘和墙体连接牢固，内侧可加钉窗头线（贴脸），以遮盖窗樘同墙洞间的缝隙。窗洞下口，室内常做窗台板，室外常做条石、混凝土、砖、缸砖或金属片窗台，以排泄雨水。

2.2.7 柱

建筑中的柱，除支承荷载外，有时也指非承重的装饰柱或纪念柱。柱可以用砖石、钢或钢筋混凝土制成，可以露明，也可以不露明。在建筑中，柱子既起支承作用，

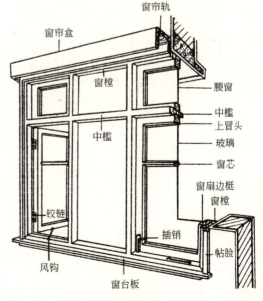

图 2.2-6 木窗构造示意

也起装饰作用。

追溯西方古典建筑,在希腊、罗马时期就创造了一种以石制的梁柱作为基本构件的建筑形式,一直延续到 20 世纪初,在世界上成为一种具有历史传统的建筑体系。古希腊及罗马建筑对后世影响最大的是它在庙宇建筑中所形成的一种非常完美的形式。基座、柱子和屋檐等各部分之间的组合都具有一定的格式,叫作"柱式"。

柱式是西方古典建筑最基本的组成部分,一般由檐部、柱子、基座三部分组成。柱子是主要的承重构件,也是艺术造型中的重要部分。从柱身高度的 1/3 开始,它的断面逐渐缩小,叫作收分。柱式各部分之间从大到小都有一定的比例关系,一般采用柱下部的半径作为量度单位"母度",以保持各部分之间的相对比例关系。

2.2.7.1 柱式

古希腊时期有三种柱式,古罗马时期发展为五种,文艺复兴时期又对这五种柱式做了总结整理,各种柱式的性格特点主要是通过不同的造型比例和雕刻线脚的变化体现出来的(图 2.2-7)。

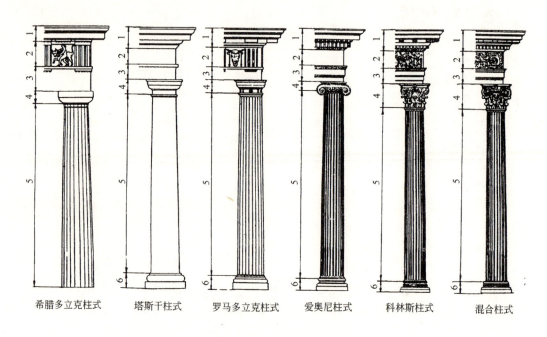

图 2.2-7 柱式比较图
1—檐口;2—檐壁;3—额枋;4—柱头;5—柱身;6—柱础

(1) 多立克柱式

起源于希腊的多立克族,柱高为柱径的 6~8 倍,柱身有 20 个尖齿凹槽,柱头由方块和圆盘组成。

(2) 爱奥尼柱式

起源于希腊的爱奥尼族,柱高为柱径的 9~10 倍,柱身有 24 个平齿凹槽,柱头带有两个涡卷。

(3) 科林斯柱式

起源于希腊的科林斯族,柱高为柱径的 10 倍,柱身有 24 个平齿凹槽,柱头由片毛茛叶饰组成。

(4) 塔司干柱式

是罗马原有的一种柱式,柱身无槽。

(5) 复合柱式

由爱奥尼柱式和科林斯柱式混合的柱式。

2.2.7.2 柱式的组合

柱式的各种组合构成了变化多样的内部和外部的立面构图,常见的柱式组合包括有列柱、壁柱、倚柱等。

(1) 列柱

由一排柱子共同支撑檐部。它可以在建筑的一个面形成柱廊,也可以形成矩形和圆形的围廊。

(2) 壁柱

壁柱虽然保持着柱子的形式,但它实际上是墙的一部分,并不独立承重,而主要起装饰或划分墙画的作用,按凸出墙面的多少,壁柱可分为半圆形柱,3/4 圆柱和扁方柱等。

(3) 倚柱

倚柱的柱子是完整的,和墙面离得很远,主要也是起装饰作用,倚柱常常和山花共同组成门廊,用来强调建筑入口部分。

2.2.7.3 按柱间距离和柱子大小划分:

(1) 柱子密集排列的密柱式。

(2) 稍微离开而柱间宽度小的窄柱式。

(3) 净空充足的宽柱式。

(4) 净空超出适度而柱子与柱子之间离开的离柱式。

(5) 柱间正常布置的正柱式。

(6) 两层以上的建筑在立面上,柱贯通整个高度的巨柱。

(7) 两个柱子并在一起的双柱。

(8) 柱子按层设置的叠柱。

2.2.7.4

中国传统的檐柱斗栱的柱式,同样具有卓越的成就和独特的风格。柱作为我国木构架建筑的主要结构部分,与檐、梁、枋、檩、斗栱等共同组成了复杂的结构体系。

(1) 木柱大多为圆形断面,也有方形。石柱则有八角、束竹、凹楞、人像柱等式样。柱身也有直柱和收分较大的两种。柱的上端和下端都有凸突,以插入斗栱和柱础。

(2) 斗栱是中国古代较大的建筑上柱子与屋顶之间的过渡部分,其功用是支承上部挑出的屋檐,将其重量直接或间接传到柱子上。

(3) 柱础是柱身下垫的一块石头,它的功用是防备地面水湿及碰撞等损坏柱脚。

2.2.8 楼梯

是建筑物楼层间的垂直交通构件。它由梯段、休息平台、围护构件组成。传统的楼梯由木、石、钢铁制成。20世纪,人们应用构件和钢筋混凝土做成各种形状的楼梯,充分利用了钢及混凝土的可塑性,结合具体的环境设计,使它具有大胆的曲线和丰富的轮廓,也使空间更灵活多变。

2.2.8.1 按照楼梯的构造及材料分类,有以下几种:

(1) 木楼梯

木结构楼梯因其材料的来源及防火限制,目前只限于在二层以下的独立居住建筑中使用,但在组合材料楼梯及装修细部中,因木质材料具有亲切感,故常常被用作栏杆扶手、踏面等。

(2) 钢筋混凝土楼梯

在结构强度、耐火、造价、施工及造型等方面都有较多的优点,应用最为普遍。根据其形式特点,施工方法有整体现浇的、预制装配的、部分现场浇注和部分预制装配等几种。

(3) 钢楼梯,其承重构件用型钢制作,各构件节点一般用螺栓铆接或焊接,构件表面用涂料防锈,踏板上铺设弹性面层,或用混凝土、石料等面层;也可直接在钢梁上铺设钢筋混凝土或石料踏步,在室内也可铺设木料、钢化玻璃等材料,这种楼梯称为组合式楼梯。

(4) 自动扶梯

由跨越楼层间的钢桁架和装有踏步的齿轮、滑轮、导轨、活动联杆等构成,用电力运转,具有客运率高和能连续不断地输送人流的特点,适用于商场、车站、地铁等公共场所,以及高层建筑中局部人流较集中的楼层。其装修多为钢化玻璃栏板,加上橡胶扶手,传动机械部分多用各类不锈钢板封口收边,也可用钢化玻璃封口透露出结构。

2.2.8.2 栏杆

是楼梯中与人最亲近的部位,样式多变,用于配合不同的装修风格。同样,栏杆也多用于建筑的楼、台、廊等边处,具有防护功能,兼起装饰作用。

栏杆在中国古代称阑干,也称勾阑,栏杆转角立望桩或寻杖绞口,通常栏杆的形式可分为漏空和实体两类。漏空的由立杆、扶手组成,有的加设横档或花饰部件,实体的是由栏板、扶手组成,也有局部漏空的。栏杆还可做成坐凳或靠背式的。

2.2.8.3 建筑栏杆的材料和构造有几种形式

(1) 木栏杆

以榫接为主,若为望柱,则应将柱底卯入楼梯斜梁,扶手再与望柱榫接。

(2) 金属栏杆

金属栏杆应用最广泛,多安装于钢楼梯、钢筋混凝土楼梯。它可与各种材料组合,营造出不同的室内风格。其栏杆与基座连接,有三种形式:

1) 插入式

将开脚扁铁,倒刺铁件等插入基座预留的孔穴中,用水泥砂浆或细石混凝土浆填实固结。

2) 焊接式

把栏杆立柱(或立杆)焊于基座中预埋的钢板、套管等铁件上。

3) 螺栓结合式

可与预埋螺丝母套接,或用板底螺帽栓紧于一贯穿基板的立杆上,上述方法也可适用于侧向斜撑或金属栏杆。

(3) 钢筋混凝土栏杆

多用于一般建筑中,也常用于替代木材做成古典风格的样式。施工时,先预制立杆,下端同基座插筋焊接或与预埋铁件相连,上端同混凝土扶手中的钢筋相接,然后浇筑而成,表面刷保护涂料。

(4) 栏板式栏杆

用现浇或预制的钢筋混凝土板或钢丝网水泥板,也可用砖砌。它们与楼梯踏步成为整体,其上可加简洁的扶手。

(5) 石栏杆

因其坚实、厚重的特质,常用于室外。石栏杆具有很强的表现力,可雕刻出古典式样的栏杆,也可与其他材料配合,做出风格迥异的栏杆。

2.2.9 固定家具和设施

是固定在建筑构造上的家具和设施,成为建筑和装饰的组成部分。

中国古代有建筑和家具相结合的传统,如住宅内部利用博古架、书架来作隔断,利用粘土墙、砖墙、灶头设壁龛等;平坐、挑廊的栏杆附有美人靠、坐凳等。现代建筑中,为了充分利用空间,在进行建筑设计时,就考虑固定家具和设施的布置。建筑物的固定家具和设施的装备情况,也成为建筑现代化程度的重要标志。

固定家具和设施的布置形式通常有嵌入、支挂和独立设置三种。

(1) 嵌入式

是利用室内凹口、阴角、柱间、厚墙(不影响强度的部分)、窗台下,甚至在楼梯、斜屋面的坡脚等零散的小空间来布置橱柜、坐椅、散热片、浴缸、梳妆洗脸设备等,这种布置形式可使室内空间规整。

(2) 支挂式

是利用不影响人们活动的上部空间,或沿墙壁上部设置。通常可悬吊于顶棚下。如吊柜、音柱、灯具、管线等;或靠墙沿壁支挑不落地的壁架、桌面、凳面、橱柜等。

(3) 独立式

多用以分隔空间。如银行、图书馆的出纳柜台、商店的售货柜台和货架、旅馆的服务台、影剧院、体育馆和公共建筑门厅坐椅等。

2.3 材料样板制作

2.3.1 材料样板的定义及内容

材料样板是室内设计中通过材料样片制作的一项设计文件。它配合设计方案,直观地反映工程项目所使用的主要材料。

材料样板的内容包括,主要材料在设计中的使用位置、搭配方式、各种用量,以及进一步反映出材料的技术参数、规格、生产厂家、价格等。

2.3.2 材料样板的作用

材料样板在工程项目中呈现的是空间界面材料的客观真实效果,对设计的最终实施起着先期预定的作用,作为一项可依据的设计文件,它既作用于设计者、工程项目方,又作用于工程施工方,其作用具体可概括为以下几个方面:

(1) 辅助设计

材料样板作为设计的整体文件之一,并不是在设计完成以后才开始制作的,而是在设计过程中,根据设计的总体要求,全面了解材料的市场情况,收集适当的材料样片,对材料的质感、色彩,及材料的各项技术参数进行分类整理,以备设计作出恰当的选择。

(2) 辅助工程概、预算

材料样板与主要材料一览表,工程概、预算所列出的材料项目有明确的对应关系。

相对于设计图,材料样板更直观、形象,有助于经济师了解工程项目概况,对设计所使用的主要材料形成总体印象,有助于经济师编制恰当的概、预算表格及进行复核。

(3) 辅助工程项目方理解设计

工程项目方人员在首次看到全部设计文件时,将会把材料样板与设计图、效果图相互参照,从三个不同的观察角度,全面地了解设计的意图,其中材料样板的真实客观性,更易使人感受到预定的真实效果,了解到工程的总体材料使用情况,最终帮助工程项目方对设计与材料使用在工程项目中的性价比作出准确的评估。

(4) 作为工程验收的法律依据之一

在室内施工图设计阶段,材料样板被正式确定以后,呈交给甲方将其封存,材料样板就具备了法律效应,它将做为工程验收的法律依据之一。

(5) 作为施工方提供采购及处理饰面效果的示范依据。

2.3.3 材料样板的制作及方法

材料样板的制作过程与设计过程是密不可分的,它必须密切配合设计的总体要求,根据设计的程序分步骤进行。

(1) 采集材料样片

根据设计的总体意图,在市场中广泛采集各主要材料样片,收集相关材料厂家的样品集,还包括对材料的各项技术指标、市场情况等的调查。

(2) 材料分类整理

对材料样片进行分类整理,提供给设计师比较、选择。

(3) 设计样板版式

设计与项目总体表达意图相一致的形式、规格的版式。

(4) 材料细节处理

对所确定的样片,根据设计的细节做材料细节处理,如花岗石的磨边、嵌缝、织物填充、褶皱等。

(5) 材料样板装裱

将一个单元的所有主要材料样片固定在既定的版式之中,要求充分体现设计意图,表达材料搭配形式。

2.3.4 材料样板的表达

(1) 材料样板表达的原则

材料样板具体体现设计的表面成果,具有法律效应,因此其表达的原则是材料样片必须真实有效,所有样片必须是具有1:1纹理的真实材料。

(2) 材料样板的表达方式

首先,材料样板的表达方式需要与各设计阶段的总体表达方式相一致,与其他设计文件能相互对照查阅,同时能注意一个样板中材料之间的搭配方式。

一般情况下,根据项目的使用空间来划分制作单元,每个单元分为空间界面材料和家具、织物两类。材料样板中需标明材料的使用位置、各总用量,如加相应的平面图使用位置,也可进一步标明材料的各项技术参数、规格、生产厂家、价格等。

另外,对大量使用的材料,可选择同一类型材料单独制作样板,对材质、色彩、性能进行横向比较。

2.3.5 材料样板制作中的色彩处理

构成室内的要素必须同时具有形态和色彩。色彩使人们产生各种各样的情感,使形态产生显眼的效果。而室内空间中,色彩的产生除了光线的影响外,只要由空间界面所使用的材料本身的具有的固有色所决定。因此,在室内设计时,对材料色彩进行有机的搭配和处理是非常重要的,由于在室内设计中所使用的材料一般都在两种以上,而每一种材料都具有独特的色彩,因此材料的搭配本身就是色彩的搭配,不同搭配方式会让人产生不同的心理感受。一般来说,色彩的调和方式分为以下几种:

(1) 同一调和

同一色相的材料进行搭配,只有明度变化,给人们亲和感(图2.3-1、2)。

 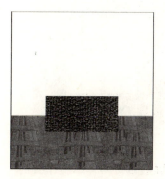

图2.3-1 同一色相调和示意图　　　　　　图2.3-2 同一色调调和实例

(2) 类似调和

色相环上相邻色的材料变化统一搭配,给人们融合感,室内设计中这种搭配色方式最为常见(图2.3-3、图2.3-4)。

图2.3-3 类似色相调和示意图　　　　　　图2.3-4 类似色调调和实例

(3) 中间调和

色相环上接近色的材料进行搭配,给人以暧昧感(图2.3-5、图2.3-6)。

(4) 对比调和

颜色互补的材料进行搭配,或者明度或纯度区别很大,会给人以明快或刺激的感受(图2.3-7、图2.3-8)。

图 2.3-5 中间色相调和示意图　　　图 2.3-6 中间色调调和实例

图 2.3-7 对比色相调和示意图　　　图 2.3-8 对比色调调和实例

2.3.6 工程项目材料样本制作实例

2.3.6.1 某四星级宾馆室内设计（图2.3-9～图2.3-16）

图 2.3-9 大堂　　　图 2.3-10 电梯厅

图 2.3-11 会议室　　　图 2.3-12 标准客房

2.3.6.2 材料样本

湖北省国税宾馆室内设计·材料样板·　　　大堂

实样	用途	规格	用量	技术参数	实样	用途	规格	用量	技术参数
银线米黄大理石	墙面 地面	600*600*20 600*800*20	1500m²		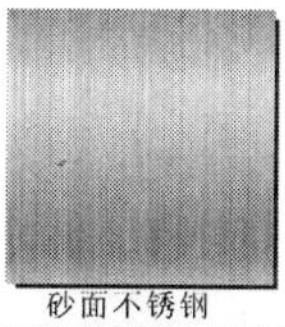 砂面不锈钢	墙面嵌条	1220*2440*1	8m²	
啡网纹大理石	墙面 踢脚 地面拼花	600*200*20	50m²		泰国柚木	家具贴面	1220*2440	87m²	
12厚透明白玻	窗户	1500*2000*12	75m²		 铸铁栏杆	栏杆		87m²	

湖北美术学院环境艺术研究所

图 2.3-13　大堂材料样本

湖北省国税宾馆室内设计·材料样板·　　　电梯厅

实样	用途	规格	用量	技术参数	实样	用途	规格	用量	技术参数
银线米黄大理石	墙面	600*600*20	95m²		砂面不锈钢	电梯门	1220*2440*1	3.8m²	
啡网纹大理石	墙面 踢脚 地面拼花	600*200*20	6m²		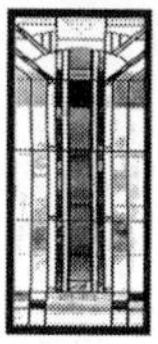 彩色双层条筋玻璃	墙面	1200*2100	8.6m²	
 金钻麻花岗石	地面	1500*2000*12	40m²						

湖北美术学院环境艺术研究所

图 2.3-14　电梯厅材料样本

湖北省国税宾馆室内设计·材料样板 会议室

实样	用途	规格	用量	技术参数	实样	用途	规格	用量	技术参数
泰国柚木	墙面家具	1220*2440	120m²		 织物窗帘	窗帘		54m²	
 红影	墙面	1220*2440	11m²		 彩色双层条筋玻璃	墙面	900*2100	12m²	
 地毯	地面		155m²						

湖北美术学院环境艺术研究所

图 2.3-15　会议室材料样本

湖北省国税宾馆室内设计·材料样板 客房

实样	用途	规格	用量	技术参数	实样	用途	规格	用量	技术参数
 地毯	地面		23m²		 工艺地毯	地面		5.4m²	
家具布艺	家具		10m²		泰国柚木	家具贴面	1220*2440	15m²	
织物墙纸	墙面		58m²						

湖北美术学院环境艺术研究所

图 2.3-16　标准客房材料样本

第3章 专业协调与法规知识

3.1 室内光环境

3.1.1 光的基本知识

3.1.1.1 光通量(luminous flux)

光通量是根据 CIE(国际照明委员会)标准光度观察者对光的感觉来评价的辐射能通量。光通量 Φ 的表达式为：

$$\Phi = K_\mathrm{m} \int_{380}^{780} \Phi_{l,\lambda} V(\lambda) \mathrm{d}\lambda \quad \mathrm{lm}$$

式中 Φ——光通量，lm；

K_m——最大光谱光(视)效能，683lm/W($\lambda = 555$nm)；

$V(\lambda)$——CIE 标准光度观察者明视觉光谱光(视)效率；

$\Phi_{l,\lambda}$——波长为 λ 的单色辐射能通量，W；

光通量的单位是流明(lm)。在国际单位制和我国法定计量单位中，它是一个导出单位，1lm 是发光强度为 1cd 的均匀点光源在 1sr(立体角)内发出的光通量。

在照明工程中，光通量是说明光源发光能力的基本量。

3.1.1.2 发光强度(luminous intensity)

由于辐射发光体在空间发出的光通量不均匀，大小也不相等，故为了表示辐射体在不同方向上光通量的分布特性，需引入发光强度的概念。如果光源在给定方向的发光强度是光源在这一方向上立体角元内发射的光通量 $\mathrm{d}\Phi$ 与该立体角元 $\mathrm{d}\Omega$ 之比值，称为发光强度 I，单位用符号 cd 表示。

$$I = \frac{\mathrm{d}\Phi}{\mathrm{d}\Omega} \quad \mathrm{cd}$$

如果在有限立体角内辐射的光通量是均匀的，上式可写成：

$$I = \frac{\Phi}{\Omega} \quad \mathrm{cd}$$

式中 Ω 为立体角，以任一锥体顶点 O 为球心，任意长度 r 为半径作一球面，被锥体截取的一部分球面面积为 S，则此锥体限定的立体角 Ω 为：

$$\Omega = \frac{S}{r^2}$$

立体角的单位是球面度(sr)。当 $S = r^2$，$\Omega = 1$sr，即为一个单位立体角。

发光强度坎德拉(Candela) 在数量上是 1 坎德拉等于 1 流明每球面度(1cd = 1 lm/sr)。坎德拉是我国法定单位制与国际 SI 制的基本单位之一，其他光度量单位都是由坎德拉导出的。

发光强度常用于说明光源和照明灯具发出的光通量在空间各方向或在选定方向上的分布密度。

3.1.1.3 照度(illuminancl)

照度是用来表示被照面上光的强弱,以被照场所光通量的面积密度来表示。表面上一点的照度 E 是入射光通量 $d\Phi$ 与该面元面积 dA 之比:

$$E = \frac{d\Phi}{dA} \quad \text{lx}$$

对于任意大小的表面积 A,若入射光通量为 Φ,则在表面积 A 上的平均照度 E 为:

$$E = \frac{\Phi}{A} \quad \text{lx}$$

照度的单位为勒克斯(lx),即表示在 $1m^2$ 的面积上均匀分布 $1lm$ 光通量的照度值,或者是 1 个光强为 $1cd$ 的均匀发光的点光源,以它为中心在半径为 $1m$ 的球面上各点所形成的照度值。

3.1.1.4 亮度(Luminance)

光源或受照物体反射的光线进入眼睛,在视网膜上成像,使我们能够识别它的形状或明暗。视觉上的明暗知觉取决于进入眼睛的光通量在视网膜像上的密度。这说明,确定物体的明暗要考虑物体(光源或受照体)在指定方向上的投影面积和物体在该方向上的发光强度。

亮度是一单元表面在某一方向上的光强密度。它等于该方向上的发光强度与此面元在这个方向上的投影面积之比,以符号 L 表示(见图 3.1-1)。

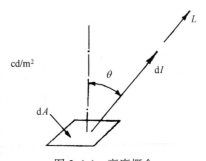

图 3.1-1 亮度概念

$$L_\theta = \frac{dI_\theta}{dA \cdot \cos\theta} \quad cd/m^2$$

应当注意,亮度常常是各方向不同,所以确定一点或一个有限表面的亮度时需要指明方向。

亮度的法定单位是坎德拉每平方米(cd/m^2)。

3.1.1.5 颜色(colour)

定义为由有彩色成分或无彩色成分任意组成的知觉属性。该属性可由黄、橙、棕、红、粉红、绿、蓝、紫等彩色名或由白、灰、黑等无彩色名表征,并且以明亮、亮、微暗、暗及与其色名的组合来定量。

颜色分为有彩色和无彩色两大类。任何一种有彩色的表观颜色,都可以按照三个独立的主观属性分类描述,这就是色调(也称色相)、明度和彩度(也叫饱和度)。

色调是各彩色彼此区分的特征。可见光谱不同波长的辐射,在视觉上表现为各种色调,如红、橙、黄、绿、蓝等。

明度是指颜色相对明暗的特性。彩色光的亮度愈高,人眼愈感觉明亮,它的明度就愈高。

彩度指的是彩色的纯洁性。可见光谱的各种单色光彩度最高,光谱色掺入白光成分越多,彩度越低。

无彩色指白色、黑色和中间深浅不同的灰色。它们只有明度的变化,没有色调和彩度的区别。

3.1.1.6 表色系统

为了精确地规定物体的颜色,不但要定性,如桃红、苹果绿、孔雀蓝等等,而且还要建立定量的表色系统。

目前国际上使用较普遍的表色系统,有孟塞尔表色系统及 CIE 1931 标准色度系统。

孟塞尔(A·H·Munsell)创立的表色系统按颜色的三个基本属性:色调(符号 H),明度(V)和彩度(C)对颜色进行分类与标定,可用孟塞尔颜色立体图来表示。它是目前国际通用的物体色表色系统。

CIE 1931 标准色度系统的特点是有严格的数学方法来计算和规定颜色。使用这一系统,任何一种颜色都能用两个色坐标(x,y)在 CIE 1931 色度图上表示出来。

3.1.1.7 光源色

1．色温（colour temperature）

当某个光源所发射的光的色度与黑体在某一温度下所发出的光的色温完全相同时,则黑体的这个温度就称为该光源的色温,符号为 T_c,单位为开(K)。

通常红色光的色温低,蓝色光的色温高。

2．显色指数（colour rendering index）

显色指数是指在被测定光源和标准光源照明下,在适当考虑色适应状态下,物体的心理物理色符合程度的度量。

显色指数分为一般显色指数(Ra)与特殊显色指数(Ri)两种。一般人工照明光源用 Ra 作为评价显色性的指标。光源的显色指数愈高,其显色性就愈好。与参照光源完全相同的显色性,其显色指数为 100。一般认为,$Ra=100\sim80$ 时显色性优良,$Ra=79\sim50$ 显色性一般,$Ra<50$ 则显色性较差。

3.1.2 天然采光

天然采光与室内环境设计的好坏是密切相关的。现代室内环境的天然采光,不仅仅是考虑照亮室内环境,而更多考虑的是自然景观与室内环境设计的融合,运用天然采光强调室内的气氛。对自然环境的渴望,已成为现代人强烈的需求。因此,在一切为了人而设计的理念指导下,如何尽可能地、最大限度地利用天然光,以满足人们从生理到心理的要求,已成为现代设计的主流。

3.1.2.1 采光系数标准值

在利用天然光照明的房间里,室内照度随室外照度而时刻变化着。因此,在确定室内天然光照度水平时,必须把它同室外照度联系起来考虑。通常以两者的比值作为天然采光的数量评价指标,这一比值称为采光系数。

室内某一点的采光系数 C,可按下式计算：

$$C=\frac{E_n}{E_w}\cdot100\%$$

式中 E_n——在全阴天空漫射光照射下,室内给定平面上的某一点由天空漫射光所产生的照度(lx);

E_w——在全阴天空漫射光照射下,与室内某一点照度同一时间、同一地点,在室外无遮挡水平面上由天空漫射光所产生的室外照度(lx)。

天然采光分为侧面采光和顶部采光,共分为5个等级。根据各类建筑使用功能的不同,所需要的采光系数也是不同的。如居住建筑的采光系数标准值为表3.1-1。

居住建筑的采光系数标准值 表3.1-1

采光等级	房间名称	侧面采光	
		采光系数最低值 C_{min}(%)	室内天然光临界照度(lx)
Ⅳ	起居室(厅)、卧室、书房、厨房	1	50
Ⅴ	卫生间、过厅、楼梯间、餐厅	0.5	25

3.1.2.2 窗地面积比

在进行方案设计时,可用窗地面积比估算开窗面积,这是一种简便、有效的方法,但是窗地面积比是根据有代表性的典型计算条件计算出来的,只适合于一般情况。如果实际情况与典型条件相差较大,用窗地面积比估算的开窗面积就会有较大的误差。因此采光标准规定把采光系数作为采光标准的数量评价指标。居住建筑的窗地面积比为表3.1-2。

居住建筑窗地面积比表 表3.1-2

房间名称	采光标准 C_{min}(%)	窗地面积比(A_c/A_d)	
		采光标准	建筑设计规范
起居室、卧室、书房、厨房	1	1/7	1/7
卫生间、过厅、楼梯间	0.5	1/12	1/10~1/14

3.1.2.3 采光计算

建筑采光设计标准推荐采用图解法进行采光计算,其简明易懂、使用方便,适合于常用的采光形式,既能按窗洞口的位置和大小核算采光系数,也能按采光系数求出需要的开窗面积。常用的采光形式有侧面采光、平天窗采光。

采光计算分顶部采光计算和侧面采光计算,计算公式如下:

1. 顶部采光

$$C_{av} = C_d \cdot K_\tau \cdot K_\rho \cdot K_g$$

式中 C_d——天窗窗洞口的采光系数;

　　　K_τ——顶部采光的总透射比;

　　　K_ρ——顶部采光的室内反射光增量系数;

　　　K_g——高跨比修正系数;

　　　C_{av}——采光系数平均值。

2. 侧面采光

$$C_{min} = C'_d \cdot K'_\tau \cdot K'_\rho \cdot K'_w \cdot K'_c$$

式中 C'_d——侧窗窗洞口的采光系数;

　　　K'_τ——侧面采光的总透射比;

$K'_ρ$——侧面采光的室内反射光增量系数;

K'_w——侧面采光的室外建筑物挡光折减系数;

K'_c——侧面采光的窗宽修正系数。

3.1.2.4 采光设计

建筑物利用天然光照明的意义不仅仅在于获得较高的视觉功效、节约能源和费用,保护人体健康,而且还在于天然光是设计师表现建筑艺术造型、材料质感、渲染室内环境气氛,创造意境的极好手段。尽管人工照明在室内设计中被广泛运用,但天然光仍然是人工照明无法取代的。在光环境设计中,天然光是最具有表现力的因素之一。如在一个中庭或大厅的顶部采用大面积采光,模拟晴日当空、四季如春的大自然;同时还可自动控制遮阳装置完全遮蔽阳光,造成光线柔和宜人,照度稳定的光环境。又如,国外许多教堂利用天然光的光和影使环境更加富有变化,给宁静的空间增加了动感,从而增强了教堂的神秘感和神圣感。现代大型建筑,如设有可移动顶棚的大型体育场馆或是高大玻璃幕墙建筑,无论是从使用功能的要求还是出于装饰效果的考虑,都反映出人们始终在积极采用天然光。

天然光设计是与建筑方案设计结合进行的,一般来说,采光设计可按下列步骤进行。

1.了解建筑物的使用功能和对天然光环境的要求;

2.根据要求查找相应的建筑采光标准。建筑采光设计标准对居住建筑、办公建筑、学校建筑、图书馆建筑、医院建筑、博物馆和美术馆建筑以及工业建筑的采光系数标准值都作出了规定;

3.选择合适的采光形式及采光材料;

4.在方案设计时估算窗地面积比;

5.对有功能要求的场所进行采光计算。

采光设计还应满足对采光质量的要求,其内容包括:

1.采光设计时,应采取下列减小窗眩光的措施:

1)作业区应减少或避免直射阳光;

2)工作人员的视觉背景不宜为窗口;

3)为降低窗亮度或减少天空视域,可采用室内外遮挡设施;

4)窗结构的内表面或窗周围的内墙面,宜采用浅色饰面。

2.采光设计,应注意光的方向性,避免对工作面产生遮挡和不利的阴影;

3.对于需要识别颜色的场所,宜采用不改变天然光光色的透光材料;

4.对具有镜面反射的观看目标,应防止产生反射眩光和映像。

3.1.3 光源与灯具

在现代的室内环境中,人工照明起到了主导作用,随着人们物质文化生活的不断提高,从而对人工光环境也提出了更高的要求。经历过一个多世纪的漫长岁月,人类已经步入了电气化照明的新时代,各种性能优异、造型美观的光源与灯具大量涌现,为现代照明设计提供了极为有利的条件。

3.1.3.1 光源

光源可分为两大类,即白炽灯和气体放电灯。白炽灯发出的光是由电流通过灯丝,将灯丝加热到高温而产生的,因此白炽灯称作热辐射光源,其中包括卤钨灯。气体放电灯没有灯丝,它是借助两极之间放电激发气体而发光,亦称作冷光源,如荧光灯、高压钠灯、金属卤化物灯等。

应用于照明对人工光源一般有如下性能要求：

1. 高光效—灯发出的光通量与它消耗的电功率之比,此值越高越好。

2. 长寿命—从灯开始使用至灯的光通量衰减到初始额定光通量的某一百分比(70%～80%)所经历的点燃时数称有效寿命,比值越高越好。

3. 光色好—有适宜的色温和优良的显色性能。

4. 能直接在标准电源上使用,接通电源后能迅速点亮。

5. 形状精巧,结构紧凑,安全可靠,便于控光。

照明光源的基本参数如表 3.1-3。

照明光源的基本参数　　　表 3.1-3

光源名称	功率(W)	光效(lm/W)	寿命(h)	色温(K)	显色指数(Ra)
白炽灯	1～1000	8～17	1000～2000	2800 左右	95 以上
卤钨灯	10～2000	15～21	1000～2000	2800～3200	90 以上
荧光灯	7～125	37～85	8000	2700～6500	55～85
高压汞灯（荧光型）	50～1000	30～55	6000	2900～6500	30～40
高压钠灯	35～1000	60～105	15000	1900～2400	19～25
金属卤化物灯	35～2000	75～90	8000	3000～6500	60～95

3.1.3.2 灯具

通常我们把灯和灯具总称为照明器或照明灯具。

1. 照明灯具的光特性主要用三项技术指标来说明:①光强分布;②灯具效率;③灯具亮度和遮光角。

1) 光强分布

任何照明灯具在空间各方向上的发光强度都不一样。灯具可以利用反射器、透光棱镜、格栅或散光罩控制和分配灯光,以实现需要的光强分布。光强分布通常用极坐标表示,利用这些数据可进行照度、亮度与距高比等各项照明计算。光源的发光面愈小,愈容易控光,所以白炽灯、HID 灯比荧光灯的控光效果好。

2) 灯具效率

灯具效率是在规定条件下照明灯具发射的光通(Φ_l)与灯具内的全部光源在灯具外点燃时发射的总光通(Φ_s)之比,以符号"η"表示。

$$\eta = \frac{\Phi_l}{\Phi_s}$$

灯具效率说明灯具对光源光通的利用程度,最大不超过 1,灯具效率愈高愈好。如果灯具设计合理,灯具效率一般在 0.8 以上,如果灯具效率小于 0.5,说明光源发出的光通量有一半被灯具吸收,而使效率降低。为了减少灯光在灯具内的损失,必须注意反射器的设计。

3) 灯具亮度和遮光角

当直接或通过反射看到灯具亮度极高的光源,或者在视野中出现强烈的亮度对比时,人们会感到眩光。眩光可以损害视觉(失能眩光),也能造成视觉上的不舒适感(不舒适眩光)。对室内光环境来说,控制不舒适眩光更为重要。只要将不舒适眩光控制在允许限度以内,失能眩光就可以自然消除。

国际照明委员会(CIE)提出了照明灯具不舒适眩光计算公式为:

$$UGR = 8 \cdot \log\left[\frac{0.25}{L_b} \cdot \Sigma \frac{L^2 W}{P^2}\right]$$

式中 L_b——背景亮度(cd/m^2);

　　　L——在观察者眼睛方向的每个灯具发光部分的亮度(cd/m^2);

　　　W——单个灯具发光部分对观察者眼睛所形成的立体角(sr);

　　　P——单个灯具的(Guth)位置指数。

UGR 的分级为 13、16、19、22、28,最大不超过 28。

为避免灯具眩光,CIE 还给出了最小遮光角的要求(见表3.1-4)。

最小遮光角数值　　　　　表3.1-4

灯亮度(kcd/m^2)	最小遮光角	灯亮度(kcd/m^2)	最小遮光角
1~20	10°	50~500	20°
20~50	15°	≥500	30°

2. 照明灯具分类

CIE 推荐以照明光通量在上下空间的比例来进行分类,由此将灯具分为五类:①直接型;②半直接型;③全漫射型;④半间接型;⑤间接型。各类灯具的光通分配比例见图3.1-2,并且在某种环境中使用还要按照 IEC(国际电工协会)规定的防尘、防水等级对灯具进行分类,以保证使用安全。

灯具类别	直接	半直接	全漫射(直射-间接)	半间接	间接
光强分布 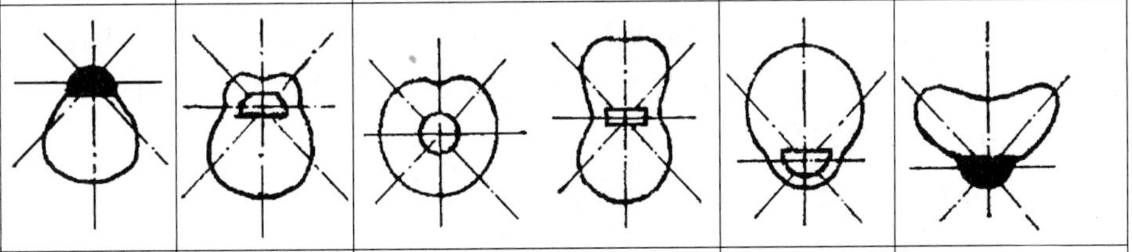					
光通分配(%) 上	0~10	10~40	40~60	60~90	90~100
下	100~90	90~80	60~40	40~10	10~0

图3.1-2　CIE 照明灯具分类

轻型投光灯常按光束分布范围分类,按 1/2 最大光强张角规定光束角(图3.1-3、图3.1-4)。

窄光束　　　< 20°

中等光束　　20°~40°

宽光束　　　>40°

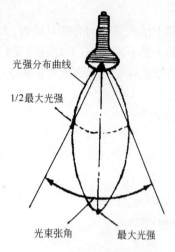

图 3.1-3 投光灯具光束张角

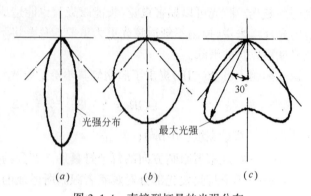

图 3.1-4 直接型灯具的光强分布
(a)窄配光；(b)中配光(余弦配光)；(c)宽配光(蝙蝠翼配光)

3.1.4 照明设计

现代照明设计要求从深入分析设计对象入手，如照明装置的用途、作业性质、作业时间以及建筑空间的大小、形状、风格等，全面考虑对照明有影响的功能、形式、心理和经济因素，在此基础上制订照明方案，进行照明设计。

设计可按以下步骤进行：

(1) 确定照度水平，质量指标；
(2) 确定照明方式；
(3) 选择照明设备；
(4) 照明计算；
(5) 照明经济与节能。

3.1.4.1 设计标准

照度水平是光环境的基本数量指标。但对提高视觉可见度和视觉舒适感来说，达到一定的照度水平以后，改善照明质量比提高照度更为有效，需要考虑的质量因素有：均匀度、周围环境亮度、眩光、显色指数、色温等，各使用场所的照明要求详见建筑照明设计标准。

3.1.4.2 照明方式

正常照明系统按照明设备的布置可分为一般照明、分区一般照明、混合照明(一般+局部照明)三种照明方式。应急照明系统按用途可分为疏散照明、安全照明和备用照明三类。

在较大的建筑空间中单独使用局部照明是不适宜的，因为这时整个环境不能获得必要的亮度，人眼一旦离开工作面就处于黑暗之中，容易引起视觉疲劳。当办公室采用局部照明时，局部照明与一般照明的比例在35%~50%时比较适宜。

3.1.4.3 照明设备的选择

1. 光源——根据各种灯的特性，按功能不同的室内光环境选择。
2. 灯具——选择灯具或照明装置的原则是在投资许可的前提下，要符合使用功能和照明质量的要求。

选择灯具还应考虑以下因素：

1) 建筑空间的形状和尺寸、装修风格特点;
2) 灯具的光通利用系数和光分布;
3) 是否符合限制直接眩光的要求;
4) 灯具材料的耐久性;
5) 是否便于灯具更换和清洗;
6) 外观。

3.1.4.4 照明计算

照明计算是光环境设计中的一个重要环节。通过计算可以求出达到照度标准所需要的灯数和灯功率;也可以根据确定的灯数和灯功率验算室内平均照度或某一点的照度。照明计算还包括室内亮度、眩光指数、节能效益等的计算。而照度计算是光环境设计中最基本的照明计算。

照度计算有两种基本方法:平均照度计算——流明法和点照度计算——逐点法。

如果只需要了解一个场所的平均照明情况而不需要知道某个具体点的照度时可采用流明法。流明法的计算原理是从照度的基本定义出发,先计算照明装置投射到一个表面上的总光通量(包括直射光通与反射光通),然后除以这个表面的面积,即得到计算表面上的平均照度。采用流明法计算平均照度或所需灯数的计算公式如下:

$$E = \frac{F \cdot N \cdot u \cdot K}{S}$$

$$N = \frac{E \cdot S}{F \cdot u \cdot K}$$

式中　E——平均照度;
　　　F——光源总光通量(lm);
　　　N——灯数(个);
　　　u——利用系数,详见灯具数据;
　　　S——房间面积(m^2);
　　　K——维护系数。

其中利用系数 u 是计算平均照度的关键。照明装置的利用系数被定义为工作面(或其他计算平面)上的有效光通量与全部灯的额定光通量之比。利用系数与以下四个因素有关:

(1) 照明灯具的光分布——工作面上接收的直射光越多,光通利用率越高。直接型灯具比间接型灯具有利;窄配光灯具比宽配光灯具有利。

(2) 灯具效率——与利用系数成正比。

(3) 房间几何比例——短而宽的房间比高而窄的房间利用系数高。高度相等的房间,面积大的比面积小的利用系数高。

(4) 房间表面反射比——反射比越高,反射光通量越大,利用系数 u 值越大。

3.1.4.5 照明经济与节能

安装照明设备和维护照明设备正常运行需要花费大量的资金和能源。在照明设计时必须对不同设计方案进行经济分析和比较,并采取切实可行的节能措施。

1. 照明费用

照明费用包括照明装置费和运行费两部分。影响照明费用的重要因素是:

1）照明质量——照度等级和均匀度,控制眩光的要求以及显色性等;
2）光源——瓦数、光效、寿命、价格;
3）灯具——类型、光分布、价格;
4）控制设备——镇流器及其功率损耗、调光设备、价格;
5）安装费用——附件及安装劳务费;
6）维护费用——维护周期和维护方式。

2．照明节能应以不降低照明效益为原则。建议采取以下措施节约照明能源:

1）确定合理的照度标准,推荐采用单位面积功率(W/m^2)限值,保证作业照度不低于现行照明标准或规范;
2）选用效率高的光源和附件,同时要符合照明装置的质量要求;
3）选择利用系数高的灯具,但还要达到光强分布合理,造型美观;
4）选择合适的照明形式,采用分区一般照明或HID灯的间接照明;
5）充分利用昼光照明,并对利用天然光照明和由窗造成的能源损耗能否从照明节能中得到补偿加以平衡;
6）加强照明管理,首先要控制照明负荷,即在保证照度标准的前提下对照明的单位容量(W/m^2)规定一个限值,这是一项带有强制性的政策措施,其次是加强照明设备的维护保养,制定严格的维护制度。

3.1.5 装饰照明

光在室内环境中除了具有照明功能外,还有一个显著的作用就是装饰性。现代的室内环境设计不仅强调功能的合理性,同时也注重人的审美需求,照明的装饰性是满足人精神需求的重要手段之一。由于现代科学技术的发展,新材料、新工艺的不断出现,新型照明器具被广泛地运用到室内设计中,并使室内用光的手段愈加高超,给设计师在设计中有了更大的自由度和灵活性。由于光本身的特殊性,设计师可以通过各种技术手段,运用照明器具的变化和组合,获得不同形态、图案和色彩的光环境,从而起到特殊的装饰效果,所以,光在创造环境的气氛与意境上有着得天独厚的作用。

3.1.5.1 光塑造立体感

在光环境中,明与暗是客观存在的,有光就有物体的阴影。光环境设计时,有的空间处理成明的,有的处理成暗的,有时强调光,有时控制光,有的应用光线由明到暗,有的由暗到明,而只要有光存在,阴影就存在,根据光和影的关系,物体变化会形成立体感。

无论是室内结构面,还是商品、物体、橱窗、模特等在以光塑造立体感时,会更富有魅力,栩栩如生,产生更强的吸引力。通常用聚光灯照射对象表现立体感时,因照射方向不同会产生不同的效果。

3.1.5.2 光表现质感

光可表现不同材质的物体所具有的不同质感。如:金属及玻璃制品、宝石、织物、陶瓷等,由于其质感不同,为了恰到好处地表现它们,就要合理的选择光源。

一般来说,白炽灯泡等光源光线集中,光的指向性强,因此在照射商品时商品的阴影较明显,可较好地表现对象的光亮和光泽。

萤光灯属线光源和面光源,光线柔和而均匀散射。因此,不易产生光的阴影,其表现效果较为平和,特别宜于毛料、呢制品等织物质感的表现。

3.1.5.3 光表现色彩

光可以强化或减弱物体色彩的视觉效果,也可通过色光本身,获得动人的色彩。在较暗的背景下,色光可改变或加强固有色,给人以生动、鲜明的感觉。光能使物体色彩统一、协调,或冷暖交融,或明暗相互渗透,给人以全新的视觉效果。

3.1.5.4 光创造气氛

光的亮度和色彩是决定环境气氛的主要因素。比如,用强烈的光线可以把一切暴露无遗,虽然清晰明快,却缺少含蓄回味,而朦胧的光线则具有装饰意味,宜于渲染神秘、含蓄、宁静、高雅的气氛和某种意境。不同的光环境其感觉不同,有时在晚上一支蜡烛就可能使你觉得房间"金碧辉煌"。如:勒·柯布西埃设计的"朗香教堂",除了它奇特的平面,倾斜的墙壁外,其用光处理也是相当独特的。他用了一系列碉堡式的小窗子和墙与翻卷的屋顶形成的天窗,使光线从这些小窗射进来,带有神秘的朦胧感,让信徒更加觉得是在此与上帝直接对话,此时光本身也被赋予了一定的思想性。

室内的气氛也会因不同光色而变化。如餐厅、咖啡馆和娱乐场所,常常用加重暖色粉红色,使整个空间具有温暖、欢乐、活跃的气氛。暖色光使人的皮肤、面容显得更健康、美丽动人。由于光色的加强,光的亮度相应地减弱,也使空间更感亲切。冷色光也有许多用处,特别在夏季,青、绿色的光色使人见而生凉意。

3.1.5.5 加强空间感、层次感

光可构成层次感、加强空间感。现代室内的光环境,通过光这个变幻无穷,颇具魅力的特殊"材料"来表现、创造、强调、烘托空间感所取得的多层次性效果,是其他手法无可替代的。

光设计表现可以强化空间序列层次,以不同的照明方式,强弱度及光色渐变可丰富光的层次,使光照度序列明确、层次丰富,光色由暖向冷变化有度。

室内空间的开敞性与光的亮度成正比,亮的房间使人感觉要大些,暗的房间感觉小些。通过多种光的特性,使室内亮度分布不同,显得比单一性质的光更有生气。光还可使空间变得实虚结合。例如许多台阶照明及家具底部照明会使物体和地面"脱离",形成浮悬效果,空间更显得通透轻盈。

3.1.5.6 光影艺术

室内的光影艺术应利用各种照明装置,在恰当的部位,以生动的光影效果来丰富室内的空间,既可以表现光为主,也可表现影为主,也可光影同时表现,造成不同的光带、光圈、光环、光池。某些室内设计利用设在绿化背后的光,由下向上照射,把植物枝叶的影子照在顶棚上;也可以利用虚实灯罩,把光影洒到各处,形成由不同光色在墙上构成的抽象"光画",成为表现光艺术的又一新领域。总之,光影艺术可形成趣味中心和夸张的戏剧性效果。在波特曼设计的一个旅馆中庭里,安排一组由四个少女围成一圈的雕像,为了突出中心,设计师利用剪影手法,使光从雕像中下部面射出,犹如光井,效果生动非常。

3.1.5.7 光协助造景

现代环境设计中,为了突出表现某个主题或构思,可以通过布置场景的方式来取得舞台戏剧化的装饰效果。利用光来强调重点,烘托气氛,突出场景在环境中的视觉地位,充分展现色彩美和材质美,表现特定的气氛,追求诗般的意境,光在场景设计中,起着相当重要的作用。

总之,室内照明设计在满足功能要求前提下,更是一门艺术,无论是在公共场所还是家庭中,光的作用无所不在。室内照明设计就是利用光的一切特性,去创造所需要的光环境,以满足人们的工作和生活需求,通过照明来实现特定的构想,充分发挥其在室内设计中的艺术装饰作用。

3.2 室内声环境

19世纪末美国哈佛大学赛宾教授通过实验,利用统计方法,提出了混响时间的定义和计算式,并且根据此设计和建造了美国新波士顿音乐厅,成为世界著名三个古典式音乐厅之一,音质非凡。自此之后,古已有之的建筑声学从经验走向了科学。一个多世纪以来,建筑声学的发展很快,从开始对厅堂音质的研究,逐步发展成为噪声减低、建筑声学、室内声学三部分,并日趋成熟,在人民生活中起着很大的作用。

3.2.1 噪声减低

此部分的科技学识,主要是土建设计人员、环保人员应掌握,来指导设计,其中城市噪声问题更为人注目,对室内设计人员只要了解即可,相关设计规范和标准见表3.2-1。

城市区域环境噪声标准
$[L_{eq}(A)]$(等效连续A声级,dB)(GB 3096—93)　　　　表3.2-1

适 用 区 域	昼 间	夜 间
特殊住宅区	45	35
居民、文教区	50	40
Ⅰ类混合区	55	45
Ⅱ类混合区、商业中心区	60	50
工业集中区	65	55
交通干线道路两侧	70	55

注:此标准适用于区域环境,也适用于噪声源(厂区、锅炉房、歌舞厅等场所)辐射到界外(指缓冲地域外缘)的噪声限值。

3.2.2 建筑声学

此部分的内容要求土建设计人员必须掌握的。

3.2.2.1 民用建筑的隔声及其有关规范

(1) 居住建筑

1) 住宅内卧室、书房与起居室的允许噪声级,应符合表3.2-2的规定。

室内允许噪声级　　　　表3.2-2

房 间 名 称	允许噪声级(A声级,dB)		
	一级	二级	三级
卧室、书房(或卧室兼起居室)	≤40	≤45	≤50
起 居 室	≤45	≤50	

2) 分户墙与楼板的空气声隔声标准,应符合表3.2-3的规定。

空气声隔声标准　　　　　　　　　　　　　　表 3.2-3

围护结构部位	计权隔声量（dB）		
	一级	二级	三级
分户墙及楼板	≥50	≥45	≥40

3）楼板的撞击声隔声标准，应符合表 3.2-4 的规定。

撞击声隔声标准　　　　　　　　　　　　　　表 3.2-4

楼板部位	计权标准化撞击声压级(dB)		
	一级	二级	三级
分户层间楼板	≤60	≤75	

注：当确有困难时，可允许三级楼板计权标准化撞击声压级小于或等于 85dB，但在楼板构造上应预留改善的可能条件。

(2) 学校建筑

1）学校建筑中各种教学用房及教学辅助用房的允许噪声级，应符合表 3.2-5 的规定。

室内允许噪声级　　　　　　　　　　　　　　表 3.2-5

房间名称	允许噪声级（A 声级,dB）		
	一级	二级	三级
有特殊安静要求的房间	≤40	—	—
一般教室	—	≤50	—
无特殊安静要求的房间	—	—	≤55

注：① 有特殊安静要求的房间指语言教室、录音室、阅览室等。
　一般教室指普通教室、史地教室、合班教室、自然教室、音乐教室、琴房、视听教室、美术教室等。
　无特殊安静要求的房间指健身房、舞蹈教室；以操作为主的实验室，教室办公及休息室等。
② 对于邻近又特别容易分散学生听课注意力的干扰声（如演唱）时，表 3.2-5 中的允许噪声级应降低 5dB。

2）不同房间围护结构的空气声隔声标准，应符合表 3.2-6 的规定。

空气声隔声标准　　　　　　　　　　　　　　表 3.2-6

围护结构部位	计权隔声量(dB)		
	一级	二级	三级
有特殊安静要求的房间与一般教室间的隔墙与楼板	≥50	—	—
一般教室与各种产生噪声的活动室间的隔墙与楼板	—	≥45	—
一般教室与教室间的隔墙与楼板	—	—	≥40

注：产生噪声的房间系指音乐教室、舞蹈教室、琴房、健身房以及有产生噪声与振动的机械设备的房间。

3）不同房间楼板的撞击声隔声标准，应符合表 3.2-7 的规定。

撞击声隔声标准　　　　　　　　　　　　　　表 3.2-7

楼板部位	计权标准化撞击声压级(dB)		
	一级	二级	三级
有特殊安静要求的房间与一般教室之间	≤65	—	—

续表

楼板部位	计权标准化撞击声压级(dB)		
	一级	二级	三级
一般教室与产生噪声的活动室之间	—	≤65	—
一般教室与教室之间	—	—	≤75

注：① 当确有困难时，可允许一般教室与教室之间的楼板计权标准化撞击声压级小于或等于85dB，但在楼板构造上应预留改善的可能条件。
② 产生噪声的房间系指音乐教室、舞蹈教室、琴房、健身房以及有产生噪声与振动的机械设备的房间。

4) 各类教室的混响时间，应符合表3.2-8的规定。

各类教室的混响时间 表3.2-8

房间名称	房间体积(m²)	500Hz混响时间(使用状况)(s)
普通教室	200	0.9
合班教室	500~1000	1.0
音乐教室	200	0.9
琴房	<90	0.5~0.7
健身房	2000	1.2
	4000	1.5
	8000	1.8
舞蹈教室	1000	1.2

注：表中混响时间值，可允许有0.1s的变动幅度；房间体积可允许有10%的变动幅度。

(3) 医疗建筑

1) 病房、诊疗室室内允许噪声级，应符合表3.2-9的规定。

室内允许噪声级 表3.2-9

房间名称	允许噪声级(A声级,dB)		
	一级	二级	三级
病房、医护人员休息室	≤40	≤45	≤50
门诊室		≤55	≤60
手术室		≤45	≤50
听力测听室		≤25	≤30

2) 病房、诊疗室隔墙、楼板的空气声隔声标准，应符合表3.2-10的规定。

空气声隔声标准 表3.2-10

围护结构部位	计权隔声量(dB)		
	一级	二级	三级
病房与病房之间	≥45	≥40	≥35
病房与产生噪声的房间之间		≥50	≥45
手术室与病房之间	≥50	≥45	≥40
手术室与产生噪声的房间之间		≥50	≥45
听力测听室围护结构		≥50	

注：产生噪声的房间系指有产生噪声与振动的机械设备的房间。

3) 病房与诊疗室楼板撞击声标准,应符合表 3.2-11 的规定。

撞击声隔声标准 表 3.2-11

楼 板 部 位	计权标准化撞击声压级(dB)		
	一级	二级	三级
病房与病房之间	≤65	≤75	
病房与手术室之间	≤75		
听力测听室上部楼板	≤65		

注:当确有困难时,可允许病房的楼板计权标准化撞击声压级≤85dB,但在楼板构造上应预留改善的可能条件。

(4) 旅馆建筑

1) 旅馆的允许噪声级,应符合表 3.2-12 的规定。

室内允许噪声级 表 3.2-12

房间名称	允许噪声级(dB)			
	特级	一级	二级	三级
客 房	≤35	≤40	≤45	≤55
会 议 厅	≤40	≤45	≤50	
多用途大厅	≤40	≤45	≤50	—
办 公 室	≤45	≤50	≤55	
餐厅、宴会厅	≤50	≤55	≤60	—

2) 客房围护结构空气声隔声标准,应符合表 3.2-13 的规定。

客房空气声隔声标准 表 3.2-13

围护结构部位	计权隔声量(dB)			
	特级	一级	二级	三级
客房与客房间隔墙	≥50	≥45	≥40	
客房与走廊间隔墙(包含门)	≥40		≥35	≥30
客房的外墙(包含窗)	≥40	≥35	≥35	≥20

3) 客房楼板撞击声隔声标准,应符合表 3.2-14 的规定。

客房撞击声隔声标准 表 3.2-14

楼 板 部 位	计权标准化撞击声压级(dB)			
	特级	一级	二级	三级
客房层间楼板	≤55	≤65	≤75	
客房与各种有振动房间之间的楼板	≤55		≤65	

注:机房在客房上层,而楼板撞击声达不到要求时,必须对机械设备采取隔振措施。
当确有困难时,可允许客房与客房间楼板三级计权标准化撞击声压级≤85dB,但在楼板构造上应预留改善的可能条件。

3.2.2.2 观演建筑

1) 观众厅内噪声允许值

观众厅噪声允许值　　　　　表 3.2-15

厅堂用途	选用标准	自然声	采用扩声系统
歌剧院、音乐厅、话剧院	合适标准 最低标准	NR20 NR25	NR25 NR30
普通电影院	合适标准 最低标准		NR35 NR40
立体声电影院	合适标准 最低标准		NR30 NR35
多用途厅室	合适标准 最低标准	NR25 NR30	NR30 NR35

注：① 根据《剧场建筑设计规范》(JGJ 57—2000)，歌剧院、音乐厅、话剧院等的允许噪声标准：甲等≤NR25，乙等≤NR30，丙等≤NR35。
② 根据《电影院观众厅建筑声学的技术要求》(GB/T 13156—91)允许噪声标准，单声道≤40dB(A)，多声道≤35dB(A)。
③ NR + 5dB = dB(A)。

2) NR 曲线倍频程声压级

NR 曲线倍频程声压级　　　　　表 3.2-16

频率(Hz) NR	125	250	500	1000	2000	4000
20	39	30	24	20	16	14
25	43	35	29	25	21	19
30	48	39	34	30	26	25
35	52	44	38	35	32	30
40	56	49	43	40	37	35

3.2.3 音质设计(室内声学)

3.2.3.1 到了 21 世纪的今日，观演建筑中的多项专业技术，例如：室内声学，电声，噪声减低，舞台照明，舞台设备，空调技术等等，已经发展成熟，成为独立的工程项目和科学技术，并且运用现代的工程技术手段、机电和计算机辅助设计与控制。特别是室内声学理论的发展和实际经验的积累，取得了很大的成就，日趋定量化，直接影响着观演建筑的尺寸、体形、容量、细部等，指导着建筑和室内设计，并且与其他各工程专业形成了一项多层次的系统工程。由于声学与工程中各专业都有着直接的关联，所以它是该系统工程中的"扭结"是解决音质设计中诸问题的关键。这种集视、听、演的内环境是由高科技所武装乃是现代观演建筑的特征。

3.2.3.2 音质设计的目的

音质设计的目的是使有听音(拾音)要求的建筑物内具有良好的声学条件。这些建筑一般指音乐厅、剧场、会堂、礼堂、电影院、体育馆、多功能厅等类公共建筑，以及录音室、播音室、演播室、教室、试验室等具有声学要求的场所。因此应保持这些场所没有音质缺陷和噪声干扰，同时应具有合适的响度、声能分布均匀、一定的清晰度和丰满度。

3.2.3.3 音质指标

作为研究厅堂主观感受的音质评价和客观物理量的音质参量的室内声学,自 20 世纪 50~60 年代以来经历了数十年的研究,特别是从 80 年代以来已经从众说纷纭的数十个参量中取得了共识的有五个,但仍然还不尽人意,主观评价的方法和参量还存在不少问题;某些物理参量尚未能达到定量的程度,物理量与主观感受的关系如何,尚待不断深入研究。因此室内声学的主观音质评价和客观音质参量的研究,还是一个不断深入研究的课题。

由表 3.2-17 可知,音质设计已有科学的根据,也有建筑的相应措施可行。当然它们的关系并不是如此简单,但是有脉理可寻,有原则可据。所以音质的设计可以说逐渐从茫然的经验走向理性。

音质评价、音质参量、音质设计的相互关系　　表 3.2-17

序号	音质评价(主观)	相应的音质参量(客观)	音质设计的措施
1	混响感、丰满感、低频感	混响时间(RT)它的中频与低频之比的作用	大空间。与厅内材料选择有关,选用材料应能控制振动,若选用木板材,厚度宜为 8cm
2	响度	接收点的声能密度或声场力度感(G)。 适合听众的声级 77~80dBA G 值:计算复杂,误差较大,实测较复杂	与体型有关;应有较多的早期反射声。以 80ms 为界,声源处两墙之间的宽度宜为 17~18m
3	清晰度	接收点处的有效声能与无效声能之比(C_{80})	与体型有关;具有较多的早期反射声,并在后期声(混响声)有很好的扩散效应
4	亲切感	早期反射声的初始延迟时间间隙(t_2)最佳设计值为 20ms($\Delta L=6.8m$),大于 35ms($\Delta L=12m$)则不利	与体型有关;直达声与反射声之间的时间差(约 20ms),反射面与接收点之间的距离为 7m 左右
5	空间感或环绕感	较多的早期侧向反射声(LEV)	与体型有关;早期侧向反射声的时间-能量-空间分布合理
6	演奏台的演员之间,与指挥之间的彼此感受	直达声与反射声之比	与演奏台的体型有关;台内空间应有适宜的早期反射声、扩散声能

3.2.3.4 模式和功能定位

观演建筑的模式对音质完善起着决定性的作用,西方及日本已经积累了很多经验可供参考,室内声学的理论也能给予指导。参考世界著名的音乐厅、剧场等观演建筑的资料,具有很大的指导意义。著名的音乐厅,古典的大都是细长的矩形,现代的则较灵活,形式较多,但仔细分析,多数仍然是以矩形为基础。根据现代室内声学理论进行变形发展形式呈现了多样化,例如传统的镜框式舞台和现代的开敞式舞台,而开敞舞台又有尽端式、伸出式、中心式(岛式)、环绕式和半环绕式。

不同类型的建筑对音质有不同的要求。所以在设计前应作周详的调研和分析,与业主充分讨论,确定观众厅的主要使用功能和可以兼容的功能。因为当前观众厅的功能已经不是解放初期的(50~60年代的)简易性的多功能影剧院,是适应当时人们对文化生活要求不高的情况,同时那时的剧场科技发展水平也较低,因此这类型的影剧院只是能满足观演的一般要求。而现在我国的经济发展很快,人民生活迅速提高,欣赏水平也日益提高,同时剧场科技也都有了长足的发展,人们已经不再满足那种多功能影剧院的水平。所以当前的观众厅应该适应人民更高层次的欣赏要求,能够适应所演出剧种的特点,充分发挥演出特色和效果。所以不能重复建造已经不适应要求的那种多功能影剧院,而是应该建造填补空白的、适应现代特点的观众厅,也就是所谓的适应性的多功能剧场。同时也有专业性的观演建筑。

3.2.3.5 根据已定的功能要求,应选择合适的混响时间(表 3.2-18)和它的各频率的混响时间的比值(表 3.2-19)。

观众厅混响时间 表 3.2-18

使 用 条 件	观众厅混响时间(s)设置	备 注
歌 舞	1.3~1.6	《剧场建筑设计规范》JGJ 57—2000 适于容量为 800~1600 座 低于或高于此规模者可参照执行
话 剧	1.1~1.4 (2000~10000m³)	
戏 曲		
多用途厅、会议厅		
单声道电影院	1±0.1	《电影院观众厅建筑声学的技术要求》(GB/T 13156—91) 适用于 2000~8000m³
多声道电影院	0.8±0.2	
歌 舞 厅	0.6~0.9(下限) 0.7~1.2(上限)	歌舞厅扩声系统的声学特性指标与测量方法(WH 01—93)

频率 500~1000 赫与各频率混响时间的比值 表 3.2-19

	125	250	2000	4000	8000
歌 舞 厅	1.00~1.35	1.00~1.15	0.90~1.00	0.80~1.00	0.70~1.00
话剧、戏曲、多用途厅、会议厅	1.00~1.20	1.00~1.10			
单声道电影院和多声道电影院	1.0~1.3	1.0~1.1	1.0	0.8~1.0	
歌 舞 厅	1.0~1.4	1.0~1.2	0.8~1.0	0.7~1.0	

不同类型的建筑对音质有不同的要求,虽然从表 3.2-17 中可知共有六种参量,但是到目前为止,评价室内音质的指标很多,但惟一能够进行主客观评价,并且能够进行计算和测量的是混响时间。其算式为:

$$T_{60} = \frac{KV}{-S\ln(1-\bar{a}) + 4mV}$$

式中 K——房间形状的参变数,一般取 0.163;

V——房间容积(m³)[1];

S——室内总表面积(m²);

$\bar{a}$——室内平均吸声系数;

$$\bar{a} = \frac{N_1 a_1 + N_2 a_2 + \Sigma S_i a_i}{S}$$

S_i——室内各部分的表面积(m^2),一般包括顶棚、墙面、门窗、台口及地面[(2)]的面积;

a_i——与 S_i 相对应的表面吸声系数;

N_1、N_2——满座及空座的所占的地面面积(m^2)或数量(包括观众和乐队);

a_1、a_2——每单位满座及空座的吸声系数;

m——空气吸声系数(表 3.2-20)。

注:① 剧院不计舞台,音乐厅包括演奏台。

② 指观众及乐队席以外的地面面积。

③ $\overline{a}$ 与 $-\ln(1-\overline{a})$ 的换算可见"建筑声学设计手册"附表 9-4(P.589)。

空气吸收系数 4m 值(室内温度 20℃)　　　　　表 3.2-20

频率(Hz)	室内相对湿度			
	30%	40%	50%	60%
2000	0.012	0.010	0.010	0.009
4000	0.038	0.029	0.024	0.022

3.2.3.6 音质设计是一项系统工程

音质设计是用建筑艺术和技术的技巧和手段来体现音质参量的要求,以期达到视、听、演具佳的厅内环境的综合效果。提供主观评价和客观参量测量和验证的场所,为进一步开展对室内声学理论研究创造条件。

当前音质设计是向综合方向发展,确认混响理论为基础,并向微观方向开拓。考虑早期反射声组成(早期反射声的序列、空间分布)的合理性、后期声的扩散。消除或转化不利的反射声为有利的反射声。综合考虑厅堂的形状、反射、扩散、吸声等因素的协调和制约,达到厅内有合适的混响时间、足够的响度、合理的初始时延、较多的早期侧向反射声等。因此,建筑师与声学家密切合作,共同创造、实现厅堂的各物理音质参量的要求,达到好的听、视、演的效果,建立一个初步合理的声学的建筑雏形空间,以便展开和深入各工种之间配合和综合,共同进行设计。

观众厅建筑的音质设计应与规划、工艺、建筑、结构、设备、电气等等设计紧密协调、合作才能取得整体效应。所以声学设计是作为系统工程的公共建筑中的一项子系统,它是室内空间环境设计的组成部分,因此仅仅在土建设计中考虑其要求是不够的,应该进行专业的设计。

室内音质设计应根据其使用功能和容积(V)来确定其音质要求,其中主要是选择适度的混响时间,然后根据上述的指标来进行体型设计。

(1) 为了保证有较多的早期侧向反射声,保证厅中央区域(4~5 排至 11~12 排中央区域内的座席)具有必要的早期反射声,采用古典音乐厅的矩型平面,对于中小型音乐厅是合理的。这类音乐厅的宽度约为 20m,而侧墙挑出的栏板之间的距离约为 16m。剧场的宽度可以为 28m,同样可以利用侧包厢进行声反射,以改善厅中央区域的音质。

(2) 根据现代对视、听觉的研究,最大距离不宜大于 40m,古典音乐厅池座长度大约为 35m,现代音乐厅约为 30m。

(3) 由于对舒适度的要求比 19 世纪时高,因此目前每座所占的面积较大,为 $0.8m^2$/座或更多些。按古典音乐厅来考虑,大型音乐厅的长度将大于 50m,对视、听不利。所以现代大型音乐厅大多数是采用矩形为基础的变形手法进行设计。

（4）由于乐器和人声都具有方向性的特点，其声能除向前方辐射外，在其侧向和后方也辐射一定的能量。为了充分利用声能，大型音乐厅的座席的安排是围绕着演奏台。座席分配的情况大约是前方为80~85%，后方和侧面占12~15%，这样主要座席离指挥处不大于30m，保证响度和亲切感的要求。剧场座席的安排也类似，只是位于后方的往往移至观众厅的后部和侧向。

（5）演奏台（舞台）

大型交响乐队的宽度不大于18m，演奏台的侧墙可以设计成具有10°的斜面，保证好的反射。台的深度约11m，其面积为150~190m^2，合唱队员约为100人，可以增加50m^2，所以演奏台的面积大约为220m^2左右即可。维也纳音乐厅的演奏台的宽度为16m，深度为8m，其面积为130m^2，也足够大型交响乐队的演出，其合唱队员布置在演奏台上面，管风琴前的浅挑台处。西柏林爱乐音乐厅的演奏台面积则为300m^2。乐队队员与指挥的距离希望在8m左右，这样可以保证直达声好，指挥与队员之间融合协调，保证声音的融洽和整体性。演奏台内空间应具有较多的早期反射声和好的扩散性能。为了长三角钢琴搬动方便，可在指挥附近设2.5×4m的升降台。剧场的舞台内应作声学处理。

（6）演奏台的后墙高约为4m，其后即为后坐席，升高约为2m，席后为管风琴约为10m高，宽为12m，深为3m，一般5800管左右，重18吨。演奏台前沿的吊顶离台面的高度约为18m，挑台下的最后座席离挑台下吊顶的距离不小于3.3m，楼座则不小于3.5m，保证演奏台声音全频地和整体地辐射到所有的座席。台高为1m左右。按照上述座席和演奏台的布置，可以保证厅内具有8~10m^3/座的大空间，是长混响(1.8~2.0秒)的空间基础。演奏台上部的悬挂反射板离台面为9m。

（7）材料的选择

演奏台的地面为1.5cm厚的粗地板、3cm厚的面地板、木龙骨，台内空间的各墙表面、浅挑台的栏板和池座侧墙可为石材或石、木组合，具有不规则起伏的、粗糙的表面、以利扩散。

大厅的吊顶应为反射材料(可以是3×10mm纤维石膏板)能经两次反射到达座席，并具有一定的扩散效应，所以其表面应具有浅凸弧形。

（8）座椅是大厅内最大的吸声量。由于音乐厅的混响时间要求较长，所以座椅的吸声量不宜太强，其靠手和背板都应是木质的，坐垫厚度不宜过厚，坐垫厚约7cm，背垫厚约2.5cm以防吸声量太强。而剧场座席的吸声量要求大一些。

（9）为了能够演出多种风格的作品，特别是中国民族乐曲，因此在保证厅内具有1.8~2.0秒的混响时间外，最好能够调节其混响时间为1.7~2.1秒。因此厅内需考虑设置可调节的混响时间装置，但投资较大，设计难度也较大。

（10）为了防止外部噪声的干扰，在大厅吊顶上部还应做一层隔声吊顶(3×10mm纤维石膏板)和平均隔声量为30~35dBA的隔声门，也可以用3×10mm纤维石膏板做隔声墙。

根据上述可得一个声学和建筑的雏形空间，在此基础上进一步综合各专业进行初步设计。依此设计进行计算机建模，进行声学计算，对各声学指标做核对，为施工设计提供科学的依据。必要时在施工设计基础上，制作缩尺比例模型做声学试验，调整厅内的局部体型、构件形态以及吸声材料布置，由大厅的空间进入各艺术形态的处理，最终创造出内环境的艺术境界。所以音乐厅和剧场的音质设计过程，是一个体(空间)—形(声学和建筑艺术的形态)—境(科学与艺术结合的境界)创造的过程,即体—形—境的创造系统。

由此可知,音质设计的构思应在进行土建和室内设计方案的同时进行,甚至在工程立项时就应根据建筑物在城市建设中的地位、投资的情况进行审核,在功能定位、声学特性模式等方面有明确完整的目标,立意恰当,理性有序,使建筑艺术和声学科技互相配合,形成统一和谐的整体。

3.2.3.7 体育馆内的音质设计

(1) 模式

随着社会的发展,人民的需要也发生了很大的变化。经济和科技的进步,审美观念的改变,体育馆建筑也出现了争奇斗艳的风姿,其内部空间也呈现出日新月异的面貌。所以,体育馆建筑的设计是当代高科技和高艺术的结晶,时代感很强。

体育馆的空间是由看台和比赛场地两部分组成。

看台布局是以视觉质量为依据。大型体育馆的座位往往是沿着周边布置的,而在场地长边两侧的座位是主要的,也有加挑台的。中、小型的也有像大型的那样是周边式的,而多数是沿着场地长边布置的,或者是一侧为主,另一侧为辅,也有加挑台的。兼顾文艺演出的,则以不对称布置为佳,趋于观众厅的方式布置,有效形状为矩形,最佳形状为近于椭圆形。中型体育馆的视距(最后排端部的座位到比赛场地最远的一角),一般在50m以内,大型体育馆则在60m以外,所以大约有50%~80%的座位的明视性是低于中型馆。看台最后座位上空一般为3米。看台高度是随规模大小、布置方式而变化。一般球类馆的最后排看台的高度:大型馆(8000座以上)平均为16.4m,中型馆(5000~6000座)为11.5m,小型馆(4000座以下)为11m以下。所以看台的高度是一个常数。

比赛场地的面积有具体规定(不小于22m×44m),是一个常数。比赛场地上面的高度也是一个常数,中、小型馆是按排球要求取12.5~13m,网球则取15m,大型馆可取15m。所以体育馆的空间随着规模大小而变化,并日趋定型化。

看台升起高像山坡,倾斜的看台具有很强的向心性和运动感,但是还需要顶棚界面的呼应,才能因视觉空间的"连续"而产生动感。场地好像一片谷地,大片面积的比赛场地,由于它明亮、光滑,像一池春水,起着视觉导向的作用,强调出馆内的视觉环境中心。因此,在其上的顶棚也就成为馆内的兴趣中心。所以体育馆内的顶棚界面的处理,在馆内空间的构成中起着主导作用。屋盖结构的选型和顶棚的处理方式对内部空间的形态和大小的作用是一个关键。

近年来,体育馆的屋盖结构,除了已广泛使用的空间网架外,其他新型结构如悬索结构、壳体网架结构等也被重视起来。利用屋盖结构的特殊形态与内外环境取得协调,并表现为多层次的文化形象,在变化中取得和谐的整体效果。这类屋盖结构通常不作吊顶,暴露结构,由于结构构件简洁和谐,轻灵剔透,减轻了与空间的压抑感,又显示了科技美。这样体育馆比赛场地上的顶棚形式会出现上凸、水平和下凹的三种基本模式。

(2) 声学处理

1) 声学设计的要求和指标

参见中华人民共和国行业标准《体育馆声学设计及测量规程》(JGJ/T 131—2000)。

2) 处理位置

体育比赛、文娱演出等都在比赛场地上进行。比赛场地面积大、地面的声反射性能强、高度大(至少应为12.5m)、声反射距离长,在地面与顶棚之间具有多次反射,产生多重回声,干扰运动员的注意力和使出现判断错误。文娱演出时,话筒位于此处,接受了反射声,会产生啸叫,影响演出。所以在比赛场地上方的顶棚无论是上凸的、下凹的和水平的,都应有宽频带、强吸声的声学处理。

馆内的顶棚的处理方式有两种,即有吊顶和无吊顶。有吊顶的优点,可以减少馆内的容积,对控制音质条件和节能有利,在吊顶内可以布置灯光、管道、检修马道以及扩声设备等。馆内具有整齐、美观的效果。缺点是吊顶的造价太大,1万 m² 面积的吊顶相当一个练习馆的代价。无吊顶的优点,可以接合保温、隔热在屋面板处加吸声材料,一材多用,节约投资;灯具、扩声设备等布置灵活自由;也能达到美观、整齐和新颖的效果。缺点是增加了20%～30%的容积,上凸式的增加则非常大,甚至到达惊人的地步。

另外,体育馆是以扩声扬声器为主要声源,所以自声源反射出来的声能的途径一部分是到达观众席再反射到顶棚,另一部分到达比赛场地,再反射到顶棚。因此顶棚是馆内声反射必经之地,也是吸声有效之地。

体育馆的顶棚约占馆内总表面积的40%,因此它在馆内吸声处理中占主要地位。平顶的吸声值约占空场总吸声值的70%左右。

体育馆的墙面面积较少,约占有馆内总表面积的12～16%,并且计分牌又占去很大一部分,有的墙面上还有玻璃窗。所以可以布置吸声材料的墙面面积不多。然而在墙面上布置吸声材料或构件是很重要的,以往布置低频吸收的如穿孔板类较多。文娱演出时,往往以布置在比赛场地内流动的扩声系统为主,射向观众席的各种声音容易被墙所反射,产生长距离的反射而形成回声,还有沿着墙爬行的现象,使后座易受干扰。所以墙面上宜布置宽频带的吸声材料和构件,也可以布置扩散体,可以改善馆内的音质条件。

3) 容积大

体育馆的容积大,不仅是由于它的容量多,同时比赛功能也要求大的场地和足够的高度(一般是不低于12.5m)。一般小型体育馆的容积为3～4万 m³,中型的为5～7万 m³,大型的大致在10万 m³ 以上。平均每个观众所占有的容积为5～10m³;而那些特殊体型的甚至可达20～30m³。大多数的游泳馆由于高台跳水的要求,其高度更高,所以每座所占有的容积一般是大于20m³。每座容积越大,室内的混响时间就越长,馆内的听闻条件就越差。

空间大,平均自由程(L)长,容易产生回声。反射声密度少,声能比小,临界距离短,不利于清晰度。空间距离大会影响吸声材料的吸声量,所以实际的吸声系数与实验室所给出的吸声系数差值大,因此实际的混响时间与计算的差值较大。由于体育馆内的容积大,又要求混响时间短,必然要求在馆内的吸声量大才行,一般平均吸声系数为0.40以上,而以往的只需0.32左右即可。所以,减少体育馆内容积的好处是很大的。

3.3 室内装修设计防火

3.3.1 室内装修设计防火的概念

3.3.1.1 室内的火灾特点

建筑物本身一般是不会发生火灾的,火灾多是由人的因素引发的。人为的使用不慎,疏忽或故意纵火,是引发建筑火灾的主要原因。从过去的建筑火灾的统计资料可知,由于微小火源而造成严重伤亡及损失的案例,为数极为可观。为进一步防止因微小火源酿成大祸,除了微小火源出现的频率外,加强室内装修材料的防火性是非常重要的一环。

目前在建筑中使用的大部分装修材料都是对火十分敏感的普通材料,而绝大多数建筑火灾都是由室内开始扩大蔓延的。在图 3.3-1 中给出了有可燃内装修与没有可燃内装修两种情况下燃烧生成气体的过程的对比。

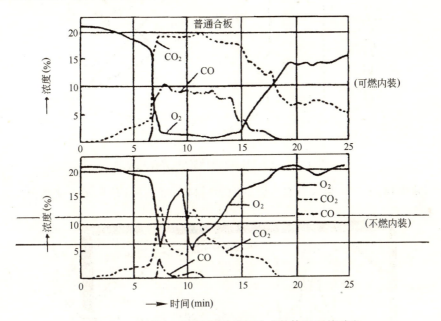

图 3.3-1 可燃与不燃内装修燃烧生成气体过程的对比

试验表明,可燃性装修材料在较低的辐射值作用下就会燃烧,而难燃性材料则在较高的热量下才会燃烧。另外,可燃性材料一旦受高温即容易释放大量的浓烟和有毒气体,造成人员伤亡,阻碍安全疏散和外部救援。我国某市百货商场火灾之所以造成大量人员死亡,主要就是可燃装修材料使用不当所致。室内装修材料对火灾的影响有以下几个主要方面的特点:

(1) 影响火灾发生至爆燃的时间;
(2) 通过材料表面使火焰进一步传播;
(3) 加大了火灾荷载,助长了火灾的热强度;
(4) 产生浓烟及有毒气体,造成人员伤亡。

图 3.3-2 是材料燃烧后产生危害的示意图。

鉴于建筑内部装修材料是十分重要的火灾引发体,为了避免室内空间火势的迅速发展,影响人员的撤离和灭火,所以必须考虑装修材料的防火性能。

试验结果表明,当在一个封闭的空间起火时,首先是充满烟雾的热气体上升。由于自然对流和层化作用,热气体在吊顶下部形成一个水平层与部分墙体接触,随着烟气层逐渐地加强,最后烟气充满整个空间。随着火势的扩大,火焰窜到附近的可燃家具陈设上,使表面装饰层等起火燃烧。当火焰升高直扑屋顶后,又会沿着水平方向回散,向四壁和下方辐射热量并加速火势扩大。如果顶棚是可燃的,就会被首先引燃。如果四壁表面的装饰材料是可燃

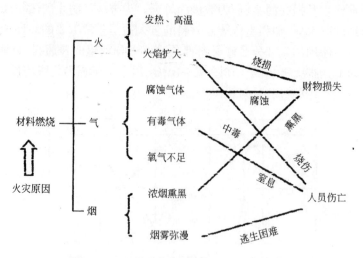

图 3.3-2 室内装修材料燃烧后产生的危害

的,随后便会燃烧,最后火势会席卷可燃的地面材料。图 3.3-3 给出了上述过程的示意。

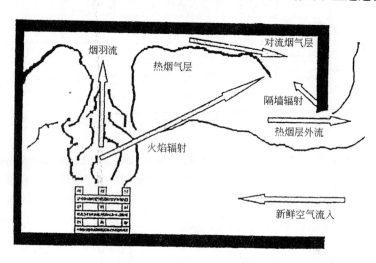

图 3.3-3 火灾过程示意图

3.3.1.2 材料燃烧热值的确定

所有材料在燃烧过程中都要释放大量的能量,而这种能量的具体值是通过燃烧热来确定的。燃烧热是指单位质量的材料完全燃烧后释放出来的总热量,或更严格地说是在标准条件下可燃材料和氧化剂反应并生成产物的反应热,也称作热值。

(1) 理论计算法

物质的燃烧过程就是物质发生化学反应的过程。物质在燃烧过程中放出大量的热量,这种热量是燃烧中蕴藏的某种形态的化学能通过化学反应以热能形式释放出来的。因此,可以用热力学和热化学来分析研究物质燃烧过程中的能量变化,从而根据化学热力学原理进行化合物燃烧热的计算。

(2) 实验测定

采用热化学反应过程计算燃的方法只适用于单质或纯化合物。而在大量使用的材料中纯物质的应用范围是很小的,尤其在建筑材料中,各种材料的成分是很复杂的,不可能写出明确的化学分子式和化学反应方程式。因而难以用热化学的方法进行燃烧热的计算。因此,大多数材料的燃烧热值都需要通过试验测定。目前最佳的测定方法为氧弹量热计方法。

3.3.1.3 火灾荷载密度

所谓火灾荷载是指着火空间内所有可燃物燃烧时所产生的总热量值。很显然,一座建筑物的火灾荷载大,发生火灾的危险性也就越大,需要的防火措施就越严。一般地说,总的火灾荷载并不能定量地表明其与作用面积之间的关系,为此需要引进火灾荷载密度的概念。火灾荷载密度是指房间中所有可燃材料完全燃烧时所产生的总热量与房间的特征参考面积之比,即火灾荷载密度是单位面积(A)上的可燃材料的总发热量。

因此,火灾荷载可写成:

$$Q = Q_1 + Q_2 + Q_3$$

火灾荷载密度可写成:

$$q = \frac{Q}{A} = \frac{Q_1 + Q_2 + Q_3}{A}$$

公式中各项符号含义:

q——火灾荷载密度;

A——室内面积;

Q_1——固定火灾荷载,它是指室内装修用的位置基本固定不变的可燃材料,如墙纸、吊顶、壁橱、地面等;

Q_2——活动火灾荷载,它是指为了房间的正常命名用而另外布置的位置可变性较大的各种可燃物品,如衣物、家具、书籍等;

Q_3——临时火灾荷载,它主要是由使用者临时带来并且在此停留时间极短的可燃体构成。

由于 Q_3 的偶发性和不确定性,所以在常规计算中可不考虑它的影响,则近似计算公式为:

$$q = \frac{Q_1 + Q_2}{A} = q_1 + q_2$$

3.3.1.4 材料燃烧的毒气效应

燃烧是一种复杂的物理、化学现象,是一种活跃的氧化作用。可燃物在剧烈的燃烧过程中可释放出大量的毒性气体并成为火灾中人员伤亡的第一原因。研究统计证明,火灾中死亡人数的 70%~80% 是烟气中毒所致。

在任何情况下,只要在材料中含有可燃成分,就有可能在火的作用下释放出烟尘和毒性气体。而事实上,不论是什么性质的可燃材料,总是可以用一个总的平衡方程式去表征一次完全燃烧的化学反应:

$$1_{kg}可燃体 + \gamma_{kg}空气 = (1+\gamma)_{kg}(CO_2, H_2O, N_2, CO\cdots)$$

式中的 γ 为化学计算中的比值,它因可燃体的性质和燃烧所释放的热量而有很大的变化。

毒气效应通常又被叫做吸入效应。这种效应是随产品的性质,人体暴露时间,毒气浓度等变化的。这种效应可以使人受到刺激,嗅觉不舒服,丧失行动能力,视线模糊,严重的会损作肺组织和抑制呼吸而造面成死亡。另外,火灾毒气可以使人的行为发生错乱,如CO可使人出现欣快效应,缺氧则会使人做出无理性的行动。

实际火灾中的毒性危害应为综合作用危害,只是各种因素对人体作用强度不同而已。由于毒性危害对人体产生不同的反应,因此有必要对主要毒性成分进行分别讨论。

(1) 烟尘

火灾中的热烟尘是由燃烧中析出的碳粒子、焦油状液滴以及房屋倒塌时扬起的灰尘所组成。这些烟尘吸入呼吸系统后,堵塞刺激内粘膜,会直接引起呼吸道的机械阻塞,并致使肺的有效呼吸面积减少,而表现出呼吸困难甚至窒息死亡。

(2) 一氧化碳

一氧化碳(CO)是火灾致人于死亡的主要原因,CO是燃烧产物中最典型的毒性气体。所有碳氢化合物在缺氧条件下燃烧均会产生CO气体。CO通过肺被血液吸收,由于血红蛋白对CO的亲合力比对O_2的亲合力大200倍,从而使血液中O_2含量降低致使供氧不足。当空气中CO量达到1300ppm时,人只需呼吸2~3次,就会失去知觉,并会在1~3min内死亡。

(3) 氰化氢(HCN)

HCN是一种毒性作用极快的气性,它可使人体缺氧,即人体中的生物氧化酶的生成受到抑制,正常的细胞代射受到阻止。当人体血液中每ml血含氰化物1μg,就足以显示出氰化物的巨大毒性,当血液中氰化物达到3mg/ml以上时,可致人于死亡。

值得引起特别注意的是,在室内装修材料中,由于使用了大量含氮高分子化合物,例如,聚氨酯、尼龙、甲醛树脂、三聚氰胺以及羊毛。它们在燃、热分解中会释放出大量氰化氢(HCN),当温度为650℃时生成量达最大值。某些含氮高分子化合物燃烧时氰化氢生成量实验结果见表3.3-1。

氰 化 氢 生 成 量   表3.3-1

试 样	加热温度(℃)	空气供给量(ml/min)	HCN生成量(mg/g试样)
羊毛(毛线)	700	500	39.6
		1000	40.5
聚氨酯装饰布	700	500	8.92
		1000	12.0
阻燃聚氨酯装饰布	700	500	12.9
		1000	14.1
腈纶(线)	700	500	20.7
		1000	10.9

(4) 二氧化碳

二氧化碳是火灾空间最普遍存在的气体,尤其是在氧气供应良好的场合。它可以刺激人的呼吸。如3%的浓度就会迫使肺部加倍换气。

(5) 刺激性气体

火灾中产生的刺激性气体和蒸汽可对人的眼及呼吸道产生危害作用。典型的刺激性气体有氯化氢、二氧化硫、氨气等。这些气体通过化学作用刺激呼吸系统和肺,使呼吸速度明显加快并严重地损坏肺部的正常功能。

从总体上看,可将所有的燃烧毒气归纳为三大类,即划分为:单纯窒息性气体、化学窒息性气体、刺激性气体。

所谓火灾燃烧毒性的研究,就是对有机建材在燃烧或热分解性况下产生的烟尘和气体的成分与作用进行定量、定性的了解。

3.3.2 室内装修设计防火的基本原则

我国现行《建筑内部装修设计防火规范》GB 50222—95对室内装修设计防火给出了几条基本的原则,这些基本原则是编制该规范的基础,也是对整个室内装修设计防火的指导。

3.3.2.1 工作原则——预防为主、防消结合

"预防为主、防消结合"是我国消防工作的指导方针。在现代城市中,建筑间的关连越来越密切,因此预防为主就显得愈发重要。建筑内装修材料常常是火灾的最初引发点,因此在室内设计中同样要贯彻"预防为主、防消结合"的这一积极主动的消防工作方针。并要求设计、建设和消防监督部门的人员密切配合,在装修工程中认真、合理地采用各种装修材料,积极采用先进的防火技术,做到"防患于未然",积极地预防火灾的发生及限制其扩大蔓延。这对减少火灾损失,保障人民生命财产安全,具有极其重要的意义。

3.3.2.2 适用范围原则

室内装修设计规范的适用范围包括所有的民用建筑和工业厂房的内部装修设计,但它不适用于古建筑和木结构建筑的内部装修设计。这与国家标准《建筑设计防火规范》、《高层民用建筑设计防火规范》所规定的适用范围,以及《人民防空工程设计防火规范》规定的民用建筑部分是基本一致的。

需要特别指出的是,为了保障居民的生命财产的安全,凡由专业装修单位设计和施工的室内装修工程必须执行规范的有关要求。对于那些由私人自己设计和施工的住宅装修工程,尽管目前存在着不好管理的事实,但从发展的观点看,也应逐步地用法规来规范人们的行为。

3.3.2.3 选择材料的原则

建筑内部装修设计应妥善处理装修效果和使用安全的矛盾,积极采用不燃性材料和难燃性材料,尽量避免采用在燃烧时产生大量浓烟或有毒气体的材料,做到安全适用、技术先进、经济合理。

装修的第一目的就是给人创造一个美好和温馨的工作、生活环境,因而美观、漂亮是装修设计的基点。装修设计意图的实现,最终依赖于各种装修材料。然而现代装饰材料有一个共同的特点,就是较之传统的建筑材料更具有可燃性和发烟性。事实证明,许多火灾都是起因于装修材料的最初燃烧。如烟头点燃床上织物,蔓延至窗帘、帷幕、吊顶等而迅速燃烧。因此,在实际工作中必须正常处理好装修效果与使用安全之间的矛盾。所谓的积极选用不燃材料和难燃材料是指在满足规范最低基本选材要求的基础上,在考虑美观装饰的前提下,尽可能地采用不燃性和难燃性的建筑材料。

近年来,人们逐渐认识到火灾中烟雾和毒气的危害性,有关部门也已开展了一些实验研究工作。但由于内部装修材料品种繁多,它们在燃烧时产生的烟雾毒气数量种类各不相同,

目前要对烟密度、能见度和毒性进行定量控制还有一定的困难。预计随着社会各方面工作的进一步开展,此问题会得到很好的解决。为了从现在起就引起设计人员和消防监督部门对烟雾毒气危害的重视,在此条中对产生大量浓烟或有毒气体的内部装修材料提出尽量"避免使用"这一基本原则。

3.3.2.4 室内装修设计内容原则

建筑内部装修设计,在民用建筑中包括顶棚、墙面、地面、隔断的装修,以及固定家具、窗帘、帷幕、床罩、家具包布、固定饰物等;在工业厂房中目前只包括顶棚、地面和隔断的装修。

这里所说的隔断系指不到顶的隔断,到顶的固定隔断装修应与墙面规定相同。而柱面的装修应与墙面的规定相同。

这是规范编制的一个重要原则,它规定了内部装修设计所涉及的范围,包括装修部位及所使用的装修材料与制品。其中顶棚、墙面、地面、隔断等部位的装修是最基本的部位,这在各国的规范中均包含了这些内容。而窗帘、帷幕、床罩、家具包布均属装饰织物,各国的要求不尽相同,有的要求多一些,严一些,有的要求的内容就很少,但从总体上均给予了重视。我国目前对织物进行防火阻燃处理的认识还不够,且相应的产品也不多,因此有必要认真对待装饰织物的防火问题。固定家是指那些与建筑物一同建筑并且在使用周期内基本不能移动的固定型家具,如壁橱等。另外也包括一些虽与建筑一同大定建筑,但体积较大,重量很大且一经放置,轻易不再移动的家具,如大型橱柜、货架、家具等。固定饰物均属室内装饰范围,所以对它的要求也包含在内装修设计的范围之内。

3.3.2.5 协调性原则——国家规范、标准间的协调

建筑内部装修设计,除执行内装修设计防火规范外,尚应符合现行的有关标准、规范的规定。

建筑内部装修设计防火是建筑设计防灾工作中的一部分。一般各类建筑首先应根据现行的建筑设计防火规范的要求进行防火设计,然后再考虑内部装修设计的防火要求。另外由于建筑内部装修设计所涉及的范围较广,有些不可能在规范中均被包括进来。所以在设计时,除了应执行内装修设计防火规范的有关规定外,尚应符合现行的有关国家设计标准和规范的要求。

上述五条基本原则就构成了建筑内部装修设计防火规范的总的原则。需要指出的是,在总则中规定了该规范不适用于古建筑和木结构的建筑。这是因为我国的古建筑存数量有限,且目前基本上没有可能对它们实行改变原貌的重新装修,因此没有必要考虑它们。至于木结构,因其承重骨架本身就是可燃体,因此在内装修中采用什么样的材料的要求已意义不大。

3.3.3 防火专业术语

3.3.3.1 燃烧性能

是指组成建筑物的主要构件,在明火或高温作用下燃烧与否以及燃烧的难易如何。根据燃烧性能的不同,建筑构件可划分为非燃烧体、难燃烧体和燃烧体三种。

3.3.3.2 非燃烧体

是指用非燃烧材料制成的构件。非燃烧材料,是指在空气中受到火烧或高温作用时,不起火、不微燃、不炭化的材料。例如,建筑中常用的金属材料和天然或人工的无机矿物材料

（石材、砖、混凝土等），均为非燃烧材料。

3.3.3.3 难燃烧体

是指用难燃烧材料制成的构件，或用带有非燃烧材料保护层的燃烧材料制成的构件。难燃烧材料，是指在空气中受到火烧或高温作用时，难起火、难微燃、难炭化，当火源移走后燃烧或微燃立即停止的材料。例如，沥青混凝土，经过防火处理的木材，用有机物填充的混凝土和水泥刨花板等，均为难燃烧材料。

3.3.3.4 燃烧体

是指用燃烧材料制成的构件。燃烧材料，是指在空气中受到火烧或高温作用时，立即能起火燃烧或微燃，并且火源移走后仍继续燃烧或微燃的材料。例如，木材等。

3.3.3.5 耐火极限

是指建筑构件遇火后能支持的时间。任何一建筑构件，从受到火的作用起，到失去支持能力或完整性被破坏或失去隔火作用时为止的这段时间，即为该构件的耐火极限，用小时（h）表示。建筑构件达到上述三个状态之一，就达到了耐火极限。

（1）失失支持能力——指构件自身解体或垮塌，将会导致房屋倒塌。

（2）完整性被破坏——指楼板、隔墙等具有分隔作用的构件，出现穿透裂缝或较大的孔隙。此时，火焰会透过裂缝或孔隙使火势蔓延。

（3）失去隔火作用——指具有分隔作用的构件，背火面平均温升到达140℃（不包括背火面的起始温度）；或背火面任意一点温升到达80℃；或背火面任一点的温度到达220℃。此时，靠近背火面的构件将开始燃烧、微燃或炭化。

3.3.3.6 闪点

蒸汽与空气的混合气体遇到火源时，随着温度升高，蒸汽分子浓度增大，当蒸汽分子浓度增大到爆炸下限时，可燃液体的饱和蒸气与空气的混合气体与火源接触时，能闪出火花但随即熄灭。这种瞬间燃烧的过程称闪燃。在规定的试验条件下，液体表面能产生闪燃的最低温度称为闪点。在闪点温度下只能闪燃而不能连续燃烧。

（1）爆炸下限

可燃气与空气组成的混合气体遇火源能发生爆炸的可燃气最低浓度（用体积百分数表示）称爆炸下限。

（2）爆炸上限

可燃气与空气组成的混合气体遇火源能发生爆炸的可燃气体最高浓度（用体积百分数表示）称爆炸上限。

3.3.3.7 建筑高度

建筑高度是指由室外地面至檐口、女儿墙顶、屋面面层的高度。但屋顶的机房、楼梯间出入口小间、水箱间及顶板超出室外地坪高度小于1.5m（半）地下室不计入建筑高度，如图3.3-4。

3.3.3.8 裙房

裙房是指与高层建筑相连，高度不超过24m的附属建筑。

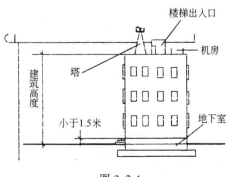

图 3.3-4

3.3.3.9 高级旅馆、住宅

高级旅馆是指具有星级标准、中央空调,其使用功能复杂,建筑标准高的旅馆。

高级住宅一般是指其装修复杂、装修材料高档的别墅、公寓类的特殊住宅。

3.3.3.10 商业网点

商业网点是指面积≤300m² 的百货店、副食店、储蓄所等。

3.3.3.11 地下室

地下室是指室内地坪低于室外地坪的高度大于室内高度的一半的房间,如图 3.3-5。

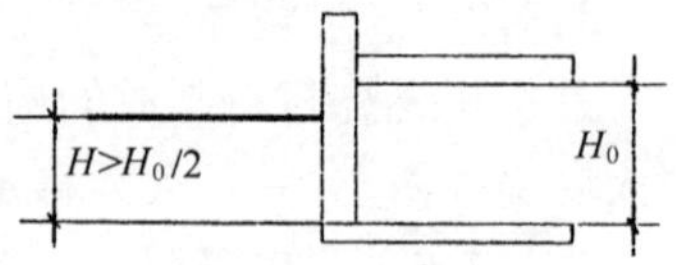

3.3.3.12 半地下室

半地下室是指室内地坪低于室外地坪的高度大于室内高度的三分之一,但小于室内高度的一半的房间,如图 3.3-6。

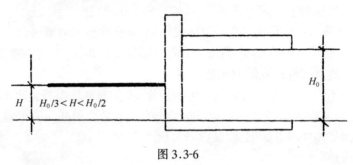

图 3.3-5

图 3.3-6

3.3.3.13 天桥、栈桥

天桥是指供人员通行的架空桥。

栈桥是指用于输送物料的架空桥。

3.3.3.14 防火门

防火门是指平时能正常通行,火灾时能满足耐火稳定性、完整性和隔热、隔烟作用的门。

3.3.3.15 高层工业建筑

高层工业建筑是指高度大于 24m 的两层及两层以上的厂房。

3.3.3.16 闷顶

闷顶是指吊顶与屋面板或上层楼板之间的空间。

3.3.3.17 明火地点

明火地点是指室外有外露火焰的地方。

3.3.3.18 火花地点

火花地点是指室内外有砂轮机、非防爆开关的地方。

3.3.3.19 高架仓库

高架仓库是指货架高度大于 7m 的自动、机械、人工货架或仓库。

3.3.3.20 安全出口

安全出口是指防火规范中规定的疏散楼梯及直通室外地坪面的门,如图 3.3-7。

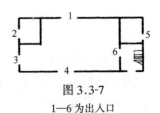

图 3.3-7

1—6 为出入口

3.3.3.21 封闭楼梯间
封闭楼梯间是指能阻挡烟气并采用可双向开启的乙级防火门的楼梯间,如图 3.3-8。

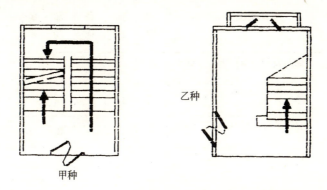

图 3.3-8

3.3.3.22 防火楼梯间
防火楼梯间是指楼梯间入口处有大于 6m² 的前室,前室内有防烟、排烟设施或有供排烟的回廊、阳台、并且采用乙级防火门的楼梯间,如图 3.3-9。

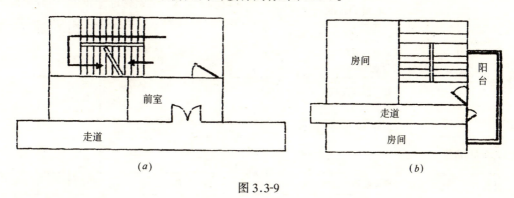

图 3.3-9

3.3.3.23 防火涂料
防火涂料是指施用于可燃性基材表面,用以降低材料表面燃烧特性,阻滞火灾迅速蔓延或是施用于建筑构件上,用以提高构件的耐火极限的特种涂料。

3.3.4 单层、多层民用建筑装修防火

3.3.4.1 装修材料燃烧性能等级的划分
在我国建筑内部装修设计防火规范中,对非地下的单层、多层民用建筑内部各部位装修材料的燃烧性能等级给出了具体规定,要求不应低于表 3.3-2 的级别。

表 3.3-2 中给出的装修材料燃烧性能等级是允许使用材料的基准级制。表中空格位置,表示允许使用 B_3 级材料。

3.3.4.2 装修材料燃烧性能等级局部放宽条件
(1) 对单层、多层民用建筑内面积小于 100m² 的房间,当采用防火墙和耐火极限不低于 1.2h 的防火门窗与其他部位分隔时,其装修材料的燃烧性能等级可在表 3.3-2 的基础上降低一级。

单层、多层建筑内部各部位装修材料的燃烧性能等级　　　表 3.3-2

建筑物及场所	建筑规模、性质	顶棚	墙面	地面	隔断	固定家具	装饰织物 窗帘	装饰织物 帷幕	其他装饰材料
候机楼的候机大厅、商店、餐厅、贵宾候机室、售票厅等	建筑面积＞10000m² 的候机楼	A	A	B_1	B_1	B_1	B_1		B_1
	建筑面积≤10000m² 的候机楼	A	B_1	B_1	B_1	B_2	B_2		B_2
汽车站、火车站、轮船客运站的候车(船)室、餐厅、商场等	建筑面积＞10000m² 的车站、码头	A	A	B_1	B_1	B_1	B_2		B_1
	建筑面积≤10000m² 的车站、码头	B_1	B_1	B_1	B_2	B_2	B_2		B_2
影院、会堂、礼堂、剧院、音乐厅	＞800 座位	A	A	B_1	B_1	B_1	B_1	B_1	B_1
	≤800 座位	A	B_1	B_1	B_1	B_1	B_1	B_1	B_1
体育馆	＞3000 座位	A	A	B_1	B_1	B_1	B_1	B_1	B_1
	≤3000 座位	A	B_1	B_1	B_1	B_2	B_1		B_2
商场营业厅	每层建筑面积＞3000m² 或总建筑面积＞9000m² 的营业厅	A	B_1	A	A	B_1	B_1		B_2
	每层建筑面积 1000～3000m² 或总建筑面积为 3000～9000m² 的营业厅	A	B_1	B_1	B_1	B_2	B_1		
	每层建筑面积＜3000m² 的营业厅	B_1	B_1	B_1	B_2	B_2	B_2		
饭店、旅馆的客户及公共活动用房等	设有中央空调系统的饭店、旅馆	A	B_1	B_1	B_1	B_2	B_2		B_2
	其他饭店、旅馆	B_1	B_1	B_2	B_2	B_2	B_2		
歌舞厅、餐馆等娱乐、餐饮建筑	营业面积＞100m²	A	B_1	B_1	B_1	B_2	B_1		B_2
	营业面积≤100m²	B_1	B_1	B_1	B_2	B_2	B_2		B_2
幼儿园、托儿所、医院病房楼、疗养院、养老院		A	B_1	B_1	B_1	B_2	B_1		B_2
纪念馆、展览馆、博物馆、图书馆、档案馆、资料馆等	国家级、省级	A	B_1	B_1	B_1	B_2	B_1		B_2
	省级以下	B_1	B_1	B_2	B_2	B_2	B_2		
办公楼、综合楼	设有中央空调系统的办公楼、综合楼	A	B_1	B_1	B_1	B_2	B_2		B_2
	其他办公楼、综合楼	B_1	B_1	B_2	B_2	B_2	B_2		
住宅	高级住宅	B_1	B_1	B_1	B_1	B_2	B_2		B_2
	普通住宅	B_1	B_2	B_2	B_2	B_2			

注：A——不燃性装修材料
　　B_1——难燃性装修材料
　　B_2——可燃性装修材料
　　B_3——易燃性装修材料

我们所遇到的大部分建筑都存在着一些有特别使用功能的局部空间,由于它们的特殊性和专用性,对内装修的档次要求有别于该建筑物整体内装修标准。由此会出现建筑物的主体各部位满足规范规定的各项装修防火要求,但这些特殊的专用空间无法符合规范规定的情况。遇到这种情况,可采用两种办法解决,一是将这些局部装修的水平降下来,与其他部位取同;二是将整个建筑物的防火等级提高,以满足局部装修的实现。第一种办法,在事实上未达到设计意图,而第二种办法又造成经济上的浪费。因此对实际工程而言,上述两种方法均不可取。

《建筑内部装修设计防火规范》考虑到一些建筑大部分房间的装修材料选用均可满足规范的要求,而在某一局部或某一房间中因特殊装修设计而导致所采用的可燃装修不能满足规的规定,并且该部位又无法设立自动报警和自动灭火系统时,可在具备一定条件的基础上,对这些局部空间予以适当的放松要求。但必须满足下列条件:房间的面积不能超过100m^2,并且该房间与其他空间之间应用防火墙和甲级防火门窗进行分隔,以保证在该部位即使发生火灾也不至于波及到其他部位。

(2) 在《建筑内装修设计防火规范》中规定,当单层、多层民用建筑内装有自动灭火系统时,除顶棚外,其内部装修材料的燃烧性能等级可在表 3.3-2 规定的基础上降低一级;当同时装有火灾自动报警装置和自动灭火系统时,其顶棚装修材料的燃烧性能等级可不限制。而对水平、垂直安全疏散通道、地下建筑、工业建筑不存在有条件地放宽要求的问题。

规范的这条规定是比较科学的、合理的、层次分明的。在国外的一些规范条文中也有类似的作法。如美国标准 NFPA 101《人身安全规范》中规定,如采取自动灭火措施,所用装修材料的燃烧性能等级可降低一级。日本《建筑基准法》中规定,如采取水喷淋等自动灭火措施和排烟措施,内装修材料可不限制。

上述放宽要求,给予设计和建设部门一定的灵活余地,有利于一些复杂问题的解决。在装修设计与施工中应正确理解和积极采用。

3.3.5 高层民用建筑和地下民用建筑装修防火

3.3.5.1 高层民用建筑装修防火

(1) 高层建筑分类

根据高层建筑物使用性质重要、火灾危险性大、疏散和扑救难度大的高层民用建筑定为一类,其余定为二类。详见表 3.3-3。

建 筑 分 类　　　　　　　　　　　　　　　表 3.3-3

名 称	一 类	二 类
居住建筑	高级住宅 19层及19层以上的普通住宅	10层至18层的普通住宅
公共建筑	1. 医院 2. 高级旅馆 3. 建筑高度超过 50m 或每层建筑面积超过 1000m^2 的商业楼、展览楼、综合楼、电信楼、财贸金融楼 4. 建筑高度超过 50m 或每层建筑面积超过 1500m^2 的商住楼 5. 中央级和省级(含计划单列市)广播电视楼 6. 网局级和省级(含计划单列市)电力调度楼 7. 省级(含计划单列市)邮政楼、防灾指挥调度楼 8. 藏书超过 100 万册的图书馆、书库 9. 重要的办公楼、科研楼、档案楼 10. 建筑高度超过 50m 的教学楼和普通的旅馆、办公楼、科研楼、档案楼等	1. 除二类建筑以外的商业楼、展览楼、综合楼、电信楼、财贸金融楼、商住楼、图书馆、书库 2. 省级以下的邮政楼、防灾指挥调度楼、广播电视楼、电力调度楼 3. 建筑高度不超过 50m 的教学楼和普通的旅馆、办公楼、科研楼等

综合楼指由两种及两种以上用途的楼层组成的公共建筑;商住楼指底部商业营业厅与住宅组成的高层建筑;网局级电力调度楼指可调度若干个省(区)电力业力的工作楼;高级旅馆指建筑装修标准和设有空调系统的住宅;重要的办公楼、科研楼、档案楼指性质重要,建筑装修标准高、设备、资料贵重、火灾危险性大,发生火灾后损失大、影响大的办公楼、科研楼、档案楼。

(2) 高层建筑火灾特点

高层建筑楼层多,用途复杂。除卧房以外,有办公室、餐厅、舞厅、会议室、商场、游艺室等。管路系统五花八门,有空调系统、电线电缆系统、电梯系统、供水排水系统。可燃物多,装修材料多种多样;人员高度密集,则物集中,火灾隐患多,一旦着火以后,有以下特点:

1) 火灾发展猛烈,迅速。高层建筑内有很多纵向竖井,如电梯间、楼梯间、管道井、电缆井。火灾发生时,这些垂进竖井都起着烟囱拔火作用,使高层建筑的纵向火灾发展异常迅速猛烈。根据实测,热烟气垂直向上蔓延的速度为 3~4m/s,如不采取措施,100m 以上的高楼着火后不到 1min,热烟气便会充满整个建筑物。

2) 火灾时,疏散困难,逃生不易。高层建筑距地面高,疏散时间长,疏散距离远,人员多,火灾时又往往停电,电梯停开,照明系统中断,室内漆黑,浓烟滚滚,逃生人员争先恐后,互相拥挤、践踏,使得火灾人员的疏散逃生极为困难。

3) 扑求困难。高层建筑高度一般都远超过登高车的高度,消防车射水很难达到着火房间,消防人员登楼作业,体力消耗大,个人防毒气防高温辐射装备笨重,消防队员很难接近着火地点。因此,若高层建筑物内的自动报警系统、自动灭火系统不健全,则高层建筑火灾扑救是十分困难的。

(3) 高层建筑内部装修材料燃烧性能等级

1) 装修材料燃烧性能等级划分

高层民用建筑内部各部位装修材料的燃烧性能等级,应不低于表 3.3-4 中的规定。

高层建筑内部各部位装修材料的燃烧性性能等级　　　　表 3.3-4

建筑物	建筑规模、性质	装修材料燃烧性能等级								
		顶棚	墙面	地面	隔断	固定家具	装饰织物			其他装饰材料
							窗帘	帷幕	床罩	家具包布	
高级旅馆	>800 座位的观众厅、会议厅、顶层餐厅*	A	B_1	B_1	B_1	B_1	B_1	B_1		B_1	B_1
	≤800 座位的观众厅、会议厅	A	B_1	B_1	B_2	B_1	B_1	B_1		B_2	B_1
	其他部位	A	B_1	B_1	B_2	B_2	B_1	B_2	B_1		B_1
商业楼、展览楼、综合楼、商住楼、医院病房楼	一类建筑	A	B_1	B_1	B_1	B_2	B_1	B_1	B_1		B_1
	二类建筑	B_1	B_1	B_1	B_2	B_2	B_2	B_2	B_2		B_1
电信楼、财贸金融楼、邮政楼、广播电视楼、电力调度楼、防灾指挥调度楼	一类建筑	A	A	B_1	B_1	B_2	B_1	B_1			B_1
	二类建筑	B_1	B_1	B_1	B_2	B_2	B_2	B_2	B_2		B_2

续表

建筑物	建筑规模、性质	装修材料燃烧性能等级									其他装饰材料
		顶棚	墙面	地面	隔断	固定家具	装饰织物			
							窗帘	帷幕	床罩	家具包布	
教学楼、办公楼、科研楼、档案楼、图书馆	一类建筑	A	B_1	B_1	B_1	B_2	B_1	B_1		B_1	B_1
	二类建筑	B_1	B_1	B_2	B_1	B_2	B_1	B_2		B_2	B_2
住宅、普通旅馆	一类普通旅馆 高级住宅	A	B_1	B_1	B_1	B_2	B_1		B_1	B_2	B_1
	二类普通旅馆 普通住宅	B_1	B_1	B_2	B_2	B_2	B_2		B_2	B_2	B_2

注：＊"顶层餐厅"包括设在高空的餐厅、观光厅等；
＊建筑物的类别、规模、性质应符合国家现行的标准《高层民用建筑设计防火规范》的有关规定。

表中建筑物类别、场所及建筑规模是根据《高层民用建筑设计防火规范》(简称《高规》)中的有关内容并结合室内装修设计的特点加以划分的。

2）高层装修材料燃烧性能等级局部放宽条件

《建筑内部装修设计防火规范》规定：除100m以上的高层民用建筑及大于800座位的观众厅、会议厅、顶层餐厅外，当设有火灾自动报警装置和自动灭火系统时，除顶棚外，其内部装修材料的燃烧性能等级可在表3.3-4规定的基础上降低一级。

从这条规定可以看到，对于100m以上的建筑和800座位以上的会议厅以及顶层餐厅，在任何情况下均应无条件地执行表3.3-4中的规定。对所有高层建筑，其顶棚装修材料的防火要求在任何条件下都不能降低。

应该说规范对待一般建筑和高层建筑是有区别的，体现了对待超高层建筑比一般高层建筑严；对待高层建筑又比对待单层、多层建筑要求严的基本原则。

3）特殊规定

随着社会的发展和观念的更新，原属构筑物范畴之列的电视塔已逐步进入了建筑物的行列中。1980年初开始，我国已有近10个城市建成或正在建设几百米的电视塔。这些塔除了首先用于电视转播功能之外，现在均同时具有旅游观光的职能。

从建筑防火角度看，电视塔具有火势蔓延快，扑救困难，疏散不利等特点。因此对这类特殊的高层建筑应尽可能地降低火灾发生的可能性，而最可靠的途径之一就是减少可燃材料的存在。

《建筑内装修设计防火规范》规定：电视塔等特殊高层建筑的内部装修，均应采用A级装修材料。

规范的这条规定主要是针对设立在高空中的可允许公众入内观赏和进餐的塔楼而定的。这是由于建筑形式所限，人员在塔楼出现火灾的情况下逃生困难，所以特对此类建筑在内装修设计上作出了十分严格的要求。

3.3.5.2 地下民用建筑装修防火

(1) 地下民用建筑

所谓地下民用建筑一般是指建于土层之中的并且无法直接自然采光的建筑。地下建筑可分为民用、军事、工业和交通等类型。

本节所谈的地下民用建筑系指单层、多层、高层民用建筑的地下部分,单独建造在地下的民用建筑以及平战结合的地下人防工程。

由于人口、土地面积等因素的制约,人类在向空中发展的同时,也在不断地向地下寻求空间。地下工程在国内外都发展得比较迅速,并且规模越来越大。我国的地下建筑在20世纪70年代以前主要是以人防工程为主。从80年代开始,地下民用建筑不断增多,规模不断增大,平战结合的方针促使大量的人防工程被改造为民用公共建筑。

地下建筑因所处的位置特殊,所以对火灾十分敏感。一旦出现火灾,人员的疏散、避难以及对火灾的扑救都十分困难,往往会造成很大的经济损失和社会影响。我国目前的科技水平尚无法保证地下火灾被准确地预报和及时扑灭,因而控制火灾的发生概率就变得十分重要。而降低火灾发生概率的关键,就在于控制可燃装修的数量。

(2) 地下民用建筑的火灾特点

地下建筑发生火灾后有以下特点:

1) 因地下建筑开口少,地势低,烟雾很难排出室外,浓烟及有毒气体很快充满整个地下空间,空气不足,严重危害火灾现场人员及扑救人员的生命。

2) 因地下建筑开口少,地势低,着火后释放出的热量难以向周围消散,整个地下空间很快形成100℃以上高热、高温环境。

3) 地下建筑无自然采光,一旦着火停电,室内漆黑,疏散、扑救工作极其困难。

4) 不便大量用水。射水遇火产生高热蒸汽,增加室内压力,水多无处流淌,完全积聚在地下建筑内,水渍损失严重,也给扑救工作带来困难。用CO_2、卤代烷、干粉等灭火剂扑救,产生的毒性气体又难于排走。

(3) 地下民用建筑装修材料燃烧性能等级

1) 一般地下民用建筑装修材料燃烧性能等级

我国《建筑内部装修设计防火规范》对地下民用建筑内部各部位装修材料的燃烧性能等级做出了专门规定。规范要求地下民用建筑各部位装修设计必须符合表3.3-5中的规定。

表3.3-5结合地下民用建筑的特点,按建筑类别、场所和装修部位分别规定了装修材料的燃烧性能等级。

地下民用建筑内部各部位装修材料的燃烧性能等级　　　　表3.3-5

建筑物及场所	装修材料燃烧性能等级						
	顶棚	墙面	地面	隔断	固定家具	装饰织物	其他装饰材料
休息室和办公室等 旅馆的客房及公共活动用房等	A	B_1	B_1	B_1	B_1	B_1	B_2
娱乐场所、旱冰场等 舞厅、展览厅等 医院的病房、医疗用房等	A	A	B_1	B_1	B_1	B_1	B_2
电影院的观众厅 商场的营业厅	A	A	A	B_1	B_1	B_1	B_2
停车库 人行通道 图书资料库、档案库	A	A	A	A	A		

表中对建筑装修防火要求的宽严主要取决于人员的密度。对人员比较密集的商场营业厅、电影院观众厅等,在选用装修材料时,应选择较高的防火等级。而对旅馆客房、医院病房,以及各类建筑的办公用房,因其单位空间同时容纳人员很少且经常有专人管理、值班,所以在确定装修材料燃烧性能等级时予以了适当放宽。对于图书、资料类的库房,因其本身的可燃物数量已很大,所以要求全部采用不燃材料装修。

表中娱乐场所是指建在地下的体育及娱乐建筑,如球类、棋类,以及文体娱乐项目的比赛与练习场所。

2) 安全通道装修材料燃烧性能等级

地下建筑与地上建筑很大的一个不同点,就是人员只能通过安全通道和出口撤向地面。地下建筑被完全封闭在地下,在火灾中,人流疏散的方向与烟火蔓延的方向是一致的。从这个意义上讲,人员安分疏散的可能性要比地面建筑小得多。为了保证人员最大的安全度,确保各条安全通道和出口自身的安全与畅道是必要的。为此规范要求地下民用建筑的疏散走道和安全出口的门厅,其顶棚、墙面和地面的装修材料应采用 A 级装修材料。

3) 固定货架等装修材料燃烧性能等级

地下空间的利用促进了地下大型商场的兴建。地下商场内部结构各异,有一定量的可燃装修,外加所堆积的商品绝大部分是可燃的,这些都加大了比原本的地面建筑为甚的危险度。但就目前情况看,无法做到限制地下商场销售可燃性商品。为了减少地下空间的火灾荷载量,特别规定地下商场、地下展览厅的售货柜台、固定货架、展览台等,应采用 A 级建筑装修材料。

4) 地下建筑装修材料燃烧性能等级局部放宽条件

对带有地下部分但主体是地上部分的单层、多层民用建筑的装修材料燃烧性能等级要求已在前边谈到了。而对单独建造的地下民有建筑的地上附属部分,也应有相应的要求。单独建造的地下民用建筑的地上部分,相对的使用面积小且建在地面上,其火灾危险性和疏散扑救均比地下建筑部分要小和容易。为此规定,单独建的地下民用建筑的地上部分,其门厅、休息室、办公室等内部装修材料的燃烧性能等级可在表 3.3-5 规定的基础上降低一级要求。

3.3.6 工业建筑内装修防火

3.3.6.1 工业建筑(厂房)类型的划分

工业建筑是各类工厂为工艺生产需要而建造的各种不同用途的建筑物和构筑物的总称。通常把这些生产用的建筑物称为工业厂房。

工业厂房是为工业生产服务的,它与民用建筑相比虽然具有建筑的共性,在设计原则、建筑技术和建筑材料等方面有许多共同之处,但由于其独特的使用性能,因此在建筑平面空间布局、建筑结构、建筑构造和建筑施工等方面与民用建筑又有很大的差别。

工业生产的类型繁多,对厂房类建筑有以下几种划分方法。一是按用途划分,如划分为主厂房、辅助厂房、动力用厂房等;二是按生产状况分,如划分为冷加工厂房、热加工厂房、洁净厂房等;三是按建筑的层数来划分;四是按装修材料燃烧性能等级划分。

《建筑内部装修设计防火规范》原则上是按照建筑的层数将工业厂房划分成以下几种类型:

(1) 单层厂房由柱和横梁(屋架)构成的单层结构体系,它们多用于冶金、重型及中型机械工业中。

293

（2）多层厂房特指两层及两层以上，但建筑高度≤24m的厂房。这类厂房大多用于食品、电子、精密仪器工业等。

（3）高层厂房特指两层及两层以上，但建筑高度＞24m的厂房。确定高层工业建筑的起始高度是根据目前我国登高消防器材、消防车供水能力、消防人员体力等因素确定的。它们多用于电子、医药、服装、微型机械等行业，并且常常是多种工业综合利用。

（4）地下厂房特指建造在地下的，但用于工业生产的厂房。它们多用于机械、五金、服装、针织等行业。

3.3.6.2 按照工业厂房内部各部位装修材料的燃烧性能等级将工业厂房划分为以下几种类型：

（1）甲类厂房

使用或产生下列物质的生产厂房，被称为甲类厂房：

1) 闪点＜28℃的油品和有机溶剂的提炼、回收或洗涤工段及其泵房。

2) 爆炸下限＜10％的气体。

3) 常温下能自动分解或在空气中氧化即能导致迅速自燃或爆炸的物质。

4) 常温下受到水或空气中水蒸汽作用，能产生可燃气体并引起燃烧或爆炸的物质。

5) 遇酸、受热、撞击、摩擦、催化以及遇有机物或硫磺等易燃的无机物，极易引起燃烧或爆炸的强氧化剂。

6) 受撞击、摩擦或与氧化剂、有机物接触时能引起燃烧或爆炸的物质。

7) 在密闭设备内操作温度≥物质本身自燃总的生产。

（2）乙类厂房

使用或产生下列物质的生产厂房，被称为乙类厂房：

1) 闪点≥28℃至＜60℃的油品和有机溶剂的提炼、回收、洗涤部位及其泵房等。

2) 爆炸下限＞或等于10％的爆炸气体。

3) 不属于甲类的氧化剂。

4) 不属于甲类的化学易燃危险固体。

5) 助燃气体。

6) 能与空气形成爆炸混合物的浮游状态的粉尘、纤维或丙类液体的雾滴。

（3）丙类厂房

使用或产生下列物质的生产厂房，被称为丙类厂房：

1) 闪点大于或等于60℃的油品和有机液体的提炼、回收工段及其抽送泵房等。

2) 可燃固体的转运工段和栈桥或贮仓，木工厂房，橡胶制品的压延、成型和硫化厂房，针织品厂房，服装加工厂房，磁带装配厂房，饲料加工厂房等。

（4）丁类厂房

具有下列情况的生产厂房，被称为丁类厂房：

1) 对不燃烧物质进行加工，并在高热或熔化状态下经常产生强辐射热、火花或火焰的生产。

2) 利用气体、液体、固体作为燃烧或将气体、液体进行燃烧作其他用的各种生产。

3) 常温下使用或加工难燃烧物质的生产。

（5）戊类厂房

常温下使用或加工不燃烧物质的生产,称为戊类厂房。

3.3.6.3　装修材料燃烧性能等级划分

(1) 工业厂房内部各部位的装修也应符合《建筑内部装修设计防火规范》中的有关要求。该规范规定厂房内部各部位装修材料的燃烧性能等级,不应低于表 3.3-6 中的规定。

工业厂房内部各部位装修材料的燃烧性能等级　　　　表 3.3-6

工业厂房分类	建筑规模	装修材料燃烧性能等级			
		顶棚	墙面	地面	隔断
甲、乙类厂房 有明火的丁类厂房		A	A	A	A
丙类厂房	地下厂房	A	A	A	B_1
	高层厂房	A	B_1	B_1	B_2
	高度>24m 的单层厂房 高度≤24m 的单层、多层厂房	B_1	B_1	B_2	B_2
无明火的丁类厂房 戊类厂房	地下厂房	A	A	B_1	B_1
	高层厂房	B_1	B_1	B_2	B_2
	高度>24m 的单层厂房 高度<24m 的单层、多层厂房	B_1	B_2	B_2	B_2

(2) 架空地板装修材料燃烧性能等级

当厂房的地面为架空地板时,其地面装修材料的燃烧性能等级,除 A 级时,应在表 3.3-6 中规定的基础上提高一级。

从火灾的发展过程考虑,一般来说,对顶棚的防火性能要求最高,其次是墙面、地面要求最低。但如果地面为架空地板时,情况就有所不同。一是地板即有可能被室内的点燃,又有可能被来自地板下的火点燃;二是架空后的地板,火势沿其蔓延的速度较快。所以对这种结构的地板提出了较高一些的要求。

(3) 贵重设备房间装修材料燃烧性能等级

对计算机房、中央控制室等装有贵重机器、仪表、仪器的厂房,其顶棚和墙面应采用 A 级装修材料;地面和其他部位应采用不低于 B_1 级的装修材料。

这里所说的"贵重"是指:

1) 设备本身的价格昂贵,一旦失火损失很大。

2) 这些设备属于影响工厂或地区生产全局的关键设施,如发电厂、化工厂的中心控制设备等。这些车间一旦受损除自身价值丧失之外,还会导致大规模的连带损害。

(4) 厂房附属办公用房装修材料燃烧性能等级

厂房附设的办公室、休息室等的内部装修材料的燃烧性能等级,应符合表 3.3-6 的相应要求。

为了满足工厂工人在生产过程中的生产卫生及生活需要,给工人创造良好的劳动卫生条件和保证产品质量,各厂房除布置有生产工段外,还需相应地设有生活福利用房,一般称休息室。另外出于管理需要,在厂房内也常开辟出一些空间专用于办公,被称之为办公室。对这些房间同样提出了内装修防火要求。其中有两个考虑,一是不要因办公室、休息室的装修失火而波及整个厂房;二是确保办公室、休息室内人员的生命安全。所以要求厂房本身所附设的办公室、休息室等内部空间的内装修材料的燃烧性能等级,应与厂房的要求相同。从民用建筑角度看,该要求在某些建筑类型中是偏严的,但这种严格还是必要的,并且在实际操作中也不难做到。

3.3.7 建筑内装修设计防火相关专业协调

3.3.7.1 室内装修材料

(1) 分类

室内装修材料按其使用部位和功能分7类。它们是顶棚装修材料、墙面装修材料、地面装修材料、隔断装修材料、固定家具、装饰织物及其他装修材料。顶棚、墙面、地面、隔断等的装修是最基本的部位。柱面的装修应与墙面的规定相同。隔断系指不到顶的隔断。到顶的固定隔断装修应与墙面规定相同。固定家具指大型、笨重的家具,它们或者与建筑结构永久地固定在一起,或者因其大、重而不轻易改变位置,如壁橱、酒吧台、陈列柜、大型货架、档案柜等。装饰织物系指窗帘、帷幕、床罩、家具包布等;其他装修材料系指楼梯扶手、挂镜线、踢脚板、窗帘盒、暖气罩等。不同部位的装修材料,其火灾危险性大小也不相同。

(2) 室内装修材料的防火要求

对建筑内部装修材料有3方面的防火要求:

1) 燃烧特性

装修材料的燃烧特性系指材料着火的难易程度和着火后火焰传播的快慢。装修材料的燃烧特性直接关系到火灾危险性大小和火灾发展的猛烈程度,是对装修材料最重要的防火要求。为此,《建筑内部装修设计防火规范》作了明确而严格的规定,要求积极选用不燃材料和难燃材料。

2) 燃烧产物、热分解产物的毒性

装修材料燃烧和热分解产物的毒性问题,已经越来越引起人们的关注。由于在进行建筑内部装修中使用大量的合成纤维、塑料、合成橡胶等高分子化合物,这些材料在燃烧和热分解过程中会产生大量有毒气体,对火灾现场人员毒害作用极大,特别是近几年发生了一系列恶性火灾事故,中毒死亡人数十分惊人。国内外火灾资料统计早已表明,火灾死亡原因中直接烧死的是少数,多数是中毒而死,或先中毒昏迷而后烧死的。

3) 材料燃烧时的发烟性

装修材料燃烧时的发烟性大小也是对装修材料的防火要求之一。装修材料燃烧和热分解时发烟量大,会严重影响火灾中群众的逃生和火灾的扑救。

目前对装修材料的燃烧毒性和发烟性进行定量控制,提出明确的要求和规定还有困难。但是建筑内部装修设计人员和消防监督部门,对材料燃烧时的毒性气体、发烟性大小应引起高度重视,尽量"避免使用"在燃烧时会产生大量毒性气体和发烟量大的装修材料。

(3) 室内装修防火存在的主要问题

目前建筑内部装修主要存在以下5方面的防火问题:

1) 大量采用可燃、易燃装修材料

不少宾馆、商城、歌舞厅为了追求豪华、气派,大量使用可燃、易燃装修材料。一旦失火,火灾荷载大,火灾发展猛烈。

2) 电器设备和线路设计、安装不合消防要求歌舞厅、游乐厅安装大量灯饰、声响设备以及机械动景装置。电器设备多,线路复杂,安装时很多不符合消防要求。灯具没有采取必要的隔热、散热措施,白炽灯、日光灯整流器与吊顶、幕布等可燃材料太近,导线没有采用保护穿管,不装接线盒,接头、开关、闸刀裸露,极易因导线短路引起火灾。

3) 不重视消防设备的安装、维护

安全通道、安全出口狭小,数量不够,光线暗淡,堆放杂物,甚至在装修时完全堵死。为了装修的美观、漂亮,把火灾疏散指示标志遮挡起来,一旦发生火灾,建筑物内的人员难以逃生,把为数很少的消火栓封闭起来;防火墙、防烟垂壁受损,防火防烟分区扩大。

4) 装修队伍素质不高,装修现场混乱

在装修施工队伍中有大量的地下装修"游击队"、个体户,其人员不少是来自农村的普通农民,缺乏岗前专业培训。施工现场装修材料堆放杂乱;油漆、涂料、溶剂、粘接剂保管不善;遍地锯末、刨花;电线乱拉,烟头随意扔;气焊、电焊作业,无证上岗,无安全措施;涂刷作业时吸烟等等。

5) 消防法规不完善,影响了消防监督

随着人民生活水平提高,房屋装修费急速上涨,装修业的发展,促使新的装修材料不断出现。高级宾馆、大型商城,为了追求豪华吸引顾客,不惜花大量资金,从国外引进各种高档装修材料。这些装修材料缺乏严格的防火性能检查,也无明确的装修消防法规要求。建筑物所有方、装修承建方与消防监督部门经常为此争执不下。对消防监督部门下达的整改通知书,拖着不办,有的就根本不经过消防监督部门的审核,照样装修,照样营业,留下了众多的火灾隐患。

3.3.7.2 各类建筑及建筑物各部位对装修材料的防火要求

(1) A级、B_1级防火装修材料的使用

消防水泵房、排烟机房、固定灭火系统钢瓶间、配电室、变压器室、通风和空调机房,无自然采光楼梯间、封闭楼梯间、防烟楼梯间的顶棚、墙面和地面均应采用A级装修材料。另外,以上用途的建筑部位也没有必要进行高标准装修。

图书室、资料室、档案室、文物存放室、大型电子计算机房、中央控制室、电话总机房,建筑物内设有上、下层相连通的中庭、走马廊、开敞楼梯、自动扶梯的连通部位。以上建筑部位的顶棚、墙面应采用A级装修材料,其他部位应采用不低于B_1级的装修材料。

变形缝上下贯通整个建筑物,建筑物内着火以后,变形缝内充满热烟气,热烟气由下向上流动,形同一个烟囱,热烟气流动速度与变形缝高度成正比,与变形缝内温度成正比。变形缝内的嵌缝材料已具有一定的燃烧性,若变形缝基材也是可燃的,则会极大增加变形缝内温度,加剧烟囱效应,使整个建筑物内很快充满热烟气。所以要求变形缝基材采用A级材料。

变形缝表面允许用B_1级装修材料,主要是照顾到墙面装修的整体效果。

地上建筑的水平疏散走道和安全出口的门厅是火灾中人员逃生的主要通道。这些部位的顶棚装饰材料应采用A级装修材料,其他部位应采用不低于B_1级的装修材料。

厨房内是火源最集中的地位;不少餐馆经营各式火锅,或用木炭,或用液化气,或用电源。宾馆、餐馆内人员多,流动大,火灾危险性很大,所以这些建筑物内的顶棚、墙面、地面装修应采用A级装修材料。

(2) 室内装修材料防火性能一般顶棚高于墙面,墙面高于地面

室内家具等可燃物着火以后,由于燃烧产物温度高,比重低,热烟气将因"浮力作用"而上升,形成热对流,上升的热气流碰到顶棚,把热量传递给顶棚,使顶棚温度升高、着火,而且顶棚内电器线路多,灯具多,火灾隐患大。所以对顶棚装修材料的要求高。

火焰沿墙壁由下向上传播时,由于包住邻近上方的垂直表面,使释放挥发物的热解区长度越来越长,火焰高度越来越高,向上传播速度越来越快,其传播速度近似成指数增长。由于火焰沿垂壁面由下向上传播的这种特征,对墙壁的装修材料要求也比较高。

火焰沿地板水平传播时,传播速度较慢。

由于顶棚、墙面、地面的火灾传播特性不同,对它们装修材料的防火性能要求也应有所差别。

(3) 顶棚和墙面采用泡沫塑料材料时的限制

泡沫塑料的燃烧有两个特点:

1) 固体材料的燃烧速度与其密度的平方成反比,密度越小,燃烧速度快。泡沫塑料密度很小,所以火焰传播速度很快,火灾发展猛烈。

2) 泡沫塑料(如聚氨酯泡沫塑料)燃烧时产生大量有毒气体,对人体毒害作用很大。但考虑到某些实际装修工程中,又需要使用一定量的泡沫塑料,在参考了有关规定后,对泡沫塑料的使用面积和厚度加以限制。

做顶棚墙面装修时,泡沫塑料面积均不得超过 10%,而且不应把顶棚和墙面合在一起计算面积。泡沫塑料厚度不应大于 15mm。

3.3.7.3 室内电气设备与防火

在装修程序中,电气线路敷设属隐蔽工程,其完好与防火是十分重要的。

电气线路损坏不仅会烧坏所连接的电器设备,使火灾自动报警系统和自动灭火系统不能正常运转,失去报警灭火功能,更重要的是电气线路短路、老化、打火往往会引发火灾。

电器火灾的主要原因是电器过热引起的。为了保证电器的安全使用,必须对电器各部分的最高温度作出限制。所谓极限允许温升就是电器能够正常工作时的极限允许温度与工作环境温度之差。

(1) 电气线路因漏电、短路、过负荷、接触电阻过大等原因会产生电火花,导线过热,从而引起火灾。

1) 漏电

在正常运行情况下,电气线路与大地是绝缘的。当电气线路的绝缘层受到摩擦、挤压、受热、腐蚀、老化时,绝缘层被破坏,电气线路与建筑物、设备外壳直接接触的部位,存在某种导电路径,部分电流就会从绝缘破损处流出,经导电路径入地,形成漏电。电气线路漏电可能使局部物体带电而造成人员触电,严重时,漏电火花能够引起火灾。

2) 短路

电气线路中的裸导线或绝缘导线破损后,与相线、零线或大地在某一点电阻很小或没有通过负载的情况下相接或相碰,产生电流增大的现象叫短路。短路有 3 种类型:三相短路,指供配电系统中三相导线间发生的对称性短路;两相短路,是指三相供配电系统中任意两相发生的短路;单相短路,是指三相供配电系统中任一相与中性线(零线或接地线)之间的短路。

短路回路中电流很大,易产生强烈的电火花,使导线的绝缘层和附近可燃物燃烧,造成火灾。

3) 过负荷

电气线路中允许连续通过而不致使导线过热的电流量称安全电流量。电气线路的导线截面选用的过小,或接入过多用电设备时,导线中通过的电流量超过安全电流量时,称导线过负荷。导线过负荷会使导线温度升高,当温度超过65℃时,不仅会加速绝缘层老化,还会使绝缘层和附近可燃物着火,造成火灾。

4) 接触电阻过大

在电源线的连接处,电源线与开关、保护装置和较大用电设备连接的地方,由于接触不良,局部电阻过大,叫接触电阻过大。接触电阻过大,会产生大量热,使金属熔化,绝缘层和附近可燃物着火,造成火灾。

(2) 常见塑料绝缘导线与橡胶绝缘导线

1) 塑料绝缘导线型号见表 3.3-7。

塑料绝缘导线的型号和主要用途   表 3.3-7

型 号	名 称	主 要 用 途
BV	铜芯塑料线	交流电压 500V 以下,直流电压 1000V 以下,室内固定敷设
BLV	铝芯塑料线	
BVV	铜芯塑料绝缘塑料护套线	交流电压 500V 以下,直流电压 1000V 以下,室内固定敷设
BLVV	铝芯塑料绝缘塑料护套线	
BVR	铜芯塑料软线	交流电压 500V 以下,要求电线比较柔软的场所敷设
BV-Ⅰ BLV-Ⅰ	室外用铜、铝塑料绝缘线	500V,室外固定敷设用
BVV-Ⅰ BLVV-Ⅰ	室外用铜、铝塑料绝缘塑料护套线	500V,室外固定敷设用
BVR-Ⅰ	铜芯塑料软线	500V,室外要求电线比较柔软的场所敷设
RVB	平行塑料软线	250V,室内连接小型电器,移动或半移动敷设时用
RVS	双绞塑料绝缘软线	250V,室内连接小型电器,移动或半移动敷设时用
VRZ	铜芯聚氯乙烯绝缘聚氯乙烯护套软线	可代替 YHQ、YHZ 型电缆,用于交流额定电压 500V 及以下移动工具及电器
RFB RFS	平行、双绞铜芯丁腈聚氯乙烯复合物绝缘软线	耐寒、耐热、耐油、耐腐蚀

注:绝缘导线的型号意义:
　　B—第一个字母表示布线;
　　BB—第二个字母表示玻璃丝编织;
　　BBB—第三个字母表示扁形;
　　V—第一个字母表示聚氯乙烯绝缘;
　　VV—第二个字母表示聚氯乙烯护套;
　　X—表示橡胶绝缘;
　　L—表示铝芯(无 L 表示铜芯);
　　F—表示塑料复合物;
　　S—表示双线;
　　R—表示软线;
　　H—表示花线;
　　Z—表示中型移动线;
　　G—表示穿管用;
　　Ⅰ—表示室外用。

2) 橡皮绝缘导线型号见表 3.3-8。

橡皮绝缘导线的型号和主要用途　　　　　　表 3.3-8

型　号	名　称	主　要　用　途
BX	铜芯棉纱编织橡皮绝缘线	供干燥和潮湿的场所固定敷设用,用于交流额定电 250V 和 500V 的电路中
BXR	铜芯橡皮软线	供安装于干燥和潮湿场所,连接电气的移动部分用,交流额定电压 50V
BXS	双芯橡皮线	供干燥场所敷设在绝缘子上用,用于交流额定电压 250V 的电路中
BXH	铅芯橡皮花线	供干燥场所移动式用电设备接线用,线芯间额定电压 250V
BLX	铝芯橡皮线	与 BX 型电线相同
BLXG	铜芯穿管橡皮线	与 BXG 型电线相同
BXG	铜芯穿管橡皮线	供交流电压 500V 或直接电压 1000V 电路中配电和连接仪表用。适用管内敷设
BBX	铜芯玻璃丝编织橡皮绝缘线	可代替棉纱编织的 BX 型电线,可以穿管敷设
BBLX	铝芯玻璃丝编织橡皮绝缘线	可代替棉纱编织的 BLX 型电线,可以穿管敷设

(3) 在装修工程中,正确地选用导线是十分重要的。在选用导线型号时应注意以下几点：

1) 干燥无尘的场所,可采用一般绝缘导线;

2) 潮湿的场所,应采用有保护的绝缘导线,如铅皮线、塑料线以及在钢管内或塑料管内敷设一般绝缘导线;

3) 有可燃粉尘或可燃纤维的场所,应采用有保护的绝缘导线;

4) 有腐蚀性气体的场所,可采用铅皮线、管子线（钢管涂耐酸漆）、硬塑料管线、塑料线或裸导线;

5) 高温场所应采用以石棉、瓷珠、瓷管、云母等作为绝缘的耐热线;

6) 闷顶内有可燃物时,其内的配电线路应采取穿金属管保护;

7) 经常移动的电气设备,应采用软线或软电缆。

(4) 预防电气线路短路

1) 要根据环境潮湿、化学腐蚀、高温等具体情况选用不同类型的导线,导线绝缘必须符合线路电压要求;

2) 安装线路时,导线与导线、墙壁、顶棚、金属构件以及绝缘子之间,应有一定的间距,并按规定安装断路器或熔断器,以便在线路发生短路时能及时切断电源;

3) 在距地面 2m 高以内的导线以及穿过楼板和墙壁的导线,应用钢管、硬质塑料管或瓷管保护,以防绝缘层损伤;

4) 在线路运行时,要经常检查绝缘层的绝缘强度。每伏电压的绝缘强度为 1000Ω,若达不到此值的 50%,应找出原因,及时采取措施加以解决。

(5) 室内布线的要求和方式

1) 室内布线要求

A. 导线耐压等级应高于线路工作电压,截面的安全电流应大于负荷电流和满足机械强度要求,绝缘层应符合线路安装方式和环境条件。

B. 线路应避开热源,如必须通过时,应做隔热处理,使导线周围温度不超过35℃。

C. 线路敷设用的金属器件应做防腐处理。

D. 各种明布线应水平和垂直敷设。导线水平敷设时距地面不小于2.5m,垂直敷设时不小于1.8m,否则需加保护,防止机械损伤。

E. 布线便于检修,导线与导线、管道交叉时,需套以绝缘管或作隔离处理。

F. 导线应尽量减少接头。导线在连接和分枝处,不应受机械应力的作用。导线与电器端子连接时要牢靠压实。大截面导线连接应使用与导线同种金属的接线端子。如果铜和铝端子相接时,铜接线端子做涮锡处理。

G. 导线穿墙应装过墙管,两端伸出墙面不小于10mm。线路对地绝缘电阻不应小于每伏工作电压1000Ω。

2) 室内布线方式

A. 铝片卡布线:铝片卡布线多采用塑料护套绝缘导线,有防潮、耐酸和耐腐蚀的功能。可以用铝片卡直接把导线敷设在空心板、墙壁的表面。用铝片卡布线的导线截面积不宜大于10mm^2,固定点间距不应大于200mm。距地面高度垂直敷设时不宜小于2m,连接至开关、插座等电器设备时允许为1.3m;水平敷设时离地不宜小于2.5m。

B. 瓷(塑料)夹板布线:瓷(塑料)夹板布线只适用电量较小、干燥、不易受到机械损伤的地方。顶棚及其他隐蔽处不宜采用瓷(塑料)夹板布线。水平敷设距地大小2.5m,垂直敷设距地大于1.8m,距建筑物表面应大于10mm。线路中接装的开关、灯座、接线盒和吊线盒两侧50~100mm以内应安装夹板,以固定导线。导线截面为1~4mm^2 时,夹板之间距离为600mm,导线截面积为6~10mm^2 时,夹板间距离为800mm。导线穿墙必须用绝缘管保护。在线路分支、交叉、转角处,导线不应受机构力作用,应加装夹板,并用绝缘套管将导线隔离。

C. 瓷柱布线:水平敷设时,距地高大于2.5m,垂直敷设距地高大于1.8m,否则应加保护设施。导线分支、交叉和转角时,导线之间应用绝缘管隔离。

D. 瓷瓶布线:采用瓷瓶布线的绝缘导线,铜芯截面应大于1.5mm^2,铝芯截面积应大于2.5mm^2。水平敷设距地2.5m,垂直敷设距地高1.8m。穿墙时应采用绝缘管。从地面向上安装距地2m以内应加绝缘管保护。

E. 槽板布线:槽板布线适用于电荷小的照明、生活用电和干燥的地方。槽板内布设耐压500V的绝缘导线,截面小于4mm^2,槽内不得有接头,接头要使用接线盒。槽板应设于明处,不得穿过楼板和墙壁。

F. 线管布线:常用线管有水、煤气钢管,电线钢管和硬塑料管3种。电线管路应敷设在热水管的下面,相距0.2m,必须敷设在上面时,相距为0.3m。敷设在蒸气管下面时,相距0.5m,上面相距为1m,如果采取隔热措施,相距可减至0.2m。电线管路与其他管道(不包括可燃气体、液体管道)平行净距不小于0.1m。与水管敷设时,应敷设在水管上面。

(6) 导线截面的选择方法

正确地选择导线,首先确定负载电流的大小,根据负载电流,环境温度以及敷设方式选择导线截面。对较长线路和较大负载在选定导线截面以后,要核验线路的电压损失。电动机一般不低于额定电压5%,最远1只照明灯泡的电压不得低于额定电压的6%。检验导线的截面是否满足机械强度的要求,导线的最小允许截面见表3.3-9。

按机械强度要求的导线最小允许截面　　　　　　　　　表3.3-9

用　　途	线芯最小截面(mm^2)		
	铜芯软线	铜　线	铝　线
一、照明用灯头引下线:			
1. 民用建筑屋内	0.4	0.5	1.5
2. 工业建筑屋外	0.5	0.8	2.5
3. 屋外	1.0	1.0	2.5
二、移动式用电设备:			
1. 生活用	0.2	—	—
2. 生产用	1.0	—	—
三、架设在绝缘支持件上的绝缘导线,其支持点间距为:			
1. 1m以下,屋内		1.0	1.5
屋外		1.5	2.5
2. 2m及以下屋内		1.0	2.5
屋外		1.5	2.5
3. 6m及以下		2.54	4
4. 12m及以下		2.56	6
四、使用绝缘导线的低压接户线			
1. 挡距10m以下		2.5	4
2. 挡距10~25m		4	6
五、穿管敷设的绝缘导线	1.0	1.0	2.5
六、架空线路	铜芯铝线	铝及铝合金线	
1. 35kV	25	35	
2. 5~10kV	25	35	
3. 1kV以下	16	16	

(7) 按防火要求正确安装配电盘、配电箱

1) 配电盘安装

配电盘由盘板、开关、电器仪表和熔断器组成,用于分配电能,并对电路进行控制,分照明配电盘和动力配电盘。

A. 配电盘应安装在干燥没有灰尘的室内,不应安装在潮湿的场所,也不应安装在易燃、易爆危险场所。仓库用配电盘应安装在室外或其他房间。

B. 配电盘的盘板可用厚度为20~50mm的干燥结实木板,或铁板、塑料板、大理石、钢筋水泥制成。木制配电板最好加包铁皮,如操作频繁的照明配电箱,额定电流在30A以上,可燃易燃等重要场所。

C. 配电盘中的开关、熔断器、仪表,应符合电源电压要求。接线采用绝缘导线,穿过木盘时应加瓷管头,穿过铁盘时应有橡皮护圈保护。

D. 配电盘上安装的刀闸和熔断器断开时不应带电。垂直装设的刀闸和熔断器上端接

电源,下端接负荷;横装时,左侧接电源,右侧接负荷。

E．配电盘装在墙上时,盘底距地面应不小于1.2m;专为安装电度表的配电盘高度为1.8m。

F．配电盘的金属外壳应有良好接地性能,接地电阻应不大于4Ω。

G．在可燃粉尘和可燃纤维的场所应采用铁皮配电箱,并采取密封措施,防止粉尘、纤维进入。配电盘应保持清洁,附近不得堆放可燃物。

2) 配电箱安装

室内线路由进户线进户后接到配电箱上,再由配电箱接到用电设备的供电线路上。配电箱的开关在拉、合或熔丝熔断产生的电火花或电弧,有可能引燃配电箱及附近的可燃物,造成火灾。鉴于家用电器设备大幅度增加,室内装修采用的可燃物越来越多,违反用电安全规定,增加了电气设备引发火灾的危险性。为防止配电箱产生的火花引燃周围可燃物,规定配电箱不应直接安装在低于B_1级的装修材料上。

(8) 常用灯具与防火

1) 常用照明灯具

常用照明灯具有白炽灯、日光灯、碘钨灯、高压汞灯四种。

A．白炽灯

白炽灯用钨丝作灯丝。玻璃泡内抽真空或充惰性气体,分普通白炽灯泡和低压白炽灯泡。普通白炽灯功率为15～1000W,低压白炽灯功率为10～100W。

B．日光灯

日光灯由灯管、镇流器、启动器组成。灯管壁上涂有荧光粉,两端有灯丝,管内抽真空后充一定量的氩气和水银。日光灯的功率为6～100W。

C．碘钨灯

碘钨灯与白炽灯相似,但玻璃管内充入适量的碘和溴,以保护钨丝,延长寿命。功率有500、1000、1500、200W 四种规格。

D．高压汞灯

高压汞灯由内外两个石英玻璃管构成。外壳是一个荧光灯泡,内壁涂有荧光粉,并充入氩气和其他惰性气体;内管装有两个电极和一个辅助电极,并充入少量水银和氩气。高压水银灯在正常情况下内管水银蒸气压可达4～5个大气压,额定功率为50～100W。

2) 灯具火灾的危险性

白炽灯表面温度随灯泡功率不同而不同,如表3.3-10所示。

白炽灯泡在一般情况下的灯泡表面温度　　　　表3.3-10

灯泡功率(W)	灯泡表面温度(℃)	灯泡功率(W)	灯泡表面温度(℃)
40	50～60	150	150～230
75	140～200	200	160～300
100	170～220		

碘钨灯灯管表面温度可达700～800℃。日光灯灯管表面温度虽然很低,但镇流器具有一定的温度。

A．白炽灯表面温度较高而且功率越大,温度越高,200W的白炽灯表面温度可达

154~296℃,可将附近可燃物引燃;

B．日光灯温度不高,但镇流器发热,有可能烤着附近的可燃物;

C．碘钨灯的火灾危险非常大,1000W 的碘钨灯表面温度可达 500~800℃,而其内壁温度可达 1600℃,可将灯管附近的可燃物短时间烤着。

D．高压汞灯功率大,400W 的高压水银灯与 20W 的白炽灯表面温度相当,约为 180~250℃,可烤着附近可燃物。高压汞灯的镇流器是发热器件,也有可能烤着附近的可燃物;

3）应注意的问题

为了追求灯光效果,不少旅馆、饭店、宾馆、歌舞厅在室内装修时,采用了各种类型的灯具,使用花样繁多的材料对灯具进行装饰,但处理不当又很容易引起火灾。在进行灯具装修时应注意以下几点:

A．灯具高温部位与可燃物之间应采取隔热、散热等防火保护措施。如设绝缘隔热物,以隔绝高温;加强通风降温散热措施;与可燃物保持一定距离,一般大功率白炽灯、高压汞灯与可燃物之间距离不应小于 500mm,碘钨灯距可燃物则应大于 500mm,使可燃物温度不超过 60~70℃。

B．灯具所用材料的燃烧性能等级不应低于 B_1 级。

C．功率在 100W 以上的灯具不准使用塑胶灯座,而必须采用瓷质灯座。

D．镇流器不准直接安装在可燃建筑构件上,否则,应用隔热材料进行隔离。

E．碘钨灯的灯管附近的导线应采用耐热绝缘材料(玻璃浮、石棉、瓷珠)制成的护套,或采用耐热线,以免灯管的高温破坏绝缘层,引起短路。

F．功率较大的白炽灯泡的吸顶灯、嵌入式灯附近温度较高,导线绝缘极易破坏,应采用耐热绝缘护套对引入电源线加以保护。

3.3.7.4 室内装修施工时应注意的几个防火问题

(1) 进行电气焊作业严格按防火要求

电气焊属明火作业,火灾危险性大,焊接切割作业的熔渣温度很高,也可引燃可燃物,不可忽视。必须做到以下几点:

1) 电气焊作业要在安全地点,由专业人员操作,无证人员不得上岗操作。

2) 盛装过易燃可燃液体、气体及化学危险品的容器和设备应先用蒸气吹干净后,再进行电、气焊作业,以免引起可燃气、可燃液体蒸气及化学危险品爆炸。

3) 不准与油漆、喷漆、木工等易燃操作同部位、同时间上下交叉作业。

4) 在建筑工地内焊接,焊机等应放在安全部位,焊接点下面应设接火盘,附近可燃物应搬走或加以覆盖。

(2) 严禁随便乱扔烟头

据测定,香烟中心温度 700~800℃,表面温度为 200~300℃,水平放置时,一般 14~15min 烧完,垂直放置时,由下往上燃烧速度快些,约 12~13min 烧完。若将香烟放在席梦思床垫上,立即使床垫发生阴燃,5min 即可闻到焦烟味,25min 烟雾呛眼睛,1.5h 阴燃发展成明火,火焰高达 35cm。装修施工现场的锯末、刨花、废纸、油漆、废棉纱、废布头、地毯、被褥、床单、杂草均可被引燃,从而引起火灾。在装修施工过程中,装修材料应堆放整齐,锯末、废纸、废布应及时清扫,施工现场不允许乱扔烟头。

(3) 对消火栓等消防设施的处理

建筑内部消防设施是根据国家建筑防火规范要求设计安装的,以便建筑物着火时迅速发挥作用,将火扑灭,或将人员迅速疏散到安全地区。进行内部装修时,不得为了装饰效果,把消防设施遮掩起来,或改变消防设施的位置。消火栓门四周的装修材料颜色应与消火栓的颜色有明显区别;火灾疏散指标标志及安全出口要易于辨认,以免人员在紧急情况下发生疑问和误解;不要用隔墙、镜面玻璃、壁画进行遮掩装修。

3.3.7.5 各种火灾自动报警装置,自动灭火系统与防火门

(1) 火灾自动报警装置

1) 离子型感烟器

离子型感烟火灾探测器原理图见图 3.3-10。

镅 241(A_m^{241})作为放射源不断放出 α 粒子,使电离室内空气部分电离。电离产生的正、负离子,在电场作用下,各向负、正极运动,产生电流。当发生火灾时,烟雾粒子进入电离室,电离室的离子吸附到比它大 1000～10000 倍的烟粒子上,从而大大降低了离子迁移率,相当于增加了电路电阻。电阻相对变化随烟粒子浓度和粒径的乘积的增加而线性增加。当这种阻抗变化到一定值以后,探测仪发出报警。

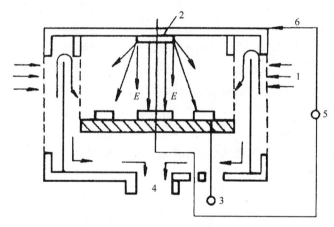

图 3.3-10 离子感烟火灾探测器结构原理
1—气流;2—镅 241 放射源;3—保护电极;4—气流出口;5—V;6—电流 I

离子型感烟火灾探测器灵敏度高,寿命长,价格低,使用安装方便,应用很广泛。

下列场所宜选用离子型感烟探测器:

A. 饭店、旅馆、教学楼、办公楼的厅堂、卧室、办公室等;

B. 电子计算机房、通讯机房、电视电影放映室等;

C. 楼梯、走廊、电梯机房等;

D. 书库、档案库等;

E. 有电器火灾场所。

下列场所不宜选用离子感烟探测器:

A. 相对湿度长期大于 95% 者;

B. 气流速度大于 5m/s 者;

C. 有灰尘、细粉末或水蒸气滞留者;

D. 有可能产生腐蚀性气体者;

E．厨房及其他在正常情况下有烟滞留者；

F．产生醇类、醚类、酮类等有机物者。

2）火焰型探测器

火焰型探测器是利用火灾发生时，可燃物燃烧发出火焰来进行报警的。

这类仪器又可分为红外辐射火灾探测器和紫外光辐射火灾探测器两种。

① 红外辐射火灾探测器

HWH-2型红外辐射火灾探测器的结构见图3.3-11。

当火灾发生时，红外辐射线经过红玻璃片，聚焦于硫化铅红外光敏元件上，产生电流，进行报警。

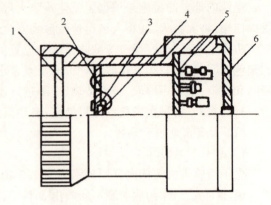

图3.3-11 红外辐射火灾探测器
1—红玻璃片；2. 绝缘支承架；3—锗片；
4—硫化铅红外光敏元件；5—印刷电路板；6—外壳

硫化铅光敏元件前面的锗片，是用来滤去少量通过红玻璃片的可见光。印刷电路板是前置放大器。

红外辐射光的波长较长，烟粒对其吸收较弱，所以红外辐射探测器在火场大量烟雾条件下仍能进行工作。但红外辐射探测器需避开阳光和强烈灯光的照射，否则易出现误报。

② 紫外光辐射火灾探测器

紫外光辐射火灾探测器主要部件是紫外光敏管。它是一种气体放电光电管，管子外部是密封玻璃壳，内装两根高纯度的钨或钼丝制成的电极，并充入一定量的氢和氮（见图3.3-12）。

当火焰辐射的紫外线射到阴极上，被电极接受，光子能量激发金属内的自由电子，使电子逸出金属表面。在电极电压作用下，电子加速向阳极运动，途中它又撞击管内气体分子，使其电离并放出电子，形成雪崩放电，使光电管导通，发出报警信号。

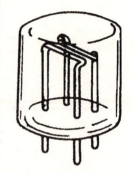

图3.3-12 紫外光敏管结构

紫外光辐射火灾探测器的优点是对强烈紫外源响应时间极短，能达到25ms，而且具有不受风、雨、高湿度、极短高温以及压力的影响，所以，它不仅能在室内使用，也宜在室外使用。目前国外已广泛应用于飞机库、油井、输油站（管）、可燃气罐、液罐、易燃易爆品仓库以及炸药等危险场所，作火情检测。

尽管紫外光敏管对紫外辐射的响应范围被限制在1850～2450Å之间。这样太阳辐射到达地面的紫外线以及人工照明光源发出的紫外波长（<3000Å），均在其光谱响应范围之外，但仍需避免阳光直接照射光敏管，以免发生误报。同时要排除电弧焊、电动机火花、碘钨灯、杀菌灯以及x射线对仪器的干扰。另外紫外线在空气中传播时衰减很快，仪器应尽量安装在被保护对象附近。

下列场所宜选用火焰探测器：

A．火灾时产生极少的烟而有强烈的火焰辐射者；

B．房间存放易燃材料，火灾时无阴燃阶段者；

C．需要对火焰作出快速反应者。

下列场所不宜选用火焰探测器：

A．有可能发生无烟火灾者；

B．在火焰出现前有浓烟扩散者；

C．探测器的镜头易被污染者；

D．探测器的"视线"易被遮挡者；

E．探测器易受阳光或其他光源直接或间接照射，或者受液体面、旋转机器零件反射以及电焊、x射线、闪电等影响者。

对可靠性要求高，需要安装自动灭火系统或自动联动装置的场所，宜采用感烟、感温探测器的组合。

3）感温探测器

放热是燃烧反应的共同特征。燃烧热加热燃烧产物与环境中的空气，使环境温度升高。感温式火灾监测器通过对环境温度变化的探测发现火灾苗头，从而报警。它分为定温式探测器、差温式探测器两种。

JWD型定温探测器的结构见图3.3-13。在正常情况下，特种螺钉与吸热罩之间依靠低熔点合金（熔点70～90℃）焊接，螺钉与拉杆连接、拉杆上端有弹性接触片，它与上面的固定触点不接触。一旦发生火灾，环境温度升高，当温度高于70～90℃时，低熔点合金熔化，拉杆在弹簧作用下弹起，使弹性接触片与固定触点接触，电路导通而发出警报。

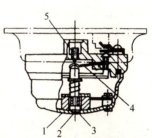

图3.3-13　JWD型定温探测器
1—吸热罩；2—低熔点合金；
3—特种螺钉；4—弹性接触片；
5—固定触点

这种探测器结构简单，牢固可靠，误报很少。其不足之处是仪器附近温度必须升到70～90℃才能使合金熔化。这样，探测器所能控制的范围比较小，而且不适用于高温环境。

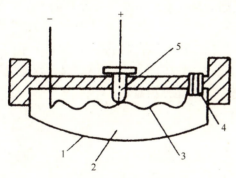

图3.3-14　差温火灾探测器
1—感热外罩；2—气室；3—波纹片；
4—泄漏孔；5—固定接点

差温火灾监测器结构见图3.3-14。仪器的感热外罩与底座之间有一很小的泄漏孔与大气相通。当环境温度变化缓慢时，感热外罩与底座之间的气室内的空气，可通过泄漏孔排出，气室内外压力保持平衡。火灾发生时，环境升温速率很快，气室内气体急剧膨胀，泄漏孔来不及排泄，气室内压力升高，使波纹片向上鼓起，电路导通发生报警。

这种监测器灵敏度比较高，可靠性好，应用比较广泛。

下列场所宜选且感温探测器（其动作温度应高于环境温度20℃以上）：

A．相对湿度经常高于95%以上者；

B．有可能发生无烟火灾者；

C．有粉尘、污染者；

D．经常有烟和蒸汽者；

E．厨房、锅炉房、发电机房、茶炉房、烘干车间等；

F．汽车库；

G．吸烟室、小会议室；

H．其他不宜安装感烟探测器的厅堂和公共场所。

下列场所不宜选用感温探测器：

A．有可能产生阴燃火者；

B．火灾危险性大，必须早期报警者；

C．温度在0℃以下者(不宜选用定温探测器)；

D．正常情况下温度变化较大者(不宜选用温差探测器)；

E．房间净高>8m者。

4) 探测器的设置

探测区域内每个房间至少设置一只火灾探测器。一个探测区域面积大于一只探测器的保护面积时，一个探测区域内探测器数量按下式确定：

$$N \geqslant \frac{S}{K \cdot A} \quad N \geqslant (取整数)$$

式中　N——一个探测器区域内所需设置探测器的数量，单位为只；

　　　S——一个探测区域的面积；

　　　A——一个探测器的保护面积；

　　　K——修正系数，重点保护建筑 $K=0.7\sim0.9$，一般保护建筑 $K=1.0$。

宽度小于3m的内走道、顶棚设置探测器时，宜居中布置，感温探测器安装间距不应大于10m，感烟探测器安装间距不应超过15m，探测器至端墙的距离不应大于探测器安装间距的一半。

电梯井、升降机井设置探测器时，其位置宜在井道上方的机房顶棚上。

房间被书架、设备或隔断等分隔，其顶部至顶棚或梁的距离小于房间净高的5%时，则每个被隔开的部分至少安装1只探测器。

探测器至空调送风口边的水平距离不应小于1.5m，至多孔送风顶棚孔口的水平距离不应小于0.5m。为此，应将距探测器中心半径为0.5m范围内的孔洞用不燃烧材料填实或采用类似的挡风措施，以免送进的风阻止烟气流或热气流到达探测器。

探测器至墙壁、梁边的水平距离不应小于0.5m。

探测器周围0.5m内不应有遮挡物。

探测器宜水平安装，如必须倾斜安装时，倾斜角不应大于45°。

5) 自动报警系统安装部位

按《建筑设计防火规范》，下列部位应设火灾自动报警系统：

① 大、中型电子计算机房，贵重的机器、仪表、仪器设备室，贵重物品库房，每座占地面积超过1000m^{2}的棉毛、丝、麻、化纤及其织物库房，设有卤代烷，二氧化碳等固定灭火装置的其他房间，广播、电信楼的重要机房，火灾危险性大的重要实验室；

② 图书、文物珍藏库，每座藏书超过100万册的房库，重要的档案、资料室；

③ 超过3000个座位的体育馆、观众厅，有可燃物的吊顶内及其电信设备室，每层建筑面积超过3000m^{2}的百货楼、展览楼和高级旅馆。

按《高层民用建筑设计防火规范》,下列部位应设火灾自动报警系统:

① 建筑高度超过100m的高层建筑,除面积小于$5m^2$的厕所、卫生间外,均应设火灾自动报警系统;

② 除普通住宅外,建筑高度不超过100m的一类高层建筑的下列部位应设置火灾自动报警系统:

A. 医院病房楼的病房、贵重医疗设备室、病历档案室、药品库;

B. 高级旅馆的客房和公共活动用房;

C. 商业楼、商住楼的营业厅、展览楼的展览厅;

D. 电信楼、邮政楼的重要机房和主要房间;

E. 财贸金融楼的办公室、营业厅、票证库;

F. 广播电视楼的演播室、播音室、录音室、节目播出技术用房、道具布景;

G. 电力调度楼、防灾指挥调度楼等的微波机房、计算机房、控制机房、动力机房;

H. 图书馆的阅览室、办公室、书库;

I. 档案楼的档案库、阅览室、办公室;

J. 办公楼的办公室、会议室、档案室;

K. 走道、门厅、可燃物品库房、空调机房、配电室、备发电机房;

L. 净高超过2.6m的且可燃物较多的技术夹层;

M. 贵重设备间和火灾危险性较大的房间;

N. 经常有人停留或可燃物较多的地下室;

O. 电子计算机房的主机房、控制室、纸库、磁带库。

3) 二类高层建筑的下列部位应设火灾自动报警系统:

A. 财贸金融楼的办公室、营业厅、票证库;

B. 面积大于$50m^2$的可燃物品库房;

C. 电子计算机房的主机房、控制室、纸库、磁带库;

D. 面积大于$500m^2$的营业厅、经常有人停留或可燃物较多的房间。

防火实践证明,火灾自动报警系统作用是十分重要的。很多高级宾馆由于装置了火灾自动报警系统,多次将火灾扑救于萌芽状态,避免了人身伤亡和财产损失。

发达国家的实践也证明,火灾自动报警系统对于及早发现火情,及时采取有效措施将火扑灭是很有效的,它们的自动报警器设备的生产应用相当普遍,甚至普及到一般家庭。

(2) 自动喷水灭火系统

1) 自动喷水灭火系统的类型

自动喷水灭火系统按工作方式分为湿式、干式、预作用式、雨淋及水幕等类型。

A. 湿式喷水系统:在系统报警阀前后管道内均充满压力水。火灾发生时,阀式喷头周围温度升高,达到一定值时,喷头内合金片熔化,水从喷口喷出。喷水时,配水支管上的水流指示器动作,向消防控制室报警;同时湿式报警阀上下产生压力差,打开阀门,压力水进入管网,另一股水流进入报警通道,使压力开关及水力警铃动作,压力开关信号送至控制室作为启泵信号,启动水泵。

此系统适用于保护环境温度为4~70℃之间的场所,因为环境温度过高,会使管道内的水温升高,产生汽化和热循环。

此系统具有结构简单、经济、施工、管理方便、灭火速度快、控制率高、适用范围广等特点。

B．干式喷水灭火系统：在系统报警阀前的管道内充以压力水，在报警阀后的管道内充以压力气体。发生火灾时，喷头动作放气，干式报警阀动作，一方面使喷头喷水灭火，启动水泵；一方面使水力警铃报警，压力开关报警，并向消防控制室送去报警信号。

此系统适用于保护环境温度低于4℃、高于70℃的场所。因为报警阀后的管道无水，不怕冻结，不怕环境温度高。

与湿式喷水系统相比，多一套充气设备，投资高，管理复杂，灭火速度慢，使用受到限制。

C．预作用喷水灭火系统：系统平时为干式，火灾发生初期，通过火灾探测器和控制电路，将预作用阀打开，管道充水，系统成为湿式；同时压力水流向报警通道使压力开关及水力警铃动作，启动水泵，火情发展，闭式喷水头受热自动打开，向周围喷水。

D．雨淋喷水灭火系统：严重危险级的建筑物、构筑物，宜采用雨淋喷水灭火系统。

E．水幕系统：需要进行水幕保护或防火隔断的部位，宜设置水幕系统。

2）自动喷水灭火系统的应用范围

按《建筑设计防火规范》要求，下列部位应设置闭式自动喷水灭火系统：

A．≥50000纱锭的棉纺厂的开包、清花车间；≥5000锭的麻纺厂的分级、梳麻车间；服装、针织高层厂房；面积超过1500m²的木器厂房；火柴厂的烤梗、筛选部位；泡沫塑料厂的预发、成型、切片、压花部位。

B．每座占地面积超过1000m²的棉、毛、丝、麻、化纤、毛皮及其制品库房；每座占地面积超过600m²的火柴库房；建筑面积超过500m²的可燃物品的地下库房；可燃、易燃物品的高架库房和高层库房(冷库、高层卷烟成品库房除外)；省级以上或藏书量超过100万册图书馆的书库。

C．超过1500个座位的剧院观众厅、舞台上部(屋顶采用金属构件时)、化妆室、道具室、储藏室、贵宾室；超过2000个座位的会堂或礼堂的观众厅、舞台上部、储藏室、贵宾室；超过3000个座位的体育馆、观众厅的吊顶上部、贵宾室、器材间、运动员休息室。

D．省级邮政楼的邮袋库。

E．每层面积超过3000m²或建筑面积超过9000m²的百货商场、展览大厅。

F．设有空气调节系统的旅馆和综合办公楼内的走道、办公室、餐厅、商店、库房和无楼层服务台的客房。

G．飞机发动机试验台的准备部位。

H．国家级文物保护单位的重点砖木或木结构建筑。

按《高层民用建筑设计防火规范》，下列部位应设自动喷水灭火系统：

A．建筑高度超过100m的高层建筑，除面积小于5m²的卫生间、厕所和不宜用水扑救的部位外，均应设自动喷水灭火系统。

B．建筑高度不超过100m的一类高层建筑及其裙房的下列部位(除普通住宅和高层建筑中不宜用水扑救的部位外)，应设自动喷水灭火系统：公共活动用房；走道、办公室和旅馆的客房；可燃物品库房；高级住宅的居住用房、自动扶梯底部和垃圾道顶部。

C．二类高层建筑中的商业营业厅、展览厅等公共活动用房和建筑面积超过200m²的可燃物品库房。

D．高层建筑中经常有人停留或可燃物较多的地下室房间。

(3) 防火门

1) 防火门种类

按耐火极限,防火门分为甲级、乙级、丙级三种。甲级防火门耐火极限为1.2h,乙级防火门耐火极限为0.9h,丙级防火门耐火极限为0.6h。

按所用材料分木质防火门、钢质防火门和复合防火门。

按开启方式分手开门、推拉门和下滑门(典型的是卷帘门)。

按门扇数量分单扇防火门和双扇防火门。

2) 防火门的结构

工业用钢质防火门一般没有门框。门框由薄壁型钢或角钢制成柜架,两面焊1.5~3mm厚的冷轧钢板,内填矿棉,门厚60mm,耐火极限可达1.5h。火灾时,门在平衡锤吊绳断开后靠其自重或其他方式关门。

民用建筑钢质防火门一般有门框,门框用1.5mm冷轧钢板成型,焊接在门洞的预埋铁件上,中间空隙填水泥泥浆或珍珠岩水泥砂浆。门扇用0.8~1.0mm厚冷轧钢板制成,空腔以硅铝酸纤维毯或岩棉加硅酸钙板填实。门厚45mm。门框与门扇接合缝设有耐高温密封条。

木质防火门的门扇由面板、骨架和填料组成。填料为陶瓷棉或岩棉,门面、骨加、门框均用进行浸渍阻燃处理过的木料制成。门厚45~50mm。门面可涂防火涂料和加镀锌铁皮。

3) 防火门的技术要求

A．防火门必须关闭严密,不窜烟火。门接缝处应设密封条,门及门框高、宽、厚的尺寸要严格要求。

B．防火门应为疏散方向开启的手开门,并在关才后能从任何一侧手动开启。

C．用于疏散走道,楼梯间的前室的防火门,应具有自行关闭的功能,如设闭门器;双扇和多扇防火门还应具有按顺序关闭的功能;常开的防火门,当发生火灾时应具有关闭和信号反馈的功能。

D．设在变形缝处附近的防火门,应设在楼层数较多的一侧,且门开启后不应跨越变形墙,以防火焰通过变形缝蔓延。

E．木质防火门应设垂直泄气孔,使门内填充物受热释放的气体可以排出,以免气体膨胀破坏防火门。

F．防火门的附属配件应具有防火功能。

4) 防火门耐火等级的确定

A．防火墙上必须安装防火门时,应采用甲级防火门。

B．两相邻建筑物之间的防火间距不足时,可将相邻外墙上的防火门改为甲级防火门。

C．疏散楼梯间和疏散通道上的门应采用乙级防火门。

D．高层建筑内各种竖井的检修门,应采用丙级防火门。

E．附设在高层民用建筑内的固定灭火装置的设备室(如钢瓶室、泡沫站等)通风、空气调节机房等,在采用隔墙与其他部位隔开时,隔墙上的防火门应采用甲级防火门。

F．经常有人停留或可燃物较多的地下室房间的隔墙上的门应采用甲级防火门。

G．设置在高层主体建筑内的燃油,燃气的锅炉房,可燃油油浸电力变压器,充有可燃油的高压电容器和多油开关，应用隔墙和其他部位隔开，隔墙上防火门应采用甲级防火门。

H．消防电梯井、机房与相邻电梯井、机房之间应采用隔墙隔开，墙上的门应采用甲级防火门。

I．消防电梯前室应采用乙级防火门。

3.4 建筑装修装饰材料

装饰装修材料按照装饰部位分类见表3.4-1所示。

装饰材料按装饰部位的分类　　　　　　表3.4-1

序号	类型		举例
1	墙面装饰材料	涂料类	无机类涂料(石灰、石膏、碱金属硅酸盐、硅溶胶等) 有机类涂料(乙烯树脂、丙烯树脂、环氧树脂等) 有机无机复合类(环氧硅溶胶、聚合物水泥、丙烯酸硅溶胶等)
		壁纸、墙布类	塑料壁纸、玻璃纤维贴墙布、织锦缎、壁毡等
		软包类	真皮类、人造革、海绵垫等
		人造装饰板	印刷纸贴面板、防火装饰板、PVC贴面装饰板、三聚氰氨贴面装饰板、胶合板、微薄木贴面装饰板、铝塑板、彩色涂层钢板、石膏板等
		石材类	天然大理石、花岗石、青石板、人造大理石、美术水磨石等
		陶瓷类	彩釉砖、墙地砖、马赛克、大规格陶瓷饰面板、劈离砖、琉璃砖等
		玻璃类	饰面玻璃板、玻璃马赛克、玻璃砖、玻璃幕墙材料等
		金属类	铝合金装饰板、不锈钢板、铜合金板材、镀锌钢板等
		装饰抹灰类	斩假石、剁斧石、仿石抹灰、水刷石、干粘石等
2	地面装饰材料	地板类	木地板、竹地板、复合地板、塑料地板等
		地砖类	陶瓷墙地砖、陶瓷马赛克、缸砖、大阶砖、水泥花砖、连锁砖等
		石材板块	天然花岗石、青石板、美术水磨石板等
		涂料类	聚氨酯类、苯乙烯丙烯酸酯类、酚醛地板涂料、环氧类涂布地面涂料等
3	吊顶装饰材料	吊顶龙骨	木龙骨、轻钢龙骨、铝合金龙骨等
		吊挂配件	吊杆、吊挂件、挂插件等
		吊顶罩面板	硬质纤维板、石膏装饰板、矿棉装饰吸声板、塑料扣板、铝合金板等
4	门窗装饰材料	门窗框扇	木门窗、彩板钢门窗、塑钢门窗、玻璃钢门窗、铝合金门窗等
		门窗玻璃	普通窗用平板玻璃、磨砂玻璃、镀膜玻璃、压花玻璃、中空玻璃等
5	建筑五金		门窗五金、卫生水暖五金、家具五金、电气五金等
6	卫生洁具		陶瓷卫生洁具、塑料卫生洁具、石材类卫生洁具、玻璃钢卫生洁具、不锈钢卫生洁具等
7	管材型材	管材	钢质上下水管、塑料管、不锈钢管、铜管等
		异型材	楼梯扶手、画(挂)镜线、踢脚线、窗帘盒、防滑条、花饰等
8	胶结材料	无机胶凝材料	水泥、石灰、石膏、水玻璃等
		胶粘剂	石材胶粘剂、壁纸胶粘剂、板材胶粘剂、瓷砖胶粘剂、多用途胶粘剂等

3.4.1 建筑石材

3.4.1.1 天然石材

（1）天然大理石

天然大理石具有结构致密、抗压强度高、质地密实而硬度不大、装饰效果好、吸水率小、耐磨性好、耐久性好等优点。但天然大理石抗风化性较差，因为大理石主要化学成分为 $CaCO_3$，易被酸侵蚀，故除个别品种（如汉白玉、艾叶青等）外，一般不宜用于室外装饰，否则会受到雨雪以及空气中酸性氧化物（CO_2、SO_3 等）遇水形成的酸类侵蚀，从而失去表面光泽，甚至出现斑点等现象，影响其装饰效果和耐久性。

天然大理石饰面板有正方形和矩形两种，其标准规格见表 3.4-2 所示。天然大理石外观质量标准见表 3.4-3 所示。天然大理石磨光板材的光泽度标准见表 3.4-4 所示。

天然大理石板材标准规格（mm） 表 3.4-2

长	宽	厚	长	宽	厚	长	宽	厚
300	150	20	900	600	20	610	305	20
300	300	20	1070	750	20	610	610	20
400	200	20	1200	600	20	915	610	20
400	400	20	1200	900	20	1067	762	20
600	300	20	305	152	20	1220	915	20
600	600	20	305	305	20			

天然大理石外观质量标准 表 3.4-3

项目	范围	外观质量要求	
		一级品	二级品
贯穿厚度的裂纹长度	磨光板面	允许有不贯穿裂纹	允许有不贯穿裂纹
贯穿厚度的裂纹长度	贴面产品贯穿的裂纹长度	不超过其顺延长度的20%，距板边60mm范围内不得有大致平行板边的裂纹	≤其延长长度的40%
磨光面缺陷		不允许有 $d>1mm$ 的明显砂眼，划痕	不允许有 $d>1mm$ 的明显砂眼，划痕
棱角缺陷（在一块板中）	正面棱≤2×6mm 正面角≤2×2mm 面棱角≤25×25mm 或40×40mm	允许有1处 允许有1处 允许有2处	允许有2处 允许有2处 允许有2处
	底面棱角缺陷深度	不得大于板厚的1/4	不得大于板厚的1/4
	板安装及被遮盖部位的棱角缺陷	不得大于被遮盖部位的1/2	不得大于被遮盖部位的1/2
	两个磨光面相邻的棱角	不允许有缺陷	不允许有缺陷

续表

项 目	范 围	外观质量要求	
		一 级 品	二 级 品
粘贴与修补	整块范围内	可补,但补后正面不得有明显痕迹,花色要相近	可补,但补后正面不得有明显痕迹,花色要相近
色调与花纹	定型产品	以 50m² 一批花纹色调应基本一致,与标准色调相比不得有明显差别	以 50m² 一批花纹色调应基本一致,与标准色调相比不得有明显差别
	非定型产品	色调可逐步过渡,花纹特征基本一致无突变	色调可逐步过渡,花纹特征基本一致无突变
漏检率	每批产品中	≤10%的二级品	≤5%的等外品

天然大理石主要品种磨光板材的光泽度指标　　　　　表 3.4-4

板 材 代 号	板 材 名 称	光泽度指标(度)(不低于)	
		一 级 品	二 级 品
101	汉白玉	90	80
102	艾叶青	80	70
104、078	黑玉 桂林黑(晶黑)	95	85
234、075	大连黑 残雪	95	85
105	紫豆瓣	95	85
108-1	晚 霞	95	85
110	螺丝转	85	75
112	芝麻白	90	80
117、061、310-1、311、413	雪 花	85	75
058、059	奶 油	95	85
076	纹脂奶油	70	55
056、322	杭灰 齐灰	95	85
063	秋 香	95	85
064	桔 香	95	85
052	咖 啡	95	85
320、312	莱阳绿 海阳绿	80	70
217、217-1、217-2	丹东绿	55	45
219	铁岭红	65	55
055、218	红皖罗 东北红	35	75
405	灵 红	100	80
022	雪 浪	90	80
023	秋 景	30	70
028	雪 野	90	80
031	粉 荷	90	80
073、401、402、403	云 花	95	85

注:未列入表 3.4-4 的品种和新品种的光泽度按设计要求选定标准样板定货。

（2）天然花岗石

天然花岗石具有表观密度大、结构致密、抗压强度高、孔隙率小、吸水率极低、材质坚硬、化学稳定性好、装饰效果好、耐久性很好等优点。但花岗石不抗火,因其含有大量石英,石英在 573~870℃ 的高温下均会发生晶态转变,产生体积膨胀,故发生火灾时花岗石会产生严重开裂破坏。

天然花岗石在建筑物中的使用部位不同,对其表面的加工要求也就不同,通常可分为:剁斧板、机刨板、粗磨板、蘑菇石板和磨光板等几种。剁斧板、机刨板和蘑菇石板按图纸要求加工,粗磨板和磨光板的标准规格尺寸见表 3.4-5 所示。花岗石板材的外观质量要求见表 3.4-6 所示。

天然花岗石板材的标准规格(mm) 表 3.4-5

长	宽	厚	长	宽	厚	长	宽	厚
300	300	20	600	600	20	915	610	20
305	305	20	610	305	20	1067	762	20
400	400	20	610	610	20	1070	750	20
600	300	20	900	600	20			

花岗石板材的外观质量要求 表 3.4-6

序号	缺陷名称	板材部位和种类	允许范围
1	缺棱掉角	相邻两磨光面的棱角和机刨、剁斧板材的明棱	必须完整无缺
		正面棱>4×1~≤10×2mm	每米边长允许有一处
		正面棱≤2×2mm	每块板允许有一处
		底面棱角≤25×15 或 40×10mm	每块板允许有两处,其深度不得大于1/3板厚
2	斧纹、刨纹	剁斧板材的斧纹和机刨板材的刨纹	应均匀分布,相互平行,刨面四角应在同一水平面上
3	剁面的坑窝	在≤0.2m² 面积上	不允许有
		在>0.2~0.3m² 面积上	30×30×3mm 的允许有两处
4	裂纹	剁斧、机刨、粗磨、磨光板材的一级品	不允许有
		粗磨和磨光板材的二级品	每块上允许有一条直线长度≤裂纹顺延方向板长的1/10
5	粘结修补	棱角缺陷处	允许修补,但应无明显痕迹,颜色和板面应基本一致
6	色线	裸露面上	不允许有
7	色斑	一级品:不允许有;二级品:允许有	
8	漏检品	一级品中≤10%的二级品,二级品中≤5%的等外品	

3.4.1.2 人造石材

(1) 人造石材的分类

人造石材的主要品种是人造大理石,其次还有彩色水磨石等品种。

人造大理石按照生产所用的材料,一般可分为水泥型人造大理石、树脂型人造大理石、复合型人造大理石、烧结型人造大理石。

以上四种制造人造大理石的方法中,最常用的是聚酯型人造大理石,其物理和化学性能最好,花纹容易设计,有重现性,适于多种用途,但价格相对较高;水泥型人造大理石价格最低廉,但耐腐蚀性能较差,容易出现微龟裂,适于做板材而不适于作卫生洁具;复合型则综合了前两者的优点,既有良好的物化性能,成本也较低;烧结型人造大理石虽然只用粘土作胶粘剂,但需经高温焙烧,因而能耗大,造价高,而且产品破损率高。

(2) 人造大理石制品

人造大理石制品主要有玉石合成饰面板、工艺大理石、再造石装饰制品、无机人造大理石高强度彩色装饰板、无机花岗岩大理石、仿花岗岩大理石、人造大理石壁画等。人造大理石的表面光泽度很高,其花色或模仿天然大理石、花岗石,或自行设计,均很美观、大方,因而富于装饰性,还具有良好的可加工性,可锯、可切、可钻孔等,便于人造大理石的安装与使用。

(3) 彩色水磨石

水磨石可分为现制水磨石和预制水磨石两种;根据装饰效果又可分为普通水磨石和高级水磨石(彩色水磨石)两类。彩色水磨石其原材料来源丰富、价格较低、做成的饰面表面平整光滑、装饰效果好、不起灰、容易清洁,又可根据设计要求做成各种颜色和花纹图案。可用于室内外墙面、地面、楼梯、柱面、踢脚板、窗台板及各种台面等。

3.4.2 建筑陶瓷

3.4.2.1 外墙面砖

外墙面砖的种类、规格、性能和用途见表 3.4-7 所示。

外墙面砖的种类、规格、性能和用途　　　　表 3.4-7

种类		一般规格(mm)	性能	用途
名称	颜色			
表面无釉外墙贴面砖(墙面砖)	有白、浅黄、深黄、红、绿等颜色	200×100×12 150×75×12 75×75×8 108×108×8 150×30×8	质地坚固,吸水率不大于8%,色调柔和、耐水抗冻,经久耐用,防火,易清洗等	用于建筑物外墙,作装饰及保护墙面之用
表面有釉外墙贴面砖(彩釉砖)	有粉红、蓝、绿、金砂釉、黄、白等颜色			
线砖	表面有突起线纹,有釉,并有黄、绿等色			
外墙立体贴面砖(立体彩釉砖)	表面有釉,做成各种立体图案			

注:上表中彩釉砖的吸水率不大于10%;耐急冷急热性能经三次急冷急热循环不出现炸裂或裂纹;抗冻性能经20次冻融循环不出现破裂或裂纹;弯曲强度平均值不低于24.5MPa。

3.4.2.2 釉面墙地砖(釉面砖)

釉面墙地砖的表面质感有多种多样,通过配料和改变制作工艺,可制成平面、麻面、毛面、磨光面、抛光面、级点面、仿天然石材表面、仿木纹面、压花浮雕表面、无光釉面、金属光泽面、防滑面、耐磨面等,以及丝网印刷、套色图案、单色、多色等多种制品。釉面砖的种类、特点见表3.4-8,釉面砖的主要规格尺寸见表3.4-9所示。

釉面砖的种类、特点和代号　　　　　　　　表3.4-8

种　　类		特　　点	代　号
白色釉面砖		色纯白,釉面光亮,镶于墙面,清洁大方	F,J
彩色釉面砖	有光彩色釉面砖	釉面光亮晶莹,色彩丰富雅致	YG
	无光彩色釉面砖	釉面半无光,不晃眼,色泽一致,色调柔和	SHG
装饰釉面砖	花釉砖	系在同一砖上施以多种彩釉,经高温烧成,色釉互相渗透,花纹千姿百态,有良好的装饰效果	HY
	结晶釉砖	晶花辉映,纹理多姿	JJ
	斑纹釉砖	斑纹釉面,丰富多彩	BW
	理石釉砖	具有天然大理石花纹,颜色丰富,美观大方	LSH
图案砖	白地图案砖	系在白色釉面砖上装饰各种彩色图案,经高温烧成。纹样清晰,色彩明朗,清洁优美	BT
	色地图案砖	系在有光或无光彩色釉面砖上,装饰各种图案,经高温烧成。产生浮雕、缎光、绒毛、彩漆等效果,做内墙饰面别具风格	YGT D-YGT SHGT
字画釉面砖	瓷砖画	以各种釉面砖拼成各种瓷砖画,或根据已有画稿烧制成釉面砖拼装成各种瓷砖画,清洁优美,永不褪色	—
	色釉陶瓷字	以各种色釉、瓷土烧制而成,色彩丰富、美观,永不褪色	—

彩釉砖的主要规格(mm)　　　　　　　　表3.4-9

长×宽×厚	长×宽×厚	长×宽×厚	长×宽×厚
100×100×8~9	400×400×8~9	200×150×8~9	240×60×8~9
150×150×8~9	500×500×8~9	250×150×8~9	130×65×8~9
200×200×8~9	600×600×9	300×150×8~9	260×65×8~9
250×250×8~9	150×75×8~9	300×200×8~9	
300×300×8~9	200×100×8~9	115×60×8~9	

此外,如需要其他特异规格的产品,可以由供需双方协商定做。釉面墙地砖质量标准规定,产品按外观质量和变形允许偏差分为优等品、一级品和合格品三个等级。

3.4.2.3　其他陶瓷装饰制品

其他陶瓷装饰制品有劈离砖、陶瓷壁画、琉璃制品、彩胎砖、麻面砖、大型陶瓷饰面板、玻化砖、金属光泽釉面砖、陶瓷卫生洁具以及陶瓷装饰件等等。

3.4.3　玻璃

3.4.3.1　平板玻璃

(1)普通平板玻璃

普通平板玻璃的计量单位为标准箱和重量箱。厚度为2mm的平板玻璃,每$10m^2$为一标准箱,1标准箱的重量称重量箱,为50kg。其他厚度玻璃按玻璃标准箱和重量箱折合计算。

(2) 磨光玻璃

磨光玻璃又称镜面玻璃或白片玻璃,是用普通平板玻璃经过抛光后的玻璃。分单面磨光和双面磨光两种。表面平整光滑且有光泽,物像透过玻璃不变形,透光率大于84%。双面磨光玻璃还要求两面平行。厚度一般为5~6mm,其尺寸可根据需要订制,质量规格尚无统一标准。磨光玻璃常用于高级建筑物的门窗、橱窗或制作镜子。

(3) 磨砂玻璃

磨砂玻璃又称毛玻璃、暗玻璃,由于表面粗糙,使光线产生漫射,只有透光性而不能透视,用于需要隐秘和不受干扰的房间,如浴室、办公室等的门窗上尤为适宜。磨砂玻璃的产品规格见表3.4-10所示。

磨砂玻璃的产品规格(mm)　　　　　　　　　　　　　表3.4-10

厚度	长度	宽度	厚度	长度	宽度
3	900~1360	600~900	5	900~1800	600~1360
4	900~1800	600~900	6	900~1800	600~1500

(4) 花纹玻璃

花纹玻璃按加工方法的不同可分为压花玻璃和喷花玻璃两种。

压花玻璃的厚度一般为2~6mm。常见的规格见表3.4-11所示。

压花玻璃的规格　　　　　　　　　　　　　表3.4-11

名称	类别	规格(mm)	厚度(mm)
压花玻璃	1	700×400,800×400,900×300,900×400	3
	2	900×500,900×600	3
	3	900×700,900×800	3
	4	900×900,900×1000,900×1100	3
压花玻璃	1	400×600,900×750	3
	2	800×600,,80×700	3
	6	1600×900	3
	6	1600×900	5
压花玻璃	2	900×600,800×600	3
	2	900×600	5
压花真空镀铝玻璃		900×600	3
立体感压花玻璃		1200×600	5
彩色模压花玻璃		900×600	3

喷花玻璃又称胶花玻璃,是在平板玻璃表面上贴以花纹图案,抹以保护层,经喷砂处理而成。适用于门窗装饰和采光。喷花玻璃的厚度一般为6mm,目前最大加工尺寸为2200×1000mm。

(5) 有色玻璃

有色玻璃又称颜色玻璃、彩色玻璃。分为透明和不透明两种。透明有色玻璃是在原料中加入一定的金属氧化物使玻璃带色。不透明有色玻璃是在一定形状的平板玻璃的一面喷以色釉,加以烘烤而成,具有耐磨性、抗冲刷、易清洗等特点,并可拼成各种花纹图案,产生独特的装饰效果。

有色玻璃多为深色,常见的有蓝色、紫色、茶色、红色等,也有黄、白、绿色等。多用于门窗及对光有特殊要求的采光部位。近年来国内外采用彩色玻璃作为高级建筑的幕墙材料取得了良好的艺术效果,已发展成引人注目的外墙装饰材料。

3.4.3.2 安全玻璃

(1) 钢化玻璃

玻璃经钢化处理产生了均匀的内应力,使玻璃表面具有预加压应力。它的机械强度比经过良好的退火处理的玻璃高3~10倍,抗冲击性能也大大提高。钢化玻璃破碎时,先出现网状裂纹,破碎后棱角碎块不尖锐,不伤人。钢化玻璃耐热冲击,最大安全工作温度87.8℃,耐热梯度高,能承受204.44℃的温差。

(2) 夹丝玻璃

夹丝玻璃也称防碎玻璃和钢丝玻璃。它是将普通平板玻璃加热到红热软化状态,再将预热处理的铁丝网或铁丝压入玻璃中间而制成。表面可以是压花的或磨光的,颜色可以是透明的或有色的。较普通玻璃不仅增加了强度,而且由于铁丝网的骨架,在玻璃遭受冲击或温度剧变时,破而不缺,裂而不散,避免带棱角的小块飞出伤人。当火灾蔓延,夹丝玻璃受热炸裂时,仍能保持固定,起到隔绝火势蔓延的作用,故又称防火玻璃。常用于天窗、天棚顶盖,以及易受震动的门窗上。彩色夹丝玻璃可用于阳台、楼梯、电梯井。夹丝玻璃厚度常在3~19mm之间。

(3) 夹层玻璃

夹层玻璃是在两片或多片各类平板玻璃之间粘夹了柔软而强韧的中间透明膜经加热、加压、粘合而成的平面或弯曲的复合玻璃制品。它具有较高的强度,受到破坏时产生辐射状或同心圆形裂纹而不易穿透,碎片不易脱落。

夹层玻璃有平夹层和弯夹层两类产品,前者称普通型,后者称异型。另外,原片厚度不同,一般为2~6mm,夹层层数不同,一般1~4层,规格大小也不同。

3.4.3.3 保温隔热玻璃

(1) 吸热玻璃

吸热玻璃的颜色有灰色、蓝色、茶色、古铜色、青铜色、棕色、金色、绿色等。常用颜色有蓝色、灰色、茶色和青铜色。吸热玻璃能吸收太阳光谱中的辐射热;能吸收太阳光谱中的可见光能,具有良好的防眩作用;能吸收太阳光谱中的紫外光能,减轻了紫外线对人体和室内物品的损害,特别是室内的塑料等有机物品。

(2) 热反射玻璃

区分热反射玻璃与吸热玻璃可以根据玻璃对太阳辐射能的吸收系数和反射系数来进行。当吸收系数大于反射系数时为吸热玻璃,反之为热反射玻璃。改变镀膜玻璃膜层的成分或结构,可形成热反射玻璃,也可形成吸热玻璃和别的玻璃。有的膜层既有反射功能也有吸热功能,这种玻璃又称为遮阳玻璃或阳光控制玻璃。

(3) 光致变色玻璃

制造这种玻璃最好的基础玻璃是钠硼硅玻璃料,在基料中加入感光剂卤化剂(氯化银、溴化银等),也可直接在玻璃或有机夹层中加入钼或钨的感光化合物。

(4) 中空玻璃

中空玻璃的特性是保温绝热,减少噪音,一般可节能 16.6%,噪音可从 80dB 降到 30dB。中空玻璃窗还可避免冬季窗户结露,并能保持室内一定的湿度。

(5) 泡沫玻璃

泡沫玻璃具有一系列优异性能:气孔封闭的泡沫玻璃机械强度较高,不透水、不透水蒸汽和气体,能防火,抗冻性强,可锯、钻、钉钉子等,经久耐用。它的导热系数很小,是一种良好的保温绝热材料。气孔连通和部分连通的泡沫玻璃,有着较大的吸声系数,故是一种相当好的吸声材料,也是一种轻质材料。

3.4.3.4 空心玻璃砖

玻璃砖具有强度高、隔热、隔音、耐水以及不透视等特点。主要用于砌筑透光的墙壁、建筑物非承重内外隔墙、沐浴隔断、门厅、通道等。尤其适用于高级建筑、体育馆用作控制透光、眩光和太阳光等场合。砌成后的墙体维修费比普通抹灰的粘土砖墙要便宜得多。玻璃空心砖砌体可用水冲洗,清洁工作极为方便。

3.4.3.5 镭射玻璃

镭射玻璃的特点在于,当它处于任何光源的照耀下时,将因物理衍射作用而产生由光谱分光所决定的色彩变化。而且,对于同一受光点或受光面来说,随着光线的入射角度和人的视角的不同,所产生的色彩和图案也将不同。这就使得被装饰物的图案和色彩呈现出五光十色的变幻,从而显得更为华贵、更为神奇迷人,给人一种梦幻般的感受。

镭射玻璃大体上可分为两种,一种是以普通平板玻璃为基材,主要用于墙面、窗户、顶棚等部位的装饰。另一种是以钢化玻璃为基材,主要用于地面装饰。

3.4.3.6 玻璃马赛克

玻璃马赛克的规格一般为:每粒尺寸 20×20×4mm,每块纸皮石尺寸 327×327mm,包装箱的尺寸为 340×340×210mm。每箱装 40 块纸皮石,可铺贴 $4.2m^2$ 面积,毛重 27kg。玻璃马赛克广泛使用于建筑物外墙和内墙,也可用于壁画装饰。

3.4.3.7 釉面玻璃

釉面玻璃是在玻璃表面涂敷一层彩色易熔性色釉,然后加热到彩釉熔融,使釉层与玻璃牢固结合在一起,经不同的热处理方式制成的玻璃制品。釉面玻璃的规格一般为 150～1000×150～800×5～6(mm),颜色有红、黄、蓝、绿、黑、灰等各种色调,可用于建筑内外墙和柱面。

3.4.3.8 水晶玻璃饰面板

水晶玻璃饰面板的饰面层光滑,并有着各种形式的细丝网状或仿天然石材的不重复的点缀花纹。它具有良好的装饰效果,机械强度高,耐大气侵蚀性和化学稳定性好,水晶玻璃饰面板背面很粗糙,与水泥粘结性能好,便于施工。水晶玻璃饰面板适用于各种建筑物的内外墙饰面、地面材料以及制作壁画。

3.4.4 塑料装饰材料

3.4.4.1 塑料的特性

塑料作为建筑装饰材料具有许多特性。一般来说,塑料具有以下优点:加工性好、耐腐蚀性好、重量轻、强度高、装饰性好、隔热性好、比较经济等;其缺点主要有:不耐高温、可燃烧、热膨胀系数大等等。但这些缺点通过适当的处理是可以改善或避免的,如改进配方和加工方法,在使用中采取适当措施等。

3.4.4.2 生产装饰材料的塑料品种

生产装饰材料的塑料品种主要有聚氯乙烯塑料(PVC)、聚乙烯塑料(PE)、聚丙烯塑料(PP)、聚苯乙烯塑料(PS)、ABS塑料、有机玻璃(PMMA)、不饱和聚酯塑料(UP)、环氧树脂塑料(EP)、聚氨酯塑料(PU)、玻璃纤维增强塑料(GRP)、酚醛树脂塑料(PF)等。

3.4.4.3 常用的塑料装饰部件

(1) 塑料装饰板材

1) 塑料装饰板材的种类

塑料装饰板材按其原材料的不同有以下几种:塑料金属复合板、玻璃钢(GRP)板、硬质PVC建筑板材、三聚氰胺装饰层压板、聚乙烯低发泡钙塑板、有机玻璃(PMMA)板、聚苯乙烯泡沫塑料板、聚氨酯泡沫塑料板等。按外形分有波形板、异形板材、格子板和夹层板等。

2) 塑料装饰板材的特点

塑料装饰板材重量轻,能减轻建筑物的自重;可以作成各种形状的断面和立面,并可任意着色,用它装饰的内外墙面富有立体感,具有独特的装饰效果;塑料板材安装方便,可采用干法施工,轻便灵活,减少了现场湿作业,加快了施工速度;塑料板材还具有防水、防潮、保温隔热、隔声、耐污染、易清洁等优点,保养很方便,甚至可以说是无需保养的材料。

(2) 塑钢门窗

1) 塑钢门窗异型材的类型

按用途分为主型材和副型材。主型材在门窗结构中起主要作用,断面尺寸较大。如框料、扇料、门边料、分格料、门芯料等。副型材在门窗结构中起辅助作用,断面尺寸较小。如玻璃压条、门板压条、密封条以及起连接作用的连接板、连接管等。另外,制作纱窗用的型材,因其截面较小,也列入副型材范围。

按截面尺寸大小以框料厚度尺寸划分系列。如45系列、50系列、53系列、58系列、60系列、70系列、80系列、85系列、100系列等,分别指框料厚度尺寸为45、50、53、58、60、70、80、85、100(mm)等。

2) 塑钢门窗的特性

塑钢门窗作为建筑构配件具有强度高、耐冲击性好、耐候性及抗老化性好、保温隔热性能好、气密性、水密性好、隔音性能好、耐腐蚀性好、防火性能好、电绝缘性好、热膨胀性较低、防虫蛀、外观精致,保养容易等特性。

(3) 塑料管材

1) PVC电线套管、线槽

PVC塑料电线套管、线槽改变了传统的电器钢管配线安装敷设的方法。它与传统的钢管配线方式相比具有裁剪简单、操作轻便、加工容易、安装省时、运输方便、价格便宜、绝缘性能良好、抗压强度大、防潮、耐酸碱、防虫鼠等优点。

2) 塑料上、下水管

传统的镀锌钢管、铸铁管常年经冷水、热水的冲刷,内部易生锈、结垢而影响水的质量及输水能力。以塑料管代替铸铁管、镀锌管能够大大提高经济效益。

(4) 塑料装饰线条及花饰

1) 塑料装饰线条

塑料装饰线条是用硬质 PVC 塑料制成,其耐磨性、耐腐蚀性、绝缘性较好,而且具有加工精细、花纹精美、色彩柔和等特点,经加工一次成型后不需再做装饰处理。其产品主要有踢脚线、挂镜线、压角线、压边线、封边线等几种,其外形和规格与木线条相同。

2) 塑料花饰

塑料花饰又称 PU 花饰,与石膏花饰有相同的特点(除能调节室内湿度外),它独具抗压强度大而不易损坏的品质,弥补了石膏花饰的不足。其品种有欧洲风格雕花线板、PU 素面板、壁饰、弯角线板、灯座、象鼻系列等。

其他塑料装饰部件还有楼梯扶手、百叶窗及纱窗、窗帘盒、隔断等。

3.4.5 建筑装饰木材

木装饰是利用木材进行艺术空间创造,它可以赋予建筑空间以自然典雅的气息。而且木材本身就是空气调节器,具有调节温度、湿度、吸声、调光等多种功能,这些是其他装饰材料无法与之相比的。在室内装饰中,木材主要应用于木地板、墙裙、踢脚板、挂镜线、天花板、装饰吸声板、门、窗、扶手、栏杆等。

3.4.5.1 木材的分类

木材是由树木加工而成,树木分为针叶树和阔叶树两大类。

木材按照供料时的形态,可分为四个材种,即原条、原木、板枋材和枕木。各种型材均按国家材质标准,根据其疵病缺陷情况进行分等分级,通常分为一、二、三、四等。装饰用木材一般等级都较高。

板枋材是指加工锯解到一定尺寸的成材木料。通常将宽度大于或等于三倍厚度的木料称为板材,而宽度小于三倍厚度的称为枋材。板枋材是建筑装饰装修中用量最大的一类木材材种。板枋材的分类规格见表 3.4-12 所示;板枋材材质标准见表 3.4-13 所示。

板枋材的分类规格(mm)　　　　表 3.4-12

分类	厚度	宽 度												
薄板	12、15	50	60	70	80	90	100	120	140	160	180	200	—	—	—
中板	25、30	50	60	70	80	90	100	120	140	160	180	200	220	240	—
厚板	40	50	60	70	80	90	100	120	140	160	180	200	220	240	260	280	300
	50	—													

板枋材材质标准　　　　表 3.4-13

缺陷名称	标准	允许限度	
		一等材	二等材
活节死节	宽材面最大的节子尺寸不得超过检尺宽的(圆形节不分贯通程度,以量得的实际尺寸计算;条状节掌握节以其最宽处的尺寸计算。窄材面的节子不计,阔叶树活节不计)	40%	不限
腐朽	面积不得超过所在材面的	5%	25%
裂纹	长度不得超过检尺长的(除贯通裂纹外,宽度不足 3mm 不计)	20%	不限

续表

缺陷名称	标 准	允许限度 一等材	允许限度 二等材
虫害	宽材面虫眼个数最多的1m长范围中不得超过(窄材面虫眼最小直径不足8mm的不计)	10个	不 限
纯棱	宽材面最严重的缺角尺寸,不得超过检尺宽的(窄材面以着锯为限)	40%	80%
弯曲	横弯不得超过(顺弯、翘弯均不计)	2%	4%
斜纹	宽材面斜纹的倾斜程度不得超过(窄材面的斜纹不计)	20%	不 限

3.4.5.2 木材的宏观构造

从宏观分析,树木可分为树皮、木质部和髓心三个部分。而木材主要使用木质部。

在木质部中,靠近心的部分颜色较深,称为心材。心材含水量较少,不易翘曲变形,抗蚀性较强;外面部分颜色较浅,称为边材。边材含水量高,易干燥,也易被湿润,所以容易翘曲变形,抗蚀性也不如心材。

横切面上可以看到深浅相间的同心圆,称为年轮。年轮中浅色部分是树木在春季生长的,由于生长快,细胞大而排列疏松,壁较薄,颜色较浅,称为春材(早材);深色部分是树木在夏季生长的,由于生长迟缓,壁较厚,组织紧密坚实,颜色较深,称为夏材(晚材)。每一年轮内就是树木一年中的生长部分。年轮中夏材所占的比例越大,木材的强度越高。

第一年轮组成的初生木质部分称为髓(树心)。从髓心成放射状横穿过年轮的条纹,称为髓线。髓心材质松软,强度低,易腐朽开裂。髓线与周围细胞联结软弱,在干燥过程中,木材易沿髓线开裂。

常用针叶树材的宏观构造特征见表3.4-14所示;常用阔叶树材的宏观构造特征见表3.4-15所示。

常用针叶树材的宏观构造特征　　表3.4-14

树种	树脂道	心边材区分	材色 心材	材色 边材	年轮界线	早晚材过渡情况	纹理	结构	重量及硬度	气味	备注
银杏	无	略明显	褐黄色	淡黄褐色	略明显	渐变	直	细	轻、软	—	
杉木	无	明显	淡褐色	淡黄白色	明显	渐变	直	中	轻、软	杉木味	
柳杉	无	明显	淡红微褐色	淡黄褐色	明显	渐变	直	中	轻、软	—	
柏木	无	明显	桔黄色	黄白色	明显	渐变	直或斜	细	重、硬	芳香味	
冷杉	无	不明显	黄白色	黄白色	明显	急变	直	中	轻、软	—	无光泽
云杉	有	不明显	黄白微红色	黄白微红色	明显	急变	直	中	轻、软	—	具有明亮光泽,树脂道少而小
马尾松	有	略明显	窄,黄褐色	宽,黄褐色	明显	急变	直	粗	较轻、软	松脂味	树脂道多而大
红松	有	明显	宽,黄红色	窄,黄白色	明显	渐变	直	中	轻、软	松脂味	树脂道多而大
樟子松	有	略明显	淡红黄褐色	淡黄褐白色	明显	急变	直	中	轻、软	松脂味	树脂道多而大
落叶松	有	很明显	宽,红褐色	窄,黄白微褐色	很明显	急变	直或斜	粗	重、硬	松脂味	具有明亮光泽,树脂道少而小

常用阔叶树材的宏观构造特征 表3.4-15

树种	心边材区分	材色 心材	材色 边材	年轮特征	管孔大小 早材	管孔大小 晚材	纹理	结构	重量及硬度	备注
麻栎	显心材	红褐色	淡黄褐色	波浪形	中	小	直	粗	重、硬	髓心呈芒星形
柞木	显心材	暗褐色微黄	黄白色带褐	波浪形	大	小	直斜	粗	重、硬	
板栗	显心材	很宽,栗褐色	窄,灰褐色	波浪形	中	小	直	粗	重、硬	
檫木	显心材	红褐色	窄,淡褐色	较均匀	大	小	直	粗	中	髓心大,常呈空洞,有光泽
香椿	显心材	宽,红褐色	淡红色	不均匀	大	小	直	粗	中	髓心大
柚木	显心材	黄褐色	窄,淡褐色	均匀	中	很小	直	中	中	髓心灰白光,近似方形
黄连	显心材	黄褐色带灰	宽,淡灰色	不均匀	中	小	直斜	中	重、硬	
桑木	显心材	宽,桔黄褐色	黄白色	不均匀	中	很小	直	中	重、硬	有光泽
曲柳	显心材	灰褐色	窄,灰白色	均匀	中	小	直	中	中	
榆木	显心材	黄褐色	窄,淡黄色	不均匀	中	小	直	中	中	
榔榆	显心材	很宽,淡红色	淡黄褐色	不均匀	中	很小	直	较细	重、硬	
臭椿	显心材	淡黄褐色	黄白色	宽大	中	小	直	粗	中	髓心大,灰白色
苦楝	显心材	宽,淡红褐色	灰白带黄色	宽大	中	很小	直	中	中	髓心大而柔软
泡桐	隐心材	淡灰褐色		特宽	中	小	直	粗	轻、软	髓心特别大,易中空
构木	隐心材	淡黄褐色		不均匀	中	很小	斜	中	轻、软	

3.4.5.3 常用的木材装饰部件

(1) 木质地板

木地板是用阔叶树种中水曲柳、柞木、核桃木、柚木、榉木、檀木等质地优良、不易腐朽开裂的硬木材,经干燥处理并加工成条状板条用于室内地面装饰材料。

1) 硬木地板

硬木地板分空铺和实铺两种。空铺硬木地板是由地垄墙、垫木、木格栅和面层构成。实铺硬木地板应做防腐,要求铺贴密实,防止脱落。因此,应特别注意控制好木地板的含水率,基层要清洁。实铺木地板高度小,经济、实惠。按照硬木地板铺设要求,木地板拼缝处可做成平头、企口或错口。

硬木地板的常用规格见表3.4-16所示。

硬木地板的常用规格 表3.4-16

树 种	名 称	长度(mm)	宽度(mm)	厚度(mm)	含水率(%)	加工要求	固定方式
水曲柳、柞木、柚木、榉木、核桃木、红木等	硬木长条形	2000以内	40~100	18~23	不大于12	企口、五面刨光、平直	钉接
	硬木拼花	320、250、200、150	30、40、50	10~23	不大于12	企口、五面刨光、平直	钉接
	硬木短条形	不大于400	不大于50	10~15	不大于12	企口、五面刨光、平直	钉接粘贴
	薄形木锦砖	320、200、150、120	20、40、50	5、8、10	不大于12	牛皮纸拼贴联,钢丝穿联、企口	粘贴
	硬木踢脚板	2000以上		18、20	不大于12	三面刨光、平直	钉接

2) 拼花木地板

拼花木地板木块的宽度一般为 40~60mm,最宽可达 180mm,厚度多为 20mm。木块的尺寸和木材的树种随地板的用途而定。常见的拼花图案有砖墙花样形、斜席纹形、正席纹形、正人字形、单人字形和双人字形等。

3) 复合木地板

复合木地板是以中密度纤维板为基材,采用树脂处理,表面贴一层天然木纹板,经高温压制而成的新型地面装饰材料。这种地板具有光滑平整、结构均匀细密、耐磨损、强度高、风格简洁高雅等优点。复合木地板安装时,不用地板粘接剂,不用木垫栅,不用铁钉固定,不用刨平,只需地面平整,将带企口的复合木地板相互对准,四边用嵌条镶拼压扎紧,就不会松动脱开。

4) 精竹地板

精竹地板是用优质天然竹料加工成竹条,经特殊处理后,在压力下拼成不同宽度和长度的长条,然后刨平、开槽、打光、着色、上多道耐磨漆制成的带企口的长条地板。这种地板自然、清新、高雅,具有防水、耐磨的特点,易于维护和清扫。

(2) 木装饰线条及花饰

木装饰线条简称木线。木线种类繁多,主要有楼梯扶手、压边线、墙腰线、天花角线、弯线、挂镜线等。各类木线立体造型各异,每类木线有多种断面形状,如平线、半圆线、麻花线、十字花饰、梅花饰、浮饰等。木线选用的木材具有木质细、不劈裂、加工性能好、钉着力强的特点,木材经干燥处理,可油漆成各种色彩和木纹本色,可进行对接、拼接、弯曲成各种弧线,为装饰空间增添高雅、古朴、自然、亲切的美感。

木质花饰主要是指用于墙面、顶棚、隔断、屏风、家具等处的木质异型线脚。可仿几何图案、花鸟鱼虫、行云流水、动植物造型等,使室内装饰效果更佳。木质花饰选用的树种、材质、含水率和防腐处理方式等,必须符合设计要求和《木结构工程施工及验收规范》的规定。制品的棱角需整齐,交圈、接缝严密,平直通顺,位置正确。

(3) 木花格

木花格即为木板和枋木制成具有若干个分格的木架,这些分格的尺寸或形状一般都各不相同,由于木花格加工制作较简单,饰件轻巧纤细,加之选用的材质是木色好、节子少、无虫蛀的硬木或杉木,表面纹理清晰,整体造型别致,用于建筑物室内的花窗、隔断、顶棚装饰等,能起到调整室内设计格调的作用。

(4) 人造板材

1) 胶合板

胶合板具有幅面大、平整易加工、材质均匀、不翘不裂、收缩性小的特点,尤其是板面花纹自然、真实,特别适于建筑室内的墙面、隔墙、门面板家具装饰。胶合板的分类、特性和适用范围见表 3.4-17 所示。

2) 纤维板

按纤维板的体积密度分为硬质纤维板(体积密度大于 $800kg/m^3$),软质纤维板(体积密度小于 $500kg/m^3$)和中密度板(体积密度在 $500~800kg/m^3$ 之间)。按表面分为一面光板和两面光板。按原料分为木材纤维板和非木材纤维板。

A. 硬质纤维板

胶合板的分类、特性和适用范围 表3.4-17

种类	分类	名称及代号	胶 类	特 性	适用范围
针、阔叶树材胶合板	Ⅰ类	NQF 耐气候耐沸水胶合板	酚醛树脂胶或其他性能相当的胶	耐久、耐沸水或蒸汽处理、耐干热、抗菌	室内外工程
	Ⅱ类	NS 耐水胶合板	酚醛树脂胶或其他性能相当的胶	耐冷水浸泡及短时热水浸泡、抗菌、但不耐沸煮	室内外工程
	Ⅲ类	NG 耐潮胶合板	血胶、低树脂含量的脲醛树脂或其他性能相当的胶	耐短时冷水浸泡	室内工程、一般常态下使用
	Ⅳ类	BNG 不耐潮胶合板	豆胶或其他性能相当的胶	有一定的胶合度,但不耐潮	室内工程、一般常态下使用

硬质纤维板的强度高、耐磨、不易变形,可用于墙壁、地面、家具等。硬质纤维板的厚度为 2.5、3、3.2、4、5(mm),幅面尺寸有 610×1220、915×1830、1000×2000、915×2135、1220×1830(mm)。硬质纤维板按其物理力学性能和外观质量分为特级、一级、二级、三级四个等级。

B．中密度纤维板

中密度纤维板表面光滑、材质细密、强度较硬质纤维板低、容易加工、有一定的绝缘性能,主要用于建筑物壁板和家具产品,也可用于隔墙、隔断和吊顶。中密度纤维板按体积密度分为 80 型(体积密度为 800kg/m³)、70 型(体积密度为 700kg/m³)、60 型(体积密度为 600kg/m³)。按胶粘剂类型分为室内用和室外用两种。中密度纤维板的长度为 1830、2135、2440(mm),宽度为 1220mm,厚度为 10、12、15(16)、18(19)、21、24(25)(mm)等。中密度纤维板按外观质量分为特级、一级、二级三个等级。

C．软质纤维板

软质纤维板的结构松软,强度低,但吸声性和保温性好,主要用于吊顶或隔热部位的夹心材料。

3) 细木工板

细木工板按结构不同,可分为芯板条不胶拼和芯板条胶拼两种。按表面加工状况分为一面砂光、两面砂光和不砂光三种。按所使用的胶合剂不同,可分为Ⅰ类胶细木工板和Ⅱ类胶细木工板两种。按面板的材质和加工工艺质量不同,可分为一、二、三等三个等级。细木工板质坚、吸声、绝热等特点,适用于家具、车厢和建筑室内装修等。

4) 刨花板

刨花板根据现行生产工艺,分为平压法和挤压法两类。平压板按外观和物理力学性能,分为一级品和二级品两种;按结构形式分为单层、三层及渐变三种。挤压板按结构形式分为实心和管状空心两种,必须覆面加工后才能使用。

5) 木丝板、木屑板

木丝板、木屑板是分别以刨花渣、短小废料刨制的木丝、木屑等为原料,经干燥后拌入胶凝材料,再经热压制成的人造板材。所用胶料为合成树脂,也可用水泥、菱苦土等无机胶凝材料。这类板材一般体积密度小,强度较低,主要用作绝热、吸声材料和隔墙。也可代替木龙骨使用,然后在其表面粘贴塑料贴面或胶合板作饰面层,这样既增加了板材的强度,又使板材具有装饰性,可用作吊顶、隔墙、家具等。

6) 保丽板

保丽板与习惯上所说的塑料贴面板不同。塑料贴面板是将预先分别成型裁切好的胶合板(或其他人造板)与装饰纸胶板用胶粘剂胶贴在一起,而保丽板是一种混合结构的装饰板,它是将浸渍有树脂的基层板材与装饰胶纸一起在高温低压状态下塑化复合而成。这种装饰板表面光泽柔和、纹理真实,而且耐热、耐磨、耐水,在使用加工时,无需修饰。这种板材除用于家具外,主要用于室内装饰。根据生产工艺、添加物等的不同,有高耐磨装饰板、浮雕装饰板、耐燃装饰板等。

7) 旋切微薄木贴面装饰板

薄木按厚度分类可分为两种:一是厚薄木,即厚度大于0.5mm,一般指0.7~0.8mm的薄木;二是微薄木,即厚度小于0.5mm,一般指0.2~0.3mm厚的薄木。由于珍贵树种的木材越来越少,因此薄木的厚度也日趋微薄。欧美常用0.7~0.8mm的厚度,日本常用0.2~0.3mm厚的微薄木,我国常用0.5mm厚的薄木。厚度越小对施工要求越高,对基材要求越严格。

8) 木质印刷花纹板

木质印刷花纹板的种类很多,从基材分有胶合板、纤维板、刨花板等基材;从功能分有普通花纹板、防火花纹板等;从表面质感分有仿名贵树材花纹、仿石材花纹、单色面层、自然纹理等。木质印刷花纹板花纹美观逼真,色泽鲜艳协调,层次丰富清晰,表面还具有一定的耐磨、耐高温、防水、耐污染和附着力高等优点。

3.4.6 壁纸

3.4.6.1 壁纸的分类

壁纸品种繁多,如按外观装饰效果分类,有印花壁纸、压花壁纸、浮雕壁纸等;从功能区分有装饰性壁纸、耐水壁纸、防火壁纸等;从施工方法分有现场刷胶裱贴的和背面预涂压敏胶直接铺贴的;按壁纸所用的材料分有纸面纸基壁纸、纤维织物壁纸、天然材料面壁纸、塑料壁纸以及金属箔壁纸等。

3.4.6.2 壁纸符号及含义

壁纸符号常标注在壁纸背面,每一种符号都代表了该壁纸的一些性能。通过符号可以了解该种壁纸的特点和施工要求。常见壁纸符号及含义见图3.4-1所示。

3.4.6.3 常用的壁纸

(1) 塑料壁纸

由于塑料壁纸原材料便宜,并具有耐腐蚀、难燃烧、可擦洗、装饰效果好等优点,因此成为壁纸的主要品种。在国际市场上,塑料壁纸大致可分为三类,即普通壁纸、发泡壁纸、特殊功能壁纸。每一类壁纸又可分为3~4个品种,每一品种又有很多花色。

(2) 纱线壁纸

纱线壁纸具有吸声、透气、无毒、色彩鲜艳、美观耐用、立体感强等特点,用这种壁纸能给人以高雅豪华的感觉。纱线壁纸有印花和压花两种。宽度为900mm、530mm,长度为10m。为了保证铺贴质量,纱线壁纸对基层要求很高,必须贴在干燥、平整、没有任何潮迹的墙上。

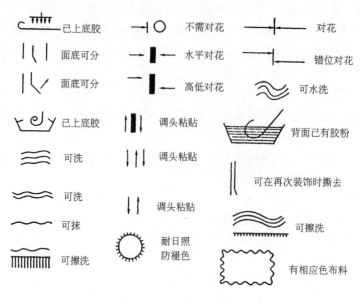

图 3.4-1 壁纸符号及含义

(3) 麻草墙纸

麻草墙纸属于天然材料面壁纸,具有阻燃、吸声、散潮湿、不吸潮、不变形等特点,并具有自然、古朴、粗犷的自然美感。

(4) 金属壁纸

金属壁纸是以纸为基材,再粘贴一层金属箔(如铝箔、铜箔、金箔等),经过压合、印花而成。金属壁纸有光亮的金属光泽和反光性,给人以金碧辉煌、庄重大方、豪华气派的感觉。它具有无毒、无气味、无静电、耐湿、耐晒、可擦洗、不褪色等优点。

3.4.7 墙布、壁毡及软包皮革

3.4.7.1 墙布

(1) 玻璃纤维贴墙布

玻璃纤维贴墙布的特点是色彩鲜艳、花色繁多,室内使用不褪色、不老化、防火、耐潮性强、可用肥皂水洗刷、施工简单、粘贴方便。

(2) 纯棉装饰墙布

纯棉装饰墙布的特点是强度大、静电小、蠕变小、无反光、吸声、无毒、无味,对施工和用户无害等,并且花型色泽美观大方。按外观质量可分为一等品、二等品和三等品三种,外观质量标准按国家和地方有关标准进行等级划分。

(3) 无纺贴墙布

无纺贴墙布挺括、富有弹性、不易折断、表面光洁而又有羊绒毛感,色彩鲜艳、图案雅致、不褪色、耐磨、耐晒、耐湿、强度高,具有吸声性和一定的透气性、可擦洗,适用于各种建筑物的室内墙面装饰,尤其是涤纶棉无纺贴墙布,除具有麻质无纺贴墙布的所有性能外,还具有质地细洁、光滑等特点。无纺贴墙布厚度较薄,一般只有 0.12～0.18mm,幅宽为 850～900mm,长度为 30～50m 一卷。

(4) 化纤装饰贴墙布和弹性贴墙布

化纤装饰贴墙布具有无毒、无味、透气、防潮、耐磨、无分层等优点。它有多种花色和品种，一般规格为：宽820~840mm，厚0.15~0.18mm，卷长50m。

弹性贴墙布具有豪华典雅、吸声、隔潮、隔热保温、花色繁多、无毒无味等特点，可用于宾馆、舞厅、饭店、卡拉OK厅、写字楼及居室等装饰。

3.4.7.2 壁毡

从结构方面可将毡分为机织毡、压呢毡、针刺毡等。机织毡是把一种或两种以上纤维混纺纱进行织造、缩绒整理后的织物。压呢毡用一种或两种以上的纤维（以羊毛、牛毛为主），利用毛的缩绒性经用水和热进行机械加工使纤维交络。针刺毡以化学纤维为主要原料，用带刺的针使纤维在厚度方向进行交络。

壁毡是室内装饰中的高档材料，不仅具有良好的装饰效果，而且还具有一定的吸声功能，表面易于清洁，使室内显得非常宁静、高雅。所以，一些档次高的建筑室内装饰可选用壁毡作为饰面材料，其也可以作为吸声、隔声材料，用于有特殊要求的房间。此外，还可以作为密封、填充、防震、缓冲、防滑等材料。

3.4.7.3 软包皮革

皮革有两种：一种是真皮，另一种是人造皮革。

真皮根据加工工艺又有软皮和硬皮之分，有带毛和不带毛两种。装饰工程中常用的软包真皮主要是不带毛的软皮，颜色和质感也多种多样。它具有柔软细腻、触感舒适、装饰雅致、耐磨损、易清洁、透气性好、保温隔热、吸声隔声等优点，由于其价格昂贵，因此常被用作高级宾馆、会议室、居室等墙面、门等的镶包。

人造皮革有各种颜色及质感，色泽美观耐用，比真皮经济，其性能在有些方面却超过真皮，但有的性能不如真皮。其用途与真皮相同，有时可起到以假乱真的作用。

3.4.8 地毯和壁毯（挂毯）

地毯按材质可分为纯毛地毯、混纺地毯、合成纤维地毯（化纤地毯）、塑料地毯、橡胶地毯、植物纤维地毯等；按图案类型可分为京式地毯、美术式地毯、仿古式地毯、彩花式地毯、素凸式地毯等；按编制工艺可分手工编织地毯、簇绒地毯、无纺地毯等；按供应方式可分为整幅整卷地毯、方块地毯、花式方块地毯、小块地毯以及草垫等。

除了橡胶地毯和塑料地毯外，无论是毛、麻等天然纤维构成的地毯，还是由化学纤维构成的地毯，一般均由面层、防松涂层、初级背衬和次级背衬几个部分组成。

地毯的性能要求主要体现在剥离强度、粘合力、耐磨性、回弹性、抗静电性、抗老化性、耐燃性、耐菌性等几个方面。

壁毯的图案题材十分广泛，多为动物花鸟、山水风光等，这些图案往往取材于优秀的绘画名作或成功的摄影作品。例如著名画家徐悲鸿的名作"奔马图"，被制成了规格为3050×4270mm和610×1220mm的壁毯。采用壁毯装饰建筑室内，不仅产生高雅艺术的美感，还可增添室内的安逸平和气氛。

3.4.8.1 纯毛地毯

纯毛地毯可以分为手工编织和机织地毯两种。手工编织的纯毛地毯是我国传统纯毛地毯中的高档品；机织纯毛地毯是现代发展起来的比较高级的纯毛地毯品种。

手工编织纯毛地毯具有图案优美、色泽鲜艳、富丽堂皇、质地厚实、富有弹性、柔软舒适、保温隔热、吸声隔声、经久耐用等特点。手工编织纯毛地毯由于做工精细，产品名贵，因此常用于装饰性要求高的场所。

机织纯毛地毯具有毯面平整、光泽好、富有弹性、脚感柔软、抗磨耐用等特点,其性能与纯毛手工地毯相似,但价格远低于手工地毯。其回弹性、抗静电、抗老化、耐燃性等都优于化纤地毯。机织纯毛地毯最适合于室内满铺使用。另外,这种地毯还有阻燃型产品,可用于防火性能要求较高的建筑室内地面。

3.4.8.2 化纤地毯

化纤地毯按其加工方法的不同,主要分为簇绒地毯、针扎地毯、机织地毯、手工编结地毯、印染地毯几种。

化纤地毯作为地面装饰材料,具有价格便宜、装饰效果好、脚感舒适柔软、有弹性、吸声、保温隔热、耐污和藏污性好、耐磨性好等优点,但也存在回弹性较差、可燃、易产生静电等缺点,通过适当处理可改善。例如,解决静电积累的方法是对毯面纤维进行防静电处理,例如添加抗静电剂、纤维表面镀银、掺加碳纤维等导电纤维等。

3.4.9 无机矿物棉及其制品

3.4.9.1 玻璃棉及其制品

玻璃棉具有表观密度小、导热系数小、吸声性能好、过滤效率高、不燃烧、耐腐蚀等优良性能,是一种优良的绝热、吸声、过滤材料。

玻璃棉装饰吸声板具有质轻、吸声、防火、保温隔热、美观大方、施工方便等特点。用于建筑室内,用以控制和调整室内的混响时间、消除回声、改善室内音质、提高清晰度、降低室内噪声级、改善工作环境。

3.4.9.2 矿棉及其制品

矿棉亦称矿渣棉,具有质轻、导热系数小、不燃烧、防蛀、价廉、耐腐蚀、化学稳定性好、吸声性能好等特点。矿棉的主要技术性能为:表观密度为 $77kg/m^3$,导热系数(常温)为 $0.041W/(m·K)$ 左右,使用温度为 $650℃$。

在矿棉中加入其他具有各种特殊物理性能的胶粘剂,可制成各种矿棉制品,主要有粒状棉、矿棉沥青毡、矿棉半硬板、矿棉保温管、矿棉半硬板缝毡、矿棉保温带、矿棉吸声带以及矿棉装饰吸声板等。

矿棉装饰吸声板具有吸声、质轻、防火、隔热和施工装配化等特点。吸声板的内部结构、饰面、穿孔和压花等对高、中频声音均有良好的吸收效果。如果按一定的穿孔率进行穿孔,在一定的安装条件下,可成为一种对低频噪声有良好吸收作用的低频共振吸声结构。矿棉装饰吸声板的用途与玻璃棉装饰吸声板相同。

3.4.9.3 岩棉及其制品

岩棉及其制品具有质轻、导热系数小、吸声性能好、不燃烧、绝缘性能和化学稳定性好等特点。其表观密度为 $80\sim250kg/m^3$,导热系数为 $0.03\sim0.0407W/(m·K)$,工作温度为 $-268\sim700℃$。常用的岩棉制品主要有:岩棉板、岩棉软板、岩棉缝毡、岩棉保温带、岩棉管壳以及岩棉装饰吸声板等。

3.4.9.4 石棉及其制品

石棉是一种蕴藏在中性或酸性火成岩矿床中的非金属矿物。它具有绝热、耐火、耐酸碱、耐热、隔声、不腐朽等特点。石棉按化学成分大致可分为温石棉和角闪石石棉两类,其导热系数小于 $0.069W/(m·K)$。常制成石棉粉、石棉灰、石棉纸、石棉线、石棉毡和石棉板等等。

3.4.10 建筑涂料
3.4.10.1 涂料的分类、命名
(1) 涂料的分类

按使用的部位可分为外墙涂料、内墙涂料、地面涂料、顶棚涂料和屋面涂料；按涂层结构可分为薄涂料、厚涂料和复层涂料；按主要成膜物质的性质可分为有机涂料（如丙烯酸酯外墙涂料）、无机高分子涂料（如硅溶胶外墙涂料）和有机无机复合涂料（如硅溶胶—苯丙外墙涂料）；按涂料所用稀释剂可分为溶剂型涂料（如氯化橡胶外墙涂料）和水性涂料，溶剂型涂料必须以各种有机溶剂作为稀释剂，水性涂料则可以水为稀释剂；按涂料使用功能分类可分为防火涂料、防霉涂料、防水涂料等。

(2) 涂料的命名

根据国家标准的规定，涂料的命名要求如下：

命名原则：涂料全名＝颜色或颜料名称＋成膜物质名称＋基本名称。

另外，在成膜物质和基本名称之间，必要时，可标明专业用途、特性等。例如：某涂料颜色为白色，成膜物质为醇酸树脂，基本名称为磁漆，则该涂料全名为"白醇酸磁漆"。

3.4.10.2 建筑涂料的性能要求和选用原则
建筑涂料除应满足装饰性、保护建筑物、遮盖力、涂膜附着力、粘度和细度的性能之外，还应具备一些特殊性能，如耐污染性、耐久性、耐洗刷性、耐老化性、耐碱性，同时最低成膜温度还是乳液型涂料很重要的一项性能。因为乳液涂料是通过涂料中的微小颗粒的凝结而成膜的，成膜只有在某一最低温度以上的温度下才能实现。一般乳液涂料的最低成膜温度在10℃以上。

建筑装饰中涂料的选用原则是：好的装饰效果，合理的耐久性和经济性。

3.4.10.3 内墙、顶棚涂料
对内墙涂料的主要要求是：色彩丰富、协调、色调柔和、涂膜细腻、耐碱性好、耐水性好、不易粉化、透气性好、涂刷方便、重涂性好。常用的内墙涂料有合成树脂乳液涂料、水溶性内墙涂料、多彩花纹内墙涂料。

(1) 合成树脂乳液涂料（乳胶漆）

乳胶漆的种类很多，通常以合成树脂乳液来命名，主要品种有：聚醋酸乙烯乳胶漆、丙烯酸酯乳胶漆、乙—丙乳胶漆、苯—丙乳胶漆、聚氨酯乳胶漆等。它具有无毒、涂膜透气好、无结露现象等特点。

合成树脂乳液型内墙涂料（乳胶漆）适用于混凝土、水泥砂浆、水泥类墙板、加气混凝土等基层。基层应清洁、平整、坚实、不太光滑，以增强涂料与墙体的粘结力。基层含水率应不大于8%～10%，pH值应在7～10范围内，以防止基层过分潮湿、碱性过强而导致出现涂层变色、起泡、剥落等现象。涂饰施工的最佳气候条件为气温15～25℃，空气相对湿度50%～75%。

(2) 水溶性内墙涂料

水溶性内墙涂料主要分为聚乙烯醇水玻璃内墙涂料和聚乙烯醇缩甲醛内墙涂料两大类。这类涂料国内原材料丰富，生产工艺简单，涂层具有一定的装饰效果，其价格便宜，属低档涂料，因而曾在国内内墙涂料中占有数量上的绝对优势。适用于一般民用建筑室内墙面

的装饰。

(3) 多彩内墙涂料

多彩内墙涂料的涂层色泽优雅、富有立体感、装饰效果好,涂膜较厚且有弹性,耐洗刷性好,耐久性强,是一种颇受欢迎的内墙涂料。适用于建筑物的内墙和顶棚的水泥混凝土、砂浆、石膏板、木材、钢板、铝板等多种基面。

(4) 仿壁毯涂料

仿壁毯涂料的商品名为"好涂壁",这种涂料是由乳液胶结材料、粉状胶结材料、少量的粉状填料、辅助材料和纤维等组成,乳液和其他固体材料分开包装,施工前再混合。

仿壁毯涂料成膜后外观类似毛毯或绒面,装饰效果非常独特,尤其是质感丰富。有的产品混入少量真空镀铝的聚酯纤维,具有闪光效果,更具特色。仿壁毯涂料的涂层较厚,可达2mm,所以具有良好的吸声隔热效果。适用于居室及声学要求较高的场所。

仿壁毯涂料施工时须现场稀释配制,基层处理要求与一般涂料施工相同,包括适当的腻子批嵌、砂平等,一般采用刮涂方式施工。

(5) 纳米涂料

纳米涂料,就是把通过高科技手段合成的纳米材料以一定的工艺制成涂料。它的各项性能(如耐擦洗性、硬度、强度、细度、耐污染性)不但比第三代涂料(水性乳胶漆)有显著提高,而且能主动地净化空气中的有害、有毒气体,杀死细菌,抑制细菌、霉菌的生长,能够增加空气中的负氧离子浓度,清新空气、改善室内环境。

纳米涂料的施工与第三代涂料是一样的,非常方便。在比较封闭的空间使用效果较好。如装空调的办公室、会议室、写字间、卧室等地方。医院的病房、幼儿园涂刷纳米漆也是很好。其他场所也可以达到不错的效果。涂装纳米涂料的房间最好每半年用清水擦洗一遍,效果会更佳。

3.4.10.4 外墙涂料

常用的外墙涂料有合成乳液型外墙涂料、合成树脂乳液砂壁状外墙涂料、合成树脂溶剂型外墙涂料、外墙无机建筑涂料和复层建筑涂料等。

(1) 合成树脂乳液外墙涂料

合成树脂乳液外墙涂料中常用的品种有乙—丙乳液涂料、氯—醋—丙涂料、苯—丙外墙涂料、丙烯酸酯乳胶漆、彩色砂壁状外墙涂料、水乳型环氧树脂乳液外墙涂料等。

合成树脂乳液外墙涂料的主要特点是施工方便、无毒、涂膜透气好,涂膜的光亮度、耐水性、耐久性都较好。目前乳液外墙涂料存在的主要问题是其在太低的温度下不能形成良好的涂膜,通常必须在10℃以上才能保证质量,因而冬季一般不宜使用。

(2) 合成树脂溶剂型外墙涂料

常用的溶剂型外墙涂料有:氯化橡胶外墙涂料、聚氨酯丙烯酸酯外墙涂料、丙烯酸酯有机硅外墙涂料、仿瓷涂料等。其中聚氨酯丙烯酸酯外墙涂料和丙烯酸酯有机硅外墙涂料的耐候性、装饰性、耐沾污性都很好,涂料的耐用性都在10年以上。

(3) 外墙无机建筑涂料

外墙无机建筑涂料按主要成膜物质不同,可分为碱金属硅酸盐(硅酸钾、硅酸钠、硅酸锂等)系和硅溶胶系。前者代表产品是JH80-1型无机建筑涂料,后者代表产品为JH80-2型无机建筑涂料。外墙无机建筑涂料的技术质量要求见表3.4-18所示。

外墙无机建筑涂料的质量要求 表 3.4-18

序号	项目		指标
1	涂料贮存稳定性	常温稳定性 23±2℃	6个月可搅拌,无凝聚、生霉现象
		高温稳定性 50±2℃	30d 无结块、生霉现象
		低温稳定性 -5±1℃	3次无结块、凝聚、破乳现象
2	涂料粘度(s)		ISQ 杯 40~70
3	I 涂料遮盖力(g/cm²)	JH80-1 型	350
		JH80-2 型	320
4	涂料干燥时间(h)	JH80-1 型	2
		JH80-2 型	1
5	涂层耐洗刷性		1000 次不露底
6	涂层耐水性		500h 无起泡、软化、剥落现象,无明显变色
7	涂层耐碱性		500h 起泡、软化、剥落现象,无明显变色
8	涂层耐冻融循环性		10 次无起泡、剥落、裂纹、粉化现象
9	涂层粘结强度(MPa)		0.49
10	涂层耐沾污性	JH80-1 型	35
		JH80-2 型	25
11	涂层耐老化性	JH80-1 型	800h 无起泡、剥落,裂纹 0 级粉化、变色 1 级
		JH80-2 型	500h 无起泡、剥落,裂纹 0 级粉化、变色 1 级

(4) 复层建筑涂料

复层涂料按主涂层所用粘结料分为聚合物水泥系复层涂料(代号 CE)、硅酸盐系复层涂料(代号 Si)、合成树脂乳液系复层涂料(代号 E)和反应固化型合成树脂乳液系复层涂料(代号 RE)。其技术质量要求见表 3.4-19 所示。

复层涂料的质量要求 表 3.4-19

性能指标		CE	Si	E	RE
低温稳定,-5±2℃ 三次循环		不结块,无组成物分离、凝聚			
初期干燥抗裂性,3±0.3m/s,6h		不出现裂纹			
粘结强度(MPa)	标准状态	0.49		0.68	0.98
	浸水状态			0.49	0.68
耐冷热循环性 10 次		不剥落不起泡,无裂纹,无明显变色			
透水性(ml)		溶剂型 0.5,水浮型 2.0			
耐碱性,7d		不剥落,不起泡,不粉化,无皱纹			
耐冲击性,500g,300mm		不剥落,不起泡,无明显变色			
耐候性,250h		不起泡、无裂纹,粉化 1 级,变色 2 级			
耐沾污性		沾污率 30%			

3.4.10.5 门、窗、家具涂料

在装饰工程中,门、窗和家具所用涂料也占很大部分,这部分涂料的功能是对门、窗、家具起装饰和保护作用。涂料所用的主要成膜物质以油脂、分散于有机溶剂中的合成树脂或混合树脂为主,一般常称之为油漆。这类涂料的品种繁多,性能各异,大多由有机溶剂稀释,所以也可称为有机溶剂型涂料。

常用的门、窗、家具涂料有油脂漆、天然树脂漆、清漆、磁漆、聚酯漆等。

3.4.10.6 特种涂料

特种涂料一般不以装饰功能为主,而主要是具有某些特殊功能,如防水、防火、防霉、隔热、隔声等。常用的特种涂料有防水涂料、防火涂料、防霉涂料、防腐涂料等。其中防水涂料主要品种有聚氨酯系防水涂料、环氧树脂系防水涂料、水乳型再生胶沥青防水涂料、VAE乳液防水涂料、氯丁橡胶防水涂料、氯磺化聚乙烯防水涂料等。

3.4.11 金属装饰材料

3.4.11.1 铝及铝合金

(1) 铝合金装饰板

1) 花纹板

铝合金花纹板的花纹图案一般分为7种:1号为方格型、2号为扁豆型、3号为五条型、4号为三条型、5号为指针型、6号为菱形、7号为四条型。如图3.4-2所示。

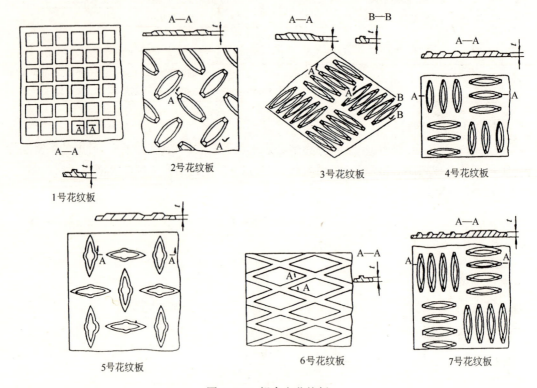

图 3.4-2 铝合金花纹板

2) 浅花纹板

铝合金浅花纹板是我国特有的一种新型装饰材料。其筋高比花纹板低(0.05～0.25mm),它花纹精巧别致,色泽美观大方,比普通铝板刚度大20%,抗污垢、抗划伤、抗擦伤能力均有所提高。对白光的反射率达75%～95%,热反射率达85%～95%。对氨、硫、硫酸、磷酸、亚磷酸、浓醋酸等有良好的耐蚀性,其立体图案和美丽的色彩更能为建筑生辉。

3) 波纹板和压型板

铝合金波纹板和压型板由于其断面为异形,故比平板增加了刚度,具有质轻、外形美观、色彩丰富、抗蚀性强、安装简便、施工速度快等优点,且银白色的板材对阳光有良好的反射作用,利于室内隔热保温。这两种板材耐用性好,在大气中可使用20年,可抗8～10级风力,主要用于屋面和墙面。铝合金波纹板断面形式如图3.4-3所示。铝合金压型板断面形式如图3.4-4所示。

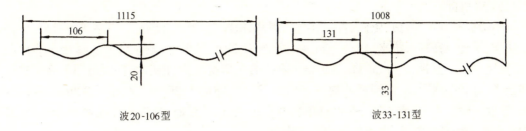

图3.4-3 铝合金波纹板

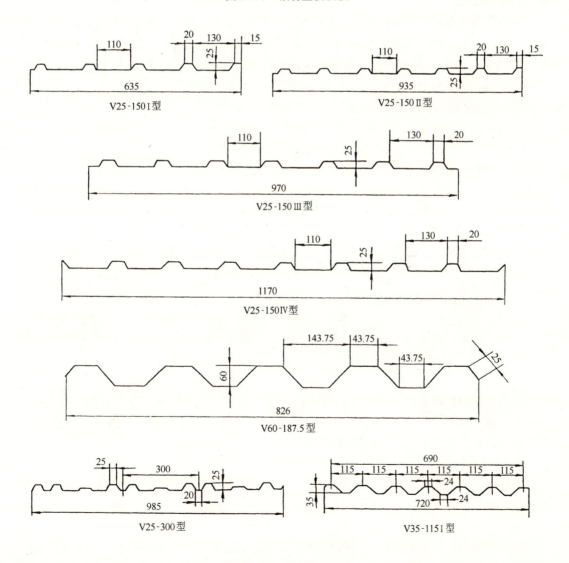

图3.4-4 铝合金压型板

4）冲孔平板

这类板材具有良好的防腐性,光洁度高,有一定的强度,易于经机械加工成各种规格,有很好的防震、防水、防火性能。而它最主要的特点是有良好的消音效果及装饰效果,安装简便,主要用于有消音要求的各类建筑中。

5）铝塑板

铝塑板有金黄、银白、瓷白、古铜、深红、深蓝、橄榄绿、黑色等颜色。其装饰效果好,耐冲击性强、质轻、易搬运、防水、防火、隔音保温、施工方便、易保养、耐久性好。适用于店面包柱、屏风、柜台、家具、天棚、走廊、隧道洞壁和广告招牌等室内外装饰,特别适用于高层建筑和豪华门面的外装修。铝塑板的规格有(长×宽):2440×1220mm、3050×1220mm 两种规格,厚度一般为 3mm 或 4mm,颜色有单色及彩色之分,花纹有平纹、凹凸花纹及全光面,其中单色全光面最为常见,也可按用户要求定制。

6）镁铝曲板

镁铝曲板具有隔音、防潮、耐磨、耐热、耐雨、可弯、可卷、可刨、可钉、可剪,外型美观,不易积尘,不褪色,易保养等优点。适用于建筑物室内隔间、顶棚、门框、镜框、包柱、柱台、店面、广告招牌、橱窗、各种家具贴面等装饰。镁铝曲板的颜色有银白、银灰、橙黄、金红、金绿、古铜、瓷白、橄榄绿等色,规格一般为 2440×1220×(3.2~4.0)mm。

(2) 铝合金门窗

铝合金门窗和其他类型门窗相比,具有轻质、高强、密封性能好,使用中变形小,立面美观,耐久性能好,使用维修方便,便于工业化大量生产等优点。

按型材断面宽度基本尺寸分,铝合金门窗系列主要有(mm):38、40、42、46、50、52、54、55、60、64、65、70、73、80、90、100 系列;幕墙系列有:60、100、120、125、130、140、150、155 系列;按型材颜色有银白、金黄、暗红、黑色等色系;按开闭方式分,有推拉窗(门)、平开窗(门)、回转窗(门)、固定窗、悬挂窗、百页窗、纱窗等。

铝合金门窗洞口的规格型号(用于产品标记)用洞口宽度和洞口高度的尺寸表示,如洞口规格型号 1518 代表洞口的宽度为 1500mm,高度为 1800mm。又如洞口规格型号 0606 代表洞口的宽度和高度均为 600mm。

铝合金门窗在出厂前需经过严格的性能试验,达到规定的性能指标后才能投入使用。铝合金门窗通常需考核风压强度、气密性、水密性、隔声性、隔热性、开闭力、尼龙导向轮耐久性、开闭锁耐久性等主要性能。

(3) 铝合金吊顶

铝合金吊顶材料具有质轻、耐蚀、刚度较好等特点,根据其饰面板安装方式的不同,分龙骨底面外露和不外露两种。前者称明式龙骨吊顶,后者称暗式龙骨吊顶。铝合金吊顶材料主要包括铝合金龙骨、龙骨配件、铝合金吊顶板等。

1）龙骨及配件

T 型铝合金吊顶龙骨属于饰面板安装后龙骨底面外露的一种。T 型铝合金吊顶龙骨及配件的形状如图 3.4-5 所示。T 型铝合金吊顶龙骨型号、基本尺寸、适用范围见表 3.4-20 所示。

暗式系列吊顶龙骨及配件。龙骨与配件采用嵌入式结构,与带有企口的石膏装饰板、矿棉吸声板、铝合金方形吊顶板组成吊顶。主龙骨采用 U 型轻钢龙骨(或 U 型铝合金龙骨)。

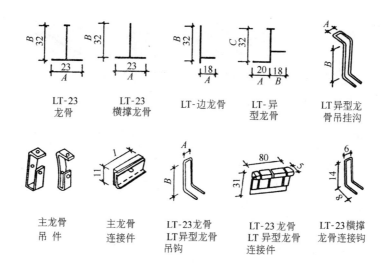

图 3.4-5 T型铝合金吊顶龙骨及配件的形状

它具有安装简便、不露骨架和整体装饰效果好等特点。T16-40暗式系列吊顶龙骨的主件及配件如图3.4-6所示。

T型铝合金吊顶龙骨型号、基本尺寸、适用范围　　　表 3.4-20

型号	名称	代号	断面尺寸 宽×高(mm)	重量 (kg/m)	厚度 (mm)	适用范围
LT型（铝合金）	承载龙骨（主龙骨）	TC38	38×12	0.56	1.2	TC38用于吊点间距900~1200mm不上人吊顶 TC50用于吊点间距900~1200mm上人吊顶。承载龙骨承受80kg检修荷载 TC60用于吊点间距1500mm上人吊顶。承载龙骨可承受100kg检修荷载
		TC50	50×15	0.92	1.5	
		TC60	60×30	1.53	1.5	
	龙骨	LT23	23×32	0.2	1.2	
	横撑龙骨	LT23	23×32	0.135	1.2	
	边龙骨	LT	18×32	0.15	1.2	
	异型龙骨	LT	18×32	0.25	1.2	
T型（钢制）	承载龙骨（大龙骨）	BD	45×15		1.2	吊点间距900~1200mm,不上人吊顶中距<1200mm
	中龙骨	TZ	22×35		1.0	
	小龙骨	TX	22×22		1.0	
T型（铝合金）	承载龙骨（大龙骨）	BD	45×15		1.2	吊点间距900~1200mm,不上人吊顶中距<1200mm
	中龙骨	TZL	22×32		1.3	
	小龙骨	TXL	22×25		1.3	
	边墙龙骨	TIL	22×22		1.0	
T型（铝合金）	承载龙骨（大龙骨）	BD	60×30		1.5	吊点间距900~1500mm,上人吊顶中距<1200mm,上人检修承载龙骨可承受80~100kg集中活荷载
	中龙骨	TZL	22×32		1.3	
	小龙骨	TXL	22×25		1.3	
	边墙龙骨	TIL	22×22		1.0	

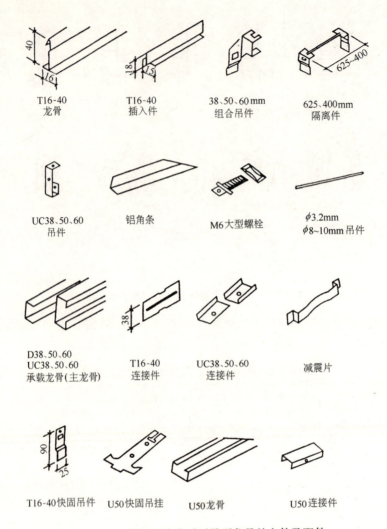

图 3.4-6　T16-40 暗式系列吊顶龙骨的主件及配件

2) 方形吊顶板

方形吊顶板的结构特点见表 3.4-21 所示。T16-40 暗龙骨铝合金方形板及卡子如图 3.4-7 所示。

方形吊顶板的结构特点　　　　　　　　表 3.4-21

名　称	结　构　特　点
T16-40 暗龙骨铝合金吊顶板	铝合金吊顶板可直接插入暗式龙骨中,具有施工方便、不用螺钉的特点。金属吊顶板采用 0.5mm 薄铝合金板,经冷压成型后无光氧化处理。规格为 400×400mm,每块重约 100g 左右。具有轻质、防火、图案清晰、色调柔和、不生锈等特点
方形组合吊顶板	吊顶全部由金属制成的标准零件组成。具有零件标准化、施工装配化,安装拆卸方便,材料可重复使用等特点。面材由金属制成 600×600mm 的穿孔板,吸音、通风、装饰效果好,具有金属屏蔽作用,上面放上隔热材料可起到保温隔热作用

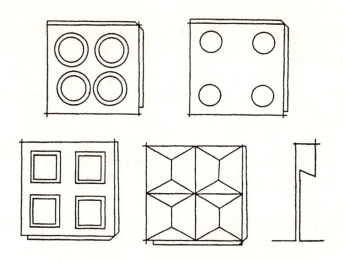

图 3.4-7 T16-40 暗龙骨铝合金方形板及卡子

3) 格栅吊顶

铝合金格栅吊顶是比较流行的装饰类型,结构底面涂黑色,下装透空格栅,再安装透射光源或投射灯。可用于宾馆、饭店、大型商场、重要建筑物大厅等工程以及家庭装饰中。其价格比其他吊顶低廉,又便于安装。

LGS 系列铝合金格栅的组装形式如图 3.4-8 所示。

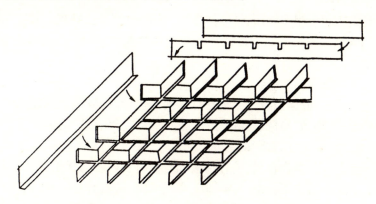

图 3.4-8 LGS 系列铝合金格栅的组装形式

3.4.11.2 建筑钢材及其深加工部件

(1) 常用建筑钢材

1) 钢筋

钢筋按机械性质可分为Ⅰ、Ⅱ、Ⅲ、Ⅳ四个级别,其中除Ⅰ级钢筋是普通碳素钢外,其余均为普通低合金钢。钢筋级别越高,其强度越高,但同时塑性、韧性越低。在一般的建筑中,Ⅰ、Ⅱ级钢筋使用最为普遍。钢筋一般热轧为光面圆钢筋,(较少用)方钢筋,但为了增加钢筋与混凝土之间的粘结力,防止受力时钢筋在混凝土中滑动,也可以轧制成变形钢筋如螺纹钢筋、人字纹钢筋、月牙纹钢筋。钢筋的直径有(mm):6、8、10、12、14、16、18、20、22、25、28、32、36、40、50 等规格。

2) 钢丝

钢丝分为冷拔低碳钢丝和碳素钢丝两种。冷拔低碳钢丝经冷拔后的钢筋直径变细,长度增加,表面光洁度提高,强度增加40～60%,但其塑性会显著降低,故不可在重要结构中使用,其直径有3、4、5(mm)三种。碳素钢丝的强度高、柔性好、无接头、质量稳定且不需冷加工,但成本较高。主要用于大跨度屋架及薄腹梁、大跨度吊车梁及大跨度桥梁等,其直径有2.5、3、4、5(mm)三种。

3) 钢绞线

钢绞线是由七根高强度碳素钢丝,经绞捻后消除内应力而成,它具有碳素钢丝的所有优点。主要用于大跨度、大承载量的预应力钢筋混凝土构件中。

4) 型钢

型钢主要有方钢、圆钢、扁钢(钢带)、六角钢、角钢(分等边及不等边两种)、工字钢、槽钢等。主要作为承重构件、工具、五金件等,特别是钢结构建筑中应用普遍。

5) 钢管

钢管按制造方法分无缝钢管和焊接钢管。无缝钢管主要用于输送水、蒸气、煤气的管道及建筑构件、机械零件、高压管道等。焊接钢管主要用于输送水、煤气及采暖系统的管道,也可用于栏杆、扶手、钢门管、脚手架等。按其表面处理情况分为镀锌及不镀锌两种。

6) 钢板

钢板可分为薄钢板(厚度不大于4mm)、中厚钢板(厚度在4.5～6.0mm之间)、特厚钢板(厚度大于6.0mm)。

薄钢板在建筑工程中用作屋面板(称铁皮)。有镀锌的(称白铁皮),其防锈能力强,可作为落水管及通风管道;不镀锌的(称黑铁皮),常用作零配件、平台、走道等。钢板还可作水槽、贮料缸、料仓等。

(2) 彩色涂层钢板

彩色涂层钢板又称"卷涂钢板",由于它有鲜艳的色彩,也被称为"彩涂板"、"彩板"。当其基板为镀锌板时,被称为"彩色镀锌钢板"。在建筑上,彩色涂层钢板常见的颜色有绿、土黄、桔黄、白、大红、紫红、砖红、古青铜色等。

彩色涂层钢板是一种复合材料,兼有钢板和有机材料两者的优点。它既有钢板的机械强度、刚度、塑性和良好的加工性能,可剪、切、弯、卷、钻,又具有有机材料良好的耐蚀性、装饰性、耐湿性、耐低温等性能,是一种用途广泛、价廉物美、经久耐用的装饰板材。

(3) 镀锌轻钢龙骨

镀锌轻钢龙骨比传统的木龙骨具有防火、防蛀、自重轻、施工方便等优点,是目前普遍采用的骨架材料。

1) 隔墙

隔墙所采用的轻钢龙骨主件有沿地、沿顶龙骨、竖向龙骨、加强龙骨、贯通龙骨;配件有支撑卡、卡托、角托、通贯横撑连接件、镶边条、护角条、挂钩等。隔墙轻钢龙骨分为LL、QL、QC三种体系。QL体系龙骨主件、配件形状如图3.4-9所示;主件规格见表3.4-22所示;配件规格见表3.4-23所示。

2) 吊顶

吊顶轻钢龙骨分为上人系列和不上人系列两种。上人系列可考虑检修时的80～100kg

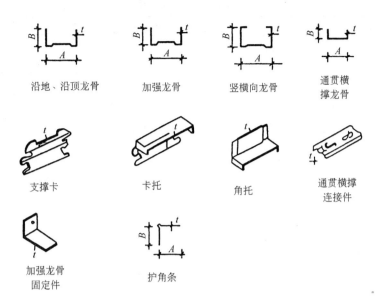

图 3.4-9 QL 体系龙骨主件及配件形状

QL 体系龙骨主件规格　　　　　　　　　　表 3.4-22

产品名称	代号	断面尺寸 $A \times B \times t$ (mm)	重量(龙骨 kg/m)(配件 kg/个)
沿地、沿顶龙骨	C50-1	52×40×0.8	0.82
	C75-1	76.5×40×0.8	1.00
	C100-1	102×40×0.8	1.13
加强龙骨	C50-1G	50×40×1.5	1.50
	C75-1G	75×40×1.5	1.77
	C100-1G	100×40×1.5	2.06
	C50-2G	50×40×1.5	1.83
	C75-2G	75×40×1.5	1.99
	C100-2G	100×40×1.5	2.65
竖横向龙骨	C50-2	50×50×0.8	1.12
	C75-2	75×5×0.8	1.26
	C100-2	100×50×0.8	1.43
通贯横撑龙骨	C50-3	20×12×1.2	0.41
	C75-3	38×12×1.2	0.58
	C100-3	38×12×1.2	0.58

集中活荷载,也可在其上铺设永久性检修马道;不上人系列只考虑吊顶自重和轻型灯具垂吊重量。吊顶轻钢龙骨主配件有 C60 系列和 U 型系列,C60 系列主配件形状如图 3.4-10 所示;其规格尺寸见表 3.4-24 所示。

QL 体系龙骨配件规格   表 3.4-23

产品名称	代号	断面尺寸 $A \times B \times t$ (mm)	重量(配件 kg/个)（护角条 kg/m）
支撑卡	C50-4	$t=0.8$	0.014
	C75-4	$t=0.8$	0.021
	C100-4	$t=0.8$	0.027
卡托	C50-5	$t=0.8$	0.024
	C75-5	$t=0.8$	0.035
	C100-5	$t=0.8$	0.048
角托	C50-6	$t=0.8$	0.017
	C75-6	$t=0.8$	0.031
	C100-6	$t=0.8$	0.048
通贯横撑连接件	C50-7	$t=1.0$	0.016
	C75-7	$t=1.0$	0.047
	C100-7	$t=1.0$	0.049
加强龙骨固定件	C50-8	$t=1.5$	0.037
	C75-8	$t=1.5$	0.106
	C100-8	$t=1.5$	0.106
护角条	—	$20 \times 20 \times 0.5$	0.102
		$30 \times 30 \times 0.5$	0.230
挂钩	—	$25 \times 8.0 \times 0.5$	—

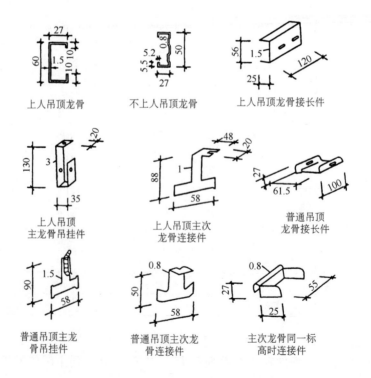

图 3.4-10 C60 系列吊顶轻钢龙骨主配件形状

C60 系列吊顶轻钢龙骨主配件规格尺寸　　　　表 3.4-24

产品名称	代号	规格尺寸(mm)	单位重量(kg/m)
上人吊顶龙骨	CS60	60×27×1.5	1.37
不上人吊顶龙骨	C60	60×27×0.63	0.61
上人吊顶龙骨接长件	CS60-L	120×56×1.5	—
上人吊顶龙骨吊挂件	CS60-1	130×35×3.0	—
上人吊顶主次龙骨连接件	CS60-2	88×58×1.0	—
普通吊顶龙骨接长件	C60-L	100×61.5×1.5	—
普通吊顶主龙骨吊挂件	C60-1	90×58×1.5	—
普通吊顶主龙骨连接件	C60-2	58×50×0.8	—
主次龙骨同一标高时连接件	C60-3	55×25×0.8	—

3) 复合式 T 型烤漆龙骨

复合式 T 型烤漆龙骨露明部分色彩丰富,可以根据吊顶面板选择相匹配的龙骨颜色,烤漆表面光泽明亮,形成高贵华丽的棚面气氛,其价格低于铝合金龙骨。它还具有质轻、耐腐蚀、防火、抗震、抗氧化和承载能力强等优点,其质感、色调和线条具有很强的外观艺术效果。

烤漆龙骨主件有主龙骨(UC 大龙骨)、中龙骨(T 型主龙骨)、小龙骨(T 型次龙骨)、边龙骨;配件有纵向连接件、垂直吊挂件、弹簧卡子等。复合式 T 型烤漆龙骨示意图如图 3.4-11 所示;其规格、尺寸见表 3.4-25 所示。

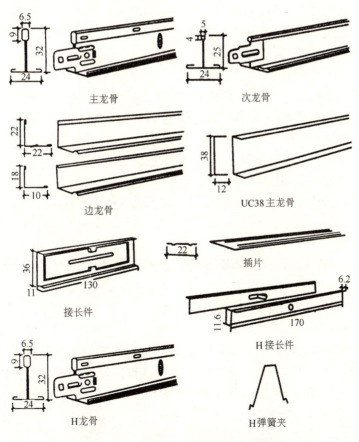

图 3.4-11　复合式 T 型烤漆龙骨示意图

复合式 T 型烤漆龙骨规格、尺寸 表 3.4-25

产品名称	规格尺寸(mm)		产品名称	规格尺寸(mm)	
	厚度	长度		厚度	长度
主龙骨	0.30	2000、3000	插 片	0.30	295
次龙骨	0.30	400、600、800、1200	H 龙骨	0.45	3000
边龙骨	0.40	3000	H 弹簧夹	2.0	—
UC38 主龙骨	1.20	3000	H 接长件	0.50	—
接长件	1.00	—			

(4) 不锈钢部件

1) 装饰板

建筑装饰工程中主要是利用不锈钢的强度、刚度、光泽特性及金属质感,以达到装饰目的。不锈钢板经过表面加工处理,可至高度抛光发亮,也可无光泽,还可经化学浸渍着色处理,制得褐、蓝、红、黄、绿等数十种颜色。若在其表面镀一层钛金属膜,可制成金光闪亮的钛金板,使得不锈钢板具有光彩夺目、高贵豪华的装饰效果。同时,不锈钢板具有防火、防潮、耐蚀、易加工、造型好等特点,主要适用于建筑物内外墙、天花板、门、窗、柱、广告牌等装饰。

不锈钢板通常按表面装饰效果分为镜面板、亚光板、浮雕板及彩色不锈钢板。

2) 管材

不锈钢管材按截面可分为等径圆管和变径花形管;按壁厚可分为薄壁管(小于 2mm)和厚壁管(大于 4mm);按其表面光泽度可分为抛光管、亚光管和浮雕管。主要应用于制作楼梯扶手、门窗、窗帘轨、厨房及卫生间设备等。

3) 镜面贴面砖

不锈钢镜面贴面砖是一种新型、高档的建筑装饰材料,其表面光彩照人,平整如镜,气派豪华,可重复抛光,且有高耐蚀、耐磨损的特点,广泛应用于内外墙、柱面装饰。

不锈钢镜面贴面砖规格为 150×75mm 及 200×50mm,其他尺寸可定制,分白板、镜面、彩色镜面三种。其中彩色镜面有茶色、蓝色、金黄色、玫瑰红、绿色等。

3.4.11.3 铜及铜合金部件

铜和铜合金延展性好,不易生锈腐蚀,易于加工成各种建筑五金、水暖器材、机械零件及各种装饰材料。

(1) 铜线条

铜线条是由黄铜制成,具有强度高、耐磨性好、耐锈蚀的特点,经加工后表面有黄金色光泽,色泽美观大方。主要用于地面大理石、花岗石、水磨板块面的间隔线、楼梯踏步的防滑线、楼梯踏步的地毯压角线、高级家具的装饰线等。

(2) 镶嵌式铜面砖

镶嵌式铜面砖采用冷轧黄铜板为原料,经特殊加工而成的一种新型饰面材料。它属于中、高档装饰材料,具有金属材料的高贵品质,外观高雅华美,永不褪色,不易锈蚀,便于安装等特点。适用于宾馆、饭店、酒楼、商场、高级写字楼、高级住宅的室内装修。其常用的产品规格为 180mm×180mm×5mm。

(3) 黄铜粉

将黄铜加工成粉状,俗称"金粉",常用于调制装饰涂料,可以制造出金壁辉煌的效果,以代替"贴金"。

(4) 镜面铜板

铜及黄铜板经表面抛光加工,可制成镜面铜板,用于室内大厅包柱,可增加厅堂的富丽豪华气氛。

3.4.12 胶结材料

3.4.12.1 胶粘剂的选用

胶粘剂的选择见表 3.4-26 所示。

按被粘物材料选用胶粘剂参考表　　　　表 3.4-26

材料名称	纸	织物	皮革	木材	尼龙	ABS塑料	增强塑料	聚乙烯	橡胶	玻璃、陶瓷	金属
金属	LP	JLPR	JLPRS	ABDEFJLP	AFGKRS	EF	FGI	EFH	BDEFJOP	BCDFJ	BCEFMO
玻璃、陶瓷	LP	JLPR	FJLOR	BDEFJLOP	GK	DEF	AF	EG	DEJOP	BDEFJO	
橡胶	P	JPQ	JOPR	BDEJOP	E	DEJ	EFJS	DE	DEJOP		
聚乙烯	EL	EL	EL	EL	EGS	DE	EGS	EHS			
增强塑料	EFL	EFL	EF	EF	EG	EF	EFI				
ABS塑料	DEFL	DE	DE	DE	E	EFN					
尼龙	EK	EGKS	EK	EFGK	CEGJK						
木材	MP	JPQ	JPQR	AEFJL							
皮革	PQR	JPQR	JLOPQR								
织物	MQ	JLPQ									
纸	MQ										

注:表中所列字母代表各类胶粘剂:
　　A. 酚醛　　　B. 酚醛、缩醛　　　C. 酚醛、聚酰胺　　D. 酚醛、氯丁橡胶　　E. 酚醛、丁腈橡胶
　　F. 环氧树脂　G. 环氧　聚酰胺　　H. 过氯乙烯　　　　I. 不饱和聚酯　　　　J. 聚氯醋酸
　　K. 聚酰胺　　L. 聚醋酸乙烯酯　　M. 聚乙烯醇　　　　N. 聚丙烯酸酯　　　　O. 氰基丙烯酸酯
　　P. 天然橡胶　Q. 丁苯橡胶　　　　R. 氯丁橡胶　　　　S. 丁腈橡胶

3.4.12.2 常用胶粘剂

(1) 壁纸、墙布胶粘剂

1) 聚乙烯醇胶粘剂

聚乙烯醇的性质主要由它的分子量和醇溶解度来决定。分子量愈大结晶性愈强、水溶性差、水溶液粘度大、成膜性能好。一般认为醇溶解度为 88% 时聚乙烯醇的水溶性最好,在温水中即能很好地溶解。

2) 聚乙烯醇缩甲醛胶(108胶)

108胶无臭、无毒、无味、具有良好的粘接性能,可用作墙布、墙纸、水泥制品的胶粘剂,还可用作室内地面涂层、内墙涂料等的胶料。

3) 白乳胶(聚醋酸乙烯胶粘剂)

聚醋酸乙烯胶粘剂具有常温固化、配制使用方便、固化较快、粘接强度较高,粘接层具有

较好的韧性和耐久性,不易老化等优点。主要缺点是耐水性较差,所以粘接件不能在露天条件下使用。耐热性也较差,温度高于60~80℃时就会软化。

4) 粉末壁纸胶

粉末壁纸胶是一种粉末状的固体,能在冷水中溶解,使用前将胶粉以1:17的比例与清水搅匀混合,搅拌10min后形成糊状时即可使用。这种胶粘剂的粘度适中,无毒、无味、防潮、防霉、干后无色,不污染墙纸,并具有使用方便,便于包装运输等优点。它可用于各类基层的墙纸及墙布的粘贴。

5) 801胶

801胶是由聚乙烯醇与甲醛在酸性介质中经缩聚反应,在经氨基化后而制得的。它是一种微黄色或无色透明的胶体,具有无毒、不燃、无刺激性气味等特点,它的耐磨性、剥离强度及其他性能均优于108胶。

(2) 塑料地板胶粘剂

塑料地板胶粘剂属非结构型胶粘剂,具有一定的粘接力,能将塑料地板牢固地粘接在各类基层上,施工方便。它对塑料地板无溶解或溶胀作用,能保证塑料地板粘接后的平整程度,并有一定的耐热性、耐水性和储存稳定性。常用的塑料地板胶粘剂有聚醋酸乙烯类、合成橡胶类、聚胺酯类、环氧树脂类等。

(3) 瓷砖、大理石胶粘剂

瓷砖、大理石胶粘剂主要有AH-03大理石胶粘剂、TAM型通用瓷砖胶粘剂、TAS型高强度耐水瓷砖胶粘剂等。另外还有一种SG-8407胶粘剂,可改善水泥砂浆的粘结力,提高水泥砂浆的防水性能,适用于在水泥砂浆、混凝土等基层表面上粘贴瓷砖、马赛克等材料。

(4) 玻璃、有机玻璃专用胶粘剂

这类专用胶粘剂主要有AE室温固化透明丙烯酸酯胶、WH-2有机玻璃胶粘剂、聚乙烯醇缩丁醛胶粘剂、玻璃胶等。

(5) 竹木类专用胶粘剂

脲醛树脂类胶粘剂是竹木类胶粘剂中使用较多的一类,它是由尿素与甲醛经缩聚而成的。其品种主要有:531脲醛树脂胶、563脲醛树脂胶、5001脲醛树脂胶。531脲醛树脂胶,可在室温或加热条件下进行固化;563脲醛树脂胶在室温条件下经8h或在加热到110℃并持续5~7min时固化;5001脲醛树脂胶使用时须加入工业氯化胶水溶液(浓度为20%),在常温下或加热时即能进行固化。脲醛树脂类胶粘剂具有无色、耐光性好、毒性小、价格低廉等特点,广泛用于木材、竹材、胶合板及其他木质材料的粘结。

(6) 多用途建筑胶粘剂

主要有4115建筑胶粘剂、6202建筑胶粘剂、SG791、SG792建筑胶粘剂、YJ建筑胶粘剂、914室温快速固化环氧胶粘剂、502胶、AZN-501胶等。

3.4.12.3 建筑密封材料

在许多室外的花岗石贴面装饰工程中,由于雨水的作用,水泥砂浆内的氢氧化钙溶出并随雨水在接缝处或在板材表面上流过,时间一长就会在板面析出氢氧化钙,并逐渐碳化成为碳酸钙,在板材表面上形成白色污斑,严重影响装饰效果。因此在高档装饰工程中应对板间的缝隙进行密封处理。

通常是在水泥砂浆中掺入防水剂、有机硅憎水剂或掺入合成树脂乳液来封闭和堵塞水泥砂浆中的孔隙,起到阻止雨水渗入水泥砂浆而溶解氢氧化钙。此外,也可以采用合成高分子密封材料,如聚氨酯密封膏、聚硫橡胶密封膏、硅酮密封膏(即有机硅密封膏)、丙烯酸酯密封膏对板缝进行处理。装饰与密封要求高的玻璃工程中,也可使用合成高分子密封材料。

3.4.13 无机胶凝材料及其装饰制品

按硬化条件,无机胶凝材料可分为两大类:气硬性胶凝材料(如石灰、石膏、镁质胶凝材料、水玻璃等)、水硬性胶凝材料(这类材料常统称为水泥)。

3.4.13.1 气硬性胶凝材料

(1) 建筑石膏

1) 建筑石膏的技术要求和用途

建筑石膏按技术要求分为优等品、一等品和合格品三个等级,见表3.4-27所示。

建筑石膏的技术要求　　　　　　表3.4-27

指标		等级		
		优等品	一等品	合格品
强度(MPa)	抗折强度	2.5	2.1	1.8
	抗压强度	4.9	3.9	2.9
细度(以0.2mm方孔筛筛余百分数计,不大于)		5.0	10.0	15.0
凝结时间(min)	初凝时间	不小于6		
	终凝时间	不大于30		

建筑石膏可用于室内抹灰和粉刷,如高级粉刷、油漆打底等。建筑石膏可制成各种石膏雕塑、饰面板及各种装饰件,还可制成微孔石膏、泡沫石膏、加气石膏等多孔石膏制品。

2) 建筑石膏装饰制品

A. 纸面石膏板

纸面石膏板根据性能要求可分为普通纸面石膏板、防火纸面石膏板和防水纸面石膏板等;按纸面石膏板的边形可分为矩形棱边、楔形棱边、圆角边和45°倒角边等几种,其边形示意如图3.4-12所示。其规格一般为:厚度9(9.5)、12、15(mm),宽度为900、1200(mm),长度为2400、2600、2800、3000、3500、4000(mm)等。

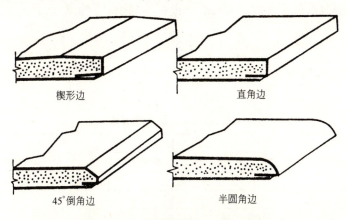

图3.4-12 纸面石膏板的边形示意图

纸面石膏板具有重量轻、强度高、收缩小、隔热性好、防火性能好、隔声性能好、可加工性能良好等特点。

B．石膏装饰板

石膏装饰板具有轻质、高强、防潮、不变形、防火、阻燃,可调节室内湿度等特点。并具有施工方便,加工性能好,可锯、可钉、可刨、可粘结等优点。装饰石膏板品种很多,有各种平板、花纹浮雕板、穿孔板及半穿孔板等。

C．纤维石膏板

纤维石膏板具有质轻、高强、耐火、隔声、韧性高等特点,并可进行加工,施工简便。

D．石膏空心条板

石膏空心条板按原材料不同,可分为石膏珍珠岩空心条板、石膏粉煤灰硅酸盐空心条板、磷石膏空心条板和石膏空心条板等;按防潮性能可分为普通石膏空心条板和防潮空心条板。

石膏空心条板具有重量轻(表观密度为 600~900kg/m³)、强度高、隔热、隔声、防火等性能,可锯、可刨、可钻,施工简便。与纸面石膏板相比,石膏用量多、重量大、生产效率低,但其不用纸和胶粘剂,不用龙骨,工艺设备简单,所以比纸面石膏板造价低。石膏空心条板主要用于工业与民用建筑的内隔墙,其墙面可做喷浆、油漆、贴瓷砖、贴壁纸等各种饰面。

E．石膏装饰花饰

石膏花饰的品种主要有石膏装饰线条(石膏线)、石膏装饰花盘、石膏装饰花角、石膏装饰柱及石膏壁炉等。目前应用的规格多达数百种。石膏装饰线条长度一般为2440mm,其宽度按花纹不同而变化。石膏装饰花盘(有圆形与椭圆形之分)直径为 100~800mm,其配套高度为 12~45mm。石膏装饰制品花饰具有质地细腻洁白、浮雕图案凹凸分明、立体感强,装饰风格高雅、豪华、气派,质轻、不易变形、阻燃、隔热、吸声、能调节室内湿度、施工方便、可钉、可锯、可刨、容易粘贴、可涂饰等优点。但其强度低、容易损伤,在施工及使用过程中要加强保护。

F．饰面石膏粉

饰面石膏粉主要用于混凝土墙板、抹灰墙面、砖石墙面、石棉水泥板、加气混凝土等内墙装饰,也可作为内墙面基层处理(打底),然后粘贴壁纸、墙布或涂刷涂料。

饰面石膏粉具有和易性好、粘结强度大、表面硬度大、硬化速度快、硬化后结构稳定、抗冲击强度高、抗翘曲性好、不开裂、不腐蚀、不掉粉、不脱皮等特点,而且施工简便,能大大加快施工速度。

(2) 石灰

建筑工程用的石灰按氧化镁的含量多少分为钙质石灰、镁质石灰。分类界限见表3.4-28所示。

钙质、镁质石灰的分类界限　　　　表 3.4-28

品　　种	类　　别	
	钙质石灰	镁质石灰
	氧化镁含量(%)	
生 石 灰	≤5	>5
消 石 灰	≤4	>4

建筑生石灰的技术要求包括有效氧化钙和有效氧化镁含量、未消化残渣含量、二氧化碳含量及产浆量,并由此划分为优等品、一等品和合格品。各等级的技术要求见表3.4-29所示。

建筑生石灰的技术指标　　　　　　　　　　　　　　　表3.4-29

项　　目	钙质生石灰			镁质生石灰		
	优等品	一等品	合格品	优等品	一等品	合格品
CaO^+含量(%),不小于	90	85	80	85	80	75
未消化残渣含量(5mm圆孔筛余,%),不大于	5	10	15	5	10	15
CO_2(%),不大于	5	7	9	6	8	10
产浆量(L/kg),不小于	2.8	2.3	2.0	2.8	2.3	2.0

建筑生石灰粉的技术要求包括有效氧化钙和有效氧化镁含量、二氧化碳含量及细度,并由此划分为三个等级,各等级的技术要求见表3.4-30所示。

建筑生石灰粉的技术指标　　　　　　　　　　　　　　表3.4-30

项　　目		钙质生石灰			镁质生石灰		
		优等品	一等品	合格品	优等品	一等品	合格品
CaO^+MgO含量(%),不小于		85	80	75	80	75	70
CO_2含量(%),不大于		7	9	11	8	10	12
细度	0.90mm筛筛余(%),不大于	0.2	0.5	1.5	0.2	0.5	1.5
	0.125mm筛筛余(%),不大于	7.0	12.0	18.0	7.0	12.0	18.0

建筑消石灰粉的技术要求包括有效氧化钙和有效氧化镁含量、游离水含量、体积安定性及细度,并由此划分为三个等级,各等级的技术要求见表3.4-31所示。

建筑消石灰粉的技术要求　　　　　　　　　　　　　　表3.4-31

项　　目		钙质消石灰粉			镁质消石灰粉			白云石消石灰粉		
		优等品	一等品	合格品	优等品	一等品	合格品	优等品	一等品	合格品
(CaO^+MgO)含量(%),不小于		70	65	60	65	60	55	65	60	55
游离水(%)		0.4~2	0.4~2	0.4~2	0.4~2	0.4~2	0.4~2	0.4~2	0.4~2	0.4~2
体积安定性		合格	合格	—	合格	合格	—	合格	合格	—
细度	0.9mm筛筛余(%),不大于	0	0	0.5	0	0	0.5	0	0	0.5
	0.125mm筛筛余(%),不大于	3	10	15	3	10	15	3	10	15

石灰在建筑上用途很广,常用来配制砌筑和抹灰用的砂浆,石灰乳可作为墙面及顶棚的刷白涂料,还可以作为硅酸盐制品的原材料及配制无熟料水泥。生石灰在运输和贮存中应避免受潮,且不宜久存,防止石灰吸收空气中的水分而自行熟化,然后碳化而失去胶结能力。长期存放时应在密闭条件下,且应防潮、防水。

(3) 水玻璃

水玻璃具有对多数无机酸(盐酸、硝酸、硫酸等)和有机酸(醋酸、草酸、蚁酸等)腐蚀的抵抗能力,故常用以制作耐酸材料。此外水玻璃常用作为耐热砂浆、耐热混凝土、防水涂料以及加固土壤、加固混凝土结构及硅石砌体。亦可作膨胀珍珠岩、膨胀蛭石等保温材料制品的胶结材料。水玻璃不耐氢氟酸、热磷酸与碱的腐蚀。水玻璃也不宜用于长期受水浸润的工程。

3.4.13.2 水泥

水泥的种类很多,按性质和用途可分为通用水泥、专用水泥、特种水泥三类。每一类又有若干品种和标号。水泥品种虽多,但在建筑中用量最多的是硅酸盐水泥、普通硅酸盐水泥(简称普通水泥)、矿渣硅酸盐水泥(简称矿渣水泥)、火山灰质硅酸盐水泥(简称火山灰水泥)和粉煤灰硅酸盐水泥(简称粉煤灰水泥)等五大品种。其标号、性能特点及适用范围见表3.4-32所示;水泥的技术性能指标见表3.4-33所示。

五大品种水泥的标号、性能特点及适用范围　　　　　　表3.4-32

品　种	标准代号	标　号	性能特点	适用范围	不适用范围
硅酸盐水泥	P.Ⅰ P.Ⅱ	42.5、42.5R、 52.5、52.5R、 62.5、62.5R	早期强度高、水化热较高、抗冻性能好、耐热性较差、耐腐蚀性较差	快硬早强的工程、配制高标号混凝土、预应力构件、地下工程的喷射里衬等	大体积混凝土工程、受化学侵蚀水及海水侵蚀的工程、受水压作用的工程
普通硅酸盐水泥	P.O	32.5、32.5R、 42.5、42.5R、 52.5、52.5R	早期强度较高、水化热较高、耐冻性好、耐热性较差、耐腐蚀性较差、耐水性较差	一般土建工程中混凝土及预应力构件、受反复冰冻作用的结构、拌制高强度混凝土	大体积混凝土工程、受化学侵蚀水及海水侵蚀的工程、受水压作用的工程
矿渣硅酸盐水泥	P.S	32.5、32.5R、 42.5、42.5R、 52.5、52.5R	早期强度低、后期强度增长较快、水化热较低、耐热性较好、耐硫酸盐侵蚀和耐水性较好、抗冻性差、易泌水、干缩性大	高温车间和有耐热要求的混凝土结构、大体积混凝土结构、蒸养的混凝土构件、地上地下和水中的一般混凝土结构、有抗硫酸盐侵蚀要求的一般工程	早期强度要求较高的工程、严寒地区及处于水位升降范围内的混凝土结构
火山灰质硅酸盐水泥	P.P	32.5、32.5R、 42.5、42.5R、 52.5、52.5R	抗渗性较好、耐热性较差、不易泌水、其他同矿渣水泥	地下及水中大体积混凝土结构和有抗渗要求的混凝土结构、蒸养的混凝土结构、一般混凝土结构、有抗硫酸盐侵蚀要求的一般工程	处于干燥环境的工程、有耐磨性要求的工程、其他同矿渣水泥
粉煤灰硅酸盐水泥	P.F	32.5、32.5R、 42.5、42.5R、 52.5、52.5R	干缩性较小、抗裂性较好、抗炭化能力差、其他同火山灰水泥	地上和地下及水中大体积混凝土结构、蒸养的混凝土结构、一般混凝土结构、有抗硫酸盐侵蚀要求的一般工程	有抗炭化要求的工程、其他同火山灰水泥

水泥的技术性能指标　　　　　　表3.4-33

品　种	标号	抗压强度(MPa)		抗折强度(MPa)	
		3d	28d	3d	28d
硅酸盐水泥	42.5	17.0	42.5	3.5	6.5
	425R	22.0	42.5	4.0	6.5

品 种	标 号	抗压强度(MPa)		抗折强度(MPa)	
		3d	28d	3d	28d
硅酸盐水泥	525	23.0	52.5	4.0	7.0
	525R	27.0	52.5	5.0	7.0
	625	28.0	62.5	5.0	8.0
	625R	32.0	62.5	5.5	8.0
普通硅酸盐水泥	325	12.0	32.5	2.5	5.5
	32.5R	16.0	32.5	3.5	5.5
	425	16.0	42.5	3.5	6.5
	425R	21.0	42.5	4.0	6.5
	525	22.0	52.5	4.0	7.0
	525R	26.0	52.5	5.0	7.0
矿渣硅酸盐水泥、火山灰质硅酸盐水泥、粉煤灰硅酸盐水泥	325	10.0	32.5	2.5	5.5
	325R	15.0	32.5	3.5	5.5
	425	15.0	42.5	3.5	6.5
	425R	19.0	42.5	4.0	6.5
	525	21.0	52.5	4.0	7.0
	525R	23.0	52.5	4.5	7.0

3.4.14 混凝土及其装饰制品

3.4.14.1 普通混凝土

普通混凝土主要由水泥、骨料(也称集料)、水、外加剂组成。

(1) 和易性

和易性又称工作性,是指混凝土拌合物易于施工操作(搅拌、运输、浇筑、捣实),并能获得质量均匀、成型密实的混凝土的性能。包括流动性、粘聚性和保水性三个方面的含义。影响拌合物工作性的主要因素是水泥浆数量、砂率和组成成分的性质等。

(2) 力学性能

混凝土的强度应包括:抗压、抗拉、抗弯、抗剪、握裹、疲劳强度等,但主要的是抗压强度。通常以混凝土的抗压强度作为力学性能的总指标,混凝土强度常常是抗压强度的简称。影响混凝土强度的因素主要有水泥标号与水灰比、集料的质量、施工时的浇捣方法、养护条件、龄期等因素。

混凝土的强度等级:按照标准方法制作和养护的标准试件(150×150×150mm),在28天龄期用标准试验方法测得的具有95%保证率的抗压强度称为立方体抗压标准强度。混凝土强度等级划分为C7.5、C10、C15、C20、C25、C30、C40、C50、C60各等级。

3.4.14.2 装饰混凝土及彩色混凝土

(1) 装饰混凝土

装饰混凝土主要作法分为清水装饰混凝土和露骨料装饰混凝土。清水混凝土是利用混凝土结构构件本身造型,或者在成型时利用模板等在构件表面做出花纹,使立面质感丰富,形成一定的装饰效果。其成型工艺大致可分为正打成型工艺和反打成型工艺两种。

(2) 彩色混凝土

彩色混凝土是通过使用彩色水泥或彩色骨料或掺入颜色，在一定工艺下制得的。水泥浆中掺入颜色的性质、掺量及掺加的方法，决定着彩色混凝土色彩效果的好坏。彩色混凝土被整体着色使用较少，而多制成彩色饰面砌块、彩色人行道砖块、联锁彩色混凝土砌块等已被广泛应用。

3.4.15 建筑砂浆

建筑砂浆按所用胶结材料的不同，可分为：水泥砂浆、石灰砂浆、混合砂浆（包括水泥石灰砂浆、水泥粘土砂浆、石灰粘土砂浆、石灰粉煤灰砂浆、聚合物砂浆等）。按用途不同，可分为：砌筑砂浆、抹面砂浆、装饰砂浆、防水砂浆、保温砂浆等。

3.4.15.1 砌筑砂浆

新拌制的砂浆混合物应具有良好的和易性。砂浆的和易性包括稠度和保水性。砂浆硬化后的性质主要指强度。

砂浆的稠度与用水量、胶凝材料用量、砂的粗细有关。过稠或过稀的砂浆都对施工不利，通常砌砖砂浆的沉入度宜为 70～100mm，砌石砂浆宜为 50～70mm。当天气干燥时取高值，湿冷时取低值。

砂浆的保水性用砂浆分层度筒来测定，以分层度(mm)表示。砂浆的分层度一般以 10～20mm 为宜。若砂浆分层接近于 0，说明其保水性很强，无上、下分层现象，但此时容易发生干缩裂缝，尤其不易用作抹灰砂浆，所以砂浆分层度不宜小于 10mm；若分层度大于 20mm，则说明砂浆保水性差，容易产生离析，不便于施工，影响砌体质量，也不宜选用。水泥砂浆分层度不应大于 30mm，水泥混合砂浆不宜大于 20mm。

硬化后的砂浆必须满足设计强度的要求。其强度等级分为 M0.4、M1、M2.5、M5、M7.5、M10、M15 等七个确定等级。抗压极限强度分别约为 0.4、1、2.5、5、7.5、10.0、15.0 (MPa)。

3.4.15.2 抹灰砂浆

抹灰砂浆，也称抹面砂浆，根据其功能不同，可分为普通抹灰砂浆和特殊用途砂浆，(后者包括防水、耐酸、绝热、吸声及装饰等用途。

3.4.15.3 防水砂浆

防水砂浆可以用普通水泥和级配良好的中砂来配制，按体积比，水泥：砂＝1：2～3，水灰比 0.5～0.55 配制。在普通防水砂浆中掺入防水剂，可以提高砂浆的抗渗能力。常用的防水剂有氯化物金属类防水剂、硅酸钠(水玻璃)防水剂和金属皂类防水剂等。

防水砂浆的配合比，一般取水泥：砂＝1：2.5～1：3，将一定量的防水剂溶于拌合水中，与事先拌匀的水泥、洗净的中砂混合料再次拌合均匀，即可使用。

防水砂浆的施工比一般砂浆要求高，基层需清洁、潮湿并先抹一层水泥净浆，然后分层涂沫，压实，面层要抹光，还要加强养护，才能获得较好的防水效果。一般防水砂浆需分 4～5 层涂抹，共厚 20～30mm。

3.4.15.4 装饰砂浆

装饰砂浆饰面可分为两类：一类是通过彩色砂浆或彩色表面形态的艺术加工，获得一定色彩、线条、纹理质感，达到装饰目的的饰面，称为"砂浆类饰面"。它的主要处理方法有：拉毛灰、甩毛灰、搓毛灰、扫毛灰、拉条、假面砖、外墙喷涂、弹涂等。另一类是在水泥浆中掺入各种彩色的石渣(如石英砂、彩釉砂和着色砂、石渣、石屑、彩色磁粒和玻璃珠等)作骨料,制得水泥石渣浆抹于墙体基层表面,然后用水洗、斧剁、水磨等手段,除去表面水泥浆面,露出石渣的颜色、质感的饰面,达到装饰目的,称为"石渣类饰面"。这种饰面色泽较明亮,质感较丰富,且不易褪色。

3.4.15.5 粘结砂浆

粘结砂浆是装饰工程中常用的胶结材料,可采用水泥砂浆、水泥石灰混合砂浆、聚合物砂浆等,有时也可采用素水泥浆或聚合物水泥浆。水泥一般采用普通硅酸盐水泥,砂子应采用优质细河砂。粘结砂浆常用于粘贴石材、陶瓷面砖、马赛克等块料。

3.4.16 墙体材料

3.4.16.1 砌墙砖

(1) 烧结普通砖

烧结普通砖按所用主要原料可分为粘土砖(N)、页岩砖(Y)、煤矸石砖(M)和粉煤灰砖(F)几种。烧结普通砖根据抗压强度,分为MU30、MU25、MU20、MU15、MU10、MU7.5六个强度等级。抗风化性能合格的砖根据尺寸偏差、外观质量、泛霜和石灰爆裂等状况,分为优等品(A)和合格品(C)两个产品等级。强度等级为MU7.5的砖无优等品。

烧结普通砖的标准尺寸为$240 \times 115 \times 53$mm。它具有一定强度和热稳定性。通常其表观密度为$1600 \sim 1800$kg/m^{3}左右,导热系数0.78W/(m·K),约为普通混凝土的一半。

(2) 蒸压(养)砖

蒸压(养)砖主要品种有灰砂砖、粉煤灰砖和炉渣砖等。

灰砂砖的外形尺寸与烧结普通砖相同。颜色呈灰白色,若掺入耐碱颜料可制成彩色砖。灰砂砖材质均匀密实,尺寸偏差小,外形光洁整齐。根据强度分为MU20、MU15和MU10三个等级。

粉煤灰砖的外形尺寸也与烧结普通砖相同。根据抗压和抗折强度分为MU20、MU15、MU10、MU7.5四个强度等级。根据外观质量、强度、抗冻性和干燥收缩分为优等品、一等品和合格品。

炉渣砖根据强度分为MU20、MU15、MU10三个强度等级。炉渣砖可代替烧结普通砖用于墙体等砌筑工程中。

(3) 空心砖

空心砖主要分为烧结多孔砖和烧结空心砖两类。烧结多孔砖的外形一般为直角六面体,孔洞率≥15%,其规格有M和P两种。M型的为$190 \times 190 \times 90$mm,P型的为$240 \times 115 \times 90$mm。烧结空心砖的外形为直角六面体,孔洞率≥35%,砖的尺寸为:长290、190、140、90(mm);宽240、180(175)、115(mm),或由供需双方协商确定。砖的孔洞应平行于大面和条面。

烧结多孔砖根据其外观质量、尺寸偏差、物理性能,烧结空心砖按其孔洞结构、尺寸偏差、外观质量、强度等级和物理性能均分为三等,即优等品(A)、一等品(B)和合格品(C)。

烧结多孔砖按抗压强度、抗折荷重分为MU30、MU25、MU20、MU15、MU10、MU7.5六个强度等级。烧结空心砖按密度分为800、900、1100三个密度级。

3.4.16.2 砌块

砌块的外形多为直角六面体,也有各种异形的。砌块系列中主规格的长度、宽度或高度有一项或一项以上分别大于365mm、240mm或115mm,但高度不大于长度或宽度的6倍、长度不超过高度的3倍。

砌块按用途分为承重砌块与非承重砌块(如保温砌块、隔墙用砌块);按有无孔洞分为实心砌块与空心砌块(如单排孔砌块、多排孔砌块);按使用原材料分为硅酸盐混凝土砌块(如粉煤灰硅酸盐混凝土砌块、煤矸石硅酸盐混凝土砌块)与轻集料混凝土砌块(如火山渣混凝土砌块、陶粒混凝土砌块、浮石混凝土砌块);按生产工艺分为烧结砌块(如烧结粘土砌块、烧结页岩砌块、烧结粉煤灰砌块)与蒸压蒸养砌块(如蒸压加气混凝土砌块、蒸养页岩泡沫混凝土砌块等);按砌块产品规格分为大型砌块(主规格的高度大于980mm的砌块)、中型砌块(主规格的高度为380~980mm的砌块)和小型砌块(主规格的高度大于115mm而又小于380mm的砌块)。

密实粉煤灰砌块的主规格外形尺寸为880×380×240(mm)和580×380×240(mm)。砌块端面应加灌浆槽,坐浆面宜设抗剪槽。粉煤灰砌块的强度等级按立方体试块的抗压强度分为MU10和MU15,质量等级按外观质量、尺寸偏差和干缩性能分为一等品和合格品。

加气混凝土砌块与板材按原材料可分为:水泥—矿渣—砂、水泥—石灰—砂和水泥—石灰—粉煤灰加气混凝土三类。加气混凝土砌块根据强度级别可分为A1.0、A2.0、A2.5、A3.5、A5.0、A7.5、A10七个级别。按密度分级有分为B03、B04、B05、B06、B07、B08六个级别。按尺寸偏差、外观质量、密度范围、抗压强度分为优等品(A)、一等品(B)和合格品(C)三等。

混凝土小型空心砌块具有轻质、高强、价廉的特点。其主规格尺寸为390×190×190mm,强度等级可分为MU3.5、MU5.0、MU7.5、MU10、MU15、MU20等。

3.4.16.3 建筑人造板

建筑人造板主要有玻璃钢板、石棉水泥板、纤维增强水泥板、纸面草板等,也称板状墙体材料。

纸面草板具有强度高、刚性好、密度小和良好的隔热、保温、隔声等性能,并可进行锯、胶、钉、漆,施工方便。纸面草板可分为纸面稻草板(D)和纸面麦草板(M)两种。纸面草板的外表面为矩形,上下面纸分别在两侧面搭接,其厚度为58mm,宽度为1200mm,长度一般为1800、2400、2700、3000、3300(mm)。纸面草板按技术要求可分为优等品、一等品和合格品。

玻璃纤维增强水泥平板(也称GRC板)具有重量轻、抗弯冲击强度高、不燃、耐水、不易变形和加工简易、造型丰富、可涂刷等性能,是一种适用于框架建筑的复合内隔墙。用于建筑工程中的GRC产品有外墙板、内墙装饰板、永久性模板、天花板、阳台拦板、分户隔板以及简易房屋和艺术塑像等。

水泥刨花板具有自重轻、强度高、防火、防水、保温、隔声等性能,并能进行锯、粘、钉加工,施工简便。水泥刨花板按生产工艺分为平压法和挤压法;按外观和物理力学性能分,有一级品和二级品两种;按用途分有覆面涂饰和直接使用两种。水泥刨花板的长度有1220、1525、2235、2440(mm)不等,宽度有610、915、1000、1180、1220(mm)等,厚度有8、10、16、22、25、30(mm)等。

3.4.16.4 复合外墙板

复合墙板的用材包括保温隔热材料和面层材料两种。常见的保温隔热材料有矿物棉(岩棉、矿渣棉)、加气混凝土、膨胀蛭石、膨胀珍珠岩、石棉、玻璃棉及木丝板(刨花板、万利板)、聚苯乙烯泡沫、聚氨酯泡沫等。常见的外面层板有钢板、镀锌铁皮、铝合金板、铝塑复合板等,内面层板有钢筋混凝土板、塑料板、纸面石膏板、木质板等。

复合墙板种类很多,其性能也因使用材料不同而异,主要有混凝土岩棉复合外墙板、聚苯乙烯夹心复合板、钢丝网泡沫塑料墙板、纤维增强聚苯乙烯外保温复合墙体等等。

3.4.17 建筑防水材料

3.4.17.1 石油沥青及其制品

(1) 石油沥青的主要技术性质

石油沥青的主要技术性质有粘滞性、塑性、温度稳定性、大气稳定性,另外它的闪点和燃点以及溶解度、水分等对它的应用都有影响。沥青的主要技术标准以针入度、延伸度、软化点等指标表示。使用沥青,应对其牌号加以鉴别。在施工现场的简易鉴别方法见表3.4-34所示。

石油沥青牌号简易鉴别方法　　　　表 3.4-34

牌　　号	简易鉴别方法
10	用铁锤敲击,成为较小碎块,表面呈黑色并有光
30	用铁锤敲击,成为较大的碎块
60	用铁锤敲击,只发生变形
140~100	质软

注:鉴别时的温度为15~18℃。

(2) 沥青防水制品

1) 沥青防水卷材

石油沥青油纸(简称油纸)按原纸 $1m^2$ 的质量克数分为 200、350 两个标号。主要用于多层(粘贴式)防水层下层、隔蒸汽层、防潮层等。

石油沥青油毡(简称油毡)是采用高软化点沥青涂盖油纸的两面,再涂撒隔离材料所制成的一种纸胎防水材料。涂撒粉状材料(滑石粉)称"粉毡",涂撒片状材料(云母片)称"片毡"。油毡的幅宽有 915mm 和 1000mm 两种规格。油毡分为 200 号、350 号和 500 号三种标号。其标号确定方法与油纸相同。200 号油毡适用于简易防水、临时性建筑防水、建筑防潮及包装;350 号和 500 号粉毡适用于多层、叠层防水;片毡适用于单层防水。

玻璃布胎沥青油毡(简称玻璃布油毡)是用石油沥青涂盖材料浸涂玻璃纤维织布的两面,再涂撒隔离材料所制成的一种以无机纤维为胎体的沥青防水卷材。按油毡幅宽可分为 900mm 和 1000mm 两个规格。玻璃布油毡的抗拉强度、耐久性等均较纸胎油毡好(其抗拉强度高于 500 号纸胎石油沥青油毡,耐久性比纸胎石油沥青油毡提高一倍以上)、柔韧性好、耐腐蚀性强。适用于耐久性、耐蚀性耐水性要求较高的工程(地下工程防水、防腐层、屋面防水以及除热水管道外金属管道的防腐保护层等)。

2) 沥青胶

沥青胶又名玛蹄脂,是在沥青中加入填充料如滑石粉、云母粉、石棉粉、粉煤灰等加工而成,分为冷、热两种,前者称为冷沥青胶或冷玛蹄脂,后者称热沥青胶或热玛蹄脂。

3) 冷底子油

石油沥青冷底子油是由60号、30号或10号石油沥青,加入溶剂(如柴油、煤油、汽油、蒽油或苯等)配成的溶液。在采用易挥发溶剂(如汽油或苯)时,应用30号的建筑石油沥青。冷底子油一般可参考下列配合比(质量比)配制:石油沥青:汽油＝30:70(快挥发)或石油沥青:煤油(轻柴油)＝40:60(慢挥发)。

4) 乳化沥青

乳化沥青是一种冷施工的防水涂料,是将石油沥青在乳化剂水溶液作用下,经乳化机(搅拌机)强烈搅拌而成。沥青在搅拌机的搅拌下,被分散成$1\sim 6\mu m$的细颗粒,并被乳化剂包裹起来形成悬浮在水中的乳化液。乳化液涂在基层上后,水分逐渐蒸发,沥青颗粒随即凝聚成膜,形成了均匀、稳定、粘结强度高的防水层。

5) 高聚物改性沥青及氧化改性沥青防水材料

高聚物改性沥青防水卷材,是以合成高分子聚合物改性沥青为涂盖层,纤维织物或纤维毡为胎体,粉状、粒状、片状或薄膜材料为覆面材料制成可卷曲的片状防水材料。

高聚物改性沥青防水卷材主要品种有SBS改性沥青柔性油毡、铝箔塑胶油毡、废胶粉改性沥青耐低温油毡、PVC改性煤焦油沥青耐低温油毡等,以及氧化改性沥青油毡,如铝箔面油毡等。

高聚物改性沥青防水卷材具有使用年限长、技术性能好、冷施工、操作简单、污染性低等特点,适用于屋面及地下室等处的防水工程。

3.4.17.2 合成高分子防水卷材

合成高分子卷材是以合成橡胶、合成树脂或以它们两者的共混体为基料,加入适量的化学助剂和填充料等,经不同工序加工而成可卷曲的片状防水材料,或把将合成橡胶、树脂材料与合成纤维等复合形成两层或两层以上可卷曲的片状防水材料。

目前品种有三大类:橡胶系防水卷材(主要品种有三元乙丙橡胶、聚氨酯橡胶、丁基橡胶、氯丁橡胶、再生橡胶卷材等)、塑料系防水卷材(主要品种有聚氯乙烯、聚乙烯、氯化聚乙烯卷材等)和橡塑共混型防水材料(主要品种有氯化聚乙烯—橡胶共混卷材、聚氯乙烯—橡胶共混卷材等)。

合成高分子防水卷材最适用于屋面工程作单层外露防水,也适用于有保护层的屋面或室内楼地面、厨房、卫生间及地下室、贮水池、隧道等土木建筑工程防水。

3.5 建筑装修构造

3.5.1 建筑物的分类、等级和建筑模数

3.5.1.1 建筑物的分类

建筑物可以从多方面进行分类,常见的分类方法有以下四种。

(1) 按使用性质分

建筑物的使用性质又称为功能要求,具体分为以下几种类型:

1) 民用建筑:指的是供人们工作、学习、生活、居住等类型的建筑。

A) 居住建筑:如住宅、单身宿舍、招待所等。

B)公共建筑:如办公、科教、文体、商业、医疗、邮电、广播、交通和其他建筑等。

2)工业建筑:指的是各类厂房和为生产服务的附属用房。

A)单层工业厂房:这类厂房主要用于重工业类的生产企业。

B)多层工业厂房:这类厂房主要用于轻工业类的生产企业。

C)层次混合的工业厂房:这类厂房主要用于化工类的生产企业。

3)农业建筑:指各类供农业生产使用的房屋,如种子库、拖拉机站等。

(2)按结构类型分

结构类型是以承重构件的选用材料与制作方式、传力方法的不同而划分,一般分为以下几种:

1)砌体结构。

这种结构的竖向承重构件是以普通粘土砖、粘土多孔砖或承重混凝土空心小砌块等材料砌筑的墙体,水平承重构件是钢筋混凝土楼板及屋面板。这种结构主要用于多层建筑中。其允许建造层数及建造高度详见表3.5-1。(摘编自《建筑抗震设计规范》CBJ 11—89)

砌体房屋总高度(m)和层数限值　　　　　　　　　　表3.5-1

砌体类型	最小墙厚(m)	烈　　度							
		6		7		8		9	
		高度	层数	高度	层数	高度	层数	高度	层数
粘土砖	0.24	24	8	21	7	18	6	12	4
混凝土小砌块	0.19	21	7	18	6	15	5	不宜采用	
混凝土中砌块	0.20	18	6	15	5	9	3		
粉煤灰中砌块	0.24	18	6	15	5	9	3		

注:房屋的总高度指室外地坪到檐口的高度。半下室可从半地下室的室内地面算起,全地下室可从室外地坪算起。

2)框架结构

这种结构的承重部分是由钢筋混凝土或钢材制作的梁、板、柱形成的骨架承担,墙体只起围护和分隔作用。这种结构可以用于多层和高层建筑中。其允许建造高度详见表3.5-2。(摘编自《钢筋混凝土高层建筑结构设计与施工规程》JGJ 3—91)

房屋适用的最大高度(m)　　　　　　　　　　表3.5-2

结构体系		非抗震设计	抗震设防烈度			
			6度	7度	8度	9度
框　架	现　浇	60	60	55	45	25
	装配整体	50	50	35	25	—
框架-剪力墙和框架筒体	现　浇	130	130	120	100	50
	装配整体	100	100	90	70	—
现浇剪力墙	无框支墙	140	140	120	100	60
	部分框支墙	120	120	100	80	—

注:① 房屋高度指室外地面至檐口高度,不包括局部突出屋面的水箱、电梯间等部分的高度。
② 当房屋高度超过表中规定时,设计应有可靠依据并采取有效措施。
③ 位于IV类场的建筑或不规则建筑,表中高度应适当降低。

3) 钢筋混凝土板墙结构

这种结构的竖向承重构件和水平承重构件均采用钢筋混凝土制作,施工时可以在现场浇注或在加工厂预制、现场吊装。这种结构可以用于多层和高层建筑中。

4) 特种结构

这种结构又称为空间结构。它包括悬索、网架、拱、壳体等结构形式。这种结构多用于大跨度的公共建筑中。大跨度空间结构为30m以上跨度的大型空间结构。

(3) 按建筑层数或总高度分

建筑层数是房屋的实际层数的控制指标,但多与建筑总高度共同考虑。

1) 住宅建筑的1～3层为低层;4～16层为多层;7～9层为中高层;10层及以上为高层。

2) 公共建筑及综合性建筑总高度超过24m为高层,低于或等于24m为多层。

3) 建筑总高度超过100m时,不论其是住宅或公共建筑均为超高层。

4) 联合国经济事务部于1974年针对当时世界高层建筑的发展情况,把高层建筑划分为四种类型:

(A) 低高层建筑:层数为9～16层,建筑高度最高为50m。

(B) 中高层建筑:层数为17～25层,建筑总高为50～75m。

(C) 高高层建筑:层数为26～40层,建筑总高可达100m。

(D) 超高层建筑:层数为40层以上,建筑总高在100m以上。

(4) 按施工方法分

施工方法是指建造房屋时所采用的方法。按它将建筑物分为以下几类:

1) 现浇、现砌式:这种施工方法是指主要构件均在施工现场砌筑(如砖墙等)或浇注(如钢筋混凝土构件等)。

2) 预制、装配式:这种施工方法是主要构件在加工厂预制,施工现场进行装配。

3) 部分现浇现砌、部分装配式:这种施工方法是一部分构件在现场浇注或砌筑(大多为竖向构件),一部分构件为预制吊装(大多为水平构件)。

3.5.1.2 建筑物的等级

建筑物的等级包括耐久等级和耐火等级两大部分。

(1) 耐久等级

建筑物耐久等级的指标是使用年限。使用年限的长短是依据建筑物的性质决定的。影响建筑寿命的长短主要是结构构件的选材和结构体系。

《民用建筑设计通则》(JGJ 37—87)中对建筑物的耐久年限作了如下规定:

一级:耐久年限为100年以上,适用于重要的建筑和高层建筑。

二级:耐久年限为50～100年,适用于一般性建筑。

三级:耐久年限为25～50年,适用于次要的建筑。

四级:耐久年限为15年以下,适用于临时性建筑。

大量性建造的建筑,如住宅,属于次要建筑,其耐久等级应为三级。

(2) 耐火等级

耐火等级取决于房屋的主要构件的耐火极限和燃烧性能,它的单位为小时(h)。耐火极限指的是从受到火的作用起,到失掉支持能力或发生穿透性裂缝或背火一面温度升高到220℃时所延续的时间。按材料的燃料性能把材料分为燃烧材料(木材等)、难燃烧材料(木丝板等)和非燃烧材料(砖石等)。用上述材料制作的构件分别叫燃烧体、难燃烧体和非燃烧体。

多层建筑的耐火等级分为四级,其划分方法见表3.5-3。

多层建筑构件的燃烧性能和耐火极限　　　　表 3.5-3

构件名称		耐　火　等　级			
		一级	二级	三级	四级
		燃烧性能和耐火极限(h)			
墙	防火墙	非 4.00	非 4.00	非 4.00	非 4.00
	承重墙、楼梯间、电梯井墙	非 3.00	非 2.50	非 2.50	难 0.50
	非承重外墙、疏散走道的墙	非 1.00	非 1.00	非 0.50	难 0.25
	房间隔墙	非 0.75	非 0.50	非 0.50	难 0.25
柱	支承多层的柱	非 3.00	非 2.50	非 2.50	难 0.50
	支承单层的柱	非 2.50	非 2.00	非 2.00	燃
梁		非 2.00	非 1.50	非 1.00	难 0.50
楼板		非 1.50	非 1.00	非 0.50	难 0.25
屋顶承重构件		非 1.50	非 0.50	燃	燃
疏散楼梯		非 1.50	非 1.00	非 1.00	燃
吊顶(包括吊顶搁栅)		非 0.25	非 0.25	难 0.15	燃

注:表中非指非燃烧材料;难指难燃烧材料;燃指燃烧材料。

一个建筑物的耐火等级属于几级。取决于该建筑物的层数、长度和面积。《建筑设计防火规范》(GBJ 16—87)中作了详细的规定,(详见表3.5-4)

高层建筑的分类　　　　表 3.5-4

耐火等级	最多允许层次	防火分区间		备　注
		最大允许长度(m)	每层最大允许建筑面积(m²)	
一、二级	注①	150	2500	1. 体育馆、剧院等的长度和面积可以放宽 2. 托儿所、幼儿园的儿童用房不应设在 4 层及 4 层以上
三级	5层	100	120	1. 托儿所、幼儿园的儿童用房不应设在 3 层及 3 层以上 2. 电影院、剧院、礼堂、食堂不应超过 2 层 3. 医院、疗养院不应超过 3 层
四级	2层	60	600	学校、食堂、菜市场、托儿所、幼儿园、医院等不应超过 1 层

注:① 指9层和9层以下的住宅(包括底层设这商业服务网点的住宅)和建筑高度不超过24m的其他民用建筑以及建筑高度超过24m的单层公共建筑。
② 防火分区间指防火墙与防火墙间,防火墙与防火卷帘加水幕(防火水幕带)间或防火卷帘加水幕(防火水幕带)与防火卷帘加水幕(防火水幕带)间的距离。
③ 重要的公共建筑应按耐火等级一、二级选用。商店、学校、食堂、菜市场等如果耐火等级一、二级有困难,可采用三级。
④ 建筑物的长度,是指建筑物各分段中线长度的总和。
⑤ 建筑物设有自动灭火设备时,每层最大允许建筑面积可按本表增加一倍;局部设置时,增加面积可按局部面积一倍计算。

高层建筑的耐火等级分为二级,其划分方法见表3.5-5。

高层建筑构件的燃烧性能和耐火极限　　　　　　　　　　　表3.5-5

构件名称		燃烧性能和耐火极限(h)	
		耐　火　等　级	
		一　级	二　级
墙	防火墙	非燃烧体 3.00	非燃烧体 3.00
	承重墙、楼梯间、电梯井和住宅单元之间的墙	非燃烧体 2.00	非燃烧体 2.00
	大量承重外墙、疏散走道两侧的隔墙	非燃烧体 1.00	非燃烧体 1.00
	房间隔墙	非燃烧体 0.75	非燃烧体 0.50
柱		非燃烧体 3.00	非燃烧体 2.50
梁		非燃烧体 2.00	非燃烧体 1.50
楼板、疏散楼梯、屋顶承重构件		非燃烧体 1.50	非燃烧体 1.00
吊　顶		非燃烧体 0.25	非燃烧体 0.25

高层民用建筑分为两类,其划分依据是建筑高度、建筑层数和建筑物的重要程度,少量还与建筑面积有关。《高层民用建筑设计防火规范》(GB 50045—95)2001年版作了规定,详见表3.5-6。

高层建筑的分类　　　　　　　　　　　　　　　　　　　表3.5-6

名　称	一　类	二　类
居住建筑	高级住宅、19层及19层以上的普通住宅	10至18层的普通住宅
公建建筑	1. 医院 2. 高级旅馆 3. 建筑高度超过50m或每层建筑面积超过1000m²的商业楼、展览楼、综合楼、电信楼、财贸金融楼 4. 建筑高度超过50m或每层建筑面积超过1500m²的商住楼 5. 中央级或省级(含计划单列市)电力调度楼 6. 网局级和省级(含计划单列市)广播电视楼 7. 省级(含计划单列市)邮政楼、防灾指挥调度楼 8. 藏书超过100万册的图书馆、书库 9. 重要的办公楼、科在开楼、档案楼 10. 建筑高度超过50m的教学楼和普通旅馆、办公楼、科研楼、档案楼	1. 除一类建筑以外的商业楼、展览楼、综合楼、电信楼、财贸金融楼、商住楼、图书馆、书库 2. 省级以下的邮政楼、防灾指挥调度楼、广播电视楼、电力调度楼 3. 建筑高度不超过50m的教学楼和普通的旅馆、办公楼、科研楼、档案楼

一类高层的耐火等级应为一级、二类高层不低于二级,裙房不低于二级,地下室应为一级。

注:裙房指与高层建筑相连的建筑高度不超过24m的附用建筑。

建筑构件如何达到耐火极限的规定及如何选材、选取厚度,可从《建筑设计防火规范》(GBJ 16—87)2001年版中得到解释。

《建筑设计防火规范》(GBJ 16—87)2001年版和《高层民用建筑设计火规范》(GB 50045—95)2001年版,都对歌舞、娱乐、放映及游艺场所的防火要求作了明确规定,室内建筑师也应熟悉该部分内容。

(3) 民用建筑设计等级与建筑类型、特征有关,分为特级、一级、二级和三级,详见表3.5-7。

民用建筑工程设计等级分类表 表3.5-7

类型	特征\工程等级	特级	一级	二级	三级
一般公共建筑	单体建筑面积	8万m²以上	2万m²以上至8万m²	8千m²以上至2万m²	5千m²及以下
	立项投资	2亿元以上	4千万元以上至2亿元	1千万元以上至4千万元	1千万元及以下
	建筑高度	100m以上	50m以上至100m	24m以上至50m	24m及以下(其中砌体建筑不得超过抗震规范高度限值要求)
住宅、宿舍	层数		20层以上	12层以上至20层	12层及以下(其中砌体建筑不得超过抗震规范层数限值要求)
住宅小区、工厂生活区	总建筑面积		10万m²以上	10万m²及以下	
地下工程	地下空间(总建筑面积)	5万m²以上	1万m²以上至5万m²	1万m²以下	
	附建式人防(防护等级)		四级及以上	五级及以下	
特殊公共建筑	超限高层建筑抗震要求	抗震设防区特殊超限高层建筑	抗震设防区建筑高度100m及以下的一般超限高层建筑		
	技术复杂、有声、光、热、振动、视线等特殊要求		技术特别复杂	技术比较复杂	
	重要性		国家级经济、文化、历史、涉外等重点工程项目	省级经济、文化、历史、涉外等重点工程项目	

注:符合某工程等级特征之一的项目即可确认为该工程等级项目。

3.5.1.3 建筑模数协调统一标准

为了使建筑制品、建筑构配件和组合件实现工业化大规模生产,使不同材料、不同形式和不同制造方法的建筑构配件、组合件符合模数并具有较大的通用性和互换性,1973年我国颁布了《建筑统一模数制》(GBJ 2—73)。1986年对上述规范进行了修订、补充,并更名为《建筑模数协调统一标准》(GBJ 2—86)重新颁布,作为设计、施工、构件制作、科研的尺寸依据。建筑模数协调统一标准包括以下几点内容:

(1) 基本模数

它是建筑模数协调统一标准中的基本数值,用 M 表示,1M=100mm。

(2) 扩大模数

它是导出模数的一种,其数值为基本模数的倍数。为了减少类型、统一规格,扩大模数按 3M(300mm)、6M(600mm)、12M(1200mm)、15M(1500mm)、30M(3000mm)、60M(6000mm)取用。用于竖向尺寸的扩大模数仅为 3M、6M 两个。

(3) 分模数

它是导出模数的另一种。其数值为基本模数的分倍数。为了满足细小尺寸的需要,分模数按 1/2M(50mm)、1/5M(20mm)、1/10M(10mm)取用。

(4) 模数数列

它是由基本模数 扩大模数和分模数为基础扩展成的一系列尺寸。详见表3.5-8。

模 数 数 列(mm) 表 3.5-8

基本模数	扩 大 模 数						分 模 数		
1M	3M	6M	12M	15M	30M	60M	1/10M	1/5M	1/2M
100	300	600	1200	1500	3000	6000	10	20	50
100	3000	600	1200	1500	3000	6000	10	20	50
200	600	1200	2400	3000	6000	12000	20	40	100
300	900	1800	3600	45000	9000	18000	30	60	150
400	1200	2400	4800	6000	12000	24000	40	80	200
500	1500	3000	6000	7500	15000	30000	50	100	250
600	1800	3600	7200	9000	18000	36000	60	120	300
700	2100	4200	8400	10500	21000		70	140	350
800	2400	4800	9600	12000	24000		80	160	400
900	2700	5400	10800		27000		90	180	450
1000	3000	6000	12000		30000		100	200	500
1100	3300	6600			33000		110	220	550
1200	3600	7200			36000		120	240	600
1300	3900	7800					130	260	650
1400	4200	8400					140	280	700
1500	4500	9000					150	300	750
1600	4800	9600					160	320	800
1700	5100						170	340	850
1800	5400						180	360	900
1900	5700						190	380	950
2000	6000						200	400	1000
2100	6300								
2200	6600								
2300	6900								
2400	7200								
2500	7500								
2600									
2700									
2800									
2900									
3000									
3100									
3200									
3300									
3400									
3500									
3600									

1）水平基本模数的数列幅度为1M～20M,它主要应用于门窗洞口和构配件断面尺寸。

2）竖向基本模数的数列幅度为1M～36M,它主要应用于建筑物的层高、门窗洞口和构配件断面尺寸。

3）水平扩大模数的数列幅度：

3M时为3M～75M；

6M时为6M～96M；

12M时为12M～120M；

15M时为15M～120M；

30M时为30M～360M；

60M时为60M～360M；必要时幅度不限。

水平扩大模数主要应用于建筑物的开间或柱距、进深或跨度、构配件尺寸和门窗洞口尺寸。

4）竖向扩大模数的数列幅度不受限制,它主要应用于建筑物的高度、层高和门窗洞口尺寸。

5）分模数的数列幅度

1/10M时为1/10M～2M；

1/5M时为1/5M～4M；

1/2M时为1/2M～10M。

(5) 三种尺寸

1）标志尺寸

符合模数数列的规定,用以标注建筑物的定位轴面、定位面或定位轴线、定位线之间的垂直距离(如开间、柱距、进深、跨度、层高等)以及建筑构配件、建筑组合件、建筑制品有关设备界限之间的尺寸。

2）构造尺寸

建筑构配件、建筑组合件、建筑为制品等的设计尺寸,一般情况下,构造尺寸为标志尺寸减去缝隙或加上支承尺寸。

3）实际尺寸

建筑构配件、建筑组合件、建筑制品等生产后的实有尺寸。实际尺寸与构造尺寸之间的差数应符合建筑公差的规定。

3.5.2 墙体的构造

3.5.2.1 墙体的分类

墙体的分类方法很多,大体有从墙体材料、位置、受力特点、构造作法几种分法。下边分别介绍：

(1) 按墙体材料分类

1）砖墙

用作墙体的砖有粘土多孔砖、粘土实心砖、灰砂砖、焦碴砖等。多孔砖用粘土烧制而成。灰砂砖用30%的石灰和70%的砂子压制而成。焦碴砖用高炉硬矿渣和石灰蒸养而成。砖块之间用砌筑砂浆(水泥砂浆、混合砂浆、石灰砂浆等)粘接而成。

2）加气混凝土砌块墙

加气混凝土是一种轻质材料,其成分是水泥、砂子、磨细矿渣、粉煤灰等,用铝粉作发泡剂,经蒸养而成。加气混凝土具有容重轻、可切割、隔音、保温性能好等特点。这种材料多用于非承重的隔墙及框架结构的填充墙。

3) 石材墙

石材是一种天然材料,主要用于山区和产石地区。它分为乱石墙、整石墙和包石墙等作法。

4) 板材墙

板材以钢筋混凝土板材、加气混凝土板材为主,近期建造较多的玻璃幕墙亦属此类。

5) 承重混凝土空心小砌块墙

采用 C20 混凝土制作,用于 6 层及以下的住宅。

(2) 按墙体所在位置分类

按墙体所在位置一般分为外墙及内墙两大部分,每部分又各有纵、横两个方向。这样共形成四种墙体,即纵向外墙、横向外墙(又称山墙)、纵向内墙、横向内墙。

当楼板支承在横向墙上时,叫横墙承重,这种作法多用于横墙较多的建筑中,如住宅、宿舍、办公楼等。当楼板支承在纵向墙上时,叫纵墙承重。这种作法多用于纵墙较多的建筑中,如中、小学等。当一部分楼板支承在纵向墙上,另一部分楼板支承在横向墙上时,叫混合承重。这种作法多用于中间有走廊或一侧有走廊的办公楼中。

(3) 按墙体受力特点分类

1) 承重墙

它承受屋顶和楼板等构件传下来的垂直荷载和风力、地震力等水平荷载。由于承重墙所处的位置不同,又分为承重内墙和承重外墙。墙下有条形基础。

2) 承自重墙

只承受墙体自身重量而不承受屋顶、楼板等竖直荷载。墙下亦有条形基础。

3) 围护墙

它起着防风、雪、雨的侵袭,并起着保温、隔热、隔声、防水等作用。它对保证房间内具有良好的生活环境和工作条件关系很大。墙体重量由梁承托并传给柱子或基础。

4) 隔墙

它起着将大房间分隔为若干小房间的作用。隔墙应满足隔声的要求。这种墙不作基础。

(4) 按墙体构造作法分类

1) 实心墙

单一材料(多孔砖、实心粘土砖、石块、混凝土和钢筋混凝土等)和复合材料(钢筋混凝土与加气混凝土分层复合、粘土砖与焦碴分层复合等)砌筑的不留空隙的墙体。

2) 粘土空心砖墙

这种墙体使用的粘土空心砖和普通粘土砖的烧结方法一样。这种粘土空心砖的竖向孔洞虽然减少了砖的承压面积,但是砖的厚度增加,砖的承重能力与普通砖相比还略有增加。容重为 $1350kg/m^3$(普通粘土砖的容重为 $1800km/m^3$)。由于有竖向孔隙,所以保温能力有提高。这是由于空隙是静止的空气层所致。试验证明,190mm 的空心砖墙,相当于 240mm 的普通砖墙的保温能力。粘土空心砖主要用于框架结构的外围护墙。近期在工程中广泛采用的陶粒空心砖,也是一种较好的围护墙材料。

3) 空斗墙

空斗墙在我国民间流传很久。这种墙体的材料是普通粘土砖。它的砌筑方法分斗砖与眠砖,砖竖放叫斗砖,平放叫眠砖。

空斗墙不宜在抗震设防地区中使用。

4) 复合墙

这种墙体多用于居住建筑,也可用于托儿所、幼儿园、医疗等小型公共建筑。这种墙体的主体结构为粘土砖或钢筋混凝土,其内侧复合轻质保温板材。常用的材料有充气石膏板(容重<510ks/m³)、水泥聚苯板(容重280～320ks/m³)、粘土珍珠岩(容重360～400kn/m³)、纸面石膏聚苯复合板(容重870～970kg/m³)、纸面石膏岩棉复合板(容重930～1030kg/m³)、纸面石膏玻璃复合板(容重882～982kg/m³)、无纸石膏聚苯复合板(容重870～970kg/m³)、纸面石膏聚苯板(容量870～970kg/m³)。

主体结构采用粘土多孔砖墙时,其厚度为200mm或240mm;采用钢筋混凝土墙时,其厚度为200mm或250mm。保温板材的厚度50～90mm,若作空气间层时,其厚度为20mm。

这种保温墙体的传热系数指标为$0.79～1.17W/(m^2·K)$,与《民用建筑节能设计标准》(JGJ 26—95)中要求的数值基本持平(外墙体型系数<0.3时为1.16,>0.3时为0.82),完全满足节能要求。

注:建筑物体型系数是建筑物与室外大气接触的外表面积与其所包围的体积的比值。外表面积中不包括地面和不采暖的楼梯间隔墙和户门的面积。

3.5.2.2 墙体的保温与节能构造

墙体的保温因素,主要表现在墙体阻止热量传出的能力和防止在墙体表面和内部产生凝结水的能力两大方面。在建筑物理学上属于建筑热工设计部分,一般应以《民用建筑热工设计规程》(GB 50176—95)为准,这里介绍一些基本知识。

(1) 建筑热工设计分区及要求

目前,我国划分为五个建筑热工设计分区。

1) 严寒地区。累年最冷月平均温度低于或等于-10℃的地区,如黑龙江和内蒙古的大部分地区。这个地区应加强建筑物的防寒措施,不考虑夏季防热。

2) 寒冷地区。累年最冷月平均温度高于-10℃、低于或等于0℃的地区,如东北地区的吉林、辽宁,华北地区的山西、河北、北京、天津及内蒙古的部分地区。这个地区应以满足冬季保温设计要求为主,适当兼顾夏季防热。

3) 夏热冬冷地区。果年最冷月平均温度为0～10℃,最热月平均温度为25～30℃,如长江下游和两广北部地区。这个地区必须满足夏季防热要求,适当兼顾冬季保温。

4) 夏热冬暖地区。最冷月平均温度高于10℃,最热月平均温度为25～29℃,如两广地区的南部和海南省。这个地区必须充分满足夏季防热要求,一般不考虑冬季保温。

5) 温和地区。最冷月平均的温度为0～13℃,最热月平均温度为18～25℃,如云南省大部地区,四川东南部地区。这个地区的部分地区考虑冬季保温,一般可不考虑夏季防热。

(2) 冬季保温设计要求

1) 建筑物宜设在避风、向阳地段,尽量争取主要房间有较多日照。

2) 建筑物的外表面积与其包围的体积之比应尽可能地小。平、立面不宜出现过多的凹凸面。

3) 室温要求相近的房间宜集中布置。

4) 严寒地区居住建筑不应设冷外廊和开敞式楼梯间；公共建筑主入口处应设置转门、热风幕等避风设施。寒冷地区居住建筑和公共建筑宜设置门斗。

5) 严寒和寒冷地区北向窗户的面积应予控制，其他朝向的窗户面积也不宜过大，应尽量减少窗户缝隙长度，并加强窗户的密闭性。

6) 严寒和寒冷地区的外墙和屋顶应进行保温验算，保证不低于所在地区要求的总热阻值。

7) 热桥部分(主要传热渠道)应通过保温验算，并作适当的保温处理。

(3) 夏季防热设计要求

1) 建筑物的夏季防热应采取环境绿化、自然通风、建筑遮阳和围护结构隔热等综合性措施。

2) 建筑物的总体布置，单体的平、剖面设计和门窗的设置，应有利于自然通风，并尽量避免主要房间受东、西日晒。

3) 南向房间可利用上层阳台、凹廊、外廊等达到遮阳目的。东、西向房间可适当采用固定或活动式遮阳设施。

4) 屋顶、东西外墙的内表面温度应通过验算，保证满足隔热设计标准要求。

5) 为防止潮霉季节地面泛潮，底层地面应采用架空作法。地面面层宜选用微孔吸潮材料。

(4) 传热系数与热阻

热量通常由围护结构的高温一侧向低温一侧传递，散热量的多少与围护结构的传热面积、传热时间、内表面与外表面的温度差有关。

1) 传热系数

传热系数 K，表示围护结构的不同厚度、不同材料的传热性能。总传热系数由吸热、传热和放热三个系数组成，其数值为三个系数之和。这三个系数中的吸热系数和放热系数为常数，传热系数与材料的导热系数 λ 成正比，与材料的厚度 δ 成反比，即 $kK = \lambda\delta$。其中 λ 值与材料的密度和孔隙率有关。密度小的材料，导热系数小，则围护结构的保温能力愈强。

2) 热阻

传热阻 R，表示围护结构阻止热流传播的能力。总传热阻 R_0 由吸热阻(内表面换热阻)R_i、传热阻 R 和放热阻(外表面换热阻)R_e 三部分组成。其中 R_i 和 R_e 为常数，R 与材料的导热系数 λ 成反比，与围护结构的厚度 δ 成正比，即热阻值愈大，则围护结构保温能力愈强。

(5) 窗子面积和层数的决定

在围护结构上开窗面积不宜过大，否则，热损失将会很大。窗子和阳台门的总热阻应符合表 3.5-9 的规定。

窗子和阳台门的部分热阻值($m^2 \cdot K/W$)　　　　　　　　　　表 3.5-9

窗子和阳台门的类型	总热阻 R_0	窗子和阳台门的类型	总热阻 R_0
单层木窗	0.172	双层金属窗	0.307
双层木窗	0.344	双层玻璃、单层窗	0.287
单层金属窗	0.156	商店橱窗	0.215

严寒地区各向窗子,R_0必须大于或等于 $0.307m^2 \cdot K/W$。

寒冷地区除北向窗外,R_0必须大于或等于 $0.156m^2 \cdot K/W$(单层钢窗或单层木窗),北向窗 R 必须大于或等于 $0.307m^2 \cdot K/W$(双层钢窗或双层木窗)。

居住建筑各朝向的窗墙面积比,应符合以下规定:北向不大于 0.25;东、西向不大于 0.30;南向不大于 0.35。

窗子的气密性必须良好。一般在两侧空气压差为 10Pa 的情况下,窗子的空气渗透量,低层和多层为$\leqslant 40m^3/(m \cdot h)$,在高层和中高层为$\leqslant 2.5m^3/(m \cdot h)$。若达不到要求时,应加强气密措施。

(6) 围护结构的蒸汽渗透

围护结构在内表面或外表面产生凝结水现象是由于水蒸汽渗透遇冷后而产生的。

由于冬季室内空气温度和绝对湿度都比室外高,因此,在围护结构的两侧存在着水蒸汽分压力差。水蒸汽分子由压力高的一侧向压力低的一侧扩散,这种现象叫蒸汽渗透。

材料透水后,导热系数增大,保温能力会大大降低。为避免凝结水的产生,一般采取控制室内相对温度和提高围护结构热阻的办法解决。

室内相对温度 Φ 是空气的水蒸汽分压力与最大水蒸汽分压力的比值。一般以 30%~40% 为极限,住宅建筑的相对湿度以 40%~50% 为佳。

(7) 围护结构的保温构造

为了满足墙体的保温要求,在寒冷地区外墙的厚度与作法应由热工计算确定。

采用单一材料的墙体,其厚度应由计算确定,并按模数统一尺寸。

为减轻墙体自重,可以采用夹心墙体、带有空气间层的墙体及外贴保温材料的作法。值得注意的是,外贴保温材料,以布置在围护结构靠低温的一侧为好,而将容重大,其蓄热系数也大的材料布置在靠高温的一侧为佳。这是因为保温材料容重小、孔隙多,其导热系数小,则每小时所能吸收或散出的热量也愈少。而蓄热系数大的材料布置在内侧,就会使外表面材料热量的少量变化对内表面温度的影响甚微,因而保温能力较强。

内保温墙体的构造详见表 3.5-10,外保温墙体的构造详表 3.5-11

内保温墙体的有关数据 表 3.5-10

序号	名称	结构形式	墙体厚度(mm)	空气层厚度(mm)	保温层厚度(mm)	饰面层厚度(mm)	围护结构总厚度(mm)	计算用平均传热系数(W/m²·K)
1	饰面聚苯板内保温复合外墙	1. 砖墙 2. 空气层 3. 聚苯乙烯泡沫塑料 4. 饰面石膏	240	20	30	5	295	0.81
		1. 钢筋混凝土墙 2. 空气层 3. 聚苯乙烯泡沫塑料 4. 饰面石膏	200	20	30	5	255	0.94

续表

序号	名称	结构形式	墙体结构				围护结构总厚度(mm)	计算用平均传热系数(W/m²·K)
			墙体厚度(mm)	空气层厚度(mm)	保温层厚度(mm)	饰面层厚度(mm)		
2	纸面石膏板内保温复合外墙	1. 钢筋混凝土墙 2. 空气层 3. 保温层 4. 饰面层	180	50	40	12	282	0.77
					50		292	0.66
				60	(35)	12	287	0.92
					(50)		302	0.74
					50		302	0.66
			200	40	30	12	282	0.91
					(35)		287	0.91
					40		292	0.76
					50		302	0.65
					(50)		302	0.73
			250	20	30	12	312	0.90
					(35)		317	0.75
					40		322	0.73
					(50)		332	0.90
		1. 砖墙 2. 空气层 3. 保温层 4. 饰面层	240	20	20	12	292	0.74
					30		302	0.80
					(30)		302	0.80
			370	20	20	12	422	0.72
					(30)		432	

外保温墙体的有关数据　　　　　　　　　　　　　　　表3.5-11

序号	外墙构造简图		保温层厚度 δ(mm)	外墙总厚度(mm)	主体部分传热系数 K_P[(W/m²·K)]	外墙平均传热系数 K_P[(W/m²·K)]
1		1. 专用饰面砂浆与涂料 2. 玻璃纤维网格布	① 30	256	1.03	1.07
			40	266	0.85	0.88
		3. ($\rho_0 = 20$, $\lambda_c = 0.042 \times 1.2 = 0.55$) 4. 混凝土空心砌块 ($R = 0.20$) 5. 混合砂浆(按 $\rho_0 = 1600$, $\lambda = 0.81$	② 30	256	1.03	1.09
			40	266	0.85	0.89

368

续表

序号	外墙构造简图		保温层厚度 δ(mm)	外墙总厚度 (mm)	主体部分传热系数 $K_P[(W/m^2·K)]$	外墙平均传热系数 $K_P[(W/m^2·K)]$
2		1. 外表层:25厚砂浆($\rho_0=1800, \lambda=0.93$) 2. 保温层:舒乐舍板($\rho_0=20\sim30, \lambda=0.042, \alpha=1.55$) 3. 钢筋混凝土墙($\rho_0=2500, \lambda=1.74$)	40 50	245 255	1.12 0.95	1.12 0.95
3		1. 外表层20厚砂浆 2. 保温层10厚GRC与40厚聚苯复合板($\lambda1=0.93, \lambda2=0.042, \alpha=1.2$) 3. 空气层($R=0.14$) 4. 240多孔砖($\rho_0=1400, \bar{\lambda}=0.58$) 5. 混合砂浆	50	340	0.64	0.67

3.5.2.3 墙体的隔声构造

墙体的隔声要求包括隔除室外噪声和相邻房间噪声两个方面。

噪声来源于空气传播的噪声和固体撞击传播的噪声两个方面。空气传播的噪声指的是露天中的声音传播、围护结构缝隙中的噪声传播和由于声波振动而引起结构振动而传播的声音。撞击传声是物体的直接撞击或敲打物体所引起的撞击声。

围护结构的平均隔声量可按下式求得：

$$R_a = L - L_0$$

式中 R_a——围护结构的平均隔声量(dB)；

L——室外噪声级(dB)；

L_0——室内允许噪声级(dB)。

室外噪声级包括街道噪声、工厂噪声、建筑物室内噪声等多方面，见表3.5-12。

各种场所的室外噪声 表3.5-12

噪声声源名称	至声源距离(m)	噪声级(dB)	噪声声源名称	至声源距离(m)	噪声级(dB)
安静的街道	10	60	建筑物内高声谈话	5	70～75
汽车鸣喇叭	15	75	室内若干人高声谈话	5	80
街道上鸣高音喇叭	10	85～90	室内一般谈话	5	60～70
工厂汽笛	20	105	室内关门声	5	75
锻压钢板	5	115	机车汽笛声	10～15	100～105
铆工车间		120			

室内允许噪声级,见表3.5-13

一般民用建筑房间的允许噪声 表3.5-13

房间名称	允许噪声级(dB)	房间名称	允许噪声级(dB)
公寓、住宅、旅馆	35～45	剧院	30～45
会议室、小办公室	40～45	医院	35～40
图书馆	40～45	电影院、食堂	35～40
教室、讲堂	35～40	饭店	50～55

隔声设计的等级标准,见表3.5-14

隔声设计标准等级 表3.5-14

特 级	一 级	二 级	三 级
特殊标准	较高标准	一般标准	最低限

隔墙和楼板空气隔声标准见表3.5-15。

隔墙和楼板空气隔声标准(dB) 表3.5-15

建筑类别	部 位	特级	一级	二级	三级
住 宅	分户墙与楼板		≥50	≥45	≥40
学 校	有特殊安静要求的房间与一般教室间的隔墙和楼板	≥50 ≥50	—		
	一般教室与各种产生噪声的活动室间接的隔墙和楼板		—	≥45	—
	一般教室与教室之间的隔墙与楼板		—	—	≥40
医 院	病房与病房之间		≥45	≥40	≥35
	病房与产生噪声的房间之间		≥50	≥50	≥45
	手术室与病房之间		≥50	≥50	≥45
	手术室与产生噪声的房间之间		≥50	≥50	≥45
	听力测听室围护结构		≥50	≥50	≥50
旅 馆	客房与客房之间隔墙	≥50	≥45	≥40	≥40
	客房与客房之间隔墙(含门)	≥40	≥40	≥35	≥30
	客房外墙(含窗)	≥40	≥35	≥25	≥20

门窗的隔声量,见表3.5-16。

门窗的隔声量 表3.5-16

门 窗 的 构 造	隔 声 量(dB)
无弹性垫的普通结构双扇门,门心板为胶合板	10～12
无弹性垫的普通结构单扇门,门心板为胶合板	15
有弹性垫的普通结构双扇门,门心板为胶合板	20
单层玻璃窗	约15～20
双层玻璃窗	约25

隔除噪声的方法,包括采用实体结构、增设隔声材料和加作空气层等几个方面。

(1) 实体结构隔声

构件材料的容重越大,越密实,其隔声效果也就愈高。双面抹灰的240mm厚砖墙,空气隔声量平均值为32dB;双面抹灰的120mm厚砖墙,空气隔声量平均值为45dB;双面抹灰的240mm厚砖墙,空气隔声量为48dB。

【例】 面临街道的职工住宅,求其隔声量并选择构造形式。

由表3.5-12查出街道上汽车鸣喇叭的噪声级为75dB,由表3.5-13查出住宅的允许噪声级为45dB。

根据公式:
$$R_a = L - L_0 = 75 - 45 = 30 dB$$

需要隔除的噪声量为30dB,采用双面抹灰的120mm厚砖墙已基本满足要求,但开窗不宜过大。

(2) 采用限声材料隔声

隔声材料指的是玻璃棉毡、轻质纤维材料,一般应放在靠近声源一侧。

(3) 采用空气层隔声

夹层墙可以提高隔声效果,中间空气层的厚度80～100mm为宜。墙体隔声构造,详见表3.5-17。

墙体隔声构造 表3.5-17

材 料	做 法		隔声量(dB)
加气混凝土	厚75mm,双面抹灰	砌块	38.8
	厚100mm,双面抹灰	砌块	40.6
		条板	39.3
	厚150mm,双面抹灰	砌块	43
	厚200mm,双面抹灰	条板	43.2
	1.饰面层 2.条板 3.空气层 4.条板 5.饰面层	有拉结	48.8
		无拉结	54

续表

材料	做法		隔声量(dB)
石膏板	(详88J2《五》)	1. 双层石膏板 2. 石膏龙骨 3. 空气层 4. 双层石膏板	45~47
	轻钢龙骨石膏板、中空、或中填40mm厚岩棉(详88J2《六》)		46~57
增强空心石膏板	(详88J2《七》)	1. 增强空心石膏条板 2. 空气层 3. 增强空心石膏条板	45
实心砖	厚240mm双面抹灰		52.4

3.5.2.4 墙体的细部构造

(1) 防潮层

在墙身中设置防潮层的目的是防止土壤中的水分沿基础墙上升和勒脚部位的地面水影响墙身。它的作用是提高建筑物的耐久性,保持室内干燥卫生。

防潮层的具体作法是:高度应在室内地坪与室外地坪之间,以地面垫层中部为最理想。防潮层的作法有:

1) 防水砂浆防潮层

具体作法是抹一层20mm的1:3水泥砂浆加5%防水粉拌合而成的防水砂浆;另一种是用防水砂浆砌筑4皮至6皮砖,位置在室内地坪上下(后者应慎用)。

2) 油毡防潮层

在防潮层部位先抹20mm厚的砂浆找平层,然后铺一层油毡或用热沥青粘贴一毡二油。油毡的宽度应与墙厚一致,或稍大一些。油毡沿长度铺设,搭接≥100mm。油毡防潮较好,但使基础墙和上部墙身断开,减弱了砖墙的抗震能力。

3) 混凝土防潮层

由于混凝土本身具有一定的防水性能,常把防水要求和结构作法合并考虑。即在室内外地坪之间浇注60mm厚的混凝土防潮层,内放3ϕ6、ϕ4-250的钢筋网片。

散水指的是靠近勒脚下部的水平排水坡;明沟是靠近勒脚下部设置的水平排水沟。它们的作用都是为了迅速排除从屋檐下滴的雨水,防止因积水渗入地基而造成建筑物的下沉。

(2) 踢脚

踢脚是外墙内侧或内墙的两侧的下部和室内地坪交接处的构造,目的是防止扫地时污染墙面。踢脚的高度一般在120~150mm。常用的材料有水泥砂浆、水磨石、木材、缸砖、油漆等,选用时一般应与地面材料一致。

(3) 窗台

窗洞口的下部应设置窗台。窗台根据窗子的安装位置可形成内窗台和外窗台。外窗台是为了防止在窗洞底部积水,并流向室内。内窗台则为了排除窗上的凝结水,以保护室内墙面,及存放东西、摆放花盆等。窗台高900~1000mm,幼儿园活动室取600mm,售票台取

1100mm。

外墙窗台的底面檐口处，应做成锐角形或半圆凹槽(叫"滴水")，便于排水，以免污染墙面。

外窗台有两种作法：

1) 砖窗台

砖窗台应用较广，有平砌挑砖和立砌挑砖两种作法。表面可抹1:3水泥砂浆，并应有10%左右的坡度。挑出尺寸大多为60mm。

2) 混凝土窗台

这种窗台一般是现场浇注而成。

内窗台的作法也有两种：

1) 水泥砂浆抹窗台

一般是在窗台上表面抹20mm厚的水泥砂浆，并应突出墙面5mm。

2) 窗台板

对于装修要求较高而且窗台下设置暖气片的房间，一般均采用窗台板。窗台板可以用预制水泥板或水磨石板。装修要求特别高的房间还可以采用木窗台板、石材窗台板等。

(4) 过梁

为承受门窗洞口上部的荷载，并把它传到门窗两侧的墙上，以免压坏门窗框，所以在其上部要加设过梁。过梁上的荷载一般成三角形分布，为计算方便，可以把三角形荷载折算成1/3洞口宽度，过梁只承受其上部1/3洞口宽度的荷载。因而过梁的断面不大，梁内配筋也较小。过梁一般可分为钢筋混凝土过梁、砖砌平拱、钢筋砖过梁等几种。

(5) 窗套与腰线

这些都是立面装修的作法。窗套是由带挑檐的过梁、窗台和窗边挑出立砖而构成，外抹水泥砂浆后，可再刷白浆或作其他装饰。腰线是指过梁和窗台形成的上下水平线条，外抹水泥砂浆后，刷白浆或作其他装饰。

(6) 洞子板、贴脸

这些都是室内装修的主要作法。它们对门窗洞口有保护作用，同时具有较强的装饰。洞子板、贴脸一般采用木质材料，也可用石材、金属材料。

(7) 檐部作法

由于檐部作法涉及到屋面的部分内容，这里只作一些粗略的介绍。

1) 挑檐板

挑檐板的作法有预制钢筋混凝土板和现浇钢筋混凝土板两种。挑出尺寸不宜过大，一般以500mm左右为宜。

2) 女儿墙

女儿墙是墙身在屋面以上的延伸部分，其厚度可以与下部墙身一致，也可以使墙身适当减薄。女儿墙的高度取决于是否上人，不上人高度应≥800mm，上人高度应≥1300mm。

3) 斜板挑檐

斜板挑檐是女儿墙和挑檐板，另加斜板共同构成的屋檐作法，其尺寸应符合前两种作法的规定。

(8) 变形缝

变形缝包括伸缩缝、沉降缝和防震缝。它的作用是保证房屋在温度变化或基础不均匀沉降或地震时能有一些自由伸缩,以防止墙体开裂、结构破坏。

1) 伸缩缝

即温度缝,一般从基础顶面开始,将墙体分成若干段。由于基础埋在地下,受温度影响较小,故不考虑其伸缩变形。伸缩缝间距为60m左右。

伸缩缝的宽度为20~30mm,缝内应填保温材料。

2) 沉降缝

沉降缝的作用是防止建筑物的不均匀下沉,一般从基础底部断开,并贯穿建筑物全高。沉降缝的两侧应各有基础和砖墙。沉降缝的设置原则是:

(A) 建筑物平面的转折部位;
(B) 建筑的高度和荷载差异较大处;
(C) 过长建筑物的适当部位;
(D) 地基土的压缩性有显著差异处;
(E) 建筑物的基础类型不同以及分期建造房屋的交界处。

沉降缝的宽度详见表3.5-18

房屋沉降缝的宽度　　　　表3.5-18

房屋层数	沉降缝宽度(mm)
2~3	50~80
4~5	80~120
6层及以上	不小于120

3) 防震缝

一般在地震烈度8度或8度以上地区设置。防震缝应将房屋分成若干体形简单、结构刚度均匀的独立单元。设置原则是:

(A) 房屋立面高度差在6m以上;
(B) 房屋有错层,并且楼板高差较大;
(C) 各组成部分的刚度截然不同。

最小缝隙尺寸为50~100mm。缝的两侧应有墙,缝隙应从基础顶面开始,贯穿建筑物的全高。高层建筑防震缝的宽度按建筑总高度的1/250考虑(八度区时)。

在地震设防地区,当建筑物需设置伸缩缝或沉降缝时,应统一按防震缝来对待。建筑物变形缝在室内均要装饰,采用的材料及构造作法要满足变形缝功能要求。

(9) 烟道与通风道

在住宅或其他民用建筑中,为了排除炉灶的烟气或其他污浊空气,常在墙内设置烟道和通风道。

烟道和通风道分现场砌筑或预制构件进行拼装两种作法。

砖砌烟道和通风道的断面尺寸应根据排气量来决定,但不应小于120×120mm。烟道和通风道除单层房屋,均应有进气口和排气口。烟道的排气口在下,距楼板1m左右较合适。通风道的排气口应靠上,距楼板底300mm较合适。烟道和通风道不能混用,以避免串气。

混凝土烟风道、石棉锯木烟风道、GRC(抗碱玻璃纤维增强混凝土)烟风道,一般为每层一个预制构件,上下拼接而成。

3.5.2.5 隔墙

建筑中不承重、只起分隔室内空间作用的墙体叫隔断墙。通常人们把到顶板下皮的隔断墙叫隔墙,把不到顶,只有半截的叫隔断。

(1) 隔断墙的作用和特点

1) 隔断墙应愈薄愈好,目的是减轻加给楼板的荷载。

2) 隔断墙的稳定性必须保证,特别要注意与承重墙的拉接。

3) 隔墙要满足隔声、耐水、耐火的要求。

(2) 隔墙的常用作法

1) 120mm 厚隔断墙

这种墙是用普通粘土砖的顺砖砌筑而成。它一般可以满足隔声、耐水、耐火的要求。由于这种墙较薄,因而必须注意稳定性的要求。满足砖砌隔墙的稳定性应从以下几个方面入手:

(A) 隔墙与外墙的连接处应加拉筋,拉筋应不少于 2 根,直径为 6mm,伸入隔墙长度为 1m。内外墙之间不应留直岔。

(B) 当墙高大于 3m、长度大于 5.1m 时,应每隔 8~10 皮砖砌入一根 $\phi6$ 钢筋。

(C) 隔墙上部与楼板相接处,用立砖斜砌,使墙和楼板挤紧。

(D) 隔墙上有门时,要用预埋铁件或用带有木楔的混凝土预制块,将砖墙与门框拉接牢固。

2) 加气混凝土砌块隔墙

加气混凝土是一种轻质多孔的建筑材料。它具有容重轻、保温效能高、吸声好、尺寸准确和可加工、可切割的特点。在建筑工程中采用加气混凝土制品可降低房屋自重,提高建筑物的功能,节约建筑材料,减少运输量,降低造价。

加气混凝土砌块的尺寸为 75、100、125、150、200mm 厚,长度为 500mm。砌筑加气混凝土砌块时,应采用 1:3 水泥砂浆,并考虑错缝搭接。为保证加气混凝土砌块隔墙的稳定性,应预先在其连接的墙上留出拉筋,并伸入隔墙中。钢筋数量应符合抗震设计规范的要求。具体作法同 120mm 厚砖隔墙。

加气混凝土隔墙上部必须与楼板或梁的底部顶紧,最好加木楔;如果条件许可时,可以加在楼板的缝内以保证其稳定。

3) 水泥焦碴空心砖隔墙

水泥焦碴空心砖采用水泥、炉渣经成型、蒸养而成。这种砖的容重小,保温隔热效果好。北京地区目前主要生产的空心砖标号为 MU2.5 一般适合于砌筑隔墙。

砌筑炉渣空心砖隔墙时,应注意墙体的稳定性。在靠近外墙的地方和窗洞口两侧,常采用粘土砖砌筑。为了防潮防水,一般在靠近地面和楼板的部位应先砌筑 3~5 皮砖。

4) 加气混凝土板隔墙

加气混凝土条板厚 100mm、宽 600mm,具有质轻、多孔、易于加工等优点。加气混凝土条板之间可以用水玻璃矿渣粘接剂粘接,也可以用聚乙烯酸缩甲醛(107胶)粘接。

在隔墙上固定门窗框的方法有以下几种:

(A) 膨胀螺栓法

在门窗框上钻孔,放胀管,拧紧螺钉或钉钉子。

(B) 胶粘圆木安装

在加气混凝土条板上钻孔,刷胶,打入涂胶圆木,然后立门窗框,并拧螺钉或钉钉子。

(C) 胶粘连接

先立好窗框,用107胶粘接在加气混凝土墙板上,然后拧螺钉或钉钉子。

5) 钢筋混凝土板隔墙

这种隔墙采用普通的钢筋混凝土板,四角加设埋件,并与其他墙体进行焊接连接。厚度50mm左右。

6) 碳化石灰空心板隔墙

碳化石灰空心板是以唐钢生石灰为主要原料,掺入少量的玻璃纤维,加水搅拌,振动成型,经干燥、碳化而成。它具有制作简单,不用钢筋,成本低,自重轻,可以干作业等优点。碳化石灰空心板是一种竖向圆孔板,高度应与层高相适应。粘接砂浆应用水玻璃矿渣粘接剂。安装以后应用腻子刮平,表面粘贴塑料壁纸;厚度100mm左右。

7) 泰柏板

这种板又称为钢丝网泡沫塑料水泥砂浆复合墙板。它是以焊接钢丝网笼为构架,填充泡沫塑料芯层,面层经喷涂或抹水泥砂浆而成的轻质板材。

这种板的特点是重量轻、强度高、防火、隔声、不腐烂等。其产品规格为 2440×1220×75mm(长×宽×厚),抹灰后的厚度为100mm。

泰柏板与顶板底板采用固定夹连接,墙板之间采用克高夹连接。

8) GY板

这种板又称为钢丝网岩棉水泥砂浆复合墙板,它是以焊接钢丝网笼为构架,填充岩棉板芯层,面层经喷涂或抹水把砂浆而成的轻质板材。

GY极具有重量轻,强度高,防火、隔声、不腐烂等性能,其产品规格为长度 2400~3300mm,宽度 900~1200mm,厚度 55~60mm。

9) 石膏板隔墙

石膏板隔墙采用纸面石膏板与石膏龙骨或轻钢龙骨共同制作。纸面石膏板的厚度为 9mm、12mm,石膏龙骨的截面尺寸为 50mm×50mm、50mm×75mm、50mm×100mm,轻钢龙骨的截面尺寸为 50mm×50mm×0.7mm、75mm×50mm×0.7mm、100mm×50mm×0.7mm(长×宽×厚)。一般石膏板隔墙采用单层板拼装,总厚度为 80mm、105mm、130mm。隔声隔墙采用双层板拼装,总厚度为 150mm、175mm、200mm。龙骨间距与板宽一致,经常取值为 900mm。由于石膏板隔墙强度较差,使用时应限制高度。一般隔墙的限制高度为墙厚的32倍左右,隔声隔墙的限制高度为墙厚的21倍左右。石膏板隔墙的耐火极限在 0.75~1.50h,隔声性能在 38dB~53dB。石膏板隔墙的面材必要时可以采用硅酸钙板或水泥加压平板替代。

3.5.3 楼地面、底层地面和顶棚构造

3.5.3.1 楼板上的地面与底层地面

地面包括底层地面与楼层地面两大部分。地面属于建筑装修的一部分,各类建筑对地面要求也不尽相同。概括起来,一般应满足以下几个方面的要求。

(1) 基本要求

1) 坚固耐久

地面直接与人接触,家具、设备也大多都摆放在地面上,因而地面必须耐磨,行走时不起尘土、不起砂,并有足够的强度、刚度。

2) 减小吸热

由于人们直接与地面接触,地面则直接吸走人体的热量,为此应选用吸热系数小的材料作地面面层,或在地面上铺设辅助材料,用以减小地面的吸热。如采用木材或其他有机材料(塑料地板等)作地面面层,比一般水泥面的效果要好得多。

3) 满足隔声

隔声要求主要在楼地面。楼层上下的噪声传播,一般通过空气传播或固体传播,而其中固体噪声是主要的隔除对象,其作法在于关键楼地面垫层材料的厚度与材料的类型。北京地区大多采用1:1:6水泥粗砂焦碴或CL7.5轻焦料混凝土,厚度在50~90mm之间。

4) 防水防潮

用水较多的厕所、盥洗室、浴室、实验室等房间,应满足防水要求。一般应选用密实不透水的材料,并适当作排水坡度。在楼地面的垫层上部有时还应作油毡防水层。

5) 经济要求

地面在满足使用要求的前提下,应选择经济的构造方案,尽量就地取材,以降低整个房屋的造价。

6) 防火要求

楼层地面、底层地面尽量选用无毒、自熄、环保的装饰材料,按不同的功能要求确定防火的标准。

(2) 地面的构造组成

底层地面的基本构造层次宜为面层、垫层和地基;楼层地面的基本构造层次宜为面和楼板。当底层地面和楼层地面的基本构造层次不能满足使用或构造要求时,可增设结合层、隔离层、填充层、找平层等其他构造层次。

1) 面层。建筑地面直接承受各种物理和化学作用的表面层。

2) 结合层。面层与其下面构造层之间的连接层。

3) 找平层。在垫层或接板面上进行抹平找坡的构造层。

4) 隔离层。防止建筑地面上各种液体或地下水、潮气透过地面的构造层。

5) 防潮层。防止建筑地基或楼层地面下潮气透过地面的构造层。

6) 填充层。在钢筋混凝土楼板上设置起隔声、保温、找坡或暗敷管线等作用的构造层。

7) 垫层。在建筑地基上设置承受并传递上部荷载的构造层。

(3) 地面作法的选择

1) 有清洁和弹性要求的地面

(A) 有一般清洁要求时,可采用水泥石屑面层、石屑混凝土面层。

(B) 有较高清洁要求时,宜采用水磨石面层或涂刷涂料的水泥类面层,或其他材料面层等。

(C) 有较高清洁和弹性等使用要求时,宜采用菱苦土或聚氯乙烯板面层。当上述材料不能完全满足使用要求时,可局部采用木板面层,或其他材料面层。菱苦土面层不应用于经常受潮湿或有热源影响的地段。在金属管道、金属构件同菱苦土的接触处,应采取非属材料隔离。

（D）有较高清洁要求的底层地面,宜设置防潮层。

（E）木板地面应根据使用要求,采取防火、防腐、防蛀等相应措施。

2) 空气洁净度要求较高的地面

（A）有空气洁净度要求的建筑地面,其面层应平整、耐磨、不起尘,并易除尘、清洗。其底层地面应设防潮层。面层在采用不燃、难燃或燃烧时不产生有毒气体的材料,并有弹性与较低的导热系数。面层应避免眩光,面层材料的光反射系数直为 0.15～0.35。必要时应不易积聚静电。

空气清净度为 100 级、1000 级、10000 级的地段,地面不宜设变形缝。

（B）空气洁净度为 100 级垂直层流的建筑地面,应采用格栅式通风地板,其材料可选择钢板焊接后电镀或涂塑、铸铝等。通风地板下宜采用现浇水磨石、涂刷树脂类涂料的水泥砂浆或瓷砖等面层。

（C）空气洁净度为 100 级、1000 级和 10000 级水平层流的地段宜采用导静电塑料贴面面层、聚氨酯等自流平面层。导静电塑料贴面面层宜用成卷或较大块材粘贴,并应用配套的导静电胶粘合。

（D）空气洁净度为 10000 级和 100000 级的地段,可采用现浇水磨石面层,亦可在水泥类面层上涂刷聚氨酯涂料、环氧涂料等树脂类涂料。

现浇水磨石面层宜用钢条或铝合金条分格,当金属嵌条对某些生产工艺有害时,可采用玻璃条分格。

3) 有防静电要求的地面

生产或使用过程中有防静电要求的地段,应采用导静电面层材料,其表面电阻率、体电阻率等主要技术指标应满足生产和使用要求,并应设置静电接地。

导静电地面的各项技术指标应符合现行国家标准《电子计算机机房设计规范》的有关规定。

4) 有水或非腐蚀液体的地面

有水或非腐蚀性液体经常浸湿的地段,宜采用现浇水泥类面层。底层地面和现浇钢筋混凝土楼板,宜设置隔离层;装配式钢筋混凝土楼板,应设置隔离层。

经常有水流淌的地段,应采用不吸水、易冲洗、防滑的面层材料,并应设置隔离层。

隔离层可采用防水卷材类、防水涂料类和沥青砂浆等材料。

防潮要求较低的底层地面,亦可采用沥青类改泥涂覆式隔离层或增加灰土、碎石灌浇等垫层。

5) 湿热地区非空调建筑的底层地面

湿热地区非空调建筑的底层地面,可采用微孔吸湿、表面粗糙的面层。

6) 采暖房间的地面

采暖房间的地面,可不采取保温措施,但遇下列情况之一时,应采取局部保温措施：

（A）架空或悬挑部分直接对室外的采暖房间的楼层地面或对非采暖房间的楼层地面；

（B）围建筑物周边无采暖通风管沟时,严寒地区底层地面,在外墙内侧 0.5～1.0m 范围内直采取保温措施,其热阻值不应小于外墙的热阻值。

季节性冰冻地区非采暖房间的地面以及散水、明沟、踏步、台阶和坡道等,当土壤标准冻深大于600mm,且在冻深范围内为冻胀土或强冻胀土时,宜采用碎石、矿渣地面或预制混凝土板面层。当必须采用混凝土垫层时,应在垫层下加设防冻胀层。

位于上述地区并符合以上土壤条件的采暖房间,混凝土垫层竣工后尚未采暖时,应采取适当的越冬措施。

防冻胀层应选用中粗砂、砂卵石、炉渣或炉渣石灰土等非冻胀材料。其厚度应根据经验确定,亦可按表3.5-19选用。

防冻胀层厚度 表3.5-19

土壤标准冻深 （mm）	防冻胀层厚度(mm)	
	土壤为冻胀土	土壤为强冻胀土
600～800	100	150
1200	200	300
1800	350	450
2200	500	600

注：土壤的标准冻深和土壤冻胀性分类,应按现行国家标准《建筑地基基础设计规范》的规定确定。

采用炉渣石灰土作防冻胀层时,其重量配合比直为7:2:1(炉渣:素主:熟化石灰),压实系数不宜小于0.85,且冻前龄期应大于30d。

7) 有灼热物体接触或受高温影响的底层地面

有灼热物件接触或受高温影响的底层地面,可采用素土、矿渣或碎石等面层。当同时有平整和一定清洁要求时,尚应根据接触的温度或影响状况采取相应措施:300℃以下时,可采用粘土砖面层;300～500℃时,可采用块石面层;500～800℃时,可采用耐热混凝土或耐火砖等面层;800～1400℃局部地段,可采用铸铁板面层。上述块材面层的结合层材料宜采用砂或炉渣。

8) 要求不发生火花的地面

要求不发生火花的地面,宜采用细石混凝土、水泥石屑、水磨石等面层,但其骨料应为不发生火花的石灰石、白云石和大理石等,亦可采用不产生静电作用的绝缘材料作整体面层。

9) 生产和储存食品、食料或药物的地面

生产和储存食品、食料或药物且有可能直接与地面接触的地段,面层严禁采用有毒性的塑料、涂料或者玻璃类等材料。材料的毒性应经有关卫生防疫部门鉴定。

生产和储存吸味较强的食物时,应避免采用散发异味的地面材料。

10) 生产中有汞滴落的地段

生产过程中有汞滴落的地段,可采用涂刷涂料的水泥类面层或软聚氯乙烯板整体面层。底层地面应采用混凝土垫层,楼层地面应加强其刚度及整体性。地面应有一定的坡度。

11) 防油渗地面

防油渗地面类型的选择,应符合下列要求：

(A) 楼层地面经常受机油直接作用的地段,应采用防油渗混凝土面层。现浇钢筋混凝土楼板上可不设防油渗隔离层;预制钢筋混凝土楼板和有较强机械设备振动作用的现浇钢筋混凝土楼板上应设置防油渗隔离层。

(B) 受机油较少作用的地段,可采用涂有仿油渗涂料的水泥类整体面层,并可不设防油渗隔离层。防油渗涂料应具有耐磨性能,可采用聚合物砂浆、聚酯类涂料等材料。

（C）防油渗混凝土地面,其面层不应开裂,面层的分格缝处不得渗漏。

（D）对露出地面的电线管、接线盒、地脚螺栓、预埋套管及与墙、柱连接处等部位应增加防油渗措施。

12) 经常承受机械磨损、冲击作用的地段

经常承受机械磨损、冲击作用的地段,地面类型的选择应符合下列要求：

（A）通行电瓶车、载重汽车、叉式装卸车及从车辆上倾卸物件或在地面上翻转小型零部件等地段,宜采用现浇混凝土垫层兼面层或细石混凝土面层。

（B）通行金属轮车、滚动坚硬的圆形重物,拖运尖锐金属物件等磨损地段,宜采用混凝土垫层兼面层、铁屑水泥面层。垫层混凝土强度不低于C25。

（C）行驶履带式或带防滑链的运输工具等磨损强烈的地段,宜采用砂结合的块石面层、混凝土预制块面层、水泥砂浆结合铸铁板面层或钢格栅加固的混凝土面层。预制块混凝土强度不低于C30。

（D）堆放铁块、钢锭、铸造砂箱等笨重物料及有坚硬重物经常冲击的地段,宜采用素土、矿渣、碎石等面层。

注：磨损强烈的地段也可采用经过可靠性验证的其他新型耐磨、耐冲击的地面材料。

13) 地面上直接安装金属切削机床的地段

地面上直接安装金属切削机床的地段,其面层应具有一定的耐磨性、密实性和整体性要求。宜采用现浇混凝土垫层兼面层或细石混凝土面层。

14) 有气垫运输的地段

有气垫运输的地段,其面层应致密不透气、无缝、不易起尘。宜采用树脂砂浆、耐磨涂料、现浇高级水磨石等面层；地面坡度不应大于1‰,且不应有连续长坡。表面平整度用2m靠尺检查时,空隙不应大于2mm。

15) 人员流动较多的地面

公共建筑中,经常有大量人员走动或小型推车行驶的地段,其面层直采用耐磨、防滑、不易起尘的无釉地砖、大理石、花岗石、水泥花砖等块材面层和水泥类整体面层。

16) 有安静要求的地段

室内环境具有较高安静要求的地段,其面层宜采用地毯、塑料或橡胶等柔性材料。

17) 供儿室和老年人公共活动的地段

供儿童和老年人公共活动的主要地段,面层宜采用木地板、塑料或地毯等暖性材料。

18) 使用地毯的地段

使用地毯的地段,地毯的选用应符合下列要求：

（A）经常有人员走动或小型推车行驶的地段,宜采用耐磨、耐压性能较好、绒毛密度较高的尼龙类地毯。

（B）卧室、起居室地面宜用长绒、绒毛密度适中和材质柔软的地毯。

（C）有特殊要求的地段,地毯纤维应分别满足防霉、防蛀和防静电等要求。

19) 舞池地面

舞池地面宜采用表面光滑、耐磨和略有弹性的木地板、水磨石等面层材料。迪斯科舞池地面宜采用耐磨和耐撞击的水磨石和花岗石等面层材料。

20）餐厅、酒吧地面

有不起尘、易清洗和抗油腻沾污要求的餐厅、酒吧、咖啡厅等地面,宜采用水磨石、釉面地砖、陶瓷锦砖、木地板或耐沾污地毯等。

21）室内体育用房地面

室内体育用房、排练厅和表演舞厅等应采用木地板等弹性地面。

室内旱冰场地面应采用具有坚硬耐磨和平整的现浇水磨石、耐磨水泥砂浆等面层材料。

22）存放书刊、文件用房地面

存放书刊、文件或档案等纸质库房,珍藏各种文物或艺术品和装有贵重物品的库房地面,宜采用木板、塑料、水磨石等不起尘、易清洁的面层。底层地面应采取防潮和防结露措施。

注：装有贵重物品的库房,采用水磨石地面时,宜在适当范围内增铺柔性面层。

(4) 地面各层材料的选择

1) 垫层

(A) 地面的垫层类型选择应符合下列要求:以砂或炉渣结合的块材面层,宜采用碎石、矿渣、灰土或三合土等垫层。

(B) 地面的垫层最小厚度应符合相关的规定。

(C) 混凝土垫层的强度等级不应低于C10;混凝土垫层兼面层的强度等级不应低于C15。

(D) 混凝土垫层厚度应根据地面主要荷载确定。

2) 结合层

结合层厚度见表 3.5-20。

结合层厚度　　　　　　　表 3.5-20

面 层 名 称	结 合 层 材 料	厚 度 （mm）
预制混凝土板	砂、炉渣	20~30
陶瓷锦砖（马赛克）	1:1 水泥砂浆	5
	或 1:4 干硬性水泥砂浆	20~30
普通粘土砖、煤矸石砖、耐火砖	砂、炉渣	20~30
水泥花砖	1:2 水泥砂浆	15~20
	或 1:4 干硬性水泥砂浆	20~30
块石	砂、炉渣	20~50
花岗岩条石	1:2 水泥砂浆	15~20
大理石、花岗石、预制水磨石板	1:2 水泥砂浆	20~30
地面陶瓷砖（板）	1:2 水泥砂浆	10~15
铸铁板	1:2 水泥砂浆	45
	砂、炉渣	≥60
塑料、橡胶、聚氯乙烯塑料等板材	粘结剂	
木地板	粘结剂,木板小钉	
导静电塑料板	配套导静电粘结剂	

3) 填充层

填充层的选择应以表 3.5-21 为准。

填 充 层 厚 度　　　　　　　　　表 3.5-21

填 充 层 材 料	强度等级或配合比	厚 度 （mm）
水泥炉渣		30～80
水泥石灰沪渣	1:6	30～80
轻骨料混凝土	1:1:8	30～80
加气混凝土块	C7.5	≥50
水泥膨胀珍珠岩块		≥50
沥青膨胀珍珠岩块		≥50

4）找平层

找平层的选择应以表 3.5-22 为准。

找 平 层 厚 度　　　　　　　　　表 3.5-22

找平层材料	强度等级或配合比	厚 度 （mm）
水泥砂浆	1:3	≥50
混凝土	C10～C15	≥30

5）隔离层

隔离层的选择应以表 3.5-22 为准。

隔 离 层 的 层 数　　　　　　　　表 3.5-23

隔 离 层 材 料	层 数 （或道数）
石油沥青油毡	1～2 层
沥青玻璃布油毡	1 层
再生胶油毡	1 层
软聚氯乙烯卷材	1 层
防水冷胶料	1 布 3 胶
防水涂膜（聚氨酯类涂料）	2～3 道
热沥青	2 道
防油渗胶泥玻璃纤维布	1 布 2 胶

注：① 石油沥青油毡不应低于 350g。
　　② 防水涂膜总厚度一般为 1.5～2mm。
　　③ 防水薄膜（农用薄膜）作隔离层时，其厚度为 0.4～0.6mm。
　　④ 沥青砂浆作隔离层时，其厚度为 10～20mm。
　　⑤ 用于防油渗隔离层可采用具有防油渗性能的防水涂膜材料。

6）面层

面层材料及厚度详见 3.5-24。

面 层 厚 度　　　　　　　　　表 3.5-24

面 层 名 称	材料强度等级	厚 度 （mm）
混凝土（垫层兼面层）	≥C15	按垫层确定
细石混凝土	C20	30～10
聚合物水泥砂浆	≥M20	5～10
水泥砂浆	≥M15	20

续表

面 层 名 称	材料强度等级	厚 度 (mm)
铁屑水泥	M40	30～35(含结合层)
水泥石屑	≥M30	20
防油渗混凝土	≥C30	60～70
防油渗涂料	—	5～7
耐热混凝土	≥C20	≥60
沥青混凝土	—	30～50
沥青砂浆	—	20～30
菱苦土(单层)	—	10～15
（双层）	—	20～25
矿渣、碎石(兼垫层)	—	80～150
三合土(兼垫层)	—	100～150
灰土	—	100～150
预制粘土板(边长≤500mm)	≥C20	≤100
普通粘土砖(平铺)	≥MU7.5	53
（侧铺）		115
煤矸石砖 耐火砖(平铺)	≥MU10	53
（侧铺）		115
水泥花砖	≥MU15	20
现浇水磨石	≥C20	25～30(含结合层)
预制水磨石板	≥C15	25
陶瓷锦砖(马赛克)	—	5～8
地面陶瓷砖(板)	—	8～20
花岗岩条石	≥MU60	80～120
大理石、花岗石	—	20
块石	≥MU30	100～50
铸铁板	—	7
木板(单层)	—	18～22
（双层）	—	12～18
薄型木地板	—	8～12
格栅或通风地板	—	高 300～400
软聚氯乙烯板	—	2～3
塑料地板(地毡)	—	1～2
导静电塑料板	—	1～2
聚氨酯自流平	—	3～4
树脂砂浆	—	5～10
地毯	—	5～12

注：① 双层木地板面层厚度不包括毛地板厚。其面层用硬木制作时，板的净厚度宜为 12～18mm。
② 本规范中沥青类材料均指石油沥青。
③ 防油渗混凝上的抗渗性能宜按照现行国家标准《普通混凝土长期性能和耐久性能试验方法》进行检测，用 10 号机油为介质，以试件不出现渗油现象的最大不透油压力为 1.5MPa。
④ 防油渗涂料粘结抗拉强度为≥0.3MPa。
⑤ 铸铁板厚度系指面层厚度。

(5) 地面的构造

1) 建筑物的底层地面标高，应高出室外地面 150mm，当有生产、使用的特殊要求或建筑物预期较大沉降量等其他原因时,可适当增加室内外高差。

2) 当生产和使用要求不允许混凝土类面层开裂时,宜在混凝土顶面下20mm处配置直径为4mm、间距为150~200mm的钢筋网。

3) 地面变形键的设置应符合下列要求:

(A) 底层地面的沉降缝和楼层地面的沉降缝、伸缩缝及防震缝的设置,均应与结构相应的缝位置一致,且应贯通地面的各构造层。

(B) 变形缝应在排水坡的分水线上,不得通过有液体流经或积聚的部位。

4) 变形缝的构造应考虑到在其产生位移或变形时,不受阻、不被破坏,并不破坏地面;材料选择应分别按不同要求采取防火、防水、保温、防虫害、仿油渗等措施。

5) 底层地面的混凝土垫层,应设纵向缩缝、横向缩缝。

6) 平头缝和企口缝的缝间不得放置隔离材料,必须彼此紧贴。

7) 室外地面的混凝土垫层,宜设伸缝,其间距宜采用20~30m,缝宽20~30mm,缝内应填沥青类材料,沿缝两侧的混凝土边缘应局部加强。

8) 大面积密集堆料的地面,混凝土垫层的纵向缩缝、横向缩缝,应采用平头缝,其间距宜采用6m。

9) 在不同垫层厚度交界处,当相邻垫层的厚度比大于1、小于或等于1.4时,可采取连续式过渡措施;当厚度比大于1.4时,可设置间断式沉降缝。

10) 设置防冻胀层的地面,当采用混凝土垫层时,纵向缩缝、横向缩缝应采用平头缝,其间距不宜大于3m。

11) 混凝土垫层周边加肋,宜用于室内,纵向缩缝、横向缩缝均应采用平头缝,其间距宜为6~12m,纵、横间距宜相等。高温季节施工时,其间距宜采用6m。

12) 铺设在混凝土垫层上的面层分格缝应符合下列要求:

(A) 沥青类面层、块材面层可不设缝。

(B) 细石混凝土面层的分格缝,应与垫层的缩缝对齐。

(C) 水磨石、水泥砂浆、聚合物砂浆等面层的分格缝,除应与垫层的缩缝对齐外,尚应根据具体设计要求缩小间距。主梁两侧和四周宜分别设分格缝。

(D) 设有隔离层的面层分格缝,可不与垫层的缩缝对齐。

(E) 防油渗面层分格缝的做法宜符合下列要求:

分格缝的宽度可采用15~20mm,其深度可等于面层厚度。分格缝的嵌缝材料,下层宜采用防油渗胶泥,上层宜采用膨胀水泥砂浆封缝。

13) 当有需要排除的水或其他液体时,地面应设前向排水沟或地漏的排泄坡面。排泄坡面较长时,宜设排水沟。

排水沟或地漏应设置在不妨碍使用并能迅速排除水或其他液体的位置。

14) 疏水面积较大,排泄量较小,排泄时可以控制或不定时冲洗时,可仅在排水地漏周围的一定范围内,设置排泄坡面。

15) 底层地面的坡度,宜采用修正地基高程筑坡。楼层地面的坡度,宜采用变更填充层、找平层的厚度或由结构起坡。

16) 地面排泄坡面的坡度,应符合下列要求:

(A) 整体面层或表面比较光滑的块材面层,可采用0.5%~1.5%。

（B）表面比较粗糙的块材面层,可采用1%～2%。

17）排水沟的纵向坡度,不宜小于0.5%。

18）地漏四周、排水沟及地面与墙面连接处的隔离层,应适当增加层数或局部采用性能较好的隔离层材料。地面与墙面连接处隔离层成翻边,其高度不宜小于150mm。

19）有水或其他液体作用的地面与墙、柱等连接处,应分别设置踢脚板或墙裙。踢脚板的高度不宜小于150mm。

20）有水或其他液体流淌的地段与相邻地段之间,应设置挡水或调整相邻地面的高差。

21）在踏步、坡道或经常有水、油脂、油等各种易滑物质的地面上,应考虑防滑措施。

22）有水或其他液体流淌的楼层地面孔洞四周和平台临空边缘,应设置翻边或贴地遮挡,高度不宜小于100mm。

23）在有强烈冲击、磨损等作用的沟坑边缘,应采取加强措施。台阶、踏步边缘,可根据使用情况采取加强措施。

（6）木地面的构造作法

底层木地面分为空铺与实铺两类作法。

1）空铺木地面

在素土夯实上,打150mm厚3∶7灰土(上皮标高不得低于室外地坪)。用M5砂浆砌筑120mm或240mm地垄墙,中距4m。地垄墙顶部用20mm厚1∶3水泥砂浆找平层并搁100mm×50mm厚压沿木(用8号铅丝绑扎)。压沿木钉50mm×70mm木龙骨,中距400mm,在垂直龙骨方向钉50mm×50mm横撑,中距800mm。其上钉50mm×20mm硬木企口长条地板或席纹、人字纹拼花地板,表面烫硬蜡。空铺木地面应注意通风、防腐等构造措施。

2）实铺木地面

实铺木地面指的是没有地垄墙的作法,其构造要点是:在素土夯实上打100mm厚3∶7灰土(上皮标高与管沟盖板相平),在灰土上打40mm厚豆石混凝土找平层,上刷冷底子油一道,随后铺一毡二油。在一毡二油上打60mm厚C15混凝土基层,并安装φ6 \$形铁鼻子,中距400mm,在木龙骨间加作50mm×70mm木龙骨,挂于\$形铁件上(架空20mm,用木垫块垫起),中距400mm,在木龙骨间加作50mm×50mm横撑,中距800mm。上钉22mm厚松木毛地板,45°斜铺,上铺油毡纸一层。毛地板上钉接50mm×20mm硬木长条或席纹、人字纹拼花地板,表面烫硬蜡。

3）强化复合木地板地面(无铺底板)

面层为8mm厚企口强化复合木地板,下铺3～5mm泡沫塑料衬垫;35mmC15细石混凝土随打随抹平,1.5mm厚聚氨酯涂刷防潮层,50mm厚C15细石混凝土随打随抹,100mm厚3∶7灰土,素土夯实(压实系数0.90)。

4）强化复合木地板地面(有铺底板)

面层为8mm厚企口强化复合木地板,下铺3～5mm泡沫塑料衬垫;18mm厚松木毛地板,背面刷氯化钠防腐剂及防火涂料,水泥钉固定;35mmC15细石混凝土随打随抹光,1.5mm厚聚氨酯涂刷防潮层,50mm厚C15细石混凝土随打随抹,100mm^3∶7灰土,素土夯实(压实系数0.90)。

5）活动地板地面

50～360mm高架空活动地板(抗静电活动地板、一般活动地板);10mm厚1:2.5水磨石地面,素水泥浆结合层一道,20mm厚1:3水泥砂浆找平层,素水泥浆一道(内掺建筑胶),50mm厚C10混凝土,100mm 3:7灰土,素土夯实(压实系数0.90)。

3.5.3.2 楼板下的顶棚作法

顶棚制作目的是为保证房间清洁美观,封闭管线,增强隔声效果。常用的粉刷类顶棚作法有以下几种:

(1) 预制板下表面喷浆(2mm厚)

这种作法适合于预制楼板板底较为平整者。其作法是:

钢筋混凝土预制板勾缝(1:0.5:1水泥白灰膏砂浆打底,浅缝一次成活),板底腻子刮平(2mm厚)。

喷大白浆、可赛银或水性耐擦洗涂料。

(2) 预制混凝土板抹灰(10mm厚)

钢筋混凝土预制板底用素水泥浆一道甩毛(内掺建筑胶)。

3mm厚1:0.5:1水泥白灰膏砂浆打底。

5mm厚1:0.5:3水泥白灰膏砂浆。

2mm厚纸筋灰罩面。

(3) 板条吊顶抹灰(10mm厚)

钢筋混凝土板预留$\phi 6$钢筋,距900～1200mm。用8号镀锌铅丝吊挂50mm×70mm大龙骨。

50mm×50mm小龙骨中距450mm,找平后50mm×50mm方木吊挂钉牢,再用12号镀锌铅丝隔一道绑一道。

钉木条板离缝7～10mm,端头离缝5mm。

3mm厚麻刀灰掺10%水泥打底。

1:2.5白灰膏砂浆挤入底灰中。

5mm厚1:2.5白灰膏砂浆。

2mm厚纸筋灰罩面。

喷大白浆。

(4) 苇箔吊顶抹灰(10mm厚)

钢筋混凝土板预留$\phi 6$钢筋;中距900～1200mm;用8号镀锌铅丝吊挂50mm×70mm大龙骨。

50mm×50mm小龙骨,中距450mm,找平后用50mm×50mm方木吊挂钉牢,再用12号镀锌铅丝隔一遭绑一道。

苇箔吊顶。

3mm厚麻刀灰打底。

1:2.5白灰膏砂浆挤入底灰中。

5mm厚1:2.5白灰膏砂浆。

2mm厚纸筋灰罩面。

(5) 木丝板吊顶

钢筋混凝土楼板预留$\phi 6$钢筋,中距900～1200mm,用8号镀锌铁丝吊挂50mm×

70mm 大龙骨。

50mm×50mm 小龙骨(底面创光),中距 450mm,找平后用 50mm×50mm 方木吊挂钉牢,再用 12 号镀锌铁丝隔一道绑一道。

钉 25mm 木丝板,喷大白浆。

(6) 纤维板吊顶(3.5mm 厚)

钢筋混凝土板预留 $\phi6$ 钢筋,中距 900~1200mm;用 8 号镀锌铁丝吊挂 50mm×70mm 大龙骨。

50mm×50mm 小龙骨,中距 450mm,找平后用 50mm×50mm 方木吊挂钉牢,再用 12 号镀锌铁丝隔一道绑一道。

钉 3.5mm 厚纤维板。

刷无光油漆。

(7) 纸面石膏板吊顶(9~12mm 厚)

钢筋混凝土板预留 $\phi6$ 铁环,双向吊点(吊点 900~1200mm 一个)。

$\phi6$ 吊杆,与吊点拴牢。

大龙骨吊点附吊挂,中距<1200mm。

中龙骨,中距等于板材宽度。

小龙骨,中距为 1m 或板材宽度。

9~12mm 纸面石膏板,自攻螺丝拧牢。

表面刮腻子找平。

喷大白浆。

以上是粉刷类顶棚,其他装饰性更强的作法如:铺贴类、板块类,可以根据室内环境要求选择。

3.5.4 楼梯、电梯、台阶和坡道构造

3.5.4.1 楼梯的基本问题

(1) 解决建筑物垂直交通和高差的措施

解决建筑物的垂直交通和高差一般采取以下措施:

1) 坡道:用于高差较小时的联系,常用坡度为 1/5~1/10,角度在 20°以下。

2) 礓磜:锯齿形坡道。其锯齿尺寸宽度为 50mm,深度为 7mm,坡度与坡道相同。

3) 楼梯:用于楼层之间和高差较大时的交通联系。角度在 20°~45°之间,舒适坡度为 26°34′,即高宽比为 1/2。

4) 电梯:用于楼层之间的联系,角度为 90°。

5) 自动扶梯:又称"滚梯",有水平运行、向上运行和向下运行三种方式,向上或向下的倾斜角度为 30°左右,亦可以互换使用。

6) 爬梯:多用于专用梯(工作梯、消防梯等),常用角度为 45°~90°,其中最常用的角度为 59°(高度比 1:0.5)、73°(高度比 1:0.35)和 90°。

(2) 楼梯数量的确定

公共建筑和走廊式住宅一般应取砂于 2 部楼梯,单元式住宅可以例外。

2~3 层的建筑(医院、疗养院、托儿所、幼儿园除外)符合下列要求时,可设 1 个疏散楼梯,详见表 3.5-25。

设置 1 个楼梯的条件　　　　表 3.5-25

耐火等级	层　数	每层最大建筑面积（m^2）	人　数
一、二级	2、3 层	500	第 2 层与第 3 层人数之和不超过 100 人
三　级	2、3 层	200	第 2 层与第 3 层人数之和不超过 50 人
四　级	2 层	200	第 2 层人数不超过 30 人

9 层和 9 层以下，每层建筑面积不超过 300m^2，且人数不超过 30 人的单元式住宅可设 1 个楼梯。

9 层和 9 层以下建筑面积不超过 500m^2 的塔式住宅，可设 1 个楼梯。

(3) 楼梯位置的确定

1) 楼梯应放在明显和易于找到的部位。

2) 楼梯不宜放在建筑物的角部和边部，以便于荷载的传递。

3) 楼梯间应有直接的采光和自然通风。

4) 5 层及 5 层以上建筑物的楼梯间，底层应设出入口；在 4 层及 4 层以下的建筑物，楼梯间可以放在距出入口不大于 15m 处。

(4) 楼梯应满足的几点要求

1) 功能方面的要求

主要是指楼梯数量、宽度尺寸、平面式样、细部作法等均应满足功能要求。

2) 结构构造方面的要求

楼梯应有足够的承载能力（住宅按 1.5kN/m^2，公共建筑按 3.5kN/m^2 考虑）、足够的采光能力（采光面积不应小于 1/12）、较小的变形（允许挠度值为 1/400）等。

3) 防火、安全方面的要求

楼梯间距、楼梯数量均应符合有关的要求。此外，楼梯四周至少有一面墙体为耐火墙体，以保证疏散安全。

4) 施工、经济要求

在选择装配式作法时，应使构件重量适当，不宜过大。

(5) 楼梯的类型

楼梯按结构材料的不同，有钢筋混凝土楼梯、木楼梯、钢楼梯等。钢筋混凝土楼梯因其坚固、耐久、防火，故应用比较普遍。

楼梯可分为直跑式、双跑式、三跑式、多跑式及弧形和螺旋形等各种形式。双跑楼梯是最常用的一种。楼梯的平面类型与建筑平面有关。当楼梯的平面为矩形时，适合作成双跑式；接近正方形的平面，可以做成三跑式或多跑式；圆形的平面可以做成螺旋式楼梯。有时，楼梯的形式还要考虑到建筑室内的环境效果。

高层建筑的楼梯间大体有以下三种形式：

1) 开敞楼梯间

这种楼梯间仅适用于 11 层及 11 层以下的单元式高层住宅。要求开向数梯间的户门应为乙级防火门，且楼梯间应靠外墙并应有直接天然采光和自然通风。

2) 封闭楼梯间

这种楼梯间适用于24m及24m以下的裙房和建筑高度不超过32m的二类高层建筑,以及12~18层的单元式住宅,11层及11层以下的通廊式住宅。其特点是:

(A) 楼梯间应靠近外墙,并应有直接天然采光和自然通风。

(B) 楼梯间应设乙级防火门,并应向疏散方向开启。

(C) 底层可以作成扩大的封闭楼梯间。

3) 防烟楼梯间

这种楼梯间适用于一类高层建筑,建筑高度超过32m的二类高层建筑以及塔式住宅,19层及19层以上的单元式住宅,超过11层的通廊式住宅,其特点是:

(A) 楼梯间入口处应设前室、阳台或凹廊。

(B) 前室的面积:公共建筑不应小于 $6m^2$,居住建筑不应小于 $4.5m^2$。

(C) 前室和楼梯间的门均应为乙级防火门,并应向疏散方向开启。

3.5.4.2 楼梯的细部尺寸

楼梯由三部分组成:楼梯段(跑)、休息板(平台)和栏杆扶手(栏板)。

(1) 踏步

踏步是人们上下楼梯脚踏的地方。踏步的水平面叫踏面,垂直面叫踢面。踏步的尺寸应根据人体的尺度来决定其数值。

踏步宽常用 b 表示,踏步高常用 h 表示,b 和 h 应符合以下关系之一:

$$b + h = 450mm$$
$$b + 2h = 600 \sim 620mm$$

踏步尺寸应根据使用要求决定,不同类型的建筑物,其要求也不相同。表3.5-26为踏步尺寸的规定。

踏 步 尺 寸(mm)　　　　　　　　表3.5-26

尺寸 \ 建筑类型	住 宅	幼儿园、小学	影院、剧场	其 他	专用楼梯
最小宽度值	250	260	280	260	220
最大高度值	180	150	160	170	200

注:① 本表选自《民用建筑设计通则》(JGJ 37—87)。
　　② 专用楼梯指户外楼梯、住宅户内楼梯等。
　　③《住宅设计规范》(GB 50096—1999)中规定,踏步最小宽度值为260mm,最大高度值为175mm。

(2) 梯井

两个楼梯之间的空隙叫梯井。公共建筑的梯井宽度以不小于150mm为宜(消防要求)。

(3) 楼梯段

楼梯段又叫楼梯跑,它是楼梯的基本组成部分。楼梯段的宽度取决于通行人数和消防要求。按通行人数考虑时,每股人流的宽度为人的平均肩宽(550mm)再加少许提物尺寸(0~150mm)即550+(0~150mm)。按消防要求考虑时,每个楼梯段必须保证2人同时上下,即最小宽度为1100~1400mm,室外疏散楼梯其最小宽度为800~900mm。在工程实践中,由于楼梯间尺寸要受建筑模数的限制,因而楼梯段的宽度往往会有些上下浮动(6层住宅可取1000mm)。

楼梯段的最少踏步数为3步,最多为18步。梯段水平投影长为踏步高度数减1再乘以踏步宽。

(4) 楼梯栏杆和扶手

楼梯在靠近梯井处应加栏杆或栏板,顶部做扶手。

扶手表面的高度与楼梯坡度有关,其计算点应从踏步前沿起算:

楼梯的坡度为15°～30°时,取900mm;

30°～45°时,取850mm;

45°～60°时,取800mm;

60°～75°时,取750mm。

水平的护身栏杆高度应不小于1050mm。

楼梯段的宽度大于1650mm时,应增设靠墙扶手。楼梯段宽度超过2200mm时,还应增设中间扶手。

(5) 休息平台(休息板)

为了减少人们上下按时的过分疲劳,建筑物的层高在3m以上时,常分为两个梯段,中间增设休息板,又称休息平台。

休息平台的宽度必须大于或等于梯段的宽度。当楼层楼梯的踏步数为单数时,体息平台的计算点应在梯段较长的一边。

为方便扶手转弯,休息平台宽度应取楼梯段宽度再加1/2踏步宽。

(6) 净高尺寸

楼梯休息平台梁与下部通道处的净高尺寸不应小于2000mm。楼梯之间的净高不应小于2200mm。

3.5.4.3 楼梯的细部构造

(1) 踏步

踏步由踏面和踢面所构成。为了增加踏步的行走舒适感,可将踏面突出20mm做成凸缘或斜面。

底层楼梯的第一个踏步常做成特殊的样式,或方或圆,以增加美感。栏杆或栏板也有变化。

(2) 栏杆和栏板

栏杆和栏板均为保护行人上下楼梯的安全围护部件。在现浇钢筋混凝土楼梯中,栏板可以与踏步同时浇注,厚度一般不小于80～100mm。若采用栏杆,应焊接在踏步表面的埋件上或插入踏步表面的预留孔中。栏杆可以采用方钢或圆钢。方钢的断面应在16×16～20×20(mm)之间,圆钢也应采用$\phi16～\phi18$为宜。连接用铁板应在30×4～40×5(mm)之间。

(3) 扶手

扶手一般用木材、塑料、圆钢管等做成。扶手的断面应考虑人的手掌尺寸,并注意断面的美观。其宽度应在60～80mm之间,高度应80～120mm之间。木扶手与栏杆的固定常是通过木螺丝拧在栏杆上部的铁板上;塑料扶手是卡在铁板上;圆钢管扶手则直接焊于栏杆表面上。

(4) 顶层水平栏杆

顶层的楼梯间应加设水平栏杆,以保证人身的安全。顶层栏杆靠墙处的作法是将铁板伸入墙内,并弯成燕尾形,然后浇灌混凝土,也可以将铁板焊于墙身铁件上。

(5) 首层第一个踏步下的基础

首层第一个踏步下应有基础支承。基础与踏步之间应加设地梁。地梁断面尺寸应不小于 240×240(mm),梁长应等于基础长度。

3.5.4.4 电梯与自动扶梯

(1) 电梯

电梯是解决垂直交通的另一种措施,它运行速度快,可以节省时间和人力。在大型宾馆、医院、商店、政府机关办公楼可以设置电梯。对于高层住宅则应该根据层数、人数和面积来确定。一台电梯的服务人数在 400 人以上,服务面积在 450~500m^2,建筑层数在 10 层以上时,比较经济。

(2) 自动扶梯

自动扶梯由电动机械牵引,梯级踏步连同扶手同步运行,机房装置在地面以下,自动扶梯可以正逆运行,即可提升又可以下降。在机械停止运转时,可作为普通梯使用。

自动扶梯的坡度通常为 30°和 35°,自动扶梯也可以作成水平运行方式。

自动扶梯两侧留出 400mm 左右的空间为安全距离尺寸。

3.5.5 门窗选型与构造

3.5.5.1 门窗的材料和造型

(1) 门窗的作用

窗是建筑物中的一个重要组成部分。窗的作用是采光和通风,对建筑立面装饰起很大的作用,同时也是围护结构的一部分。

窗的散热量约为围护结构散热量的 2~3 倍。如 240 墙体的 $K_0=1.8W/(m^2·K)$,365 墙体的 $K_0=1.34W/(m^2·K)$,而单层窗的 $K_0=5.0W/(m^2·K)$,双层窗的 $K_0=2.3W/(m^2·K)$,不难看出,窗口面积越大,散热量也随之加大。

门也是建筑物中的一个重要组成部分。门是人们进出房间和室内外的通行口,也兼有采光和通风作用;门的立面形式在建筑装饰中也是一个重要方面。

(2) 门窗的材料

当前门窗所用的材料有木材、彩色钢板、铝合金、塑料等多种。彩板门窗有实腹、空腹、钢木等。塑料门窗有钢塑、铝塑、纯塑料等。玻璃钢门窗也将步入建筑市场,是门窗的新品种,并将得到逐步推广。

住宅类内门可采用钢框木门(纤维板门芯)以节约木材。大于 5m^2 的木门应采用钢框架斜撑的钢木组合门。

铝合金窗具有关闭严密、质轻、耐火、美观、不锈蚀等优点,但造价较高。为节约铝材,过去只准在涉外工程、重要建筑、美观要求高、有精密仪器等建筑中采用,现在已普遍采用。

塑料门窗具有质轻、刚度好、美观光洁、不需油漆、质感亲切等优点,但造价偏高。为延长寿命,亦可在塑料型材中加入型钢或铝材,成为塑包钢断面。

3.5.5.2 门窗洞口

(1) 窗洞口大小的决定

窗洞口大小的确定方法有两种,一种是窗地比(采光系数),另一种是玻地比。

1) 窗地比(采光系数)

窗地比是窗洞口面积与房间净面积之比。主要建筑的窗地比最低值详见表3.5-27。

窗地比最低值　　　　　　表3.5-27

建筑类别	房间或部位名称	窗地比
宿舍	居室　管理室、公共活动室、公用厨房	1/7
住宅	卧室、起居室、厨房、厅	1/7
	楼梯间	1/12
托幼	音体活动室、活动室、乳儿室	1/7
	寝室、喂奶室、医务室、保健室、隔离室	1/6
	其他房间	1/8
文化馆	展览、书法、美术	1/4
	游艺、文艺、音乐、舞蹈、戏曲、排练、教室	1/5
图书馆	阅览室、装裱间	1/4
	陈列室、报告厅、会议室、开架书库、视听室	1/6
	闭架书库、走廊、门厅、楼梯、厕所	1/10
办公	办公、研究、接待、打字、陈列、复印 设计绘图、阅览室	1/6

《民用建筑热工设计规程》(GB 50176—93)中规定:居住建筑各朝向的窗墙面积比,北向不大于0.25;东、西向不大于0.30;南向不大于0.35。

2) 玻地比

窗玻璃面积与房间净面积之比叫玻地比。采用玻地比确定洞口大小时还需要除以窗子的透光率。透光率是窗玻璃面积与窗洞口面积之比。钢窗的透光率为80%～85%,木窗的透光率为70%～75%。采用玻地比决定窗洞口面积的只有中小学校。

(2) 窗的选用与布置

1) 窗的选用

窗的选用应注意以下几点:

(A) 有外窗的居室、厨房、厕所的窗应向内开或在人的高度以上外开,并应考虑防护安全、密闭性要求。

(B) 所有民用建筑,除高级空调房间外(确保昼夜运转)均应设纱扇。

(C) 高温、高湿及防水要求高时,不宜用木窗。

(D) 用于锅炉房、烧火间、车库等处的外窗,可不装纱窗。

2) 窗的位置

窗的布置应注意以下几点:

(A) 楼梯间外窗应考虑各层圈梁的走向,避免冲突。

(B) 楼梯间处作内开扇时,开启后不得在人的高度内突出墙面。

(C) 窗台高度由工作面需要而定,一般不宜低于工作面(900mm),如窗台过高或上部启时,应考虑开启方便,必要时加设开闭设施。

(D) 需作暖气片时,窗台板下净高需要满足暖气片及阀门操作的空间需要。

(E) 窗台高度低于800mm时,就要有防护措施,窗前有阳台或大平台时可以除外。

（F）错层住宅屋顶不上人处，尽量不设窗，如因采光或检修需设窗时，应有可锁启的栅栏，以免儿童上屋顶发生事故，并可以减少屋面损坏及相互窜通。

(3) 门洞口大小的确定

一个房间应该开几个门，每个建筑物门的总宽度应该是多少，一般是由交通疏散要求中防火规范来确定的，设计时应照规定来选取。

一般规定：公共建筑安全出入口的数目应不小于两个；但面积在 60m² 以下，人数不超过 50 人的房间，可只设一个出入口。对于低层建筑，每层面积不大，人数也较少的，可以仅一个通户外的出口……。门的宽度也要符合防火规范的要求。对于人员密集的剧院、电影院、礼堂、体育馆等公共场所、观众厅的疏散门，一般按每百人取 0.65～1.0m(宽度)；当人员较多时，出入口应分散布置。对于学校、商店、办公楼等民用建筑的门，可以按照表 3.5-28 决定。表中所列数值均为最低要求，实际确定门的数量和宽度时，还要考虑到通风、采光、交通及搬运家具、设备等要求。

门的宽度指标　　　　　表 3.5-28

百人指标(m/百人)　耐火等级　层数	一、二级	三级	四级
1、2 层	0.65	0.75	1.00
3 层	0.75	1.00	—
≥4 层	1.00	1.25	—

注：① 计算疏散楼梯的总宽度时应按本表分层计算，当每层人数不等时，其总宽度可分层计算，下层楼梯的总宽度按其上层人数最多一层的人数计算。
② 底层外门的总宽度应按该层或该层以上人数最多的一层人数计算，供楼上人员疏散的外门，可按本层人数计算。

门的最小宽度取值为：

(A) 住宅户门：1000mm

(B) 住宅居室门：900～1000mm

(C) 住宅厨房、厕所门：750mm

(D) 住宅阳台门：1200mm

(E) 住宅单元门：1200mm

(F) 公共建筑外门：1200mm

(4) 门的选用与布置

1) 门的选用

门的选用应注意以下几点：

(A) 一般公共建筑经常出入的向西或向北的门，应设置双道门或门斗。外面一道用外开门，里面一道门宜用双向弹簧门或电动推拉门。

(B) 湿度大的门不宜选用纤维板门或胶合板门。

(C) 大型营业性餐厅至备餐间的门，宜做成双扇上下行的单面弹簧门，门上带小玻璃窗。

(D) 体育馆内运动员经常出入的门，门扇净高不得低于 2200mm。

（E）托幼建筑的儿童用门，不得选用弹簧门。
（F）所有的门若无隔音要求，不得设门槛。

2）门的布置

门的布置应注意以下几点：

（A）两个相邻并经常开启的门，应避免开启时相互碰撞。

（B）向外开启的平开外门，应有防止风吹碰撞的措施。如将门退进墙洞，应设门挡、风钩等固定措施，并应避免开足时与墙垛腰线等突出物碰撞。

（C）门开口不宜朝西或朝北。

（D）门框立口宜立墙里口（内开门）、墙外口（外开门），也可立中口（墙中）。决定依据为：使用方便、装修要求和连接牢固。

（E）凡无间接采光通风要求的套间内门，不需设上亮子，也不需装纱扇。

（F）经常出入的外门宜设雨罩，楼梯间外门雨罩下如设吸顶灯时应防止被门扉碰碎。

（G）变形缝处不得利用门框盖缝，门扇开启时不得跨缝。

（H）住宅内门位置和开向，应结合家具布置考虑。

3.5.5.3 门窗的安装与附件

（1）窗的安装

窗的安装包括窗框与墙的安装和窗扇与窗框的安装两部分。

窗框与墙的安装分立口与塞口两种。

窗扇与窗框的连接则是通过铰链（俗称"合页"）和螺丝来连接的。

（2）窗的五金

窗的五金零件有铰链、插销、窗钩、拉手、铁三角等。玻璃一般采用 2、3、5mm（与分块大小有关），铁纱采用 16 目（$1cm^2$ 内有 16 个小孔）。

（3）窗的附件

1）压缝条

这是 10～15mm 见方的小木条，用于填补自安装于墙中产生的缝隙，以保证室内的正常温度。

2）贴脸板

用来遮挡靠墙里皮安装窗框产生的缝隙。

3）披水条

这是内开玻璃窗为防止雨水流入室内而设置的挡水条。

4）筒子板

在门窗洞口的四周墙面，用木板包钉镶嵌，称为筒子板。

5）窗台板

在窗下槛内侧设窗台板，板厚 30～40mm，挑出墙面 30～40mm。窗台板可以采用木板、水磨石板或大理石板。

6）窗帘盒

悬挂窗帘时，为掩蔽窗帘棍和窗帘上部的挂环而设。窗帘盒三面用 25×100～150（mm）木板镶成。窗帘棍有木、铜、铁等材料。一般用角钢或钢板伸入墙内固定。

（4）钢门

钢门的框料与扇料有空腹与实腹两种。门框与门扇的组装方法有钢门框——钢门扇和钢门框——木门扇两种。

钢门扇自重大,容易下沉,开关声响大,保温能力差,故应用较少。

木门扇自重轻、保温、隔声较好。特别是高层建筑中采用钢筋混凝土板墙时,采用钢框——木门连接方便。

(5) 门的安装

门的安装包括门框与墙体的连接和门扇与门框的连接两部分,其作法与窗相似

(6) 门的五金

零件和窗相似,有铰链、拉手、插销、铁三角等,但规格尺寸较大。此外,还有门锁、门碰、插销、弹簧合页等。木门的玻璃多用3mm或5mm(与分块大小有关)。

(7) 防火门

能防止火势蔓延的特殊门,分三个等级。甲级耐火极限1.2h,乙级0.9h,丙级0.6h。

3.5.6 建筑装修工程系统

3.5.6.1 建筑装修等级及用料标准

(1) 建筑装修等级

建筑装修通常分为三级:一级(高级装修)、二级(中级装修)和三级(普通装修)。

各类建筑装修的适应建筑类型详见表3.5-29。

建筑装修等级　　　　　　　　　　　　　　　　　　　表3.5-29

建筑装修等级	建筑物类型
一	高级宾馆,别墅,纪念性建筑,大型博览、观演、交通、体育建筑,一级行政机关办公楼,市场、商场
二	科研建筑,高教建筑,普通博览建筑,普通观演建筑,普通交通建筑,普通体育建筑,广播通讯建筑,医院建筑,商业建筑,旅馆建筑,局级以上行政办公楼
三	中小学和托幼建筑,生活服务建筑,普通行政办公楼,普通居住建筑

(2) 建筑内外装修用材料标准

建筑内外装修用材料标准是按不同房间和不同部位来选取的,其具体作法详见表3.5-30。

建筑内外装修材料标准　　　　　　　　　　　　　　　表3.5-30

装修类别	房间名称	部位	室内装修材料设备	室外装修材料	附注
一	全部房间	墙面	塑料墙纸(布)、织物墙面、大理石、装饰板、木墙裙、各种面砖、内墙涂料	大理石、花岗石、面砖、无机涂料、金属墙板、玻璃幕墙	1. 材料根据国标或企业标准按优等品验收 2. 高级标准施工
		楼面、地面	软木橡胶地板、各种塑料地板、大理石、彩色水磨石、地毯、木地板		
		顶棚	金属装饰板、塑料装饰板、金属墙纸、塑料墙纸、装饰吸音板、玻璃顶棚、灯具顶棚	室外雨罩下、悬挑部分的楼板下,可参照内装修顶棚	

续表

装修类别	房间名称	部位	室内装修材料设备	室外装修材料	附注
一	全部房间	门窗	夹板门、推拉门带木镶边板或大理石镶边、窗帘盒	各种颜色玻璃铝合金门窗、特制木门窗、钢窗，光电感应门、遮阳板、卷帘门窗	1. 材料根据国标或企业标准按优等品验收 2. 高级标准施工
		其他设施	各种金属、竹木花格、自动扶梯、有机玻璃栏板、各种花饰、灯具、空调、防火设备、暖气罩、高档卫生设备	局部屋檐、屋顶、各种瓦件、各种金属装饰物（可少用）	
二	门厅、楼梯、走道、普通房间	楼面、地面	彩色水磨石、地毯、各种塑料地板、卷材地毯、碎大理石地面		
		墙面	各种内墙涂料、装饰抹灰、窗帘盒、暖气罩	主要立面可用面砖、局部大理石、无机涂料	
		顶棚	混合砂浆、石灰膏罩面，板材（钙塑板、胶合板）、吸音板		
		门窗		普通钢木门窗，主要入口可用铝合金门	
	厕所、盥洗室	地面	普通水磨石、陶瓷锦砖、1.4~1.7m高度内瓷砖墙裙		
		墙面	水泥砂浆		
		顶棚	混合砂浆，石灰膏罩面		
		门窗			
三	一般房间	地面	局部水磨石、水泥砂浆		
		墙面	水泥砂浆		
		顶棚	混合砂浆、石灰膏罩面	混合砂浆石灰罩面	
		墙面	混合砂浆色浆粉刷、乳胶漆局部油漆墙裙，柱子不作特殊装饰	局部可用面砖、大部用水刷石、干粘石、无机涂料、色浆粉刷、清水砖	
		其他	文体用房、托幼小班可用木地板、窗帘棍。除托幼外，不设暖气罩，不作钢饰件，不用白水泥、大理石、铝合金门窗。不贴墙纸	不用大理石，金属外墙板	1. 材料根据国标企业标准按局部为一级品，一般为合格品验收 2. 按部分为中级，一般为普通标准施工
	门厅、楼梯、走道		除门厅可局部吊顶，其他同一般房间。楼梯用金属栏杆，木扶手或抹灰栏板		
	厕所、盥洗室		水泥砂浆抹面、水泥砂浆墙裙		

(3) 需要装修的部位

1) 室外部分

室外部分包括屋面、女儿墙、压顶、檐口、罩面、柱子、落水管、墙面、线脚、外门窗及玻璃、窗台、阳台、腰线、变形缝、外墙裙、散水、明沟、台阶、建筑花饰和入口等全部外露的构件。

2) 室内部分

室内部分包括地面、楼面、柱子、墙面、顶棚、墙裙、变形缝、踢脚线、门窗及玻璃、窗帘、厕所、盥洗间、水池、楼梯踏步、栏杆、电梯、花饰及灯具等外露构件。

3) 建筑装修工程包括的内容

（A）抹灰工程（G）地面工程
（B）门窗工程（H）涂料工程
（C）玻璃工程（I）裱糊工程
（D）吊顶工程（J）刷浆工程
（E）隔断工程（K）花饰工程
（F）饰面板（砖）工程

3.5.6.2 装修工程作法要点汇集

(1) 抹灰工程

1) 抹灰项目

（A）外墙门窗洞口的外侧壁、屋檐、勒脚、压檐——水泥砂浆或水泥混合砂浆。

（B）湿度较大的房间、车间的抹灰——水泥砂浆或水泥混合砂浆。

（C）混凝土板和墙的底层抹灰——水泥混合砂浆、水泥砂浆或聚合物水泥砂浆。

（D）硅酸盐砌块或加气混凝土块（板）的底层抹灰——水泥混合砂浆或聚合物水泥砂浆。

（E）板条、金属网顶棚和墙的底层和中层抹灰——麻刀石灰砂浆或纸筋石灰砂浆。

2) 作包角、滴水槽。水泥抱角为2m高，采用1:2水泥砂浆制作，每侧宽度为50mm。

3) 一般抹灰的砂浆品种有石灰砂浆、水泥混合砂浆、水泥砂浆、聚合物水泥砂浆、膨胀珍珠岩水泥砂浆和麻刀石灰、纸筋石灰、石膏灰等抹灰工程的施工。

（A）一般抹灰按质量要求分为普通、中级和高级三级。主要工序如下：

普通抹灰——分层赶平、修整，表面压光；

中级抹灰——阳角找方，设置标筋，分层赶平、修整，表面压光；

高级抹灰——阴、阳角找方，设置标筋，分层赶平、修整，表面压光。

（B）抹灰层的平均总厚度，不得大于下列规定：

顶棚：板条、空心砖、现浇混凝土——15mm，预制混凝土——18mm，金属网——20mm；

内墙：普通抹灰——18mm，中级抹灰——20mm，高级抹灰——25mm；

外墙——20mm；勒脚及突出墙面部分——25mm；

石墙——35mm。

（C）涂抹水泥砂浆每遍厚度宜为5~7mm。涂抹石灰砂浆和水泥混合砂浆每遍厚度宜为7~9mm。

（D）面层抹灰经赶平压实后的厚度，麻刀石灰不得大于3mm；纸筋石灰、石膏灰不得大于2mm。

（E）水泥砂浆和水泥混合砂浆的抹灰层，应待前一层抹灰层凝结后，方可涂抹后一层；石灰砂浆的抹灰层，应待前一层7～8成干后，方可涂抹后一层。

（F）混凝土大板和大模板建筑的内墙面和楼板底面，宜用腻子分遍刮平，各遍应粘结牢固，总厚度为2～3mm。

如用聚合物水泥砂浆、水泥混合砂浆喷毛打底，纸筋石灰罩面，以及用膨胀珍珠岩水泥砂浆抹面，总厚度为3～5mm。

（G）加气混凝土表面抹灰前，应清扫干净，并应作基层表面处理，随即分层抹灰，防止表面空鼓开裂。

（H）板条、金属网顶棚和墙的抹灰，尚应符合下列规定：

板条、金属网装钉完成，必须经检查合格后，方可抹灰；

底层和中层宜用麻刀石灰砂浆或纸筋石灰砂浆，各层应分遍成活，每遍厚度为3～6mm；

底层砂浆应压入板条缝或网眼内，以使结合牢固；

顶棚的高级抹灰，应加钉长350～450mm的麻束，间距为400mm，并交错布置，分遍按放射状梳理抹进中层砂浆内；

金属网抹灰砂浆中掺用水泥时，其掺入量应由试验确定。

（I）灰线抹灰尚应符合下列规定：

抹灰线用的抹子，其线型、棱角等应符合设计要求，并按墙面、柱面找平后的水平线确定灰线位置；

简单的灰线抹灰，应待墙面、柱面、顶棚的中层砂浆抹完后进行。多线条的灰线抹灰，应在墙面、柱面的中层砂浆抹完后，顶棚抹灰前进行；

灰线抹灰应分遍成活，底层、中层砂浆中宜掺入少量麻刀。罩面灰应分遍连续涂抹，表面应赶平、修整、压光。

罩面石膏灰应掺入缓凝剂，其掺入量应由试验确定，宜控制在15～20min内凝结。涂抹应分两遍连续进行，第一遍应涂抹在干燥的中层上。罩面石膏灰不得涂抹在水泥砂浆层上。

水泥砂浆也不得涂抹在石灰砂浆层上。

4）装饰抹灰的品种包括面层为水刷石、水磨石、斩假石、干粘石、假面砖、拉条灰、拉毛灰、洒毛灰、喷砂、喷涂、滚涂、弹涂、仿石和彩色抹灰等。

底层选用干粘石石粒粒径4～6mm为宜。

喷涂3～4mm厚，弹涂2～3mm厚，分两、三遍完成。

(2) 门窗工程

1) 一般规定

（A）安装门窗必须采用预留洞口的方法，严禁采用边安装边砌口或先安装后砌口。

（B）门窗固定可采用焊接、膨胀螺栓或射钉等方式，但砖墙严禁用射针固定。

（C）安装过程中应及时清理门窗表面的水泥砂浆、密封膏等，以保护表面质量。

2) 铝合金门窗的安装

（A）铝合金外框与洞口应采用弹性连接。

（B）门窗外框与墙体的缝隙填塞，应采用矿棉条或玻璃棉毡条，缝隙外表面留5～8mm深的槽口，填嵌密封材料。安装缝隙15mm左右。

(C)铝合金门窗与墙体的连接,应针对墙体而采用不同的方法。

连接件焊接连接用于钢结构;

预埋件连接用于钢筋混凝土结构;

燕尾铁脚连接用于砌体结构;

金属膨胀螺栓连接用于钢筋混凝土结构和砖混结构;

射钉连接用于钢筋混凝土结构;

3)涂色镀锌钢板门窗安装

(A)带副框的门窗安装时,应用自攻螺钉将连接件固定在副框上,另一侧与墙体的预埋件焊接,安装缝隙为25mm。

(B)不带副框的门自安装时,门窗与洞口宜用膨胀螺栓连接,安装缝隙15mm。

4)钢门窗安装

钢门窗安装采用连接件焊接或插入洞口连接,插入洞口后应用水泥砂浆或豆石混凝土填实。安装缝隙15mm左右。

5)塑料门窗安装

采用在墙上留预埋件,窗的连接件用尼龙胀管螺接连接,安装缝隙15mm左右。

门窗框与洞口的间隙用泡沫塑料条或油钻卷条填塞,然后用密封膏封严。

(3)玻璃工程

1)钢木框(扇)玻璃及玻璃砖安装

(A)安装玻璃前,应将裁口内的污垢清除干净,并沿裁口的全长均匀涂抹1~3mm厚的底油灰。

(B)安装长边大于1.5m或短边大于1m的玻璃,应用橡胶垫并用压条和螺钉镶嵌固定。

(C)安装木框(扇)玻璃,应用钉子固定,钉距不得大于300mm,且每边不少于两个,并用油灰填实抹光;用木压条固定时,应先涂干性油,并不应将玻璃压得过紧。

(D)安装钢框(扇)玻璃,应用钢丝卡固定,间距不得大于300mm,且每边不少于两个,并用油灰填实抹光;采用橡胶垫时,应先将橡胶垫嵌入裁口内,并用压条和螺钉固定。

(E)工业厂房斜天窗玻璃,如设计无要求时,应采用夹丝玻璃。

如采用平板玻璃,应在玻璃下面加设一层保护网。

斜天窗玻璃应顺流水方向盖叠安装,其盖叠长度:斜天窗坡度为1/4或大于1/4,不小于30mm;坡度小于1/4,不小于50mm。盖叠处应用钢丝卡固定,并在盖叠缝隙中用密封膏嵌塞密实。

(F)拼装彩色玻璃、压花玻璃应按设计图案裁割,拼缝应吻合,不得错位、斜曲和松动。

(G)安装玻璃砖应符合下列规定:

墙、隔断和顶棚镶嵌玻璃砖的骨架,应与结构连接牢固;

玻璃砖应排列均匀整齐,表面平整,嵌缝的油灰或密封膏应饱满密实。

(H)楼梯间和阳台等的围护结构安装钢化玻璃时,应用卡紧螺丝或压条镶嵌固定。玻璃与围护结构的金属框格相接处,应衬橡胶垫或塑料垫。

(I)安装磨砂玻璃和压花玻璃时,磨砂玻璃的磨砂面应向室内,压花玻璃的花纹宜向室外。

（J）安装玻璃隔断时，隔断上框的顶面应留有适量缝隙，以防止结构变形，损坏玻璃。

2）铝合金、塑料框（扇）玻璃安装

（A）安装玻璃前，应清除槽口内的灰浆、杂物等，畅通排水孔。

（B）使用密封膏前，接缝处的玻璃、金属和塑料的表面必须清洁、干燥。

（C）安装中空玻璃及面积大于 $0.65m^2$ 的玻璃时，应符合下列规定：

安装于竖框中的玻璃，应搁置在两块相同的定位垫块上，搁置点离玻璃垂直边缘的距离宜为玻璃宽度的 1/4，且不宜小于 150mm；

安装于扇中的玻璃，应按开启方向确定其定位垫块的位置。定位垫块的宽度应大于所支撑的玻璃件的厚度，长度不宜小于 25mm，并应符合设计要求。

（D）玻璃安装就位后，其边缘不得和框（扇）及其连接件相接触，所留间隙应符合国家有关标准的规定。

（E）玻璃安装时所使用的各种材料均不得影响泄水系统的通畅。

（F）迎风面的玻璃镶入框内后，应立即用通长镶嵌条或垫片固定。

（G）玻璃镶入框、扇内，填塞填充材料、镶嵌条时，应使玻璃周边受力均匀。镶嵌条应和玻璃、玻璃槽口紧贴。

（H）密封膏封贴缝口时，封贴的宽度和深度应符合设计要求，充填必须密实，外表应平整光洁。

3）关于玻璃幕墙的有关问题

由三部分组成——框材、玻璃、密封材料。框材用型钢、铝合金型材。

（A）玻璃：吸热玻璃、热反射玻璃、中空玻璃；

（B）密封材料：硅酮胶、结构胶；

（C）主要型式：竖柜式、横框式、隐框式等；

（D）连接作法：框材与结构连接采用柔性连接（螺栓为主），玻璃与框材采用密封橡胶垫，硅酮胶密封或结构胶连接。

（E）设计要求

玻璃幕墙的开启部分面积不宜大于幕墙墙面面积的 15%；开启部分宜采用上悬式结构。

玻璃幕墙的设计应能满足维护和清洗的要求。玻璃幕墙高度超过 40m 时，应设置清洗机，并应便于操作。

（F）构造要求

玻璃幕墙的防雨水渗漏性能设计可采取下列措施：

玻璃幕墙的立柱与横梁的截面形式宜按等压原理设计；

在易发生渗漏的部位应设置流向室外的泄水孔；

玻璃幕墙应采用耐候硅疏密封胶进行嵌缝；

开启部分的密封材料宜采用氯丁橡胶或硅橡胶制品；

玻璃幕墙在易产生冷凝水的部位，应设置冷凝水排出管道；玻璃幕墙不同金属材料接触处，应设置绝缘垫片或采取其他防腐蚀措施。

玻璃幕墙的立柱与横梁接触处，应设置柔性垫片。

玻璃幕墙的保温隔热材料，应采用隔气层等措施与室内空间隔开。

隐框玻璃幕墙的玻璃拼缝宽度不宜小于15mm;作为清洗机轨道的玻璃竖缝宽度不宜小于40mm。

（G）安全要求

明框玻璃幕墙、半隐框玻璃幕墙和隐框玻璃幕墙,宜采用半钢化玻璃、钢化玻璃或夹层玻璃。

玻璃幕墙下部宜设置绿化带,人口处宜设置遮阳棚或雨罩。

当楼面外缘无实体窗下墙时,应设置防撞栏杆。

玻璃幕墙的防火设计应符合现行国家标准《建筑防火设计规范》(GBJ 16—87)的规定;高层建筑玻璃幕墙的防火设计尚应符合现行国家标准《高层民用建筑设计防火规范》(GB 50045—95)的有关规定。

玻璃幕墙的窗间墙及窗槛墙的填充材料,应采用非燃烧材料;当外墙面采用耐火极限不低于1h的非燃烧体时,其墙内填充材料可采用难燃烧材料。

玻璃幕墙与每层楼板、隔墙处的缝隙应采用非燃烧材料填充。

玻璃幕墙的防雷设计应符合现行国家标准《建筑防雷设计规范》(GB 50057—94)的有关规定。玻璃幕墙应形成自身的防雷体系,并应与主体结构的防雷体系可靠地连接。

(4) 吊顶工程

1) 吊顶龙骨安装

（A）根据吊顶的设计标高在四周墙上弹线。弹线应清楚,位置准确,其水平允许偏差±5mm。

（B）主龙骨吊点间距,应按设计推荐系列选择,中间部分应起拱,金属龙骨起拱高度应不小于房间短向跨度的1/200,主龙骨安装后应及时校正其位置和标高。

（C）吊杆距主龙骨端部距离不得超过300mm,否则应增设吊杯,以免主龙骨下坠。当吊杆与设备相遇时,应调整吊点构造或增设吊杆,以保证吊顶质量。

（D）吊杆应通直并有足够的承载能力。当预埋的吊杆需接长时,必须搭接焊牢,焊缝均匀饱满。

（E）次龙骨(中或小龙骨,下同)应紧贴主龙骨安装。当用自攻螺钉安装板材时,板材的接缝处,必须安装在宽度不小于40mm的次龙骨上。

（F）根据板材布置的需要,应事先准备尺寸合格的横撑龙骨,用连接件将其两端连接在通长次龙骨上。明龙骨系列的横撑龙骨与通长次龙骨的间隙不得大于1mm。

（G）边龙骨应按设计要求弹线,固定在四周墙上。

（H）全面校正主、次龙骨的位置及水平度。连接件应错位安装。明龙骨应目测无明显弯曲。通长次龙骨连接处的对接错位偏差不得超过2mm。校正后应将龙骨的所有吊挂件、连接件拧紧。

2) 吊顶面材—石膏板安装

（A）石膏板的安装(包括各种石膏平板、穿孔石膏板以及半穿孔吸声石膏板等),应符合下列规定:

钉固法安装:螺钉与板边距离应不小于15mm,螺钉间距以150～170mm为宜,均匀布置,并与板面垂直。钉头嵌入石膏板深度以0.5～1mm为宜,针帽应涂刷防锈涂料,并用石膏腻子抹平;

粘结法安装:胶粘剂应涂抹均匀,不得漏涂并粘实、粘牢。

(B)深浮雕嵌装式装饰石膏板的安装,应符合下列规定:

板材与龙骨应系列配套;

板材安装应确保企口的相互咬接及图案花纹的吻合;

板与龙骨嵌装时,应防止相互挤压过紧或脱挂。

(C)纸面石膏板的安装,应符合下列规定:

板材应在自由状态下进行固定,防止出现弯棱、凸鼓现象;

纸面石膏板的长边(即包封边)应沿纵向次龙骨铺设;

自攻螺钉与纸面石膏板边距离:面纸包封的板边以10～15mm为宜,切割的板边以15～20mm为宜;

固定石膏板的次龙骨间距一般不应大于600mm,在潮湿地区,间距应适当减小,以300mm为宜;

钉距以150～170mm为宜,螺钉应与板面垂直。弯曲、变形的螺钉应剔除,并在相隔50mm的部位另安螺钉;

安装双层石膏板时,面层板与基层板的接缝应错开,不得在同一根龙骨上接缝;

石膏板的接缝,应按设计要求进行板缝处理;

纸面石膏板与龙骨固定,应从一块板的中间向板的四边固定,不得多点同时作业;

螺钉头宜略埋入板面,并不使纸面破损。钉眼应作除锈处理并用石膏腻子抹平;

调制石膏腻子,必须用清洁水和清洁容器。

3)吊顶板材——其他罩面板

(A)矿棉吸声板安装,应符合下列规定:

房间内湿度大时不宜安装;

安装时,吸声板上不得放置其他材料,防止板材受压变形;

安装时,应使吸声板背面的箭头方向和白线方向一致,以保证花样、图案的整体性;

采用复合粘贴法安装,胶粘剂未完全固化前,板材不得有强裂震动,并应保持房间内的通风;

采用搁置法安装,应留有板材安装缝,每边缝隙不宜大于1mm。

(B)胶合板、纤维板安装,应符合下列规定:

胶合板可用钉子固定,钉距为80～150mm,钉长为25～35mm,钉帽应打扁,并进入板面0.5～1.0mm,钉眼用油性腻子抹平;

纤维板可用钉子固定,钉距为80～120mm,钉长为20～30mm,钉帽进入板面0.5mm,钉眼用油性腻子抹平。

胶合板、纤维板用木条固定时,钉距不应大于200mm,钉帽应打扁,并进入木压条0.5～1.0mm,钉眼用油性腻子抹平;

胶合板面如涂刷清漆时,相邻板面的木纹和颜色应近似;

带纸面的穿孔装饰板用螺钉固定时,钉距不宜大于120mm,钉帽应与板面齐平,排列整齐,并用与板面相同颜色的涂料涂饰。

(C)钙塑板的安装,应符合下列规定:

钙塑板用胶粘剂粘贴时,涂胶应均匀;粘贴后,应采取临时固定措施,并及时擦去挤出的胶液；

用钉固定时，钉距不宜大于150mm，钉帽应与板面齐平，排列整齐，并用与板面颜色相同的涂料涂饰；

钙塑板的交角处，用塑料装饰小花固定时，应使用木螺钉，并在小花之间沿板边按等距离加钉固定；

用压条固定时，压条应平直，接口严密，不得翘曲。

（D）塑料板安装，应符合下列规定：

粘贴板材的水泥砂浆基层，必须坚硬平整、洁净，含水率不得大于8%。基层表面如有麻面，宜采用乳胶腻子修平整，再用乳胶水溶液涂刷一遍，以增加粘结力；

塑料板粘贴前，基层表面应按分块尺寸弹线预排。粘贴时，每次涂刷胶粘剂的面积不宜过大，厚度应均匀，粘贴后，应采取临时固定措施，并及时擦去挤出的胶液；

安装塑料贴面复合板时，应先钻孔，后用木螺钉和垫圈或金属压条固定；

用木螺钉时，钉距一般为400～500mm，钉帽应排列整齐；

用金属压条时，先用钉将塑料贴面复合板临时固定，然后加盖金属压条，压条应平直、接口严密。

（E）纤维水泥加压板安装，应符合下列规定：

龙骨间距、螺钉与板边距离及螺钉间距等应满足设计要求和有关产品的要求；

纤维水泥加压板与龙骨固定时，所用手电钻钻头直径应比选用螺钉直径小0.5～1.0mm，固定后，钉帽作防锈处理，并用油性腻子嵌平；

用密封膏、石膏腻子或掺聚乙烯醇缩甲醛（107胶）的水泥砂浆嵌涂板缝并刮平，硬化后用砂纸磨光，板缝宽度应小于5mm；

板材的开孔和切割，应按产品的有关要求进行。

（F）金属装饰板的安装（包括各种金属条板、金属方板和金属格栅）应符合下列规定：

条板式吊顶龙骨一般可直接吊挂，也可增加主龙骨，主龙骨间距不大于1.2m，条板式吊顶龙骨形式应与条板配套；

方板吊顶次龙骨分明装T型和暗装卡口两种，根据金属方板式样选定次龙骨，次龙骨与主龙骨间用固定件连接；

金属格栅的龙骨可明装也可暗装，龙骨间距由格栅做法确定；

金属板吊顶与四周墙面所留空隙，用露明的金属压缝条或补边吊顶找齐，金属压缝条材质应与金属面板相同。

(5) 隔断工程

1) 龙骨安装

（A）安装隔断龙骨的基体质量，应符合现行国家标准的规定。

（B）在隔断与上、下及两边基体的相接处，应按龙骨的宽度弹线。弹线清楚，位置准确。

（C）沿弹线位置固定沿顶和沿地龙骨，各自交接后的龙骨，应保持平直。

（D）沿弹线位置固定边框龙骨，龙骨的边线应与弹线重合。龙骨的端部应固定，固定点间距应不大于1m，固定应牢固。

边框龙骨与基体之间，应按设计要求安装密封条。

（E）选用支撑卡系列龙骨时，应先将支撑卡安装在竖向龙骨的开口上，卡距为400～

600mm,距龙骨两端的距离为20~25mm。

(F) 安装竖向龙骨应垂直,龙骨间距应按设计要求布置。

(G) 选用通贯系列龙骨时,低于3m的隔断安装一道;3~5m隔断安装两道;5m以上安装三道。

(H) 罩面板横向接缝处,如不在沿顶沿地龙骨上,应加横撑龙骨固定板缝。

(I) 门窗或特殊节点处,使用附加龙骨,安装应符合设计要求。

(J) 对于特殊结构的隔断龙骨安装(如曲面、斜面隔断等)应符合设计要求。

(K) 安装罩面板前,应检查隔断骨架的牢固程度,如有不牢固处应进行加固。

2) 石膏板面材安装

(A) 安装石膏板前,应对预埋隔断中的管道和有关附墙设备采取局部加强措施。

(B) 石膏板宜竖向铺设,长边(即包封边)接缝直落在竖龙骨上。但隔断为防火墙时,石膏板应竖向铺设。曲面墙所用石膏板宜横向铺设。

(C) 龙骨两侧的石膏板及龙骨一侧的内外两层石膏板应错缝排列,接缝不得落在同一根龙骨上。

(D) 石膏板用自攻螺钉固定。沿石膏板周边螺钉间距不应大于200mm,中间部分螺钉间距不应大于300mm,螺钉与板边缘的距离应为10~16mm。

(E) 安装石膏板时,应从板的中间向板的四边固定。钉头略埋入板内,但不得损坏纸面。钉眼应用石膏腻子抹平。

(F) 石膏板宜使用整板。如需对接时,应靠紧,但不得强压就位。

(G) 石膏板的接缝,应按设计要求进行板缝处理。

(H) 隔断端部的石膏板与周围的墙或柱应留有3mm的槽口。

(I) 石膏板隔断以丁字或十字形相接时,阴角处应用腻子嵌满,贴上接缝带;阳角处应做护角。

(J) 安装防火墙石膏板时,石膏板不得固定在沿顶、沿地龙骨上,应另设横撑龙骨加以固定。

3) 胶合板和纤维板面材安装

胶合板和纤维板安装,应符合下列规定:

(A) 安装胶合板的基体表面,用油毡、油纸防潮时,应铺设平整,搭接严密,不得有皱折、裂缝和透孔等。

(B) 胶合板如用钉子固定,钉距为80~150mm,针帽打扁,并进入板面0.5~1mm,钉眼用油性腻子抹平。

(C) 胶合板面如涂刷清漆时,相邻板面的木纹和颜色应近似。

(D) 纤维板如用钉子固定,钉距为80~120mm,钉长为20~30mm,钉帽宜进入板面0.5mm,钉眼用油性腻子抹平。硬质纤维板应用水浸透,自然阴干后安装:

(E) 墙面用胶合板、纤维板装饰,在阳角处宜做护角。

(F) 胶合板、纤维板用木压条固定时,钉距不应大于200mm,钉帽应打扁,并进入木压条0.5~1mm,钉眼用油性腻子抹平。

(6) 饰面板(砖)工程

1) 饰面板安装

（A）墙面和柱面安装饰面板，应先抄平，分块弹线，并按弹线尺寸及花纹图案预拼和编号。

（B）系固饰面板用的钢筋网，应与锚固件连接牢固。锚固件宜在结构施工时埋设。

固定饰面板的连接件，其直径或厚度大于饰面板的接缝宽度时，应凿槽埋置。预留孔洞尺寸偏差，不得大于设计孔径2mm。

（C）饰面板安装前，应按厂牌、品种、规格和颜色进行分别选配，并将其侧面和背面清扫干净，修边打眼，每块板的上、下边打眼数量均不得少于2个；并用防锈金属丝穿入孔内，以作系固之用。

（D）饰面板的接缝宽度如设计无要求时，应符合3.5-31的规定。

饰面板的接缝宽度　　　　　　表3.5-31

项次	名称		接缝宽度（mm）
1	天然石	光面、镜面	1
2		粗磨面、麻面、条纹面	5
3		天然面	10
4	人造石	水磨石	2
5		水刷石	10
6		大理石、花岗石	1

（E）饰面板安装，应找正吊直后采取临时固定措施，以防灌注砂浆时板位移动。

（F）饰面板安装，接缝宽度可垫木楔调整。并应确保外表面的平整、垂直及板的上沿平顺。灌注砂浆时，应先在竖缝内填塞15～20mm深的麻丝或泡沫塑料条以防漏浆，待砂浆硬化后，将填缝材料清除。

注：光面、镜面和水磨石饰面板的竖缝，可用石膏灰临时封闭，并在缝内填塞泡沫塑料条；待灌注浆硬化后去掉石膏灰和泡沫塑料条，清洗板面。

（G）灌注砂浆前应浇水将饰面板背面和基体表面润湿，再分层灌注1:2.5水泥砂浆，每层灌注高度为150～200mm，且不得大于板高的1/3，插捣密实，待其初凝后，应检查面位置，如移动错位应拆除重新安装；若无移动，方可灌注上层砂浆，施工缝应留在饰板水平接缝以下50～100mm处。

（H）突出墙面勒脚的饰面板安装，应待上层的饰面工程完工后进行。

（I）楼梯栏杆、栏板及墙裙的饰面板安装，应在楼梯踏步地（楼）面层完工后进行。

（J）天然石饰面板的接缝，应符合下列规定：

室内安装光面和镜面的饰面板，接缝应干接，接缝处宜用与饰面板相同颜色的水浆填抹；

室外安装光面和镜面的饰面板，接缝可干接或在水平缝中垫硬塑料板条。垫塑料条时，应将压出部分保留，待砂浆硬化后，将塑料板条剔出，用水泥细砂浆勾缝。干接应用与饰面板相同颜色水泥浆填平。

粗磨面、麻面、条纹面、天然面饰面板的接缝和勾缝应用水泥砂浆。勾缝深度符合设计要求。

（K）人造石饰面板的接缝宽度、深度应符合设计要求，接缝宜用与饰面板相同颜色水泥浆或水泥砂浆抹勾严实。

（L）碎拼大理石饰面施工前，应进行试拼，宜先拼图案，后拼其他部位。拼缝应协调，不得有通缝，缝宽为 5～20mm。

（M）花岗石薄板或厚度为 10～12mm 的镜面大理石，宜采用挂钩或胶粘法施工。

（N）饰面板完工后，表面应清洗干净。光面和镜面的饰面板经清洗晾干后，方可擦亮。

（O）冬期饰面工程宜采用暖棚法施工。无条件搭设暖棚时，亦可采用冷作法施工。但应根据室外气温，在灌注砂浆或豆石混凝土内掺入无氯盐抗冻剂，其掺量应根据试验确定，严禁砂浆及混凝土在硬化前受冻。

（P）冬期施工，在采取措施的情况下，每块板的灌浆次数可改为二次，缩短灌注时间，同时裹挂保温层，保温养护 7～9d。

2）饰面砖安装

（A）饰面砖应镶贴在湿润、干净的基层上，并应根据不同的基体，进行如下处理：

纸面石膏板基体：将板缝用嵌缝腻子。嵌填密实，并在其上粘贴玻璃丝网格布（或穿孔纸带）使之形成整体；

砖墙基体：将基体用水湿透后，用 1∶3 水泥砂浆打底，木抹子搓平，隔天浇水养护；

混凝土基体（可酌情选用下述三种方法中的一种）：

将混凝土表面凿毛后用水湿润，刷一道聚合物水泥浆，抹 1∶3 水泥砂浆打底，木抹子搓平，隔天浇水养护；

将 1∶1 水泥细砂浆（内掺 20% 107 胶）喷或甩到混凝土基体上，作"毛化处理"，待其凝固后，用 1∶3 水泥砂浆打底，木抹子搓平，隔天浇水养护；

用界面处理剂处理基体表面，待表干后，用 1∶3 水泥砂浆打底，木抹子搓平，隔天浇水养护；

加气混凝土基体（可酌情选用下述两种方法中的一种）；

用水湿润加气混凝土表面，修补缺棱掉角处。修补前，先刷一道聚合物水泥浆，然后用 1∶3∶9 混合砂浆分层补平，隔天刷聚合物水泥浆并抹 1∶1∶6 混合砂浆打底，木抹子搓平，隔天浇水养护；

用水湿润加气混凝土表面，在缺棱掉角处刷聚合物水泥浆一道，用 1∶3∶9 混合砂浆分层补平，待干燥后，钉金属网一层并绷紧。在金属网上分层抹 1∶1∶6 混合砂浆打底，砂浆与金属网应结合牢固，最后用木抹子轻轻搓平，隔天浇水养护。

（B）饰面砖镶贴前应先选砖预排，以使拼缝均匀。在同一墙面上的横竖排列，不宜有一行以上的非整砖。非整砖行应排在次要部位或阴角处。

（C）饰面砖的镶贴形式和接缝宽度应符合设计要求。如设计无要求时可做样板，以决定镶贴形式和接缝宽度。

（D）釉面砖和外墙面砖，镶贴前应将砖的背面清理干净，并浸水两小时以上，待表面晾干后方可使用。冬期施工宜在掺入 2% 盐的温水中浸泡两小时，晾干后方可使用。

（E）釉面砖和外墙面砖宜采用 1∶2 水泥砂浆镶贴，砂浆厚度为 6～10mm。镶贴用的水泥砂浆，可掺入不大于水泥重量 15% 的石灰膏以改善砂浆的和易性。

（F）釉面砖和外墙面砖也可采用胶粘剂或聚合物水泥浆镶贴；采用聚合物水泥浆时，

其配合比由试验确定。

（G）镶贴饰面砖基层表面,如遇有突出的管线、灯具、卫生设备的支承等,应用整砖套割吻合,不得用非整砖拼凑镶贴。

（H）镶贴饰面砖前必须找准标高,垫好底尺,确定水平位置及垂直竖向标志,拴线填贴,做到表面平整,不显接茬,接缝平直,宽度符合设计要求。

（I）镶贴釉面砖和外墙面砖墙裙、浴盆、水池等上口和阴阳角处应使用配件砖。

（J）釉面砖和外墙面砖的接缝,应符合下列规定：

室外接缝应用水泥浆或水泥砂浆勾缝；

室内接缝宜用与釉面砖相同颜色的石膏灰或水泥浆嵌缝。

注：潮湿的房间不得用石膏灰嵌缝。

（K）镶贴陶瓷、玻璃锦砖尚应符合下列规定：

宜用水泥浆或聚合物水泥浆镶贴；

镶贴应自上而下进行,每段施工时应自下而上进行,整间或独立部位宜一次完成。一次不能完成者,可将茬口留在施工缝或阴角处；

镶贴时应位置准确,仔细拍实,使其表面平整,待稳固后,将纸面湿润、揭净；

接缝宽度的调整应在水泥浆初凝前进行,干后用与面层同颜色的水泥浆将缝嵌平。

（L）嵌缝后,应及时将面层残存的水泥浆清洗干净,并做好成品保护。

3）装饰混凝土板安装

（A）装饰混凝土板制做和安装的质量,除应符合现行《混凝土结构工程施工及验收规范》和《装配式大板居住建筑结构设计和施工规程》外,尚应符合下列规定：

正打印花、压花外墙板、阳台栏板面层涂抹必须平整,边棱整齐,表面不显接茬；

反打外墙板、阳台栏板的花纹、线条应与墙板、阳台栏板一同浇筑成形,其质感应清晰、表面不得有酥皮、麻面和缺棱掉角等；

外墙板外立面突出的檐口、窗套和腰线,应留有流水坡度的滴水槽,槽的深浅、宽窄应一致。

（B）正贴、反打带饰面砖的外墙板,饰面砖与墙体必须粘结牢固,不得有空鼓,饰面砖不得有开裂及缺棱掉角现象,板面平整垂直,接缝尺寸符合设计要求,接缝横平竖直,板面洁净。

（C）正贴、反打锦砖外墙板,饰面层与墙体必须结合牢固,不得有脱层、皱折现象,缝格平直,不显接茬,表面应清洗干净,不得有胶痕、污物,颜色均匀一致。

4）金属饰面板安装

（A）金属饰面板的品种、质量、颜色、花型、线条应符合设计要求,并应有产品合格证。

（B）墙体骨架如采用钢龙骨时,其规格、形状应符合设计要求,并应进行除锈、防锈处理。

（C）墙体材料为纸面石膏板时,应按设计要求进行防水处理,安装时纵、横碰头缝应拉开 5~8mm。

（D）金属饰面板安装,当设计无要求时,宜采用抽芯铝铆钉,中间必须垫橡胶垫圈。抽芯铝铆钉间距以控制在 100~150mm 为宜。

（E）安装突出墙面的窗台、窗套凸线等部位的金属饰面时,裁板尺寸应准确,边角整齐光滑,搭接尺寸及方向应正确。

（F）板材安装时严禁采用对接。搭接长度应符合设计要求,不得有透缝现象。

（G）外饰面板安装时应挂线施工,做到表面平整、垂直,线条通顺清晰。

（H）阴阳角宜采用预制角装饰板安装,角板与大面搭接方向应与主导风向一致,严禁逆向安装。

（I）当外墙内侧骨架安装完后,应及时浇注混凝土墙,其高度、厚度及混凝土强度等级应符合设计要求。若设计无要求时,可按踢脚作法处理。

（J）保温材料的品种、堆集密度应符合设计要求,并应填塞饱满,不留空隙。

(7) 涂料工程

涂料包括水性涂料,乳液型涂料、溶剂型涂料(油性涂料)清漆,美术涂饰。

混凝土、抹灰表面含水率不得大于8%,涂水性和乳液涂料时含水率不得大于10%,木材制品含水率不得大于12%。

混凝土表面、抹灰表面——2遍腻子,4遍涂料。

木材表面——砂磨、刮腻子3遍。

金属表面——防锈漆,刮腻子、2遍腻子,4遍涂料。

(8) 裱糊工程

基层含水率:混凝土、抹灰层不得大于8%；
　　　　　　木材制品不得大于12%。

裱糊前使用9%的稀醋酸中和清洗1:1的107胶水溶液作底胶,涂刷基层。

木用107胶或乳胶进行粘贴；

裱糊材料指的是壁纸、壁布等面料。

(9) 其他

1) 阳台

栏杆高度≥1.0m("通则"要求1.05m)6层及以下
　　　　　1.1m～1.2m　　　　　6层以上

栏杆净宽>0.11m；下部0.10m高度内不留空隙,高层宜采用栏板。

泄水口伸出长度应不小于0.2m；

非封闭阳台地面应低于室内50mm。

2) 垃圾道

净面积0.50×0.50(m)伸出屋面≤0.60m,排气管净截面面积≤$0.05m^2$（$d=100mm$）。

3) 卫生间

应注意排水防潮防滑；

卫生间应有前室；

住宅卫生间不宜<$2.5m^2$。

4) 住宅内厨房

地面——地砖或缸砖

墙面——到顶的瓷砖或1.5～1.8m高的瓷砖墙裙；

顶棚——喷浆或油漆墙面；

设备安装顺序:洗、切、烧为安装顺序。

3.5.7 老年人、残疾人建筑的构造措施

3.5.7.1 老年人建筑的构造要点

摘自《老年人建筑设计规范》(JGJ 122—99)

(1) 出入口

1) 老年人居住建筑出入口,宜采取阳面开门。出入口内外应留有不小于 1.50m×1.50m 的轮椅回旋面积。

2) 老年人居住建筑出入口造型设计,应标志鲜明,易于辨认。

3) 老年人建筑出入口门前平台与室外地面高差不宜大于 0.40m,并应采用缓坡台阶和坡道过渡。

4) 缓坡台阶踏步踢面高不宜大于 120mm,踏面宽不宜小于 380mm,坡道坡度不宜大于 1/12。台阶与波道两侧应设栏杆扶手。

5) 当室内外高差较大设坡道有困难时,出入口前可设升降平台。

6) 出入口顶部应设雨篷;出入口平台、台阶踏步和坡道应选用坚固、耐磨、防滑的材料。

(2) 过厅和走道

1) 老年人居住建筑过厅应具备轮椅、担架回旋条件,并应符合下列要求:

(A) 门厅部位应具备设置更衣、换鞋用橱柜和椅凳的空间。

(B) 面对走道的门与门、门与邻墙之间的距离,不应小于 0.50m,应保证轮椅回旋和门扇开启空间。

(C) 室内通过式走道净宽不应小于 1.20m。

2) 老年人公共建筑,通过式走道净宽不宜小于 1.80m。

3) 老年人出入经由的过厅、走道、房间不得设门坎,地面不宜有高差。

4) 通过式走道两侧墙面 0.90m 和 0.65m 高处宜设 $\phi40\sim50$mm 的圆杆横向扶手,扶手离墙表面间距 40mm;走道两侧墙面下部应设 0.35m 高的护墙板。

(3) 楼梯、坡道和电梯

1) 老年人居住建筑和老年人公共建筑,应设符合老年体能、心态特征的缓坡楼梯。

2) 老年人使用的楼梯间,其楼梯段净宽不得小于 1.20m,不得采用扇形踏步,不得在平台区内设踏步。

3) 缓坡楼梯踏面宽度,居住建筑不应小于 300mm,公共建筑不应小于 320mm;踢面高度,居住建筑不应大于 150mm,公共建筑不应大于 130mm。踏面前缘宜设高度不大于 30mm 的异色防滑警示条,踏面前缘前凸不宜大于 10mm。

4) 不设电梯的 3 层及 3 层以下老年人建筑宜兼设坡道,坡道净宽不宜小于 1.50m,坡道长度不宜大于 12.00m,坡度不宜大于 1/12。坡道设计应符合现行行业标准《方便残疾人使用的城市道路和建筑物设计规范》(JGJ 50—88)的有关规定,并应符合下列要求:

(A) 坡道转弯时应设休息平台,休息平台净深度不得小于 1.50m。

(B) 在坡道的起点及终点,应留有深度不小于 1.50m 的轮椅缓冲地带。

(C) 坡道侧面凌空时,在栏杆下端宜设高度不小于 50mm 的安全档台。

5) 楼梯与坡道两侧离地高 0.90m 和 0.65m 处应设连续的栏杆与扶手,沿墙一侧扶手应水平延伸。扶手设计与走道两侧扶手相同。扶手宜选用优质木料或手感较好的其他材料制作。

6）设电梯的老年人建筑,电梯厅及轿厢尺度必须保证轮椅和急救担架进出方便,轿厢沿周边高地 0.90m 和 0.65m 高处设辅助安全扶手。电梯速度宜选用慢速度,梯门宜采用慢关闭,并内装电视监探系统。

（4）居室

1）老年人居住建筑的起居室、卧室,老年人公共建筑中的疗养室、病房,应有良好朝向、天然采光和自然通风,室外宜有开阔视野和优美环境。

2）老年住宅、老年公寓、家庭型老人院的起居室使用面积不宜小于 $14m^2$,卧室使用面积不宜小于 $10m^2$。矩形居室的短边净尺寸不宜小于 3.00m。

3）老人院、老人疗养室、老人病房等合居型居室,每室不直超过三人,每人使用面积不应小于 $6m^2$。短形居室短边净尺寸不宜小于 3.30m。

（5）厨房

1）老年住宅应设独用厨房;老年公寓除设公共餐厅外,还应设各户独用厨房;老人院除设公共餐厅外,宜设少量公用厨房。

2）供老年人自行操作和轮椅进出的独用厨房,使用面积不宜小于 $6.00m^2$,其最小短边净尺寸不应小于 2.10m。

3）老人院公用小厨房应分层或分组设置,每间使用面积宜为 $6.00\sim8.00m^2$。

4）厨房操作台面高不宜小于 $0.75\sim0.80m$,台面宽度不应小于 0.50m,台下净空高度不应小于 0.60m,台下净空前后进深不应小于 0.25m。

5）厨房宜设吊柜,柜底离地高度直为 $1.40\sim1.50m$;轮椅操作厨房,柜底离地高度宜为 1.20m。吊柜深度比案台应退进 0.25m。

（6）卫生间

1）老年住宅、老年公寓、老人院应设紧邻卧室的独用卫生间,配置三件卫生洁具,其面积不宜小于 $5.00m^2$。

2）老人院、托老所应分别设公用卫生间、公用浴室和公用洗衣间。托老所备有全托时,全托者卧室宜设紧邻的卫生间。

3）老人疗养室、老人病房,宜设独用卫生间。

4）老年人公共建筑的卫生间,宜临近休息厅,并应设便于轮椅回旋的前室,男女各设一具轮椅进出的厕位小间,男卫生间应设一件立式小便器。

5）独用卫生间应设坐便器、洗面盆和浴盆淋浴器。坐便器高度不应大于 0.40m,浴盆及淋浴坐椅高度不应大于 0.40m。浴盆一端应设不小于 0.30m 宽度坐台。

6）公用卫生间厕位间平面尺寸不宜小于 $1.20m\times2.00m$,内设 0.40m 高的坐便器。

7）卫生间内与坐便器相邻墙面应设水平高 0.70m 的"L"形安全扶手或"Ⅱ"形落地式安全扶手。贴墙浴盆的墙面应设水平高度 0.60m 的"L"形安全扶手,入盆一侧贴墙设安全扶手。

8）卫生间宜选用白色卫生洁具及平底防滑式浅浴盆。冷、热水混合式龙头宜选用杠杆式或掀压式开关。

9）卫生间、厕位间门扇向外开启,留有观察窗口,安装双向开启的插销。

（7）阳台

1）老年人居住建筑的起居室或卧室应设阳台,阳台净深度不宜小于 1.50m。

2）老人疗养室、老人病房宜设净深度不小于 1.50m 的阳台。

3)阳台栏杆扶手高度不应小于1.10m,寒冷和严寒地区宜设封闭式阳台。顶层阳台应设雨篷。阳台板底或侧壁,应设可升降的晾晒衣物设施。

4)供老人活动的屋顶平台或屋顶花园,其屋顶女儿墙护栏高度不应小于1.10m;出平台的屋顶突出物,其高度不应小于0.60m。

(8)门窗

1)老年人建筑公用外门净宽不得小于1.10m。

2)老年人住宅户门和内门(含厨房门、卫生间门、阳台门)通行净宽不得小于0.80m。

3)起居室、卧室、疗养室、病房等门扇应采用可观察的门。

4)窗扇宜选用无色透明玻璃。开启窗口应设防蚊蝇纱窗。

(9)室内装修

1)老年人建筑内部墙体阳角部位,宜做成圆角或切角,且在1.80m高度以下做与墙体粉刷齐平的护角。

2)老年人居室不应采用易燃、易碎、化纤及散发有害有毒气味的装修材料。

3)老年人出入和通行的厅室、走道地面,应选用平整、防滑材料,并应符合下列要求:

(A)老年人通行的楼梯踏面应平整、防滑、无障碍、界限鲜明,不宜采用黑色、显深色材料。

(B)老年人居室地面宜用硬质木料或富弹性的塑胶材料,寒冷地区不宜采用陶瓷材料。

4)今老年人居室不宜设吊柜,应设贴壁式贮藏壁橱。每人应有1.00m^2以上的贮藏空间。

(10)室内设备

1)严寒和寒冷地区老年人居住建筑应供应热水和采暖。

2)炎热地区老年人居住建筑宜设空调降温设备。

3)老年人居住建筑居室之间应有良好隔声处理和噪声控制。允许噪声级不应大于45dB,空气隔声不应小于50dB,撞击声不应大于75dB。

4)建筑物出入口雨篷板底或门口侧墙应设灯光照明。阳台应设灯光照明。

5)老年人居室夜间通向卫生间的走道、上下楼梯平台与踏步联结部位,在其临墙离地高0.40m处宜设灯光照明。

6)起居室、卧室应设多用安全电源插座,每室宜设两组,插孔离地高度直为0.60～0.80m;厨房、卫生间直各设三组,插孔离地高度宜为0.80～1.00m。

7)起居室、卧室应设闭路电视播插孔。

8)老年人专用厨房应设燃气泄漏报警装置;老年公寓、老人院等老年人专用厨房的燃气设备宜设总调控阀门。

9)电源开关应选用宽板防漏电式按键开关,高度离地直为1.00～1.20m。

10)老年人居住建筑每户应设电话,居室及卫生间厕位旁应设紧急呼救按钮。

11)老人院床头应设呼叫对讲系统、床头照明灯和安全电源插座。

3.5.7.2 方便残疾人使用的建筑设施

(1)出入口

1)供残疾人使用的出入口,应设在通行方便和安全的地段。室内设有电梯时,该出入口宜靠近候梯厅。

2)出入口的室内外地面宜相平。如室内外地面有高差时,应采用坡道连接。

3)出入口的内外,应留有不小于1.50m×1.50m平坦的轮椅回旋面积。

4）出入口设有两道门时，门扇开启后应留有不小于1.20m的轮椅通行净距。

(2) 坡道

1）供残疾人使用的门厅、过厅及走道等地面有高差时应设坡道，坡道的宽度不应小于0.90m。

2）每段坡道的坡度、允许最大高度和水平长度，应符合表3.5-32的规定。

每段坡道坡度、最大高度和水平长度　　表3.5-32

坡道坡度(高/长)	♯1/8	♯1/10	1/12
每段坡道允许高度(m)	0.35	0.60	0.75
每段坡道允许水平长度(m)	2.80	6.00	9.00

注：加♯者只适用于受场地限制的改建、扩建的建筑物

3）每段坡道的高度和水平长度超过表3.5-32规定时，应在坡道中间设休息平台，休息平台的深度不应小于1.20m。

4）坡道转弯时应设休息平台，休息平台的深度不应小于1.50m。

5）在坡道的起点及终点，应留有深度不小于1.50m的轮椅缓冲地带。

6）坡道两侧应在0.90m高度处设扶手，两段坡道之间的扶手应保持连贯。

7）坡道起点及终点处的扶手，应水平延伸0.30m以上。

8）坡道侧面凌空时，在栏杆下端宜设高度不小于50mm的安全挡台。

(3) 走道

1）通过一辆轮椅的走道净宽度不宜小于1.20m。通过一辆轮椅和一个行人对行的走道净宽度不宜小于1.50m。通过两辆轮椅的走道净宽度不宜小于1.80m。

2）走道尽端供轮椅通行的空间，因门开启的方式不同，走道净宽分别为1100mm(一侧开门)、1400mm(正开门)、1700mm(两侧开门)。

3）主要供残疾人使用的走道

(A) 走道两侧的墙面，应在0.90m高度处设扶手；

(B) 走道转弯处的阳角，宜为圆弧墙面或切角墙面；

(C) 走道两侧墙面的下部，应设高0.35m的护墙板；

(D) 走道一侧或尽端与地有高差时，应采用栏杆、栏板等安全设施。

4）走道两侧不得设置突出墙面影响通行的障碍物。

(4) 门

1）供残疾人通行的门不得采用旋转门和不宜采用弹簧门。

2）门扇开启的净宽不得小于0.80m。

3）门扇及五金等配件应考虑便于残疾人开关。

4）公共走道的门洞，其深度超过0.60m时，门洞的净宽不宜小于1.10m。

(5) 楼梯和台阶

1）供拄杖者及视力残疾者使用的楼梯

(A) 不宜采用弧形楼梯；

(B) 梯段的净宽不宜小于1.20m；

(C) 不宜采用大踢面的踏步和突缘为直角形的踏步；

（D）踏步面的两侧或一侧凌空为踏步时,应防止拐杖滑出;

（E）梯段两侧应在0.90m高度处设扶手,扶手直保持连贯;

（F）楼梯起点及终点处的扶手,应水平延伸0.30m以上。

2）供挂杖者及视力残疾者使用的台阶

（A）台阶超过三级时,在台阶两侧应设扶手;

（B）台阶和扶手作法应符合有关规定。

（6）电梯

1）电梯候梯厅的面积不应小于1.50m×1.50m。

2）电梯门开启后的净宽不得小于0.80m。

3）电梯轿厢面积不得小于1.40m×1.10m。

4）肢体残疾及视力残疾者自行操作的电梯,应采用残疾人使用的标准电梯。

（7）扶手

1）扶手应安装坚固,应能承受身体重量。扶手的形状要易于抓握。

2）扶手截面尺寸宽应在50mm左右、高度40mm。

3）坡道、走道、楼梯为残疾人设上下两层扶手时,上层扶手高度为0.90m,下层扶手高0.65m。

（8）地面

1）室内外通路及坡道的地面应平整,地面宜选用不滑及不易松动的表面材料。

2）入口处擦鞋垫的厚度和卫生间室内外地面高差不得大于20mm。

3）室外通路及入口处的雨水铁箅子的孔洞不得大于20mm×20mm。

4）供视力残疾者使用的出入口、踏步的起止点和电梯门前,宜铺设有触感提示的地面。

（9）旅馆客房及宿舍

1）旅馆及宿舍应根据需要设残疾人床位。

2）残疾人客房及宿舍宜靠近低层部位、安全出入口及公共活动区。

3）在乘轮椅者的床位一侧,应留有不小于1.50m×1.50m的轮椅回旋面积。

4）客房及宿舍的门窗、家具及电气设施等,应考虑残疾人使用尺度和安全要求。

（10）厕所及浴室

1）公共厕所

（A）公共厕所应设残疾人厕位,厕所内应留有1.50m×1.50m轮椅回旋面积;

（B）厕位应安装坐式大便器,与其他部分之间宜采用活动帘子或隔间加以分隔;

（C）隔间的门向外开时,隔间内的轮椅面积不应小于1.20m×0.80m;

（D）男厕所应设残疾人小便器;

（E）在大便器、小便器临近的墙壁上,应安装能承受身体重量的安全抓杆。抓杆直径30~40mm,距地800mm。

2）残疾人男女兼用独立式厕所

（A）应设洗手盆及安全抓杆;

（B）门向外开时,厕所内的轮椅面积不应小于1.20m×0.80m;

（C）该厕所门向内开时,厕所内应留有不小于1.50m×1.50m轮椅回旋面积。

3）公共浴室

（A）应在出入方便的位置设残疾人浴位，在靠近浴位处应留有轮椅回旋面积；

（B）残疾人的浴位与其他部分之间应采用活动帘子或隔断间加以分隔；

（C）隔断间的门向外开时，隔断间内的轮椅面积不应小于1.20m×0.80m；

（D）在浴盆的一端，宜设宽0.30m的洗浴坐台。在淋浴室喷头的下方，应设可移动或折叠式的安全坐椅；

（E）淋浴宜采用冷热水混合器；

（F）在浴盆及淋浴临近的墙壁上，应安装安全抓杆，距地600mm。

4）客房卫生间的门向外开时，卫生间内的轮椅面积不应小于1.20m×0.80m。在大便器、浴盆、淋浴器临近的墙壁上应安装安全抓杆。

(11) 轮椅席

1）会堂、报告厅、影剧院及体育场馆等建筑的轮椅席，应设在便于疏散的出入口附近。

2）影剧院可按每400个观众席设一个轮椅席。会堂、报告厅、体育场馆的轮椅席，可根据需要设置。

3）轮椅席位深为1.10m，宽为0.80m。

4）轮椅席位置的地面应平坦无倾斜坡度，如周围地面有高差时，宜设高0.85m的栏杆或栏板。

(12) 停车车位

1）残疾人停放机动车车位，应布置在停车场(楼)进出方便地段，并靠近人行通路。

2）残疾人停放车位的一侧，与相邻车位之间，应留有轮椅通道，其宽度不应小于0.50m。如设两个残疾人停车车位，则可共用一个轮椅通道。

3.6 室内给排水

3.6.1 给水系统

建筑给水系统的任务是将来自城镇管网(或自备水源)的水输送到室内的各种配水龙头、生产机组和消防设备等用水点，并满足各用水点对水质、水量、水压的要求。

3.6.1.1 给水系统的分类、组成与给水方式

(1) 给水系统的分类

给水系统按用途可分为三类：

1）生活给水系统

供民用建筑和工业建筑内的饮用、烹调、盥洗、洗涤、沐浴等生活用水，要求水质必须符合国家规定的生活饮用水水质标准。

2）生产给水系统

因各种生产工艺不同，生产给水系统也不同，种类繁多，但主要用于以下几方面：生产设备的冷却、原料和产品的洗涤、锅炉给水和某些工业的原料用水等。生产用水对水质、水量、水压以及安全等方面的要求由于工艺不同差异很大。

3）消防给水系统

供多层及高层民用建筑消防给水的消火栓及自动喷水灭火系统，对水质要求不高，但必须保证有足够的水量和水压。

根据具体情况有时将上述三种情况合并成生活、生产、消防共用的给水系统或生活、消防共用的给水系统。

(2) 给水系统的组成

建筑给水系统由以下几个部分组成：

1) 引入管。自室外给水管将水引入室内的管段。

2) 水表节点。安装在引入管上的水表及其前后设置的阀门和泄水装置的总称。

3) 配水管道系统。指室内给水水平或垂直干管、立管、配水支管等组成的管道系统。

4) 配水装置和用水设备。如各类卫生器具和用水设备的配水龙头和生产、消防设备。

5) 给水附件。管道系统中调节水量、水压，控制水流方向，以及关断水流，便于管道、仪表和设备检修的各类阀门。

6) 增压贮水设备。当室外给水管网的水压、水量不能满足建筑用水要求，或要求供水压力稳定、确保供水安全可靠时，需要设置各种附属设施，如水箱、水泵、气压给水装置、贮水池等。

(3) 给水方式

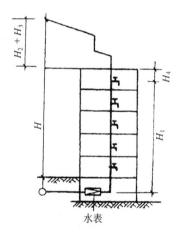

图 3.6-1 建筑内部给水系统所需的压力

给水方式即指建筑内部给水系统的供水方案。在初步确定给水方式时，对层高不超过 3.5m 的民用建筑，给水系统所需的压力（自地面算起），可用以下经验法估算：1层为100kPa，2 层为 120kPa，3 层及以上每增加一层，增加 40kPa。

给水方式的基本类型有以下几种：

1) 直接给水方式

与外部给水管网直接连接，利用外网水压供水，供水较可靠，系统简单，投资少，安装维修简单，节约能源，水质可靠，无二次污染，但是当外管网停水时内部立即停水。适用于单层、多层建筑。

直接供水方式建筑物内部最不利配水点所需水压为（见图 3.6-1）：

$$H = H_1 + H_2 + H_3 + H_4$$

式中 H_1——最不利配水点与室外引入管中心高差；

H_2——计算管路压力损失；

H_3——水流通过水表的水头损失；

H_4——最不利配水点流出水头。

2) 设水箱的给水方式

在室外给水管网供水压力大部分时间能满足要求，仅在用水高峰时，由于用水量的增加，室外给水管网水压降低而不能保证建筑物上层用水时，则可单设水箱解决（见图3.6-2）。在室外给水管网水压足够时（一般在夜间）向水箱充水；室外给水管网水压不足时（一般在白天）由水箱供水。

3) 设水泵的给水方式

设水泵的给水方式宜在室外给水管网的水压经常不足时采用(见图3.6-3)。当建筑内用水量大且较均匀时,可用恒速水泵供水;当建筑物用水不均匀时,宜采用一台或多台水泵变速运行供水,使水泵供水曲线和用水曲线接近,以提高水泵的工作效率,达到节能的目的。

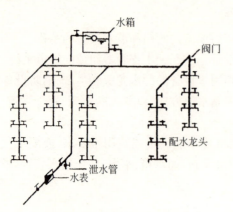

图3.6-2 设水箱的给水方式

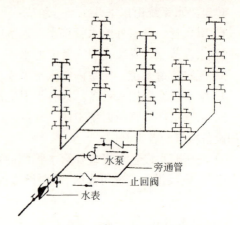

图3.6-3 设水泵的给水方式

4) 设水箱和水泵的供水方式

当室外给水管网的压力低于或周期性低于建筑物内部给水管网所需水压,而且建筑内部用水量又很不均匀时,宜采用单设水箱或与水泵联合给水方式(见图3.6-4)。该给水方式的优点是水泵能及时向水箱供水,可缩小水箱的容积,又因水箱的调节作用,水泵出水量稳定,能保持在高效区运行。

5) 气压给水方式

气压给水方式即在给水系统中设置气压给水设备,利用该设备的气压水罐内气体的可压缩性升压供水。气压水罐的作用相当于高位水箱,但其位置可根据需要设置在高处或低处。该给水方式宜在室外给水管网压力低于或经常不能满足建筑内给水管网所需水压,室内用水不均匀,且不宜设置高位水箱时采用(见图3.6-5)。

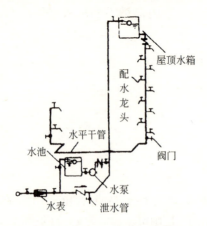

图3.6-4 设水泵、水箱的给水方式

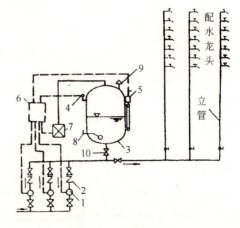

图3.6-5 气压给水方式
1—水泵;2—止回阀;3—气压水罐;4—压力信号器;
5—液位信号器;6—控制器;7—补气装置;
8—排气阀 9—安全阀;10—阀门

6) 分区给水方式

当室外给水管网的压力只能满足建筑下层供水要求时,可采用分区给水方式(见图3.6-6)。

室外给水管网水压线以下楼层为低区,由外网直接供水;以上楼层为高区,由升压贮水设备供水。可将两区的1根或几根立管相连,在分区处设阀门,以备低区进水管发生故障或外网压力不足时,打开阀门由高区水箱向低区供水。

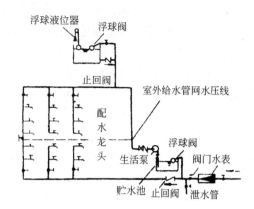

图3.6-6 分区给水方式

7) 分质给水方式

分质给水方式即根据不同用途所需的不同水质,分别设置独立的给水系统(见图3.6-7)。饮用水给水系统供饮用、烹饪、盥洗等生活用水,水质符合"生活饮用水卫生标准"。杂用水给水系统水质较差,仅符合"生活杂用水水质标准",只用于建筑内冲洗便器、绿化、洗车、清扫等用水。

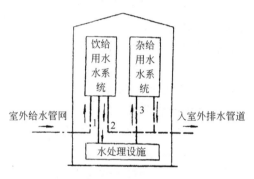

图3.6-7 分质给水方式
1—生活废水;2—生活污水;3—杂用水

(4) 系统选择

1) 高层建筑生活给水系统与消防给水系统宜分开设置,但可共用一个水箱和贮水池。

2) 水量较大的用水设备,如空调冷冻设备、喷水池、游泳池等,应尽量采用循环或重复利用的给水系统。

3) 建筑内的给水系统尽量利用室外城市自来水管网压力直接给水,如不能满足个别用水点所需水压,采用局部加压给水装置。

4) 室外管网压力周期性不足时,应采用设置调节水箱的给水系统;经常性不足时,应采用加压给水系统。

5) 采用竖向分区给水系统时,住宅、旅馆和医院的供水压力为0.3~0.35MPa,办公楼、教学楼、商业楼供水压力为0.35~0.40MPa;生活给水系统中卫生器具给水配件处静水压≯0.6MPa。

6) 消火栓给水系统最低消火栓处静水压≯0.8MPa,自动喷水灭火系统管网工作压力≯1.2MPa。

3.6.1.2 冷水的储存与加压

城市供水压力是有限度的,如北京城市供水压力为0.2~0.3MPa,一般情况下可满足六层住宅楼生活用水水压要求,但夏季用水高峰时会有所下降。为满足建筑物(特别是高层建筑)所要求的水量、水压,建筑给水系统需要储水和加压。

(1) 贮水池

1) 设置贮水池的条件

A．室外为枝状管网,或只有一条供水引入管,且消防用水量之和超过25l/s。

B．室外给水管网不能满足室内用水的压力要求,又不能从室外管网直接抽水向室内供水的。

C．建筑物内设有消防给水系统,当生产、生活、消防用水量达到最大时,城市管网供水压力低于10mH$_2$O。

2) 贮水池容积的确定

A．贮水池的有效容积应该大于或等于调节水量、消防储备水量和生产事故储备用水量之和减去火灾延续时间内城市给水管网的补水量。

B．调节水量一般按8%～12%日用水量;消防储备水量按建筑设计防火规范执行(一般情况下火灾延续时间为2h,特殊时达3～6h,自动喷洒系统为1h);生产事故储备用水量按生产工艺要求。

3) 贮水池设置要点

A．生活贮水池位置应远离卫生环境不良的房间,防止生活饮用水被污染,溢流管底应高出地面100mm;水池进出水管应布置在相对位置,使池内贮水经常流动。

B．消防水池容积超过500m^{3}应分成两个;包括室外消防水量时室外应设有供消防车取水的吸水口。

C．生活和消防用水合用的贮水池应设有消防用水不被它用的措施。

D．贮水池应设通气管,管径不小于DN200,溢流管比进水管大一号,泄水管按2h泄完池水计算确定,且不小于DN100。

E．贮水池各种管道均应设置带防水翼环的刚性或柔性防水套管。

F．材料一般为钢筋混凝土、玻璃钢、钢板等,防水内衬、防腐涂料必须无毒无害,不影响水质,外墙不能作为池壁。

(2) 水箱

1) 水箱的设置条件

A．城市给水管网的压力满足不了供水要求的高层建筑。

B．消防给水要求临时高压时给水系统应设屋顶水箱。

C．高层建筑生活、消防给水做竖向分区的要设水箱。

D．多层建筑城市自来水周期性压力不足需采用屋顶调节水箱供水的。

总之,建筑给水系统中需要增压、稳压、减压或需要贮存一定水量的均应设置水箱。

2) 水箱容积的确定

水箱有效容积为调节水量、消防储备水量和生产事故储备水量之和。调节水量一般取日用水量的5%～12%;消防储备水量按室内消火栓设备10min用量计算;生产事故储备水量按生产工艺要求确定。

3) 水箱设置要点

A．高位水箱的设置高度应按最不利配水点所需的水压经计算确定;消防水箱设置高度应按建筑设计防火规范规定确定;高层建筑屋顶水箱一般宜设在顶层;水箱应设在便于维修、光线通风良好,且不易结冻的地方。

B．水箱一般由钢板、钢筋混凝土、玻璃钢等材料制成,但内衬及防腐材料必须无毒无害,不影响水质,并经卫生防疫站认可。

C. 水箱应设有进水管、出水管、溢流管、泄水管、通气管和水位信号装置等,保证水质不受污染。溢流管、泄水管必须经过断流水箱及水封才能接入排水系统。溢流管宜比进水管大一号。

4）水箱间的布置要求

水箱与水箱之间,水箱与墙面之间净距不宜小于0.7m,有浮球阀的一侧水箱壁与墙面净距不宜小于1.0m,水箱顶与建筑结构最低点的净距不得小于0.6m,水箱周围应有不小于0.7m的检修通道。水箱间要留有设置饮用水消毒设备、消火栓及自动喷水灭火系统的加压稳压泵以及楼门表的位置。

(3) 加压设备

1) 水泵的选择

A. 水泵出水量,有水箱时按最大小时用水量计算,无水箱时按设计秒流量计算。

B. 水泵扬程按能满足最不利配水点或消火栓所需要的水压确定。

有高位水箱时：

$$H_b \geqslant H_y + H_s + v^2/2g$$

水泵单独供水时：

$$H_b \geqslant H_y + H_s + H_c$$

式中　H_b——水泵扬程；

　　　H_y——扬水高度；

　　　H_s——水泵吸水管和出水管的总水头损失；

　　　v——水箱入口流速；

　　　H_c——最不利配水点或消火栓要求的流出水头。

2) 水泵房布置

A. 泵房建筑耐火等级应为一、二级。

B. 泵房应有充足的光线和良好的通风,不结冻。当采用固定吊钩或移动支架时,泵房净高不小于3.0m;当采用固定吊车时,应保证吊起物底部与吊运的越过物体顶部之间有0.5m以上的净距。

C. 选泵时,应采用低噪音水泵,在有防振或安静要求的房间的上下和毗邻的房间内不得设置水泵。水泵基础应设隔振装置,吸水管和出水管上应设隔振减噪音装置,管道支架、管道穿墙及楼板处应采取防固体传声措施,必要时可在泵房建筑上采取隔声吸音措施。

D. 泵房内应有地面排水措施,地面坡向排水沟,排水沟坡向集水坑。

E. 泵房大门应保证能将搬运的水泵机件进入,且应比最大件宽0.5m。

F. 泵房采暖温度一般为16℃,无人值班时采用5℃,每小时换气次数为3～4次。

G. 水泵应采用自灌式充水,出水管上装闸阀(或截止阀、蝶阀等)、止回阀和压力表,每台水泵宜设置单独的吸水管,吸水管上应设过滤器及阀门。

H. 水泵机组的布置

电机容量大于55kW时,水泵基础间的净距不得小于1.2m;电机容量在20kW至55kW时,水泵基础间的净距不得小于0.8m;电机容量小于20kW,水泵吸水管直径小于DN100时,泵组一侧与泵房墙面之间可不留通道。两台相同泵组可共用一个基础,该共用基础侧边之间及距墙面间应有不小于 0.7m 的通道。泵房的人行通道不得小于 1.2m。配电盘前应有宽 1.5~2.0m 的通道。

3) 气压给水及变频调速给水设备

A. 气压给水装置是利用密闭贮罐内的空气的可压缩性贮存、调节和压送水量的装置，其作用相当于高位水箱或水塔。

B. 变频调速给水装置是通过变频方式改变水泵转速来改变水泵的工作特性，从而实现变量恒压供水。

3.6.1.3 管网布置与管道敷设

(1) 管网的布置方式

给水管网的布置方式按水平干管的敷设位置可分为下行上给式、上行下给式和中分式三种形式。干管埋地、设在底层或地下室中，由下向上供水的为下行上给式，见图 3.6-3,适用于利用室外给水管网直接供水的工业与民用建筑；干管设在顶层天花板下、吊顶内或技术夹层中，由上向下供水的为上行下给式，见图 3.6-2,适用于设置高位水箱的居住与公共建筑和地下管线较多的工业厂房；水平干管设在中间技术层或中间某层吊顶内，由中间向上、下两个方向供水的为中分式，适用于屋顶用作露天茶座、舞厅或设有中间技术层的高层建筑。

给水管网的布置按供水可靠程度要求可分为枝状和环状两种形式。前者单向供水，供水安全可靠性较差，但节省管材，造价低；后者管道相互连通，双向供水，安全可靠，但管线长、造价高。一般建筑内给水管网宜采用枝状布置。

(2) 管道敷设

给水管道一般宜明装，如建筑或生产工艺有特殊要求时可暗装。

1) 给水管网暗装时，横管应敷设在地下管沟、设备层及顶棚内；立管敷设在公用的管道井内，如不可能，可敷设在竖向管槽内；支管宜埋在墙槽内；在管道的阀门处应留有检修门，并保证检修方便；通行管沟应设置出入口。

2) 给水管道与其他管道同沟时；给水管应在排水管道上面，热水管下面；给水管不得与易燃、可燃、有害液、气体管道同沟。

3) 给水管埋地敷设时，覆土深度一般不小于 0.3m(北方地区应在冻土层以下)，地下室的地面下不得埋设给水管道，应设专用的管沟。管道不得穿越设备基础，应避开可能受重物压坏处。给水管与排水管平行或交叉埋设时，管外壁的最小净距分别为 0.5m 或 0.15m。给水横管宜有 0.002~0.005 的坡度坡向泄水装置，给水引入管应有不小于 0.003 的坡度坡向室外给水管网或阀门井。

4) 管道穿过建筑物的墙体应采取下列保护措施

穿过地下室外墙或地下构筑物墙壁时，预留孔洞应加设防水套管。如必须穿过建筑物伸缩缝、沉降缝时宜采用橡胶管、波纹管、补偿器等。穿承重墙、楼板或基础处应预留孔洞，管顶净空一般不小于 0.1m。地下构筑物下面的管道宜加设套管。管道要采用防腐、保温、防结露技术措施。

5) 空调循环水冷却系统

循环水冷却系统一般采用开式循环冷却系统。循环水通过冷却塔与空气直接接触进行冷却。冷却塔一般设于高层建筑顶层或楼房的楼顶，循环水泵设于冷冻机房，冷水池设于地下或设于冷却塔底部与集水盘结合。冷却循环水补充水量一般按循环水量的2%～3%计算。冷却塔有横流式、逆流式两种,选用时除满足水量要求外,噪声不能超过规定标准。

3.6.2 热水系统

3.6.2.1 热水加热方式

加热方式主要根据使用特点、耗热量、热源情况、燃料种类等确定。主要有两类:即直接加热和间接加热。常用加热方式有下面几种:

(1) 热水锅炉直接加热

用水量均匀,耗热量一般小于256kW的用户,少于12个淋浴器的浴室、饮食店、理发馆、锅炉应有消烟除尘措施,符合排放标准;锅炉结构须符合有关标准。其特点为:

1) 设备系统简单,投资少,一次换热效率较高。
2) 运营及卫生条件较差。
3) 水温波动大。

热水锅炉加贮热水罐,定时供应热水时,可用于淋浴器不多于20个的浴室,供水安全,水温相对稳定。热水罐底须高于锅炉顶。

(2) 煤气加热器加热(煤气热水器)

使用单个淋浴器,耗热量小于21kW的小型用户及居民住宅。要注意通风,保证使用安全,工厂、车间、旅馆、幼儿园单间浴室不能采用,疗养院、休养所浴室,学校浴室不能采用。其特点为:

1) 设备、管道简单,使用方便。
2) 卫生、热效率高。
3) 水质硬度高时易结垢。
4) 住宅安装时,厨房、卫生间距离不宜太远。

带2～3个淋浴器的容积式煤气热水器,可用于用水量不大的饮食店、理发馆等。

(3) 电加热器加热(电热水器)

当使用其他热源供应困难,且电力充裕时,可采用电加热器供应热水。单个淋浴器用热水应有安全措施及功率与温度调节装置。其特点为:

1) 使用方便卫生。
2) 无二次污染小。
3) 耗电量大,成本高。

大功率容积式电加热器,具有一定热水贮水容积,可作局部备用热源。

(4) 太阳能热水器加热

在我国西北、华北地区除冬季以外有较好的使用条件。太阳能热水器由集热器、贮热水箱组成。集热器是太阳能热水器的关键部分,管式集热器热效率高,绝缘性能好,寿命长,结构简单。贮热水箱用于贮存热水,便于自然循环,稳定水压,构造与热水系统的热水箱相同。

(5) 汽水混合加热

应用于有蒸汽来源,耗热量一般小于407kW,且对声环境要求不高的公共浴室、洗衣房、工矿企业等用户。蒸汽品质应满足使用要求,应有消音隔震措施,采用闭式水罐加热时,冷水须经冷水箱补给,蒸汽压力应保证大于罐内水压。其特点为:

1) 设备系统简单。

2）热效率较高。

3）噪声大。

4）凝结水不能回收,锅炉给水费用高。

(6) 容积式换热器间接加热

可以用在以城市热网为热媒的集中制备热水的用户,包括要求供水稳定安全,噪声低的旅馆、医院、公寓、住宅、办公楼等耗热量大的用户。要设有质量好的温度调节阀,设备内储存一定容积的热水,所以供水稳定安全可靠,工作系统设备简单,换热效果较好。要求机房净高不小于4m。

(7) 快速加热器间接加热

可以用在耗热量大,冷水硬度低的场所,如果给水硬度高时需作软化处理。其特点为:

1）换热效果好,供水安全。

2）给水硬度高时结垢严重,水头损失与温度波动较大。

(8) 容积式换热器与快速加热器串联加热

以75℃左右低温热水为热媒时,冷水经快速加热器再进入容积式加热器,热源先进入容积式加热器再进入快速加热器,系统设备复杂且占地较大。

容积式换热器的形式、容量、布置要求:通道净宽不小于0.7m,前端设有可抽出加热器盘管的位置,由自动温度调节装置控制出水温度,一般不超过55℃;换热器设温度表、压力表、安全阀等;为保证水质,需设软化水设备或电磁水处理设备。

近年随着供热技术发展,推出了半容积式和半即热式水加热器,具有体积小,效率更高的特点。

3.6.2.2 热水供应系统

(1) 按热水系统供应范围分类

1）局部热水供应系统

采用小型加热器在用水场所就地加热,供局部范围内一个或几个用水点使用。其特点为：

A．各用户按需要加热。

B．系统简单、造价低、维护管理容易。

C．热水管道短,热损失小。

D．不需要建造锅炉房加热设备、管道系统和聘用专职司炉人员。

E．热媒系统设施增加投资增大。

F．小型加热器效率低,热水成本高。

适用于热水用水量小且分散的建筑,如饮食店、理发店、门诊所、办公楼、住宅建筑。

2）集中热水供应系统

适用于热水用量大,用水点多且较集中的建筑,如旅馆、医院、住宅、公共浴室等。在锅炉房内设热交换站将水集中加热,通过热水管道将热水输送到一栋或几栋建筑。其特点为:

A．加热设备集中管理方便。

B．考虑热水用水设备的同时使用率,加热设备的总负荷可减少。

C．大型锅炉热效率高,可使用煤等廉价的燃料。

D．设备系统复杂,投资较高。

E．管道热损失大,需要专门的管理、操作和维护人员。

F．改建、扩建困难,大修复杂。

3) 区域热水供应系统

适用于需要有热水供应的建筑甚多且较集中的城镇,如住宅区和大型工业企业。水在热电厂、区域性锅炉房或区域性热交换站加热,通过室外热水管网将热水输送到城市街坊住宅小区各建筑物中。其特点为:

A．便于集中统一维护管理和热能综合利用。

B．大型锅炉房的热效率和操作管理的自动化程度高。

C．消除分散的小型锅炉房,减少环境污染。

D．设备系统复杂,需敷设足够的室外供水和回水管道,基建投资高。

E．需专门的管理技术人员。

(2) 按热水管网循环方式分类

1) 不循环热水供应系统(见图 3.6-8)

管道短小的小型热水系统,适用于连续供水或定时集中用水系统。其特点为:

管路简单,工程投资省,不需热水循环泵。使用时需先放掉系统中的冷水,浪费水,使用不便。

2) 半循环热水供应系统(见图 3.6-9)

适用于层数不超过 5 层(含 5 层)的建筑,对水温要求不太严格的对象。其特点为:

A．使用前管网中冷水放水量减少,放水等待时间短。

B．简化循环管路,工程投资节省,形成单管路循环,消除了循环短路现象。

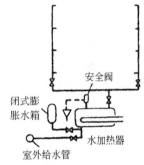

图 3.6-8 不循环热水供应系统

C．需设循环水泵。

D．供回水管道一般设于地下或地下室,好管理,也可布置成上供下回。

3) 全循环热水供应系统(见图 3.6-10)

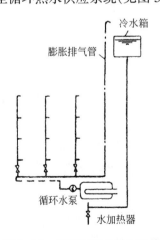

图 3.6-9 半循环热水供应系统

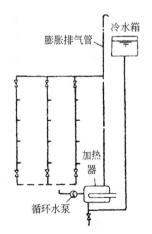

图 3.6-10 全循环热水供应系统

适用于对热水供应要求高的建筑物,如宾馆、医院等建筑。其特点为:

A．可随时迅速获得热水,使用方便。

B．工程投资大。环路多,易发生短路循环,需调节平衡各环路阻力损失,一般需设循环泵。

(3) 按热水循环水泵运行方式分类

1) 全日循环热水供应系统

需全天供应热水的建筑,如宾馆、医院等。在热水供应时间内,热水管网中任何时刻都维持着循环流量。其特点为:

A．在热水供应时间内,管网中任何时刻都保持着设计水温的水流,用水方便。

B．循环水泵整日工作。

2) 定时循环热水供应系统

适用于每天定时供应热水建筑。每天在热水供应前,将管网中已冷却的水强制循环一定时间。在热水供应期间,根据使用热水的繁忙程度,循环水泵间断工作。

(4) 同程式热水供应系统

大型全循环热水供应系统有多组热水立管。其特点为:

1) 各环路阻力损失接近,可防止循环短路现象。

2) 回水管道长度增加,投资增高。

3) 循环水泵扬程增大。

(5) 热水供应系统的选择

1) 热水供应系统的选择,应根据使用要求、耗热量及用水点分布情况,结合热源条件确定。

2) 集中热水供应系统的热源,在条件允许时,应优先利用工业余热、废热、地热和太阳能。

3) 当没有条件利用工业余热、废热或太阳能时,应优先采用能保证全年供热的热力管网作为集中热水供应系统的热源;当热力管网只在采暖期运行,是否设置专用锅炉,应进行技术经济比较确定。

4) 如区域性锅炉房或附近的锅炉房能充分供给蒸汽或高温水时,宜采用蒸汽或高温水作为集中热水供应系统的热源,不另设专用锅炉房。

5) 局部热水供应系统的热源宜采用蒸汽,煤气、炉灶余热、太阳能等。

6) 利用废热(废汽、烟气、高温废液等)作为热媒,应采取下列措施:

A．加热设备应防腐,其构造应便于清除水垢和杂物。

B．防止热媒管道渗漏而污染水质。

C．消除废汽压力波动和除油。

7) 升温后的冷水,其水质如符合《生活饮用水卫生标准》,可作为生活用热水。

8) 采用蒸汽直接通入水中的加热方式,宜采用开式热水供应系统,并应符合下列条件:

A．经技术经济比较,确认不回收凝结水比较合理。

B．蒸汽中不含油质及有害物质。

C．加热时所产生的噪音不超过允许值。

注：应采取防止热水倒流的措施。

9) 集中热水供应系统,要求及时取得不低于规定温度热水时,建筑物内应设置热水循环管道。

10) 定时供应热水系统,当设置循环管道时,应保证干管中的热水循环;全日供应热水的建筑物或定时供应热水的高层建筑,当设置循环管道时,应保证干管和立管中的热水循环。

注:有特殊要求的建筑物,还应保证支管中的热水循环。

11) 集中热水供应系统的建筑物,用水量较大的浴室、洗衣房、厨房等,宜设置单独的热水管网;热水为定时供应时,如个别单位对热水供应时间有特殊要求时,宜设置单独的热水管网或局部加热设备。

12) 高层建筑热水供应系统的分区,应与给水系统的分区一致;各区的水加热器、贮水器的进水,均应由同区的给水系统供应。

13) 当给水管道的水压变化较大且用水点要求水压稳定时,宜采用开式热水供应系统。

14) 当卫生器具设有冷热水混合器或混合龙头时,冷、热水供应系统应在配水点处有相同的水压。

15) 公共浴室淋浴器出水水温应稳定,一般宜采取下列措施:

A. 采用开式热水供应系统。

B. 给水额定流量较大的用水设备的管道,应与淋浴器配水管道分开。

C. 多于3个淋浴器的配水管道,宜布置成环形。

D. 成组淋浴器配水支管的沿途水头损失,当淋浴器小于或等于6个时,可采用每米不大于200Pa;当淋浴器大于6个时,可采用每米不大于350Pa,但其最小管径不得小于25mm。

注:工业企业生活间的淋浴室,宜采用单管热水供应系统。

(6) 管道布置

循环管道热水供应系统宜采用同程布置,各环路阻力损失相接近,以防止循环短路。

尽量采用上行下给式布置方式,利用自然循环节约管材。开式热水系统加膨胀管,闭式热水系统加膨胀罐。热水管道每隔一定距离要设伸缩管。热水管道均要保温。

3.6.3 消防给水系统

3.6.3.1 室内消防给水

(1) 多层建筑室内消防给水

9层及9层以下的住宅(包括底层设置商业服务网点的住宅)和建筑高度不超过24m的其他民用建筑以及建筑高度不超过24m的单层公共建筑,单层、多层和高层工业建筑、地下民用建筑的消防给水遵照《建筑设计防火规范》(GBJI 6—87)(2001年修订版)执行。

这里仅介绍室内消防给水管道及消火栓的布置。

1) 室内消火栓超过10个,且室外消防用水量大于15l/s时,室内消防给水管道设两条进水管并成环状管网,一条进水管故障时,另一条应能通过全部水量。

2) 超过六层的塔式(采用双口双阀消火栓除外)和通廊式住宅、超过5层或体积超过10000m³的其他民用建筑、超过4层的厂房、库房,室内消防竖管成环状,高层工业建筑室内消防竖管成环状且管道直径不小于100mm。

3) 超过4层的厂房、库房、高层工业建筑,设有消防管网的住宅,超过五层的其他民用建筑,室内消防管网设消防水泵接合器。

4) 室内消防给水管道应用阀门分成若干独立段,故障时停用的消火栓在一层中不能超过 5 个;高层工业建筑消防给水管道阀门的布置,关闭竖管不超过 1 条,超过 3 条竖管可关闭 2 条,闸门经常开启应有启闭标志;消防给水竖管布置应保证同层相邻两个消火栓水柱同时到达任何部位。

5) 消火栓给水管网与自动喷水灭火系统管网宜分开设置,如有困难应在报警阀前分开。

6) 消防用水与其他用水合并的室内管道,当其他用水达最大秒流量时应该仍能供应全部消防用水量;淋浴用水可按 15% 计算;生产生活用水量达到最大,且市政给水管仍能满足室内外消防用水量时,消防水泵可直接从市政管道取水。

7) 设置临时高压给水系统应设消防水箱,水箱设于建筑物的最高部位,发生火灾后由消防水泵供给的消防水不能进入水箱。

(2) 高层建筑室内消防给水

高度为 10 层及 10 层以上的住宅建筑和建筑高度为 24m 以上的其他民用和工业建筑为高层建筑,消防给水应该遵照《高层民用建筑设计防火规范》(GBJ 50045—95) 执行。

1) 一般规定

A. 高层民用建筑必须设置室内、外消火栓给水系统,建筑物的各层(无可燃物的设备层除外)均应设消火栓。

B. 高层建筑的消防用水总量应按室、内外消防总用水量计算,但计算室内消防管网时不考虑室外消防用水量。

C. 室内消防给水应采用高压或临时高压给水系统,当室内消防用水量达到最大时,其水压应满足室内最不利点灭火设施的要求。

2) 消防给水系统

按管网的服务范围划分:

A. 独立的室内消火栓给水系统,即每栋高层建筑设置一个单独加压的室内消防给水系统。

B. 区域集中的室内消防给水系统,即数幢或数十幢高层建筑物共用一个加压泵房的消防给水系统。

按建筑高度划分:

A. 不分区的室内消防给水系统,在建筑高度不超过 50m 的工业与民用建筑物可以采用,静水压不超过 80m 也可不分区。

B. 分区的室内消火栓给水系统;建筑高度超过 50m 的室内消火栓给水系统难于得到消防车的供水支援,为加强安全保证火场灾火用水采用分区给水系统。

3) 消防给水管道及消火栓的布置

A. 高层建筑室内消防给水管道应布置成环状。

B. 室内环状管道的进水管不少于两条,当其中一条发生故障,其余的进水管仍能保证消防水量、水压。

C. 消防竖管的布置应保证同层相应两个消火栓的水枪的充实水柱同时到达室内任何

部位。竖管间距不宜大于 30m,直径按流量计算确定但不应小于 DN100。

D. 普通塔式住宅当建筑高度小于 50m,每层面积小于 600m²,设置两根竖管困难时,可设一根竖管,但必须用双口双阀消火栓。

E. 室内消火栓给水管网与自动喷水灭火系统于报警阀前的管网应分开独立设置。

F. 室内消火栓给水管道阀门布置,高层主体建筑失闭竖管不超过 1 条,有 4 条竖管时可失闭 2 条,阀门应有明显启闭标志。

G. 室内消防给水管网应设水泵接合器,数量按消防用水量确定,每个按 10～15l/s 计。

H. 每个消火栓处设消防水泵启动按钮。

I. 消防电梯室前应设消火栓,建筑物的屋顶应设检查用的消火栓。

J. 高层建筑室内消火栓口径 65mm,水龙带长 25m,水枪口径 19mm。

4) 消防水箱

A. 高压给水系统的高层建筑物顶层应设消防水箱;消防贮备水量按 10min 消防水量计算确定,一类建筑 18m³;二类建筑、一类住宅 12m³;二类住宅不小于 6m³。

B. 高位消防水箱的设置高度应保证最不利点消火栓静水压力。当建筑高度不超过 100m 时,高层建筑最不利点消火栓静水压力不应低于 7mH₂O;当建筑高度超过 100m 时,高层建筑最不利点消火栓静水压力不应低于 15mH₂O;当高位消防水箱不能满足上述静压要求时,应设增压设施。

C. 发生火灾时由消防水泵供给的消防用水不得进入消防水箱;水泵应设不少于两条扬水管与环状消防给水管网连接,要有各自独立的吸水管,采用自灌式充水。

室内消火栓消防给水系统见图 3.6-11。

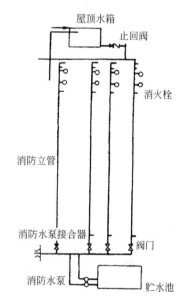

图 3.6-11 室内消火栓消防给水系统

3.6.3.2 自动喷水灭火系统

建筑高度超过 100m 的高层建筑,除面积小于 5m² 的卫生间、厕所和不易用水扑救的部位外,均应设自动喷水灭火系统。

建筑高度不超过 100m 的一类高层建筑及其裙房的公共活动用房、办公室、走道和旅馆客房,可燃物品库、地下车库,高级住宅的居住用房均应设自动喷水灭火系统。

二类高层建筑中的商业营业厅、展览厅等公共活动用房和建筑面积超过 200m² 的可燃物品库房均应设自动喷水灭火系统。

多层建筑中的大型剧院、礼堂、体育馆、设有空调系统的旅馆和综合办公楼的走道、办公室、餐厅、商店、库房、百货商场、综合商场、展览大厅等均应设自动喷水灭火系统。

(1) 一般规定

1) 设有自动喷水灭火系统的建筑物,根据火灾危险性大小,可燃物多少,以及火灾蔓延速度等划分为三级(见表 3.6-1)。最不利点喷头工作压力为 0.05MPa。

设有自动喷水灭火系统的建筑物分级要求　　　　表3.6-1

分　级	设计喷水强度(1/min·m²)	作用面积(m²)
严重危险级	10～15	300
中度危险级	6	200
轻度危险级	3	180

2）喷头设置要求见表3.6-2

喷头设置要求　　　　表3.6-2

分　级	每只喷头保护面积(m²)	喷头间距(m)
严重危险级	8～5.4	2.8～2.3
中度危险级	12.5	3.6
轻度危险级	21.0	4.6

3）水幕系统起保护作用,其用水量为0.5l/(s.m)。舞台口、防火水幕带的用水量为2.0l/(s.m)。

4）自动喷水灭火系统应设水泵接合器,15～40m范围内设有室外消火栓。

(2) 自动喷水灭火系统

按喷头的开闭形式分为闭式自动喷水灭火系统与开式自动喷水灭火系统。常用闭式系统有：

1）湿式喷水灭火系统(见图3.6-12)

一般由湿式报警阀、闭式喷头、水力警铃、压力开关及供水管道组成。在水力报警阀的上下管道内经常充满压力水,在供水压力波动大时为防止误报,应安装延迟器,每层装水流指示器,支管装设检验装置。

2）干式喷水灭火系统

一般由干式报警阀、闭式喷头、水力警铃、供水管网等组成。该系统在报警阀的上部管道内不充水,而充有压力气体。适用于安装在不采暖而室内温度低于4℃的建筑物内,如不采暖寒冷地区的可燃物仓库、冷藏库等。发生火灾时,该系统喷头动作,首先喷出压缩惰性气体,然后干式阀打开,水流便进入管网,再从已动作的喷头中喷水灭火。

3）预作用喷水灭火系统

一般由预作用阀、闭式喷头、水力警铃和火灾探测系统组成。该系统在预作用阀

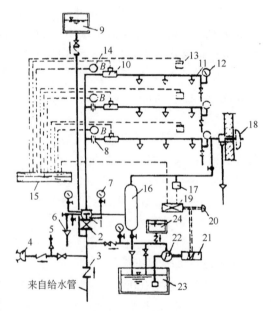

图3.6-12　闭式自动喷水灭火系统示意图(湿式)
1—湿式报警阀；2—闸阀；3—止阀；4—水泵接合器；
5—安全阀；6—排水漏斗；7—压力表；8—节流孔板；
9—高位水箱；10—水流指示器；11—闭式喷头；
12—压力表；13—感烟探测器；14—火灾报警装置；
15—火灾收信机；16—延尺器；17—压力继电器；
18—水力警铃；19—电气自控箱；20—接钮；
21—电动机；22—水泵；23—蓄电池；24—水泵灌水箱

以后的管网中平时不充水,但充有压或无压气体,闭式喷头和探测器按照各自的要求分别安装在整个被保护区内。预作用系统启动方式有:电动启动、自动起动和手动启动。由于探测器的热敏元件比喷头更灵敏,因此它比干式系统的启动速度快得多,系统启动后,喷头未动作以前整个系统已充满了水。

4) 雨淋喷水灭火系统

一般由雨淋阀、开式喷头、火灾探测系统、供水管道等组成。其特点是:一组开式喷头在接到感温等火灾探测器发出的火灾信号后,通过自动控制成组作用阀一齐自动喷水灭火,不仅可扑灭着火部位的火源,还可向整个被保护的面积喷水,起到防止火灾蔓延的作用。该系统适用于燃烧猛烈,火势蔓延快,要求迅速用水控火、灭火的场所。

5) 水幕系统

一般由水幕喷头、雨淋阀、管网等组成,起到隔火、阻火作用。需要采用水幕保护或防火隔断的位置包括:防火卷帘门、舞台口、门窗洞口、工艺流程要求不允许设防火墙等部位。水幕作为保护使用时,喷头应单排布置;舞台口和开口面积大于 $3m^2$ 的洞口部位的喷头应双排布置;每组水幕系统安装喷头不宜超过 72 个。

一类建筑(住宅除外)消防水箱设置高度不能满足最不利点消火栓或自动喷水灭火设备水压要求时,应设气压给水设备增压;自动喷水灭火系统增压稳压设施可设在水箱间或地下消防泵房内;设在水箱间,系统简单,但控制系统要接到楼顶;设在地下消防泵房内,管理方便。

6) 自动喷水灭火系统动作

平时:由水箱——加压稳压装置——管道——水力报警阀底部——立管——水流指示器——水平干管——水平支管——喷头——试验装置;保持最不利点喷头静水压不小于 $5\sim10mH_2O$。

火灾时:喷头动作——水力警铃报警——压力开关动作——启动喷淋水泵——关闭加压泵——水流不断通过水力报警阀供水——立管——水流指示器——水平干管——支管——喷头喷水灭火。

每个防火分区设水流指示器。每个湿式水力报警阀控制喷头数不超过 800 个,同一配水支管设置的喷头数不多于 8 个,支管管径不小于 25mm,自动喷水灭火系统设有泄水装置。

3.6.4 排水系统

建筑排水系统设计,不仅能使污水,废水迅速、安全地排出室外,而且还应减少管道内部气压波动,使之尽量稳定,防止系统中存水弯、水封层被破坏;防止室内排水管道中有害、有毒气体进入室内。

3.6.4.1 排水系统的分类、组成

(1) 建筑排水系统的分类

1) 生活污水排水系统:排除粪便污水和生活废水的排水系统。

2) 雨水排水系统:排除屋面雨雪水的排水系统。

3) 工业废水排水系统:排除生产污水和生产废水的系统。

(2) 建筑排水系统的组成

排水系统一般由下列部分组成:

1) 卫生器具或生产设备受水器。

2) 器具排水管(存水弯或水封层)。

3) 有一定坡度的横支管。

4) 立管。

5) 地下排水总干管。

6) 室外的排水管。

7) 通气系统。

(3) 一般规定

1) 建筑物内排水系统的划分,应根据污水性质、污染程度、污水量,并且结合室外排水系统体制、处理要求及有利于综合利用等要求合理确定。

2) 建筑物内生活污水如需化粪池处理时,粪便污水管与淋浴洗脸等废水要分开排放。

3) 建筑物内生活污水和生产污水管道应与建筑内雨水管道分开。

4) 公共餐饮业餐厅厨房及含有大量油脂的其他生活污水应与粪便污水分流排放,含油污水应经隔油池处理后再排入室外排水管网。

5) 含有放射性元素、腐蚀性物质、有毒或有害物质的污水以及需要回收利用的污水均应分流排除。

6) 建筑中水系统中需要回用的生活废水与生活污水应分流排除。

7) 冲洗汽车的污水排入室外管道之前,应经过沉淀、隔油处理。

8) 工业废水若不含有机物,但含有大量泥沙物质时,应经机械处理后,再排入室外污水管道。

9) 排出管的埋设深度小于1.2m时,污水可能溢流出底部的卫生器具时,其底层应设置单独的污水管道系统。

10) 下列设备和容器不得与污废水管道系统直接连接,应采取间接排水方式:

A. 厨房内的食品制备和洗涤设备的排水。

B. 蒸发式冷却器、空气冷却器等空调设备的排水及医疗无菌消毒设备的排水。

C. 贮存食品或饮料的冷藏间、冷藏库的地面排水、冷风机融霜水盘的排水等。

D. 生活饮用水的贮水箱(池)的泄水管、溢水管。

11) 间接排水设备至排水明沟或地漏的最小空隙,见表3.6-3规定:

间接排水设备至排水明沟或地漏的最小空隙　　　　表3.6-3

间接排水管管径(mm)	排水口最小空间
≤25	50
32~50	100
>50	150

12) 卫生器具和工业废水受水器与生活污水管道或其他可能产生有害气体的排水管连接时,必须在排水口以下设存水弯。

13) 建筑物地面以上排水一般应采用重力流排出方式,排水管的坡度一般为1~2%,详见规定。

14) 公共食堂厨房污水管道直径应比计算大一号,且不小于100mm,支管不小于

75mm,医院洗涤池、污水池排水管不小于75mm。小便槽污水支管直径不小于75mm。

15) 医院污水应经处理后排放。

(4) 管道布置与敷设

1) 排水管道不得布置在遇水引起燃烧、爆炸的地方,或损坏原料、产品和设备的上方。

2) 架空管道不得敷设在生产工艺或卫生有特殊要求的生产厂房以及食品和贵重商品仓库、通风室和变配电间的上方。

3) 排水管道不得布置在食堂、饮食业的主副食操作间、烹调间的上方,当受条件限制不能避免时,应采取防护措施。

4) 排水立管应靠近最脏、杂质最多的排水点设置;生活污水主管不宜靠近与卧室相邻的内墙,不得穿越卧室、病房等对卫生、安静要求较高的房间。

5) 在生活污水和工业废水排水管道上应根据建筑物层高和清通方式设置检查口、清扫口。检查口、清扫口设置位置为:

A. 立管检查口间距不宜大于10m,但建筑物的最低层和设有卫生器具的2层以上建筑的最高层,必须设立管检查口;当立管有乙字管时,在该层乙字管上部应设检查口。

B. 在连接2个及2个以上大便器或3个及3个以上其他卫生器具的污水横管上宜设清扫口。

C. 在水流转角小于135°的污水横管上应设检查口、清扫口。

6) 污水横管上设置清扫口,应将清扫口设在楼板或地坪上,与地面平齐;污水管起点清扫口与墙垂直距离不得小于0.15m,设堵头时距墙面不得小于0.4m。

7) 排水立管仅设置伸顶通气管时,最低排水横支管与立管连接处距排水立管管底垂直距离不得小于表3.6-4的规定:

槽支管与立管连接处最小垂直距离 表3.6-4

立管连接卫生器具的层数(层)	垂直距离(m)	立管连接卫生器具的层数(层)	垂直距离(m)
<4	0.45	7~9	3
5~6	0.75	≥20	6

8) 排水支管连接在排出管或排水横管干管上时,连接点距立管底部的水平距离不宜小于3m。

9) 排水管穿过地下室外墙,或地下构筑物的墙壁处,应设置防水套管;穿墙或基础应预留孔洞,上部净空不小于0.15m。

10) 排水管道不得穿过沉降缝、烟道、伸缩缝,必须穿过时,应采取相应措施,管道不得穿越设备基础。

11) 在一般的厂房内为防止管道遭受机械损坏,排水管最小埋设深度见表3.6-5。

排水管最小埋设深度 表3.6-5

管 材	素土夯实(m)	水泥、混凝土地面(m)
排水铸铁管	0.7	0.4
混凝土管	0.7	0.5
带釉陶土管	1.0	0.6
硬聚氯乙烯管	1.0	0.6

12）排水管道外表面如有可能结霜,应根据建筑物性质和使用要求采取防结露措施。

13）高层建筑的排水立管每隔2～4层设承重支座,使管道重量分散在各层,立管最底部弯头处设支墩承重支架。

14）污水立管或排出管上的清扫口至室外检查井中心的最大长度见表3.6-6。

排水管至室外检查井最大长度　　　　　　　　　　表3.6-6

管径(mm)	50	75	100	100以上
最大长度(m)	10	12	15	20

15）排水管的连接方式

A．卫生器具排水管与排水横支管可采用90°斜三通连接。

B．排水管道的横管与横管、横管与立管的连接,宜采用45°三通或45°四通,90°斜三通或90°斜四通连接。

C．排水立管与排出管端部的连接宜采用两个45°弯头或弯曲半径不小于4倍管径的90°弯头。

D．排水管应避免轴线偏移,当受条件限制时,宜用乙字管或两个45°弯头连接。

3.6.4.2　通气系统

(1) 通气系统的作用

1）向排水系统补给空气,使管道内水流畅通,减少排水管道内气压变化幅度,防止器具水封破坏。

2）使室内排水管道中散发的有害气体排往室外。

3）管道内经常有新鲜空气流通,以减少锈蚀管道的危险。

(2) 通气管的种类及设置要求

1）通气管种类

包括共用通气管和专用通气管。

2）设置要求

A．生活污水管或散发有害气体的生产污水管道均应设置伸顶通气管。

B．生活污水立管所承担的卫生器具排水设计流量超过规定最大排水能力时,应设专用通气管道。

C．连接4个及4个以上卫生器具并与立管的距离大于12m的污水支管,连接6个及6个以上大便器的污水横支管设环形通气管。

D．对卫生与安静要求较高的建筑物内,生活污水管道宜设置器具通气管。

排水通气管的种类、设置和连接方法见图3.6-13。

E．专用通气管不得接纳器具污水、废水和雨水。

F．建筑物内各层污水管道设有环形通气管时,则应设置连接各层环形通气管的主通气立管或副通气立管。

G．为防止排水立管内排水时的气压变化超过±250Pa,专用通气立管每隔2层、主通气立管每隔8～10层设置与污水立管相连接的结合通气管,以保证整个排水系统的空气循环和压力平衡。

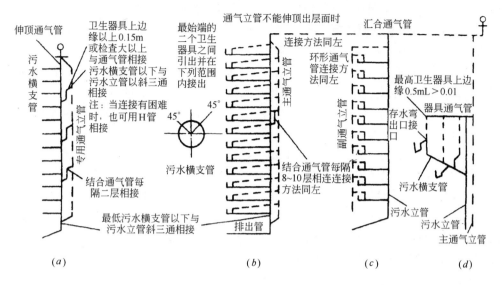

图 3.6-13 排水通气管的种类、设置和连接方法

H. 通气管不得与建筑物的通风管道或烟道连接。管材可采用排水铸铁管、塑料管、钢管等。

I. 通气管顶端管口的位置：

(a) 通气管高出屋面高度不得小于 0.3m，且必须大于最大积雪厚度。屋顶有隔热层时，应从隔热层板面算起。通气管顶端应设风帽式网罩。

(b) 在通气管 4m 范围内有门窗时，通气管口应高出窗顶 0.6m 或引向无窗一侧。

(c) 在经常有人停留的平屋面上，通气管口应高出屋面 2m，并应根据防雷要求考虑防雷装置。

(d) 通气管口不宜设在建筑物挑出部分（如屋檐檐口阳台、雨篷等）。

(3) 通气管的管径

通气管的管径应根据污水管排水能力和管长确定，但应符合表 3.6-7 的要求。

通气管管径选择表　　　表 3.6-7

通气管名称	污水管径(mm)					
	32	40	50	75	100	150
器具通气管	32	32	32	50		
通气立管			40	50	75	100

(a) 通气立管长度在 50m 以上者，其管径应与污水立管管径同。

(b) 2 个及 2 个以上污水立管同时与一根通气立管相连时，应以最大的一根污水立管确定通气立管，其管径不宜小于其余任何一根污水立管管径。

(c) 汇合通气管不宜小于通气立管管径。

(d) 2 根或 2 根以上污水立管的通气管汇合（即联合通气管）连接时，汇合通气管的断面积应为最大一根通气管的断面积加其余通气管断面积之和的 0.25 倍。

(e) 污水立管上部的伸顶通气管管径可与污水管相同，但在最冷月平均气温低于

−13℃的地区,应在室内平顶或吊顶以下0.3m处将管径放大一级。

(4) 通气管与污水管的连接

通气管与污水管的连接应遵守下列规定:

1) 器具通气管应设在存水弯出口端。环形通气管应在横支管上最始端的两个卫生器具间接出,并应在排水支管中心线以上与排水支管呈垂直或45°连接。

2) 器具通气管、环形通气管应在卫生器具上边缘以上不少于0.15m处,按不小于0.01的上升坡度与通气立管连接。

3) 专用通气立管和主通气立管的上端可在最高层卫生器具上边缘或检查口以上与污水立管通气部分以斜三通连接,下端应在最低污水横支管以下与污水立管以斜三通连接。

4) 专用通气立管在每隔两层、主通气立管每隔8~10层设结合通气管与污水立管连接时,结合通气管下端宜在污水横支管以下与污水立管以斜三通连接,上端可在卫生器具上边缘以上不小于0.15m处与通气立管以斜三通连接。

3.6.4.3 其他排水及中水系统

(1) 地下室排水

一般均采用机械提升方式,当室内最低受水器的标高高于其连接的室外或附近排水管道检查井井盖标高时,可采用重力流;无倒灌可能也应有防止倒灌措施。地下室卫生器具上边缘低于室外最近一个排水检查井井盖时应设污水池、集水池,设污水泵排水,经水泵提升后排入室外排水管网。

(2) 电梯井排水、地下通道(如汽车库)排水、给水泵房排溢水、厕所等一般均由水泵提升排入地面排水管网。

(3) 中水系统

中水系统设置场所为:

1) 建筑面积20000m^{2}以上的旅馆、饭店、公寓等。

2) 建筑面积30000m^{2}以上的机关、科研单位、大专院校和大型文化、体育建筑等。

3) 按规划应配套建设中水设施的住宅小区等。

3.7 建 筑 电 气

建筑电气是建筑物的基本组成之一,是指在建筑内部,为创造理想环境以充分发挥建筑物的功能,所采用的所有电工、电子设备及其系统。现代化的智能建筑对建筑电气不断提出新的要求,而建筑电气技术本身的发展又不断完善现代化建筑功能。因此,在一幢现代化的建筑中,就同时具有多种不同功能的建筑电气系统。

3.7.1 建筑与建筑电气

3.7.1.1 建筑电气的基本作用和种类

(1) 基本作用

在一些建筑电气设备及其系统中,都是各种电气能量和信号的传送或转换。电能由于具有方便使用、清洁、价廉等一系列优点,所以在一般建筑内,都把电能作为照明、动力和信息传送的主要能源。电能在建筑中所起的作用,大致可分为以下几个方面:

1) 创造良好的声、光、热、气环境。即人为地在相应的建筑空间形成适宜的生活和工作环境。

2) 追求方便性。即对建筑物内的居住和劳动的人们在生活上和工作上提供尽可能多的方便条件。如建筑给排水系统所需的水泵,垂直运输的电梯,家用电器等所需的能源等等都需要电能供应。

3) 增强安全性。如设置自动防火门、自动排烟及各种自动化灭火系统和设备。

4) 提高控制性能。即根据各种使用要求和随机状况对建筑物内的全部电气设备和系统能适时进行有效的控制和调节,在保证建筑物内保持其所需环境的同时,减少能量消耗,节省维修管理费用,延长设备使用寿命,从而使建筑物的综合控制性能和管理性能提高。

5) 信息通讯设备系统。这种系统用于对建筑物群体内部、外部的各种不同信息的收集处理、存贮、传输、检索,为建筑的租用者、管理人员提供迅速有效的信息和决策服务。

(2) 建筑电气的种类

建筑电气在建筑中的作用和应用范围是很广的。从电能的输入、分配、输送和使用消耗来说有变配电系统、动力系统、照明系统、智能工程系统的划分;根据建筑用电设备和系统所传输的电压高低或电流大小有强电系统及弱电系统的提法。

3.7.1.2 建筑电气的基本组成和特点

建筑内不同的建筑电气系统所包含的建筑电气设备的类型、数量是各不相同的。但从各种电气设备在建筑物内的空间效果来区分,所有建筑电气系统的基本组成都是包括具有不同特点的两类设备,即:

(1) 占空性设备

指在建筑物内需要占据一定建筑空间的各种电气设备的统称,如用电、控制、保护、计量设备以及将这些设备成套组装在一起的配电盘、配电柜等。这些设备一般具有占空间、功能性强、外露和动作频繁等特点。

(2) 广延性设备

是指可以在整个建筑物内穿越各个房间,可随意延伸的电气设备,如绝缘导线、电缆线等。广延性设备具有广延、隐蔽、故障机率高和易于更换等特点。

上述建筑电气设备和系统的各个特点,一方面是通过建筑电气设计本身去实施,另一方面就要求从事建筑和其他专业设计的人员,在从事本专业设计时,应正确和全面理解建筑电气的上述特点,合理、有效地主动相互配合,才能真正完成一项高标准的建筑设计。

3.7.1.3 建筑电气与建筑的关系

建筑电气与建筑的关系表现是多方面的:

(1) 影响建筑项目的审批和建筑规模等级。

(2) 影响建筑功能的发挥。

(3) 影响建筑空间的布置。

(4) 影响建筑艺术的体现。

(5) 影响建筑使用的安全。

(6) 影响建筑的管理。

(7) 影响建筑的维护。

总之,建筑电气与建筑的关系是非常密切的。因而,作为一个建筑师在从事由建筑方案开始的整个建筑设计阶段和过程中,以及在从事建筑物的维护管理或旧建筑的改造设计过程中,都必须熟悉和掌握一定的电气基本知识、理论技术,将建筑电气作为整个建筑物的必要和重要的组成部分加以统筹考虑和合理安排,使相互之间有机配合,才可以在所设计和改造的建筑物内真正创造出一个理想的环境并合理的加以保持。

3.7.2 供配电系统

3.7.2.1 电力系统

发电厂、电力网和电能用户三者组合成的一个整体称为电力系统。

(1) 发电厂

发电厂是生产电能的工厂,根据所转换的一次能源的种类,可分为火力发电厂,其燃料是煤、石油或天然气;水力发电厂,其动力是水力;核电站,其一次能源是核能;此外还有风力发电站、太阳能发电站等。

(2) 电力网

输送和分配电能的设备称为电力网。它包括各种电压等级的电力线路及变电所、配电所。

1) 输电线路

输电线路的作用是把发电厂生产的电能,输送到远离发电厂的广大城市、工厂、农村。

输电线路的额定电压等级为:500、330、220、110、66、10kV 和 380/220V。电力网电压在 1kV 及以上的电压称为高压,1kV 以下的电压称为低压。在民用建筑中常见的等级电压为 10kV 和 380/220V。

2) 配变电所

配电所是接受电能和分配电能的场所。配电所由配电装置组成。

变电所是接受电能、改变电能电压和分配电能的场所。变电所按功能分为升压变电所和降压变电所。升压变电所经常与发电厂合建在一起。我们一般说的变电所基本都是降压变电所。变电所由变压器和配电装置组成。通过变压器改变电能电压,通过配电装置分配电能。根据供电对象的不同,变电所分为区域变电所和用户变电所。区域变电所是为某一区域供电,属供电部门所有和管理;用户变电所是专为某一用电单位供电,属用电单位所有和管理。

(3) 电能用户

在电力系统中一切消耗电能的用电设备均称为电能用户。用电设备按其用户可分为:

1) 动力用电设备——把电能转换为机械能,如水泵、风机、电梯等。

2) 照明用电设备——把电能转换为光能,如各种电光源。

3) 电热用电设备——把电能转换为热能,如电烤箱、电加热器。

4) 工艺用电设备——把电能转换为化学能,如电解、电镀。

3.7.2.2 电压选择和电能质量

(1) 电压选择

用电单位的供电电压应根据用电容量、用电设备特性、供电距离、供电线路的回路数、当地公共电网现状及其发展规划等因素,经技术经济比较而确定。

1) 用电设备容量在 250kW 或需用变压器容量在 160kVA 以上者,应以高压方式供电;用电设备容量在 250kW 或需用变压器容量在 160kVA 以下者,应以低压方式供电,特殊情况也可以高压方式供电。

2)多数大中型民用建筑以10kV电压供电,少数特大型民用建筑以35kV电压供电。

(2) 电能质量

1) 电压偏移

电压偏移是指供电电压偏离(高于或低于)用电设备额定电压的数值与用电设备额定电压的值的百分数。正常情况运行时,用电设备受电端允许偏离值要求如下:

(A) 一般电动机±5%。

(B) 电梯电动机±7%。

(C) 一般照明±5%;在视觉要求较高的室内场所为+5%、-2.5%。

(D) 应急照明、道路照明和警卫照明等为+5%、-10%。

(E) 其他用电设备当无特殊规定时为+5%。

2) 电压波动

电压波动是指用电设备接线端电压时高时低的变化。常用设备电压波动的范围规定为:连续运转的电动机为±5%,室内主要场所的照明灯为-2.5%~±5%。

3) 频率

我国电力工业的标准频率为50Hz,其波动一般不得超过±0.5%。

4) 三相电压不平衡

应保证三相电压平衡,以维持供配电系统安全和经济运行。三相电压不平衡程度不应超过2%。

3.7.3 配变电设备

(1) 变压器

变压器按冷却方式不同分为油浸式、干式。干式分空气绝缘及环氧树脂浇注式、六氟化硫等。一、二类高层建筑应选用干式,即气体绝缘、非可燃性液体绝缘的变压器。

(2) 高压开关柜

为柜式成套配电设备,其作用是在变电所中控制电力变压器和电力线路,分固定式、活动式和手车式三种。

(3) 低压开关柜

为低压成套配电装置,用于小于500V的供电系统中,提供电力和照明配电。分离墙式、靠墙式和抽屉式三种。

(4) 静电电容器

分为油浸式、干式。高层建筑内应选用干式电容器。

(5) 配电箱

是用户用电设备的供电和配电点,对室内线路起计量、控制、保护作用,属于小型成套电气设备,可分为照明配电箱、电力配电箱。

3.7.4 民用建筑的配电系统

3.7.4.1 配电方式

民用建筑的配电方式有:放射式、树干式、双树干式、环行(环式)、链式及其他方式的组合。

(1) 高压配电方式

1) 高压单回路放射式

此方式一般用于配电给二、三级负荷或专用设备,但对二级负荷供电时,尽量要有备用电源,如另有独立备用电源时,则可供电给一级负荷,见图 3.7-1。

2) 高压双回路放射式

此方式线路互为备用,用于配电给二级负荷,电源可靠时,可供给一级负荷,见图3.7-2。

3) 树干式

(A) 单回路树干式

一般用于三级负荷,每条线路装接的变压

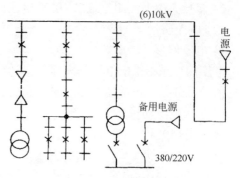

图 3.7-1 单回路放射式

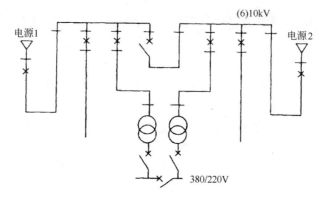

图 3.7-2 双回路放射式

器约 5 台以内,总容量不超过 2000kVA,见图 3.7-3。

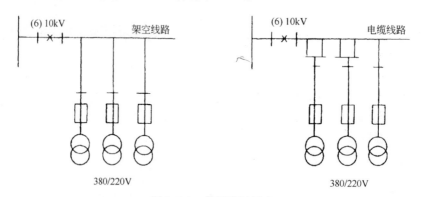

图 3.7-3 单回路树干式

(B) 单侧供电双回路树干式

供电可靠性稍低于双回路放射式,但投资少,一般用于二、三级负荷,当供电电源可靠时,也可供电给一级负荷,见图 3.7-4。

4) 单侧供电环式(开式)

用于对二、三级负荷供电,一般两回路电源同时工作开环运行,也可一用一备开环运行,供电可靠性较高,电力线路检修时可切换电源,故障时可切换故障点,但保护装置和整定配合都比较复杂,见图 3.7-5。

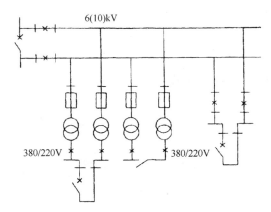

图 3.7-4 单侧供电双回路树干式

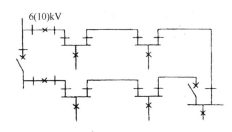

图 3.7-5 单侧供电环式(开环)

(2) 低压配电方式

1) 低压放射式

配电线路故障互不影响,供电可靠性高,配电设备集中,检修比较方便,但系统灵活性较差。一般用于容量大、负荷集中或重要的用电设备；需要集中连锁启动、停车的设备；有腐蚀性介质和爆炸危险等场所不宜将配电及保护启动设备放在现场者,见图 3.7-6。

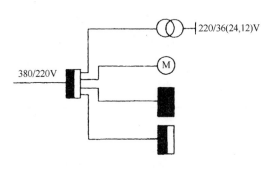

图 3.7-6 低压放射式

2) 低压树干式

系统灵活性好,消耗有色金属较少,干线故障时影响范围大,一般用于用电设备布置比较均匀,容量不大,又无特殊要求的场所,见图 3.7-7。

3) 低压链式

用于远离配电屏而彼此相距又较近的不重要的小容量用电设备。链接的设备一般不超过 5 台,总容量不超过 10kW,见图 3.7-8。

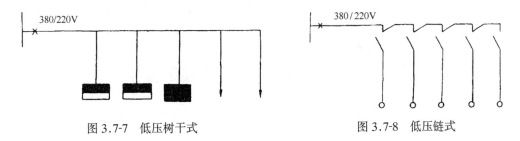

图 3.7-7 低压树干式　　　　图 3.7-8 低压链式

4) 低压环式

两回路电源同时工作开环运行,供电可靠性较高,运行灵活,故障时可切除故障点见图 3.7-9。

3.7.4.2 配电系统

(1) 高压配电系统

高压配电系统宜采用放射式,根据具体情况也可采用环式、树干式或双树干式。

1) 一般按占地 $2km^2$ 或按总建筑面积 $4\times10^5m^2$ 设置一个 10kV 配电所。当变电所在 6 个以上时,也可设置一个 10kV 配电所。变电所的设置要考虑 380/220V 低压供电半径不超过 250m。

2) 大型民用建筑宜分散设置配电变压器,即分散设置变电所。如:

(A) 单体建筑面积大或场地大,用电负荷分散者。

(B) 超高层建筑。

(C) 大型建筑群。

(2) 低压配电系统

1) 带电导体系统的型式

带电导体系统的型式,宜采用单相二线制、两相三线制、三相三线制、三相四线制,见图 3.7-10～图 3.7-12。

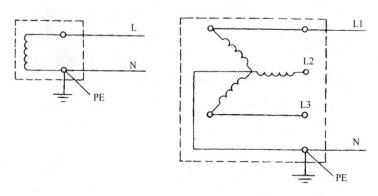

图 3.7-9 低压环式

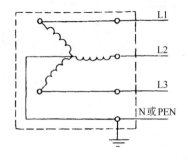

图 3.7-10 单相二线制

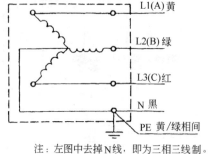

注:左图中去掉 N 线,即为三相三线制。

图 3.7-11 三相四线制

由地区公共低压网供电的 220V 照明负荷,线路电流不超过 30A 时,可用 220V 单相供电,否则应以380/220V三相四线制供电。

2) 住宅的低压配电系统

（A）高层建筑

配电系统采用树干式、分区树干式或放射式。应将照明与电力负荷分成不同的配电系统,消防及其他防灾用电设施的配电宜自成系统,工作电源与备用电源应在末端自动切换。

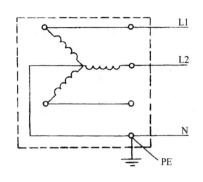

图3.7-12　两相三线制

（B）多层建筑

多层住宅建筑采用树干式配电,层配电箱至各户采用放射式。亦可采用环式(开环)方式配电。应将照明与电力负荷分成不同配电系统。

住宅以外的其他多层建筑,对于较大的集中负荷或较重要的负荷应从配电室以放射方式配电,也可采用树干式或分区树干式向各层配电间或配电箱配电。

《北京市"九五"住宅建筑标准》的每户用电负荷指标表　3.7-1

居室类别	户　　型	建筑面积(m²)	每户负荷(kW)	安装电度表规格
丙	1室	45～50	1.5	5(20)
乙	2室	60～65	2.0	5(20)
乙	3室	75～80	3.5	5(20)
甲	4室	90～95	3.5	10(40)

3) 低压配电系统的接地形式

低压配电系统有三种接地形式:

（A）TN系统

TN-S系统,见图3.7-13。

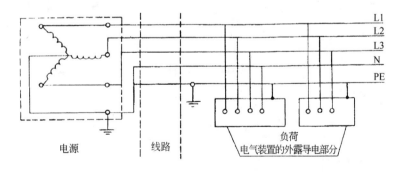

图3.7-13　TN-S　整个系统的中性线N和保护线PE是分开的

TN-C系统,见图3.7-14。

TN-C-S系统,见图3.7-15。

（B）TT系统,见图3.7-16。

（C）IT系统,见图3.7-17。

(3) 超低压配电

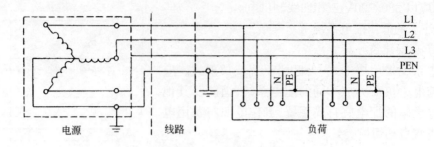

图 3.7-14　TN-C 系统　N 线和 PE 线是合在一起的

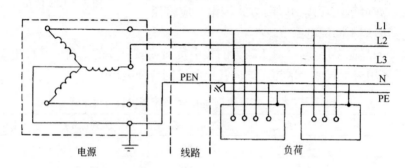

图 3.7-15　TN-C-S 系统　系统中有一部分 N 线和 PE 线是合一的

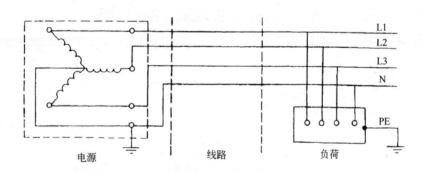

图 3.7-16　TT 系统

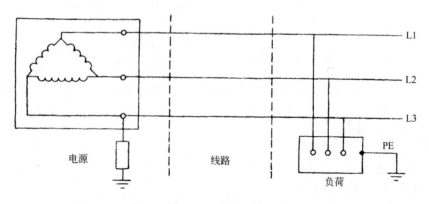

图 3.7-17　IT 系统

额定电压为50V及以下的配电,称为超低压配电。安全电压限值有两档:正常环境50V;潮湿环境25V。安全超低压回路的带电部分严禁与大地连接或与其他回路的带电部分或保护连接。

我国常用于正常环境的手提行灯电压为36V。在不便于工作的狭窄地点,且工作者接触有良好接地的大块金属面(如在锅炉、金属容器内)时,用12V的手提行灯。

在特别潮湿、高温、有导电灰尘或导电地面(如金属或其他特别潮湿的土、砖、混凝土地面等)的场所,当灯具安装高度距离地面有2.4m及以下时,容易触及的固定式或移动式照明器的电压可选用24V,或采用其他防电击措施。

3.7.4.3 配电线路

3～10kV的配电线路为高压配电线路(简称高压线路),1kV以下的配电线路称为低压配电线路(简称低压线路)。

(1) 室外线路

1) 架空线路

高压线路的导线,应采用三角形排列或水平排列;低压线路的导线,宜采用水平排列。高、低线路宜沿道路平行架设,电杆距路边可为0.5～1m。接户线在受电端的对地距离,高压接户线不应小于4m,低压接户线不应小于2.5m。线路跨越建筑物时,导线与建筑物的垂直距离,在最大计算弧垂的情况下,高压线路不应小于3m,低压线路不应小于2.5m。线路接近建筑物时,线路的边导线在最大计算风偏情况下,与建筑物的水平距离,高压不应小于1.50m,低压不应小于1m。导线与地面的距离,最大弧垂情况下,不应小于表3.7-2中数据。

导线与地面的距离表　　　　　　　　表3.7-2

线路通过地区	线路电压	
	高压	低压
居民区	6.50m	6.0m
非居民区	5.50m	5.0m
交通困难地区	4.50m	4.0m

2) 电缆线路

(A) 埋地敷设。沿同一路径敷设,8根及以下且现场有条件时,应埋设于冻土层以下,北京地区为0.7m,其他非寒冷地区,敷设的深度不应小于0.7m。

(B) 电缆沟敷设。沿同一路径敷设,18根以下时,宜采用电缆沟敷设。

(C) 电缆隧道敷设。沿同一路径敷设多于18根时,宜采用电缆隧道敷设。

(D) 排管内敷设。沿同一路径敷设,不多于12根时,宜采用排管内敷设。

(E) 电缆沟、电缆隧道在进入建筑物处,应采用防火措施,如设防火墙,墙上设防火门并应加锁。

(2) 室内线路

敷设方式可分为:

明敷设——导线直接或在管子、线槽等保护体内,敷设于墙壁、顶棚的表面及桁架、支架等处。

暗敷设——导线在管子、线槽等保护体内,敷设于墙壁、顶棚、地坪及楼板等内部,或者在混凝土板孔内敷线。

布线用的塑料管、塑料线槽及附件,应采用氧气指数27以上的难燃型产品。

1) 直敷布线。建筑物顶棚内严禁采用直敷布线。不得将护套绝缘电线直接埋入墙壁、顶棚的抹灰层内。

2) 金属管布线。在建筑物顶棚内宜采用金属管布线。穿金属管道的交流线路,应将同一回路的所有相线和中性线穿于同一管内。

3) 硬质塑料管布线。在建筑物顶棚内,可采用难燃型硬质塑料管布线。

4) 半硬塑料管及混凝土板孔布线。建筑物顶棚内,不宜采用塑料波纹管。

5) 金属线槽布线。具有槽盖的封闭式金属线槽,可在建筑物顶棚内敷设。

6) 塑料线槽布线。弱电线路可采用难燃型带盖塑料线槽在建筑物顶棚内敷设。

7) 电缆桥架布线。此种方法用于电缆数量较多或较集中的场所。桥架水平敷设时,距地高度一般不宜小于2.50m;垂直敷设时,距地1.80m以下应加金属盖板保护。桥架穿过防火墙及防火楼板时,应采取防火隔离措施。

8) 封闭式母线布线。电流在400~2000A,采用封闭式母线布线。水平敷设时,至地面的距离不应小于2.20m;垂直敷设时,距地面1.80m以下部分采取防止机械损伤的措施。封闭母线穿过防火墙及防火楼板时,应采取防火隔离措施。

9) 竖井布线

竖井布线一般适用于多层和高层建筑内强电及弱电垂直干线的敷设。竖井的位置和数量应根据建筑物规模、用电负荷性质、供电半径、建筑物的沉降缝设置和防火分区等因素确定。选择竖井位置时,应考虑下列因素:

(A) 靠近用电负荷中心。

(B) 不得和电梯井、管道井共用同一竖井。

(C) 避免临近烟道、热力管道及其他散热量大或潮湿的设施。

(D) 在条件允许时宜避免与电梯井及楼梯间相邻。

(E) 竖井的井壁应是耐火极限不低于1h的非燃烧体。竖井在每层楼应设维护检修门并应开向公共走廊,其耐火等级不应低于丙级,楼层间应做防火密封隔离。

(F) 竖井大小除满足布线间隔及端子箱、配电箱布置所必须的尺寸外,宜在箱体前留有不小于0.80m的操作、维护距离。

(G) 竖井内高压、低压和应急电源的电气线路,相互之间应保持≮0.30m的距离或采用隔离措施。

(H) 向电梯供电的电源线路,不应敷设在电梯井道内。除电梯的专用线路外,其他线路不得沿电梯井道敷设。

10) 地面内暗装金属线槽布线

此方式适用于正常环境下大空间,且隔断变化多、用电设备移动性大或敷有多种功能、线路的场所,将线路暗敷于现浇混凝土地面、楼板或楼板垫层内。

3.7.5 安全用电

低压配电系统遍及生活、生产的各个领域,人们随时都要与其接触,当由于某种原因其外露导电部分带电时,人们若与其接触,就有可能遭受电击,也就是常说的触电,危及人们的生命安全。为了保证电气设备上的安全,低压配电系统必须采取相应的防触电保护措施。

(1) 触电对人体造成伤害的影响因素

人体触电造成的伤害程度与下列因素相关:

1) 流经人体电流的大小

流经人体的电流,当交流在 15～20mA 以下或直流 50mA 以下的数值,对人身是安全的,对大多数人来说,是可以不需要别人帮助而能自行摆脱带电体。但是,即使是这样大小的电流,如长时间的流经人体,依旧是会有生命危险的。试验证明,100mA(0.1A)左右的电流流经人体时,会使人致命。

2) 人体电阻

当人体皮肤处于干燥、洁净和无损伤的状态下,人体的电阻高达 4～10 万 Ω。若除去皮肤,人体电阻下降到 600～800Ω。人体的皮肤电阻并不是固定不变的,当皮肤处于潮湿状态,如出汗、受到损伤或带有导电性的粉尘时,则人体电阻降到 1000Ω 左右。触电时,皮肤触及带电体的面积愈大,接触的愈紧密,人体的电阻愈小。

3) 作用于人体电压的高低

流经人体电流的大小,与作用于人体电压的高低并不是成直线关系。这是因为随着电压的增高,人体表皮角质层有电解和类似介质击穿的现象发生,使人体电阻急剧下降,而导致电流迅速增大。如当人手潮湿时,36V 以上的电压就成为危险电压。

4) 电流流经人体的持续时间

即使是安全电流,若流经人体的时间过久,也会造成伤亡事故。因为随着电流在人体内持续时间的增长,人体发热出汗,人体电阻会逐渐减小,而电流随之逐渐增大。

5) 电流流经人体的途径

电流流经人体的途径,对于触电的伤害程度影响甚大。实验证明,电流从手到脚,从一只手到另一只手或流经心脏时,触电的伤害最为严重。

6) 电源的频率

频率 50～60Hz 的电流对人体触电伤害的程度最为严重。低于或高于这些频率时,其伤害程度都会减轻。

7) 身心健康状态

患有心脏病、结核病、精神病、内分泌器官疾病或醉酒的人,触电引起的伤害更为严重。

8) 电流通过人体的效应

电流通过人体,会引起四肢有暖热感觉,肌肉收缩,脉搏和呼吸神经中枢急剧失调、血压升高、心室纤维性颤动、烧伤、眩晕等等。

(2) 防触电保护

低压配电系统的防触电保护可分为:

1) 直接接触保护(正常工作时的电击保护)

(A) 将带电导体绝缘,以防止与带电部分有任何接触的可能。

(B) 采用遮拦和外护物的保护。

(C) 采用阻挡物进行保护。阻挡物必须防止如下两种情况之一的发生:

身体无意识地接近带电部分;

在正常工作中设备运行期间无意识地触及带电部分。

（D）使设备置于伸臂范围以外的保护。

（E）用漏电电流动作保护装置作后备保护。

2）间接接触保护（故障情况下的电击保护）

（A）用自动切断电源的保护（包括漏电电流动作保护），并辅以总等电位联结。

（B）使工作人员不致同时触及两个不同电位点的保护（即非导电场所的保护）。

（C）使用双重绝缘或加强绝缘的保护。

（D）用不接地的辅助等电位联结的保护。

（E）采用电气隔离。

总等电位联结是在建筑物电源进线处，将保护干线、接地干线、总水管、采暖和空调管以及建筑物金属构件相互作电气联结。

辅助等电位连接是在某一范围内的等电位联结，包括固定式设备的所有可能同时触电的外露可导电部分和装置外可导电部分作等电位联结。

3）直接接触与间接接触兼顾的保护，宜采用安全超低压和功能超低压的保护方法来实现。

4）特殊场所装置的安全保护

主要指澡盆、淋浴室、游泳池及其周围，由于人体电阻降低和身体接触地电位而增加电击危险的安全保护。

5）下列设备的配电线路宜设置漏电电流动作保护：

（A）手握式及移动式用电设备。

（B）建筑施工工地的用电设备。

（C）环境特别恶劣或潮湿场所（如锅炉房、食堂、地下室及浴室）的电气设备。

（D）住宅建筑每户的进线开关或插座专用回路。

（E）由TT系统供电的用电设备。

6）几种常见插座的接线方式见图3.7-18。

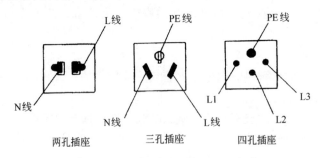

图3.7-18 几种常见插座的接线方式

3.7.6 火灾报警与消防联动

及早发现和通报火灾，对于防止和减少火灾危害，保护人身和财产安全是非常重要的。根据建筑物的规模、功能、档次设置火灾自动报警及消防联动控制系统。

3.7.6.1 系统设置范围和保护等级的划分

（1）系统设置范围

高层民用建筑：
1) 10 层及 10 层以上的住宅建筑（包括底层设置商业服务网点的住宅）的公用部位。
2) 建筑高度超过 24m 的其他民用建筑。
3) 与高层建筑直接相连且高度不超过 24m 的裙房。

低层建筑：
1) 建筑高度不超过 24m 的单层及多层的相关公用建筑。
2) 单层主体建筑高度超过 24m 的体育馆、会堂、剧院等公用建筑。
3) 防空工程、地下铁道、地下建筑。

(2) 保护等级

保护等级应根据建筑物防火等级的分类，按下列原则确定：
1) 超高层（建筑高度超过 100m）为特级保护对象，应采用全面保护方式。
2) 高层建筑中的一类建筑为一级保护对象，应采用总体保护方式。
3) 高层中的二类和低层中的一类建筑为二级保护对象，应采用区域保护方式，重要的亦可采用总体保护方式。
4) 低层中的二类建筑为三级保护对象，应采用场所保护方式，主要的亦可采用区域保护方式。

3.7.6.2 火灾自动报警系统的形式

(1) 区域报警系统，宜用于二级保护对象。
(2) 集中报警系统，宜用于一级和二级保护对象。
(3) 控制中心报警系统，宜用于特级和一级保护对象。

3.7.6.3 火灾探测器的设置

(1) 火灾探测器分类
1) 感烟探测器
包括离子感烟探测器、光电感烟探测器。
2) 感温探测器
包括差温探测器、定温探测器、差定温探测器。
3) 火焰探测器
包括红外线火焰探测器、紫外线火焰探测器。
4) 可燃气体探测器

(2) 火灾探测器的设置部位
火灾探测器的设置部位，应与保护对象的等级相适应。
1) 在超高层建筑中，除不适合装设火灾探测器的部位（如厕所、浴池），均应全面设置火灾探测器。
2) 一、二级保护对象，应分别在下列部位设置火灾探测器：
(A) 走道、大厅。
(B) 重要的办公室、会议室及贵宾休息室。
(C) 可燃物品库、空调机房、自备应急发电机房、配变电室、UPS 室。
(D) 地下室、地下车库及低层建筑的底层汽车库（超过 25 台）。

(E)具有可燃物的技术夹层。

(F)主要的资料、档案库。

(G)前室(包括消防电梯、防排烟楼梯间、疏散楼梯间及合用前室)。

(H)电子设备的机房(如电话站、广播站、广播电视机房、中控室等)。

(I)电缆隧道和高层建筑的垃圾井前室、电缆竖井。

(J)净高超过0.8m具有可燃物的闷顶(设有自动喷洒设施的可不装)。

(K)电子计算机房的主机室、控制室、磁带库。

(L)商业和综合建筑的营业厅、可燃商品陈列室、周转库房。

(M)展览楼的展览厅、报告厅、洽谈室。

(N)博物馆的展厅、珍品储存室。

(O)财贸金融楼的营业厅、票证库。

(P)三级及以上旅馆的客房、公共活动用房和对外出租的写字楼内主要办公室。

(Q)电信和邮政楼的主要机房、电力室。

(R)广播电视楼的演播室、录音室、播音室、道具和布景室、节目播出及其技术用房。

(S)电力及防洪调度楼的微波机房、计算机房、调度室、微波室、控制机房。

(T)医院的病历室、高级病房及贵重医疗设备的房间。

(U)剧场的舞台、化妆室、声控和灯控室、服装、道具和布景室。

(V)体育馆(场)的声控、灯控室和计时记分控制室。

(W)铁路旅客站、码头和航空港的调度室、导控室、行包房、票据库、售票室、软席候车室等。

(X)根据火灾危险程度及消防功能要求需设置火灾探测器的其他场所。

3)三级保护对象,应在下述部位装设火灾探测器:

(A)电子计算机房的主机室、控制室、磁带库。

(B)商场的营业厅、周转库房。

(C)图书馆的书库。

(D)主要的资料及档案库、陈列室。

(E)剧场的声控室、灯控室、化妆室、道具及布景室。

(F)根据火灾危险程度及消防功能要求需要设置火灾探测器的其他场所。

(3)火灾探测器选择的原则

1)火灾初期有阴燃阶段,产生大量的烟和少量的热,很少或没有火焰辐射,应选用感烟探测器。

2)火灾发展迅速,产生大量的热、烟和火焰辐射,可选用感温探测器、感烟探测器、火焰探测器或其组合。

3)火灾发展迅速,有强烈的火焰辐射和少量的烟、热,应选用火焰探测器。

4)火灾形成特点不可预料,可进行模拟试验,根据试验结果选择探测器。

5)对使用、生产或聚集可燃气体或可燃液体、蒸汽的场所,应选择可燃气体探测器。

6)对不同高度的房间,按表3.7-3选择点型火灾探测器。

点型火灾探测器的选用　　　　　　　　　　　　　　表 3.7-3

房间高度(m)	感烟探测器	感温探测器			火焰探测器
		一级	二级	三级	
12<h≤20	不适合	不适合	不适合	不适合	适合
8<h≤12	适合	不适合	不适合	不适合	适合
6<h≤8	适合	适合	不适合	不适合	适合
4<h≤6	适合	适合	适合	不适合	适合
h≤4	适合	适合	适合	适合	适合

3.7.6.4　火灾应急广播及消防专用电话

（1）火灾应急广播

1）控制中心报警系统应设火灾应急广播，集中报警系统宜设火灾应急广播。一般情况时火灾应急广播与建筑物内设置的广播音响系统合用；火灾时在消防控制室将火灾疏散层的扬声器和广播音响扩音机强制转入火灾应急广播状态。

2）火灾广播扬声器应设置在走道、大厅、餐厅等公共场所，其数量应能保证从一个防火分区内的任何部位到最近一个扬声器的距离不大于 25m，走道内最后一个扬声器至走道末端的距离不应大于 12.5m；在走道交叉处、拐弯处均应设置扬声器。扬声器的额定功率不应小于 3W。

3）设在客房内的扬声器的额定功率不应小于 1W；客房外走道内扬声器的额定功率不应小于 3W，且扬声器在走道内的设置间距不宜大于 10m。

4）火灾应急广播馈线电压不宜大于 100V。

（2）消防专用电话

1）消防专用电话应为独立的通讯网系统。

2）消防控制室、消防值班室或集中报警控制器室应装设城市 119 专用火警电话用户线。

3）在建筑物内消防泵房、通风机房、主要配电室、电梯机房、空调机房等房间；在区域报警控制器及卤代烷等管网灭火系统应急操作装置处、消火栓按钮及手动报警按钮装设处；在消防值班室、保卫办公用房等处，均应装设火警专用电话分机。

3.7.6.5　消防控制室与消防值班室

（1）消防值班室

仅有火灾报警而无消防联动控制功能时，可设消防值班室。消防值班室宜设在首层主要出入口附近，可与经常有人值班的部门合并设置。

（2）消防控制室

设有火灾自动报警和自动灭火或有消防联动控制设施的建筑物内应设消防控制室。消防控制室的选择，需满足下列要求：

1）设置在建筑物的首层，距通往室外出入口不应大于 20m。

2）内部和外部消防人员能容易找到并可以接近的房间，并应设在交通方便和发生火灾时不易延燃的部位。

3）不应设于厕所、锅炉房、浴室、汽车库、变压器室等的隔壁和上下层相对应的房间。

4）门应向疏散方向开启，入口处设置明显的标志，隔墙的防火极限不低于3h，楼板的耐火极限不低于2h。

3.7.6.6 消防联动控制对象

消防联动控制对象包括：

1）灭火设施

（A）消火栓灭火系统，其控制回路应采用50V以下的安全电压。

（B）自动喷水灭火系统。

（C）卤代烷、二氧化碳气体自动灭火系统。

2）防排烟设施。

3）防火卷帘、防火门、水幕。

4）电梯。

5）非消防电源的断电控制等。

6）消防联动控制装置的直流操作电源电压，应采用24V。

3.7.6.7 火灾应急照明

1）下列部位需设置火灾时的备用照明：

（A）疏散楼梯（包括防烟楼梯间前室）、消防电梯及其前室。

（B）消防控制室、配电室、消防水泵房、自备发电机房、防排烟机房等。

（C）观众厅、宴会厅、重要的多功能厅及每层建筑面积超过1500m^2的展览厅、营业厅等。

（D）建筑面积超过200m^2的演播室；人员密集、建筑面积超过300m^2的地下室。

（E）通信机房、大中型电子计算机房、BAS中央控制室等重要技术用房。

（F）每层人员密集的公共场所等。

（G）公共建筑内的疏散走道和居住建筑内长度超过20m的内走道。

2）建筑物（二类建筑的住宅建筑除外）的疏散走道和公共出口处，应设疏散照明。

3）凡在火灾发生时可能因正常电源突然中断导致人员伤亡，具有潜在危险的场所（如医院内的重要手术室、急救室等），应设安全照明。

3.7.6.8 消防用电设备的配电系统

1）一类防火建筑应按一级负荷要求供电。二类防火建筑应按二级负荷要求供电，设置两个电源或两回线路，应在最末一级配电箱处自动切换。

2）消防联动控制、自动灭火控制、通讯、应急照明及应急广播等线路应穿金属管保护，并宜暗敷在非燃烧结构体内，其保护厚度不应小于3cm。当必须明敷时，应在金属管上采取防火保护措施。

3）弱电线路的电缆竖井，宜与强电线路的电缆竖井分别设置，如受条件限制必须合用时，弱电与强电线路应分别布置在竖井两侧。

3.7.7 电话、有线广播和扩声与同声传译

3.7.7.1 电话

（1）电话设备

电话设备主要包括电话交换机（含配套辅助设备）、话机及各种线路设备和线材。

1）电话交换机

目前主要用的有纵横制自动电话交换机、数字程控交换机（简称程控交换机）。

程控交换机由于使用数字电脑对交换机的工作进行程序控制,因此可以根据不同需要实现众多的服务功能,这是其他各种交换机所难以企及的。而且它的传话距离、信息总量和话音清晰度都有了很大的提高,受到了用户的普遍欢迎,应用广泛。程控交换机一般分为办公楼用的和酒店宾馆用的两大类。程控交换机的辅助设备主要包括交流配电盘、直流配电盘、蓄电池组及总配线架。这些设备可以随交换机配套供应。

2) 话机

程控交换机一般宜配用双音多频按钮式话机,采用2芯线连接。标准型话机是含8功能键的多功能话机,豪华型话机为8功能键兼有扬声对讲功能的话机。这两种话机采用4芯线联接。

3) 线路设备及件材

包括交接箱、组合式话机出线插座、电话电缆线 PVC-(4×0.5)、PVC-(2×0.5)。

(2) 电话站的设置

1) 当电话用户数量在50门以下,而市话局又能满足市话用户要求时,可不设电话站,直接进入市话网。

2) 电话用户数量在50门及以上的,一般设电话站,但是住宅、公寓、出租写字楼不设电话站,电话用户直接进入市话网。

(3) 电话站对建筑的要求

1) 单独建电话站时,建筑物耐火等级应为二级,抗震设计按站址所在地区规定烈度提高一度考虑。

2) 电话站与其他建筑物合建时,200门及以下自动电话站宜设有交换机室、话务室和维修室等,如有发展可能则宜将交换机室与总配线架室分开设置。

3) 800门及以上(程控交换机1000门及以上)电话站应考虑有电缆进线室、配线室(包括传输室)、交换机室、转接台室、电池室、电力室以及维修器材备件用房、办公用房等。

4) 电话站的技术用房,室内最低净空高度一般应为3m,如有困难亦应保证梁的最低处距机架顶部电缆走架有0.2m的距离。程控交换机的机架,低架一般为2~2.4m,高架2.6~2.9m。

5) 电话站与其他建筑物合建时,宜将位置选择在楼层一端组成独立单元,并要与建筑物内其他房间隔开。

6) 交换机室与转接台室之间设玻璃隔断,若无条件时可设玻璃观察窗,一般窗长2m、高1.2m、底边距地0.8m。

7) 技术用房的地面(除蓄电池)应采用防静电的活动地板或塑料地面,有条件时亦可采用木地板。

8) 交换机容量一般按总建筑面积估算,住宅等按50~60m² 一门,写字楼按20~30m² 一门。

3.7.7.2 有线广播

公共建筑应设有线广播系统。系统的类别应根据建筑规模、使用性质和功能要求确定。一般可分为:业务性广播系统、服务性广播系统、火灾事故广播系统。

有线广播的设置要满足以下要求:

1) 办公楼、商业楼、院校、车站、客运码头及航空港等建筑物,应设业务性广播,满足以业务及行政管理为主的语言广播要求,由主管部门管理。

2) 一至三级旅馆、大型公共活动场所应设服务性广播,满足以欣赏性音乐类广播为主的要求。

3) 民用建筑内设置的火灾事故广播,应满足火灾时引导人员疏散的要求。

4) 公共建筑宜设广播控制室,当建筑物中的公共活动场所(如多功能厅、咖啡厅等)需单独设置扩声系统时,宜设扩声控制室,但广播控制室与扩声控制室间应设中继线联络或采用用户线路转换措施,以实现全系统广播。

5) 有线广播的功放设备宜选用定电压输出。定电压扩音机的输出电压,当负载在一定的范围内变化时其基本上保持不变,音质也较好,所以一般采用定电压功放设备。定电压输出的馈电线路,输出电压宜采用70V或100V。当功放设备容量小或广播范围小时,也可根据情况选用定阻输出功放设备。定阻抗扩音机的输出电压随负载阻抗的改变而变化较大,因此要求负载阻抗与扩音机的输出阻抗相匹配。

6) 办公室、生活间、客房等,可采用1~2W的扬声器箱;走廊、门厅及公共活动场所的背景音乐、业务性广播等扬声器箱,宜采用3~5W。在建筑装修和室内净高允许的情况下,对大空间的场所,宜采用声柱(或组合音箱);在噪声高、湿度大的场所,应采用号筒扬声器。

7) 广播控制室的设置原则

(A) 办公建筑,广播控制室宜靠近主管业务部门,当消防值班室与其合用时,应符合消防规范的有关规定。

(B) 旅馆类建筑,服务性广播宜与电视播放合并设置控制室。

(C) 航空港、铁路旅客站、港口码头等建筑,广播控制室宜靠近调度室。

(D) 设置塔钟自动报时扩音系统的建筑,控制室宜设在楼房顶屋。

3.7.7.3 扩声与同声传译

(1) 扩声控制室

扩声控制室的位置应能通过观察窗直接观察到舞台活动区(或主席台)和大部分观众席,宜设在以下位置:

1) 观演建筑,宜设在观众厅后部。

2) 体育建筑,宜设在主席台侧。

3) 会议厅、报告厅宜设在厅的后部。

扩声控制室不应与电气设备机房(包括灯光控制室),特别是设有可控硅设备的机房毗邻或上下层重叠设置。

(2) 同声传译室

同声传译室应符合下列规定:

1) 靠近会议大厅(或观众厅),观察窗应采用中间有空气层的双层玻璃隔声窗。

2) 译音员之间应加隔板,有条件时设隔音间。

3) 译音室应设空调设施并做好消声处理。

4) 译音室应作声学处理并设置带有声锁的双层隔声门。

3.7.8 共用天线电视系统和闭路应用电视系统

3.7.8.1 共用天线电视系统(CATV)

共用天线电视系统,是若干台电视机共同使用一套天线设备的电视系统。这套公共天线设备将接收来的广播电视信号,先经过适当处理(如放大、混合、频道变换等),然后由专用部件将信号合理地分配给各电视接收机。由于系统各部件之间采用了大量的同轴电缆作为信号传输线,因而CATV系统又叫做电缆电视系统。有了CATV系统电视图像将不会因受到遮挡或反射,出现重影或雪花干扰,人们可以看到很好的电视节目。

当前,共用天线电视系统发展极为迅速,并向大型化、多路化和多功能方面发展。它不仅能用来传送电视台发送的节目,而且只要在系统的前端设备中增加如同录像机、影碟机、电影电视播发等若干设备,或配备全套小型演播室设备,就可以自办节目,形成完整的闭路电视系统。

(1) 共用天线电视系统的分类

CATV系统按其容纳的用户输出口数量分为四类:

A类:10000户以上

B类:2001~10000户

B类又分:

B_1类:5001~10000户

B_2类:2001~5000户

C类:301~2000户

D类:300户以下

(2) 共用天线电视系统的组成

CATV系统由接收天线、前端设备、信号分配网络和用户终端四部分组成。

1) 大型共用天线系统其前端设备有开路和闭路两套系统。开路系统有VHF(甚高频电视广播用,即1~12频道)、UHF(特高频电视广播用,即13~68频道)、FM(调频广播用)、SHF(超高频,卫星广播电视用)等频段的接收设备;闭路系统有摄像机、录音机、电影电视设备等。

2) 用户终端的电平控制值

(A) 电视图像:强场强区73±5dBμV,弱场强区70±5dBμV。

(B) FM:立体声调频广播65±5dBμV,单声道调频广播58±5dBμV。

3) 线路传输用75Ω同轴电缆。

(3) 天线位置选择

1) 选择在广播电视信号场强较强、电磁波传输路径单一的地方,宜靠近前端(距前端的距离不大于20m),避开风口。

2) 天线朝向发射台的方向,不应有遮挡物和可能的信号反射,并尽量远离汽车行驶频繁的公路、电气化铁路和高压电力线路等。

3) 安装在建筑物的顶部或附近的高山顶上。由于它高于其他的建筑物,遭受雷击的机会就较多。因此一定要安装避雷装置,从竖杆至接地装置的引下线至少用两根,从不同方位以最短的距离泄流引下,接地电阻应小于4Ω。当系统采用共同接地时,其接地电阻不应大于1Ω。

4) 群体建筑系统的接收天线,宜位于建筑群中心附近的较高建筑物上。

3.7.8.2 闭路应用电视系统(CCTV)

(1) 闭路应用电视系统的用途

在民用建筑中,闭路应用电视系统主要用在闭路监视电视系统、医疗手术闭路电视系统、教学闭路电视系统、工业管理闭路电视系统等。

(2) 闭路应用电视系统的组成

闭路应用电视系统一般由摄像、传输、显示及控制等四个主要部分组成。根据具体工程要求可按下列原则确定:

1) 在一处连续监视一个固定目标时,宜采用单头单尾型。

2) 在多处监视同一固定目标时,宜装置视频分配器,采用单头多尾型。

3) 在一处集中监视多个目标时,宜装置视频切换器,采用多头单尾型。

4) 在多处监视多个目标时,宜结合对摄像机功能遥控的要求,设置多个视频分配切换装置或者矩阵连接网络,采用多头多尾型。

5) 摄像机应安装在监视目标附近又不易受外界损伤的地方;室内安装高度以 2.5~5m 为宜,室外 3.5~10m 为宜,并不得低于 3.5m。

6) 系统的监控室宜设在监视目标群的附近及环境噪声和电磁干扰小的地方。监控室的使用面积,应根据系统设备的容量来确定,一般为 12~50m^2。监控室内温度宜为 16~30℃,相对湿度宜为 40%~65%,根据情况可设置空调。

3.7.9 呼应(叫)信号及公共显示装置

3.7.9.1 呼应信号设施

呼应信号是民用建筑中保证建筑使用功能的重要设施。

(1) 医院呼应信号

1) 护理呼应信号。主要满足患者呼叫护士的要求,各管理单元的信号主控装置应设在医护值班室。

2) 候诊呼应信号。主要用于医生呼叫就诊患者的要求。

3) 寻叫呼应信号。主要满足医院内寻呼医护人员的要求。寻呼呼应信号的控制台宜设在电话站内,由值机人员统一管理。

(2) 旅馆呼应信号

旅馆及服务要求较高的招待所,宜设呼应信号系统,主要满足旅客呼叫服务员的要求。

(3) 住宅(公寓)呼应信号

根据保安、访客情况,宜设住宅(公寓)对讲系统,包括:

1) 对讲机——电门锁保安系统。

2) 可视——对讲——电门锁系统。

3) 闭路电视保安系统。

(4) 无线呼应系统

在大型医院、宾馆、展览馆、体育馆(场)、演出中心,民用航空港等公共建筑中,根据指挥、调度、服务需要,宜设置无线呼应系统。按呼叫程式可分无线播叫和无线对讲两种方式。设置无线呼叫系统应向当地无线通讯管理机构申报。

医院、旅馆的呼应(叫)信号装置,应使用 50V 以下安全工作电压,一般采用 24V。

3.7.9.2 公共信号显示装置

(1) 体育馆(场)应设置计时记分装置。

(2) 民用航空港、中等以上城市火车站、大城市的港口码头、长途汽车客运站应设置班次动态显示牌。

(3) 大型商业、金融营业厅宜设置商品、金融信息显示牌。

(4) 中型以上火车站、大型汽车客运站、客运码头、民用航空港、广播电视大楼,以及其他有统一计时要求的工程,宜设时钟系统。旅游宾馆宜设世界时钟系统。母钟站宜与电话机房、广播电视机房合并设置,并应避开有强烈振动、腐蚀、强电磁干扰的环境。

3.7.10 电动率的概念

$$S = \sqrt{P^2 + Q^2}$$
$$\cos\varphi = \frac{P}{S}$$
$$S = UI$$
$$P = UI\cos\varphi = S \cdot \cos\varphi$$
$$Q = UI\sin\varphi = S \cdot \sin\varphi$$

三相电路的功率:

$$S = \sqrt{3}U_L I_L, \quad P = \sqrt{3}U_L I_L \cos\varphi, \quad Q = \sqrt{3}U_L I_L \sin\varphi$$

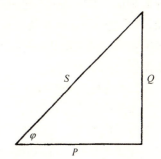

图 3.7-19 功率三角函数

式中 U_L——线电压,V(伏)、kV(千伏),1kV = 10^3V;

I_L——线电流,A(安)、kA(千安),1kV = 10^3A;

P——有功功率,W(瓦)、kW(千瓦),1kW = 10^3W;

Q——无功功率,Var(乏)、kVar(千乏),1kVar = 10^3Var;

S——视在功率,VA(伏安)、kVA(千伏安),1kVA = 10^3VA;

$\cos\varphi$——功率因数;

kWH(kWh)——千瓦小时,亦称电度,简称度;它是电能的单位。测量这种电能的仪器叫做千瓦时计,俗称电度表。

3.8 建筑采暖、通风与空气调节

3.8.1 采暖技术

3.8.1.1 基本知识

通俗地讲,采暖实际就是将热能由热源通过热媒输送到热用户,将热能释放出来,补充由于室外气候和其他因素造成的热损失,保证一定的室内温度,以满足人们生产和生活的需要。

常见的热源有家用燃煤或燃气炉、锅炉房、地热能、热泵、太阳能等。随着我国电力负荷的增多,以热电厂为热源的区域供暖系统逐渐增多。

常见的热媒是水和蒸汽。

(1) 采暖系统的分类

按照采暖范围的不同,可分为局部、集中、区域三种采暖系统。

以小型锅炉为热源,作用于独立小楼或分散平房的采暖系统称为局部供暖。近几年随着分户热计量的出现,住宅中每个单元分设燃气炉,只对本单元供暖的系统形式即属于这种系统。这种系统分散灵活,便于用户根据实际情况对热源调节,也便于计费。以锅炉房为热源,作用于一栋或几栋楼房的采暖系统称为集中供暖。以热电厂、热力站或大型锅炉房为热源,供应群楼、住宅小区等大面积供暖系统称为区域供暖。区域供暖具有环保、高效的特点。

按照热水循环动力的不同,热水采暖系统分为自然循环和机械循环。自然循环靠温差产生动力,适用于小型系统。机械循环依靠水泵推动水流动,可依据建筑及厂区的实际情况选配水泵,现在常见的是这种系统。

低温热水采暖,设计供回水温度95/70℃,95℃供水通过散热器释放热能,与室内进行热交换,换热后70℃的回水回到热源被加热到95℃再循环运行,不断以水为媒介吸收热量、释放热量。空间高大和进深较大的建筑采用常规散热器方式时,会造成温度场严重的不均衡,宜采用热风采暖系统。近年来,地板辐射采暖逐渐流行,这种方式在国外已经经过了实践的检验。其实质就是低温热水采暖,考虑到人体舒适度的要求和管材的耐热抗老化性,供水温度应低于60℃。

(2) 传热的基本概念

自然界的水总是从高处流向低处,热总是从高位状态流向低位状态。温度差是热能流动的重要推动力。传热分为导热、对流和辐射三种基本方式。

导热是指物体各部分无相对位移或不同物体直接接触时依靠物质分子、原子及自由电子等微观粒子热运动而进行的热量传递现象。导热可以在固体、液体及气体中发生。依靠流体的运动,把热量由一处传递到另一处的现象,称为对流。依靠物体表面对外发射可见或不可见的射线(电磁波)来传递热量的方式称为热辐射。

(3) 热负荷的意义

冬季寒冷地区室内外存在温差,为维持一定的室内温度,就需要补充损失的热能,即通过采暖的各种手段将热能释放,达到热平衡。当释放的热能高于损失的热能,会导致室内温度的增高,当释放的热能低于损失的热能,会导致室内温度的降低,并且会形成新的热平衡。为了达到要求的室内温度,保持房间的热平衡,供暖系统在单位时间内向建筑物供给的热量称为热负荷。

对于一间房间而言,由于室内外温差的存在,会通过墙、窗、屋顶、地面等维护结构和外界发生传热,其主要影响因素有室外温度、室外风速、维护结构保温性能、建筑朝向、房间高度等。在人员较多的影剧院等特殊工程中,人体散热作为室内得热,计算时可以适当考虑,以减少散热设备的设置。

(4) 散热器的散热过程

散热器内的热媒靠对流换热将热量传给散热器内壁,内壁靠传导将热量传给外壁,外壁通过对流换热把大部分热量传给空气,通过辐射将另一部分热量传给室内的人和家具等物品。

(5) 散热器的种类

常用的主要有铸铁和钢制散热器,近年铜管铝片和铝制散热器也得到了应用。铸铁散热器分为柱型、圆翼型、方翼型、柱翼型等,加翼片可以增加外壁换热面积,增强换热效果。铸铁散热器结构简单、防腐性好、使用寿命长、热稳定性好,但外形不够美观,金属耗量高,铸造过程中对环境有污染。钢制散热器规格较多,有钢串片、扁管式、板式、管板式、光管式、细柱式、高频焊翼片式等。钢制散热器外形可以加工的比较美观(图3.8-1,图3.8-2),更加精巧,重量轻,耐压强度高,但钢串片式和板式散热器水容量小,热稳定性差。钢制散热器对水质的要求比铸铁散热器高,可以采用内壁防腐工艺以适应水质条件的不同。在西欧和美国则大量使用踢脚板式散热器,即铜管铝片外设钢制暖气罩的低矮散热器,可沿墙连续布置,阳台门处作门槛。

图 3.8-1

图 3.8-2

(6) 室内散热器采暖的布置方式

根据散热器形式的不同可以采用挂墙安装或落地安装。根据墙龛的尺寸可以暗装、半暗装或明装。散热器的布置容易造成室内冷暖空气的对流,可使室外侵入的冷空气加热迅速,达到人员的停留区域暖和和舒适以及少占室内有效空间和使用面积。通常散热器置于外窗的窗台下较好,对于进深较小的房间,也可布置在内墙侧。管路的走向分为垂直布置和水平布置。采用垂直布置时,标准层只见到立管和水平支管。采用水平布置优点是便于分层控制,但每个标准层都有供回水主管道。

3.8.1.2 和室内装修专业的配合

(1) 对围护结构的影响

出于装修效果的考虑,装修时有时会对建筑围护结构作改动。对外窗的拆改应保证其保温密封性能,不能随意扩大窗墙比。对围护结构的改动,应进行热负荷的校核,如果有所增加,应优先改用高性能保温结构,做到建筑节能。当仍不能达到要求时,要增加散热器以保证室内温度。

(2) 室内布局的改变,应注意到和散热器布置的协调。如果分隔出的房间,没有散热器,就会影响室内温度,需要采取增加散热器或者采用电暖设备等相应的措施。

(3) 散热设备对室内美观的影响

传统的散热器外观不够考究,作室内装修时通常采取包暖气罩的作法。由于散热器是以对流散热为主,因此暖气罩的作法应有利于气流的对流。当暖气罩开孔形式是顶部敞开,下部距地 150mm 时,此种方式能强化对流效应,散热效果略优于明装方式。实际工程中由于对此没有引起足够的重视,经常是仅在暖气罩侧壁开孔,使罩内温度较高,散热效果却大打了折扣。常见的暖气罩作法对散热效果的影响见图 3.8-3。有的室内设计将散热器、管道喷涂乳胶漆,色彩和室内协调,(不做暖气罩)效果也很好。有些厂商重视散热器外形设计,生产的细柱式钢制散热器表面光洁,可根据需要喷成各种颜色,有多种高度尺寸可选,并且可以配合家具作出有弧度的排列,这样散热器就成为室内装饰的一部分,符合简单明快的现代生活理念,逐渐得到推广。

序号	装置示意图	说明	系数	序号	装置示意图	说明	系数
1	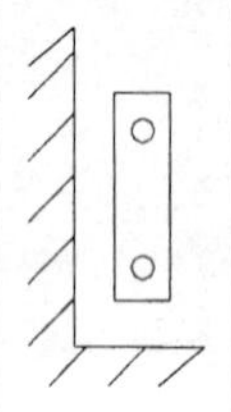	敞开装置	$\beta3=1.0$	5	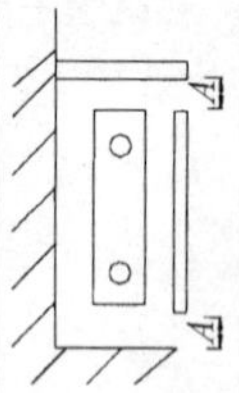	外加围罩,罩子前面上下端开孔	$A=130$mm 孔敞开 $\beta3=1.2$ 孔带格网 $\beta3=1.4$
2	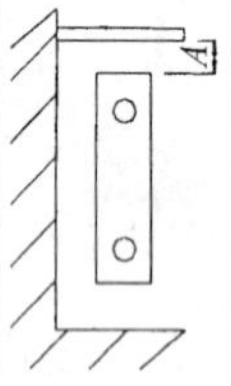	上加盖板	$A=40$mm $\beta3=1.05$ $A=80$mm $\beta3=1.03$ $A=100$mm $\beta3=1.02$	6	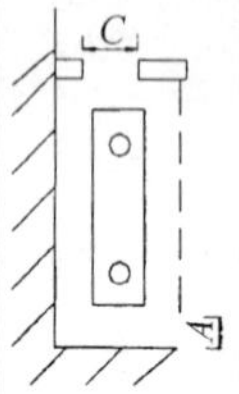	外加网格罩,罩子顶部开孔,$C\geqslant$散热器宽,罩子前面下端开孔 A	$A\geqslant100$mm $\beta3=1.15$
3	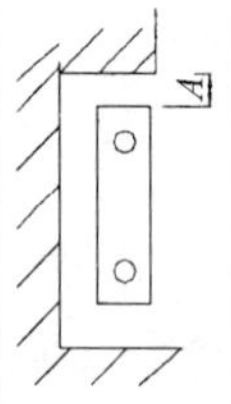	装在壁龛内	$A=40$mm $\beta3=1.11$ $A=80$mm $\beta3=1.07$ $A=100$mm $\beta3=1.06$	7	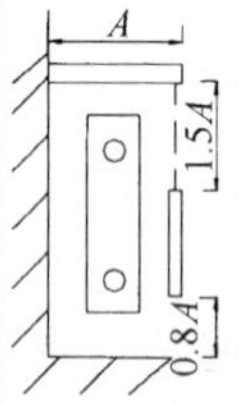	外加围罩,罩子前面上下端开孔	$\beta3=1.0$
4	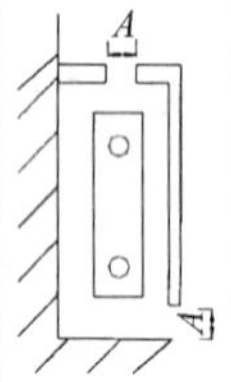	外加围罩,罩子顶部和罩子前面下端开孔	$A=150$mm $\beta3=1.25$ $A=180$mm $\beta3=1.19$ $A=220$mm $\beta3=1.13$ $A=260$mm $\beta3=1.12$	8	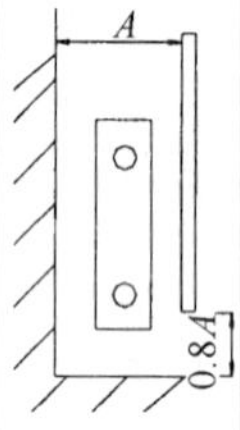	加挡板	$\beta3=0.9$

图 3.8-3 (明装时散热效果为 1.0,采用上图作法包暖气罩后散热效果为 $1/\beta3$)

地板采暖是将塑料管材埋入地面,通过低温热水加热地板,地板向室内进行以辐射为主的传热,由于人们的生理习惯是"寒从脚下生",地板采暖克服了传统采暖方式热集中在上方的缺陷,舒适感得到了改善,除了分集水器外不占用室内面积,对于室内布置有利。其缺点是地面垫高了约 6~8cm,层高受到影响,装修时地面不宜打钉,以免穿透管材。

电热膜采暖是另一种辐射采暖方式,将块状电热膜敷设于顶棚,无管网,不占层高,但需与顶棚装修配合。

(4)管路走向对室内美观的影响

新建建筑,特别是别墅这类单体建筑,在设计初期就可以优化管路,将干管优先布置在次要房间和走廊内,根据室内布局布置出相对合理的位置,力争在主要房间少出现主管道,方便室内设计。对于某些室内管道,可以通过装饰,改善其对室内的影响。

3.8.2 空调技术

3.8.2.1 室内装修与空气品质及气流组织

随着社会发展和生活水平的提高,室内装修呈现出蓬勃发展的势头。室内精装修的大量出现,已逐渐超越了早期单纯追求造型效果的局限,而是要求美观与功能的统一,同时伴随着高新技术的发展,对室内空气品质、空气过滤、气流分布、气流噪声、舒适度等都提出了更高的要求。

改善空气品质最根本的办法是禁止采用散发污染物的建筑装饰材料,减少家具及设备器具的污染物放散,另外,通风空调装置与系统功能的改进和提高也是十分必要的。

在空调房间中,经过处理的空气由送风口进入房间,与室内空气进行热质交换后,经过回风口排出。空气的进入和排出,必然引起室内空气的流动,而不同的空气流动状况有着不同的空调效果。合理地组织室内空气的流动,使室内空气的温度、湿度、流速等能更好的满足工艺要求和符合人们的舒适感觉,这就是气流组织的任务。

例如,在恒温精度要求高的计量室,应使工作区具有稳定和均匀的空气温度,区域温度差保持在一定值;体育馆的乒乓球赛场,除有温度要求外,还希望空气流速不超过某一定值;在净化要求很高的集成电路生产车间,则应组织车间的空气平行流动,把产生的尘粒压至工件的下风侧并排除掉,以保证产品质量。还有,在民用建筑中,夏季送入的冷风如果直接进入空调区,由于送风温差大,人们停留时间长就会感到不适。为此,可将冷风与室内空气充分混合后再吹入空调区。

由此可见,气流组织直接影响室内空调效果,是关系着房间工作区的温湿度基数、精度及区域温差、工作区的气流速度及清洁程度和人们舒适感觉的重要因素,是空气调节的一个重要环节。因此,在工程中,除了考虑空气的处理、输送和调节外,还必须注意空调房间的气流组织。

影响气流组织的主要因素是送、回风口的位置、形式和送风射流参数。

3.8.2.2 气流组织与风口形式

送风口形式将直接影响气流的混合程度、出口方向及气流断面形状,对送风射流具有重要作用。根据空调精度的差异、送风口位置的不同以及与室内设计配合等要求,风口有多种不同的形式,国内空调房间常用气流组织的送风方式大致可归纳为四类:侧送风、散流器送风、条缝送风及喷射式送风。

(1) 侧送风

风口安装在室内送风管上或墙上,向房间横向送出气流。侧送是空调房间最常用的一种气流组织方式,一般以贴附射流形式出现,工作区通常是回流。设计中应根据不同的室温允许波动范围的要求,选择不同结构的侧送风口及侧送方式,以满足现场运行调节的要求。通常有下列四种贴附射流的形式(图 3.8-4):

1) 单侧上送上回、下回或走廊回风。
2) 双侧外侧送上回风。
3) 双侧内送下回或上回风。
4) 中部双侧内送上下回或下回、下排风。

一般层高的小面积空调房间宜采用单侧送风。当房间长度较长,用单侧送风射程或区域温差不能满足要求时,可采用双侧送风。当空调房间中部顶棚下安装风管对生产工艺影

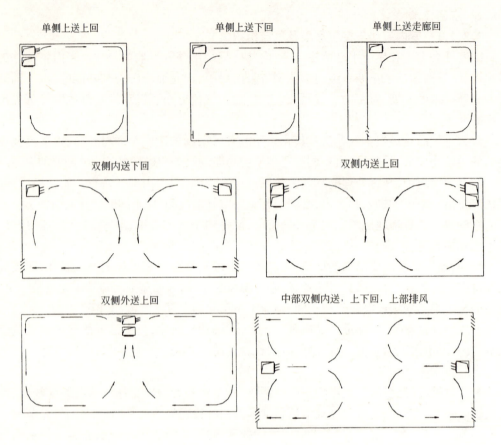

图 3.8-4 侧送风几种方式

响不大时,可采用双侧外侧送风方式。当高大空间上部有一定余热量时宜采用中部双侧内送,上下回风或下回上排风的方式,以将上部的热量由上部排风口排走。

送风口布置:一般侧送风口尽量布置在房间较窄一边。如果房间长度很长,可以采用双侧内送的方式,此外,在送风射流前方不得用阻挡物。

(2) 散流器送风

散流器是一种装设于房间上部的送风口,一般用于室温允许波动范围有要求,层高较低且有吊顶的空调房间,其特点是气流从风口向四周辐射状射出,保证工作区稳定而均匀的温度和风速。民用建筑舒适性空调一般用平送流型散流器。

散流器平送的形式多种多样,有圆形、矩形或方型等;其布置应根据空调房间的大小和室内所要求的参数,选择散流器个数,一般按对称位置或梅花形布置。圆形或方形散流器相应送风面积的长宽比不宜大于1:1.5。散流器中心线和侧墙的距离,一般不小于1m。

布置散流器时,散流器之间的间距,离墙的距离,一方面应使射流有足够射程,另一方面又应使射流扩散好。

为了调节风量和保持四周出风均匀,散流器喉部宜设风阀。

(3) 喷口送风

喷口送风一般是将送、回口布置在同侧,空气以较高的速度,较大的风量集中在少数的风口射出,射流行至一定路程后折回,工作区通常为回流。喷口送风的送风风速高、射程长,沿途诱引大量室内空气,致使射流流量增至送风量的3~5倍,并带动室内空气进行强烈的混合,保证了大面积工作区中新鲜空气、温度场和速度场的均匀。同时由于工作区为回流,因而能满足一定舒适度要求。该方式的送风口数量少、系统简单,因此在高大建筑如体育馆、电影院、报告厅等常采用喷射式送风口。喷口送风的建筑一般比较高大,高度一般在6~7m以上。喷口送风风速要均匀,且每个喷口的风速要接近相等,喷口的风量应能调节,角度要能变化,以满足冬季送热风时的要求。

(4) 条缝送风

条缝型送风口的宽长比大于1:20,由单条缝、双条缝或多条缝组成。其特点是气流轴心速度衰减较快,适用于工作区允许风速0.25~0.5m/s,温度波动范围±1~2℃的场合,即舒适性空调。如果将条缝风口与采光带相互配合布置,可使室内显得整洁美观,因此在民用建筑中得到广泛运用。

在空调房间里,一般将条缝送风口安装在顶棚内并与顶棚镶平,气流以水平方向向两侧送出,也可设置在侧墙上,其构造有多种。

有的外型为直片式,在槽内采用两个可调节叶片来控制气流方向,长度方向根据安装需要有单一段、中间段、端头段和角形段等供设计选用,该种可以调成平送贴附流型,垂直下送流型,也可以使气流朝一侧或两侧送出。

(5) 回风口的布置

1) 空调房间的气流流型主要取决于送风射流,回风口的位置对气流流型影响很小,对区域温差的影响亦小。因此,除了高大空间或面积大而有较高区域温差要求的空调房间外,一般可仅在一侧集中布置回风口。

2) 回风口不应设在射流区内。对于侧送方式,一般设在送风口同侧下方。下部回风易使热风送下,如果采用孔板和散流器送风形成单向流流型时,回风应设在下侧。

3) 高大建筑上部有一定余热量时,宜在上部增设排风口或回风口排除余热量,以减少空调区的热量。

4) 有走廊的多间的空调房间,如对消声、洁净度要求不高,室内又不排除有害气体时,可在走廊端头布置回风口集中回风,而各空调房间内,在与走廊邻接的门或内墙下侧,宜设置可调百叶栅口,走廊两端应设密闭性能较好的门。

室内装修是建筑设计的最后一道工序,此时空调专业的设备大多已暗装,只外露风口,而空调通风房间一般都是通过送风口的空气射流来实现送风和室内空气混合,以达到空调和通风的目的。因此空调通风风口其形式、送风量、阻力、气流组织等都是经过计算确定的,不可随意改动。同时还要看是什么样的空调系统。如果是全空气系统、变冷媒空调系统,其风口的形式及风口位置的调整相对宽松一些;如果是风机盘管加新风系统,其风口的形式及风口位置的调整相对严格一些。如需更动,最好的办法是与设备工程师配合,这样既可以达到装修效果,也可以保证使用功能。

3.8.2.3 空气调节系统的分类

空气调节系统一般均由空气处理设备和空气输送管道以及空气分配装置所组成,根据需要,它能组成许多不同形式的系统。在工程上应考虑建筑物的用途和性质、热湿负荷特点、温湿度调节和控制的要求、空调机房的面积和位置、初投资和运行维修费用等许多方面的因素,选定合理的空调系统。

与室内装修关系较大的空气调节系统大致分为以下几类：

(1) 全空气系统

是指空调房间的室内负荷全部由经过处理的空气来负担的空气系统。由于空气的比热较小，需要用较多的空气量才能达到消除余热余湿的目的，因此要求有较大断面的风道或较高的风速。

(2) 空气—水系统

因全靠空气来负担热湿负荷，将占用较多的建筑空间，因此可以同时使用空气和水来负担空调的室内负荷，比如风机盘管加新风系统。

(3) 变冷媒空调系统

压缩机和冷凝器为室外机组，蒸发器为室内机组。

3.8.2.4 室内装修与空调末端设备

空调专业的设备本身体积较大，管线众多，特别是空调专业的风管和水管，占用空间较大且管线多，是制约室内吊顶标高的重要因素。但是一般设备管线都会安排在走道的位置，因此，在室内设计时应避免在走道位置做造型或提高吊顶标高。

室内设计常遇到的空调末端设备一般多为风机盘管和风口。对于风机盘管，常有以下几种类型：

(1) 立式明装、立式暗装

一般都装在窗台下，拆卸容易，检修方便，各种型号的机组厚度大多为230mm左右，长度依型号增加而加大。

(2) 卧式明装、卧式暗装

卧式明装为吊装，侧送风口，自带回风口；卧式暗装为吊顶内安装，如吊顶不可拆卸，则每台风机盘管处均要设检修孔，尺寸约为400×600；各种型号的机组厚度大多为250mm左右，长度依型号增加而加大，常用型号的尺寸在1000mm~1200mm左右。室内建筑师在室内设计时，要注意留出风机盘管的位置。

(3) 卡式机组

此类型风机盘管的特点是机组与送风口、回风口组合一体化。

3.8.2.5 风口常用布置方式

天花风口在布置上，力求整齐划一，布局规整，特别注意和灯具的配合。国外流行一种集成天花，提出设备带的概念，将风口、灯具、喷头集中布置在这一条天花上，避免了空间和布局的杂乱。这对设备专业提出了更高的要求，必须出综合天花图，在各专业协调位置统一后才能施工。

如采用集成天花的形式，灯具、喷头、送风口都布置在一条设备带上，送风口保证送风风速的要求，采用矩形散流器均匀布置，回风口则利用天花之间留出的缝隙，形成一条条的回风带（需设备专业校核回风口尺寸），配合T型龙骨，加过滤丝网，外观视觉效果较好（图3.8-5）。

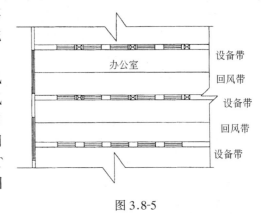

图 3.8-5

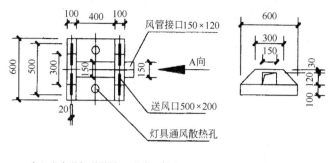

图 3.8-6

条形风口的布置方式采用较多,其中中庭侧吹直片散流器是常见的形式。在小型会议室,天花中部常做造型,风机盘管布置于一侧安装较方便,采用条缝散流器(两面吹)送风,回风口对称布置,吊顶回风。利用条形风口做成矩形框,可通过静压箱与风管连接,虚实结合。

风口与灯具的结合,在空间排列上,比如圆形筒灯与圆形散流器的结合,可以成环布置,根据需要散流器虚实结合,达到整体的协调。还可将小圆筒灯置于圆型散流器中央,做回风口或排风口较好,做送风口送冷风时应做好灯具的保温。

送风口、回风口与灯具配合做成非标配件,需各专业配合作出详图,由厂家定做(图 3.8-6)。从外型上看,空调送风口和回风口非常隐蔽,使整个天花显得非常整洁漂亮。

对于不同功能要求的房间,如酒吧、舞厅等,则视情况采用不同的装饰手法,如将顶棚内设备管线常刷为黑色,加吊黑色格栅,这样比较节省投资,同时也不影响气流组织。另外在电梯厅中一般设计时会吊装风机盘管,而装修设计时多做成弧形吊顶,在弧形吊顶上开散流器,但散流器要与弧形员顶保持同一曲率,加工难度较大。与室内建筑师协调后,可结合吊顶板材,利用打孔铝板作为送风口,保证一定的打孔率,形成孔板送风的形式,由于没有散流器的贴附扩散作用,只能加大送风面积,达到低速送风的效果。设备工程师在保证本专业要求的条件下,与室内建筑师积极沟通,充分配合,帮助室内建筑师完成设计构想,才能共同设计出更好的作品。

许多吊顶板规格尺寸多为 600×600,而散热器的选用是根据均布的原则考虑流速的影响而选定的尺寸。有的建筑散流器一律选用面尺寸 600×600 的散流器,风速较小,为防止冬季暖风分层严重,通常用钢板在喉口封堵,以保证流速满足设计要求。在某商场见到一种定型的散流器,散流器与面板做成整体,尺寸固定为 600×600,散流器规格可变化以满足设计要求,这样易与天花配合,简便了施工安装,值得借鉴。

3.8.3 防排烟技术

3.8.3.1 基本规定

高层建筑中防排烟措施是消防安全的重要内容,必须保证在火灾发生时为人们逃生提供必要的条件和时间。

(1)机械防烟

即加压送风。在烟气产生时通过向防烟部位送风保证该部位和外界形成一定的压力差,使烟气不致进入,为人员逃离火灾现场提供空间和时间。机械防烟部位有:不具备自然排烟条件的防烟楼梯间、消防电梯间前室或合用前室;采用自然烟排措施的防烟楼梯间,其不具备自然排烟条件的前室;封闭避难层。

(2) 机械排烟

即在烟气产生时通过排烟风机将烟气排出,避免有毒气体滞留在活动区。一类高层和建筑高度超过32m的二类高层建筑的下列部位,应设置机械排烟措施:无直接自然通风,且长度超过20m的内走道或虽有直接自然通风,但长度超过60m的内走道;面积超过100m²,且经常有人停留或可燃物较多的地上无窗房间或设固定窗的房间;不具备自然排烟条件或净空高度超过12m的中庭;除利用窗井等开窗进行自然排烟的房间外,各房间总面积超过200m²或一个房间面积超过50m²,且经常有人停留或可燃物较多的地下室。

(3) 排烟口的设置

排烟口的尺寸根据排烟分区的面积,综合风速的要求确定。排烟口的位置距最远点不应超过30m,设在顶棚上或靠近顶棚的墙面上。设在顶棚上的排烟口,距可燃构件或可燃物的距离不应小于1m。排烟口至防烟分区最远水平距离示意图见图3.8-7。

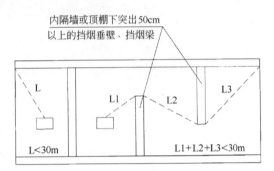

图 3.8-7

(4) 防烟分区

设置排烟设施的走道、净高不超过6.00m的房间,应采用挡烟垂壁、隔墙或从顶棚下突出不小于0.50m的梁划分防烟分区。每个防烟分区的建筑面积不宜超过500m²,且防烟分区不应跨越防火分区。

(5) 挡烟垂壁的设置

用不燃性材料制成,从顶棚下垂不小于500mm的固定或活动的挡烟设施。活动挡烟垂壁系指火灾时因感温、感烟或其他控制设备的作用,自动下垂的挡烟垂壁。

3.8.3.2 室内设计中应注意的问题

老建筑的改造常常涉及对建筑格局的修改。有时为了增加办公室的间数,会分隔出一些内区房间,加长了内走道,或者由于使用功能的要求,出现了超过100m²的房间,按《高规》要求需要增加排烟设施。建筑设计应力争通过合理调整布局,用自然排烟的方式解决。如尽量将超过100m²的房间布置为有活动外窗,在走道端头设窗,内走道设置自然排烟。当自然排烟无法通过室内设计布局调整得以保证,而原有排烟系统又不能沿用时,应权衡新排烟出路的设置对建筑的影响,综合考虑后决定解决方式。如果采用水平排出,水平管道经过区域的高度和外墙开风口位置是主要影响因素;如果采用垂直排出,可采用楼板穿洞或在外墙明装风管的形式,但会对土建结构或外立面产生影响。

好的室内设计应该是功能与美观的统一。室内设计中的暖通设计更为精细,设备工程师所做的配合不仅局限于对风口的移位,而应该根据建筑的功能作出判断,对室内建筑师提出建议。同时暖通工程师应加强室内设计专业的学习,领会室内设计意图,根据工作特点做好设计工作。

3.9 建设工程造价

3.9.1 基本建设程序和工程造价的确定
3.9.1.1 基本建设程序

基本建设程序是指基本建设项目从规划、设想、选择、评估、决策、设计、施工到竣工投产交付使用的整个建设过程中各项工作必须遵循的先后顺序。它是基本建设全过程及其客观规律的反映。

根据我国 50 余年来的建设经验,并结合国家经济体制改革和投资管理体制改革深入发展的需要,以及国家现行政策的规定,一般大中型建设项目的工程建设必须遵守下列程序,有步骤地执行各个阶段的工作(见图 3.9-1),一般包括三个阶段、6 项工作。

(1) 编制和报批项目建议书

项目建议书是由企事业单位、部门等根据国民经济和社会发展长远规划,国家的产业政策和行业、地区发展规划,以及国家有关投资建设方针政策,委托经过资质审定有资格的设计单位和咨询公司在进行初步可行性研究的基础上编报的。大中型新建项目和限额以上的大型扩建新建项目,在上报项目建议书时必须附上初步可行性研究报告。项目建议书获得批准后即可立项。

(2) 编制和报批可行性研究报告

项目立项后即可由建设单位委托原编报项目建议书的设计院或咨询公司进行可行性研究,根据批准的项目建议书,在详细可行性研究的基础上,编制可行性研究报告,为项目投资决策提供科学依据。可行性研究报告经过有关部门的项目评估和审批决策,获得批准后即为项目决策。

(3) 编制和报批设计文件

项目决策后编制设计文件,它应由有资格的设计单位根据批准的可行性研究报告的内容,按照国家规定的技术经济政策和有关的设计规范、建设标准、定额进行编制。对于大型、复杂项目,可根据不同行业的特点和要求进行初步设计、技术设计和施工图设计的三段设计,一般工程项目可采用初步设计和施工图设计的二段设计,并相应编制初步设计总概算,修正总概算和施工图预算。初步设计文件要满足施工图设计、施工准备、土地征用、项目材料和设备订货的要求;施工图设计应能满足建筑材料、构配件及设备的购置和非标准构配件及非标准设备的加工。

(4) 建设准备工作

在项目初步设计文件获得批准后,开工建设之前,要切实做好各项施工前准备工作,主要包括:组建筹建机构;征地、拆迁和场地平整;落实和完成施工用水、电、路等工程和外协条件;组织设备和特殊材料订货,落实材料供应;准备必要的施工图纸;组织施工招标、投标,择优选定施工单位,签订承包合同,确定合同价;报批开工报告等工作。开工报告获得批准后,建设项目方能开工建设,进行施工安装和生产准备工作。

(5) 建设实施工作:组织施工和生产准备

项目经批准开工建设,开工后按照施工图规定的内容和工程建设要求,进行土建工程施工、机械设备和仪器的安装,生产准备和试车运行等工作。施工承包单位应采取各项技术组

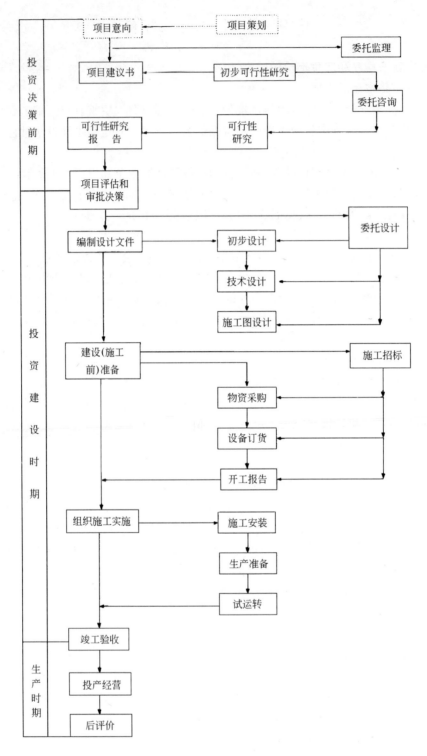

图 3.9-1 工程项目建设程序

织措施,确保工程按合同要求,如期保质完成施工任务,编制和审核工程结算。

生产准备应包括招收和培训必要的生产人员,并组织生产人员参加设备的安装调试工作,掌握好生产技术和工艺流程;做好生产组织的准备:组建生产管理机构,配备生产人员和制定必要规章制度;做好生产技术准备:收集生产技术资料,确定试车方案,编制岗位操作法,新技术的准备和生产样品等;做好生产物资的准备:落实原材料、协作产品、燃料、水、电、气等来源和其他协作配备条件,组织工器具、备品、备件的制造和订货。

(6) 项目施工验收投产经营和后评价

建设项目按照批准的设计文件所规定的内容全部建成,并符合验收标准,即生产运行合格,形成生产能力,能正常生产出合格产品;或项目符合设计要求能正常使用的。应按竣工验收报告规定的内容,及时组织竣工验收和投产使用,并办理固定资产移交手续和办理工程决算。

项目建成投产使用后,进入正常生产运营和使用过程一段时间(一般指2~3年)后,可以进行项目总结评价工作,编制项目后评价报告,其基本内容应包括:生产能力或使用效益实际发挥效用情况;产品的技术水平、质量和市场销售情况;投资回收、贷款偿还情况;经济效益、社会效益和环境效益情况;及其他需要总结的经验。

3.9.1.2 建设工程造价的确定

建设工程造价,一般是指进行某项工程建设所花费(指预期花费或实际花费)的全部费用,即该建设项目(工程项目)有计划地进行固定资产再生产和形成相应的无形资产和铺底流运资金的一次性费用总和。

(1) 工程造价计价的特点

基本建设是一项特殊的生产活动,它区别于一般工农业生产,具有周期长、物耗大;涉及面广和协作性强;建设地点固定,水文地质条件各异;生产过程单一性强,不能批量生产等特点。由于建设工程产品的这种特点和工程建设内部生产关系的特殊性,决定了工程产品造价不同于一般工农业产品的计价特点:

1) 单件计价

每个建设工程项目都有特定的目的和用途,就会有不同的结构、造型和装修,产生不同的建筑面积和体积,建设施工时还可采用不同的工艺设备、建筑材料和施工工艺方案。因此每个建设项目一般只能单独设计、单独建设。即使是相同用途和相同规模的同类建设项目,由于技术水平、建筑等级和建筑标准的差别,以及地区条件和自然环境与风俗习惯的不同也会有很大区别,最终导致工程造价的千差万别。因此,对于建设工程既不能像工业产品那样按品种、规格和质量成批订价,只能是单件计价,也不能由国家、地方、企业规定统一的造价,只能按各个项目规定的建设程序计算工程造价。建筑产品的个体差别性决定了每项工程都必须单独计算造价。

2) 多次性计价

建设工程的生产过程是一个周期长、规模大、造价高、物耗多的投资生产活动,必须按照规定的建设程序分阶段进行建设,才能按时、保质、有效地完成建设项目。为了适应项目管理的要求,适应工程造价控制和管理的要求,需要按照建设程序中各个规划设计和建设阶段多次性进行计价。多次计价过程如下图3.9-2所示。

从图中可见,从投资估算、设计概算、施工图预算等预期造价到承包合同价、结算价和最后的竣工决算价等实际造价,是一个由粗到细,由浅入深,最后确定建设工程实际造价的整个计价过程。这是一个逐步深化、逐步细化和逐步接近实际造价的过程。

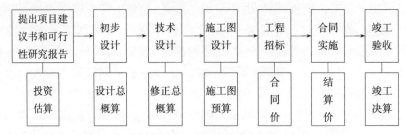

图 3.9-2 工程多次计价示意图

注：联线表示对应关系，箭头表示多次计价流程及逐步深化过程。

3) 按工程构成的分部组合计价

工程造价的计算是分部组合而成，这一特征和建设项目的组合性有关。

按照国家规定，工程建设项目根据投资规模大小可划分为大、中、小型项目，而每一个建设项目又可按其生产能力和工程效益的发挥以及设计施工范围逐级大小分解为单项工程、单位工程、分部工程和分项工程。建设项目的组合性决定了工程造价计价的过程是一个逐步组合的过程。在确定工程建设项目的设计概算和施工图预算时，则需按工程构成的分部组合由下而上地计价。就是要先计算各单位工程的概(预)算，再计算各单项工程的综合概(预)算，再汇总成建设项目的总概(预)算。而且单位工程的工程量和施工图预算一般是按分部工程、分项工程采用相应的定额单价、费用标准进行计算。这就是采用对工程建设项目由大到小进行逐级分解、再按其构成的分部由小到大逐步组合计算出总的项目工程造价。其计算过程和计算顺序是：分部分项工程单价——→单位工程造价——→单项工程造价——→建设项目总造价。

(2) 工程造价多次计价的依据和作用

1) 在编制项目建议书和可行性研究报告时，确定项目的投资估算，一般可规定的投资估算指标、类似工程的造价资料、现行的设备材料价格并结合工程实际情况进行估算。在此阶段预计和核定的工程预期造价称为估算造价。

投资估算是判断项目可行性和进行项目决策的重要依据之一，并作为工程造价的目标限额，是控制初步设计概算和整个工程造价的限额，也是作为编制投资计划、资金筹措和申请贷款的依据。

2) 在初步设计阶段，总承包设计单位要根据初步设计的总体布置、工程项目、各单项工程的主要结构和设备清单，采用有关概算定额或概算指标和费用标准等编制建设项目的设计总概算。它包括项目从筹建到竣工验收的全部建设费用。初步设计阶段的总概算(或技术设计阶段因设计变更编制的总修正概算)所预计和核定的建设工程预期造价称为概算造价。

经过批准的设计总概算是建设项目造价控制的最高限制(或修正总概算是建设项目修正总投资的最高限额)，不得超过已批准的可行性研究报告投资估算的10%，否则应重新报批。它是确定建设项目总造价，签订建设项目承包总合同和贷款总合同的依据，也是控制施工图预算及考核设计经济合理性的依据。

3) 在建筑安装工程开工前的施工图设计阶段，由设计单位根据施工图确定的工程量，套用有关预算定额单价、间接费取费率和计划利润率等编制施工图预算。这阶段所预计和核定的建设工程预期造价称为预算造价。

经过审查批准后的施工图预算,不应超过设计总概算,并作为理论价格来控制工程造价。它是签订建筑安装工程承包合同、实行建筑安装工程造价包干和办理建筑安装工程价款结算的依据;也是实行招标的工程项目,确定标底的基础。

4)在签订建设项目承包和采购合同(如工程项目总承包合同、建筑安装工程承包合同和设备材料采购合同),以及技术和咨询服务合同时,需要对设备材料价格发展趋势进行分析和预测,并通过招标投标,由发包和承包两方共同确定工程项目的合同价。它是由发包方按规定(或协议条款约定)的各种取费标准计算的,用以支付给承包方完成合同规定的全部工程内容的价款总额。并用为双方结算的基础。合同价属于市场价格性质,是由承发包双方根据市场行情共同议定和认可的成交价格。

5)在合同实施阶段,根据影响工程造价实际发生的设备和材料价差,以及设计变更,工程量的增减,应按照合同规定的调整范围和调价方法,对合同进行必要的修正,并编制确定工程结算价。结算价是该结算工程的实际价格。

6)当工程项目通过竣工验收交付使用时,建设单位需编制竣工决算价,作为该工程项目的实际工程造价。它应反映工程项目建成后交付使用的固定资产及流动资产的详细情况和实际价值。可作为财产交接,考核交付使用的财产成本,以及使用部门建立财产明细表和登记新增固定资产价值的依据。

3.9.2 建设项目费用的构成

工程项目建设费用,即为建设工程造价。一般是指进行某项工程建设所耗费的全部费用,也就是指建设项目从建设前期决策工作开始到项目全部建成投产为止所发生的全部投资费用。为满足工程项目顺利建设实施和正常生产运营的要求,应本着投资打足的原则估算项目建设费用。

根据劳动价值规律,产品的价格(P)是社会必要劳动时间价值的货币表现,它应等于物化劳动价值(C),活劳运价值(V)和盈利(m)之和,即 $P = C + V + m$。前二者构成产品生产成本(Cu),即 $Cu = C + V$。因此,从理论上讲,建筑工程造价(即建筑产品价格)应能反映项目建设过程中勘察设计机构、监理单位、施工企业和建设单位的物质消耗支出(C)、劳动报酬(V)和盈利(m)的全部内容。如图3.9-3所示。

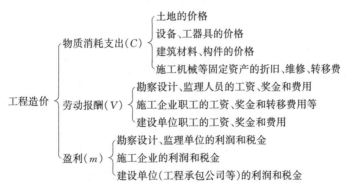

图3.9-3 工程造价的基本构成示意图

根据我国现行投资管理制度和建设方针政策规定,建设工程造价是指建设一项工程项目预期或实际开支的全部投资费用。因此,建设项目工程造价就是建设项目总投资。

新建项目的总投资是由固定资产投资总额和项目建成投产后的所需流动资金两大部分组成,按照国家对投资规模的控制要求,流动资金总额的30%算作项目铺底流动资金,由项目业主自筹作为资本金。因此,按我国现行规定办法,工程项目建设费用是等于固定资产投资总额与铺底流动资金之和,它由建筑安装工程费、设备及工器具构置费、工程建设其他费用、预备费、固定资产投资方向调节税、建设期投资贷款利息和铺底流动资金等费用组成(图3.9-4与图3.9-5)。

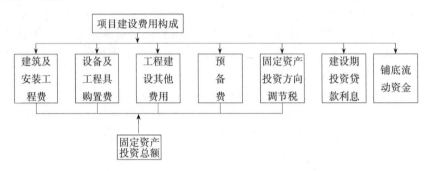

图3.9-4 项目建设费用构成

下面分别详细介绍上述各项费用的构成。

3.9.2.1 建筑安装工程费用的构成

(1) 建筑安装工程费用概述

在工程项目建设中,建筑安装工作是创造项目固定资产价值的主要生产活动。建筑安装工程费用作为建筑安装工程价值的货币表现,亦可称为建筑安装工程造价,应由建筑工程费用和安装工程费用两部分组成。

1) 建筑工程费用包括

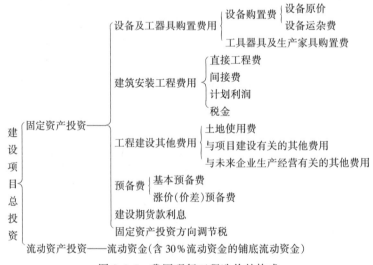

图3.9-5 我国现行工程造价的构成

(A) 各类房屋建筑工程和列入房屋建筑工程预算的供水、供暖、供电、卫生、通风、燃气等设备费用及其装修、防腐工程的费用,列入建筑工程预算的各种管道、电力、电信和电缆导线敷设工程的费用。

(B)设备基础、支柱、工作台、烟囱、水塔、水池、灰塔等建筑工程以及各种窑炉的砌筑工程和金属结构工程的费用。

(C)为施工而进行的场地平整,工程和水文地质勘察,原有建筑物和障碍物的拆除以及施工临时用水、电、气、路和完工后的场地清理、环境绿化、美化等工作的费用。

(D)矿井开凿、井巷延伸、露天矿剥离,石油、天然气钻井,修建铁路、公路、桥梁、水库、堤坝、灌溉及防洪等工程的费用。

2)安装工程费用包括:

(A)生产、动力、起重、运输、传动和医疗、实验等各种需要安装的机械设备的装配费用,与设备相连的工作台、梯子、栏杆等装设工程,附属于被安装设备的管线敷设工程费用,以及被安装设备的绝缘、防腐、保温、油漆等工作的材料费和安装费。

(B)为测定安装工程质量,对单个设备进行单机试运转,对系统设备进行系统联动无负荷试运转工作的调试费。

我国现行建设项目建筑安装工程费应包括直接工程费、间接费、计划利润和税金四部分。详见表 3.9-1 和图 3.9-6。

我国现行建筑安装工程造价的构成　　　　表 3.9-1

费用项目			参 考 计 算 方 法
直接工程费(一)	直接费	人 工 费	Σ(人工工日概算定额×日工资单价×实物工程量)
		材 料 费	Σ(材料概算定额×材料预算价格×实物工程量)
		施工机械使用费	Σ(机械概算定额×机械台班预算单价×实物工程量)
	其 他 直 接 费		
	现 场 经 费	临时设施费 现场管理费	土建工程:(人工费+材料费+机械使用费)×取费率 安装工程:(人工费×取费率)
间接费(二)	企业管理费 财务费用 其他费用		土建工程:直接工程费×取费率 安装工程:人工费×取费率
盈利	计划利润(三)		土建工程:(直接工程费+间接费)×计划利润率 安装工程:人工费×计划利润率
	税金(含营业税、城乡维护建设税、教育费附加)(四)		(直接工程费+间接费+计划利润)×税率

(2)直接工程费

建筑安装工程直接工程费由直接费、其他直接费和现场经费组成。见图 3.9-7。

1)直接费

直接费是指施工过程中耗费的构成工程实体、有助于工程形成的各项费用,它包括人工费、材料费和施工机械使用费。

2)其他直接费

其他直接费,是指直接费以外的、在施工过程中发生的其他费用。同材料费、人工费、施工机械使用费相比,其他直接费具有较大弹性。就具体单位工程来讲,可能发生,也可能不发生,需要根据现场施工条件加以确定。

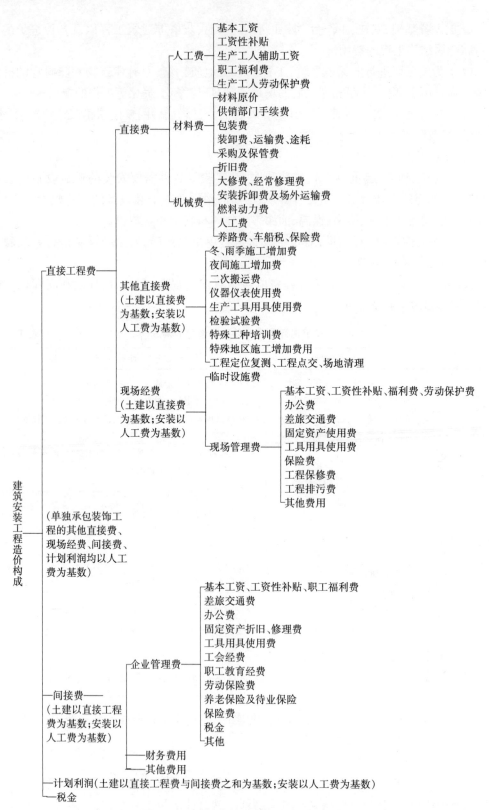

图 3.9-6 建筑安装工程造价构成示意图

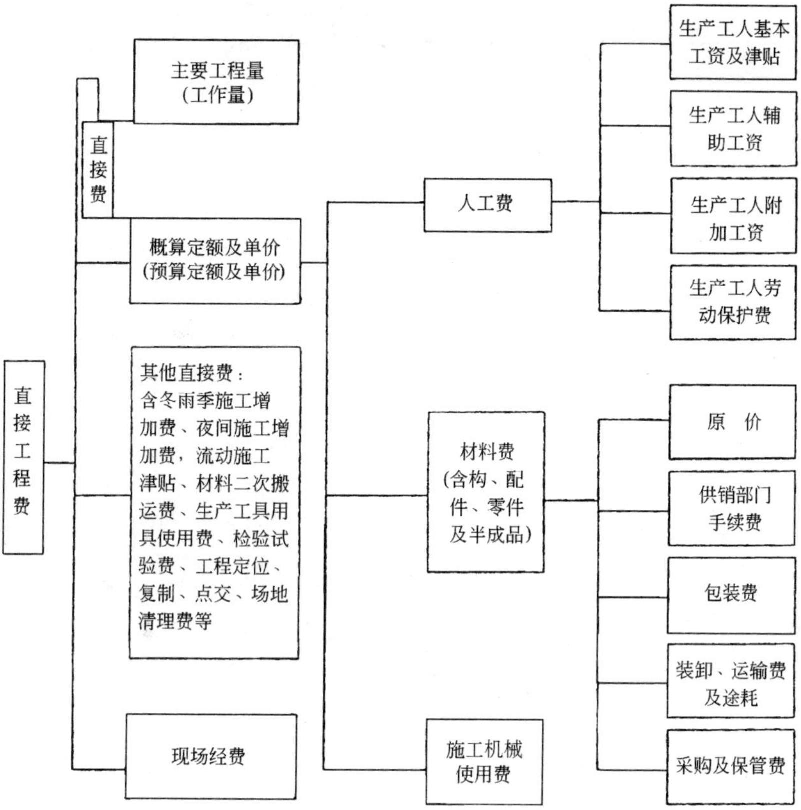

图 3.9-7 直接工程费的组成

3) 现场经费

现场经费是指施工现场为施工准备、组织施工生产和管理所需的费用,包括临时设施费和现场管理费两方面内容。

(A) 临时设施费。指施工现场为进行建筑安装工程施工所必需的生活和生产用的临时建筑物、构筑物和其他临时设施的搭设、维修、拆除费用或摊销费、租赁费。临时设施费一般单独核算,包干使用。

(B) 现场管理费。

它包括以下几方面内容:指发生在施工现场,针对工程的施工建设进行组织经营管理等支出的费用。

(3) 间接费

建筑安装工程间接费是指虽不直接由施工的工艺过程所引起,但却与工程的总体条件有关,建筑安装企业为组织施工和进行经营管理,以及间接为建筑安装生产服务的各项费用。

按现行规定,建筑安装工程间接费由企业管理费、财务费用和其他费用组成,见图3.9-8。

1) 企业管理费

企业管理费是指施工企业为组织施工生产经营活动所发生的管理费用。

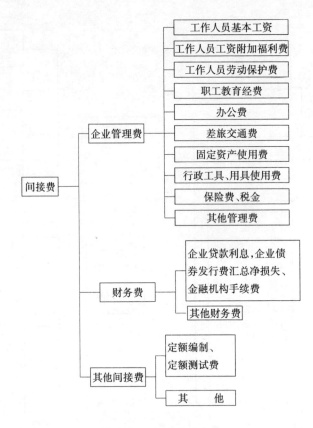

图 3.9-8 间接费的组成

2) 财务费用

财务费用是指企业为筹集资金而发生的各项费用,包括企业经营期间发生的短期贷款利息净支出、汇兑净损失、金融机构手续费,以及企业筹集资金发生的其他财务费用。

3) 其他费用

其他费用是指按规定支付工程造价(定额)管理部门的定额编制管理费及劳动定额管理部门的定额测定费,以及按有关部门规定支付的管理费。

(4) 计划利润及税金

建筑安装工程费用中的盈利,是建筑安装企业职工为社会劳动所创造的价值在建筑安装工程造价中的体现,由计划利润和税金组成。

1) 建筑安装工程费用中的计划利润

工作利润是指按规定应计入建筑安装工程造价的利润。依据不同投资来源或工程类别,计划利润实施差别利率。长期以来,建筑安装施工企业与其他各行业利润水平之间存在着较大差距;从长远发展趋势来看,建安施工队伍生产能力大于建筑市场需求,施工企业的计划利润实施差别利率,但随着建筑管理体制的改革和建筑市场的完善与发展,这个差距也会逐步缩小。

2) 建筑安装工程费用中的税金

建筑安装工程税金是指国家税法规定的应计入建筑安装工程造价内的营业税、城乡维护建设税及教育费附加。

3.9.2.2 设备及工器具购置费的构成

设备及工器具购置费,是指建设项目设计范围内的需要安装及不需要安装的设备、仪器、仪表等及其必要的备品备件购置费;为保证投产初期正常生产所必需的仪器仪表、工卡具模具、器具及生产家具等购置费。

(1) 设备、工器具费用构成概述

设备、工器具费用是由设备购置费用和工器具、生产家具购置费用组成,它是固定资产投资中的积极部位。在生产性工程项目建设中,设备、工器具费用与资本的有机成相联系。设备、工器具费用占工程造价比重的增大,意味着生产技术的进步和资本有机构成的提高。

1) 设备购置费是指为工程建设项目购置或自制的达到固定资产标准的设备、工具、器具的费用。

2) 工器具及生产家具购置费用,是指新建项目或扩建项目初步设计规定,保证生产初期正常生产所必须购置的、没有达到固定资产标准的设备、仪器、工卡模具、器具、生产家具和备品备件等的购置费用,一般以设备购置费为计算基数,按照行业(部门)规定的工器具及生产家具定额费率计算。

(2) 设备原价的构成与计算

1) 国产标准设备原价

国产标准设备是指按照主管部门颁布的标准图纸和技术要求,由我国设备生产厂批量生产的,符合国家质量检验标准的设备。国产标准设备原价一般指的是设备制造厂的交货价,即出厂价。如设备由设备成套公司供应,则以订货合同价为设备原价,一般按带有备件的出厂价计算。它一般根据生产厂或供应商的询价、报价、合同价确定,或采用一定方法计算确定。

2) 国产非标准设备原价

非标准设备是指国家尚无定型标准,各设备生产厂不可能在工艺过程中采用批量生产,只能按一次订货,并根据具体的设计图纸制造的设备。非标准设备原价有多种不同的计算方法,如成本计算估价法、系列设备插入估价法、分部组合估价法、综合估价法等。但无论哪种方法都应该使非标准设备计价接近实际出厂价,并且计算方法要简便。

3) 进口设备到岸价

(A) 进口设备的交货方式和交货价。可分为内陆交货类、目的地交货类、装运港交货类三种。

(B) 进口设备到岸价的构成。我国进口设备采用最多的是装运港船上交货价(F.O.B)。

(3) 设备运杂费

设备运杂费通常由下列各项组成:

1) 国产标准设备由设备制造厂交货地点起至工地仓库(或施工组织设计指定的需要安装设备的堆放地点)止所发生的运费和装卸费。

进口设备则为我国到岸港口、边境车站起至工地仓库(或施工组织设计指定的需安装设备的堆放地点)止所发生的运费和装卸费。

2) 在设备出厂价格中没有包含的设备包装和包装材料器具费。在设备出厂价或进口设备价格中如已包括了此项费用,则不应重新计算。

3) 设备供销部门的手续费。按有关部门规定的统一费率计算。

4) 建设单位(或工程承包公司)的采购与仓库保管费。指采购、验收、保管和收发设备所发生的各种费用,包括设备采购、保管和管理人员的工资、工资附加费、办公费、差旅交通费,设备供应部门办公和仓库所占固定资产使用费、工具用具使用费、劳动保护费、检验试验费等。这些费用可按主管部门规定的采购保管费率计算。

一般来讲,沿海和交通便利的地区,设备运杂费率相对低一点;内地和交通不很便利的地区就要相对高一点,边远省分则要更高一些。对于非标准设备来讲,应尽量就近委托设备制造厂、施工企业制作或由建设单位自行制作,以大幅度降低设备运杂费。进口设备由于原价较高,国内运距较短,因而运杂费比率应适当降低。

(4) 建筑安装工程及设备购置费的组成见图 3.9-9。

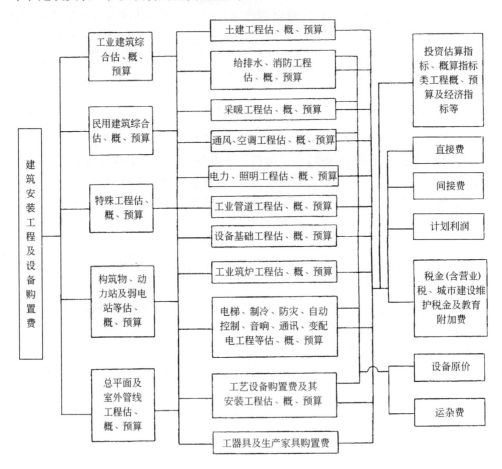

图 3.9-9　建筑安装工程及设备购置费的组成

3.9.2.3　工程建设其他费用的构成

工程建设其他费用是指从工程筹建起到工程竣工验收交付使用止的整个建设期间,除建筑安装工程费用和设备、工器具购置费以外的,为保证工程建设顺利完成和交付使用后能够正常发挥效用而发生的各项费用的总和。该费用应列入建设项目总造价或单项工程造价。

工程建设其他费用,按其内容大体可分为三类。第一类为土地转让费,由于工程项目固定于一定地点与地面相连接,必须占用一定量的土地,也就必然要发生为获得建设用地而支付的费用;第二类是与项目建设有关的费用;第三类是与未来企业生产经营有关的费用。

(1) 土地使用费

土地使用费是指建设项目通过划拨或土地使用权出让方式取得土地作用权,所需土地征用及迁移的补偿费或土地使用权出让金。

1) 土地征用及迁移补偿费

土地征用及迁移补偿费,指建设项目通过划拨方式取得无限期的土地使用权,依照《中华人民共和国土地管理法》等规定所支付的费用。其总和一般不得超过被征土地年产值的20倍,土地年产值则按该地被征日前三年的平均产量和国家规定的价格计算。

2) 土地使用权出让金

土地使用权出让指建设项目通过土地使用权出让方式取得有限期的土地使用权,依照《中华人民共和国城镇国有土地使用权出让和转让暂行条例》规定支付的土地使用权出让金。这部分投资形成项目的无形资产。

城市土地的出让和转让可采用协议、投标、公开拍卖等方式。

这项费用按照设计单位根据本工程项目的需要提出的研究试验内容和要求计算。

3) 建设单位临时设施费

建设单位临时设施费是指建设期间建设单位所需临时设施的搭设、维修、摊销费用或租赁费用。

建设单位临时设施包括:临时宿舍、文化福利及公用事业房屋与构筑物、仓库、办公室、加工厂以及规定范围内的通路、水、电、管线等临时设施和小型临时设施。

4) 工程监理费

工程监理费是指委托工程监理单位对工程实施监理工作所需的费用。具体收费标准按建设部、物价局《关于发布工程建设监理费用有关规定的通知》等文件规定计算。

一般情况应按工程建设监理收费标准计算,即占所监理工程概算或预算的百分比计算,对于单工种或临时性项目可根据参与监理的年度平均人数按3~5万元/(人·年)计算。

5) 工程保险费

工程保险费是指建设项目在建设期间根据需要实施工程保险所需的费用。包括以各种建筑工程及其在施工过程中的物料、机器设备为保险标的的建筑工程一切险,以安装工程中的各种机器、机械设备为保险标的的安装工程一切险,以及机器损坏保险等。

这项费用是根据不同的工程类别,分别以其建筑安装工程费乘以建筑安装工程保险费率计算。

6) 供电贴费

供电贴费是指建设项目按照国家规定应向供电部门交付的供电工程贴费、施工临时用电贴费,是解决电力建设资金不足的临时对策。供电贴费是用户申请用电或增加用电容量时,由供电部门统一规划产负责建设的110kV以下各级电压外部供电工程的建设、扩充、改建等费用的总称。供电贴费只能用于为增加或改善用户用电而必须新建、扩建和改善的电网建设以及有关的业务支出,由建设银行监督使用,不得挪作它用。

供电贴费应包括供电和配电贴费、用电使用权费。这项费用按工程项目所在地供电部门现行规定计算。供电贴费投资形成无形资产。

7）施工机构迁移费

施工机构迁移费是指施工机构根据建设单位指定承担建设任务的需要，经有关部门决定成建制地（指公司或公司所属工程处、工区）由原驻地迁移到工程项目所在地发生的往返一次性搬迁费用。费用内容包括被调迁职工及随同家属的差旅费，调迁期间的工资和施工机械、设备、工具用具、周转性材料等的运杂费。

(2) 与项目建设有关的其他费用

1）建设单位管理费

建设单位管理费指建设项目从立项、筹建、建设、联合试运转、竣工验收交付使用及后评估等全过程管理所需的费用。

建设单位管理费率按照建设项目的不同性质、不同规模确定。有的建设项目按照建设工期和规定的金额计算建设单位管理费。

2）勘察设计费

勘察设计费指为本建设项目提供项目建议书、可行性研究报告、设计文件等所需的费用。

3）研究试验费

研究试验费为本建设项目提供或验证设计参数、数据资料等进行必要的研究试验，以及设计规定在施工中必须进行的试验、验证所需费用。包括自行或委托其他部门研究试验所需的人工费、材料费、试验设备及仪器使用费，支付的科技成果、先进技术的一次性技术转让费。

4）工程承包费

工程承包费是指具有总承包条件的工程公司，对工程建设项目从开始建设至竣工投产全过程的总承包所需的管理费用。具体内容：包括组织勘察设计、设备材料采购、非标准设备设计制造与销售、施工招标、发包、工程预决算、项目管理、施工质量监督、隐蔽工程检查、验收和试车直到竣工投产的管理费用。该费用按国家主管部门或省、自治区、直辖市协调规定的工程总承包费取费标准计算。

5）引进技术和进口设备其他费用

引进技术和进口设备其他费用，包括出国人员费用、国外工程技术人员来华费用、技术引进费用、分期或延期付款利息、担保费以及进口设备检验鉴定费。

(3) 与未来企业生产经营有关的费用

1）联合试运转费

是指新建企业或新增加生产工艺过程的扩建企业在竣工验收前，按照设计规定的工程质量标准，进行整个车间的负荷或无负荷联合试运转发生的费用支出大于试运转收入的差额费用和必要的工业炉烘炉费用。

联合试运转费用一般根据不同性质的项目，按需要试运转车间的工艺设备购置费的百分比计算。

2）生产准备费

生产准备费是指新建企业或新增生产能力的企业，为保证竣工交付使用进行必要的生产准备所发生的费用。

这项费用一般根据需要培训和提前进厂人员的人数及培训时间，按生产准备费指标进行估算。

3) 办公和生活家具购置费

办公和生活家具购置费是指为保证新建、改建、扩建项目初期正常生产、使用和管理所必需须购置的办公和生活家具、用具的费用。改、扩建项目所需的办公和生产用具购置费,应低于新建项目。应本着勤俭节约的精神,严格控制购置范围。

3.9.2.4 预备费

按我国现行规定,包括基本预备费和工程造价价差预备费(亦称涨价预备费)。

(1) 基本预备费是指初步设计概算内难以预料的工程费用。费用包括:

1) 在已批准的初步设计范围内,技术设计、施工图设计及施工过程中所增加的工程费用;设计变更、局部地基处理等增加的费用。

2) 一般自然灾害造成的损失和预防自然灾害所采取的措施费用。实行工程保险的工程项目费用应适当降低。

3) 竣工验收时为鉴定工程质量,对隐蔽工程进行必要的挖掘和修复费用。

基本预备费用是按设备及工器具购置费、建筑安装工程费用和工程建设其他费用三部分费用之和为计算基础,乘以基本预备费率进行计算。

基本预备费率的取值应执行国家及部门的有关规定。

(2) 工程造价价差预备费,是指建设项目在建设期间内,由于人工、设备、材料、施工机械价格及费率、利率、汇率等变化,引起工程造价变化的预测预留费用。内容包括:人工、设备、材料、施工机械价差费,建筑安装工程费及工程建设其他费用调整,利率、汇率、税率的调整等增加的费用。

3.9.2.5 固定资产投资方向调节税

为了贯彻国家产业政策,控制投资规模,引导投资方向,调整投资结构,加强重点建设,促进国民经济持续、稳定、协调发展,对在我国境内进行固定资产投资的单位和个人(不含中外合资经营企业、中外合作经营企业和外商独资企业)征收固定资产投资方向调节税(简称投资方向调节税)。

投资方向调节税根据国家产业政策和项目经济规模实行差别税率,税率分为 0%、5%、10%、15%、30% 五个档次,各固定资产投资项目按其单位工程分别确定适用的税率。计税依据为固定资产项目实际完成的投资额,其中更新改造项目为建筑工程实际完成的投资额。投资方向调节税按固定资产投资项目的单位工程年度计划投资额预缴,年度终了后,按年度实际完成投资额结算,多退少补。项目竣工后按全部实际完成投资额进行清算,多退少补。

根据工程投资分年用款计划,分年计算投资方向调节税,列入固定资产投资总额;建设项目竣工后,应计入固定资产原值,但不作为设计、施工和其他取费的基数。

3.9.2.6 建设期利息

建设期利息,是指建设项目建设投资中有偿使用部分(即借贷资金)在建设期内应偿还的借款利息及承诺费。除自有资金、国家财政拨款和发行股票外,凡属有偿使用性质的资金,包括国内银行和其他非银行金融机构贷款、出口信贷、外国政府贷款、国际商业贷款、在境内外发行的债券等,均应计算建设期利息。

3.9.2.7 经营性项目铺底流动资金

经营性项目铺底流动资金,是指经营性项目为保证生产和经营正常运行,按规定应列入建设项目总资金的铺底流动资金。它是在项目建成投产初期,为保证正常生产所必须的周转资金。

3.9.2.8 工程造价构成综合系统及计算程序

我国现行建设工程造价的构成及计算程序见表3.9-2。

建设工程造价构成及计算程序表　　　　表3.9-2

费用项目		参考计算方法
1. 建筑安装工程费用	直接工程费 间接费 计划利润 税金	Σ(实物工程量×概预算定额基价＋其他直接费) (直接工程费×取费定额)或(人工费×预费定额)[(直接工程费＋间接费)×计划利润率]或(人工费×计划利润率) (直接工程费＋间接费＋计划利润)×规定的税率
2. 设备、工器具费用	设备购置费(包括备品备件) 工器具及生产家具购置费	设备原价×(1＋设备运杂费率)×设备购置费×费率
3. 工程建设其他费用	土地使用费 建设单位管理费 研究试验费 生产准备费 办公和生活家具购置费 联合试运转费 勘察设计费 引进技术和设备进口项目的其他费用 供电贴费 施工机构迁移费 临时设施费 工程监理费 工程保险费	按有关规定计算 [1.＋2.]×费率或按规定的金额计算 按批准的计划编制 按有关定额计算 按有关定额计算 [1.＋2.]×费率或按规定的金额计算 按有关规定计算 按有关规定计算 按有关规定计算 按有关规定计算 按有关规定计算 按有关规定计算 按有关规定计算
4. 预备费	其中:基本预备费 价差预备费	[1.＋2.＋3.]×费率 按规定计算
5. 税费	固定资产投资方向调节税	Σ(建设项目总费用(不包括贷款利息))×规定的税率
6. 利息	建设期投资贷款利息	按有关规定计算
7. 其它	经营项目铺底流动资金	按有关规定计算

3.9.3 建设项目投资估算

投资估算是项目决策的重要依据之一。在整个投资决策过程中,要对建设工程造价进行估算,在此基础上研究是否建设。投资估算要有准确性,如果误差太大,必将导致决策的失误。因此,准确、全面地估算建设项目的工程造价,是项目可行性研究乃至整个建设项目的投资决策阶段的造价管理的重要任务。

3.9.3.1 投资估算的阶段划分

投资估算是指在整个投资决策过程中,依据现有的资料和一定的方法,对建设项目的投资数额进行的估计。

由于投资决策过程可进一步分为规划阶段、项目建议书阶段、可行性研究阶段、评审阶段,所以投资估算工作也相应分为四个阶段。由于不同阶段所具备的条件和掌握的资料不同,因而投资估算的准确程度不同,进而每个阶段投资估算所起的作用也不同。但是随着阶段的不断进展,调查研究不断深入,掌握的资料越来越丰富,投资估算逐步准确,其所起的作用也越来越重要。

投资估算阶段划分情况概括如表3.9-3。

投资估算的阶段划分 表3.9-3

	投资估算阶段划分	投资估算误差率	投资估算的主要作用
投资决策过程	1.规划(机会研究)阶段投资估算	±30%	1.说明有关的各项目之间的相互关系; 2.作为否定一个项目或决定是否继续进行研究的依据之一
	2.项目建设建议书(初步可行性研究)阶段的投资估算	±20%	1.从经济上判断项目是否应列入投资计划; 2.作为领导部门审批项目建议的依据之一; 3.可否定一个项目,但不能完全肯定一个项目是否真正可行
	3.可行性研究阶段的投资估算	±10%	可对项目是否真正可行作出初步的决定
	4.评审阶段(含项目评估)的投资估算	±10%以内	1.作为对可行性研究结果进行最后评价依据; 2.可作为对建设项目是否真正可行进最后决定的依据

3.9.3.2 投资估算的作用

按照现行项目建议书和可行性研究报告编制深度和审批要求,其中投资估算一经批准,在一般情况下不得随意突破。据此,投资估算的准备与否不仅影响到建设前期的投资决策,而且还直接关系到下阶段设计概算、施工图预算以及项目建设期造价管理和控制。具体作用如下:

(1)根据国家对拟建项目投资决策的要求,在报批的项目建议书和可行性研究报告内应客观切实的编制项目总投资估算。因此,它是作为主管部门审批建设项目的主要依据,也是银行评估拟建项目投资贷款的依据。

(2)按照国家计委和建设部颁布的《工程设计招标投标暂行办法》规定:项目设计投标单位报送的投标书中,应包括方案设计的图纸、说明、建设工期、工程投资估算和经济分析,以考核设计方案是否技术先进、可靠和经济合理。因此工程投资估算是工程设计投标的重要组成部分。

(3)在工程项目初步设计阶段,为了保证不突破可行性研究报告批准的投资估算范围,需要进行多方案的优化设计,实行按专业切块进行投资控制。因此编好投资估算,正解选择技术先进和经济合理的设计方案,为施工图设计打下坚实可靠的基础。最终使项目总投资的最高限额不被突破。

(4)建设项目的投资估算,作为资金筹措、银行贷款及项目建设期造价管理和控制的重要依据。

(5)项目投资估算的正确与否,也直接影响到对项目生产期所需的流动资金和生产成本的估算,并对项目未来的经济效益(盈利、税金)和偿还货款能力的大小也具有重要作用。它不仅是确定项目投资决策的命运,也影响到项目能否持续的发展生存能力。

3.9.3.3 投资估算的编制依据

(1) 设计文件。批准的项目建设书、可行性研究报告及其批文。

(2) 工程建设估算指标、概算指标、类似工程实际投资资料。

(3) 设备现行出厂价格(含非标准设备)及运杂费率。

(4) 工程所在地主要材料价格实际资料、工业和民用建筑造价指标、土地征用价格和建设外部条件。

(5) 引进技术设备情况简介及询价、报价资料。

(6) 现行的建筑安装工程费用定额及其他费用定额指标。

(7) 资金来源及建设工期。

(8) 其他有关文件、合同、协议书等。

3.9.3.4 投资估算的编制内容和深度

(1) 投资估算的编制内容

投资估算是确定和控制建设项目全过程的各项投资总额,其估算范围涉及到建设投资前期、建设实施期(施工建设期)和竣工验收交付使用期(生产经营期)各个阶段的费用支出。

全厂性工业项目或整体性民用工程项目(如小区住宅、机关、学校、医院等),应包括厂(院)区红线以内的主要生产项目、附属项目、室外工程的竖向布置土石方、道路、围墙大门、室外综合管网、构筑物和厂区(庭院)的建筑小区、绿化等工程,还应包括厂区外专用的供水、供电、公路、铁路等工程费用以及为建设工程的发生的其他费用等,从筹建到竣工验收交付使用的全部费用。

投资估算文件,一般应包括投资估算编制说明及投资估算表(见表3.9-4)。

建设项目投资估算表(单位:万元、万美元) 表3.9-4

序号	工程或费用名称	估算价值					其中外币	占固定资产投资的比例(%)	备注
		建筑工程	设备购置	安装工程	其他费用	合计			
1	固定资产投资								
1.1	工程费用								
	主要生产项目								
	其他附属项目								
	⋮								
	工程费用合计								
1.2	其他费用								
	⋮								
1.3	预备费用								
1.3.1	基本预备费								
1.3.2	涨价预备费(建设期价差预备费)								
2	固定资产投资方向调节税								
3	建设期利息								
	合计(1+2+3)								

注:工程或费用名称,可根据本部门的要求分项列出。

1）编制说明包括：

（A）工程概况

（B）编制原则

（C）编制依据

（D）编制方法

（E）投资方法。应列出按投资构成划分、按设计专业划分和按生产用途划分的三项投资百分比分析表。

（F）主要技术经济指标。如单位产品投资指标等，与已建成或正在建设的类似项目投资做比较,分析,并论述其产生差异的原因。

（G）存在的问题和改进建议。

2）总估算表（见表3.9-4）

（A）总估算表是由按工程系统划分的工程费用估算与其他费用,工程预备费,固定资产投资方向调节税,建设其用货款利息等构成。

（B）总估算表的构成

工程费用。包括主要生产项目工程、辅助生产系统工程、公用系统工程、生活福利设施工程、民用及生活设施工程等。

工程建设其他费用

工程预备费。包括基本预备费和建设期价差预备费。

方向调节税和贷款利息。是指固定资产投资方向调节税和建设期货款利息。

（C）项目建议书和可行性研究报投资估算构成框图见图3.9-10。

(2) 投资估算的编制深度

建设项目投资估算的编制深度,应与项目建议书和可行性研究报告的编写深度相适应。

1）对项目建议书阶段,应编制出项目总估算书,它包括工程费的单项工程投资估算、工程建设其他费用估算、预算费的基本预备费和价差预备费、投资方向调节税及建设期贷款利息。

2）对可行性研究报告阶段,应编制出项目总估算书、单项工程投资估算。主要工程项目应分别编制每个单位工程的投资估算;对于附属项目或次要项目可简化编制一个单项工程的投资估算(其中包括土建、水、暖、通、电等);对于其他费用也应按单项费用编制;预备费用应分别列出基本预备费和价差预备费;对于应缴投资方向调节税的建设项目,还应计算投资方向调节税以及建设期货款利息。

3.9.3.5 固定资产投资估算的编制方法

按照我国现行项目投资管理规定,建设项目固定资产投资按照费用性质划分,可分为建筑安装工程费、设备及工器具购置费、工程建设其他费用、预备费(含基本预备费和价差预备费)、固定资产投资方向调节税和建设期贷款利息等内容。项目投资估算的内容与构成相同于项目建设费用构成。

根据国家计委和经贸委对固定资产投资实静态控制、动态管理的要求。又将固定资产投资分为静态投资和动态投资两部分(见图3.9-10)。其中固定资产投资静态部分包括:建筑安装工程费、设备及工器具购置费、工程建设其他费用及基本预备费等内容;而固定资产投资动态部分包括建设期价差预备费(亦称涨价预备费)、固定资产投资方向调节税和建设

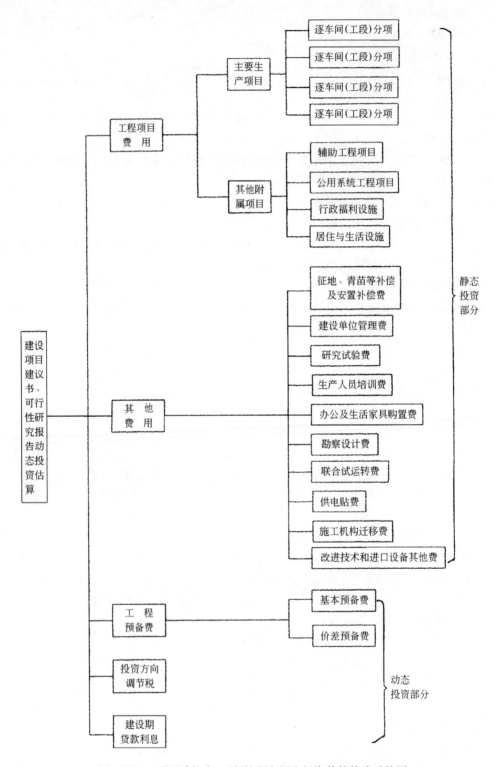

图 3.9-10 项目建议书、可行性研究报告投资估算构成系统图

期货款利息。在概算审查和工程竣工决算中还应考虑国家批准新开征的税费和建设期汇率

变动而增加的投资内容。建设项目总投资不仅包括项目的固定资产投资的静态部分,而且还包括固定资产投资的动态部分和铺底流动资金。它是反映完成一个建设项目预计所需投资的总和,因此,建设项目总投资也是一个完整的动态投资。为了遵循估足投资不留缺口的原则,不仅要准确地计算出固定资产投资的静态部分,而且还应该客观地估算用资产投资的动态部分与铺底流动资金。这样项目投资估算才能全面地反映项目工程造价的构成。

(1) 静态投资的估算

静态投资是建设项目投资估算的基础,所以必须全面、准确地进行分析计算,既要避免少算漏项,又要防止高估冒算,力求切合实际。根据静态投资费用项目内容不同,投资估算采用的方法和深度也不尽相同,以下将分别予以介绍。

1) 按设备费用的百分比估算法

设备购置费用在静态投资中占有很大比重。在项目规划或可行性研究中,对工程情况不完全了解,不可能将所有设备开出清单,但根据工业生产建设的经验,辅助生产设备、服务设施的装备水平与主体设备购置费用之间存在着一定的比例关系,类似地,设备安装费与设备购置费用之间也有一定的比例关系。因此,在对主体设备或类似工程情况已有所了解的情况下,有经验的造价工程师往往采用比例估算的办法估算投资,而不必分项去详细计算。这种方法在实际中有很多的应用,下面介绍两种具体计算方法。

(A) 以拟建项目或装置的设备费为基数,根据已建成的同类项目或装置的建筑安装工程费和其他费用等占设备价值的百分比,求出相应的建筑安装及其他有关费用,其总和即为项目装置的投资。

(B) 与第一种方法相似,以拟建项目中的最主要、投资比重较大,并与生产能力直接相关的工艺设备的投资(包括运杂费及安装费)为基数,根据同类型的已建项目的有关统计资料,计算出拟建项目的各专业工程(总图、土建、暖通、给排水、管道、电气及电信、自控及其他费用等)占工艺设备投资的百分比,据以求出各专业的投资,然后把各部分投资费用(包括工艺设备费)相加求和,即为项目的总费用。

2) 资金周转率法

这是一种用资金周转率来推测投资额的简便方法。

拟建项目的资金周转率可以根据已建相似项目的有关数据进行估计,然后再根据拟建项目的预计产品的年产量及单价,进行估算拟建项目的投资额。

这种方法比较简便,计算速度快,但精确度较低,可用于投资机会研究及项目建议书阶段的投资估算。

3) 朗格系数法

以设备费用为基础,乘以适当的系数来推算项目的建设费用。

此法比较简便,但没有考虑设备规格和材质的差异,所以精确度不高。

4) 生产指力指数法

根据已建成的、性质类似建设的项目(或生产装置)的投资额和生产能力,以及拟建项目(或生产装置)的生产能力,估算建设项目的投资额。

采用这种方法,计算简单,速度快,但要求类似工程的资料可靠,条件基本相同,否则误差就会增大。

5) 指标估算法

对于房屋、建筑物进行造价估算时,经常采用投资估算指标法。即根据各种具体的投资估算指标,进行单位工程投资估算。投资估算指标的形式较多,例如元/m^2、元/m^3、元/kVA等等。根据这些投资估算指标,乘以所需的面积、体积、容量等,就可以求出相应的土建工程、给排水工程、照明工程、采暖工程、变配电程等各单位工程的投资。在此基础上,可汇总成每一单项工程的投资。另外再估算工程建设其他费用及预备费,即求得建设项目总投资。

采用这种方法时,一方面要注意,若套用的指标与具体工程之间的标准或条件有差异时,应加以必要的局部换算或调整;另一方面要注意,使用的指标单位应密切结合每个单位工程的特点,能正确反映其设计参数,切勿盲目地单纯套用一种单位指标。

目前,我国各部门,各省市已编制了相应各类建设项目的投资估算指标,并绝大多数已审批通过,颁布执行。因此,投资估算指标在我国已基本形在一定的系统,这为进行各类建设项目的投资估算提供了一定的条件。特别在编制可行性研究报告的投资估算时,应根据可行性研究报告的内容、国家有关规定和估算指标等,以估算编制时的价格进行编制,并应按照有关规定,合理地预测估算编制后到竣工期间工程的价格、利率、汇率等动态因素的变化,打足建设投资,不留缺口,确保投资估算的编制质量。

工程建设其他费用的估算应根据不同的情况采取不同的方法。例如土地使用费,应根据取得土地的方式以及当地土地管理部门的具体规定计算;与项目建设有关的其他费用、业主费用等特定性强,没有固定的比例和项目,可与建设单位共同研究商定。

指标估算法对项目建议书和可行性研究报告有不同要求。

6) 单位产品投资造价指标法

采用单位产品投资造价指标计算项目投资时,要求其产品在品种规格、工艺流程和建设规模上基本一致,才能使计算出来的投资额接近准确。一般准确程度为80%~85%。

总之,静态投资的估算并没有固定的公式,实际工作中,只要有了项目组成部分的费用数据,就考虑用各种方法来估算。需要指出的是这里所说的虽然是静态投资,但它也是有一定时间性的,应该统一按某一确定的时间来计算,特别是到编制时间距开工时间较远的项目,一定要以开工前一年为基准年,以这一年的价格为依据计算,按照近年的价格指数将编制年的静态投资进行适当地调整,否则就会失去基准作用,影响投资估算的准确性。

(2) 动态投资的估算

动态投资主要包括价格变动可能增加的投资额(价差预备费)、建设期利息和固定资产投资方向调节税等三部分内容,如果是涉外项目,还应该计算汇率的影响。动态投资的估算应以基准年静态投资的资金使用计划额为基础来计算以上各种变动因素,而不是以编制年的静态投资为基础计算。

1) 价差预备费(或涨价预备费)的估算

价差预备费(亦称涨价预备费)是指从估算年到项目建成期间内,预留的因物价上涨而引起的投资费用增加额。

价差预备费的估算方法,一般根据国家规定的投资综合价格指数,按估算年份价格水平的投资额为基数,采用复利方法计算。

2) 建设期投资贷款利息

建设期投资贷款利息,是指建设项目使用投资贷款在建设期内应归还的贷款利息。贷款利息应以建设期工程造价扣除资本金后的分年度资金供应计划为基数,计算逐年应付利息。其中贷款利率应按建设项目不同，资金来源相关利率，以及投资各方同股同权的原则计算。具体地讲，项目建设期利息，可按照项目可行性研究报告中的项目建设资金筹措方案确定的初步贷款意向规定的利率、偿还方式和偿还期限计算。对于没有明确意向的贷款，可按项目适用的现行一般（非优惠）的贷款利率、期限和偿还方式计算。

建设期贷款利息包括向国内银行和其他非银行金融机构贷款、出口信贷、外国政府贷款、国际商业银行贷款以及在境内外发行的债券等在建设期内应偿还的借款利息。建设期利息实行复利计算。

在向国外借款利息的计算中，还应包括国外贷款银行根据贷款协议向借款方以年利率的方式收取的手续费、管理费和承诺费；以及国内代理机构经国家主管部门批准的、以年利率的方式向贷款单位收取的转贷费、担保费和管理费等资金成本费用。为简化计算，可采用适当提高利率的方法进行处理和计算。

3）固定资产投资方向调节税

固定资产投资方向调节税按照（中华人民共和国固定资产投资方向调节税暂行条例）、国家计委、国家税务局计投资[1991]1045号文《关于实施〈中华人民共和国固定资产投资方向调节税暂行条例〉的若干补充规定》及国家税务局国税发[1991]113号文颁发的《中华人民共和国固定资产投资方向调节税暂行条例实施细则》的规定计算。

4）汇率变化对涉外建设项目动态投资的影响及其计算方法。

汇率是两种不同货币之间的兑换比率，或者说是以一种货币表示的另一种货币的价格。汇率的变化意味着一种货币相对于另一种货币的升值或贬值。在我国，人民币与外币之间的汇率采取以人民币表示外币价格的形式给出，如1美元＝8.23人民币。由于涉外项目的投资中包含人民币以外的币种。需要按照相应的汇率把外币投资额换算为人民币投资额，所以汇率变化就会对涉外项目的投资额产生影响。

（A）外币对人民币升值。项目从国外市场购买设备材料所支付的外币金额不变，但换算成人民币的金额增加；从国外借款，本息所支付的外币金额不变，但换算成人民币的金额增加。

（B）外币对人民币贬值。项目从国外市场购买设备材料所支付的外币金额不变，但换算成人民币的金额减少；从国外借款，本息所支付的外币金额不变，但换算成人民币的金额减少。

估计汇率变化对建筑项目投资的影响大小，是通过预测汇率在项目建设期内的变动程度，以估算年份的投资额为基数，计算求得。

3.9.3.6 铺底流动资金的估算方法

铺底流动资金是保证项目投产初期，能正常生产经营所需要的最基本的周转资金数额。铺底流动资金是项目总资金中的一个组成部分，在项目决策阶段，这部分资金就要落实。

这里的流动资金是指建设项目投产后为维持正常生产年份的正常经营，用于购买原材料、燃料、支付工资及其他生产经营费用等所必不可少的周转资金。它是伴随着固定资产投资而发生的永久性流动资产投资，它等于项目投产运营后所需全部流动资产扣除流动负债后的余额。其中，流动资产主要考虑应收及预付账款、现金和存货；流动负债主要考虑应付及预收款。由此可见，这里所提出的流动资金的概念，实际上就是财务中的营运资金。

流动资金的估算一般采用两种方法。

(1) 扩大指标估算法

扩大指标估算法是按照流动资金占某种基数的比率来估算流动资金。一般常用的基数有销售收入、经营成本、总成本费用和固定资产投资等,究竟采用何种基数可依照行业习惯而定。所采用的比率根据经验确定,或根据现有同类企业的实际资料确定,或依照行业(部门)给定的参考值确定。扩大指标估算法简便易行,但准确度不高,适用于项目建议书阶段的估算。

1) 产值(或销售收入)资金率估算法

2) 经营成本(或总成本)资金率估算法

3) 固定资产投资资金率估算法

4) 单位产量资金率估算法

(2) 分项详细估算法

分项详细估算法,也称分项定额估算法。它是国际上通行的流动资金估算方法。

1) 现金的估算

2) 应收(预付)账款的估算

3) 存货的估算

4) 应付(预收)账款的估算

(3) 流动资金估算应注意以下问题:

1) 在采用分项详细估算法时,需要分别确定现金、应收账款、存货和应付账款的最低周转天数。在确定周转天数时要根据实际情况,并考虑一定的保险系数。对于存货中的外购原材料、燃料要根据不同品种和来源,考虑运输方式和运输距离等因素确定。

2) 不同生产负荷下的流动资金是按照相应负荷时的各项费用金额和给定的公式计算出来的,而不能按100%负荷下的流动资金乘以负荷百分数求得。

3) 流动资金属于长期性(永久性)资金,流动资金的筹措可通过长期负债和资本金(权益融资)方式解决。流动资金在生产期借款部分的利息应计入总生产成本的财务费用。项目计算期末收回全部流动资金。

3.9.4 建设项目设计概算的编制

3.9.4.1 工程项目设计概算的作用

设计概算是设计文件的重要组成部分,是在投资估算的控制下由设计单位根据初步设计图纸及说明、概算定额(或概算指标)、各项费用定额(或取费标准)、设备、材料预算价格等资料,用科学的方法计算、编制和确定的建设项目从筹建至竣工交付使用所需全部费用的文件。采用两阶段设计的建设项目,初步设计阶段必须编制设计概算;采用三阶段设计的,技术设计阶段必须编制修正概算。

设计概算的编制应包括编制期价格、费率、利率、汇率等确定的静态投资和编制期到竣工验收前的工程和价格变化等多种因素的动态投资两部分。静态投资作为考核工程设计和施工图预算的依据;动态投资作为筹措、供应和控制资金使用的限额。

设计概算的主要作用可归纳为如下几点:

(1)设计概算是编制建设项目投资计划、确定和控制建设项目投资的依据。国家规定,编制年度固定资产投资计划,确定计划投资总额及其构成数额,要以批准的初步设计概算为依据,没有批准的初步设计及其概算的建设工程不能列入年度固定资产投资计划。

经批准的建设项目设计总概算的投资额,是该工程建设投资的最高限额。在工程建设过程中,年度固定资产投资计划安排,银行拨款或贷款、施工图设计及其预算、竣工决算等,未经按规定的程序批准,都不能突破这一限额,以确保国家固定资产投资计划的严格执行和有效控制。

(2) 设计概算是签订建设工程合同和贷款合同的依据。《中华人民共和国合同法》明确规定,建设工程合同是承包人进行工程建设,以包人支付价款的合同。合同价款的多少是以设计概预算为依据的,而且总承包合同不得超过设计总概算的投资额。

设计概算是银行拨款或签订贷款合同的最高限额,建设项目的全中拨款或贷款以及各单项工程的拨款或贷款的累计总额,不能超过设计概算。如果项目的投资计划所列投资额或拨款与贷款突破设计概算时,必须查明原因后由建设单位报请上级主管部门调整或追加设计概算总投资额,在未批准之前,银行对其超支部分将予拒付。

(3) 设计概算是控制施工图设计和施工图预算的依据。经批准的设计概算是建设项目投资的最高限额,设计单位必须按照批准的初步设计和总概算进行施工图设计,施工图预算不得突破设计概算。如确定需突破总概算时,应按规定程序报经审批。

(4) 设计概算是衡量设计方案技术经济合理性和选择最佳设计方案的依据。设计概算是设计方案技术经济合理性的综合反映,据此可以用来对不同的设计方案进行技术与经济合理性的比较,以便选择最佳的设计方案。

(5) 设计概算是工程造价管理及编制招标底和投标报价的依据。设计总概算是一经批准,就作为工程造价管理的最高限额,并据此对工程造价进行严格的控制。以设计概算进行招投标的工程,招标单位编制标底是以设计概算造价为依据的,并以此作为评标定标的依据。承包单位为了在投标竞争中取胜,也以设计概算为依据,编制出合适的投标报价。

(6) 设计概算是考核建设项目投资效果的依据。通过设计概算与竣工决算对比,可以分析和考核投资效果的好坏,同时还可以验证设计概算的准确性,有利于加强设计概算管理和建设项目的造价管理工作。

3.9.4.2 设计概算的编制原则和依据

(1) 设计概算的编制原则

为提高建设项目设计概算编制质量,科学合理确定建设项目投资,设计概算编制应坚持以下原则:

1) 严格执行国家的建设方针和经济政策的原则。设计概算是一项重要的技术经济工作,要严格按照党和国家的方针、政策办事,坚决执行勤俭节约的方针,严格执行规定的设计标准。

2) 要完整、准确地反映设计内容的原则。编制设计概算时,要认真了解设计意图,根据设计文件、图纸准确计算工程量,避免重算和漏算。设计修改后,要及时修正概算。

3) 要坚持结合拟建工程的实际,反映工程所在地当时价格水平的原则。为提高设计概算的准确性,要求实事求是地对工程所在地的建设条件,可能影响造价的各种因素进行认真的调查研究。在此基础上正确使用定额、指标、费率和价格等各项编制依据,按照现行工程造价的构成,根据有关部门发布的价格信息及价格调整指数,考虑建设期的价格变化因素,使概算尽可能地反映设计内容、施工条件和实际价格。

(2) 设计概算的编制依据

1) 国家发布的有关法律、法规、规章、规程等。
2) 批准的可行性研究报告及投资估算、设计图纸等有关资料。
3) 有关部门颁布的现行概算定额、概算指标、费用定额等和建设项目设计概算编制办法。
4) 有关部门发布的人工、设备材料价格、造价指数等。
5) 有关合同、协议等。
6) 其他有关资料。

3.9.4.3 设计概算的内容

设计概算可分单位工程概算、单项工程综合概算和建设项目总概算三级。各级之间概算的相互关系如图 3.9-11 所示。

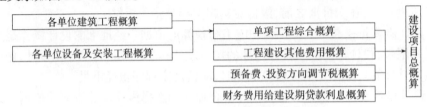

图 3.9-11 设计总概算的组成内容

设计概算的编制,是从单位工程概算这一级编制开始,经过逐级汇总而成。

(1) 单位工程概算

单位工程概算是确定各单位工程建设费用的文件,是编制单项工程综合概算的依据,是单项工程综合概算的组成部分。单位工程概算按其工程性质分为建筑工程概算和设备及安装工程概算两大类。

1) 建筑工程概算的编制方法

建筑工程概算包括土建工程概算,给排水、采暖工程概算,通风、空调工程概算,电气照明工程概算,弱电工程概算,特殊构筑物工程概算等;

建筑工程概算的编制方法有概算定额法、概算指标法、类似工程预算法等;设备及安装工程概算的编制方法有:预算单价法、概算指标法、设备价值百分比法和综合吨位指标法等。以下仅介绍概算定额法。

概算定额法又叫扩大单价法或扩大结构定额法。它是采用概算定额编制建筑工程概算的方法。

当初步设计建筑项目达到一定深度、建筑结构比较明确基本上能按初步设计图纸计算出楼面、地面、墙体、门窗和屋面等分部工程的工程量时,可采用这种方法编制建筑工程概算。在采用扩大单价法编制概算时,首先应根据概算定额编制成扩大单位估价表(表 3.9-5 及表 3.9-6)作为概算定额基价,然后用计算出的扩大分部分项工程的工程量,乘以单位估价,进行具体计算。概算定额是按一定计量单位规定的,扩大分部分项工程或扩大结构部分的人工、材料和机械的消耗量标准以及相应的费用标准,包括人工费、材料费、机械使用费、企业管理费、利润和税金组成。

扩大单位估价表(单位:10m³)　　　　　　　表 3.9-5

序　号	项　　目	单　价	数　量	合　计
1	综合人工	×××	12.45	××××

续表

序号	项目	单价	数量	合计
2	水泥混合砂浆 M5	×××	1.39	××××
3	普通粘土砖	×××	4.34	××××
4	水	×××	0.87	××××
5	灰浆搅拌机 2001	×××	0.23	××××
	合　　计			××××

扩大单位估价汇总表(单位:元)　　　　表 3.9-6

定额编号	工程名称	计算价值	单位价值	其中			附注
				工资	材料费	机械费	
4—23	空斗墙一眠一斗	10m³	××××				
4—24	空斗墙一眠二斗	10m³	××××				
4—25	空斗墙一眠三斗	10m³	××××				

注：表格内容摘自《全国统一建筑工程基础定额》土建上册。

2) 设备及安装工程概算的编制

设备及安装工程概算包括机械设备及安装工程概算,电气设备及安装工程概算等,以及工具、器具及生产家具购置费概算等。

(2) 单项工程概算

单项工程概算是确定一个单项工程所需建设费用的文件,它是由单项工程中的各位工程概算汇总编制而成的,是建设项目总概算的组成部分。单项工程综合概算的组成内容如图 3.9-12 所示。

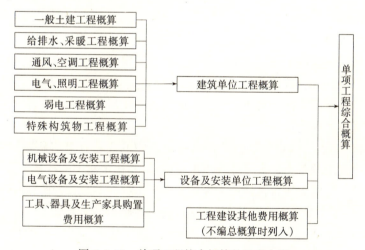

图 3.9-12　单项工程综合概算的组成内容

(3) 建设项目总概算

建设项目总概算是确定整个建设项目从筹建到竣工验收所需全部费用的文件,它是由各单项工程综合概算工程建设其他费用概算、预备费、投资方向调节税概算和建设期贷款利息概算等汇总编制而成的,如图 3.9-13 所示。

3.9.4.4 设计概算的编制方法

(1) 单位工程概算的编制方法

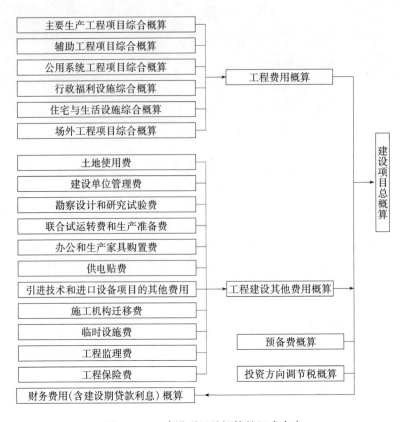

图 3.9-13 建设项目总概算的组成内容

1) 扩大单价法

单位工程是单项工程的组成部分,是指具有单独设计可以独立组织施工、但不能独立发挥生产能力或使用效益的工程。单位工程概算由建筑安装工程中的直接工程费、间接费、劳动、材料和机械台班的消耗量标准。扩大单位估价表是确定单位工程中各扩大分部分项工程或完整的结构件所需全部材料费、人工费、施工机械使用费之和的文件。

扩大单价完整的编制步骤如下:

(A) 根据初步设计图纸和说明书,按概算定额中的项目计算工程量。工程量的计算,必须根据定额中规定的各个扩大分部分项工程内容,遵循定额中的计量单位、工程量计算规则及方法来进行。有些无法直接计算工程量的零星工程,如散水、台阶、厕所蹲台等,可根据概算定额的规定,按主要工程费用的百分比(一般为 5%~8%)计算。

(B) 根据计算的工程量套用相应的扩大单位估价(概算定额),计算出材料费、人工费、施工机械使用费三者用之和。

(C) 根据有关取费标准计算其他直接费、间接费、计划利润和税金,将上述各项和加在一起,其和为建筑工程概算造价。

建筑工程概算造价 = 直接费 + 间接费 + 计划利润 + 税金

(D) 将概算造价除以建筑面积可以求出建筑工程单方造价等有关技术经济指标。

建筑工程单方造价 = 建筑工程概算造价 ÷ 建筑面积

采用扩大单价法编制建筑工程概算比较准确,但计算比较繁琐。只有具备一定的设计基本知识,熟悉概算定额,才能弄清分部分项的综合内容,才能正确地计算扩大分部分项的工程量。同时在套用扩大单位估价时,如果所在地区的工资标准及材料预算价格与概算定额不一致,则需要重新编制扩大单位估价或测定系数加以调整。

2) 概算指标法

当初步设计深度不够,不能准确地计算工程量,但工程设计采用的技术比较成熟,而又有类似概算指标可以利用时,可采用概算指标来编制概算。

概算指标,是按一定计量单位规定的通常以整个房屋每 $100m^2$ 建筑面积或 $1000m^3$ 建筑体积为计量单位来规定人工、材料和施工机械台班的消耗量以及价值表现的标准,比概算定额更综合扩大的分部工程或单位工程等劳动、材料和机械台班的消耗量标准和造价指标。在建筑工程中,它往往按完整的建筑物、构筑物以 m^2、m^3 或座等为计量单位。

概算指标法是用拟建的工程项目的建筑面积或体积乘以技术条件相同或基本相同的概算指标来编制概算的方法。

用此法编制概算时,首先要计算建筑面积和建筑体积,再根据拟建工程的性质、规模、结构和层数等基本条件,选定相应概算指标,计算建筑工程概算直接费和主要材料消耗量。

3) 类似工程预算法

当建设工程对象尚无完整的初步设计方案,而建设单位又急需上报设计概算时,可采用此法。类似工程预算法是利用技术条件与设计对象相类似的已完工程或在建工程的工程造价资料来编制拟建工程设计概算的方法。类似工程预算法就是以原有的相似工程的预算为基础,按编制概算指标方法,求出单位工程的概算指标,再按概算指标法编制建筑工程概算。当工程设计对象与已建成或在建工程相类似,结构基本相同,或者概算定额和概算指标不全,就可以采用这种方法编制单位工程概算。此法可以快速、准确地编制概算。

类似工程预算法适用于拟建工程初步设计与已建工程或在建工程的设计相类似又没有可用的概算指标时,但必须对建筑结构差异和价差进行调整。建筑结构差异的调整方法与概算指标法的调整方法相同;类似工程造价的价差调整常有两种方法:一是类似工程造价资料有具体的人工、材料、机械台班的用量时,可按类似工程造价资料中的主要材料用量、工日数量、机械台班用量乘以拟建工程所在地的主要材料预算价格、人工单价、机械台班单价,计算出直接费,再乘以当地的综合费率,即可得出所需的造价指标;二是类似工程造价资料只有人工、材料、机械台班费用和其他直接费、现场经费、间接费时,可再加以调整。

(A) 综合系数法。用类似工程预(决)算编制概算,经常因拟建工程与已建在建工程的建设地点不同,而引起人工费、材料费和施工机械台班费以及间接费、利润、税金等项的费用差别。可采用综合系数法调整类似工程预(决)算。

(B) 价格(费用)变动系数法。用类似工程预(决)算编制概算,往往因类似工程预(决)算的编制时间距现在较长,因而人工费、材料费和机械费及间接费、利润和税金等费用标准受到各种因素的影响,必然发生变化。所以,在编制概算时,应将类似工程预(决)算的上述价格和费用标准与现行价格和费用标准进行分析比较,测定其价格和费用的变动幅度,加以调整。

(C) 地区价差系数法。用类似工程预算(决)编制概算,不受地区不同限制,但因拟建工程对象与类似已建(在建)工程所在地区不同,必然出现两者直接费用的差异。此时,应采用地区价差系数法调整类似的工程预(决)算。

（D）结构、材质差异换算法。建筑产品的单件性特点,决定了每个建筑工程都有其各自的特异性,即在其结构特征、材质和施工方法上,不完全一致。因此,采用类似工程预(决)算编制概算,必须根据其中差异部分,进行分析、比较和换算,调整其差异部分费用,合理地确定工程概算造价。采用结构材质差异换算法,调整类似工程预(决)算。

(2) 设备及安装工程概算的编制方法

1) 设备购置费概算

设备购置费由设备原价和运杂费两项组成。

2) 设备安装工程概算

设备安装工程概算造价的编制方法有:

（A）预算单价法。当初步设计较深,有详细的设备清单时,可直接按安装工程预算定额单价编制设备安装单位工程概算,概算程序基本同于安装工程施工图预算。就是根据计算的设备安装工程量,乘以安装工程预算的综合单价,经汇总求得。用此法编制概算,计算比较具体,精确性较高。

（B）扩大单价法。当初步设计深度不够,设备清单不完备,只有主体设备或仅有成套设备的数量时,可采用主体设备、成套设备或工艺线的综合扩大安装单价来编制概算。

（C）概算指标法。当初步的设备清单不完备,或安装预算单价及扩大综合单价不全,无法采用预算单价法和扩大单价时,可采用概算指标编制概算。

3) 设备及其安装工程概算书的编制

设备及其安装工程概算书的内容,主要包括编制说明书和设备及其安装工程概算表两部分。

编制说明书是用简明的文字,对工程概况、编制依据、编制方法和其他有关问题等加以概括说明。

设备及其安装工程概算表,是将所计算的项目列于表格之中,计算工程直接费、计取间接费、其他费用、利润和税金,最后汇总设备及其安装工程概算造价。

3.9.4.5 单项工程综合概算的编制方法

单项工程综合概算是以其所辖的建筑工程概算表和设备安装概算表为基础汇总编制的。当建设项目只有一个单项工程时,单项工程综合概算(实为总概算)还应包括工程建设其他费用、含建设期贷款利息、预备费和固定资产投资方向调节税的概算。

(1) 综合概算书的内容

单项工程综合概算文件一般包括编制说明(不编制总概算时列入)和综合概算表。

1) 编制说明

主要包括:编制依据;编制方法;主要设备和材料的数量;其他有关问题说明。

2) 综合概算表

综合概算表(见表 3.9-7)是根据单项工程所辖范围内的各单位工程概算等基本资产,按照国家或部委所规定统一表格进行编制的。

(2) 编制步骤和方法

1) 编制顺序

综合概算书的编制,一般从单位工程概算书开始编制,然后统一汇编而成。其编制顺序为:

综合概算表 表3.9-7

建设单位：×××
单项工程：×××××   综合概算价值：   工程编号：×××-×

序号	单位工程编号	工程和费用名称	概算价值(万元)						技术经济指标(元)			占总投资额(%)
			建筑工程	设备购置费	设备安装费	生产工器具费	其他费用	总价	单位	数量	单位价值	
1	2	3	4	5	6	7	8	9	10	11	12	13
1	×××	×××	×××					×××	×	×××	×××	×××
2	×××	×××		×××	×××						×××	×××
3	×××	×××				×××	×××				×××	×××
4	……	……										
		合 计						×××	×	×××	×××	×××

审核   校对   编制   年 月 日

(A) 建筑工程；
(B) 给水与排水工程；
(C) 采暖、通风和煤气工程；
(D) 电器照明工程；
(E) 工业管道工程；
(F) 设备购置；
(G) 设备安装工程；
(H) 工器具及生产家具购置；
(I) 其他工程和费用(当不编总概算时列此项费用)；
(J) 不可预见的工程和费用；
(K) 回收金额。

按上述顺序汇总的各项费用总价值，即为该单项工程全部建设费用，并以适当的计量单位求出技术经济指标。

2) 技术经济指标的计量单位

单项工程综合概算表中技术经济指标，应能反映单位工程的特点，并应具有代表性。一般采用下列单位计算：

（A）生产车间以年产量为计量单位，或按设备重量以"t"为计量单位；

（B）仓库服务性的工程，按建筑面积以"m^2"为计量单位；

（C）变电所以"kV·A"为计量单位；

（D）煤气供应站按产量以"m^3/h"为计量单位；

（E）压缩空气站按产量以"m^3/min"为计量单位；

（F）锅炉房按锅炉蒸汽量以"t/h"为计量单位；

（G）输电线路按长度以"m"为计量单位；

（H）室外电器照明以"kW"或照明线路长度以"km"为计量单位；

（I）铁路按路长以"km"，公路按路面以"m^2"为计量单位；

（J）室外给排水管道按管道长度以"m"为计量单位；

（K）室外暖气管道按管道长度以"m"为计量单位；

（L）住宅、福利用房等各种房屋以"建筑面积 m^2"为计量单位；

（M）其他各种专业工程，可根据其不同的工程性持质确定其计量单位。

3）填制综合概算表。

按照表格形式和所要求的内容，逐项填写计算，最后求出单项工程综合概算总价值。

3.9.4.6 建设项目总概算的编制方法

建设项目总概算是设计文件的重要组成部分，是确定整个建设项目从筹建到建成竣工交付使用所预计花费的全部费用的总文件。它是由各单项工程综合概算、工程建设其他费用、建设期贷款利息、预备费、固定资产投资方向调节税和经营性项目的铺底流动资金，按照主管部门规定的统一表格进行编制而成的。

(1) 建筑工程项目总概算书的内容

设计概算文件（总概算书）一般应包括：封面及目录、编制说明、总概算表、工程建设其他费用概算表、单项工程综合概算表、单位工程概算表、工程量计算表、分年度投资汇总表与分年度资金流量汇总表以及主要材料汇总表与工日数量表等。现将有关主要问题说明如下：

1) 封面、签署页及目录

封面、签署页格式如表 3.9-8 所示。

封面、签署页格式　　　　　　　　　　表 3.9-8

建设项目设计概算文件
建设单位_____
建设项目名称_____
设计单位(或工程造价咨询单位)_____
编制单位_____
编制人(资格证号)_____
审核人(资格证号)_____
项目负责人_____
总工程师_____
单位负责人_____
年　　　　月　　　　日

2) 编制说明

编制说明应包括下列内容：

（A）工程概况。简述建设项目的建设规模、范围和性质，产品规格、品种、特点和生产规模，建设周期、建设条件、厂外工程和建设地点等主要情况。引进项目要说明引进内容以及与国内配套工程等主要情况。

（B）资金来源及投资方式。

（C）编制依据及编制原则。说明设计文件依据、概算指标、概算定额、材料概算价格及各种费用标准等编制依据。

（D）编制方法。说明编制设计概算是采用概算定额法，还是采用概算指标法等。

（E）投资分析。主要分析各项投资的比例、各专业投资的比重等经济指标，并与类似工程比较，分析投资高低的原因，说明该设计是否经济合理。为了说明设计的经济合理性，在编制总概算时，必须计算出各项工程和费用的投资占总投资的比例，编制投资比例分析表（见表3.9-9），对工程建设投资分配、构成等情况进行分析比较，列入总概算书中。

投资比例分析表　　　　　　　　　　　表3.9-9

项 目 名 称	价 值（万元）	占总价值（%）
建筑工程费用		
安装工程费用		
设备及工器具购置费		
工程建设其他费用		
工程预备费		
固定资产投资方向调节税		
建设期投资贷款利息		
建设期价差预备费		
动态投资总造价		

（F）主要材料和设备数量。说明建筑安装主要材料（钢材、木材、水泥等）和主要机械设备、电气设备的数量。

（G）其他需要说明的有关问题。

总概算表的内容。总概算表的项目由四大部分组成，见表3.9-10。

总　概　算　表　　　　　　　　　　　表3.9-10

建设单位：×××
规　模：×××　　　　　　　　　总概算投资：×××××
总建筑面积：×××××　　　　　单位投资：×××

序号	综合概算编号	工程和费用名称	概算总价值（万元）						技术经济指标（元）			占总投资额（%）
			建筑工程费	设备购置费	设备安装费	生产工器具费	其他费用	总价	单位	数量	单位价值	
1	2	3	4	5	6	7	8	9	10	11	12	13
		第一部分工程费	××××				××××					
一		场地平整费										
二		主要生产项目										
1	×××	总装配车间	158.67	×××	×××	×××	×××	××××	m²	×××××		××

续表

序号	综合概算编号	工程和费用名称	概算总价值(万元)						技术经济指标(元)			占总投资额(%)
			建筑工程费	设备购置费	设备安装费	生产工器具费	其他费用	总价	单位	数量	单位价值	
1	2	3	4	5	6	7	8	9	10	11	12	13
2		……										
三		辅助生产及服务项目	×××									
1		中央实验室	×××									
2		……										
四		动力系统工程	×××									
1		锅炉房×××										
		……										
五		运输及通讯系统工程	×××									
1		汽 车 库	×××									
2		……										
六		室外给排水工程	×××									
1		深水泵房	×××									
2		……										
七		生产福利区项目	×××									
1		家属宿舍	×××									
2		……										
八		厂区整理及绿化	×××									
1		厂区围墙及大门	×××									
2		……										
九		其他项目和费用	×××									
1		冬雨季施工增加费	×××									
2		完工清理费	×××									
3		施工机构迁移费	×××									
4		防洪工程费	×××									
5		……	×××									
		第二部分其他费	×××					×××				
1		土地征用,迁移费	×××									
2		建设单位管理费	×××									
3		研究试验费	×××									
4		……										
		第一、二部分合计										
		第三部分预备费 [(一)+(二)]×5%						××××				
		总 计						×××××		×××		
		投资回收金额										

复审:　　　　初审:　　　　校对:　　　　编制:　　　　年　月　日

（2）总概算表的编制方法，按总概算表的格式，依次填入各工程和费用名称，按项、栏分别汇总，依次求出各工程和费用小计、合计及第一部分项目，第二部分项目总计，按规定计算不可预见费，计算总概算价值，计算回收金额。

（3）回收金额的计算

回收金额是指在施工中或施工完毕后所获得的各种收入。其中包括临时房屋及构筑物、旧有房屋、金属结构及设备的拆除、临时供水、供气、供电的配电线等回收的金额。

3.9.5 施工图预算编制

3.9.5.1 施工图预算及其作用

（1）施工图预算

施工图预算是施工图设计预算的简称，又叫设计预算。它是由设计单位在施工图设计完成后，根据施工图设计图纸、现行预算定额、费用定额以及地区设备、材料、人工、施工机械台班等预算价格编制和确定的建筑安装工程造价的文件。

（2）施工图预算的作用

在市场经济条件下，施工图预算的主要作用是：

1）施工图预算是设计阶段控制工程造价的重要环节，是控制施工图设计不突破设计概算的重要措施。

2）施工图预算是编制或调整固定资产投产投资计划的依据。由于施工图预算比设计概算更具体更切合实际，因此，可据以落实或调整年度投资计划。

3）在委托承包时，施工图预算是签订工程承包合同的依据。建设单位和施工单位双方以施工图预算为基础，签订承包工程经济合同，明确甲、乙双方的经济责任。

4）在委托承包时，施工图预算是办理财务拨款、工程贷款和工程结算的依据。建设银行在施工期间按施工图预算和工程进度办理工程款预支和结算。单项工程或建设项目竣工后，也以施工图预算为主要依据办理竣工结算。

5）施工图预算是施工单位编制施工计划的依据。施工图预算工料统计表列出了单位工程的各类人工和材料的需要量，施工单位据以编制施工计划，控制工程成本，进行施工准备活动。

6）施工图预算是加强施工企业实行经济核算的依据。施工图预算所确定的工程预算造价，是建筑安装企业产品的预算价格，建筑安装企业必须在施工图预算的范围内加强经济核算，降低成本，增加盈利。

7）施工图预算是实行招标、投标的重要依据。施工图预算是建设单位在实行工程招标时确定"标底"的依据，也是施工单位参加投标时报价的依据。

3.9.5.2 施工图预算的编制依据

（1）施工图纸及说明书和标准图集

经审定的施工图纸、说明书和标准图集，完整地反映了工程的具体内容、各部的具体做法、结构尺寸、技术特征以及施工方法，是编制施工图预算的重要依据。

（2）现行预算定额及单位估价表

国家和地区都颁发有现行建筑、安装工程预算定额及单位估价表，并有相应的工程量计算规则，是编制施工图预算确定分项工程子目、计算工程量、选用单位估价表、计算直接工程费的主要依据。

(3) 施工组织设计或施工方案

因为施工组织设计或施工方案中包括了与编制施工图预算必不可少的有关资料,如建设地点的土质、地质情况、土石方开挖的施工方法及余土外运方式与运距,施工机械使用情况、结构件预制加工方法及运距、重要的梁板柱的施工方案、重要或特殊设备的安装方案等。

(4) 材料、人工、机械台班预算价格及调价规定

材料、人工、机械台班预算价格是预算定额的三要素,是构成直接工程费的主要因素。尤其是材料费在工程成本中占的比重大,而且在市场经济条件下,材料、人工、机械台班的价格是随市场而变化的。为使预算造价尽可能接近实际,各地区主管部门对此都有明确的调价规定。因此,合理确定材料、人工、机械台班预算价格及其调价规定是编制施工图预算的重要依据。

(5) 建筑安装工程费用定额

各省、市、自治区和各专业部门规定的费用定额及计算程序。

(6) 预算工作手册及有关工具书

预算员工作手册和工具书包括了计算各种结构件面积和体积的公式,钢材、木材等各种材料规格、型号及用量数据,各种单位换算比例,特殊断面、结构件的工程量的速算方法,金属材料重量表等。显然,以上这些公式、资料、数据是施工图预算中常常要用到的。所以它是编制施工图预算必不可少的依据。

3.9.5.3 施工图预算的内容

施工图预算有单位工程预算、单项工程预算和建设项目总预算。单位工程预算是根据施工图设计文件、现行预算定额、费用标准以及人工、材料、设备、机械台班等预算价格资料,以一定方法,编制单位工程的施工图预算;然后汇总所有各单位工程施工图预算,成为单项工程施工图预算;再汇总所有各项工程施工图预算,便是一个建设项目建筑安装工程的总预算。

单位工程预算包括建筑工程预算和设备安装工程预算。建筑工程预算是按其工程性质分为一般土建工程预算、卫生工程预算(包括室内外给排水工程、采暖通风工程、煤气工程等)、电气照明工程预算、特殊构筑物发炉窑、烟囱、水塔等工程和预算工业管道工程预算等。设备安装工程预算可分为机械设备安装工程预算、电气设备安装工程预算和化工设备、热力设备安装工程预算等。

3.9.5.4 施工图预算的编制方法

施工图预算的编制方法主要有单价法和实物法两种。下面详细介绍这两种编制施工图预算的方法。

(1) 单价法编制施工预算

1) 概述

单价法编制施工图预算,就是根据事先编制好的地区统一单位估价表中的各分项工程综合单价,乘以相应的各分项工程的工程量,并汇总相加,得到单位工程的人工费、材料费和机械使用费之和;再加上其他直接费、现场经费、间接费、计划利润和税金,即可得到单位工程的施工图预算。

其中,地区单位估价表是由地区造价管理部门根据地区统一预算定额或各专业部门专业定额以及统一单价组织编制的,它是计算建筑安装工程造价的基础。综合单价也叫预算

定额基价,是单位估价表的主要构成部分。另外,其他直接费、现场经费、间接费和计划利润是根据统一规定的费率乘以相应的计取基础得出的。

用单价法编制施工图主要计算公式为:

单位工程施工图预算直接费 = [Σ(工程量×预算综合单价)]
$$\times (1 + 其他直接费率 + 现场经费费率)$$

2) 单价法编制施工图的步骤

用单价法编制施工图预算的完整步骤如图 3.9-14 所示。

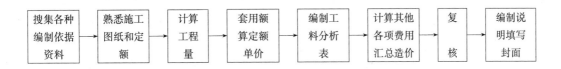

图 3.9-14 单价法编制施工图预算步骤

具体步骤如下:

① 搜集各种编制依据资料

各种编制依据资料包括施工图纸、施工组织设计或施工方案、现行建筑安装工程预算定额、取费标准、统一的工程量计算规则、预算工作手册和工程所在地区的材料、人工、机械台班预算价格与调价规定等。

② 熟悉施工图纸和定额

只有对施工图和预算定额有全面详细的了解,才能全面准确地计算出工程量,进而合理地编制出施工图预算造价。

在准备资料的基础上,关键一环是熟悉施工图纸。施工图纸是了解设计意图和工程全貌,从而准确计算工程量的基础材料。只有对施工图纸有较全面详细的了解,才能结合预算划分项目,全面而正确地分析各分部分项工程,有步骤地计算其工程量。另外,还要充分了解施工组织设计施工方案,以便编制预算时注意影响工作费用的因素,如土方工程中的余土外运或缺土的来源、深基础的施工方法、放坡的坡度、大宗材料的堆放地点、预制件的运输距离及吊装方法等。必要时还需深入现场实地观察,以补充有关资料。例如,了解土方工程的土的类别、现场有无施工障碍需要拆除清理、现场有无足够的材料堆放场、超重设备的运输路线和路基的状况等。

③ 计算工程量

计算工程量工作在整个预算编制过程中是最繁重、花费时间最长的一个环节,直接影响预算的及时性。同时,工程量是预算的主要数据,它的准确与否又直接影响预算的准确性。因此,必须在工程量计算上狠下工功夫,才能保证预算的质量。

计算工程量一般按下列具体步骤进行:

(A) 根据施工图示的工程内容和定额项目,列出计算工程量分部分项工程;

(B) 根据一定的计算顺序和计算规则,列出计算式;

(C) 根据施工图纸上的设计尺寸及有关数据,代入计算式进行数值计算;

(D) 对计算结果的计量单位进行调整,使之与定额中相应的分部分项工程的计量单位保持一致;

④ 套用预算综合单价(预算定额基价)

工程量计算完毕并核对无误后,用所得到的各分部分项工程量与单位估价表中的对应分项工程的综合单价相乘,并把各相乘的结果相加,求得单位工程的人工费、材料费和机械使用费之和。

套单价时,需注意以下几点:

(A) 分项工程的名称、规格、计量单位必须与预算定额或单位估价表中所列的内容完全一致。否则重套。漏套或错套预算单价都会引起工程直接费偏高或偏低。

(B) 如果定额单价的特征不完全符合设计图纸的某些设计要求时,必须根据定额说明对单价进行局部换算或调整。第一种情况,当换算主要是指因定额中已经计价的主要材料品种不同时,一般是只换价不调量。第二种情况,当调整主要是指施工工艺条件不同时,对人工、机械数量的增减,一般是只调量不换价。在定额的总说明或章节说明中都有明确的调整方法,如人工乘以某系数、人工和机械乘以某系数等;

(C) 在套预算单价时,当施工图纸的某些设计要求与定额单价特征相差甚远,设计的分项工程在定额上既不能直接套用,又不能换算调整时,必须编制补充单位估价表或补充定额。

(D) 在套预算单价时,必须维护定额和单价的严肃性,除定额说明允许换算调整者外,一律遵照执行,不得任意修改。

⑤ 编制工料分析表

根据各分部分项工程项目的实物工程量和相应定额中的项目所列的用工工日及材料数量,计算出各分部分项工程所需的人工及材料数量,进行汇总计算后,得出该单位工程所需的各类人工和各类材料的数量。

⑥ 计算其他各项费用、利税并汇总造价

根据建筑安装单位工程造价构成规定的费用项目、费率和相应的计费基础,分别计算其他直接费、现场经费、间接费、计划利润和税金,并汇总造价。

⑦ 汇总单位工程造价

把上述费用相加,并与前面套用综合单价算出的人工费、材料费和机械使用费进行汇总,从而求得单位工程的预算造价。

单位工程造价 = 直接工程费 + 间接费 + 计划利润 + 税金

直接工程费 = 定额预算直接费 + 其他直接费 + 现场经费

⑧ 复核

单位工程预算编制后,有关人员对单位工程预算进行复核,以便及时发现差错,提高预算质量。复核时应对工程量计算公式和结果、套用定额基价、各项费用的取费费率及计算基础和计算结果、材料和人工预算价格及其价格调整等方面是否正确进行全面复核。

⑨ 编制说明、填写封面

编制说明是编制者向审核者交代编制方面有关情况,包括编制依据,工程性质、内容范围,设计图纸号、所用预算定额编制年份(即价格水平年份)、承包单位(企业)的等级和承包方式,有关部门现行的调价文件号,套用单价或补充单位估价表方面的情况及其他需要说明的问题。

封面填写应写明工程名称、工程编号、工程量(建筑面积)、预算总造价及单方造价、编制单位名称及负责人和编制日期,审查单位名称及负责人和审核日期等。

总之,单价法是目前国内编制施工图预算的主要方法,主要是采用了各地区、各部门统一制定的综合单价,因此,具有计算方法简单、工作量较小和编制速度较快,便于工程造价管理部门集中统一管理的优点,它适用于集中的计划经济体制。但由于是采用事先编制好的统一的单位估价表,其价格水平只能反映定额编制年份的价格水平。在市场经济价格波动较大的情况下,单价法的计算结果往往会因偏离实际价格水平而造成误差,虽然可采用调价,通常需要利用一些系数和价差弥补,但往往调价系数和指数从测定到颁布有所滞后而且计算也较繁琐。

(2) 实物法编制施工图预算

1) 概述

定额实物法是首先根据施工图纸分别计算出各分项工程的实物工程量,然后套用相应预算人工、材料、机械台班的定额用量,再分别乘以工程所在地当时的人工、材料、机械台班的实际单价,求出单位工程的人工费、材料费和施工机械使用费,并汇总求和,进而求得直接工程费,最后按规定计取其他各项费用,最后汇总就可得出单位工程施工图预算造价。

对于其他直接费、间接费、计划利润和税金等费用的计算,则根据当地当时建筑市场供求情况,随行就市予以具体确定。

实物法编制施工图预算的主要公式为:

$$\begin{aligned}\text{单位工程预算直接费} =& \left[\sum\left(\text{工程量}\times\text{人工预算定额用量}\times\text{当时当地人工工资单价}\right)\right.\\ &+\sum\left(\text{工程量}\times\text{材料预算定额用量}\times\text{当时当地材料预算价格}\right)\\ &\left.+\sum\left(\text{工程量}\times\text{施工机械台班预算定额用量}\times\text{当时当地机械台班单价}\right)\right]\\ &\times\left(1+\text{其他直接费费率}+\text{现场经费费率}\right)\end{aligned}$$

2) 实物法编制施工图预算的步骤

实物法编制施工图预算的步骤如图 3.9-15 所示。

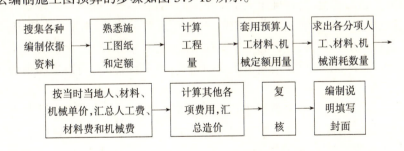

图 3.9-15 实物法编制施工图预算步骤

可以看出,实物法编制施工图预算的首尾步骤与单价法相似,但在具体内容上有一些区别。另外,实物法和单价法在编制步骤中的最大区别在于中间的步骤,也就是计算人工费、材料费和施工机械使用费及汇总三者费用之和的方法不同。

下面就实物法步骤加以说明。

1) 搜集各种编制依据资料

针对实物法的特点,在此阶段中需要全面地搜集各种人工、材料、机械当时当地的实际价格,包括:不同品种、不同规格的材料预算价格,不同工种的人工资单价,不同种类、不同型号的机械台班单价等。要求获得的各种实际价格全面、系统、真实、可靠。

2) 熟悉施工图纸和定额

可参考单价法相应的内容。

3) 计算工程量

本步骤的内容与单价法相同。

4) 套用相应预算人工、材料、机械台班定额用量

国家建设部1995年颁发的《全国统一建筑工程基础定额》(土建部分,是一部量价分离定额)和现行全国统一安装定额、专业统一和地区统一的计价定额的实物消耗量,是完全符合国家技术规范、质量标准并反映一定时期施工工艺水平的分项工程计价所需的人工、材料、施工机械的消耗量的标准。这个消耗量标准,在建材产品、标准、设计、施工技术及其相关规范和工艺水平等没有大的突破性变化之前,是相对稳定不变的,因此,它是合理确定和有效控制造价的依据;这个定额消耗量标准,是由工程造价主管部门按照定额管理分工进行统一制定,并根据技术发展适时地补充修改。

5) 统计汇总单位工程所需的各类人工工日的消耗量、材料消耗量、机械台班消耗量

根据预算人工定额所列的各类人工工日的数量,乘以各分项工程的工程量,算出各分项工程所需的各类人工工日的数量,然后统计汇总,获得单位工程所需的各类人工工日消耗量。同样,根据预算材料定额所列的各种材料数量,乘以各分项工程的工程量,并按类相加求出单位工程各材料的消耗量。根据预算机械台班定额所列的各种施工机械台班数量,乘以各分项工程的工程量,并按类相加,从而求出单位工程各施工机械台班的消耗量。

6) 根据当时、当地人工、材料和机械台班单价,汇总人工费、材料费和机械使用费

随着我国劳动工资制度、价格管理制度的改革,预算定额中的人工单价、材料价格等的变化,已经成为影响工程造价的最活跃的因素。因此,对人工单价,设备、材料的因素价格和施工机械台班单价,可由工程造价主管部门定期发布价格、造价信息,为基层提供服务。企业也可以根据自己的情况,自行确定人工单价、材料价格、施工机械台班单价。人工单价可按各专业、各地区企业一定时期实际发放的平均工资(奖金除外)水平合理确定,并按规定加入相应的工资性补贴。材料预算价格可分为原价(或供应价)和运杂费及采购保管费两部分,材料原价可按各地生产资料交易市场或销售部门一定时间的销售量和销售价格综合确定。

用当时、当地的各类实际工料机单价乘以相应的工料机消耗量,即得出单位工程人工费、材料费和机械使用费。

7) 计算其他各项费用,汇总造价

这里的各项费用包括其他直接费、间接费、计划利润、营业税等。一般讲,其他直接费营业税相对比较稳定,而间接费、计划利润则要根据建筑市场供求状况,随行就市,浮动较大。

8) 复核

要求认真检查人工、材料、机械台班的消耗量计算得是否合理等。其他的内容,可参考单价法相应步骤的介绍。

9) 编制说明、填写封面

本步骤的内容与单价法相同,这里不再重复。

总之,采用实物法编制施工图预算,由于所用的人工、材料和机械台班的单价都是当时的实际价格,所以编制出的预算能比较准确地反映实际水平,误差较小,这种方法适合于市场经济条件下价格波动较大的情况。在市场经济条件下,人工、材料和机械台班单价是随市场供求情况而变化的,而且它们是影响工程造价最活跃、最主要的因素。但是,采用实物法编制施工预算需要统计人工、材料、机械台班消耗量,还需要搜集相应的实际价格,因而工作量较大,计算过程繁琐。然而,随着建筑市场的开放和价格信息系统的建立,以及竞争机制作用的发挥和计算机的普及,实物法将是一种与统一"量"、指导"价"、竞争"费"的工程造价管理机制相适应的行之有效的预算编制方法。因此,实物法是与市场经济体制相适应的预算编制方法。

3.9.6 建筑面积计算规则

3.9.6.1 建筑面积的内容和作用

建筑面积是建筑物各层面积的总和。

建筑面积包括使用面积、辅助面积和结构面积。

建筑面积的作用是控制建设规模、工程造价、建设进度和工程量的大小。

3.9.6.2 建筑面积计算的总规则

工业与民用建筑面积总的计算规则为:凡在结构上、使用上形成具有一定使用功能的空间的建筑物和构筑物,并能单独计算出水平面积及其相应消耗的人工、材料和机械用量的可计算建筑面积,反之不应计算建筑面积。

3.9.6.3 建筑面积计算规则

(1) 计算建筑面积的范围

1) 单层建筑物无论其高度如何均按一层计算,其建筑面积按建筑物外墙勒脚以上的外围水平面积计算。单层建筑物内如带有部分楼层者,亦应计算建筑面积。高低联跨的单层建筑物,如需分别计算建筑面积时,按高低跨相邻处高跨柱外边线为分界线。

2) 多层建筑物的建筑面积按各层建筑面积的总和计算,每层建筑面积按建筑物勒脚以上外墙外围的水平面积计算。

3) 建筑物外墙为预制挂(壁)板的,按挂(壁)板外墙主墙面间的水平面积计算。

4) 地下室、半地下室、地下车间、仓库、商店、地下指挥部等及附属建筑物外墙有出入口的(沉降缝为界)建筑物,按其上口外墙(不包括采光井、防潮层及其保护墙)外围水平面积计算。人防通道端头出口部分为楼梯踏步时,按楼梯上口外墙外围水平面积计算。

5) 用深基础做地下架空层加以利用,层高超过2.2m,设计包括安装门窗、地面抹灰装饰者,按架空层外墙外围的水平面积的一半计算建筑面积。

6) 坡地建筑物利用吊脚做架空层加以利用,有围护结构者,且层高超过2.2m的,按其围护结构外围水平面积计算建筑面积。

7) 穿过建筑物的通道,建筑物内的门厅、大厅,不论其高度如何,均按一层建筑计算建筑面积,门厅、大厅内回廊部分按其水平投影面积计算建筑面积。

8) 图书馆的书库,有书架层的按书架层计算建筑面积,无书架层的按自然层计算建筑面积。

9）电梯井、提物井、垃圾道、管道井、附墙烟囱等均按建筑物自然层计算建筑面积。

10）舞台灯光控制室按围护结构外围水平面积乘以实际层数计算建筑面积。

11）建筑物内的技术层、层高超过2.2m的，按技术层外围水平面积计算建筑面积。技术层高虽不超过2.2m，但从中分隔出来作为办公室、仓库等，应按分隔出来的使用部分外围水平面积计算建筑面积。

12）有柱雨罩按柱外围水平面积计算建筑面积；独立柱的雨罩，按顶盖的水平投影面积的一半计算建筑面积。

13）有柱的车棚、货棚、站台等，按柱外围水平面积计算建筑面积；单排柱、独立柱的车棚、货棚、站台等，按顶盖的水平投影面积的一半计算建筑面积。

14）突出屋面的有围护结构的楼梯间、水箱间、电梯机房等，按围护结构外围水平面积计算建筑面积。

15）突出墙面的门斗、眺望间，按围护结构外围水平面积计算建筑面积。

16）封闭式阳台、挑廊，按其水平投影面积计算建筑面积。挑阳台按其水平投影面积的一半计算建筑面积。凹阳台按其阳台净空面积（包括阳台栏板）的一半计算建筑面积。

17）建筑物墙外有顶盖和柱的走廊、檐廊，按柱的外边线水平面积计算建筑面积；无柱的走廊、檐廊，按其投影面积的一半计算建筑面积。

18）两个建筑物间有顶盖（有围护结构）的架空通廊，按通廊的投影面积计算建筑面积；无顶盖（没有围护结构）的架空通廊，按其投影面积的一半计算建筑面积。

19）建筑物内无楼梯，设室外楼梯（包括疏散梯）作为主要通道和用于疏散的，其室外楼梯按每层水平投影面积计算建筑面积；室内有楼梯并设室外楼梯（包括疏散梯）的，其室外楼梯按每层水平投影面积的一半计算建筑面积。

20）各种变形缝、沉降缝、宽在30cm以内的抗震缝，均分层计算建筑面积，有高低联跨时，其面积并入低跨建筑物面积内计算。

（2）不计算建筑面积范围

1）突出墙面的构件配件、艺术装饰以及挂（壁）板突出的艺术装饰线，如柱、垛、勒脚、台阶、无柱雨罩等。

2）检修消防等用的室外爬梯、宽度在60cm以内的钢梯。

3）穿过建筑物的通道、住宅的首层平台（不包括挑平台）、层高在2.2m以内的设备层和技术层。

4）层高小于2.2m的深基础架空层仅预留门窗洞口，不作地面及装饰的，坡地建筑物吊脚架空层。

5）没有围护结构的屋顶水箱间、舞台及后台悬挂幕布、布景的天桥、挑台。

6）单层建筑物内分隔的操作间、控制室、仪表间等单层房间。

7）地下人防干、支线，人防通道，人防通道端头为竖向爬梯设置的安全出入口。

8）宽在30cm以上的抗震缝，有伸缩缝的靠墙烟囱、构筑物，如独立烟囱、烟道。油罐、水塔、贮油（水）池、贮仓、圆库等。

9）建筑物内外的操作平台、上料平台及利用建筑物的空间安置箱、罐的平台。

（3）其他

在计算建筑物建筑面积时，如遇上述以外的情况，可参照上述规则原则办理。

3.10 建设项目管理

项目管理是一门新兴的管理科学,是现代工程技术、管理理论和项目建设实践相结合的产物,它经过数十年的发展和完善已日趋成熟,并以经济上的明显效益在各发达工业国家得到广泛应用。实践证明,在经济建设领域中实行项目管理,对于提高项目质量、缩短建设周期、节约建设资金都具有十分重要的意义。

我国近几年来在工程建设领域内大力推行项目管理,对提高工程质量,保证工期,降低成本起到了重要作用,同时取得了明显的经济效益。本节将介绍项目管理的有关基本概念,建设项目的建设程序、项目计划、项目控制和工程建设监理等有关内容。

3.10.1 项目管理概述

3.10.1.1 项目管理的基本概念

(1) 项目

1) 项目的概念

"项目"一词已越来越广泛地被人们应用于社会经济和文化生活的各个方面,人们经常用"项目"表示一类事物。项目的定义很多,许多管理专家都曾用不同的通俗语言对项目的概念从不同角度进行描述和概括。最常用的概念是对项目的特征描述予以定义:项目是指在一定的约束条件下(主要是限定的资源,限定的时间),具有专门组织、具有特定目标的一次性任务。

项目的含义是广泛的,它包括了很多内容。最常见的有:开发项目,如资源开发项目、小区开发项目、新产品开发项目等;建设项目,如工业与民用建筑工程、机场工程、港口工程等;科研项目,如基础科学研究项目、应用科学研究项目、科技攻关项目等;以及环保规划项目、投资项目等等,举不胜举。项目已存在于社会活动的各个领域,如果去掉其具体内容,作为项目它们都有共同的特征。

2) 项目的特征

(A) 单件性和一次性;

(B) 具有一定的约束条件;

(C) 具有生命周期。

3) 项目管理

项目管理是指在一定的约束条件下,为达到项目的目标对项目所实施的计划、组织、指挥、协调和控制的过程。

一定的约束条件是制定项目目标的依据,也是对项目控制的依据。项目管理的目的就是保证项目目标的实现。项目管理的对象是项目。由于项目具有单件性、一次性、约束条件、生命周期等特点,因此要求项目管理具有针对性、系统性、科学性、严密性,只有这样才能保证项目的完成。项目管理作为管理的一个分支,因此管理的所有职能它都具备,如计划、组织、指挥、协调和控制等。项目管理的目标就是项目目标,该目标界定了项目管理内容,如建设项目管理的内容有投资控制、进度控制、质量控制、合同管理及协调各方关系等。

4) 项目管理的特点

项目管理不同于企业管理及其他管理,具有自己的特点:

（A）每个项目处理都有自己特定的管理程序和管理步骤；
（B）以项目经理为中心和管理；
（C）应用现代管理方法和技术手段；
（D）在管理过程中实施动态控制。

(2) 建设项目

1) 建设项目的概念

建设项目是指按一个总体设计进行建设的各个单项工程所构成的总体。在我国也称为基本建设项目。在我国通常把建设一个企业、事业单位或一个独立工程项目作为一个建设项目。凡属于一个总体设计中分期分批进行建设的主体工程和附属配套工程、综合利用工程、供水供电工程全体作为一个建设项目；不能把不属于一个总体设计的工程，按各种方式归算为一个建设项目；也不能把同一个总体设计内的工程，按地区或施工单位分为几个建设项目。

2) 建设项目的特征

建设项目除了具备一般项目特征外，还具有以下自己的特征：

（A）投资额巨大，建设周期长；

（B）建设项目是按照一个总体设计建设的，是可以形成生产能力或使用价值的若干单项工程的总体；

（C）建设项目一般在行政上实行统一管理，在经济上实行统一核算，因此有权统一管理总体设计所规定的各项工程。

建设项目一般可以进一步划分为单项工程、单位工程、分部工程和分项工程。

3) 建设项目的管理

建设项目管理是项目管理的一个重要分支，它是指在建设项目的生命周期内，用系统工程的理论、观点和方法对建设项目进行计划、组织、指挥、协调和控制的处理活动。

建设项目的管理者应由参与建设活动的各方组成，包含业主单位，设计单位和施工单位等，不同阶段建设项目管理的管理者也不同。一般建设项目管理分为以下几个阶段：

（A）全过程建设项目管理指包括从编制项目建议书至项目竣工验收投产使用全过程进行管理，一般由项目业主进行管理；

（B）设计阶段建设项目管理称为设计项目管理，一般由设计单位进行项目管理；

（C）施工项目管理发生在建设项目的施工阶段，一般由施工单位进行项目管理；

（D）由业主单位进行的建设项目管理如果委托给建设监理单位对建设项目实施监督管理，在我国称为建设监理，一般由建设监理单位进行项目管理。

由于建设项目的管理阶段不同，管理者不同，管理的内容不同，所以建设项目管理在总体上有相同之处，在不同的阶段上却有不同之处，因此在建设项目管理时要引起注意。

(3) 施工项目

1) 施工项目的概念

施工项目是建筑施工企业对一个建筑产品的施工过程及成果，也就是建筑施工企业的生产对象，它可能是一个建设项目的施工，也可能是其中一个单项工程或单位工程的施工。

施工项目管理就是建筑安装施工企业对一个建筑安装产品的施工过程及成果进行计

划、组织、指挥、协调和控制。

2）施工项目的特点

（A）它是建设项目或其中的单项工程、单位工程的施工任务；

（B）它是以建筑安装施工企业为管理主体的；

（C）施工项目的任务范围是由工程承包合同界定的；

（D）它的产品具有多样性、固定性、体积庞大、生产周期长的特点。

只有单位工程、单项工程和建设项目的施工才谈得上施工项目，因为它们才是施工企业产品，分部、分项工程不是完整的产品，因此也不能称为施工项目。

3.10.1.2 建设项目分类

为了加强基本建设项目管理，正确反映建设的项目内容及规模，建设项目可按不同标准分类。

（1）按建设性质分类

建设项目按其建设性质不同，可划分成基本建设项目和更新改造项目两大类。

1）基本建设项目

基本建设项目是投资建设用于进行以扩大生产能力或增加工程效益为主要目的的新建、扩建工程及有关工作。具体包括以下几方面：

（A）新建项目。指企业为扩大生产能力或新增效益而曾建的生产车间或工程项目，以及事业和行政单位一般不应有新建项目。如新增加的固定资产价值超过原有全部固定资产价值（原值）3倍以上时，才可算新建项目。

（B）扩建项目。指企业为扩大生产能力或新增效益而增建的生产车间或工程项目，以及事业和行政单位增建业务用房等。

（C）迁建项目。指现有企、事业单位为改变生产布局或出于环境保护等其他特殊要求，搬迁到其他地点的建设项目。

（D）恢复项目。指原固定资产因自然灾害或人为灾害等原因已全部或部分报废，又投资重新建设的项目。

2）更新改造项目

更新改造项目是指建设资金用于对企、事业单位原有设施进行技术改造或固定资产更新，以及相应配套的辅助性生产、生活福利等工程和有关工作。

更新改造项目包括挖潜工程、节能工程、安全工程、环境工程。

更新改造措施应掌握专款专用，少搞土建，不搞外延的原则进行。

（2）按投资作用分类

基本建设项目按基投资在国民经济各部门中的作用，分为生产性建设项目和非生产性建设项目。

1）生产性建设项目

生产性建设项目是指直接用于物质生产或直接为物质生产服务的建设项目，主要包括以下四方面：

（A）工业建设。包括工业、国防和能源建设。

（B）农业建设。包括农、林、牧、渔、水利建设。

（C）基础设施。包括交通、邮电、通信建设，地质普查、勘探建设，建筑业建设等。

(D)商业建设。包括商业、饮食、营销、仓储、综合技术服务事业的建设。

2)非生产性建设项目

非生产性建设项目(消费性建设)包括用于满足人民物质和文化、福利需要的建设和非物质生产部门的建设,主要包括以下几方面:

(A)办公用房。各级国家党政机关、社会团体、企业管理机关的办公用房。

(B)居住建筑。住宅、公寓、别墅。

(C)公共建筑。科学、教育、文化艺术、广播电视、卫生、博览、体育、社会福利事业、公用事业、咨询服务、宗教、金融、保险等建设。

(D)其他建设。不属于上述各类的其他非生产性建设。

(3)按项目规模分类

按照国家规定的标准,基本建设项目划分为大型、中型、小型三类;更新改造项目划分为限额以上和限额以下两类。不同等级标准的建设项目,国家规定的审批机关和报建程序也不尽相同。

1)划分项目等级的原则

(A)按照批准的可行性研究报告(或初步设计)所确定的总设计能力或投资总额的大小、依据国家颁布的《基本建设项目大中小型划分标准》进行分类。

(B)凡生产单一产品的项目,一般以产品的设计生产能力划分;生产多种产品的项目,一般按其主要产品的设计生产能力划分;产品分类较多,不易分清主次,难以按产品的设计能力划分时,可按投资额划分。

(C)对国民经济和社会发展具有特殊意义的某些项目,虽然设计能力或全部投资不够大、中型项目标准,经国家批准已列入大、中型计划或国家重点建设工程的项目,也按大、中型项目管理。

(D)更新改造项目一般只按投资额分为限额以上和限额以下项目,不再按生产能力或其他标准划分。

(E)基本建设项目的大、中、小型和更新改造项目限额的具体划分标准,根据各个时期经济发展水平和实际工作中的需要而有所变化。

2)基本建设项目规模划分标准

基本建设项目按上级批准的建设总规模或计划总投资,按工业建设项目和非工业建设项目分别划分大、中、小型。

3)更新改造和技术引进项目的限额划分标准。表3.10-1划分标准综合了原国家经委[(86)经技648号]文《关于技术改造引进项目管理程序的若干规定的通知》、国务院[(87)国发23号]文《关于放宽固定资产投资审批权奶和简化审批手续的通知》两个文件的规定编制而成。

更新改造、技术引进项目限额划分标准　　　　表3.10-1

项目	计算单位		限额以上项目	限额以下	小型
更新改造项目					
能源、交通、原材料工业	总投资	万元	≥5 000	≥100且<5 000	<100
其他项目	总投资	万元	≥3 000	≥100且<3 000	<100
技术引进项目	总投资	万美元	≥500	<500	

3.10.1.3 项目管理的产生与发展

有建设就有项目,有项目就有项目管理。因此项目管理有着悠久的历史。人类历史上留下很多著名的建设项目,如古埃及的金字塔,古罗马的尼姆水道,中国的万里长城,然而这些项目不是依靠现代科学的管理手段,只是凭借经验和直觉进行管理。项目管理真正成为一门科学,是伴随着社会生产发展和科学技术进步,在20世纪60年代形成的。

(1) 项目管理产生的原因

1) 现代项目从开发到建造运用了大量的尖端技术和新的科研成果,对系统开发人员的技能和专业化程度要求愈来愈高,单凭经验不能完成这些复杂的任务。

2) 现代项目规模大、费用高,对传统的管理方法提出了挑战,不借助现代技术方法和手段根本无法实行有效的管理。

3) 现代项目管理要求保持一个由创造力的专家组成的强有力的工作实体,以保证开发复杂系统获得成功,传统的组织形式已难以适应。

4) 现代项目在开发和生产过程中,外部环境处于快速变化的状态,因此要求管理人员能迅速做出反应。

在这种情况下,人们迫切需要一种新的管理方法,需要相应的管理技术,于是项目管理应运而生了,并很快应用到实践中去,如阿波罗登月计划、国际工程承包项目等。

(2) 项目管理的发展

1) 初级阶段

20世纪30年代人们对如何管理项目进行了研究和实践,如应用甘特图进行项目的规划和控制,后来又研制了协调图,但项目管理概念并没有明确提出,这些系统的应用虽未从根本上解决复杂的项目的计划和控制问题,但却为网络图的产生奠定了基础。

2) 发展阶段

进入20世纪50年代,美国军界和各大企业的管理人员纷纷为管理各类项目寻找更好的计划和控制技术,先后创造出关键路线法(CPM)和计划评审技术(PERT),为有效地管理项目提供了科学手段,为实现项目的科学管理创造了条件。至60年代美国阿波罗登月计划项目,耗资300亿美元,涉及2万个企业,参加人员逾40万人,研制零件达700万个,采用网络计划技术进行计划和管理,从而使整个项目的运筹和组织工作进行的有章有序。网络计划技术的出现和应用,使项目管理成为一门新的学科出现在人们面前。

3) 成熟阶段

20世纪60年代,项目管理作为一门新兴的管理科学尚未被人们认识和接受。进入70年代,各类项目的建设规模日趋扩大,复杂程度不断增加,这时项目管理才真正被大企业所接受,这标志着项目管理的发展进入了新的阶段。与此同时许多科学家和企业的管理人员陆续开展了对项目管理的研究与探索,如70年代美国建筑项目管理的CM管理方式,由业主、设计者和建设经理组成小组来完成建设项目的管理,在70年代中期获得国际上广泛承认和应用。这个时期项目管理进入了一个形成完整理论和方法体系的成熟阶段,并逐步把现代科学技术如系统论、组织理论、经济学、管理学、行为科学、心理学、价值工程、计算机技术与项目管理实践相结合起来,同时吸收了控制论、信息论及其他研究成果,使项目管理发展成为一门比较完整的独立学科。

从世界范围看,项目管理的研究和应用主要集中在西方发达国家,前苏联和东欧国家的某些方法也引起了人们的重视,尤其是网络技术的应用取得了显著成绩。近年来项目管理正得到第二世界国家的重视和推行,如印度1987年出版了印度学者编著的《项目管理》一书。对从印度政府的投资政策到各种项目管理方法都有论述,还附有许多案例,说明印度的项目管理与研究也达到了相当的高度。

(3) 我国项目管理的沿革

我国项目管理的理论和科学活动源远流长,很多伟大的工程,如宋朝丁渭修复皇宫工程、北京故宫等都是典型的工程项目管理实践活动。

新中国成立以后,建筑行业飞速发展,进行了数量更多、规模更大的工程项目管理实践活动。如第一个五年计划的156个重点工程项目实践,第二个五年计划十大国庆工程项目实践,以及大庆建设项目、南京长江大桥工程、长江葛洲坝水电站工程等都说明我国工程项目管理活动具有一定的实力和能力。但这些活动并没有上升为项目管理的理论和科学,长期以来在计划经济影响下,我国项目管理科学理论还是一片空白。随着改革开放,逐步建立了社会主义市场经济体制,项目管理才有了生机和发展。

1) 项目管理的引进和试验

20世纪80年代,工程项目管理理论首先从西德和日本引进我国,之后美国和世界银行的项目管理理论和实践经验随着文化交流和项目建设陆续传入我国。结合建筑施工企业改革和招投标制的推行,在全国很多建筑施工企业和建设项目中开展了工程项目管理的试验。同时,建筑业管理体制也产生了明显变化。一是任务承揽方式发生变化,二是建筑施工企业责任关系发生明显变化,三是建筑施工企业的经营环境发生变化,这三项变化说明建筑市场已开始形成,工程项目管理模式的发展有了基础。

1982年,我国在鲁布革水电站引水导流工程中首次进行了项目管理实验,这是我国第一个利用世界银行贷款,并按世界银行规定进行国际竞争性招标和项目管理的工程。该项目1982年进行国际招标,1984年11月正式开工,1988年7月竣工。在四年时间里,创造了著名的"鲁布革工程项目管理经验",受到了中央领导的重视。国家计委等五个单位于1987年7月28日以计施[(1987)2002号]文发布《关于批准第一批推广鲁布革工程管理经验试点企业有关问题的通知》。1988年确定了15个试点企业共66个项目实施项目管理,1990年将试点企业调整为50家。1991年9月建设部提出了"加强分类管理,专题突破,分类实施,全面深化施工管理体制综合改革试点工作的指导意见",把试点工作转变为全行业推进的综合改革,项目管理工作在全国得到推广。

2) 我国推行项目管理的意义和作用

(A) 项目管理是国民经济基础管理的重要内容。改革开放以来,我国工程建设取得了重大成就,这些成就是靠项目管理来完成的。所以,项目管理的好坏直接影响到国家、地区的经济效益和社会效益。

(B) 项目管理是企业竞争实力的体现。企业经营和项目管理存在密切的联系。企业竞争实力体现在企业的各个要素上,体现在要素的运行和组合上,并具体落实到项目上,因此项目管理直接影响企业的竞争能力。

(C) 项目管理是建筑行业成为支柱产业的关键。项目管理是建筑业发展的核心,建筑业发展从项目的产生和发展中体现,因此,发展建筑业,核心就是抓项目管理。

(D) 项目管理是工程建设和建筑业改革的出发点、立足点和着眼点。建筑业的各项改革,如实行总承包方式,采用 FIDIC 合同条款,采用 ISO—9000 系列质量保证和质量管理体系,推行工程建设监理等,都要落到项目上,因此项目管理是各项目改革的集中体现。

(4) 我国实行项目管理的特点

1) 我国推行项目管理是在政府的领导和推动下进行的,有法规、有制度、有规划、有步骤,这与国外进行项目管理的自发性和民间性是有原则区别的,所以节约了时间,几年走完了国外几十年走过的路。

2) 推行项目管理与我国改革开放是同步的,改革的内容是多方面的,这些改革都与项目管理有关。

3) 引进国外项目管理,结合国情发展我国的项目管理,为世界项目管理科学做出贡献。

4) 产生了一大批项目管理典型,如北京国际贸易工程、京津塘高速公路工程等,并得到推广。

5) 项目管理的两个分支即工程建设监理和施工项目管理得到飞速发展,推动了项目管理学科的发展。

3.10.2 建设项目的建设程序

3.10.2.1 建设程序概念

建设程序是指建设项目从设想、选择、评估、决策、设计、施工到竣工验收、投入生产整个建设过程中,各项工作必须遵循的先后次序的法则。这个法则是人们在认识客观规律的基础上制定出来的,是建设项目科学决策和顺利进行的重要保证。按照建设项目发展的内在联系和发展过程,建设程序分成若干阶段,这些发展阶段有严格的先后次序,不能任意颠倒。

(1) 国内建设程序阶段

在我国,按现行规定,一般大中型和限额以上的项目从建设前期工作到建设,投产要经历以下几个阶段(见图 3.10-1):

1) 根据国民经济和社会发展长远规划,结合行业和地区发展规划的要求,提出项目建议书;

2) 根据项目建议书的要求,在勘察、试验、调查研究及详细技术经济论证的基础上编制可行性研究报告;

3) 可行性研究报告被批准以后,选择建设地点;

4) 根据可行性研究报告编制设计文件;

5) 初步设计经批准以后,进行施工图设计,并做好施工前的各项准备工作;

6) 编制年度基本建设投资计划;

7) 建设实施;

8) 根据工作进度,做好生产准备工作;

9) 项目按批准的设计内容完成,经投料试车合格后,正式投产,交付生产使用;

10) 生产经营一段时间后(一般为两年),进行项目后评价。

(2) 国外建设程序

国外工程的建设程序基本与我国相似,大致可以划分为三个阶段,即项目计划阶段、执行阶段、生产阶段(见图 3.10-2)。各阶段基本内容如下:

1) 项目计划阶段。主要工作是投资机会研究、初步可行性研究和详细可行性研究、初步设计和技术设计,经审查项目建议报告后,批准项目。

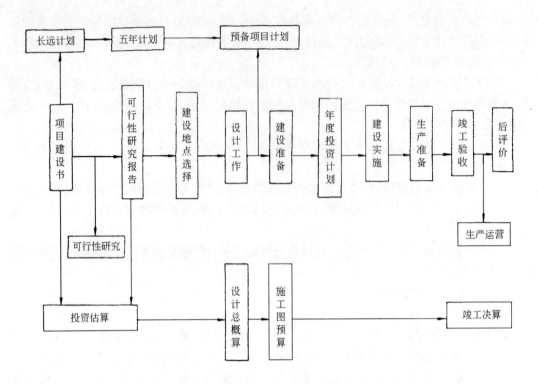

图 3.10-1 大中型和限额以上项目基本建设程序示意图

阶段	计划阶段				执行阶段		生产阶段	
步骤	预选	选定	准备	批准	动员	实施	经营	总结评价
工作和活动决策	从别的项目形成设想 计划——国家的 ——部门的筛选 ——地区的	初步可行性研究	可行性研究 初步设计 技术设计	审查	详细设计 进一步准备 计划 组织 预算 人事 招标	建造 制造 安装 调试 △ 试生产	进行中的生产 △	衡量结果 产生新项目的设想
	△为初步可行性研究批准费用	△为可行性研究批准费用	△提交项目建议报告	△批准项目	△签约	△移交 全面投产		
世界银行用语	巩固产生部门规划	项目选定 1	项目准备 2	评估 3 谈判 4	执行和监督 5		总结评价 6	
联合国工业组织用语	形成概念	确定定义和要求	形成项目 授权		具体活动开始		责任终止	总结评价

图 3.10-2 国外基本建设程序与阶段划分图

2) 项目执行阶段。主要工作是进行详细设计、计划，完成项目预算，组织招标，签订合同,建设实施,投产前准备,然后移交项目。

3) 项目生产阶段。至此进入正式投产运营阶段,经过一段时间运营后,对项目全过程进行总结评价,积累资料,产生新项目的设想,并为新项目的决策、实施提供依据。

3.10.2.2 基本建设程序阶段和内容

(1) 项目建议书阶段

项目建议书是要求建设某一具体项目的建议文件,是建设程序中最初阶段的工作,是投资决策前对拟建项目的轮廓设想。项目建议书的主要作用是为了推荐一个拟进行建设的项目的初步说明,论述它建设的必要性、条件的可行性和获利的可能性,供基本建设管理部门选择并确定是否进行下一步工作。项目建议书经批准后,可以进行详细的可行性研究工作,但并不表明项目非上不可,项目建议书不是项目的最终决策。

项目建议书的内容视项目的不同情况而有繁有简,但一般应包括以下几个方面:

1) 建设项目提出的必要性和依据;
2) 产品方案、拟建规模和建设地点的初步设想;
3) 资源情况、建设条件、协作关系等的初步分析;
4) 投资估算和资金筹措设想;
5) 经济效益和社会效益的估计。

各部门、地区和企事业单位根据国民经济和社会发展的长远规划、行业规划、地区规划等要求,经过调查、预测分析后,提出项目建议书。有些部门在提出项目建议书之前还增加了初步可行性研究工作,对拟进行建设的项目初步论证后,再行编制项目建议书。国家目前对项目初步可行性研究没有统一的要求,由各行业根据自己行业的特点而定。

项目建议书按要求编制完成后,按照建设总规模和限额的划分审批权限报批。按现行规定,凡属大中型或限额以上项目的项目建议书,首先要报送行业归口主管部门,同时抄送国家计委。行业归口主管部门要根据国家中长期规划的要求,着重从资金来源、建设布局、资源合理利用、经济合理性、技术政策等方面进行初审。行业归口主管部门初审通过后报国家计委,由国家计委再从建设总规模、生产力总布局、资源优化配置及资金供应可能、外部协作条件等方面进行综合平衡,还要委托有资格的工程咨询单位评估后审批。凡行业归口主管部门初审未通过的项目,国家计委不予审批。凡属小型和限额以下项目的项目建议书,按项目隶属关系由部门或地方计委审批。

(2) 可行性研究报告阶段

1) 可行性研究

项目建议书一经批准,即可着手进行可行性研究,对项目在技术上是否可行和经济上是否合理进行科学的分析和论证。凡经可行性研究未被通过的项目,不得编制向上一级报送的可行性研究报告和进行下一步工作。

国家规定,不同行业的建设项目,其可行性研究内容可以有不同的侧重点,但一般要求具备以下基本内容:

(A) 项目提出的背景和依据;
(B) 建设规模、产品方案。市场预测和确定的依据;
(C) 技术工艺。主要设备、建设标准;
(D) 资源、原材料、燃料、动力、运输、供水等协作配合条件;

（E）建设地点、厂区布置方案、占地面积；

（F）项目设计方案,协作配套工程；

（G）环保、防震等要求；

（H）劳动定员和人员培训；

（I）建设工期和实施进度；

（J）投资估算和资金筹措方式；

（K）经济效益和社会效益。

在20世纪80年代中期推行运用的项目财务评价和国民经济评价的办法,已在可行性研究中普遍应用。

2）可行性研究报告的编制

可行性研究报告是确定建设项目、编制设计文件的重要依据,要求它必须有相当的深度和准确性。

各类建设项目的可行性研究报告内容不尽相同。大中型项目一般应包括以下几个方面：

（A）根据经济预测、市场预测确定的建设规模和产品方案；

（B）资源、原材料、燃料、动力、供水、运输条件；

（C）建厂条件和厂址方案；

（D）技术工艺、主要设备选型和相应的技术经济指标；

（E）主要单项工程、公用辅助设施、配套工程；

（F）环境保护评价；

（G）城市规划、防震、防洪等要求和采取的相应措施方案；

（H）企业组织、劳动定员和管理制度；

（I）建设进度和工期；

（J）投资估算和资金筹措；

（K）经济效益和社会效益。

3）可行性研究报告审批

属中央投资、中央和地方合资的大中型和限额以上项目的可行性研究报告要报送国家计委审批。国家计委在审批过程中要征求行业归口主管部门和国家专业投资公司的意见,同时要委托有资格的工程咨询公司进行评估。根据行业归口主管部门的意见、投资公司的意见和咨询公司的评估意见,国家计委再行审批。总投资2亿元以上的项目,不论是中央项目还是地方项目,都要经国家计委审查后报国务院审批。中央各部门所属小型和限额以下项目,由各部门审批。地方投资2亿元以下项目,由地方计委审批。国家开发银行成立后,有关单位在审批可行性研究报告时,若需开户行配置资金,需有开户行出具资金配置意见函。

可行性研究执行报告批准后,不得随意变更。

(3) 建设地点的选择阶段

建设地点的选择,按照隶属关系,由主管部门组织勘察设计等单位和所在地部门共同进行。凡在城市辖区内选点的,要取得城市规划部门的同意,并且要有协议文件。

选择建设地点主要考虑三个问题,一是工程地质、水文地址等自然条件是否可靠,二是建设时所需水、电、运输条件是否落实,三是项目建成投产后原材料、燃料等是否具备,同时对生产人员生活条件、生产环境等也应全面考虑。

(4) 设计工作阶段

设计是对拟建工程的实施在技术上和经济上所进行的全面而详尽的安排,是基本建设计划的具体化,是组织施工的依据。可行性研究报告经批准的建设项目应通过招投标择优选择设计单位。根据建设项目的不同情况,设计过程一般划分为两个阶段,即初步设计和施工图设计,重大项目和技术复杂项目,可根据不同行业的特点和需要,增加技术设计(扩大初步设计)阶段。

初步设计是设计的第一阶段。如果初步设计提出的总概算超过可行性研究报告确定的总投资估算10%以上或其他主要指标需要变更时,要重新报批可行性研究报告。

各类建设项目的初步设计内容不尽相同。就工业企业而言,其主要内容一般包括:

(A) 设计依据和设计指导思想;

(B) 建设规模、产品方案以及原材料、燃料和动力的用量及来源;

(C) 工艺流程、主要设备选型和配置;

(D) 主要建筑物、构筑物、公用辅助设施和生活区的建设;

(E) 占地面积和土地使用情况;

(F) 总体运输;

(G) 外部协作配合条件;

(H) 综合利用、环境保护和抗震措施;

(I) 生产组织、劳动定员和各项技术经济指标;

(J) 总概算。

初步设计由主要投资方组织审批。初步设计文件批准后,全厂总平面布置、主要工艺流程、主要设备、建筑面积、建筑结构、总概算等不得随意修改、变更。

(5) 建设准备阶段

项目在开工建设之前要切实做好各项准备工作,其主要内容包括:

1) 征地、拆迁和场地平整;

2) 完成施工用水、电、路等工程;

3) 组织设备、材料订货;

4) 准备必要的施工图纸;

5) 组织施工招标投标,择优选定施工单位。

项目在报批新开工前,必须由审计机关对项目的有关内容进行审计证明。审计机关主要是对项目的资金来源是否正当、落实,项目开工前的各项支出是否符合国家的有关规定,资金是否存入规定的专业银行进行审计,新开工的项目还必须备有按施工顺序需要至少有三个月以上的工程施工图纸,否则不能开工建设。

(6) 编制年度基本建设投资计划阶段

建设项目要根据经过批准的总概算和工期,合理地安排分年度投资,年度计划投资的安排,要与长远规划的要求相适应,保证按期建成。年度计划安排的建设内容,要和当年分配的投资、材料、设备相适应,配套项目同时安排,相互衔接。

年度基本建设投资是建设项目当年实际完成的工作量的投资额,包括用当年资金完成的工作量和动用库存的材料、设备等内部资源完成的工作量;而财务拨款是当年基本建设项目实际货币支出。两者的计算标准不同,投资额是以构成工程实体为准,财务拨款是以资金拨付为准。在正常情况下,投资额与财务支出之间保持一定的比例关系,如果财务支出过大而投资额较小,说明建设单位可能尚未用到工程上的材料、设备积压过多或有较大浪费。

(7) 建设实施阶段

建设项目经批准新开工建设,项目即进入了建设实施阶段。项目新开工时间,按统计部门规定,是指建设项目设计文件中规定的任何一项永久性工程(无论生产性或非生产性)第一次正式破土开槽开始施工的日期。不需要开槽的工程,以建筑物组成的正式打桩作为正式开工。铁道、公路、水库等需要进行大量土、石方工程的,以开始进行土方、石方工程作为正式开工。工程地质勘察、平整土地、旧有建筑物的拆除、临时建筑、施工用临时道路和水、电等施工不算正式开工。分期建设的项目分别按各期工程开工的时间填报,如二期工程应根据二期工程设计文件规定的永久性工程开工填报开工时间。投资额也是如此,不应包括前一期工程完成的投资额。建设工期从新开工时算起。

(8) 生产准备阶段

建设单位要根据建设项目或主要单项工程生产技术特点,及时地组成专门班子或机构,有计划地抓好生产准备工作,保证项目或工程建成后能及时投产。

(9) 竣工验收阶段

竣工验收是工程建设过程的最后一环,是全面考核基本建设成果、检验设计和工程质量的重要步骤,也是基本建设转入生产或使用的标志。通过竣工验收,一是检验设计和工程质量,保证项目按设计要求的技术经济指标正常生产;二是有关部门和单位可以总结经验教训;三是建设单位对经验收合格的项目可以及时移交固定资产,使其由基建系统转入生产系统或投入使用。

1) 竣工验收的范围

根据国家现行规定,所有建设项目按照上级批准的设计文件所规定的内容和施工图纸的要求全部建成;工业项目经负荷试运转和试生产考核能够生产合格产品;非工业项目符合设计要求,能够正常使用,都要及时组织验收。

2) 申报竣工验收的准备工作

建设单位应认真做好竣工验收的准备工作,主要有:

(A) 整理技术资料;

(B) 绘制竣工图纸;

(C) 编制竣工决算。

3) 竣工验收的程序和组织

按国家现行规定,建设项目的验收阶段根据规模的大小和复杂程度可分为初步验收和竣工验收两个阶段进行。规模较大、较复杂的建设项目(工程)应先进行初验,然后进行全部建设项目(工程)的竣工验收。规模较小,较简单的项目(工程),可以一次进行全部项目(工程)的竣工验收。

建设项目(工程)全部完成,经过各单项工程的验收,符合设计要求,并具备竣工图表、竣工决算、工程总结等必要文件资料。由项目主管部门或建设单位向负责验收的单位提出竣工验收申请报告。

大、中型和限额以上项目由国家计委或由国家计委委托项目主管部门、地方政府组织验收。小型和限额以下项目(工程),由项目(工程)主管部门或地方组织验收,竣工验收要根据工程规模大小复杂程度组成验收委员会或验收组。验收委员会或验收组应由银行、物资、环保、劳动、统计及其他有关部门组成。建设单位、接管单位、施工单位、勘察设计单位参加验收工作。

4) 竣工和投产日期

投产日期是指经验收合格、达到竣工验收标准、正式移交生产(或使用)的时间。

(10) 后评价阶段

建设项目后评价是工程项目竣工投产、生产运营一段时间后,再对项目的立项决策、设计施工。竣工投产、生产运营等全过程进行系统评价的一种技术经济活动,是固定资产投资管理的一项重要的内容,也是固定资产投资管理的最后一个环节。通过建设项目后评价以达到肯定成绩、总结经验、研究问题、吸取教训、提出建议、改进工作,不断提高项目决策水平和投资效果的目的。

按基本建设程序办事,还要区别不同情况,具体项目具体分析。各行各业的建设项目,具体情况千差万别,都有自己的特殊性。而一般的基本建设程序,只反映它们共同的规律性,不可能反映各行业的差异性。因此,在建设实践中,还要结合行业项目的特点和条件,有效地去贯彻执行基本建设程序。

3.10.3 项目组织

3.10.3.1 组织的基本原理

(1) 组织的概念

所谓组织,就是为了使系统达到它的特定的目标,使全体参加者经分工与协作以及设置不同层次的权力和责任制度而构成的一种人的组合体。

组织有两种含义。第一种含义是指组织机构,即按一定的领导体制、部门设置、层次划分、职责分工等构成的有机整体,其目的是处理人和人、人和事、人和物的关系;第二种含义是指组织行为,即通过一定权力和影响力,为达到一定目标,对所需要资源进行合理配置,目的是处理人和人、人和事、人和物关系的行为。

(2) 项目管理组织的职能

项目管理组织职能是项目管理的基本职能,项目管理组织具有以下几个职能:

1) 计划。即为实现所设定的目标而制定出所要做的事情的安排,并对资源进行配置。

2) 组织。即为实现所规定目标,必须建立必要的权力机构、组织层次和组织体系,并规定职责范围和协作关系。

3) 控制。即采用一定方法、手段使组织按一定的目标和要求运行。

4) 指挥。即上级对下级领导、监督和激励。

5) 协调。使各层次各体系之是步调一致,共同实现所设定的目标。

(3) 组织构成因素

组织构成一般是上小下大的形式,由管理层次、管理跨度、管理部门、管理职责四大因素组成。各因素是密切相关、相互制约的。在组织结构设计时,必须考虑各因素的平衡衔接。

1) 合理的管理层次

管理层次是指从最高管理者到实际工作人员的等级层次的数量。管理层次通常分为决策层、协调层和执行层、操作层。

管理层不宜过多,否则是一种浪费,也会使信息传递慢、指令走样、协调困难。

2) 合理的管理跨度

管理跨度是指一名上级管理人员所直接管理的下级人数。这是由于每一个人的能力和精力都是有限度的,所以一个上级领导人能够直接、有效地指挥下级的数目是有一定限度的。管理跨度大小取决于需要协调的工作量。

3) 合理划分部门

组织中各部门的合理划分对发挥组织效应是十分重要的。如果部门划分不合理,会造成控制、协调的困难,也会造成人浮于事,浪费人力、物力、财力。划分要根据组织目标与工作内容确定,形成既有相互分工又有相互配合。

4) 合理确定职能

组织设计中确定各部门的职能,应使纵向的领导、检查、指挥灵活,达到指令传递快、信息反馈及时。要使横向各部门之间相互联系、协调一致,使各部门能够有职有责、尽职尽责。

3.10.3.2 建立项目组织的步骤

项目在建立组织班子时,不论项目规模及任务范围,都应遵循以下步骤:

(1) 确定组织目标

项目目标是项目组织设立的前提,应根据确定的项目目标,明确划分分解目标,列出所要进行的工作的内容。

(2) 确定项目工作内容

根据项目目标和规定任务,明确列出项目工作内容,并进行分类归并及组合是一项重要组织工作。对各项工作进行归并及组合并考虑项目的规模、性质、工程复杂程度以及单位自身技术业务水平、人员数量、组织管理水平等。

如果进行实施阶段全过程项目管理,工作划分可按设计阶段和施工阶段分别归并和组合。

(3) 组织结构设计

1) 确定组织结构形式

由于项目规模、性质、建设阶段等的不同,可以选择不同的组织结构形式以适应项目工作需要。结构形式的选择应考虑有利于项目合同管理,有利于控制目标,有利于决策指挥,有利于信息沟通。

2) 合理确定管理层次

管理组织结构中一般应有三个层次:一是决策层,由项目经理和其助手组成,要根据工程项目的活动特点与内容进行科学化、程序化决策;二是中间控制层(协调层和执行层)。由专业工程师和子项目工程师组成,具体负责规划的落实,目标控制及合同实施管理,属承上启下管理层次;三是作业层(操作层)。由现场人员组成,负责具体的操作工作。

(4) 配置工作岗位及人员

人员配置要体现"职能要落实,人员要精干",任务以满负荷工作为原则。

(5) 制定岗位职责标准

岗位人员职责标准要规定各类人员的工作职责和考核要求。

(6) 制定工作流程与考核标准

为使管理工作科学、有序进行,应按管理工作的客观规律性制定工作流程,规范化地开展管理工作,并应确定考核标准,对管理人员的工作进行定期考核,包括考核内容、考核标准及考核时间。

组织机构设置程序见图3.10-3。

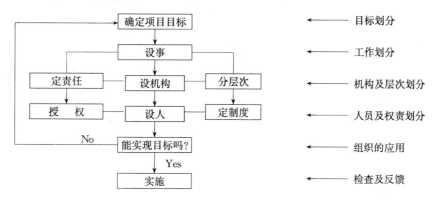

图3.10-3 组织机构设置程序

3.10.3.3 项目组织的形式

项目组织形式应根据工程项目的特点、工程项目承包模式、业主委托的任务以及单位自身情况而确定。常用组织形式如下:

(1) 直线制组织(图3.10-4)

直线制组织中的各种职位均按直线排列,项目经理直接进行单线垂直领导,人员相对稳定,因此接受任务快,信息传递简单迅速,人事关系容易协调。缺点是专业分工差,横向联系困难。该组织适用于中小型项目。

(2) 职能制项目组织(图3.10-5)

职能制项目组织,是组织领导下设一些职能机构,分别从职能角度对基层进行业务管理,这些职能机构可以在组织领导授权范围内,就其主要管理的业务范围,向下下达命令和指示。此种形式适用于项目地理位置上相对集中的项目。

(3) 矩阵式项目组织(图3.10-6)

矩阵式组织是将项目组织机构与职能部门按矩阵方式组成的机构组织。矩阵中每个成员都受项目经理和职能部门的双重领导。项目经理、职能部门经理对项目成员有权控制和使用。职能部门负责人在安排人员时,要保证项目的职能服务,根据项目不同的职能需要配置人员。该组织适用于大型复杂的项目,或多个同时进行的项目。

(4) 事业部制项目组织(图3.10-7)

当企业或项目向大型化发展时,为了提高项目应变能力、积极调动各部门积极性,则应采用事业部组织形式。事业部设置可按地区设置,如A地区项目经理、B地区项目经理,也可按项目类型或经营内容设置,如A产业项目经理、B产业项目经理。这种组织有利于延伸企业和项目的经营职能,扩大业务范围,开拓业务领域,有利于适应环境变化,以加强项目管理。

事业部制项目组织用于大型经营性企业的工程承包,特别是适用于远离公司本部的工程承包。需要注意的是,一个地区只有一个项目,没有后续工程时,不宜设立地区事业部,也即它适用于在一个地区内有长期市场或一个企业有多种专业化施工力量时采用。在此情况下,事业部与地区市场同寿命。地区没有项目时,该事业部应予以撤销。

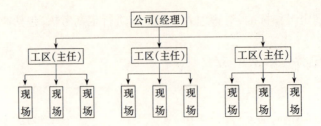

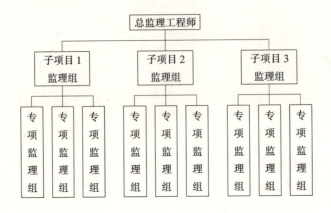

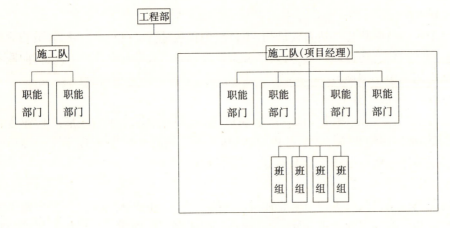

图 3.10-4 直线制组织图

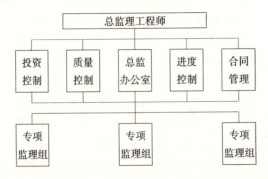

图 3.10-5 职能制项目组织图

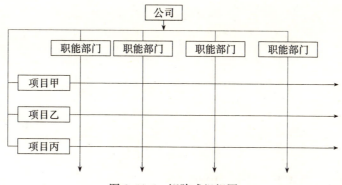

图 3.10-6 矩阵式组织图

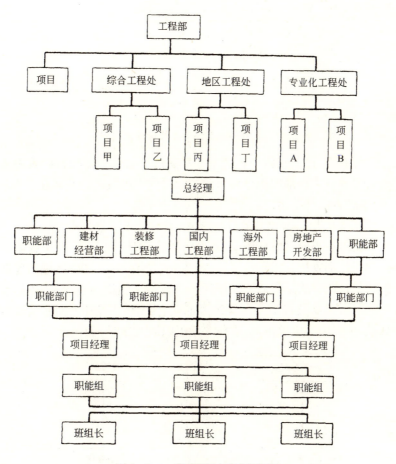

图 3.10-7 事业部制项目组织图

3.10.3.4 建设项目管理方式

国内外常见的建设项目管理方式有以下几种：

(1) 建设单位自管方式(图 3.10-8)

建设单位自管方式即建设单位自己设置基建机构，负责支配建设资金、办理规划手续及准备场地、委托设计、采购器材、招标施工、验收工程等全部工作，有的还自己组织设计、施工队伍，直接进行设计和施工。这是我国多年来常用的方式。

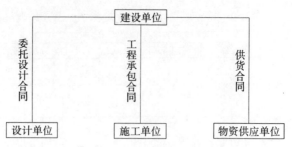

图 3.10-8　建设单位自管方式图

(2) 工程指挥部管理方式(图 3.10-9)

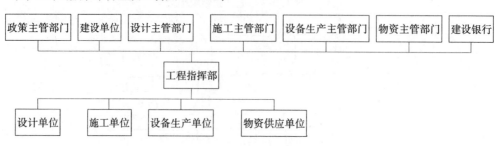

图 3.10-9　工程指挥部管理方式

在计划经济体制下,过去我国一些大型工程项目和重点工程项目的管理多采用这种方式。指挥部通常由政府主管部门指令各有关方面派代表组成。近几年在进入社会主义市场经济的条件下,这种方式已不多用。

(3) 总承包管理方式(亦称交钥匙管理方式,或一揽子承包方式)

建设单位仅提出工程项目的使用要求,而将勘察设计、购备选购、工程施工、材料供应、试车验收等全部工作都委托一家承包公司(承包商)去做,竣工以后接过钥匙即可启用。承担这种任务的承包企业有的是科研——设计——施工一体化的公司,有的是设计、施工、物资供应和设备制造厂家以及咨询公司等组成的联合集团。我国把这种管理组织形式叫做"全过程承包"或"工程项目总承包"。这种管理组织形式如图 3.10-10 所示。

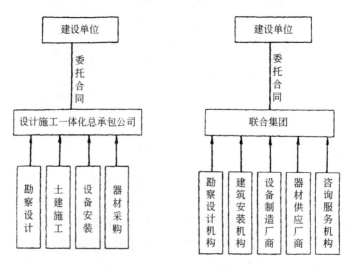

图 3.10-10　总承包管理方式

(4) 工程托管方式

建设单位将整个工程项目的全部工作，包括可行性研究、场地准备、规划、勘察设计、材料供应、设备采购、施工监理及工程验收等全部任务，都委托给工程项目管理专业公司（工程承发包公司或项目管理咨询公司）去做。工程承发包公司或咨询公司派出项目经理，再进行招标或组织有关专业公司共同完成整个建设项目。这种管理组织形式如图3.10-11 所示。

(5) 三角管理方式（图3.10-12）

由建设单位分别与承包单位和咨询公司签订合同，由咨询公司代表建设单位对承包单位进行管理。这是国际上通行的传统工程管理方式。

(6) BOT方式

BOT方式，或称为投资方式，有时也被称为"公共工程特许权"。通常所说的BOT至少包括以下三种具体方式：

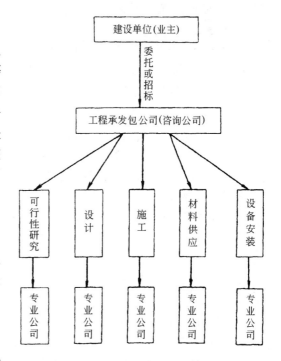

图3.10-11 工程托管方式

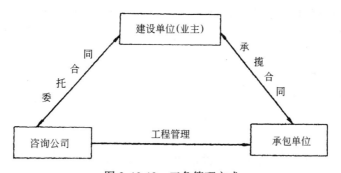

图3.10-12 三角管理方式

1) 标准BOT(Build Operate Transfer)，即建设——经营——移交。私人财团或国外财团愿意自己融资，建设某项基础设施，并在东道国政府授予的特许经营期内经营该公共设施，以经营收入抵偿建设投资，并取得一定收益，经营期满后将此设施转让给东道国政府。

2) BOOT(Build Own Operate Transfer)，即建设——拥有——经营——移交。

BOT与BOOT的区别在于：BOOT在特许期内既拥有经营权也拥有所有权。此外，BOOT的特许期比BOT长一些。

3) BOO(Build Own Operate)，即建设——拥有——经营。该方式特许承建商根据政府的特许权，建设并拥有某项公共基础设施，但不必将该设施移交东道国政府。

上述三种方式可统称为BOT方式，也可称为广义的BOT方式，若只提标准BOT方式则单指第一种。BOT方式是一种引入外资或私人资本弥补政府对公共基础设施投资不足的好方式，近年来在发展中国家得到广泛应用。我国政府近年来也由国家计委专门研究实施 BOT 的细则,并在广西来宾电厂建设项目中采用 BOT 方式。

3.10.3.5 项目经理

项目经理是企业法人代表在项目上的全权委托代理人。在企业内部,项目经理是项目实施全过程工作的总负责人,对外可以作为企业法人的代表在授权范围内负责、处理各项事务,因此项目经理是项目实施最高责任者和组织者。

(1) 项目经理的任务

1) 确定项目组织机构并配置相应人员,组织项目经理班子。

2) 制定各项规章制度和岗位责任制,组织项目,有序地开展工作。

3) 制定项目的总目标和阶段性目标,进行目标分解,制定总体控制计划,并实施控制,保证项目目标的实现。

4) 及时、准确地作出项目管理决策,严格管理,保证合同的顺利执行。

5) 协调项目组织的内部及外部各方面的关系,并代表企业法定代表人在授权范围内进行有关签证。

6) 建立完善的内部及外部信息管理系统,确保信息畅通无阻,保证工作高效率进行。

(2) 项目经理应具备的基本条件

1) 有广泛的理论和科学技术知识;

2) 有较高的领导艺术和协调能力;

3) 有健康的身体和丰富的实践经验。

(3) 项目经理的选拔与培训

项目经理的选拔和培训是各国项目管理界普遍关注的问题。由于对项目经理人才的素质、资历、知识结构和知识水平等要求较高,因此项目经理要有计划的培养,以满足项目管理的需要。

3.10.4 项目计划与控制

3.10.4.1 项目计划概述

(1) 项目目标

1) 项目目标的概念

项目目标是指一个项目为了达到预期成果所必须完成的各项指标的标准。项目目标有很多,但最核心的是质量目标、工期目标和投资目标。这些目标值往往都是合同界定的。质量目标是指完成项目所必须达到的质量标准;工期目标是指完成项目所必须达到的时间限制;投资目标是指项目投资必须控制在限定的数额内。

三大目标对一个项目而言不是孤立存在的,它们三者是一个既统一又矛盾的整体。对一个项目而言,三大目标的理想值是高质量、低投资、短工期,三者的关系见图 3.10-13,要求采取适当措施,加以鼓励或做必要的调整。

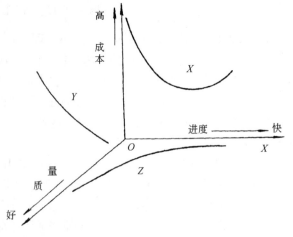

图 3.10-13 项目目标关系图

2) 制定目标的依据

（A）合同提出的项目总目标。项目经理部与企业或部门之间签定的内部合同中规定的责任目标。

（B）反映项目特征的有关资料。如批准的可行性研究报告、项目立项批文、招投标文件、设计图纸等。

（C）反映当地建设条件的有关资料。如当地气候资料、工程地质及水文地质资料、交通能源及市政公用设施条件资料等。

（D）国家的政策、法规、规范、标准、定额等。

(2) 项目计划的概念

项目计划是为实现项目的既定目标，对未来项目实施过程进行规划、安排的活动。计划就是预先决定要去做什么、如何做、何时做和由谁做。在具体内容上，它包括项目目标的确立、确定实现项目目标的方法、预测、决策、计划原则的确立、计划的编制以及计划的实施。项目的计划职能是实施项目控制职能的前提和条件，管理人员行使项目控制职能的目的就是使体现该项目目标的计划得以实现。

(3) 项目分解结构

项目分解结构一般采用 WBS(Works Breakdown Structure)方法，工作内容如下：

1) 工程项目的结构分析

项目的总任务是完成确定的技术系统(功能、质量、数量等)的工程，完成这个任务是通过许多互相联系互相影响、互相依赖的工程活动实现的。这些活动构成项目的行为系统，即为项目本身，它具有系统的层次性、集合性、相关性、整体性特点。按系统工作程序，在具体的项目工作，如设计、计划和实施之前必须对这个系统作分析、确定它的构成及它的多层次系统单元之间的内在联系。

2) 工程项目结构分析的主要工作

工程项目结构分析工作包括如下三方面内容：

（A）工程项目的结构分解。即按系统规则将一个项目分解开来，得到不同层次的项目单元(工程活动)。

（B）项目单元的定义。即通过规划设计、详细设计、计划和责任的分配，将项目目标分解落实到具体的项目单元上，并从各个方面(质量、技术要求，实施活动责任人、费用限制工期、前提条件等)对它们作详细的说明。这个工作应与相应的技术设计、计划、组织安排等工作同步进行。

（C）项目单元之间逻辑关系的分析。包括界面的分析，实施顺序安排。将全部项目单元还原成一个有机的项目整体。这是进行网络分析、工程组织设计的基础工作。

3) 项目结构分解。

对一个项目进行结构分解，通常按系统分析方法，由粗到细，由总体到具体，由上而下地将工程项目分解成树型结构。

4) 项目结构分解过程

对于不同性质、规模的项目，其结构分解的方法和思路有很大的差别，但分解过程却很相近，其基本思路是：以项目目标体系为主导，以项目的技术系统说明为依据，由上而下，由粗到细进行。

5）项目结构分解方法

（A）按产品结构进行分解；

（B）按平面或空间位置进行分解；

（C）按功能进行分解；

（D）按要素进行分解；

（E）按项目实施过程进行分解。

3.10.4.2 项目计划的基本内容

计划作为一个阶段，它位于项目批准之后、项目施工之前。而计划作为项目管理的一项职能，它贯穿于工程项目生命期的全过程。在项目全过程中，计划有许多版本，随着项目的进展不断细化和具体化，同时又不断地修改和调整，形成一个前后相继的体系。

(1) 按照建设程序分类的计划内容

1) 工程项目的目标设计和项目定义就已包括一个总体的计划。它包括总的项目规模、生产能力、建设期和运行期的预计，总投资及其相应的资金来源安排等。尽管它是一个大的轮廓，但它是一个初步计划。任何战略管理者不能异想天开，他的项目构思必须有科学的计划支持。

2) 可行性研究中包含着较为详细的全面的计划。它是研究计划，是项目定义的细化。可行性研究本身是对计划的论证。它包括产品的销售计划、生产计划、项目建设计划、投资计划、筹资方案等。

3) 项目批准作为一个控制计划。在项目批准后，设计和计划是平行进行的。国内外的工程项目都有多步设计，例如初步设计、扩大初步设计、施工图设计。计划随着技术设计而不断深入、细化、具体化。每一步设计之后就有一个相应的计划，它作为项目设计过程中阶段决策的依据。同时结构分解不断细化，项目组织形式也逐渐完备，这样就形成了一个多层次的控制和保证体系。

4) 在项目实施中一方面随着情况不断的变化，每一个阶段（一个月、一周）都必须研究修改，调整原则；另一方面由于控制计划期作的计划较粗，在实施中必须不断地采用滚动的方法详细地安排近期计划。

(2) 按照项目控制目标分类的计划内容

1) 工期计划。包括项目结构多层次单元的持续时间的确定，以及各个工程活动开始和结束时间的安排，时差的分析。

2) 成本（投资）计划。包括：各层次项目单元计划成本；项目"时间——计划成本"曲线和项目成本模型；项目现金流量（包括支付计划和收入计划）；项目资金筹集（贷款）计划。

3) 质量标准计划。包括：力学与物理性能；寿命期内使用性能的稳定性；适用于安装机械设备的操作与维修；具有规定的生产能力或效率，产品的经济性；保证使用维修过程的安全性；外观及与环境的协调性。

(3) 按资源范围分类的计划内容

1) 劳动力的使用计划、招聘计划、培训计划。

2) 机械使用计划、采购计划、租赁计划、维修计划。

3) 物资供应计划、采购订货计划、运输计划等。

(4) 其他计划

如现场平面布置、后勤管理计划(如临时设施、水电供应、道路和通讯等)、项目的运营准备计划等。

(5) 项目计划流程

工程项目的各种计划构成一个完整的体系,包括:

1) 各种计划有一个过程上的联系,按照工作逻辑有先后顺序。

2) 内容上的联系和机制。例如:工期与成本计划、进度与工程款收入、进度与工程成本计划,存在着复杂关系,见图 3.10-14。

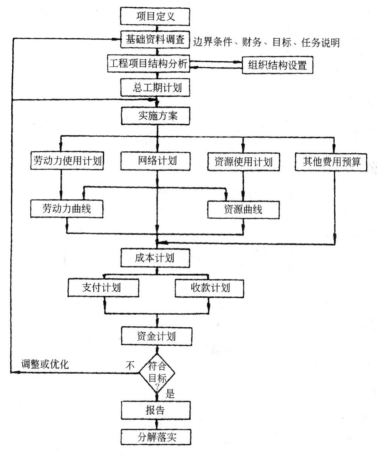

图 3.10-14 工程项目计划工作流程

3.10.4.3 工程项目进度控制的计划系统

工程项目应编制下列各种计划:

(1) 工程项目前期工作计划

这是指对可行性研究,设计任务书及初步设计的工作进度安排,通过这个计划,使建设前期的各项目工作相互衔接,时间得到控制。前期工作计划由建设单位在预测的基础上进行编制。计划表格如表 3.10-2 所示。

(2) 工程项目建设总进度计划

工程项目建设总进度计划是指初步设计被批准后、编制上报年度计划以前,根据初步设

前期工作进度计划表　　　　　表3.10-2

项目名称	建设性质	建设规模	可行性研究		设计任务书		初步设计	
			进度要求	负责单位负责人	进度要求	负责单位负责人	进度要求	负责单位负责人

注：① "建设性质"栏填写改建、扩建或新建；
　　② "建设规模"栏填写生产能力、使用规模或建筑面积等。

计对工程项目从开始建设(设计、施工)准备至竣工投产(动用)全过程的统一部署，以安排各单项工程和单位工程的建设进度，合理分配年度投资，组织各方面的协作，它由以下几个部分组成。

1) 文字部分。包括工程项目的概况和特点，安排建设总进度的原则和依据，投资资金来源和年度安排情况，技术设计、施工图设计、设备交付和施工力量进场时间的安排，道路、供电、供水等方面的协作配合，进度的衔接，计划中存在的主要问题及采取的措施，需要上级及有关部门解决的重大问题等。

2) 工程项目一览表。该表把初步设计中确定的建设内容，按照单项工程、单位工程归类并编号，明确其建设内容和投资源，以便各部门按统一的口径确定工程项目控制投资和进行管理。工程项目一览表的格式如表3.10-3所示。

工程项目一览表　　　　　表3.10-3

单项工程和单位工程名称	工程编号	工程内容	概算数（千元）						备注
			合计	建筑工程费	安装工程费	设备购置费	工器具购置费	工程建设其他费用	

3) 工程项目总进度计划。工程项目总进度计划是根据初步设计中确定的建设工期和工艺流程，具体安排单项工程和单位工程的进度。一般用横道图编制。其格式如表3.10-4所示。

工程项目总进度计划表　　　　　表3.10-4

工程编号	单项工程和单位工程名称	工程量		××××年				××××年				……
		单位	数量	一季	二季	三季	四季	一季	二季	三季	四季	…

4) 投资计划年度分配表。该表根据工程项目总进度计划，安排各个年度的投资，以便预测各个年度的投资规模，筹集建设资金或与银行签订借款合同，规定年度用款计划。其格式如表3.10-5。

投资计划年度分配表　　　　　表3.10-5

工程编号	单项工程名称	投资额	投资分配(万元)				
			××××年	××××年	××××年	××××年	××××年
	合计： 其中：建安工程投资 　　　设备投资 　　　工器具投资 　　　其他投资						

5) 工程项目进度平衡表。工程项目进度平衡表用以明确各种设计文件交付日期,主要设备交货日期,施工单位进场日期和竣工日期,水、电、道路接通日期等。借以保证建设中各个环节相互衔接,确保工程项目按期投产。其格式如表 3.10-6 所示。

工程项目进度平衡表 表 3.10-6

工程编号	单项工程和单位工程名称	开工日期	竣工日期	要求设计进度			设计单位	要求设备进度			要求施工进度			道路、水、电接通日期				
				交付日期				数量	交货单位	供应单位	进场日期	竣工日期	施工单位	道路通行日期	供电		供水	
				技术设计	施工图	设备清单									数量	日期	数量	日期

在此基础上,分别编制综合进度控制计划,设计工作进度计划,采购工作进度计划,施工进度计划,验收和投资进度计划等。

(3) 工程项目年度计划

工程项目年度计划依据工程项目总进度计划由建设单位进行编制。该计划既有项目总进度的要求,又要与当年可能获得的资金、设备、材料、施工力量相适应。根据分批配套投产或交付使用的要求,合理安排年度建设的工程项目。工程项目年度计划的内容如下:

1) 文字部分。说明编制年度计划的依据和原则;建设进度;本年计划投资额;本年计划建造的建筑面积;施工图、设备、材料、施工力量等建设条件落实情况;动力资源情况;对外部协作配合项目建设进度的安排或要求;需要上级主管部门协助解决的问题;计划中存在的其他问题;为完成计划采取的各项措施等。

2) 表格部分

年度计划项目表。该计划对年度施工的项目确定投资额、年末形象进度、建设条件(图纸、设备、材料、施工力量)的落实情况等进行说明。其格式如表 3.10-7 所示。

年度计划项目表(投资:万元,面积:m²) 表 3.10-7

工程编号	单项工程名称	开工日期	竣工日期	投资额	投资来源	年初已完			本年计划							年末形象进度	建设条件落实情况			
						投资额	其中建安工程投资	其中设备投资	投资			建筑面积					施工图	设备	材料	施工力量
									合计	其中建安工程	其中设备投资	新开工	续建	竣工						

年度竣工投产交付使用计划表。该计划阐明单项工程的建筑面积、投资额、新增固定资产、新增生产能力等的总规模及本年计划完成数,并阐明竣工日期。其格式如表 3.10-8 所示。

年度建设资金平衡表和年度设备平衡表。年度建设资金平衡表如表 3.10-9 所示;年度设备平衡表如表 3.10-10 所示。

竣工投产交付使用计划表（投资：万元，面积：m^2） 表3.10-8

工程编号	单项工程名称	总规模				本年计划完成				
		建筑面积	投资额	新增固定资产	新增生产能力	竣工日期	建筑面积	投资额	新增固定资产	新增生产能力

年度建设资金平衡表（投资：万元，面积：m^2） 表3.10-9

工程编号	单项工程名称	本年计划投资	动员内部资金	为以后年度储备	本年计划需要资金	资金来源			
						预算拨款	自筹资金	基建贷款	……

年度设备平衡表 表3.10-10

工程编号	单项工程名称	设备名称规格	要求到货		利用库存	自制		已订		采购数量
			数量	时间		数量	完成时间	数量	完成时间	

(4) 工程项目进度控制方法——网络计划技术

1) 网络计划技术的特点

长期以来，工程技术界在生产的组织和管理上，特别是施工的进度安排方面，一直使用"横道图"的计划方法，它的特点是在列出每项工作后，画出一条横道线，以表明进度的起止时间，如图3.10-15。图3.10-16则为用网络图表示的进度计划，两者内容完全相同，表示方法却不同，与横道图相比较，网络图有以下特点：

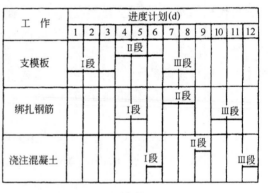

图3.10-15 用横道图表示的进度计划

(A)在施工过程中的各有关工作组成了一个有机的整体，能全面而且明确地反映出各项工作之间的相互依赖、相互制约的关系。例如图3.10-16中，混凝土2必须在钢筋2和混凝土1后进行。

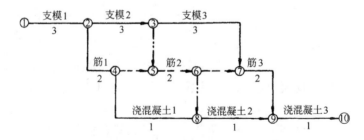

图3.10-16 用网络图表示的进度计划

（B）网络图通过时间参数的计算，可以反映出整个工程的全貌，指出对全局性有影响的关键工作和关键路线，便于我们在施工中集中力量抓住主要矛盾，确保竣工工期，避免盲目施工。

（C）显示机动时间，让我们知道从哪里下手去缩短工期，怎样更好地使用人力和设备。在计划执行的过程中，当某一项工作因故提前或拖后时，能从网络计划预见到它对后续工作及总工期的影响程度，便于采取措施。

（D）能够利用电子计算机绘图、计算和跟踪管理。建筑工地情况是多变的，使用电算可以跟上不断变化的要求。

（E）便于优化和调整，加快管理，取得好、快、省的全面效果。

2）网络计划技术的适用范围

网络计划技术特别适用于大型、复杂、协作广泛的项目实行进度控制。就工程项目领域而言，它既适用于单体工程，又适用于群体工程，既适用于土建工程，又适用于安装工程；既适用于部门计划，又适用于企业的年、季、月计划；既可以进行常规时间参数的计算，又可以进行计划调整和优化。

3.10.4.4 工程项目成本（投资）计划

（1）工程项目建设各阶段的成本计划

在项目进程中，成本计划有许多版本，它们分别在项目目标设计、可行性研究、设计和计划、实施、最终结算中产生，形成一个不断修改、补充、调整、控制和反馈过程。成本计划工作与项目各阶段的其他管理工作融为一体，现在人们不仅将它作为一项管理工作，而且作为专业性很强的技术工作，所以国外一些大工程中常设成本工程师。

1）项目定义阶段的投资框算

在目标设计时业主期望能及早地、准确地给出投资范围，但这时对项目的工程技术要求，项目方案尚不清楚，所以无法精确地说明。一般只能按照以往同类工程的资料或估算指标大致确定。

2）可行性研究阶段投资总计划

由于这时工程主要技术方案确定，调查进一步深入有了进一步详细的资料，则可以按总工期划分的几个阶段和总工程划分的几个部分分别估算投资，然后汇总，可以作成本（投资、费用）时间图（表）。可行性研究经过批准后即作为项目确定的投资计划。在现代工程中，由于多方投资，预算紧张，资金追加困难，所以人们常常以它作为后面投资控制的尺度，并在此基础上进行投资分解，进行限额设计。

3）预算成本

伴随着每一步设计一般都有一套计划，都有一个预算成本。随着设计精度的深入和计划工作的细化，预算不断细化，计划成本的作用就越大，它对设计和计划的任何变更的反应就越灵敏。

业主最后的预算成本对于招标的工程即为标底，而承包人相应的详细的预算成本即为报价的基础。

4）合同价

这是业主在分析许多投标书的基础上最终与一家承包商确定的工程价格，最终在双方签订的合同文件中确认，它作为工程结算的依据。对承包商来说，是通过报价竞争获得承包资格而确定的工程价格。

5) 目标成本

目标成本是在项目经理领导下组织施工、充分挖掘潜力、采取有效的技术措施和加强管理与经济核算的基础上,预先确定的工程项目的成本目标。目标成本计划是根据工作分解结构将目标成本分解,落实到每一子项,甚至每一个人,并按照工作分解结构编制的会计编码系统对工程实施中的实际成本支出进行控制。在施工前将预算成本与目标成本相比较,可知道事先控制的目标成本降低额。

6) 竣工结算

工程竣工后,必须按照统一的成本分解规则(一般按建筑要素)对工程中所有增减账及原工程量表中预估工程量的调整分门别类列出,对工程项目的成本状况进行统计分析,汇总编制成总结算出。总结经验,储存资料,成为以后编制成本计划的依据。

(2) 成本计划的内容和表达方式

1) 通常一个完整的项目成本计划包括如下几方面内容:

(A) 各个成本对象的计划成本值。

(B) 成本—时间关系曲线,即成本的强度计划曲线。

(C) 成本—时间累计曲线,它又被称为项目的成本模型。

(D) 相关的其他计划。例如,工程款收支计划、现金流量计划、融资计划等。

2) 计划的表达形式有如下几种:

(A) 表格形式,例如成本项目—时间表和各成本项目不同值之间的对比表等。

(B) 曲线形式。有两种:

直方图形式,例如"成本—时间"图,它表达任一时间段中工程成本的完成量。

累计曲线,例如"累计成本—时间"曲线。

(C) 其他形式,例如表达各要素份额的圆(柱)形图等。

(3) 计划成本的对象

为了便于从各个方面、各个角度对项目成本进行精确的全面的计划和有效的控制,必须多方位、多角度地划分成本项目,形成一个多维的严密的体系。

1) 项目结构图中各层次的项目单元

它们首先必须作为成本的估算对象,这对后面项目成本模型的建立、成本责任的落实和成本控制有至关重要的作用。所以项目结构分解是成本计划不可缺少的前提条件。

2) 项目成本要素

(A) 将项目按成本要素进行分解,则能得到项目的成本(投资或费用)结构。

(B) 建筑工程成本要素,即建筑工程成本可以分为人工费、材料费、机械费、其他直接费、现场管理费、总部管理费等。

3.10.4.5 项目控制概述

(1) 项目控制上的概念

要完成目标必须对其实施有效的控制。控制是项目管理的重要职能之一,其原意是:注意是否一切都按制定的规章和下达的命令进行。较早地把控制作为一种管理要素提出来的是法约尔,真正使控制成为一门科学是在1949年美国学者罗伯特·维纳创立了控制论以后。控制科学目前被各行各业广泛应用。

所谓控制就是指行为主体为保证在变化的条件下实现其目标,按照事先拟定的计划和标准,通过采用各种方法,对被控对象实施中发生的各种实际值与计划值进行对比、检查、监督、引导和纠正,以保证计划目标得以实现的管理活动。所以控制首先必须确立合理目标,然后制定计划,继而进行组织和人员配备,并实施有效地领导,一旦计划运行,就必须进行控制,以检查计划实施情况,找出偏离计划的误差,确定应采取的纠正措施,并采取纠正行动。图 3.10-17 表示了动态控制流程。这种反复循环的过程称为动态控制。

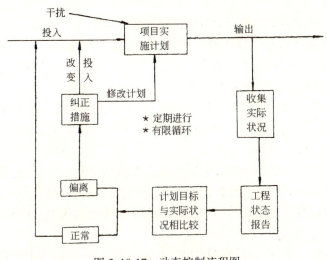

图 3.10-17 动态控制流程图

(2) 项目计划与控制的关系

总的来说,项目控制的基础是项目计划,而项目计划的基础是确定项目目标,三者之间的关系如图 3.10-18 所示。

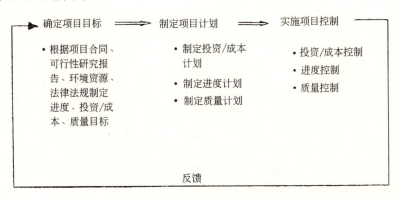

图 3.10-18 项目计划与控制的关系

3.10.4.6 控制的类型

由于控制的方式和方法的不同,控制可分为多种类型。例如,按事物发展过程,可将控制分为事前控制、事中控制、事后控制;按照是否形成闭合回路,控制可分成开环控制和闭环控制;按照纠正措施或控制信息的来源,控制可分成前馈控制和反馈控制。归纳起来,控制可分为两大类,即主动控制和被动控制。

(1) 主动控制

所谓主动控制就是预先分析目标偏离的可能性,并拟订和采取各项预防性措施,以保证计划目标得以实现。

主动控制是一种对未来的控制,它可以尽最大可能改变偏差已经成为事实的被动局面,从而使控制更有效。当它根据已掌握的可靠信息分析预测得出系统将要输出偏离计划的目标时,就制定纠正措施并向系统输入,以使系统因此而不发生目标的偏离。它是在事情发生之前就采取了措施的控制。

(2) 被动控制

所谓被动控制就是控制者在计划的实际输出中发现偏差,对偏差采取措施及时纠正的控制方式。因此要求管理人员对计划的实施进行跟踪,把它输出的工程信息进行加工、整理,再传递给控制部门,使控制人员从中发现问题,找出偏差,寻求并确定解决问题和纠正偏差的方案,然后再送回给计划实施系统付诸实施,使得计划目标一旦出现偏离就能得以纠正。被动控制实际上是在项目实施过程中,事后检查过程中发现问题及时处理的一种控制,因此仍为一种积极的控制,并且是十分重要的控制方式,见图 3.10-19。

(3) 主动控制与被动控制的关系

两种控制,即主动控制与被动控制,对监理工程师而言缺一不可,它们都是实现项目目标所必须采用的控制方式。有效地控制是将主动控制与被动控制紧密地结合起来,力求加大主动控制在控制过程中的比例,同时进行定期、连续的被动控制。只有如此,方能完成项目目标控制的根本任务。

怎样才能做到主动控制与被动控制相结合呢? 图 3.10-20 表示出它们的关系。

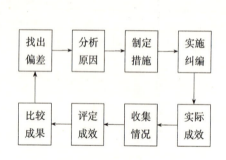

图 3.10-19　被动控制图

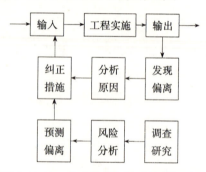

图 3.10-20　主动控制与被动控制的关系

3.10.4.7　目标控制措施

为了取得目标控制的理想成果,应当从多方面采取措施实施控制。通常可以将这些措施归纳为若干方面,如组织方面措施、技术方面措施、经济方面措施、合同方面措施等。

3.10.4.8　项目控制的任务和内容

(1) 控制的任务

控制的任务就是保证总目标的实现。一个项目往往有多个目标,每个目标都有自己的内容。

(2) 控制的内容

1) 进度控制

进度控制是项目控制的重要内容,其任务是通过完善的以事前控制为主的进度工作体系,来实现项目的工期或进度目标。同时,阶段性的检查实际进度与计划进度的差别,并分析、找出原因,纠正偏差,使实际进度接近计划进度。进度控制包括事前控制、事中控制、事后控制。

2) 质量控制

质量控制是项目管理三大职能的重点,其任务是通过建立、健全有效的质量监督工作体系,认真贯彻检查各种规章制度的执行,随时检查质量目标和实际目标的一致性,来确保项目质量达到预期定的标准和等级要求。质量控制也包括事前控制、事中控制、事后控制。

3) 投资控制

项目投资费用是由项目合同界定的,因此应在保证项目使用功能、质量要求和工期要求的前提下,阶段性检查费用的支付状况,控制费用支付不超过规定值,并严格审核设计的修改、工程的变更,控制费用的支付。

3.10.4.9 控制的方法

控制的方法随控制目标的不同而不同,对建设项目进行控制可以采用现代的管理方法和手段,常用的方法有如下几种:

(1) 网络计划法

网络计划技术采用下述程序对进度进行控制:

1) 根据项目具体要求编制网络计划图;
2) 定期或阶段性地对网络图进行检查,主要检查实际进度与计划进度的差异;
3) 对出现差异的工序或工作,分析原因,采取措施,计算出新的工序或工作时间;
4) 调整项目网络图,重新进行时间参数计算,绘制调整后的网络图。

上述步骤循环进行,即可达到控制目的。

(2) 香蕉曲线控制图(图 3.10-21)

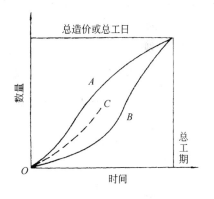

图 3.10-21 香蕉曲线控制图

香蕉曲线图可以用作投资控制和进度控制,横坐标为时间,纵坐标为工程数量或投资额。

控制程序如下:

1) 根据项目需要画出纵、横坐标;

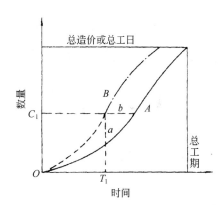

图 3.10-22 S 形曲线控制图

2) 编制网络图,计算工序(工作)网络时间参数;
3) 画出最早开始时间曲线 A,最迟开始时间曲线 B,形成香蕉图形;
4) 画出实际进度曲线 C。若 C 曲线处在香蕉曲线图形之内,则投资或进度在控制范围内;若 C 曲线处在香蕉曲线之外,则要分析情况,采取措施进行调整,使其满足要求。

(3) S 形曲线控制法(图 3.10-22)

S 形曲线可以用作投资控制和进度控制,横坐标为时间,纵坐标为工程数量或投资(成本)。控制程序如下:

1)根据项目需要画出横、纵坐标;
2)根据计划完成的工程数量或投资额画出 S 形曲线 A;
3)根据实际完成工程数量或投资画出 S 形曲线 B;
4)实际曲线值 B 与计划曲线值 A 进行比较。若两曲线接近说明实际值 a 在控制范围内;若出现较大偏差,则要分析原因,采取措施进行调整;
5)调整后绘制新的 B 曲线,再进行比较。

上述步骤重复进行,使实际值得到有效控制。

(4)项目责任控制图(图 3.10-23)

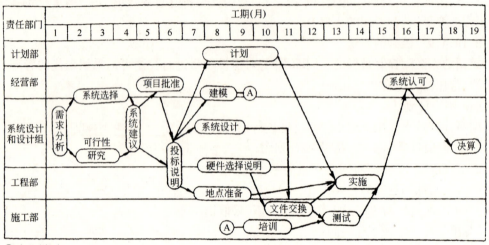

图 3.10-23 某系统开发项目责任图

该方法是将横道图与网络图相结合建立反映工作责任的新方法,编制步骤如下:
1)画出纵横坐标图,横坐标为时间,纵坐标为负责一项或多项工作的部门或单位;
2)项目各工作环节节点、环节长短用完成工作时间表示;
3)用箭线表示各工作环节先后顺序及逻辑关系。

(5)直方图控制法(图 3.10-24)

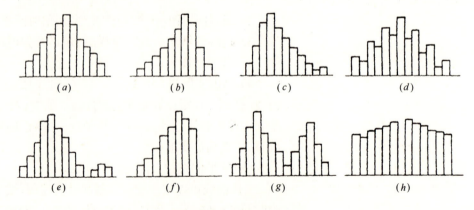

图 3.10-24 常见的直方图

用直方图可以判断工序和生产过程质量是否存在问题。其控制程序如下：
1) 根据频数分布绘出直方控制图；
2) 通过对直方图分布状态的分析，可以判断生产过程是否正常。
3) 进一步用排列图、因果分析图、相关图、鱼刺图等寻找存在质量问题的原因。
4) 分析质量原因，采取措施，保证质量控制在有效范围内。
(6) 控制图控制方法(图 3.10-25)

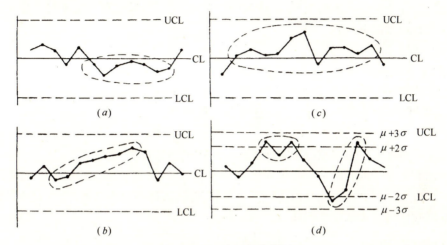

图 3.10-25 常见的控制图
(a)7点在同一侧；(b)7点连续上升；(c)11点中有10点在同一侧；(d)连续3点中有2点接近控制界限

该方法适用于判断生产过程和工序质量是否存在质量问题，以采取措施控制质量。控制程序如下：
1) 根据已知抽样数据，制作质量控制图，画出质量控制图的上限(UCL)、中限(CL)、下限(LCL)。
2) 分析控制图。
3) 若控制图出现异常，说明工序或生产过程存在质量问题。
4) 用排列图、因果分析图、相关图等进一步寻找质量原因。
5) 找出质量原因后采取措施，重新再画控制图，使质量控制在有效范围内。

项目控制根据控制目标的不同还可以有很多方法，如 PDCA 管理循环法、量本利法、价值工程法、目标管理法、偏差估计法、检查对比法、看板管理法、责任承担法、进度报告法、会议审查法、定额管理法等。

3.10.5 工程建设监理

工程建设监理是工程项目管理的一个重要分支，如果一个工程项目的项目法人将该项目委托咨询或监理部门实施工程项目管理，被委托单位对工程项目实施的项目管理就是工程建设监理。

3.10.5.1 我国工程建设监理的产生与发展

我国的工程建设监理与世界发达国家相比虽然起步较晚，但由于适应了社会主义市场经济的需要，几年来飞速发展。目前全国已有 30 多个地区和国务院的 36 个工业、交通等部门都在推行工程建设监理，已成立近 1200 家监理单位，累计实施的工程规模达 4000 多亿元。实行监理的工程在质量、工期和投资的控制方面都取得了好的效果,工程建设监理的地位已被社会公认。近年来由于一些工程广泛存在的工程质量问题,国家又相继出台法律、法规,在国家投资或国家参与投资的项目以及公共工程项目全面强制推行工程建设监理。

3.10.5.2 工程建设监理概述

(1) 工程建设监理的范围

工程建设监理是以工程建设活动为对象的,它包括工程项目活动的全过程监理,也可以是工程项目活动的某一阶段的监理,如设计阶段监理、施工阶段监理。实施工程建设监理的工程项目大致包括以下内容:

1) 大中型工程项目;

2) 市政、公用工程项目;

3) 政府投资兴建和开发的办公建筑,社会发展事业项目及住宅工程项目;

4) 采用外资、中外合资、赔款、捐款建设的工程项目。

(2) 工程建设监理的管理机构

工程建设监理工作由国家有关职能部门统一规划、归口和分层管理。

国家计委和建设部共同负责推进建设监理事业的发展,建设部归口管理全国建设监理工作。省、自治区、直辖市人民政府建设行政主管部门,或国务院所属的工业、交通等部门归口管理本行政区域或本部门工程建设监理工作。

管理的内容包括分级制定有关监理法规,对工程建设监理单位资质的管理,对工程建设监理工程师资格考试和注册管理以及对工程建设监理工作的管理。

(3) 工程建设监理的程序

工程建设监理一般应按照下列程序进行:

1) 编制工程建设监理规划;

2) 按工程建设进度,分专业编制工程建设监理细则;

3) 按照建设监理细则进行建设监理;

4) 参与工程竣工预验收,签署建设监理意见;

5) 建设监理业务完成后,向项目法人提交工程建设监理档案、资料。

(4) 工程建设监理的性质

1) 服务性

工程建设监理单位为建设单位提供服务。工程建设监理单位拥有一大批精通不同专业、既懂管理又懂法律的人才,对工程建设活动实施计划、控制、组织和协调工作,保证项目按合同要求顺利进行,同时根据工作内容取得相应酬金。上述内容均用合同方式明确下来,因此具有明显的服务性。

2) 独立性

工程建设监理单位是独立的实体,与建设单位和被监理单位都是平等主体关系。因此在项目实施过程中,它以自己的名义行使依法确立的工程监理合同中所确认的职权,承担相应的法律责任,同时公正地为双方服务,不依附于任何一方,具有明显的独立性。

3) 公正性

由于监理的独立性,所以它是站在公正的立场上依据甲、乙双方的工程合同及其他有关合同、国家的有关法律、规范和标准等处理项目实施过程中出现的有关问题。为了保证公正地实施监理,监理工程师职业道德中明确规定了监理工程师不得参与政府部门、建设单位、承建单位、材料供应等单位涉及到本人的经济活动。

4)科学性

监理单位有一批既懂专业、管理、经济和法律知识,又有丰富实践经验的技术管理人才,同时具有现代化的监测仪器、设备,能发现和处理工程实施过程中存在的管理和技术问题,并能用科学的方法和手段加以解决。

3.10.5.3 工程项目监理实施

对项目可以全过程实施监理,也可以分阶段实施监理,一般应遵循下述程序进行:

(1) 签订建设监理合同

1) 建设监理合同

指建设单位委托监理单位承担监理任务,依法签订的合同。该合同签订后对双方都有法律约束力,因此必须全面履行合同中规定的义务。

2) 监理服务费用

工程建设监理有关规定指出,"工程建设监理是有偿的服务活动。酬金及计提办法,由监理单位与建设单位依据所委托的监理内容和工作深度协商确定,并写入监理委托合同。"监理服务费用是监理单位在完成任务时得到的报酬。

(2) 确定项目总监理工程师、监理人员,建立监理组织

1) 项目总监理工程师

总监理工程师是监理单位派驻项目的全权负责人,对内向监理单位负责,对外向项目法人负责,因此应由业务水平高、管理经验丰富、有良好职业道德,并已取得监理工程师执业资格证书和注册证书的监理工程师担任。

2) 其他监理人员的配置

根据工程规模、复杂程度和专业需要,在监理项目中应配置相应的专业监理工程师或管理人员,包括结构、测量、材料、给排水、采暖通风、电气安装、预算等专业人员,其职责根据工作情况由总监理工程师确定。

3) 监理组织的建立

建立监理组织通常有以下几种形式:

(A) 按项目组成监理组织形式;

(B) 按建设阶段组成监理组织形式;

(C) 按监理职能组成监理组织形式;

(D) 按矩阵制组成监理组织形式。

(3) 制定监理规划、监理实施细则

建设监理单位在确定了项目总监理工程师后,由总监理工程师制定项目监理规划,并由专业监理工程师针对项目具体情况制定监理实施细则。

1) 监理规划

由项目总监理工程师主持,根据业主对项目监理的要求,在详细阅读并掌握监理项目有关资料的基础上,编制开展项目监理工作的指导性文件。文件内容包括:工程概况、监理范围和目标、主要监理措施、监理组织、监理工作制度等。

2) 监理实施细则

在监理规划指导下,落实各专业监理责任,并由专业监理工程师针对项目具体情况制定的可具体实施和操作的业务文件。其内容可根据不同的监理阶段制定,要求具体、详细,以利于监理工作的开展、实施和检查。

(4) 规范化地开展监理工作

应根据监理规划和监理实施细则的要求,规范化地开展监理工作,具体体现在:

1) 按一定顺序开展监理工作;

2) 监理工作职责分工明确,每个人都严格的按职责要求开展工作;

3) 监理工作有明确的工作目标,每个目标都有明确的要求。

(5) 监理工作总结

监理工作完成后应进行总结,一般包括以下内容:

1) 向项目法人提交的总结

包括监理合同履行情况陈述、监理任务或监理目标完成情况评价、监理工作总结说明等;

2) 向监理公司提交的总结

包括监理工作经验、监理工作建议等。

3.10.5.4 工程项目监理中的投资控制

投资控制是工程项目监理的主要任务之一,在不同的监理阶段具有不同的内容。

(1) 设计阶段投资控制

1) 建立健全投资控制系统,完善职责分工及有关制度,落实责任。

2) 审查技术经济指标,进行多方案的技术经济比较,选择经济性好的设计方案。

3) 在保障工程安全可靠、适用的条件下,进行限额设计。从审查设计浪费和挖潜入手进行优化设计。

4) 设计过程中实施跟踪检查。主要审核不同方案的经济比较和设计概算。

(2) 施工招标阶段投资控制

投资控制的主要内容是合理地确定标底和合同价。

(3) 施工阶段投资控制

1) 建立健全投资控制系统,完善职责分工及有关制度,落实责任;

2) 熟悉设计图纸、设计要求、标底计算书等,明确工程费用最易突破的部分和环节,明确投资控制重点;

3) 预测工程风险及可能发生索赔的诱因,制定防范性对策,避免或减少索赔事件的发生;

4) 按合同规定的条件和要求监督各项事前准备工作,避免发生索赔事件;

5) 在施工过程中,及时答复施工单位提出的问题及配合要求,主动协调好各方面的关系,避免造成索赔事件成立;

6) 对工程变更、设计修改严格把关,事前一定要进行技术经济合理性预测分析;

7) 严格经费签证,凡涉及经济费用支出的各种签证,由项目总监理工程师最后核签后才能生效;

8) 在工程实施过程中,按合同规定及时对已完成工程计量行验收,及时向对方支付进度款,避免造成违约;

9) 及时掌握国家调价动态;

10) 定期向有关各方报告工程投资动态情况;

11) 对投资进行动态控制,定期或不定期地进行工程费用分析,并提出控制工程费用的方案和措施;

12) 审核施工单位提交的工程结算书;

13) 公正地处理施工单位提出的索赔。

第三部分 专业设计

第1章 居住建筑室内设计

1.1 设计原理

住宅是人们赖以生存最基本也是最重要生活场所,随着人类社会的进步而发展。室内设计师应首先研究家庭结构、生活方式和习惯以及地方特点,通过多样化的空间组合形成满足不同生活要求的住宅。

住宅可概括为三种形式:单元式住宅、公寓式住宅以及别墅式住宅。尽管住宅的形式各有不同,但住宅空间环境却遵循着相同的设计原理。

住宅是以户为单位的,合理的空间布局是室内设计的基础。空间的位置组合;顺畅的交通流线;恰当的朝向;光照通风是住宅空间设计的重要因素。根据住宅功能的需要,其空间被划分为动和静两部分。不同性质的空间存在着既相互联系,而又相对独立的关系。

1.1.1 生活行为学

住宅空间设计是建立在人与住宅空间相互作用基础之上的。就住宅空间而言,通过对人们生活行为的分析,总结出居住空间内生活行为分类(表1.1-1)。生活行为包括生理要求层面与精神需求层面。首先,要抓住生活行为的基本要素以及要素之间的相互关系。其

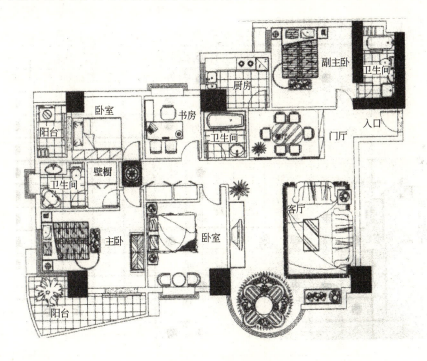

图 1.1-1 典型平面之一

次,研究人们所具有的个性,有针对性地设计与其对应的空间。因此,优秀的住宅空间设计应充分联系生活的实际与相应的空间关系,并将两者有机地联系起来。也就是说,既是设计住宅空间,更是设计生活方式(图1.1-1)。

现代社会中人们的生活需求是多种多样的,设计师要从分析生活行为开始入手,认真对待细节,如果做到了这一点,即使在固定了平面形状的单元户型中,也可以创造出个性化的生活。室内设计师根据生活行为学,可以对原平面进行再创作(图1.1-2)。

1.1.2 基本空间

如果从功能方面分析住宅空间,便可将各种特定用途的空间排列组合起来,这就是住宅平面布置与交通流线的处理。住宅在空间设计上应体现以起居室为全家活动中心的原则,合理安排起居室的位置。各功能空间应有良好的空间尺度和视觉效果,功能明确,各得其所。为保证居住的安全与舒适,各行为空间应有合理的空间关系,实现公私分离、食宿分离、动静分离,各空间之间交通顺畅,并尽量减少相互穿行干扰。合理组织各功能区的关系,合理安排设备、设施和家具,并保证稳定的布置格局。同时要有足够的贮藏空间。应设置室内外过渡空间,用以换衣、换鞋、放置雨具等。

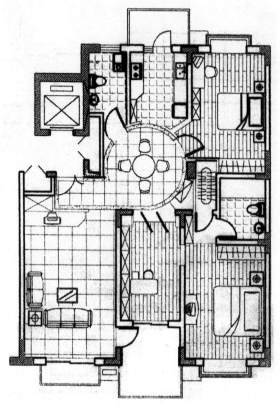

图1.1-2 住宅室内设计平面图

居住空间内生活行为分类表 表1.1-1

行为的种类		室内空间类型											
	居住空间	卫浴间	厨房	储藏空间	门厅	走廊	整体浴室	卧室	书房	餐厅	起居室	起居室、餐厅	阳台	庭院
大分类	小分类													
就寝	就寝							●						
	休息							●			●	●		
清洗更衣化妆	淋浴	●					●							
	洗面	●					●							
	化妆	●					●	●						
	更衣	●						●						
	修饰	●						●						

548

行为的种类 大分类	居住空间 小分类	室内空间类型 卫浴间	厨房	储藏空间	门厅	走廊	整体浴室	卧室	书房	餐厅	起居室	起居室、餐厅	阳台	庭院
家务	育儿	●						●			●	●		
	扫除	●	●	●	●	●	●	●		●	●	●		
	洗涤、熨衣	●											●	●
	裁缝							●			●	●		
	收拾、整理		●	●									●	
	管理							●	●					
	烹调		●										●	
饮食	就餐									●	●	●	●	●
	喝茶、饮酒							●		●	●	●	●	●
社交	谈话										●	●		
	会客									●	●	●		
	游戏										●	●		●
	鉴赏										●	●		
学习	学习、思考							●	●					
	工作(写作)							●	●					
娱乐消遣	游戏										●	●		●
	鉴赏									●	●	●		
	手工创作								●					
	读书报								●		●	●		
	园艺、饲养									●			●	●
移动	搬运					●							●	●
	通行					●							●	●
	出入				●								●	●

住宅的功能空间包括：起居室、卧室、餐厅、厨房、卫浴间等基本空间(图1.1-3)。在设计时可根据整套住宅面积的大小细分为门厅、走廊、子女室、更衣间、贮藏间等。它们之间的关系是互相联系和支持的有机体。在设计上首先决定各个空间的位置、面积、方向等基本因素。如起居室、主卧室、餐厅等空间要设置在方向、位置都比较好的部位，同时需把握交通流线的因素，做到动静分区合理，以使各个空间的关系顺畅有序。

1.1.3 公共空间

家庭公共的活动场所称为群体生活区域，是供家人共享以及亲友团聚的日常活动空间。其功能不仅可适当调剂身心，陶冶情操，而且可沟通情感，增进幸福，既是全家生活聚集的中心，又是家庭与外界交际的场所，象征着合作

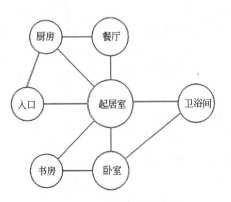

图1.1-3 基本空间关系

和友善。家庭活动主要内容即：谈聚、视听、阅读、用餐、户外活动、娱乐及儿童游戏等内容。其活动规律和状态因家庭结构和家庭特点以及年龄段而各不相同。设计上可从空间功能上依需求的不同而定义出或门厅、起居室、餐厅、游戏室或视听空间等属于家庭公共空间。

1.1.4 私密空间

私密空间是家庭成员进行各自私密行为的空间。它能充分满足人的个性需求，其中有成人享受私密权利的禁地，子女健康而不被干扰的成长摇篮，以及老年人安全适宜的幸福空间。设置私密空间是家庭和谐的主要基础之一，其作用是使家庭成员之间能在亲密之外保持适度的距离，从而维护各自必要的自由和尊严，消除精神负担和心理压力，获得自我表现和自由抒发的乐趣和满足，避免干扰，促进家庭的和谐。私密性空间主要包括卧室、书房和卫浴间等。卧室和卫浴间提供了个人休息、睡眠、梳妆、更衣、沐浴等活动的私密空间，其特点是针对多数人的共同需要，按个体生理与心理的差异，根据个体的爱好和品味而设计；书房和工作间是个人工作、思考等突出独自行动的空间。强调性别、年龄、性格、喜好等人性因素，针对个性化而设计是这类空间的特点。目的是要创造出具有休闲性、安全性、独创性的，令家人自我平衡、自我调整、自我袒露的空间区域。

1.1.5 家务空间

为了适应人们生活、休息、工作、娱乐等一系列的要求，需要设计一系列设施完备的空间系统来满足家务操作行为的空间，从而解决清洗、烹饪、养殖等问题。家务活动的工作场地和设施的合理设置，将给人们节省大量的时间和精力，充分享受其他方面的有益活动，使家庭生活更舒适、优美而且方便。家务活动主要以准备膳食、洗涤餐具、衣物、清洁环境等为内容，它所需的设备包括厨房操作台、洗碗机、吸尘器、洗衣机以及储存设备，如冰箱、冷柜、衣橱、碗柜等。

家务操作行为中有一部分属于家庭服务行为。为一系列家务活动提供必要的空间，以使这些行为不致影响住宅中的其他使用功能。同时，设计合理的家务操作空间有利于提高工作效率，使有关膳食调理、衣物洗烫、维护清洁等复杂事务，都会在省时、省力的原则下顺利完成。而家务操作区的设计应当首先对相关行为顺序进行科学地分析，给与相应的位置，然后根据设备尺寸及操作者（人体工程学）的要求，设计出合理的尺度。在条件允许的前提下，应尽量使用现代科技产品，令家务操作行为成为一个舒适方便，富有美感的操作过程。

1.1.6 空间形态及艺术处理手段

1.1.6.1 功能与审美形式

尽管住宅设计和装修日益多样化、高档化和个性化，人们越来越注重住宅的设计形式及其品味。然而，功能依然决定着形式。如今，住宅的功能早已由单一的就寝和吃饭发展成多样化，随着生活内容的变化，其功能愈发完善，还包含了休闲、工作、清洁、烹饪、储藏、会客和展示等多种功能为一体的综合性空间系统。住宅内部各种功能的设施越来越多。这些必备的设施，影响到了空间的形态和尺寸。现代化的卫浴设备和厨房设备功能已相当完善。同时，近年推出的《住宅整体厨房》与《住宅整体卫浴间》行业标准，使住宅的使用功能更趋科学化。因此，这些功能上的要求又制约着造型形式，而一切形式都要顺应功能的发展。

1.1.6.2 动静分区明确，主次分明

动与静的区分是要采取物理手段和必要的分隔措施加以解决的。然而，动静区域的合理分布显得更加重要，经过推敲的平面交通流线图，可以有效避免混杂斜穿，以保证动与静

的分离。卧室的门直接朝向客厅,会令主客均感不适;卫浴间的门直接朝向客厅,也会使人感到尴尬。所以,应在原平面图的基础上进行适当的调整,完善既顺畅又科学的平面布局。

主次分明的设计概念要体现在一个完整的设计过程之中。空间无论大小,层次无论是丰富还是简单,都有一个核心部分,即一个家庭的中心——起居室。它既起着凝聚家庭的作用,又负担着联系外界的功能,空间常常是开放的,平面与立面着重体现主人的物质层次和精神层次及其审美观。因而起着统领全局作用,对其理应加以浓墨重彩的设计。其他空间也应与其保持设计风格的统一。

1.1.6.3 通风问题

住宅建筑的通风问题一般在建筑设计中都会有所考虑,这些因素包括建筑的门窗位置所带来的空气流通。应尽量采用自然通风。在室内设计中只要充分注意到这一因素的重要性。不盲目改变建筑的门窗位置方向,以保证良好的通风环境。住宅类建筑一般不宜采用专门的人工通风设备。厨房和卫生间要按照建筑本身所提供的竖向或水平方向的集中排气系统,应有防倒灌、串气和串味的有效措施,应安装通风管和排气扇。

1.1.6.4 采光照明

室内的采光方式有自然光和人造光两类。住宅建筑在白天一般以自然采光为主,自然光具有明朗、健康、舒适、节能的特点。但自然采光会受房间方向、位置和时间的影响。而在室内,也难于做到所有的空间都得到良好的自然光照,特别是在一些室内窗口小或没窗户的房间以及在黑天的情况下,就要采用人工照明。人工照明具有光照稳定,不受房间方向、位置的影响等特点。在设计中可根据每个空间的需要灵活设置灯具。

住宅室内的灯具照明可分为整体照明和局部照明,整体照明的特点是使用悬挂在棚面上的固定灯具进行照明,这种照明方式会形成一个良好的水平面,在工作面上形成光线照度均匀一致,照度面广,适合于起居室、餐厅等空间的普遍照明。局部照明具有照明集中,局部空间照度高,对大空间不形成光干扰,节电节能的特点。这种照明方式适合于卧室的床头、书房的台灯、卫浴间的镜前灯等。

1.1.6.5 色彩的处理与装饰材料的选择

选用合适的色彩和装饰材料是室内设计中的重要因素。色彩是人们在房间中最为直接的视觉感受。室内地面、墙面、天棚的色彩一般是不同的。在色调的选择上要有整体的考虑,搭配合理,如选择暖色或冷色,是明度高还是明度低,是对比色还是协调色等,都会使室内装饰效果有不同的效果。

色彩有明度上的区别。每一种颜色自身的深浅会产生明暗感,如绿色从深绿到浅绿,明度的变化是明显的。不同色相上的颜色有明度上区别。各种颜色从明到暗的排练是柠檬黄、浅黄、中黄、橙黄、橘红、朱红、大红、洋红、玫瑰红、草绿、橄榄绿、深绿、紫、普蓝。色彩的明度会产生距离感。

色彩还有冷暖的区别。不同的色彩会使我们产生不同的感觉和联想。比如说红、橙、黄等颜色往往使人联想到太阳、火焰等,从而使人感到温暖、热烈。而蓝色又往往使人联想到海水、冰川、寒夜等。使人感到寒冷。其实,颜色本色并不具备制冷或散热的功能,这些都是人们的感觉。它来源于人们的生活经验和体验。我们因此把人们的这种感觉加以区别,而称它们为冷色或暖色。一般来讲,我们将红、橙、黄等颜色称为暖色,而紫色、蓝色、绿色等颜色称为冷色。但是色彩的冷暖也不是绝对的,比如玫瑰红与朱红相比。前者就显得冷,后者就显得暖。所以,色彩上的冷暖关系是在颜色之间的比较而言的。色彩之间的冷暖关系的运用,有助于我们处理空间的某些关系。例如,暖色感觉前进,而冷色给人感觉深远。另外,纯颜色感觉明朗、刺激;而灰色就显得安静、柔和;重颜色显得沉重,而淡颜色则显得轻快。一般来说纯度高的颜色感觉近,浅灰的颜色感觉远。

在住宅的色彩设计上要根据色彩的上述个性,具体问题具体分析。选择色彩的基本原则是首先要充分考虑功能上的需求。还要注意色彩搭配协调。同时要注意色彩受装饰材料质感和表面肌理所带来的影响。如光滑的表面色彩比较亮,反光比较强。粗糙的表面色彩比较暗,反光比较弱,吸光性较强。

住宅室内设计在选择装饰材料上除了要考虑到装饰材料的色彩和质感等表面装饰效果外,还要考虑到装饰材料有害物质的污染问题。对于室内装饰材料有害物质的污染问题,国家质量监督检验检疫总局颁发了自2002年7月1日起施行的《室内装饰材料有害物质下限量十个国家强制性标准》。其中包括对溶剂型木器涂料中有害物质的限量;内墙涂料中有害物质的限量;胶粘剂中有害物质的限量;人造板及其制品中甲醛释放的限量;木家具中有害物质的限量;聚氯乙烯卷材地板中有害物质的限量;混凝土外加剂中释放氨的限量;装饰壁纸中有害物质的限量等。另外,装饰材料的防潮、防火问题也是在室内设计中要考虑的问题。

1.1.6.6 家具设计

家具是人们生活的必需品,人们在住宅中的大部分生活行为都离不开家具。家具在住宅室内设计中是非常重要的。家具设计也是住宅室内重要的组成部分。家具在室内设计中同时具有组织空间、利用空间、创造空间风格的作用。

家具是服务于人的,因此家具设计的尺度、形式都要按照人体尺度和人的活动规律来考虑。人与家具,家具与家具,如桌椅之间的关系要协调,并应以人的尺度来为准则来衡量这种关系,以此为根据决定相关的家具尺寸。家具设计的基本原则应当是使用舒适而造型美观,符合室内设计的总体风格。

1.1.6.7 室内装饰与绿化

装饰设计是室内设计的重要组成部分。住宅室内设计中如果没有装饰与绿化会使人感到单调和乏味,缺少情趣和生机。因此在住宅的空间中布置适量的装饰与绿化是创造空间风格的重要手段。但是我们也反对过于繁琐的室内装饰,因为住宅的功能主要是人们生活休息的地方,过多繁琐的室内装饰会使人感到疲劳。

住宅的装饰主要包括房间各个建筑构件(其中包括屋顶、墙面、地面、门窗)的装饰和陈设物的装饰。房间界面的装饰主要是运用表面装饰材料进行包装。如装饰面板、装饰涂料、壁纸、石材、线角、装饰压条等。而陈设物的装饰要根据室内的整体风格而定。装饰陈设物的种类非常丰富,其中包括挂画、雕塑、工艺美术品、古董、装饰织物等。陈设物的选用应本着宁少勿滥的原则,精心选定,合理搭配。

绿化植物经过光合作用可以吸收二氧化碳,释放氧气起到净化空气的作用。绿化植物还可以通过叶子吸热和水分蒸发可降低气温,在寒暑季节调节温度。

绿化植物也能用来组织空间、分割空间。因为他是自然形态,所以还可以起到柔化空间形态,增添空间生机的装饰作用。其独特的装饰效果是其他装饰物与陈设品所无法取代的。绿化植物在摆放和布置上有多种形式。即可作为住宅的重点装饰,又可作为背景和边角的点缀。

1.2 功 能 分 类

1.2.1 起居室设计

1.2.1.1 功能分析

起居室是住宅中的公共区域,也是家庭活动的中心,即家庭成员团聚、畅谈、娱乐及会客的空间。起居室有时兼备用餐、学习和工作的功能。它往往还兼做套内的交通枢纽。因此,它是住宅内活动最为集中、使用频率最高的核心空间。在设计上是整体住宅的重点,因其人流较为集中,与其他空间的联系紧密,所以要强调动静分区、流线畅通。因人们在起居室内活动的多样性,它的功能也就是综合性的。从下面的图表可以发现,起居室几乎涵盖了家庭中80%的生活内容。同时,也成为家庭与外界沟通的一座桥梁(图1.2-1)。

图 1.2-1

1.2.1.2 设计要点

由于生活质量的改善,人们对起居室舒适度的要求越来越高。起居室在空间处理上也趋向自由,同时,这里还成为展示个人风格的场所,从中体现主人的品味及家庭气氛。要满足居住功能的需要,应具有稳定的可供起居的活动区。起居室的家具布置不宜太多,以保证有足够的活动空间,对于较大的起居室,往往层高、开窗、装饰材料、空间尺度等都有独特的处理,使这里成为展示主人个人风格的场所。目前起居室中通常布置沙发、家庭影院设备、钢琴、工艺品展示柜等能体现主人个人爱好及家庭气氛的陈设和装饰品。

起居室的平面形状往往影响其使用的方便程度,通常矩形是最容易布置家具的平面形式,适当面积和比例的空间,能提供多样的布局可能性。L形的平面(即有两个呈L形的实体墙面)是比较开敞的布局方式,经常通过天花的造型、地面的高差等限定起居室的空间范围,从而在空间具有流动性的同时对空间有所限定。正方形起居室不宜于家具的布置,而正多边形、圆形等形状因为平面本身具有强烈的向心性,因而在室内设计中和家具布局上容易形成中心感。不规则的平面形状(比如局部是弧形的矩形平面),可能造就比较活跃的空间气氛。

要保持良好的室内环境,保证空气流通是必要手段。起居室不仅是交通枢纽,而且是自然通风的中枢。因而,在室内布置时不可因隔断、屏风的设置而影响空气的流通。

防尘也是保持室内清洁的重要措施。因起居室直接联系入户门,具有门厅功能,同时又直接通向卧室,还兼有过道功能,因此在起居室与入户门之间要采取必要防尘措施,做好门的密封,设置脚垫,增加过渡空间。

1.2.2 餐厅设计

1.2.2.1 功能分析

餐厅是家人进餐的主要场所,也是宴请亲友的活动空间。因其功能的重要,每套住宅都应设独立的进餐空间。然而,若空间条件不具备时,也应在起居室或厨房设置一个开放式或半独立的用餐区位。当餐厅处于一个闭合空间之内,其表现形式便可自由发挥;如果是开放型布局,应和它共处的那个区域保持设计风格上的统一。餐厅的位置设在厨房与起居室之间是最合理的。

1.2.2.2 设计要点

餐厅的天花设计常采取对称形式,并且比较富于变化。其几何中心所对应的位置正是餐桌。可以在吊顶的立体层次上丰富餐厅的空间。在照明方面,顶部的吊灯做为主光源,它便构成了视觉中心,同时还可用低照度的辅助灯或灯槽在其周围烘托气氛,主光源以暖色白炽灯为佳,三基色萤光灯因优越的显色性也成为不错的选择。天花的构图无论是对称还是非对称,其几何中心都应形成整个餐厅的中心,这样有利于空间的秩序化。天花的形态与照明形式,决定了整个就餐环境的氛围(图1.2-2)。

图 1.2-2

餐厅的地面处理,因其功能的特殊性而要求便于清洁,同时还需要有一定的防水和防油污特性。可选择大理石、釉面砖、复合地板及实木地板等,做法上要考虑污渍不易附着于构造缝之内。地面的图案可与天花相呼应,也可有更灵活的设计,当然需要考虑整体空间的协调统一。

墙面的处理关系到空间的协调,运用科学技术、文化手段和艺术手法来创造舒适美观、轻松活泼、赏心悦目的空间环境,以满足人们的聚合心理。餐厅墙面的色彩以明朗轻松的色调为主,据分析,橙色及相近色相,对刺激食欲和活跃就餐气氛起着积极的作用。此外,灯具的色彩、餐巾、餐具的色彩以及花卉的色彩变化都将对餐厅整体色彩效果起到调节作用。

1.2.3 厨房设计

1.2.3.1 功能分析

厨房是服务空间中最重要的组成部分。在平面布局上,厨房通常与餐厅、起居室紧密相连,有的还与阳台相连。随着生活水平的不断提高,越来越多的人已意识到厨房的设计和质量关系到整套住宅的功能。如今,许多先进的厨房设备也在改变着以往厨房的形象以及烹饪方式。瑞典家务管理研究所通过对厨房内活动的研究,取得了有关操作活动联系的研究成果(图1.2-3),它可以反映出存储、洗涤、备餐以至烹饪等诸多相互密切联系的环节,按厨房内操作活动的频率,将其科学地分类。于是便建立起相连的三个工作中心,并形成一个连贯的工作三角形(图1.2-4)。三角形边长之和控制在3.5~6 m之间为宜。该三角形的边长之和越小,人在厨房中所用的时间就越少,劳动强度也就越低。

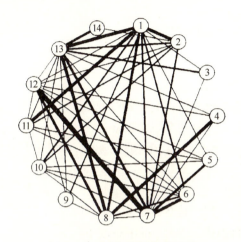
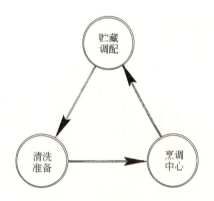

图1.2-3 厨房内操作联系图
①—炉灶;②—餐具存放处;③—毛巾;④—垃圾桶;⑤—餐桌;
⑥—炊事用具;⑦—碗柜;⑧—案板;⑨—厨具;⑩—餐具;
⑪—杂物柜;⑫—冰箱;⑬—洗涤池;⑭—卫生用具

图1.2-4 厨房操作三角形

1.2.3.2 平面布局

厨房中的活动内容繁多,如果对平面没有科学合理的安排,即使拥有最先进的厨房设备,也可能使人来回奔波,使厨房里显得杂乱无章。所以,按活动流线推敲出来的合理布局就显得尤为重要。下面列举六种厨房布局形式,其中前四种出自建设部行业标准——《住宅厨房》。

(1) I型平面布局:三个工作中心列于一条线上,构成常见而实用的形式。但若"战线"拉得过长,反而影响工作效率。

(2) L型平面布局:沿着相邻的两墙面连续布置,如果L型延线过长,厨房使用起来略感不够紧凑。

(3) II型平面布局:沿着相对两面墙布置的走廊式平面,适用于长方形的厨房。但如果有人经常穿过,将会令使用者感到不便。

(4) U型平面布局:利用U型平面可使基本操作流线顺畅,工作三角完全脱开,是一种十分有效的形式。

(5) 半岛型平面布局:它与U型平面布局相似,但有三分之一不靠墙,可将烹调中心布置在半岛上,是敞开式厨房的典型。

(6) 岛型平面布局:在厨房平面中间设烹调中心(或清洗备餐中心)。同时从所有各边都能够使用它,也可在"岛"上布置一些其他设施,如备餐台等(图1.2-5)。

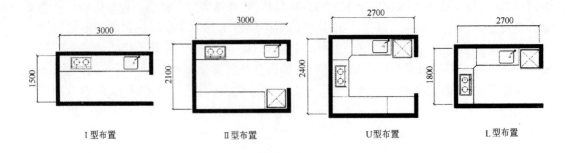

图 1.2-5 厨房净宽净长最小尺寸

1.2.3.3 处理要点

(1) 工作三角区内要配置全部必要的器具及设备。

(2) 设计一些设备预留位置,要考虑到可添可改、可持续发展的问题。

(3) 管线与设备要全部配套,每个工作中心应设有两个以上插座。

(4) 将地上橱柜与墙上的吊柜及其他设施组合起来,构成连贯的单元,避免中间有缝或出现凹凸不平,方便清洁。

(5) 工作三角区边长之和小于 6m。

(6) 操作台中及各吊柜里要有足够的空间,以便贮藏各种设施。

(7) 操作台高度设在 800~910mm 之间,台面进深 500~600mm 之间。吊柜顶面净高 1900mm,吊柜进深 300~350mm。

(8) 为备餐提供具有耐压强度的操作台面,面板持续垂直静载荷应达 $2kg/cm^2$。

(9) 各工作中心要设置无眩光的局部照明。

(10) 炉灶与冰箱之间至少要隔一个单元的距离。

(11) 设置有相当功率的排风扇,配合抽排油烟机工作,以确保良好的通风效果,避免油烟污染(图 1.2-6)。

图 1.2-6

1.2.4 卧室设计
1.2.4.1 功能分析
卧室是确保不受他人妨碍的私密性空间。一方面,要使人们能安静地休息和睡眠,还要减轻铺床、收床等家务劳动,更要确保生活私密性;另一方面,要合乎休闲、工作、梳妆及卫生保健等综合要求。因此,卧室实际上具有睡眠、休闲、梳妆、盥洗、贮藏等综合功能。

卧室可分为:主卧室、次卧室、老年人房间及以客用房。其设计要素虽略有区别,但设计处理上又多有相同之处。

1.2.4.2 处理要点
卧室的平面布置是以床为中心的。床有单人床、双人床、特大床等。此外还必须加上居室内其他活动及贮藏所需的空间。以下是床及周围所必需的空间(图1.2-7)。

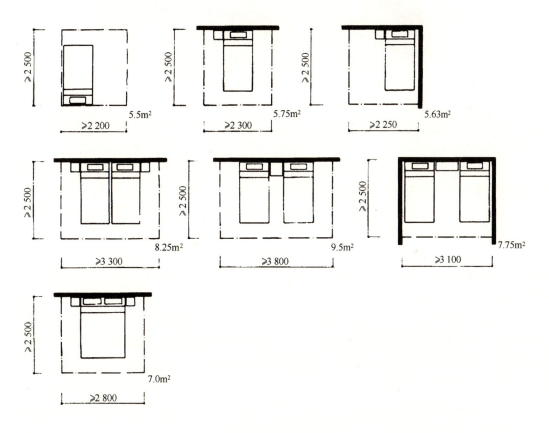

图1.2-7 卧室的基本尺寸

(1)主卧室:因睡眠模式不同而分为两种布置形式,即"共享型"和"独立型"。前者是共用一个空间来休息,选用双人床或者对床;后者则是以同一区域的两个独立空间来处理,即双单人床,以此减少相互干扰。在主卧室中设休闲区的目的是满足主人视听、阅读和思考等活动的需要,并配以相关的家具与设备。梳妆与更衣是卧室的另两个相关功能。组合式与嵌入式梳妆家具,既实用又节省空间,并增进整个卧室的统一感(图1.2-8)。更衣功能的处理,可在适宜位置上设立更衣区域,在面积允许的条件下,可于主卧室内单独设立步入式更衣柜,其中安置旋转衣架、照明和座位。主卧室的专用卫浴间将在下一节里详述。

图 1.2-8

(2) 次卧室（子女卧室）：在安排睡眠区时，应赋予适度的色彩。完善学习区域，书桌和书架是青少年房间的中心，书桌前的椅子最好能调节高度，以适应不同生长阶段中人体工程学方面的需要。除了读写活动之外，根据其不同性别和兴趣，突出表现他们的爱好和个性，如设立手工制作台、实验台以及女孩梳妆等设施，使青少年在完善合理的环境中实现自我表现和发展。

(3) 老年人房间：要切实考虑老年人的心理和生理特点，做出特殊的布置。首先，要作好隔音，避免干扰，营造安静的环境。第二，房间朝向以南为佳，以保证接受充足的阳光。夜间要设置柔和的照明，解决老年人视力不佳、起夜较勤等问题，确保安全。第三，家具的棱角应圆润细腻，避免生硬。确保房间地面平整，不作门槛，减少磕碰、扭伤与摔伤的机率。床铺高度要适中，便于上下。门厅要留足空间，方便轮椅和单架进出或回旋。第四，在色彩的处理上，应保持古朴、平和、沉着的基调。老年人的居室布置格局应以他们的身体条件为依据。家具设置需满足其起居方便的要求，为他们创造一个健康、亲切、舒适而优雅的环境。

1.2.5　书房设计

1.2.5.1　功能分析

书房是用来阅读、书写、工作和密谈的空间，是住宅中私密性较强的区域之一。虽然功能单一，但要求具备安静的环境、良好的采光，令人保持轻松愉快的心态。在书房的布置中可分出工作区域、阅读和收藏区域两部分。其中，工作区域在位置和采光上要重点处理。在保证安静的环境和充足的采光外还应设置局部照明，以满足工作时的照度。另外，工作区域与藏书区域的联系要便捷，而且藏书要有较大的展示面，以便查阅。

1.2.5.2　设计要点

书房虽然是个工作空间，但是要与整套家居取得设计的和谐。同时，需要利用色彩、材质的搭配和绿化手段，营造一个宁静而温馨的工作环境，还要根据工作习惯布置家具、设施及艺术品。以此体现主人的个性品味，设计上要以人为本，突出个性。

1.2.6 卫浴间设计

1.2.6.1 功能分析

卫浴间包括洗漱、沐浴、厕所等为满足生理需求而设置的空间。洗浴有助于保持清洁、消除疲劳,还对放松疲惫的心理也有很大的帮助。因此,卫浴间在满足使用方便、安全、经济等条件之外,还具有满足精神需求的功能。

1.2.6.2 设计要点

(1) 平面布置

目前我国住宅的卫浴间的设置有两种形式,单卫浴间和多卫浴间。后者即包括与主卧室相连的主卫浴间和供其他家庭成员与客人用的卫浴间。依据功能的不同可分为以下三种类型:

兼用型:集浴缸、洗面盆和坐便器三洁具为一室。其优点是节省空间、经济、管线布置简单。缺点是不适合多人同时使用,因面积有限,贮藏空间较难处理。洗浴的潮湿还会影响洗衣机的寿命。

独立型:因现代美容化妆功能的日益复杂化,洗脸化妆部分被从卫浴间分离。其优点是各室可以同时使用,而互不干扰,功能明确,使用方便。缺点是空间占用多,而且装修成本高。

折中型:兼顾上述两种类型的优点,在同一卫浴间内,干身区和湿身区各自独立。干身区包括洗面盆和坐便器;湿身区包括浴缸或喷淋屋,中间用玻璃隔断或浴帘分隔。

(2) 卫浴空间及洁具

卫浴间的基本尺寸与其中设备的规格有关,此外还应考虑到人体活动必要尺寸和心理因素。整体卫浴间的出现和功能不断完善,更促进了面积的紧凑。其中浴缸、坐便和洗面盆齐全。

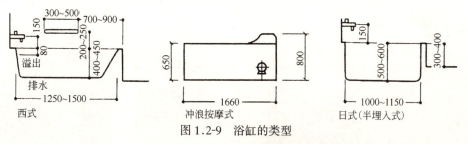

图 1.2-9 浴缸的类型

浴缸:有三种形式。日式浴缸为深方形,有利于节省空间,入浴时需水深没肩,易于保暖,适于年老体弱者使用;西式浴缸形态为浅长形,可以平躺(图 1.2-9);转角式冲浪浴缸,利用电机和水泵形成若干个喷水口或气泡式按摩喷水口,令肌体充分放松(图 1.2-10)(表 1.2-1)。

淋浴器:淋浴喷头亦称花洒,一般被安装在浴缸上方或喷淋屋内。淋浴喷头及冷热水开关的高度与人体高度及伸手操作等因素有关,固定的淋浴喷头高度是自盆底以上 1.65m。考虑到站姿、坐姿、成人及儿童的高

图 1.2-10 冲浪按摩式浴缸

度差异,淋浴喷头应能上下调节。淋浴和盆浴共用的开关,要装在淋浴和盆浴时均能方便触及的高度。淋浴器总成是将冷热水开关与淋浴喷头和若干个气泡式按摩喷水口综合为一体,此设备常被装在喷淋屋内。

浴缸的材质与特征　　　　表 1.2-1

材 质	耐久性	洗刷难易	保温性能	质 感	其 他
亚克力	会划伤、变色,不会腐蚀	易于产生细微划痕并易被脂肪类污垢污染	内设保温材料较好	手感亲切、色彩花样丰富,	有压力成型品与涂层成型品
搪瓷	如果不损伤,可长期使用	用中性洗涤剂与海绵易于洗刷	同 上	稍冷,色彩丰富	有厚钢板制和铸铁制

喷淋屋与淋浴盆:湿身区的喷淋屋,是在卫浴里以玻璃隔离出的淋浴功能区,高度为 1.85m,有推拉门、平开门和弧形门等多种开启形式。喷淋屋常与淋浴盆形成组合,位于卫浴间的一角。

坐便器:冲水坐便器高度为 350~390mm 之间,按造型分为:连体式(图 1.2-11)、分体式(图 1.2-12)和壁挂式(图 1.2-13)。按冲洗方式分为:虹吸式、涡流式和直落式。选择坐便器时应注意:①蓄水面积足够大,使污物不易粘上;②有足够的水封高度,排水路径宽敞且单纯;③冲水声音小,用水量少;④防止水箱结露;⑤考虑预留采暖座便、热水热风洗净便器的设置;⑥考虑出水口墙距的不同。此外,纸盒的位置设计应在坐便器的前方或侧方,以伸手即能方便够到为准,距后墙 800mm,距地面 700mm。

洁身盆:其功能是以坐姿清洗下身,洁身盆常与坐便器并排设计,既要设置给排水,还需接入冷热水。高度在 360~400mm 之间(图 1.2-14)。

图 1.2-11　　　　图 1.2-12　　　　图 1.2-13　　　　图 1.2-14

洗面盆:化妆台与洗面盆的上沿高度在 850mm 左右;洗脸时所需动作空间为 820mm×550mm;人与镜子的距离≥450mm;人与左右墙壁之间要有充足的空间,洗面盆中轴线至侧墙的距离≥375mm。洗面盆有五种形式:即:台上盆、台下盆、墙挂盆、碗盆和柱盆(长柱盆和半柱盆)(图 1.2-15~图 1.2-20)新型的洗面化妆设备,把水池和贮藏柜结合起来,形成洗面化妆组合柜,柜体进深和高度一定,面宽可以根据模数而变化。

洗衣机和清洗池:洗衣机分滚筒式、单缸全自动式和双缸半自动式三种。干燥机置于洗衣机之上,应考虑到洗衣机操作时的必要空间,防止碰头,并设计好给排水。清洗池是很必要的设备,用以在使用洗衣机之前的局部搓洗、刷洗等。

(3) 设计要求:

图 1.2-15　　　　　　图 1.2-16　　　　　　图 1.2-17

图 1.2-18　　　　　　图 1.2-19　　　　　　图 1.2-20

因卫浴间湿度较大，需要选用防水、不易发霉、不易污染、容易清洁的表面材料。因此，墙地材料用釉面砖更具优势。因卫浴间的空间较小，化妆台前的镜面可加电热丝防雾，镜子应尽可能的大一些，通过镜面反射，将心理空间扩大化。照明设计要求有若干光源以形成无影灯，同时避免炫光，照度≥300lx。卫浴间整体色彩的选择应与洁具的色彩配合，或对比或协调。洗面盆与化妆台及储藏物柜、镜前灯、多用插座等配套设施是厂家预制的单元组合，在现场装配很简单，而且样式丰富，可选范围很大。

1.2.7　储藏空间设计

1.2.7.1　功能分析

住宅空间设计中重要的课题之一是储藏空间的设计。将多种多样的生活用品巧妙地存放、保管好，可以很大程度地提高舒适感和效率。做为生活用品的保管空间，可分为储藏室、壁橱及具有储藏功能的家具。因为储藏是为了使用，所以要在使用场所或附近设置储藏处。如衣物与卧室、食品与厨房、书籍与书房，这样设置的储藏空间是较为方便使用的。

1.2.7.2　处理要点

生活用品按类型、季节及使用频率来分别存放，使用起来才方便。要考虑到日用品的特性与人体工程学的关系来存放，才能提高使用效率(图 1.2-21)。

1.2.8　门厅设计

1.2.8.1　功能分析

门厅是住宅不可缺少的室内空间。做为住宅空间的起始部分，它是外部（社会）与内部（家庭）的连接点。所以，在设计中必须要考虑其实用因素和心理因素。其中应包括适当的面积、较高的防卫性能、合适的照度、益于通风、有足够的储藏空间、适当的私密性以及安定的归属感。

高度(mm)	储藏形式		乐器类	欣赏品贵重品	书籍办公用品	餐具食品	衣物	寝具类
2400	不常用物品重量轻的物品	取出不便		稀用品	稀用品		稀用品	
2200		宜用推拉门、平开门	稀用品	贵重品	消耗品存货	存贮食品备用食品	季节外用品	旅游用品备用品
2000								
1800	常用物品、易破碎物品	宜用推拉门	扬声器类	欣赏品	中小型开本	罐头	帽子 上衣外套、衣服、裤子、裙子	枕头 客用寝具
1600			电视类			中小瓶类		
1400								
1200					常用书籍 中型开本			
1000		宜用抽屉	收音机 放大器类 照明灯等	小型欣赏品		零用调料 筷子、叉子		睡衣 毛毯
800	中等重量物品				文具			
600						大瓶、桶、米箱、炊具		寝具类
400	大而重、很少用的物品	宜用推拉门、平开门	唱片柜	稀用品 贵重品	大开本 稀用品 文件夹		和服类	
200								
100								

图 1.2-21

1.2.8.2 设计要点

门厅面积接近最低限度的动作空间,可能只够脱鞋、换鞋所需的空间,然而还要力求小中见大。在跃层住宅或别墅中则采用两层相通的共享空间做法,以加大纵向空间,减少压抑感。至于安全性,门厅属于外人容易接近的地方,安装坚实的防盗门是安全有效的方法。同时,在心理上也增加了安全感。门厅的储藏功能常被忽视或处理不周,只有鞋柜是不够的。基本是外出时所使用的物品都要在门厅中存放,不仅是方便,更为了卫生。因此,还要考虑雨伞、大衣、帽子、手套、运动用品等物品的存放(图 1.2-22)。大衣类的存放空间需要考虑客人的余量。门厅的收藏空间必须在详细研究与物品的关系后,选择利用率高的方式。

图 1.2-22

1.2.9 走廊设计

1.2.9.1 功能分析

走廊与楼梯在住宅空间构成中属于交通空间,起到联系的作用。走廊是空间与空间在水平方向的联系方式,它是组织空间序列的手段。走廊是此空间向彼空间的必经之路,因而引导性显得尤为重要,引导性是由其界面和尺度所形成的方向感受来决定的。设计师通过这类部位来暗示那些看不到的空间,以增强空间的层次感和序列感。其形式是要让人感到它的存在,以及它后面所隐藏的内容,既要做得巧妙,又不能喧宾夺主。走廊的常见平面有:I字型、L型和T型三种形式。

I字型走廊:方向感强,简洁。若是外廊,则明快、豁朗。过长的I字型走廊如处理不当,会产生单调和沉闷的感受。

L型走廊:迂回、含蓄、富于变化,能加强空间的私密性,它可将起居室与卧室相连,使动静区域间的独立性得以保持,令空间构成在方向上产生突变。

T型走廊:是空间之间多向联系的方式,T型交汇处往往是设计师大做文章之处,可形成一个视觉上的景观变化,有效地打破走廊沉闷、封闭之感。

1.2.9.2 设计要点

走廊不仅是水平的连接手段,通过室内设计可令其形象焕然一新,成为住宅中一条新的风景线。

(1) 天花做照明的序列布置,但不可做过多变化,处理手法上要与其他空间相呼应,以符合整体感。通常采用筒灯或槽灯的照明方式,甚至完全不设灯,而只靠壁灯完成照明。灯光布置要追求光影形成的节奏,结合墙面的照明,有效地利用光来消除走廊的沉闷气氛,创造出生动的视觉效果。

(2) 走廊的地面无任何家具,设计师通过材料与色彩,将有效地展现图案变化之美,交圈也十分重要。

(3) 走廊墙面可做较多设计和变化。走廊的装饰设计与其平面尺度有关,走道愈宽,人才有足够的观赏距离来关注装饰的细节。走廊墙面的处理包含两层意义:一方面是,墙面的比例分割、材质对比、照明形式的变化,阴角线和踢脚线的处理及相关门协调处理;另一方面,则是艺术陈设,如字画、壁毡和装饰艺术品,可使走廊艺术气氛和整体水平达到提升。

1.2.10 楼梯设计

1.2.10.1 功能分析

楼梯是空间之间垂直的交通枢纽,因属于垂直方向的扩展,所以要从结构和空间两方面来设计。一般跃层住宅中,楼梯的位置是沿着墙设置或拐角设置的,这样可以避免浪费空间。而在别墅或高级住宅中,它又具有显赫的位置,以充分表现其魅力,成为表现住宅整体气势的手段,带有心理暗示功能。

1.2.10.2 设计要点

楼梯的基本形式有:直跑型、L型、U型和旋转型四种。一般跃层住宅中,直跑型与L型较多。直跑型楼梯占空间少,但坡度陡,不利于老人、孩子及行动不便者上下。因此,必须考虑坡度、扶手高度、地面材料的选择问题。L型楼梯因方向有一个改变,具有引导性,楼梯的一侧可形成储藏空间。同时,L型楼梯也具有变向功能,用以衔接轴向不同的两组空间。U型楼梯中间有休息平台,较舒适,但占得空间大。为此,可将折回部分的休息平台做成旋转踏步。旋转型楼梯的造型生动、富于变化,因此成为空间里的景观。以支柱为中心的楼梯,中间部分会出现密集的踏步。其材料可用钢材、复合材料,此类材质能表现旋转楼梯的流动而轻盈的特点(图1.2-23)。

楼梯的宽度为750mm左右,踏步高度在150~200mm之间,踏步面宽在200~250mm之间。

踏步材料的运用应考虑耐磨、防滑和舒适等要素。材料可采用石材、复合材料、实木或地毯。也可将不同的材料或不同质感和色彩镶嵌在一起,而产生对比,增强表现力(图1.2-24)。

栏杆在楼梯中起着围护作用,以确保上下时的安全。其高度、密度和强度都有较高的要求:高度为880mm左右;纵向密度要保证三岁以下儿童不至由其空隙跌落,横向间空隙为110mm;强度则要求能承受180kg的推力。常用材料有铸铁、不锈钢、实木或≥15mm厚的钢化玻璃。受力生根部分用圆钢构成,要受力明确且结实有力。围合部分既可采用

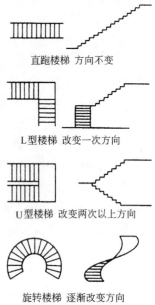

图1.2-23

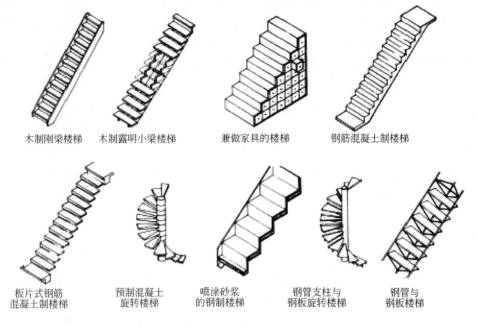

图1.2-24

简洁明确的分隔形式,也可采用浪漫生动的装饰形式。

扶手是与人亲密接触的部分,尤其对于老人和儿童,它是得力的帮手。设计上既要在尺度上符合人体工程学的要求,又要兼顾造型和比例。应选用触感亲切的材质,常用木材,如果选用金属,则可借助皮革材质调节质感,产生对比效果。在转弯和收口部分要特别精心设计,常常结合雕塑或灯柱等富有表现力的构件来产生精彩的视觉效果。

第 2 章　公共建筑室内设计

2.1　办 公 空 间

2.1.1　办公空间的形成与前瞻

一般来说,人类社会的基本活动可以归纳为居住、工作、游憩、交通四大类,而办公则是人类最主要的工作活动之一。从历史发展来看,自人类社会形成固定居住点以来,就有了原始办公建筑空间的雏形。从原始部落的议事场所到奴隶社会、封建社会的衙署、会馆、商号等都映现着办公空间的影子。

近代真正意义上的办公建筑空间的诞生是在西方工业革命之后,在新材料、新技术、新功能催生下产生了大量新类型的办公建筑。1914 年格罗皮乌斯在科隆设计的德意志制造联盟展览会办公楼标志着现代办公建筑的开端。

上世纪末,人类进入后工业化社会,由于环境与资源危机、信息革命、产业结构调整和全球经济一体化,办公空间的设计发生着一些重大变化。纵观最近十年来办公建筑及室内设计的发展,尽管创作背景、设计思想与手法各不相同,但它们都汇聚着人类科学技术、思想文化和审美观念的发展成就。从中我们也不难对当代办公空间设计趋势作一些前瞻性的预测,这些趋势与特点必将对新世纪办公类建筑室内设计的发展产生深远的影响。

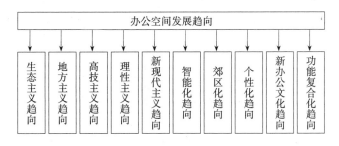

图 2.1-1　办公空间发展趋向

图 2.1-1 中显示的发展趋向,实际上都是人性化办公的具体显现。

大公司组织管理的变化体现出这样一个趋势,即逐渐分散成若干规模不大,更容易管理的工作单元,以保障更多的自主性和员工的个性发挥,中央商务区也将演变成一个信息交流和展示形象的区域。于是,家庭办公出现了。

随着办公空间日复一日的日常工作逐渐被计算机代替,可以预测,办公室最终将成为会见交流的场所,而不再是处理事务的地方了。同时,随着对技术前瞻性和个性化需求的提高,办公空间对设计师要求具有更广泛的技术和美学知识,以及环境心理学、高级人类工程学和生态学等知识。

2.1.2 办公类建筑室内设计的基本功能

办公类建筑室内设计的形式是随着时间的变化而变化的。本文着重讨论的办公空间,是在现阶段还普遍存在和流行的,即通常设立在行政区、商务区或企业内,由若干人员为一个"单位"共事,并共同使用一处场所的办公空间,也就是通常理解的具有普遍意义上的办公空间(图 2.1-2)。

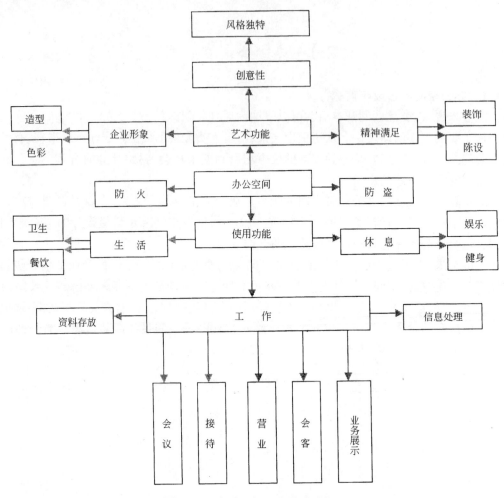

图 2.1-2 办公空间室内设计功能

2.1.3 办公空间的基本分类

办公类建筑室内空间,应根据使用性质、规模与标准的不同,确定各类用房。一般由办公空间、公共空间、服务空间和其他附属设施等组成。

(1) 从办公室的布局形式来看,主要分为独立式办公室和开放式办公室和景观办公室三大类。

① 独立式办公室是以部门或工作性质为单位划分,分别安排在大小和形状不同的空间之中。这种布局其利弊均不同程度地存在,优点是各独立空间相互干扰较小,灯光、空调等系统可独立控制,同时还可以不同的装饰材料,将空间分成封闭式、透明式或半透明式,以便满足不同使用功能的要求。总之,独立式布局的弊病就在于空间不够灵活,相互之间缺乏直

接的联系。

② 开放式办公空间　则是将若干部门置于一个大空间之中,将每个工作空间通过矮隔板分隔,形成自己相对独立的区域,便于相互联系和相互监督。传统意义的大办公桌也因体积庞大,逐渐被轻型办公桌所取代,文件也被清理到文件柜、资料室或形成电子文件存储起来。

开放式办公空间一般按照人流组织空间,并利用植物等分隔或点缀开放办公空间的景色。开放式办公空间虽因其所具有的灵活性而带来的一系列可操作性,但关于开放式空间的论战却一直在进行,并且促发了空间心理方面的研究。如对于办公职员个体而言,开放空间意味着什么?采用开放方式最初的设计是为便于管理,而不是为了职员个体,因此,开放式办公空间的成功与否,不但取决于空间组织形式,还要关注办公人员个体的私密性和心理感受。

可见,人性化设计迫在眉睫,这是开放式办公空间设计无法回避的课题。所以开放式空间不是一剂万能良药,不可能适用于所有使用者和所有建筑,它仅是解决办公空间需求的众多可行办法中的一个。

③ 景观办公室。其特征具有随机设计的性质,完全由人工控制环境,通过对大空间的重新划分处理,形成完全不同于原空间的新的空间效果和视觉感受,反映了一定的造型语言和风格倾向。其工作位置的设计反映了组织方式的结构和工作方法,通过构件、家具、植物等来组织空间运动路线和区域界定。此类办公空间一般能较充分地体现个性特征和专业特点。小型的专业公司一般偏爱于此类表现手法,如设计工作室等。

(2) 从办公的工作性质来分,可分四大类(图 2.1-4)。

① 行政办公:工作性质主要是行政管理和政策指导。

② 商业办公:即工商业和服务业的办公空间。其风格往往带有行业性质,因商业经营的需要,其办公空间比较注重形象风格。

③ 专业性办公:为各专业单位所使用的办公室,其属性可能是行政单位或企业,不同的是这类办公空间具有较强的专业性。如设计师办公室,其空间形象能充分展示自己的专业特点。其他,如税务、电信、银行等等,都具有其自身的专业特点和专业性质。

④ 综合性办公:即以办公空间为主,同时涵盖了公寓、展览、商场、酒店等场所。北京的国贸中心即为其典型代表,但其办公空间部分与以上三类无不同之处。

从布局形式分类,见图 2.1-3。
从工作性质分类,见图 2.1-4。

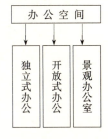

图 2.1-3　办公空间布局分类

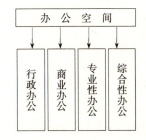

图 2.1-4　办公空间性质分类

2.1.4 现代办公设计的误区

随着时代的发展,经济的腾飞,城市化进程也逐步加快,人们对办公设计有了更高的要求和期望,其中办公空间中的一些问题也随着人们对设计要求的不断提高而日益突出,经常在办公设计中出现一些有违设计精神和设计原则的现象。

(1) 误区1——片面提高办公密度,忽视人的舒适度。

旧体制下的经济意识认为容积率越高,获利就越高。目前有许多办公空间的内部,均布以"鸽子窝"式布置办公隔断,尤其是IT界,这种方式虽然加大了办公密度,但却忽视了人们在工作中的舒适度,也忽视了人们精神生活的需求。因为如今的人们已不再把工作当成一个单纯的谋生手段,同时也希望在工作之余,能够得以放松和享受。人们已开始注重工作空间的品质,拥挤的环境,污浊的空气,必然不能满足这种需求。

(2) 误区2——为设计而设计,忽视设计的最终目的。

我们经常会看到一些形式雷同、极为眼熟的设计,设计师只会满足实际数据的需求,如员工的人数、封闭的房间、相关的设备以及面积的配比,而对容易忽视人们的心理感受,考虑往往不够,结果设计就象是完成试卷上的填空题,套用公式填满即可,从而导致千篇一律,缺乏个性,缺乏人性的关爱。

(3) 误区3——盲目追求形式,忽视绿色生态办公。

这方面带来的设计误区,决不是上述误区的表层影响;如由高密度引起的只是因空间的拥挤给人带来的不适,而这里所涉及的是更深层次的人的生理与心理需求。事物总是充满了矛盾,现代化办公给人们创造了方便的条件,同时也伴随着令人心烦的弊端。"写字楼综合症"已不是陌生的舶来品名词,其主要表现在工作中出现了一些特异症状,主要表现为:眼、鼻、咽喉干燥,全身无力、不适、容易疲劳,经常发生精神性头疼、记忆力减退等等,而这些症状大多出现在办公类建筑或写字楼中。

究其原因,室内通风换气机会减少,污染物质释放量加大,家具尺度不合理等,是"写字楼综合症"产生的表层因素。诺基亚强调"科技以人为本",那么我们工作在方方正正的办公空间,虽然有整洁、规范的环境,但我们已在不知不觉中失去了人类共同的"生态"概念,变成了工作机器。

人们呼唤属于自己的绿色空间,这绝不是在办公室搬进几盆花就能换取的。现代办公空间设计已经由"智能化"、"信息化"向"生态化"迈进。但不管怎么"化",都要秉承"以人为本"的设计原则,就是说一切都要服从于人的基本需求,而不是"闭门造车",与消费主体的需求脱节。

"生态化"办公空间避免了人与自然的脱节,减少了人的心理与生理上对工作的抵触情绪,规避了因此而导致的工作效率下降、人际关系淡漠的现象。"生态化"办公空间主张人与自然的完美结合,力求在办公区域内营造出生态小环境,使办公人员能够享受到充足的阳光,呼吸到新鲜的空气,观赏到迷人的景色。在大自然中支起办公桌,使每个人都能以一种愉悦的心情,旺盛的精力投入到工作中去,最终提高工作效率,实现更大的商业价值和人的自我价值。

2.1.5 现代办公设计的基本要素

在办公环境中,尤其是在当今网络时代的办公环境中,最缺少的是人与机器的交流,人与人的交流以及人与环境的交流。这种交流不仅仅是"形式的"或"视觉的",而更应当将空间融合到人的感受中,而这种感受也正是人在室内空间的演绎与变化中自然生成的。总之,要从人出发,从人的心理需求出发,才能创造出一种有机整体性的办公氛围,人与机、人与人、人与环境这三组关系,就是现代办公空间的设计要素。

(1) 人—机的关系

对办公空间(包括设备)来说,最关键的就是"人—机"的关系问题。当人们进入工作场所时,如果这个工作并不是他完全出于自愿,那么他就不愿总是与"机器"对话。在"人性化"的现代办公设计中,应以为工作人员创造优质的工作环境为宗旨,以实现人与机器的有机协调为目的。因此,人性化办公空间的设计,要充分考虑并处理好办公设备、办公家具、信息管理等与人的关系。

① 办公设备:

网络时代的技术发展突飞猛进,企业为了提高工作效率和生产力而选用高科技的视讯、电讯、网络等设备,以充分利用人力资源和物力资源。因此,室内设计师虽不一定要对现代化的电脑、电传、会议设备等了如指掌,但也要有足够的了解才行,否则,就只会重视外在的表现,而忽略了功能的实用性。

② 办公家具:

办公家具是办公室中最重要的设备之一,一个人要在8小时内与之发生频繁接触,如果桌椅设计不当,使用者就会感觉不舒服、易疲劳甚至产生疾病。因此,办公家具的设置应充分考虑使用者的业务性质,注重人体工程学原理,并采用富有人情味的工艺造型及色彩。如在某些公司中,为了选取合适的家具设施,设计师对公司全部员工逐一进行面谈,进行调查,最后才选择有助于提高工效的舒适的工作椅。再如在一些小型事务所中,设计根据业主的需要将家具设置为可随意挪移,具有极高灵活性的方式,以适应公司时常变化的组织结构。其色彩总体上并不夺目,但不乏鲜亮有趣的强调,从而使空间变得丰富起来。

因此,现代化的办公家具,又可区分为三个部分:(1)系统空具;(2)OA (OFFICE AUTOMATION 办公自动化)办公桌;(3)人体工学座椅。尤其是 OA 办公家具,必须与自动化理念相结合,才是真正的 OA 办公家具。

③ 信息管理:

办公室是信息产生、复制处理、归档、美化的场所,但在信息越来越多时,就必须要考虑整个信息生产系统和空间的管理。能够用电脑执行的工作全部电脑化,以便将需要的资料加以选择分发、分类、管理,使任何人都可以保持在检索的状态,得以使人们专心从事创造性的工作,即思考、接见、谈话、阅读、判断等,不仅提高了工作效率,而且减少了人的不必要疲劳。有时,设计师为业主配置了最新型的网络设备,符合功效科学的工作空间和设施以及便捷的资料检索和抄送存储体系,并在每个秘书的后面设置开放式搁板的走道,从而提供了一个充裕的存储空间。

(2) 人—人的关系

人性其实是最难以把握的,人与人之间要靠经常性的接触、交流才能产生互动,因此,办公空间应成为一个同事间的碰面、汇集资讯并能在和谐的气氛之中交流协作的场所。

① 私密性与交往

人所具有的对与他人接近程度进行主动控制的心理需求称之为私密性的需求。心理学家认为这种私密性有下列三种作用:一,它可以使人具有个人感,使人能够按照自己的想法支配自己的环境;二,使人可以不受干扰的充分自然地表达自己的感情;三,可以界定个人在社会中的角色,进行自我评价,进而达成自我认同。私密性在隔绝外界干扰的同时,仍能使人需要时保持与他人的接触。由于私密性是控制与他人接触的双向过程,所以空间不仅应满足视、听隔绝的要求,而且也应提供与公共生活联系的渠道。在办公场所中,大部份员工都需要借助办公隔断来实现这种需求,从而限制人的行为,遮挡别人的视线,控制噪声干扰。如开放式的办公空间——景观办公室,所有的办公人员都集中在一巨大的办公空间中,只用桌子,书架,花架分隔出个人空间。这种办公室既保证了人的私密性,又使同事之间有了较多的接触机会,增强了个人对团体的归属感和对同事的认同感,大大提高了工作效率。

② 交流与协作

众所周知,在传统的办公大楼上下班的人们很少相互交流,除非他们坐在一起。有研究表明,两个在同一幢大楼不同楼层上班的人在任何一个工作间相遇的机会仅有百分之一,而现代的办公空间设计为这种偶然相遇提供了场所。比如,在英国航空公司 ROVERI 汽车设计及工程中心和三联公司的职员可以在"街道上"谈"生意",而不需为组织正式会议而预定房间。其"街道"就意味着运动,同时体现了一种不断发展的新概念和新趋势,即白天人们在工作场所附近活动身体,而非固定在一个位置不动的区域。这不期而遇的交流活动所产生的效益和远见卓识,大大超过半个多世纪以来时间和行为的效率原则。以前将人处于某个固定位置,在一个单独的地方进行重复劳动所产生的效果,即原有那种仅为了把人隔开,以平面设计把等级地位分隔的设计已不合时宜,转而取代之的是集体合作性的办公空间。

办公室的设计曾经是为了把人隔开,以平面设计为基础,将等级和地位分隔出来。20世纪早期办公室甚至禁止同事间相互谈话。但如今,办公室的设计却提倡了集体协作的精神。办公空间可以为人提供一个鼓励交流与合作的,刺激创造思维的人性办公空间。创作不是无中生有,创作顺应了人的心理、生理需求与现实规律。员工的个性、思维、意念、兴趣与社会的需求都达到了共识,产生了价值。创造力对于一个公司来说是很重要的,而培养员工去热爱生活、享受工作从而提高创作力,是更为重要的。

(3) 人与环境的关系

人与环境的交互关系表现在两个基本方面,即人对环境的感知和人对环境的要求。

① 人对环境的感知

人对环境的感知,即是人们对环境的感受,这种感受是多种多样的,环境的空间、色彩、光照等都会给人带来不同的感受。

1. 空间

空间尺度的运用在设计中是非常重要的,办公空间的大小与形状,办公设置物的位置,甚至办公环境中的气氛,都会给在这一环境中的人以不同的感受。高大的空间使人感到雄伟,低矮的空间令人感到亲切;迫近的物体使人感到压抑,开阔的空间使人感到空旷。只有合理运用整体尺度与人体尺度的关系,才可以使办公环境更符合其内涵,人才会感到安全与惬意。同时人在环境中是不断运动的,人体的各种活动尺寸要求,设施布局的合理,人流走向的合理安排等同样会提高人的工作效率,同时促进人与人之间的相互交流与协作。在办公空间中采用的局部吊顶,会使人在不同的办公空间感受不同,从而提高人的兴奋点。因此,人对空间的感知,是人性化设计所不容忽视的。

2. 色彩

色彩是视觉形态的要素之一，它给人以非常鲜明而直观的印象，因而具有很强的识别性。而且，给人在生理、心理上带来不同的感受，如温度感(暖色给人温馨感,冷色相反)，重量感(明度低的色彩使人感到沉重,相反则轻)，距离感(暖色、亮度高的色彩显得亲近)等。色彩本身没有绝对的美或不美，它的美是在色彩之间的相互组合之中体现的，当配色反映的情趣与人的情绪产生共鸣时，即当色彩配合的形式与人心理形式相对应时，人就会感到和谐愉悦。国外的许多办公空间在走道、厕所等人们不经常停留的地方，采用明快的颜色以解除人们在工作后的疲劳感，能够在这些地方得到一个良好的缓冲。人性化正是通过这些局部的空间得以体现的。

3. 光照

阳光的直接照射有益于办公人员的身心健康，但由于客观条件的限制，有时却不能直接满足人的这种需求。因此，在设计中应对采光和人工照明问题给予足够重视，以获取良好的光照，使人们能够进行正常工作、学习。有时设计师为了把自然光从边缘引入腹心，一方面对平面进行了重新规划，打破了原建筑长廊式的布局，另一方面运用了玻璃移门和办公间的玻璃外门的方法，解决了自然采光的难题。再如设计师有时针对其原有的办公环境无自然采光及景观的特点，在无窗区、专用办公间上方设置了人工模拟自然光照明，使那里看起来好象真的沐浴在阳光中一般，整个空间也在调整后显得敞亮且更具人性化。另外，光在室内气氛的营造上也起着独特的、其他要素不可替代的作用，它能修饰形与色，使本来简单的造型变得丰富，并在很大程度上影响和改变人们对形与色的视感；它还能为空间带来生命力，创造环境气氛。色彩虽能改变环境气氛，但在光的共同作用下，效果才会更为明显。不同的光与色综合作用于室内环境，可以营造出不同的情调与意境，光与色最能渲染环境气氛。至于材料质感的体现，则更要借助于光的作用，光在很大程度上有着重塑的功能，因此，光是体现质感的得力助手。

② 人对环境的需求

人是环境的主体和服务目标。因此，当代的环境设计以人对环境需求为创作目标，从而满足人的生理、心理需求以及人对大自然的需求。在对待空间的需求中，人们的生理需求较容易得到满足，而心理的需求却是广泛、具体而细致的。当代人的环境需求则表现在回归自然、尊重文化、高享受、高情感的需要上。

早在上世纪中叶，德国的一些建筑师就提出办公空间的景观要求。所谓景观办公其实质就是给办公者创造良好的视觉环境，使人们能以较好的心情来投入工作，可谓"人性化"。对景观办公空间的具体释义，是要用一种相对集中，有组织的自由的环境，这种概念既是空间的，又是管理上的。在空间布局上创造出了一种非理性的、自然而然的，具有宽容、自在心态的空间表情。景观的概念也可以认为是将办公环境以文化的意蕴来体现，如香港凤凰周刊的办公空间，就有这种文化环境的体现。在建筑空间上，它是一个扇形的空间，这本来是一种具有约束感的空间形态，但通过入口门厅的开敞，办公区的围隔及天花的处理，从而突破了原有空间特性，形成了一种很有人性乃至人居之感的空间。当代设计师们都梦想着能够在作品中重塑自然，至少是把清新的绿意带到人们的身旁。在将绿化植被引入办公空间时，不仅仅是出于对节能的考虑，更是追求一种努力与自然接近的生活，改变办公空间坚硬冰冷的表情，有助于员工在紧张的状态下得到适应的放松，以满足人对大自然的向往。

2.1.6 现代办公设计创意的基本理念

通过以上阐述,我们不难总结出现代办公空间设计的四大创意理念,以期在设计中寻求突破。

(1) 协作:办公室的设计曾经是为了把人隔开,平面设计以无情的等级和地位的分隔为基础。但在现代办公空间中,却体现了集体合作的重要性,集体解决问题不再依靠偶尔利用的、缺乏个性的会议室或私人办公室。提供有利于人们连续合作的地点和空间,已成为办公空间设计的组成部分。经过多种不同学科综合训练的工作集体已经拥有一个鼓励交流与合作、刺激创新思维的办公空间。

(2) 流动:办公室以前是静态的、久坐工作的地方,人们始终在固定的位置,在上级监视的目光下坐着,管理控制和技术限制都将办公人员锚定在固定位置,但是,现代办公环境则鼓励人们从一处走到另一处,在楼内或园内任何地方以任何方式工作。新的无线技术有助于人们工作。流动性工作的概念容许把工作变成一系列的旅途,创造机会让人们偶然相遇,随意会面。由于这些都是自发产生的,并没有事先计划,因而更具创造力,更能提高工作效率。

(3) 交流:曾几何时,办公室如同造纸工厂,致力于不断重复的工作过程。那里是信息储藏室,而不是信息交流处。严格的分工将任何知识和思想的交流排除在外。但是在现代办公空间中,传统公司里的流水作业让位于更具流动性、更先进的工作方法,在那里知识就是力量——知识要由人们去促进增长、交换、共享、转换。在这种鼓励知识交流的精神指引下,办公环境逐渐带有大学校园的特色:通过发展机构内的空间和设备,使机构内充满学习气氛。

(4) 社区:办公空间曾受伦理学的约束,那里容不下交际应酬和舒适感。工作场所是功能性和无个性可言的,使人对社交接触感到厌恶。但在办公空间内,人们越来越认识到工作是具有社会动力的,这种动力具有生产性和价值。旧式的设计被新的办公空间处理手法所取代,其内设置了街道、游廊、咖啡厅和宽敞的干道等模拟真实生活场所里的区域,形成了许多工作空间,由此种思路产生的微缩社区造就了更多具创造性及协作性的办公空间设计风格。

办公空间常用面积定额　　表 2.1-1

室　别	面积定额(m^2/人)	附　注
一般办公室	3.5 或以上	不包括过道
高级办公室	6.5 或以上	不包括过道
会 议 室	0.8	无会议桌
	1.8	有会议桌
设计绘图室	5.0	
研究工作室	4.0	
打 字 室	6.5	按每个打字机计算(包括校对)
文 印 室	7.5	包括装订、贮存
档 案 室		按性质考虑定
收发传达室		一般 15~20m^2
会 客 室		一般 20~40m^2
计 算 机 房		根据机型及工艺要求确定
电 传 室		一般 10m^2
厕　所		男:每 40 人设大便器一个,每 30 人设小便器一个 女:每 20 人设大便器一个,每 40 人设洗手盆一个

2.1.7 普通办公空间常用人体尺度

1. 传统的普通办公室空间比较固定,如为个人使用则主要考虑各种功能的分区,既要分区合理又应避免过多走动。

2. 如为多人使用的办公室,在布置上则首先应考虑按工作的顺序来安排每个人的位置及办公设备的位置,应避免相互的干扰。其次,室内的通道应布局合理,避免来回穿插及走动过多等问题出现。

普通办公室功能分析

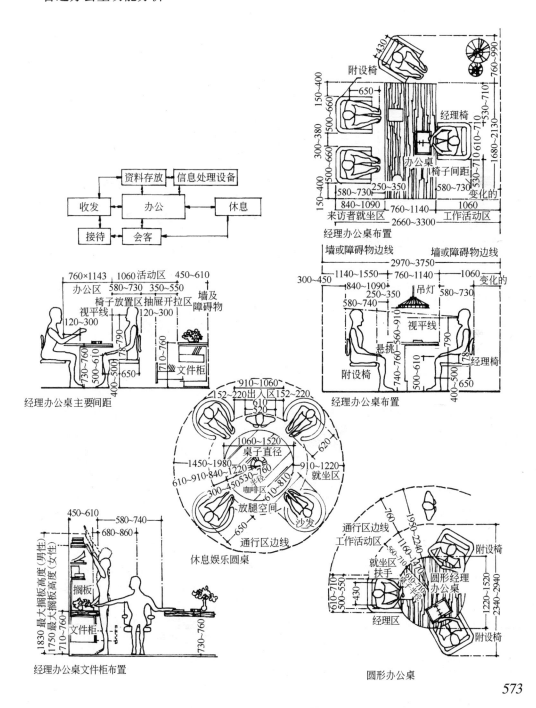

2.1.8 开放式办公室人体尺度及平面配置

(1) 开放式办公室是国外较流行的一种办公室形式,其特点是灵活可变。空间划分主要由工业化生产的各种隔屏和家具完成。

(2) 处理的关键是通道的布置。办公单元应按功能关系进行分组。

办公平面配置举例

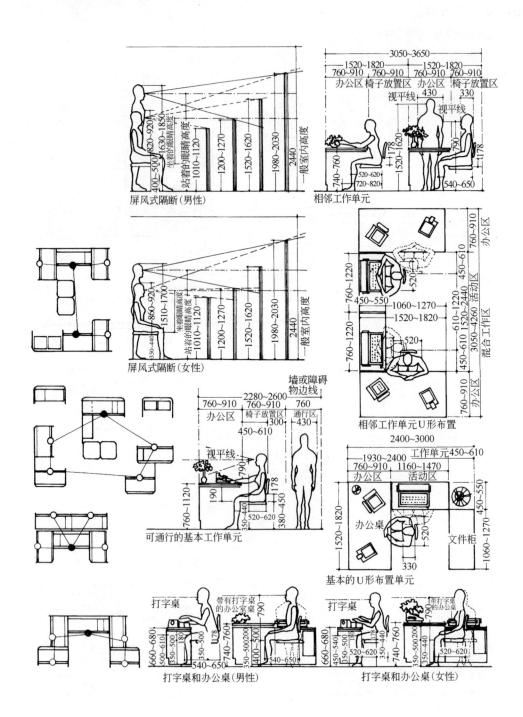

2.1.8.1 办公单元构成形式举例

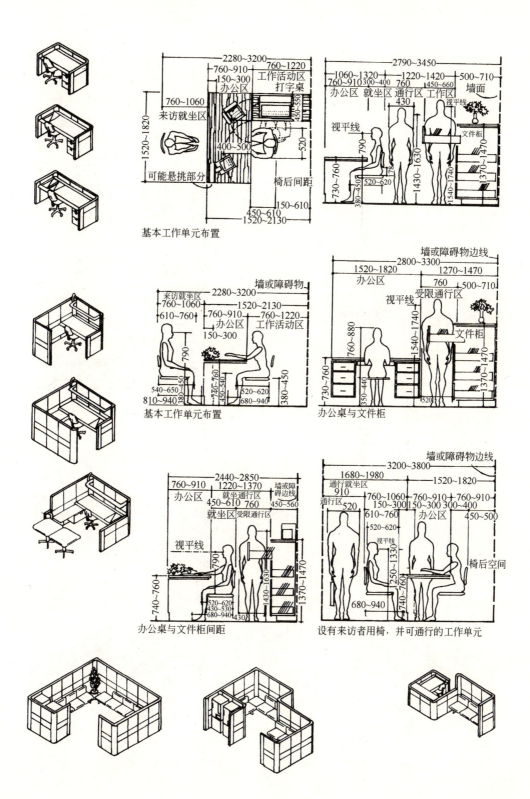

2.1.8.2 开放式办公室室内空间与尺度

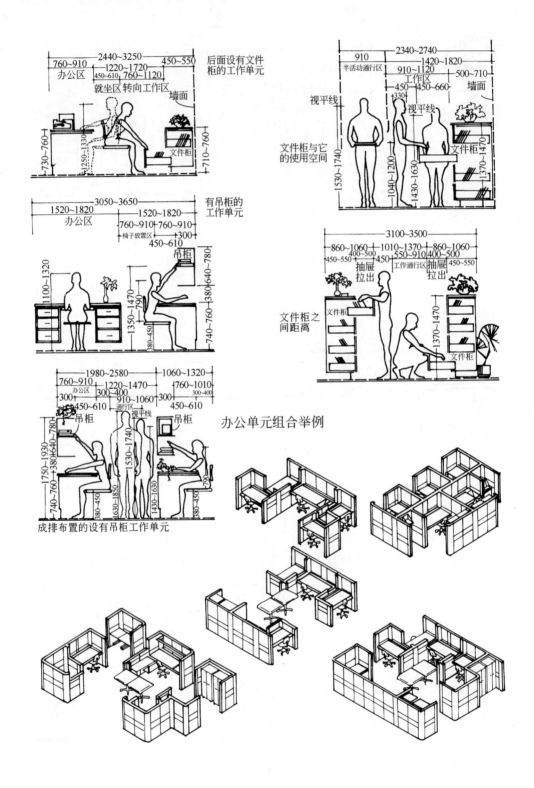

2.1.8.3 开放式办公空间尺度、景观与平面

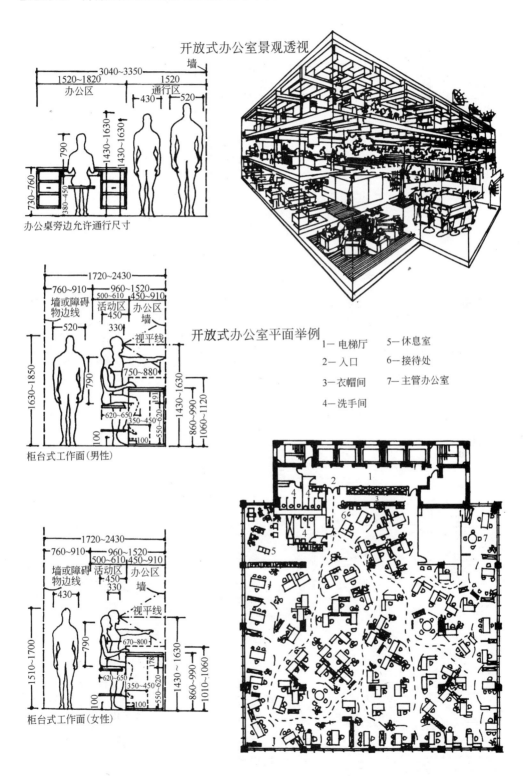

2.1.8.4 开放式办公室中使用的家具系统

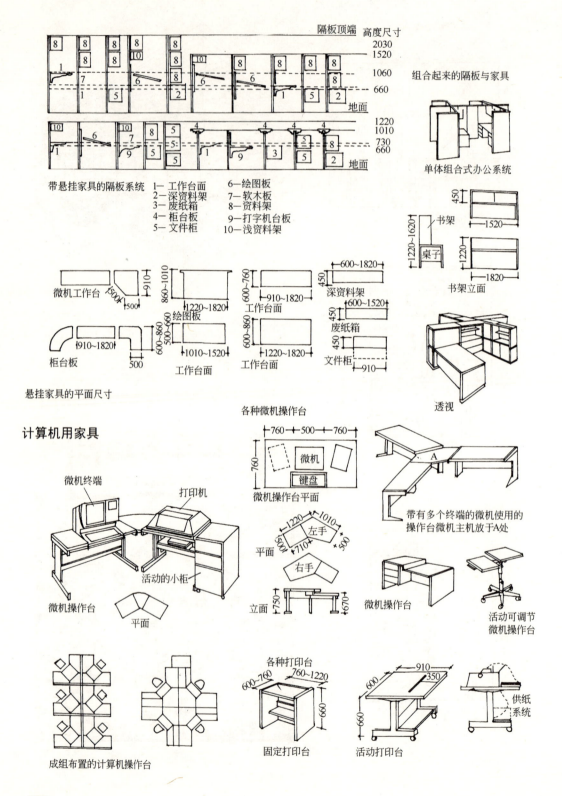

2.1.9 会议室中常用人体尺度及办公室平面布局

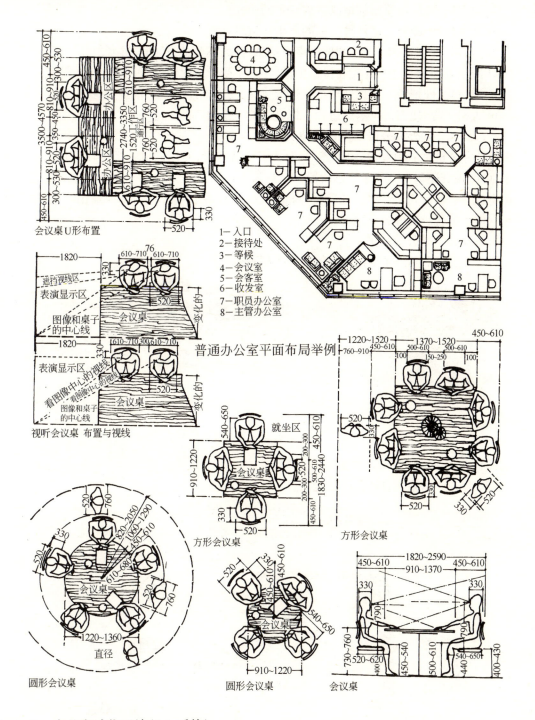

2.1.10 办公自动化系统(OA系统)

2.1.10.1 办公自动化的概念

办公自动化即使用电子计算机连续、自动地分析、组织和控制处理办公室的例行事务。办公室自动化的目的不仅是要提高工作效率,更重要的是提高决策的质量。

办公室自动化的关键技术有6个方面：
① 数据处理：即把原始数据改造成一定的格式；
② 文字处理：即公文信件等文书的产生和编辑处理；
③ 声音处理：即产生、存贮和传输声音信息，使之不受上班时间的限制；
④ 图像处理：即产生、存贮和传输图像，使之不受上班时间的限制；
⑤ 网络化：即把若干信息处理系统连接成网，使它们能够共享信息资源；
⑥ 人机工程：使工艺技术最适合于提高人的工作效率。

2.1.10.2　国外办公自动化设备情况

国外办公机械品种繁多、门类齐全，但从市场情况看，使用的机械多为以完成单项任务为主，可以说其还基本上处于发展阶段。今后随着计算机的发展和应用，可以预计常规办公机械将进一步自动化、智能化、袖珍化，同时将文字、图像、声音结合，制成输出装置，并将硬件和软件组成优越的办公系统。

2.1.10.3　办公自动化系统

图2.1-5表示办公自动化系统的两种类型示例。

图2.1-5　办公自动化系统示意图

2.1.10.4　办公自动化布置形式

图2.1-6表示办公自动化的布置方式。

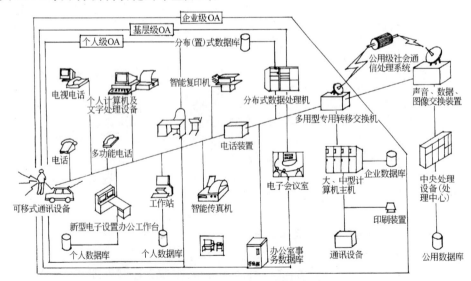

图2.1-6　办公自动化布置方式

2.2 交 通 空 间

2.2.1 室内交通空间的基本概念、分类及相关知识

2.2.1.1 基本概念

交通空间,故名思义,我们可以理解为以交通功能为主的空间类型。但其中要明确几个问题:

1. 由于本概念含义的外延界定并不是很清楚,为了避免造成理解上的分歧,在本文中我们仅限定在室内空间中的以交通为主要功能的空间之设计问题,不包括以交通为职能的大型公共空间(如机场、火车站等)较为综合性的空间设计问题。但其中单一功能的"交通空间"在我们的讨论范围之中。

2. 在对交通空间设计的普遍性规律进行研究的同时必须与其存在的总体空间的设计思维及定位产生互动关系。

3. 作为专项功能研究的问题,交通空间有其相对独立、完整的方面。因此,又有其独特性。

2.2.1.2 室内交通空间的分类

室内交通空间可分为:

1. 水平交通空间:如走廊、连廊、游廊、自动步道等;
2. 垂直交通空间:如电梯、自动扶梯、楼梯、坡道等;
3. 水平、垂直交通空间的过渡空间:如电梯前室、楼梯前室、走廊节点处的休息室等。

2.2.1.3 对室内交通空间的认识

首先,从功能方面看,室内交通空间是为各个功能空间提供了有效、便捷的联系空间。在总体空间布局中,起到了分隔、连接、归并、组合等划分空间的作用。其次,在形式审美方面,室内交通空间的巧妙运用增添了建筑的层次感、丰富视觉感受,调节不同功能空间的排列节奏。

因此,室内交通空间的存在不仅仅是一个物体状态的空间形式,在很多情况之下,交通空间是由人们的心理界定出来的。借用一句名言:"世上本没有路,走得人多了便有了路",在一个没有隔墙的大空间中,人的潜意识所产生的交通行为往往为空间划分出了看不见的交通空间,对于这个因素的分析、研究亦是室内交通空间设计的重要一环。

2.2.1.4 室内交通空间的形式与演变

单就室内交通空间的发展而言,与建筑的发展历程是密不可分的。建筑的发展无非是在经济、社会文化、科学技术这三大动力的推动下前进的,只是在不同的阶段各个因素所占的地位有所变化,此消彼长。在这个大前提下,室内交通空间的发展经历了这样一个过程:

——最初,在原始状态下的无意识的自发的发展(图 2.2-1、图 2.2-2)。

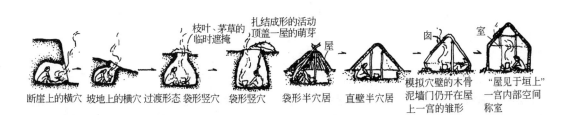

图 2.2-1 原始人从穴居向地面自发的发展

图 2.2-2　原始人的巢居(可认为有早期交通空间存在)

卫城的复原图(左为伊瑞克提翁,右为帕提农)

图 2.2-3　"神"权力、防御等原因下所形成的交通空间复杂的早期建筑

——外廊、内廊等交通空间形式在神的居所中被普遍运用,同时由于对权利的崇拜和抵御外侵等因素,建筑、构筑物的高度开始变化,垂直交通有所发展(图 2.2-3、图 2.2-4)。

——在漫长的中世纪,对宗教的信仰、向往和渴望与上帝接近使欧洲出现大量高大的教堂,垂直交通日臻成熟。相反,在封建制度下的东方,内敛的审美倾向、回归自然的闲情逸致使水平方向的交通空间有了长足的发展,亭、台、楼、榭之间的游廊形式多样,各不相同(图 2.2-5～图 2.2-9)。

大角斗场看台剖面

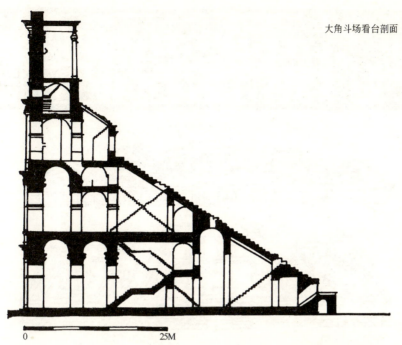

图 2.2-4　贵族权力下形成的角斗场已具备现代体育场交通空间雏形

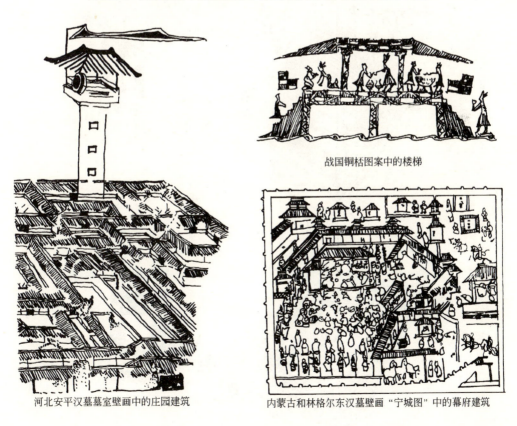

战国铜柉图案中的楼梯

河北安平汉墓墓室壁画中的庄园建筑

内蒙古和林格尔东汉墓壁画"宁城图"中的幕府建筑

图 2.2-5　从汉代墓室壁画能体会古代建筑"廊"之运用是如此精彩

583

图 2.2-6 汉画像石中建筑群楼可见交通空间关系

图 2.2-7 敦煌壁画中显示的廊院式布局

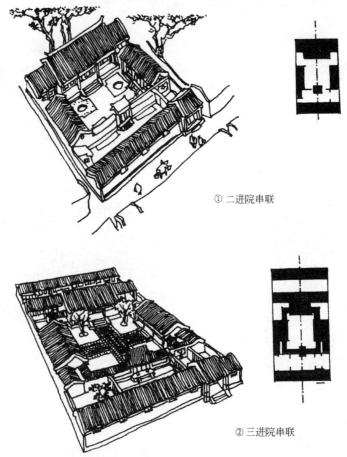

① 二进院串联

② 三进院串联

图 2.2-8 北京四合院的串联式布局(一)

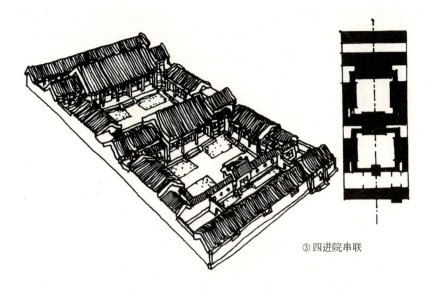

③ 四进院串联

图 2.2-8 北京四合院的串联式布局(二)

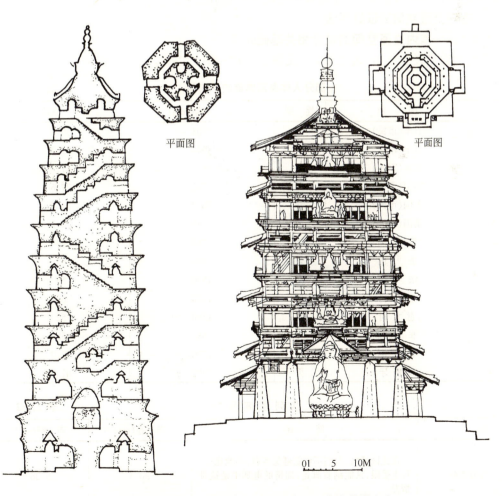

平面图

平面图

图 2.2-9 我国古代垂直交通空间多见于寺庙佛塔之中

——技术革命彻底打碎了皇权美梦,同时,也解放了被禁锢的思想,一系列重大发明就此产生。其中,1853年奥梯斯发明了世界上第一座安全升降机,给垂直交通带来了革命性的变化,随着技术的发展,交通空间的发展变化亦随着建筑的发展而开始展现出千态百态,各种交通空间形式在各类建筑中出现。

——随之,建筑空间发展到了向哲学、美学中寻找思路的地步,未来的室内交通空间因此更加可能向着心理界定的方向发展,交通空间的单一功能性会变得模糊,也许只能用心去判断了……。

2.2.2 室内交通空间的设计原则

1. 统一的原则

所谓统一表现为:

(1) 与整体空间的设计思维统一,尤其是公共部分的交通空间要与周边的环境相对话。

(2) 对于相对完整的交通空间,自身要保持简单、明快的设计手法,因为这类空间大多具有很强的方向感,统一的风格符合空间的功能要求。

2. 符合"以人为本"的原则。这并不是一个口号,而要从一点一滴去琢磨,只有在心理、生理、物理等诸方面有机结合,才能最终组成一个和谐结果。

2.2.3 室内交通空间的设计手法

2.2.3.1 室内交通空间的设计相关基础知识

相关内容见表2.2-1～表2.2-7以及图2.2-10～图2.2-32。

部分人体身高体重的平均值　　　　　　表2.2-1

序号	国别	性别	身高(mm)	体重(kg)
1	日本(市民)	男	1651	58.8
2	日本(市民)	女	1544	48.7
3	日本(军人)	男	1669	61.1
4	美国(市民)	男	1755	77.6
5	美国(市民)	女	1618	61.7
6	美国(军人)	男	1755	74.2
7	英国	男	1780	69
8	法国	男	1690	67
9	法国	女	1590	56
10	意大利	男	1680	63
11	意大利	女	1560	52
12	非洲	男	1680	58
13	非洲	女	1570	60.0
14	西班牙	男	1690	67.0

队列密度分析　　　　　　表2.2-2

标示	简述	半径(cm)	面积(m²)
A有接触	在此区域内,人们不可能避免接触,不能通行,行走受限,只能踮着脚走,拥挤的电梯中是这种情况	30.5	0.28

续表

标 示	简 述	半 径(cm)	面 积(m²)
B无接触	不走动时可避免接触,可以一起走动	45.7	0.65
C单人占有区	两个人当中留有可以站着一个穿棉衣的、有最大人体厚度的人,稍微躲让一下,可以侧身通行。当强调舒适水平时,选择这个区域尺寸	53.3	0.95
D通行区	在队列中通行,不影响他人	61	1.4

常用电梯的有关建筑设计的各参数　　　　表2.2-3

载人数	重量	井道尺寸(净尺寸)		轿 厢		层 距	最大停站数
		单 井	双 井	内尺寸	门		
人	kg	cm	cm	cm	cm	cm	层
11	750	2000×2100	4100×2150	1400×1350	800×2100	2500	32
13	900	2200×2100	4500×2150	1600×1350	900×2100	2500	32
15	1000	2200×2100	4500×2150	1600×1500	900×2100	2500	32
17	1150	2600×2100	5300×2150	2000×1350	1100×2100	2500	32
20	1350	2600×2100	5300×2300	2000×1500	1100×2100	2500	32
24	1600	2600×2600	5300×2600	2000×1750	1100×2100	2500	32

各种常用梯宽的尺度　　　　表2.2-4

单人行梯宽	900mm(1人+携行李)	四人行梯宽	2000～2400mm
双人行梯宽	1100～1300mm(两人,一上一下对行)	五人行梯宽	2500～3000mm(超过2400mm,中间设栏杆)
三人行梯宽	1500～1800mm(两人+1人携行李,低限1人侧身过)	六人行梯宽	3000～3300mm(中间设栏杆)

坡道有关数据　　　　表2.2-5

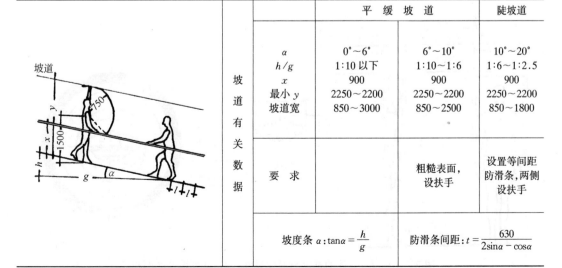

		平缓坡道		陡坡道
坡道有关数据	α h/g x 最小y 坡道宽	0°～6° 1:10以下 900 2250～2200 850～3000	6°～10° 1:10～1:6 900 2250～2200 850～2500	10°～20° 1:6～1:2.5 900 2250～2200 850～1800
	要求		粗糙表面,设扶手	设置等间距防滑条,两侧设扶手
	坡度条 $\alpha:\tan\alpha=\dfrac{h}{g}$			防滑条间距:$t=\dfrac{630}{2\sin\alpha-\cos\alpha}$

楼梯有关数据 表2.2-6

		标准楼梯	踏板楼梯
楼梯有关数据	α	24°～38°	38°～50°
	x	900	900～850
	最小 y	2150～2300	2300～2400
	最小 z	2000～1800	1800～1550
	梯段宽	辅助楼梯≥900 主楼梯1200～2500	600～900 —
	踏步高度 踏步宽度	最小 R=150 最大 R=200 最大 T=320 最小 T=260	最小 R=200 最大 R=240 最小 T=200
	坡度角 α： $\tan\alpha = \dfrac{R}{T}$	1. 舒适公式 T−R=120 2. 踏步尺寸公式 T−2R=630 3. 安全公式 T−R=460	最佳踏步尺寸 170×290

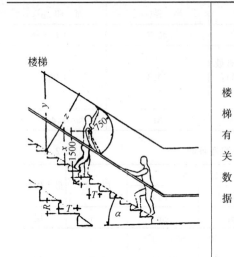

踏板爬梯有关数据 表2.2-7

		带扶手的踏板爬梯	不带扶手的踏板爬梯
踏板爬梯有关数据	α	50°～75°	50°～75°
	x	850～950	—
	z	1650～1050	1650～1050
	梯段宽	扶手间距 500～600	不小于600
	要求		无踢板，踏板前缘应有可靠的防滑设施
	最小 R=225 最大 R=315 最大 T=200 最小 T=30	坡度 α：$\tan\alpha = \dfrac{R}{T}$ 公式： R=375−0.75T	

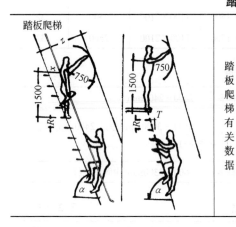

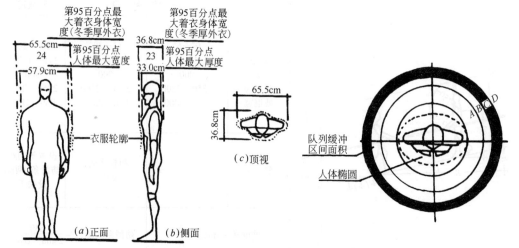

图2.2-10 左：人体的宽度与厚度尺寸　右：队列缓冲区面积

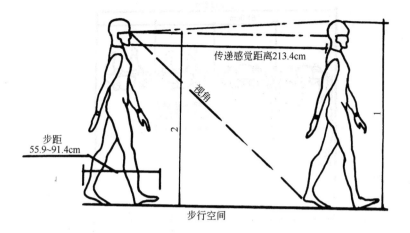

图 2.2-11 人的步行空间

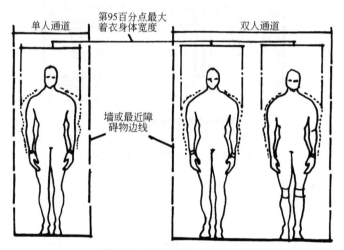

通行空间：走廊与通道

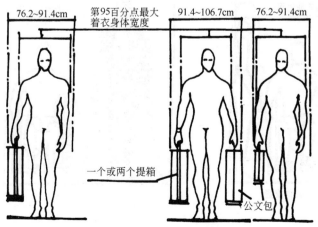

提行李时人体所占据的空间宽度

图 2.2-12 人体交通空间尺度之一

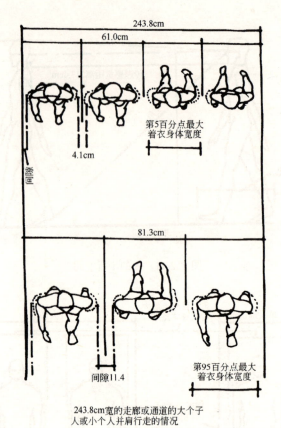

图 2.2-13 人体交通空间尺度之二

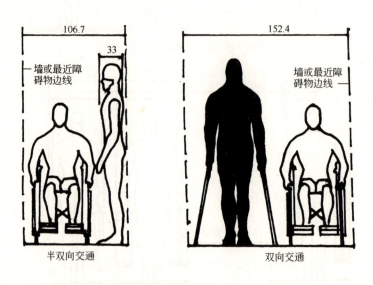

图 2.2-14 轮椅通行于走廊与通道的双向交通尺度(单位:cm)

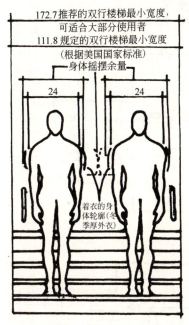

图 2.2-15 楼梯/现有的与推荐的双行楼梯宽度

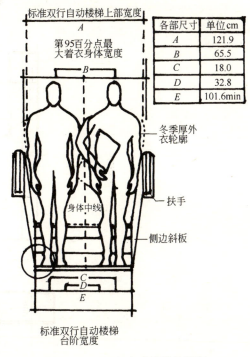

图 2.2-16 双行自动楼梯的尺度

图 2.2-17 轮椅与坡道

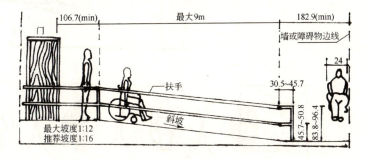

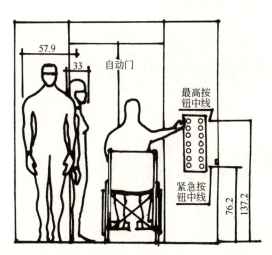

图 2.2-18 轮椅与电梯内部(单位:cm)

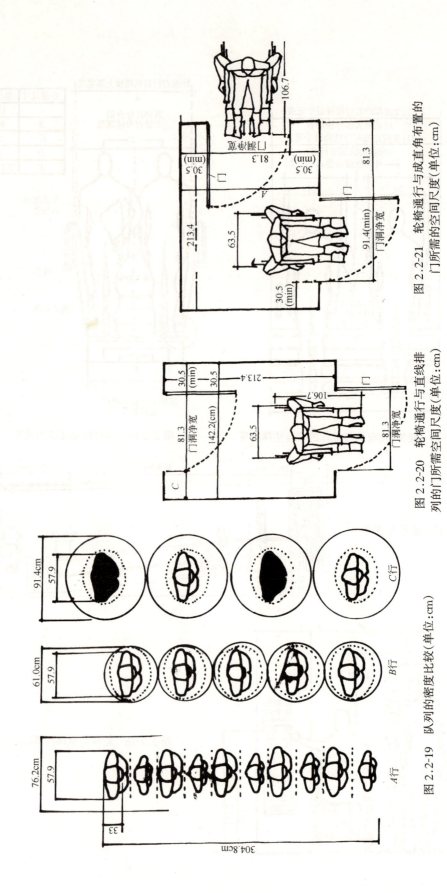

图 2.2-21 轮椅通行与直角成布置的门所需的空间尺度(单位:cm)

图 2.2-20 轮椅通行与直线排列的门所需的空间尺度(单位:cm)

图 2.2-19 队列的密度比较(单位:cm)

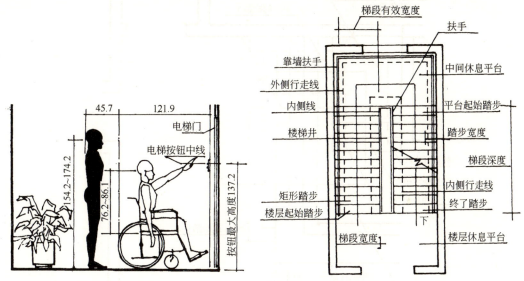

图 2.2-22 轮椅与电梯门廊(单位:cm)

图 2.2-23 对折式楼梯间平面各部名称

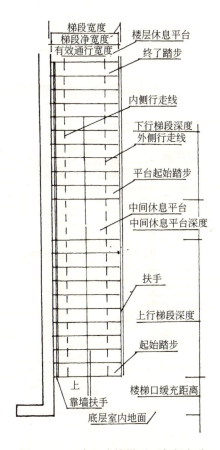

图 2.2-24 直上式楼梯平面各部名称

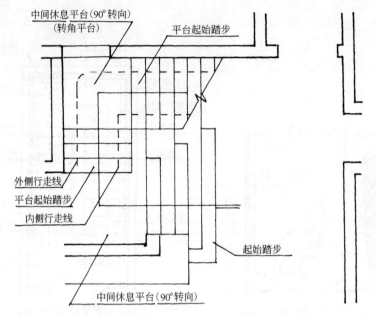

图 2.2-25　三折式楼梯底层平面各部名称

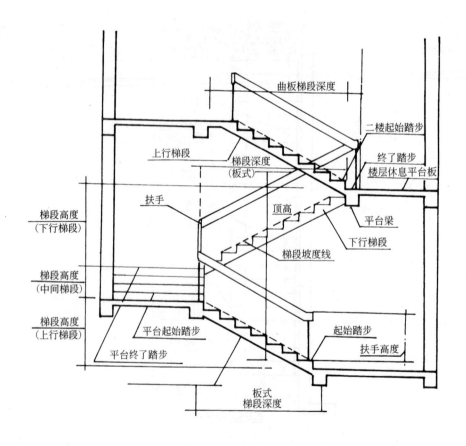

图 2.2-26　三折式楼梯剖面各部分名称

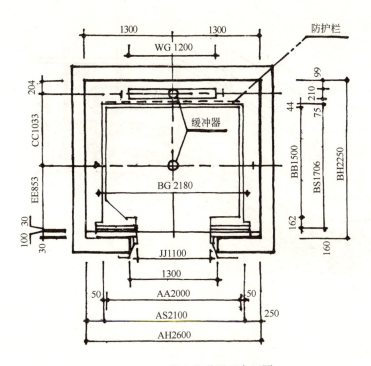

图 2.2-27 单台井道平面布置图

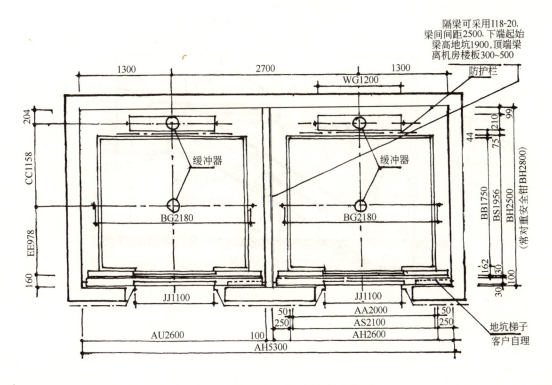

图 2.2-28 双台井道平面布置图

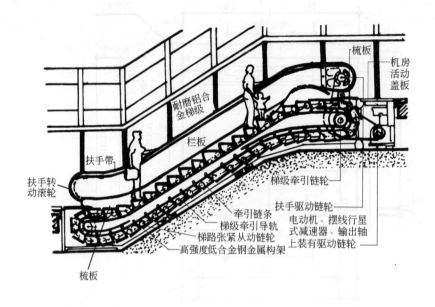

图 2.2-29 自动扶梯传动组成示意图

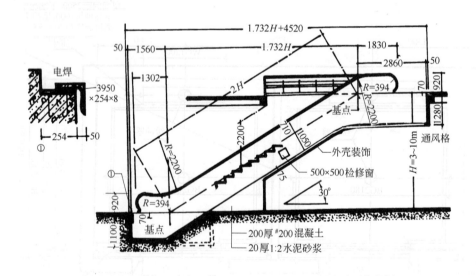

图 2.2-30 自动扶梯的各部尺度

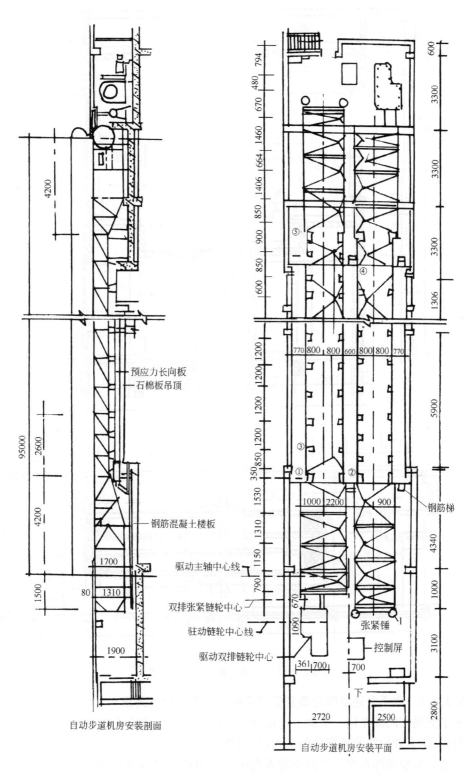

图 2.2-31 自动步道建筑施工图之一
(北京首都机场)

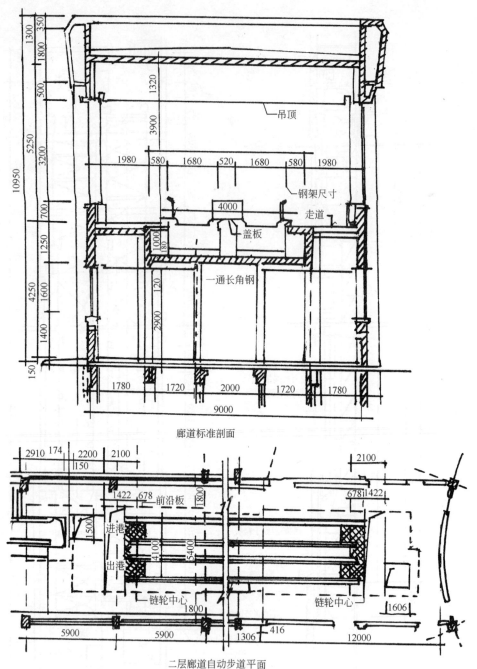

图 2.2-32 自动步道建筑施工图之二

2.2.3.2 水平交通空间与垂直空间空间的特点及相互关系

水平交通空间即在同一平面上连接各个功能空间的连续的线性空间形式。它视觉的连贯性较强,能有效地协调各部分的关系(见图 2.2-33)。

垂直交通空间即在多层空间中起垂直连接作用的自身相对封闭的空间体,由于垂直空间自身多呈现完整体块与多层水平空间穿插,因此"格式塔"理论较适用于其设计实践,当然,也有设计追随水平交通空间风格的案例(见图 2.2-34~图 2.2-38)。

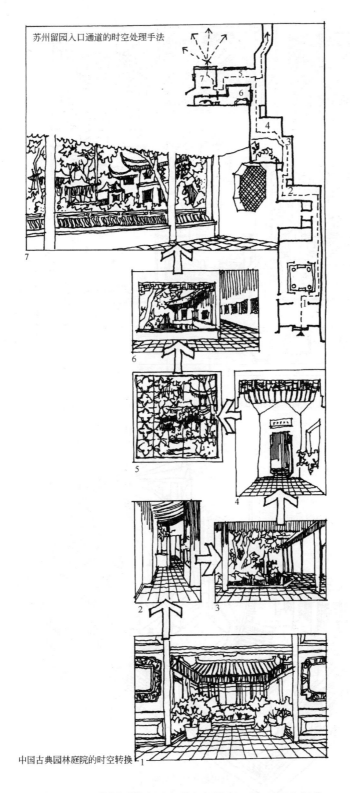

图 2.2-33 苏州园林水平交通空间处理。通过转折、轻曲，不同的开洞方式等手法达到"步移景异"的效果

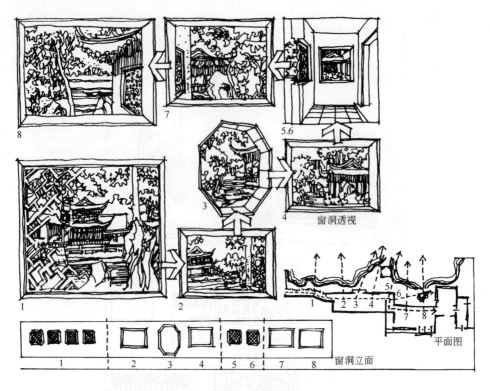

图 2.2-34 苏州园林中廊的巧妙运用是水平交通空间的典范

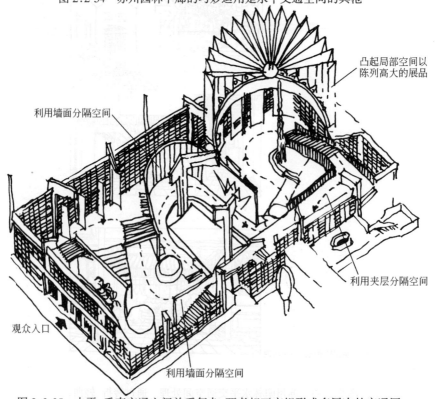

图 2.2-35 水平、垂直交通空间关系复杂,两者相互交织形成多层次的交通网,
（1958年,布鲁塞尔博览会陈列馆）

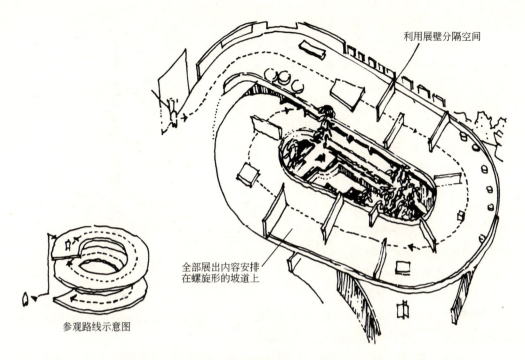

图 2.2-36　利用坡道把水平、垂直交通关系有机组合，即符合功能要求，又有审美特点，（1958年，布鲁塞尔博览会巴西馆）

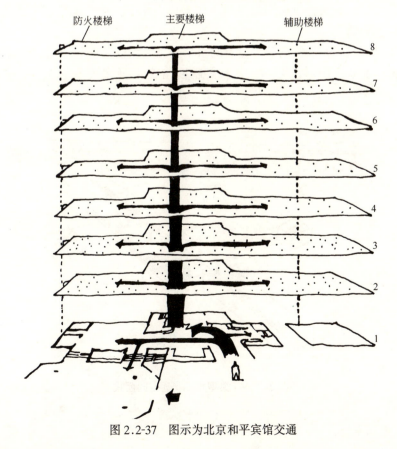

图 2.2-37　图示为北京和平宾馆交通

2.2.3.3 水平交通空间设计要点：

1. 影响水平交通空间分部的因素：

(1) 气候条件。在气候条件较好的地区，走廊、连廊可完全布置在建筑与环境交融的过渡区，使人在行动中能欣赏风景，相反则较为封闭。

(2) 在功能复杂的大空间中，由于各功能面积要求不同，可能造成水平交通空间因其他空间面积不同而出现曲折变化。也正是因为这一点，水平交通空间设计亦可以起到空间暗示与引导的作用。

(3) 心理因素：空间的高低、宽窄、明度、色彩都能给心理造成一定的影响。过于狭长的走廊，在设计时要人为的设计出若干个转折，以调节人置身其中的茫然感。日本和式住宅入口的灰空间处理就是为进入室内进行心理准备而设。

2. 水平交通空间布置原则

根据建筑空间的功能，形体的区别及设计的不同要求，水平交通空间分布可遵循以下几个原则：

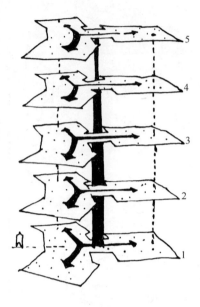

图 2.2-38 垂直与水平交通组织示意

(1) 学校、医院、办公类建筑多以"一"字型或"工"字型、"口"字型等水平交通空间形态为主来组织空间。

(2) 纪念性、展示、集会或是剧院等建筑则多以由水平交通空间串联组合为主，空间序列整齐、节奏感较强。

(3) 娱乐型、综合商业型、酒店等建筑的水平交通组织较为复杂，通常为几种形式复合、叠加，呈不规则形状。同时，多层次水平交通网络交叉处多设有过渡、中转型空间（图 2.2-39～图 2.2-43）。

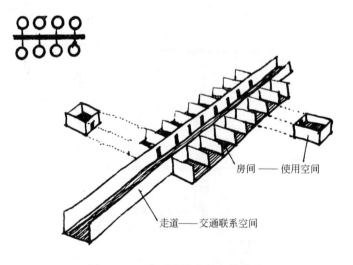

图 2.2-39 典型水平交通空间模式

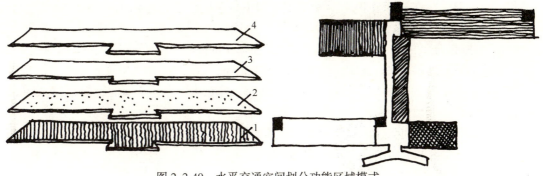

图 2.2-40 水平交通空间划分功能区域模式

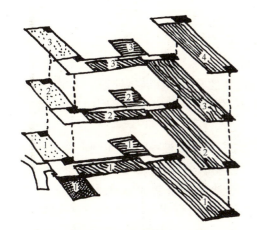

图 2.2-41 各层之间的水平交通与垂直交通分布模式

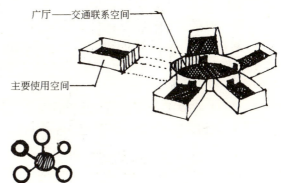

图 2.2-42 水平交通空间组织模式之一

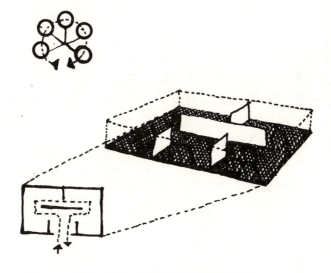

图 2.2-43 水平交通组织模式之二

3. 水平交通空间的设计原则

(1) 交通流线、人的行为心理的研究是空间功能合理布局的前提,因此,水平交通设计

603

显得尤为重要。在许多情况下,在一个平面规划中是先设计了交通空间,再以其为依据设计其他空间的。

(2) 在功能合理的基础之上,还要充分考虑人的审美的因素。在水平交通空间设计时多采取有节奏感、层次清晰的手法。这样,一方面可以调节空间的尺度,一方面可以调节人的心理。

(3) 水平交通空间设计时要注意空间的连续感,并在水平交通空间的转折、交叉处设计视觉或行为的停留地带,形成一个乐章中的休止符。

(4) 水平交通空间与其他空间的交流使其增加了许多生机和情趣,在走走停停之间,或实或虚,或明或暗,可体验到空间的惬意和内涵。

4. 水平交通空间的细部设计

(1) 节点。这里的节点有两个层面的内容:

A. 作为连接两个水平交通空间有停留感的小型空间,设计时立面风格一般保持与水平交通空间一致,而在其适当位置用家具、陈设等暗示可停留。

B. 即一般意义上的形体、材料之间的衔接与过渡。

(2) 转折。其中包括界面的转折、水平交通空间形体的转折。在转折处理手法中,或消隐或强调,都是通过视觉转化而达到处理衔接关系的目的。要注意需根据不同的功能、审美要求做具体分析。

(3) 接口与收头:在水平交通空间(部分垂直交通空间)的设计过程中,肯定会遇到与其他空间相交叉或连接的问题,这时就要对水平空间与其他空间的接口进行处理,在保证不破坏其他空间效果的同时,使自身与其连接,主要手法可以用照明、立面节奏、虚实关系、高差、绿化等。收头则是(水平交通和垂直交通)空间中的主要结构件,如扶手、栏杆、门套等,这些结构件的美观与否,能从很大程度上改变交通空间给人的印象,也成为空间中画龙点睛的妙笔。

2.2.3.4 垂直交通空间的设计要点

1. 垂直交通空间的影响因素:

(1) 位置:作为竖向交通的孔道,垂直交通空间必然成为建筑物中的重要部分,其位置的分布对建筑的功能和空间的形状都有制约的作用。

(2) 结构:建筑物采用不同的结构形式,垂直交通空间的分布和形状也随之有所区别。同时,垂直交通空间也对建筑结构有很大的辅助作用。

(3) 形式学的原则:审美心理的不断进步和日益复杂,使垂直交通空间成为了建筑设计中的重要装饰手法,其与建筑空间的关系若近若离,时而含于其中,时而露于其表,不管怎样都在建筑形式美方面起到重要的作用。

2. 垂直交通空间的布置原则。

(1) 垂直交通空间宜在建筑形体的交叉、转折处布置。

(2) 垂直交通空间应接近入口,导向明显。

(3) 垂直交通空间在办公塔楼中多由楼梯、电梯等组合而成,交通核位于建筑的核心部位。

(4) 大型综合建筑一般设有几个垂直交通空间(图 2.2-44~图 2.2-46)。

3. 垂直交通空间设计原则。

(1) 把整个空间作为一个完整的形体来考虑,使各层之间有视觉的连续感,达到"完形"的印象,使空间在垂直向度上与水平空间有视觉的区别。

(2) 由于垂直交通空间多与结构关系密切,所以设计形式要简洁、大气,色彩、材质均不宜过多。

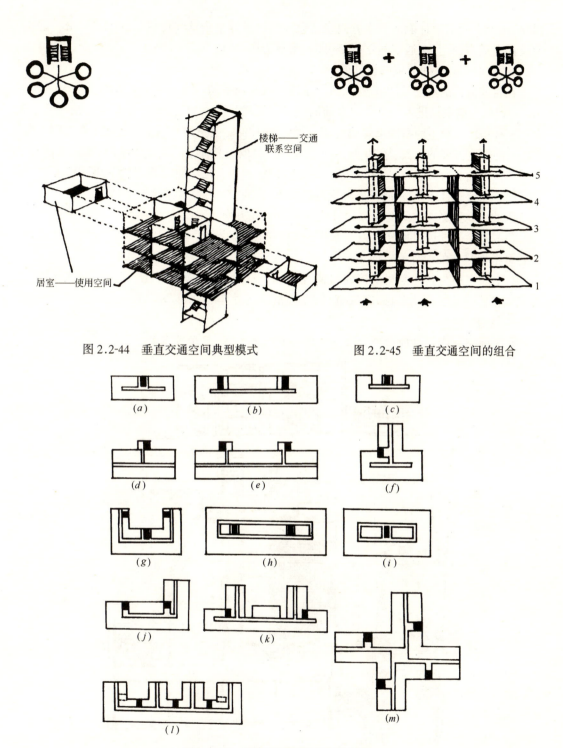

图 2.2-44 垂直交通空间典型模式　　图 2.2-45 垂直交通空间的组合

图 2.2-46 垂直交通空间分布示意图

（3）垂直空间的内部相对独立完整，可以设计为统一的风格，并可与外部有所不同，而其空间外部则要与整体空间气氛、风格样式相呼应，与整体保持良好的关系。

（4）在现代室内设计中，垂直交通空间是设计师诠释设计思维和哲学思想的重要载体，因此,这个空间的设计能从一定方向表达设计师的设计主张,同时,在"疏可走马、密不透风"的设计之道中,垂直交通空间正好是可以"密不透风"的地方。

4. 垂直交通空间前室的设计原则

在日前流行的室内设计概念中,电梯前室、楼梯前室的设计往往比电梯、楼梯本身重要的多。一般认为前室是进入一个空间之前的门面。既然是门面问题,就千万不能忽视。这种观念从某种角度反映了前室的重要地位,但不免有些片面。前室的作用主要起到了在空间审美、空间功能两个方面的过渡。在审美方面,前室的设计既与总体空间设计风格相一致,又因自己的特殊位置而有所突破,或是刺激、新奇,或是高贵、典雅。在功能方面,前室的面积、空间、材料等诸方面要符合疏散、消防等各种规范的要求,它的安全性是一条重要准则。

因此,垂直交通空间的前室设计应注意以下几方面:

(1) 前室的设计风格既可以与水平交通空间风格谐调,也可以延续垂直空间的手法,两者可根据具体的设计要求而定。

(2) 前室中与其他空间衔接的门窗、洞口的设计切不可喧宾夺主、哗众取宠。相反,它应该以整体设计氛围为基础,在细节、尺度等精致之处作变化,以求"不经意"之间取得空间衔接的效果。

(3) 前室室内设计应遵循有关空间的各种技术要求、规范要求。

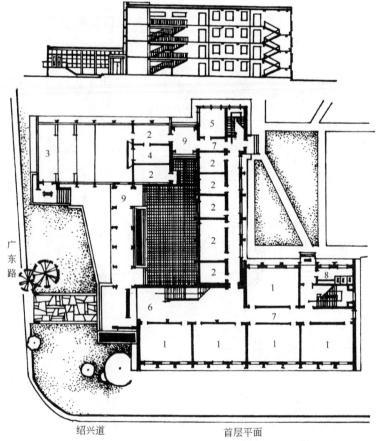

图 2.2-47 规则的水平交通空间组织实例(天津某小学)

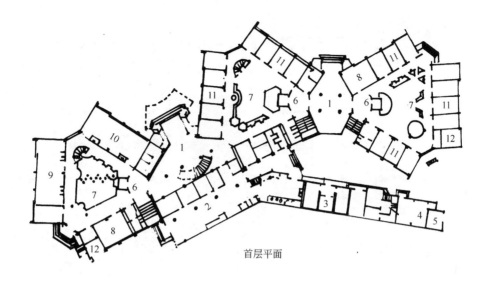

首层平面

图 2.2-48 水平交通空间组合及其与垂直交通空间关系(一)
(上海驿宾馆)设计:核工业部第五研究设计院
1—门厅;2—厨房;3—冷库;4—配电间;5—变压器室;6—电梯厅;7—中庭;8—接待室
9—音乐茶座;10—小卖部;11—办公室;12—垃圾间

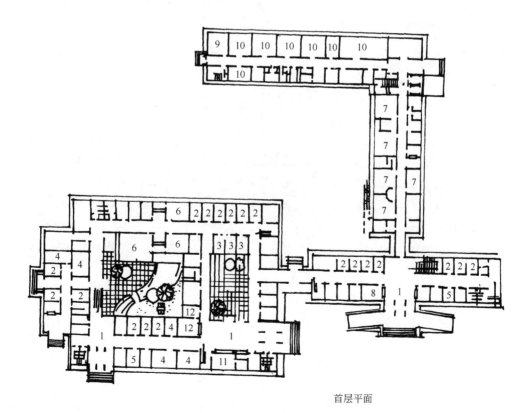

首层平面

图 2.2-49 水平交通空间组合及其与垂直交通空间关系(二)

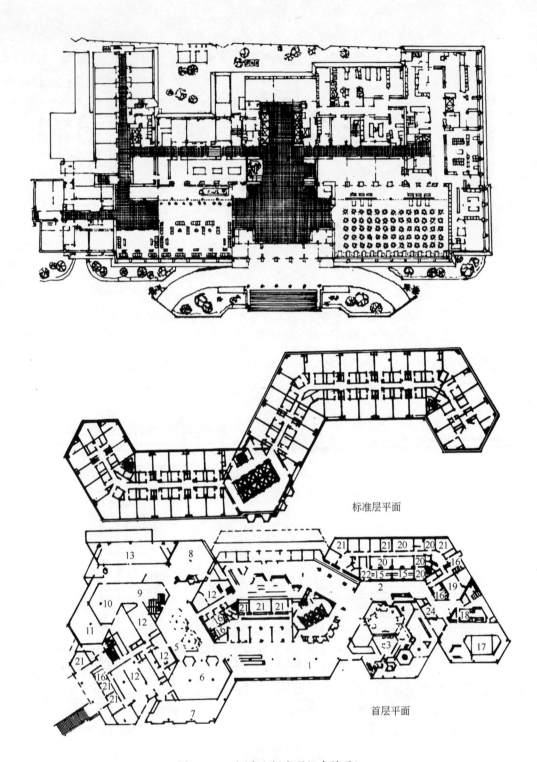

图 2.2-50 酒店空间交通组合关系
上：北京饭店东楼
下：北京崑仑饭店

2.2.4 本节总结

以上我们从交通空间的几个主要层面简要介绍了其室内设计方法,这些原则带有一定的普遍性,但也不是全部或必然。室内交通空间的设计本身亦是多样的,因此,在普遍之中去寻找根据,指导具体设计才是好的方法。至于室内交通空间的诸多细致划分:如走廊、前厅、连廊、坡道、电梯轿厢等这些相关内容的设计,还有,如色彩、材料、照明等设计手段都可以在总体的设计原则之下进一步丰富和深化。只有在理念上有了明确的认识,知道自己如何做,才能在具体驾驭材料、肌理、色彩时有的放失,胸有成竹。如果只把目光放在单一空间的具体处理之上,沉醉于雕虫小技,往往会舍本逐末,不能达到好的效果。

还有,我们研究的室内交通空间的设计方法也是基于传统设计理论基础之上,强调功能与形式的关系和形式美的法则,同时注意关注人的心理感受等,但是在一些新的思维理论之中,比如在解构主义的语境之中,这些理论则又显得毫无意义。

2.3 酒店、餐饮空间

2.3.1 基本概念与空间尺度

2.3.1.1 酒店餐饮空间设计的基础概念及方法

酒店餐饮室内空间环境设计工作是较为复杂的,它的使用功能和多样性是由宽泛的内容所决定的,创造酒店餐饮室内空间环境设计,一般采取以下方式:

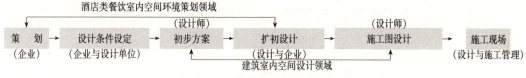

图 2.3-1 酒店餐饮空间设计程序

酒店餐饮室内空间环境设计主要指日常生活当中为人们住宿、进餐所提供商业活动的各项功能空间及场所,在这当中最具代表性的就是各类风格餐饮空间。它们是连接住宿、餐饮、会议、服务和消费者之间不可缺少的纽带,其功能和管理服务都是通过酒店餐饮这一渠道流向消费者的。在酒店中餐饮起着了解消费需求的作用。通过客人对餐饮管理的综合评价,可以预测出市场前景,协调酒店餐饮与客人之间的供求关系。

2.3.1.2 酒店餐饮建筑室内空间设计基本构成及分类

酒店餐饮分类

酒店餐饮类建筑室内设计种类划分有多种方式,一般按其经营内容,将酒店餐饮建筑室内设计划分为两种类型,一是酒店内设置的餐厅,二是酒店模式的餐馆。

酒店餐厅——接待住宿客人就餐,分为零散用餐或宴请宾客的营业性餐厅,也提供大型会议用餐。这类餐厅一般以经营正餐为主,同时附设快餐、小吃及冷热饮等营业内容。供应方式是服务员送餐到位或自助式。

酒店模式餐厅——设有客座为主的营业性冷、热饮食,在分区上与酒店餐厅有明显的不同。很多地方咖啡区与茶饮区混在一起,并单独出售酒类冷盘及各类风味小吃等等,这类餐厅管理上多是模仿酒店模式,与酒店餐厅不同的是不经营正餐,多附有外卖点心、小吃及饮料等经营内容。供应方式有服务员送餐和自助式两种。

2.3.1.3 酒店餐饮级别与设施

根据国家现行的《饮食建筑设计规范》(JGJ 64—89)餐厅分为三级,饮食店分为二级。

一级餐饮——为接待宴请和零餐的高级餐馆,餐厅座位布置宽敞、环境舒适,设施与设备完善。

二级餐饮——为接待宴请和零餐的中级餐馆,餐厅座位布置比较舒适,设施与设备比较完善。

三级餐饮——以接待零餐为主的一般餐馆。

一级饮食店——有宽敞、舒适环境的高级饮食店,设施与设备标准较高。

二级饮食店——一般饮食店。

餐厅与饮食厅座位最小使用面积表　　　　表 2.3-1

等级	类别		等级	类别	
	餐馆餐厅(m²/座)	饮食店餐厅(m²/座)		餐馆餐厅(m²/座)	饮食店餐厅(m²/座)
一	1.30	1.30	三	1.00	—
二	1.10	1.10			

不同等级的餐饮空间建筑标准、面积、设计分级及设施　　　　表 2.3-2

类别	标准及设施		级别 一	二	三
餐馆	服务标准	宴请	高级	中级	一般
		零餐	高级	中级	一般
	建筑标准	耐久年限	不低于二级	不低于二级	不低于三级
		耐火等级	不低于二级	不低于二级	不低于三级
	面积标准	餐厅面积/座	≥1.3m²	≥1.10m²	≥1.10m²
		餐厨面积比	1:1.1	1:1.1	1:1.1
	设施	顾客公用部分	较全	尚全	基本满足使用
		顾客专用厕所	有	有	有
		顾客用洗手间	有	有	无
		厨房	完善	较完善	基本满足使用
饮食店	建筑环境	室外	较好	一般	
		室内	较舒适	一般	
	建筑标准	耐久年限	不低于二级	不低于三级	
		耐火等级	不低于二级	不低于三级	
	面积标准	餐厅面积/座	≥1.3m²	≥1.10m²	
	设施	顾客专用厕所	有	无	
		洗手间(处)	有	有	
		饮食制作间	能满足较高要求	基本满足要求	

注:1. 各类各级厨房及饮食制作间的热加工部分,其耐火等级均不得低于二级。
　　2. 餐厨比按100座及100座以上餐厅考虑,可根据饮食建筑的级别、规模、供应品种、原料贮存与加工方式及采用燃料种类与所在地区特点等不同情况适当增减厨房面积。
　　3. 厨房及饮食制作间的设施均包括辅助部分的设施。
　　4. 本表选自《建筑设计资料集》第5集。

不同规模的餐馆面积分配表　　　　　　　　　表 2.3-3

级别	分项	每座面积 m²	比例%	规模（座）				
				100	200	400	600	800/1000
一级餐馆	总建筑面积	4.50	100	450	900	1800	2700	3600
	餐　　厅	1.30	29	130	260	520	780	1040
	厨　　房	0.95	21	95	190	380	570	760
	辅　　助	0.05	11	50	100	200	300	400
	公　　用	0.45	10	45	90	180	270	360
	交通、结构	1.30	29	130	260	520	780	1040
二级餐馆	总建筑面积	3.60	100	360	720	1440	2160	2880
	餐　　厅	1.10	30	110	220	440	660	880
	厨　　房	0.79	22	79	158	316	474	632
	辅　　助	0.43	12	43	86	172	258	344
	公　　用	0.36	10	36	72	144	216	288
	交通、结构	0.92	26	92	184	368	552	736
三级餐馆	总建筑面积	2.80	100	280	560	1120	1680	2240
	餐　　厅	1.00	36	100	200	400	600	800
	厨　　房	0.76	27	76	152	304	456	608
	辅　　助	0.34	12	34	68	136	204	272
	公　　用	0.14	5	14	28	56	84	112
	交通、结构	0.56	20	56	112	224	336	448

注：1. 本表系根据《建筑设计资料集》1 版 1 集第 438 页所列的参考指标及现行《饮食建筑设计规范》进行综合分析后编制的。
2. 表内除总建筑面积外其他面积均指使用面积。
3. 总建筑面积为餐厅、厨房、辅助、公用、交通与结构/每座面积分别乘以座位数之和。
4. 本表选自《建筑设计资料集》第 5 集第 67 页。

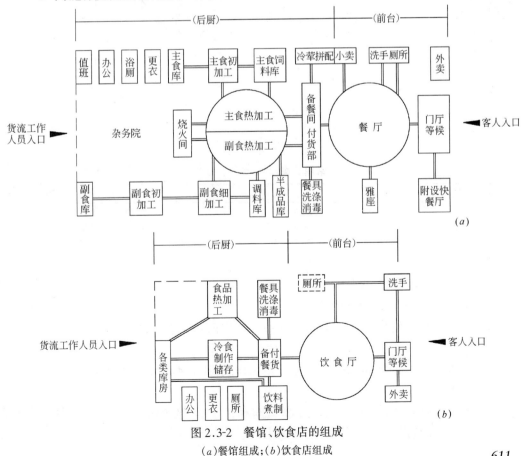

图 2.3-2　餐馆、饮食店的组成
(a)餐馆组成；(b)饮食店组成

2.3.1.4 常用空间、家具尺度

根据人体尺度、餐座布置等,设计时主要考虑以下几个问题。

客流通行和服务通道的宽度;餐桌周围空间大小;客人与送餐通道的关系。对于自助餐厅来说,还要尽量考虑到就餐区与自助菜台之间的空间距离。对于酒吧座的尺度,应考虑售酒柜台与酒柜之间的工作空间;酒吧座间距;酒吧座高度与搁脚的关系;与柜台面高度的关系等等,还要掌握常用家具相关尺寸。

常用餐桌布置形式及尺度

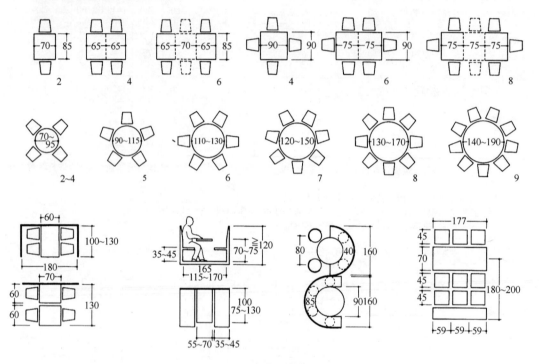

图 2.3-3　常用餐桌布置形式

常用餐桌尺寸(单位:mm)　　　　　　　　　　　　　　　　表 2.3-4

类　型	a	b	c	d	e
进　餐	850-1000	800-850	650	≥1300	1400-1500
小　吃	750-800	700	600	1000-1200	—

2.3.1.5 酒店餐饮类建筑室内设计构成

餐厅的构成可分为"前台"和"后厨"两大部分。

前台是指直接与顾客见面,供顾客直接使用的室内功能空间,如门厅、餐厅、雅座、洗手间、小卖部等等。

后台主要以加工间为中心由办公、生活用房构成,其中加工部分又分为主食加工与副食加工两条流线。

"前台"与"后厨"的联系中心点就是备餐间和付售部,这个区域是将"后厨"(厨房加工间)加工好的主副食递往前台送到顾客座席上的过渡区。

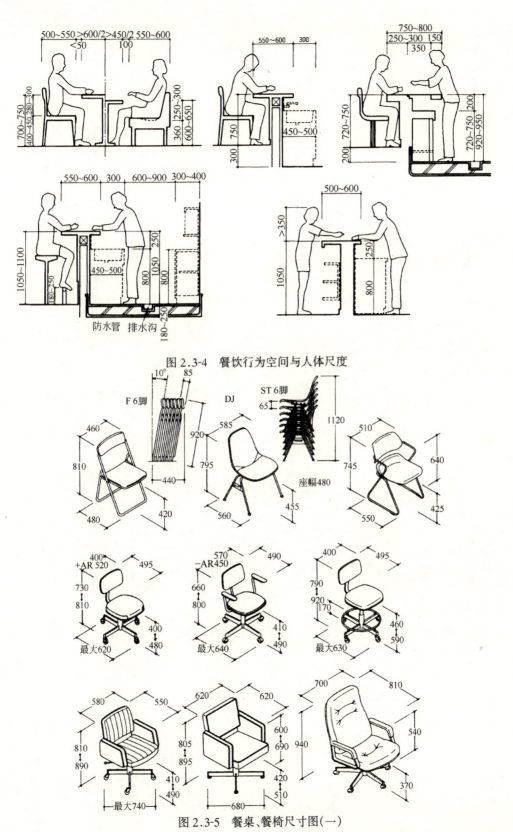

图 2.3-4 餐饮行为空间与人体尺度

图 2.3-5 餐桌、餐椅尺寸图(一)

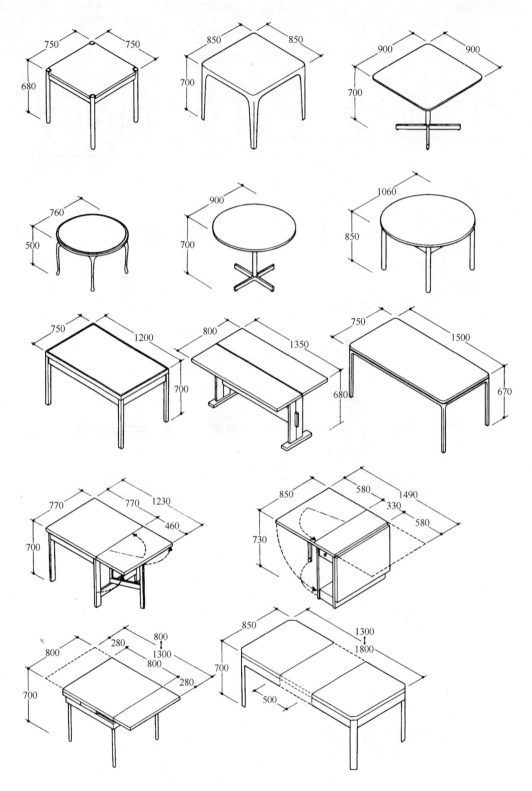

图 2.3-5 餐桌、餐椅尺寸图(二)

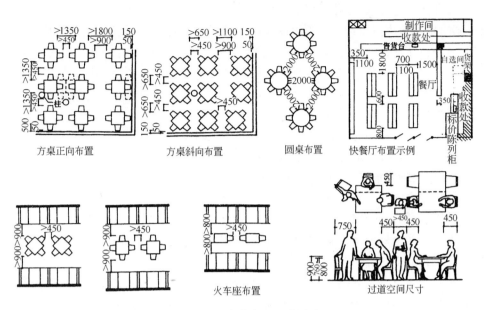

图 2.3-6 客席布置通道尺寸

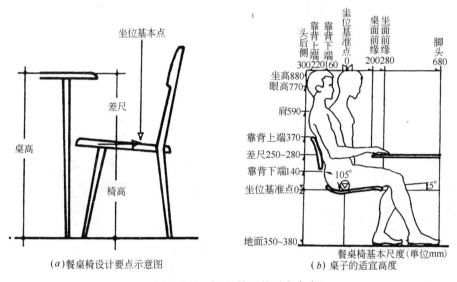

(a) 餐桌椅设计要点示意图　　(b) 桌子的适宜高度

图 2.3-7 桌子、椅子的适宜高度

1. 酒店餐饮类建筑室内设计平面构成
2. 独立式餐饮类建筑室内空间

这类一般多为指单独建造的室内餐馆,大多为2层~3层,用地面积比较宽敞,左右邻近建筑空间尺度适宜。门前有足够的停车场地、水池、雕塑小品、绿化等等,这类餐馆室内大多设有若干个包间,餐厅分大、中、小,有良好的门厅空间及内院式庭院环境。这类的餐馆室内空间大多建在城市干道侧、高速公路旁,邻近公园风景点或度假村。

3. 综合式餐饮类建筑室内空间

随着城市中心区域的繁华商业地段地价的不断升值以及中心区的改造和开发,餐饮类建筑设计往往向大型化、综合化发展。人们生活离不开餐饮业,餐饮业成为综合体当中重要的部分,同时也是繁华商业街地段不可缺少的组成部分。在饭店、写字楼、购物中心及各种多功能商厦内也往往根据不同的需要附设餐饮空间。如风味餐厅、快餐厅、咖啡厅等,方便了人们在工作、生活、购物、娱乐的同时不出楼就能方便快捷的就餐及休息、消遣,这是现代化都市生活的需要。由餐饮做龙头向综合性开发,综合性经营发展,相互之间互为依存,促进共同发展形成一种新的管理模式。

在国际上流行购物中心,这类商业餐饮空间以室内步行街连接两端的购物商场,在步行街中除小型零售店辅外,都穿插餐饮和娱乐设施。在百货商场的上层设置美食广场或美食街,目的是要吸引顾客消费,为来到商场的顾客提供餐饮及休息空间。餐饮空间已成为当今综合体商业构成中的一个重要的、不可缺少的配套设施。

在宾馆饭店、写字楼及各类商厦内的餐饮空间室内设计一般呈现两种布局:

第一种是平面上划分出相对独立的区域,位置也有设在裙房或高层建筑的顶层部分。经营的大多是正规的中、西餐或咖啡厅等。

第二种是把餐饮融入综合体的公共大空间中,如在中庭设咖啡厅、快餐厅、自助餐厅等,用绿化和小品衬托出中庭餐饮文化空间,成为交往休息的多功能空间。

综合体式的餐饮空间多数是设有独立的外观立面和有特色的室内空间环境,重点部分多设在室内入口处及店堂内的核心环境中。

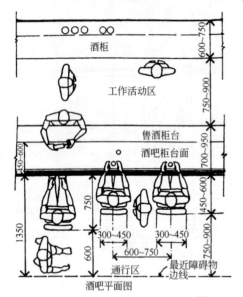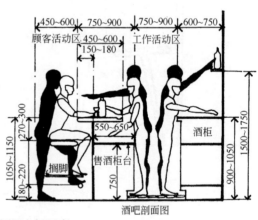

图 2.3-8　酒吧空间尺度

餐厅、饮食厅、各加工间室内最低净高(m)　　表 2.3-5

顶棚形式	房间名称	餐厅、饮食厅		各加工间
		大餐厅、大饮食厅	小餐厅、小饮食厅	
平　顶		3	2.6	3
异形顶		2.4	2.4	3

注:1. 有空调时,小餐、小饮食厅最低净高不小于2.4m(平顶)。
　　2. 异形顶指最低处净高。

工作人员卫生间设备设置　　　　　　　　　　　　表 2.3-6

最大班人员数	≤25	25～50		每增 25	
卫生器皿数	男女合用	男	女	男	女
大 便 器	1	1	1	1	1
小 便 器	1	1		1	
洗 手 盆	1	1	1	1	1
沐 浴 器	1	1	1	1	1

注：工作人员包括炊事员、服务员和管理人员。

餐厅、饮食厅、各加工间室内最低净高(m)　　　　表 2.3-7

卫生器皿数		顾客座位数 ≤50	≤100	每增加 100
洗 手 间	洗 手 盆	1		1
洗 手 处	洗 手 盆	1		1
男 厕	大 便 盆		1	1
	小 便 器		1	或 1
	洗 手 盆		1	
女 厕	大 便 器		1	1
	洗 手 盆		1	

注：按分级情况设洗手间或附在餐厅内的洗手处。

2.3.2 酒店餐饮类建筑厨房室内设计流程

2.3.2.1 设计原则

厨房是餐厅的生产加工中心，功能性比较强，流程设计必须从使用出发，要求布局合理、使用方便，在厨房设计当中应注意以下几个方面：

1) 合理布置生产流程，主食、副食必须严格分开，明确加式流程。从初加工到热加工再到备餐的全过程，设计流程要短而畅，避免倒流或停滞。这是厨房平面布局的最基本条件，其他部分都要从属于厨房流程而分布。

2) 原材料加工供应路线要接近主、副食初加工间，远离成品并要求生与熟严格分开，加工后的成品要就近送往备餐间待用。

3) 为了保持卫生必须要做到洁污分流。对原料、成品、生食、熟食要隔离加工，隔离存放。冷荤食品应单独设置带有前室的拼配间，进入前室时应先洗手(前室内设洗手盆)。利用垂直运输生食和熟食的食梯要分别设置必免生熟混杂，加工中的废弃物要及时清理运走。

4) 工作人员必须先更衣，再进入各加工间，更衣室、洗手盆、浴厕间等设在厨房操作人员入口就近为宜。厨师、服务员的出入口应与客用入口分开，最好设在让客人看不到的位置。服务员不能直接进入加工

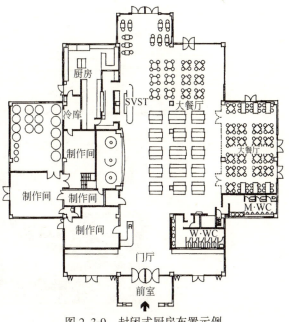

图 2.3-9 封闭式厨房布置示例

间取成品,取成品必须到备餐间传递食物。

2.3.2.2 厨房布局类型

1) 封闭式厨房平面布置见图2.3-9。
2) 半封闭式厨房平面布置

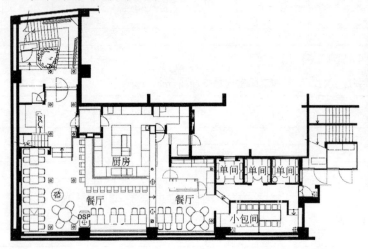

图 2.3-10 半封闭式厨房布置示例
左:平面;右:烧烤台

3) 开放式厨房平面布置

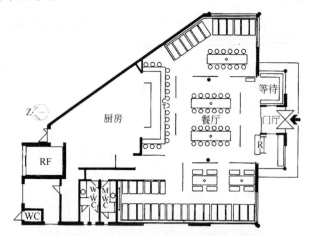

图 2.3-11 开放式厨房布置示例
上:平面;下:内景

2.3.3 酒店餐饮类建筑室内设计示例
1. 某酒店平面构成关系

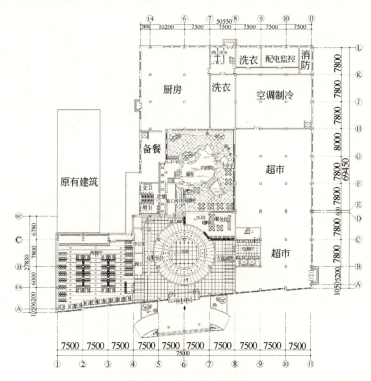

图 2.3-12 一层平面图

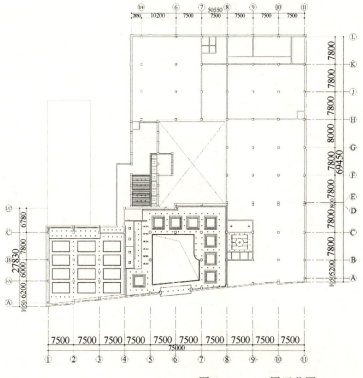

图 2.3-13 一层天花图

内蒙某酒店平面构成关系

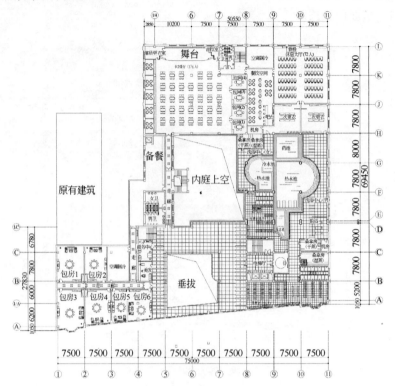

图 2.3-14 二层平面图

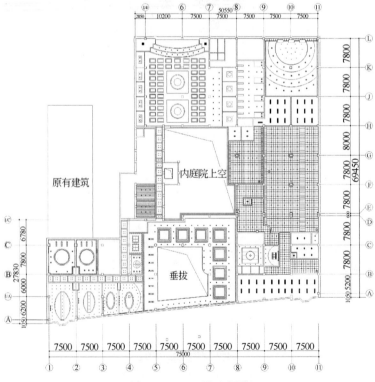

图 2.3-15 二层天花图

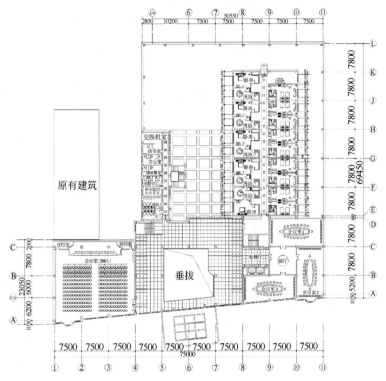

图 2.3-16　三层平面图

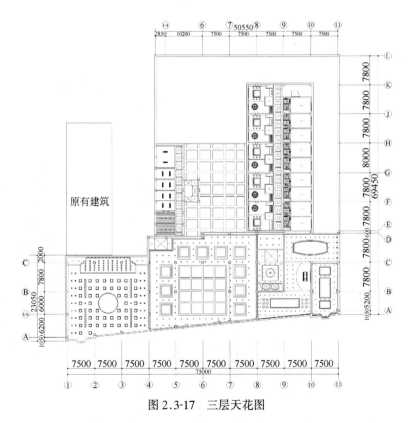

图 2.3-17　三层天花图

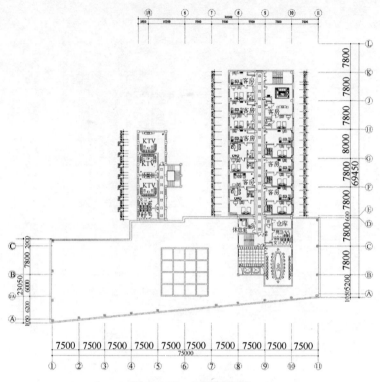

图 2.3-18 四层平面图

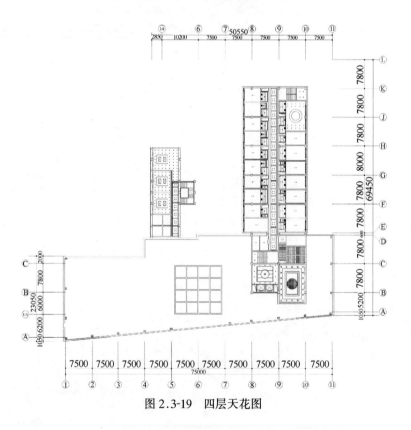

图 2.3-19 四层天花图

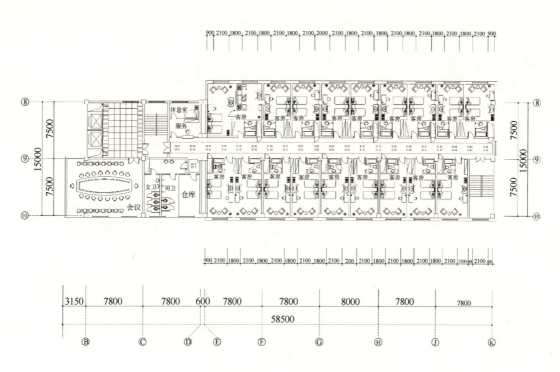

图 2.3-20 五层平面图

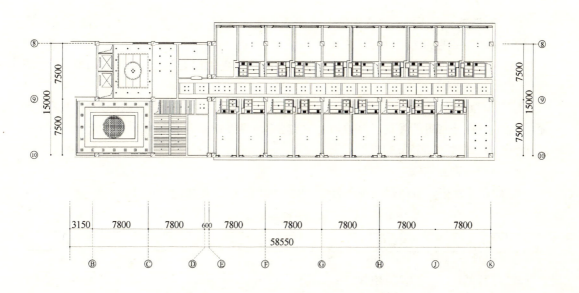

图 2.3-21 五层天花图

2.4 商 业 空 间

2.4.1 商业购物空间设计的基础概念及方法

商业类建筑室内空间泛指日常生活中为人们购物所提供商业活动的各种功能空间、场所，在这一范围中最具代表性的就是各类商场、商店。它们是连接商品生产者和消费者之间不可缺少的桥梁。产品的销售渠道大都是通过商场流向购买者手中的（这是不包括直销、传销及电话购物）；在商品活动中商场起着了解消费需求，商品评价，预测市场前景，协调产销关系的作用。

2.4.1.1 商业购物空间设计程序

商业类建筑室内空间环境设计是一项比较复杂的工作，这主要是因为它的多样性及广泛的内容而形成的，创造商业类建筑室内空间环境设计，一般采取以下的方式：

图 2.4-1 商业建筑室内空间设计程序图

2.4.1.2 商业建筑室内空间设计基本构成

首先要了解撑握经营者总体思路，然后才是研究经营者的总体策划、投资规模、经营方式、管理方式、营业范围、商品种类并在上述条件的基础之上进行全方位的综合可行性分析。提出设计初步构想。在此基础上更深入研究以下三个要素：

(1) 商品——进入商场的顾客大多数的目的是购买"商品"，而商场经营者开设商店的基本目的是为了"销售商品"，以求得最终获取商业利益。

(2) 消费者——具备一定消费能力和消费欲望的人群。一旦失去消费者，商品消费就失掉了主体，商品的买卖了就无从谈起。

(3) 消费——研究消费、购买活动的规律。商场是提供消费、购买行为的场所，是促进购买行为的实现地。

研究作为商品与消费者之间桥梁的商场空间，必须全面掌握消费者的心理并对商品有深层次的了解，才有可能发现设计要点和关键，有针对性地采取各种相应的措施，创造良好的购物环境，促进购买环节的良性发展。

2.4.1.3 商业购物空间设计分类

1. 商业建筑按建筑面积的规模分类，由大到小分为三类（见表 2.4-1）。

面积定额参考表　　　　　　　　　表 2.4-1

规模分类	建筑面积(m²)	营业(%)	仓储(%)	辅助(%)
小 型	<3000	>55	<27	<18
中 型	3000~15000	>45	<30	<25
大 型	>15000	>34	<34	<32

注：1. 此表摘自《商店建筑设计规范》(JGJ 48—88)。
　　2. 国外百货商店纯营业厅与总有效面积之比通常在 50% 以上，高效率的百货商店则在 60% 以上。

2. 商业区构成

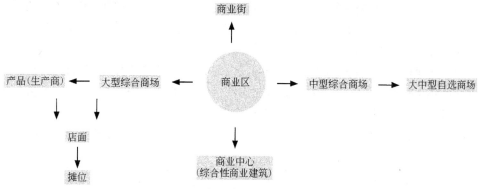

图 2.4-2　商业建筑空间构成示意

(1) 商业区范围最大、面积最大,它是城市或社区总体规划时必须考虑的对象,它是在城市的发展变化过程中逐渐完善和形成的。常由几条活动集中的街道组成。每一个城市都会有多个商业区。

(2) 商业街。在商业街范围内一般拥有一个或几个商业中心、大型综合商场、超级市场和众多专买店,其中包含众多餐饮、娱乐等服务性商业空间及其他空间。

(3) 商业中心,一般由一家或几家大中型商场加若干各类商业店铺及其他商业空间和配套设施组成。它与商业街的不同之处,是集中在一栋或几栋大型建筑中,它的组合形式多样,以块面为主、以室内为主,可以把它归属于复合类型。

(4) 大型综合商场、自选市场与中型综合商场。大的综合商场的商品的种类是非常多,通常能满足顾客购买各类商品的需要。从理论上讲,进了这样的商场可以买到所需的任何一种商品,从面积规模来讲,有近万平方米到几万平方米不等。

(5) 专业商店及店铺,经营的商品种类比较卓一,往往面积不可能太大,常见的多为几十平方米到百余平方米。现在出现了若干经营某一类型商品的专业店铺的组合逐渐兴起。这类形式对于商家来讲便于吸引客流,便于经营,对于政府管理者来说监督、检查更方便快捷(见图 2.4-2)。

3. 经营方式分类

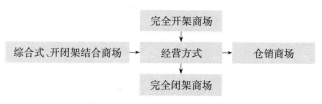

图 2.4-3　经营方式分类示意

(1) 完全开架商场:在一个商店或综合商场某个内容的分部的所有货柜、展台展架都采用让顾客随意挑选的经营方式。商品分类摆放,最大限度的使顾客接近商品,以创造最大销售机会。

(2) 完全闭架商场:在各大商场所占比例也正在逐步减少甚至完全消除,但对于一些特殊的商品闭架销售还是必要的。最典型的就是珍宝、金银首饰类。要注意的是,在设计货架

625

柜时要强调通透性,可观看角度尽量大些。

(3) 综合式——开闭架结合商场:最新款式或最有价值的款式商品放入玻璃柜内,增加展示性效果,可以体现其价值及装饰性。对于服装及服饰品,将服装中的衣、裤、帽等开架摆放,增加商品直接与顾客的机率。

(4) 仓销商场:使用结构较为简易、空间较大的房屋,基本上不作太多的装修,按商品种类分区摆放,亦仓亦店,这就是所谓的仓销即货仓式销售。这类商场一般多设在城乡结合部。

2.4.1.4 商业空间与购物空间动线关系

图 2.4-4 表示几种购物空间的布局。图 2.4-5 示意不同商业空间的组织关系。

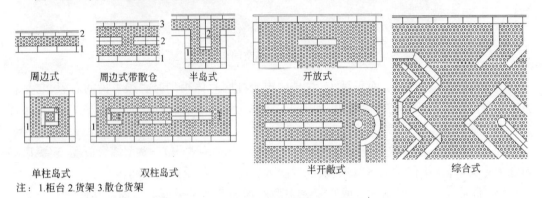

注:1.柜台 2.货架 3.散仓货架

图 2.4-4 商业空间中购物空间的布局

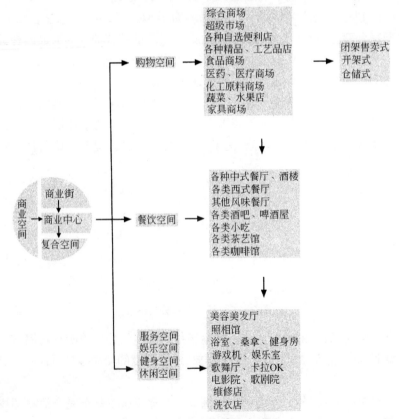

图 2.4-5 商业空间的组合关系

2.4.2 商业建筑购物空间室内设计

(1) 以大中型综合商场为基础进行综合分析,从平面布局到个体尺度以及功能分析、动线等进行设计。

(2) 对于商业建筑设计在有关资料中有详细介绍,如建筑柱网设计、平面设计、竖向交通设计,在本节中只系统介绍其要点,不作详细阐述。在理解本节的基础上,应将理解的重点放在室内设计如何与建筑设计衔接的部分,着重认识室内设计是建筑空间的二次划分,是形成完整商业空间的不可缺少的重要组成部分。

2.4.2.1 综合商场平面布局及室内设计

1. 总平面设计。

任何一项空间室内设计都是不能脱离建筑空间的,同样,建筑设计也需要与室内设计综合考虑。室内设计师在设计室内空间环境前先要拿到建筑设计及相关专业的完整的平、立、剖面图或实地测绘图纸,了解建筑师在设计时考虑的几个重要部分。一般包括:

(1) 大中型商场建设地点及环境特点。其一般都选择在城市商业集中的主要路段及位置。

(2) 大中型商业建筑一般设计两个以上出入口,多与道路相接,基地内设有运输及消防通道。

(3) 总平面布置必须按使用功能设定动线、员工流线、进出货物路线,避免相互干扰,设置安全设施和残疾人通道。

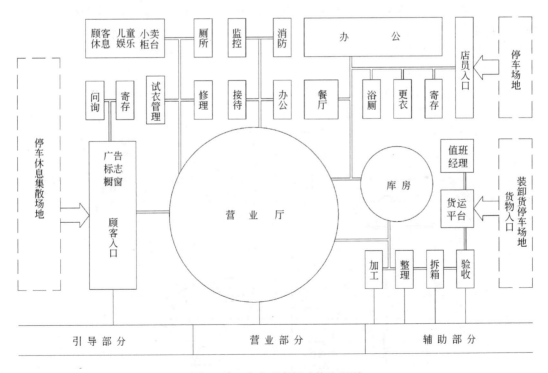

图 2.4-6 大中型商场功能流程图

2. 营业厅室内设计要点

营业厅是商业购物室内设计的主体,也是商业建筑室内空间环境设计的重要部分。

为了加强诱导性和视觉效果,营业厅内外要同时考虑与广告、橱窗、灯光及立面造型的整体关系,设计美学应在此得到充分体现。要考虑到保温、防雨、防尘的需要,要根据营业厅的规模设计出合理的通道尺寸及过渡空间。

(1) 大中型商场应为顾客提供良好的竖向交通、自动扶梯、楼梯和电梯。特别是主通道,切记周围不宜被挤占,如一侧设置单向自动扶梯时,应在近处增设与之相配合的步行梯。避免顾客主流向线与货物运输流向线交叉,做到营业面积与辅助面积分区明确,分别设置。

(2) 各层分段设置顾客休息区域,可能的条件下,中庭及其他适当位置要设计小景观和集中休息区,如冷热饮区、快餐区、咖啡区、吸烟区等附属服务空间。卫生间应设在顾客较易找到的位置。

(3) 在照明方式上,要采用以人工照明采光为主,自然光为辅的照明方式,注重能源的合理使用。尽量采用空调来调节温度和通风,或引自然风,便于日常管理。装饰设计时要注意建筑中设置的防火疏散口,要设置诱导牌。营业厅内通往外界的门窗应有安全措施。

(4) 营业厅室内设计应充分体现商场设计的基本要素:展示性、服务性、休闲性同时具有文化娱乐性。室内空间环境设计的总体格调要新颖,尽可能形成各售货单元区域的独特风格。中心目的是突出商品、诱导消费、美化空间。在使用材料上,应严格执行防火规范,装饰设计尽可能不用木材。

(5) 营业厅立面设计以展柜、货架为主,在适当的部位设计些有艺术性的连接装饰,以为烘托整体商业气氛增加可视条件。

(6) 天花设计与货架相对应,除普通照明灯光外,注重对特殊商品的强化照明。天花造型不必太过于变化,在保证整体效果前提下注重细部变化。该做造型的部分一定要充分考虑与相关专业的协调关系。消防和烟感器要保持在最佳的工作条件下。

3. 货架尺寸与人的关系

图 2.4-7 表示人在选购商品时的各向尺寸。

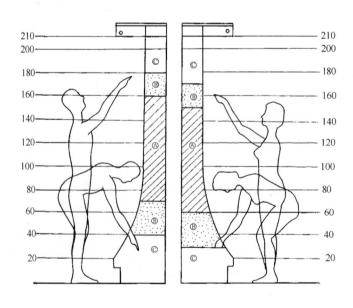

图 2.4-7　人体(购物)与货架尺寸图

4．营业厅空间形式与动线设计(见图2.4-8)。

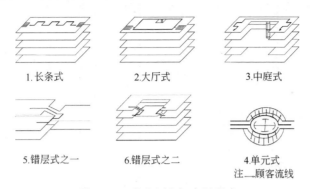

图 2.4-8　营业厅空间布局形式

5．商场货柜及种类。图2.4-9显示部分货柜的尺寸与形式。

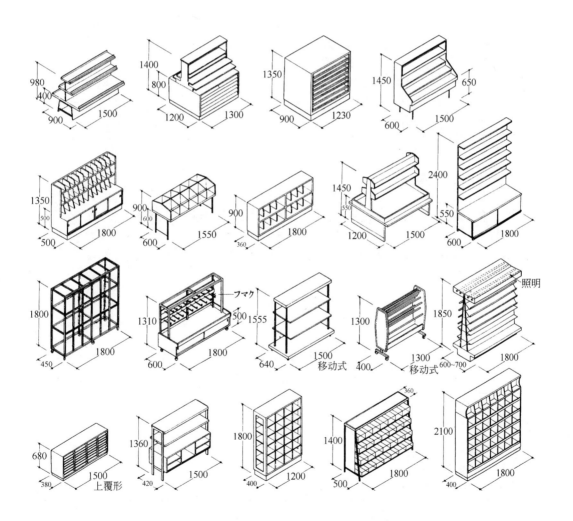

图 2.4-9　货柜尺寸图(一)

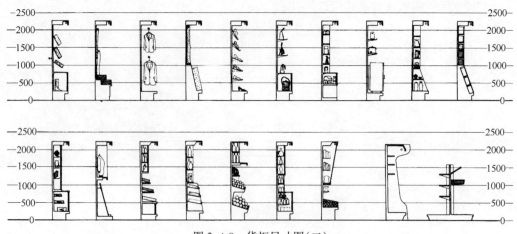

图 2.4-9　货柜尺寸图(二)

6. 商场人体尺度与货柜关系。

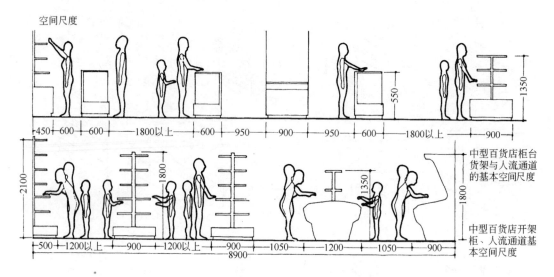

图 2.4-10　成人、少儿与货柜尺寸关系图

7. 营业厅内通道尺寸。

表2.4-2所列,系在柜台式售货情况下,营业厅内通道尺寸,可供参考。

普通营业厅内通道最小净宽表　　　　表 2.4-2

通 道 位 置	最小净宽(m)	通 道 位 置	最小净宽(m)
通道在两个平行的柜台之间		c. 柜台长度均为 7.50m～15m	3.70
a. 柜台长度均小于 7.50m	2.20	d. 柜台长度均大于 15m	4.00
b. 一个柜台长度小 7.50m 另一个柜台长度为 7.50m～15m	3.00	e. 通道一端设有楼梯	上、下两梯段之和加 1m

注：1. 通道内如有陈设物时,通道最小净宽应增加该物宽度。
　　2. 无柜台售区、小型营业厅依需要按本数字 20% 内酌减。
　　3. 本表摘自《建筑设计资料集》。

8. 商场平面构成动线。

商场平面构成有多种形式,图2.4-11提供了7种常见形线,供参考。

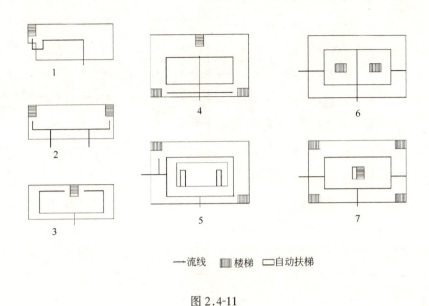

图 2.4-11

9. 布局示例。

图2.4-12~图2.4-21展示了某商场60平(剖)面空间布局。

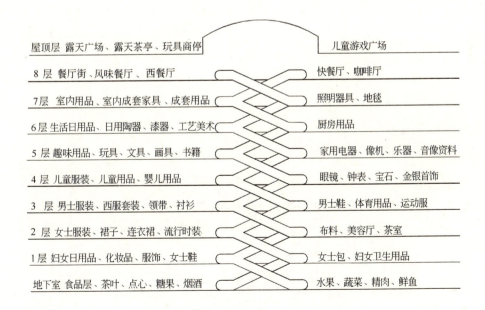

图 2.4-12　各层商品分布构成

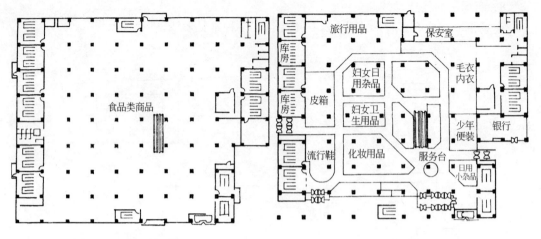

图 2.4-13　地下室平面　　　　　图 2.4-14　首层商场布局平面

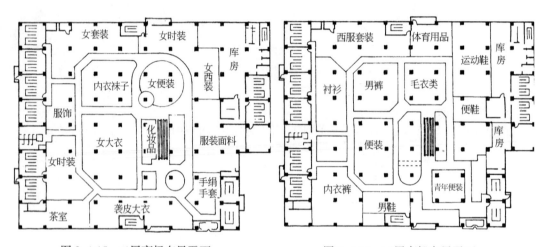

图 2.4-15　二层商场布局平面　　　图 2.4-16　三层商场布局平面

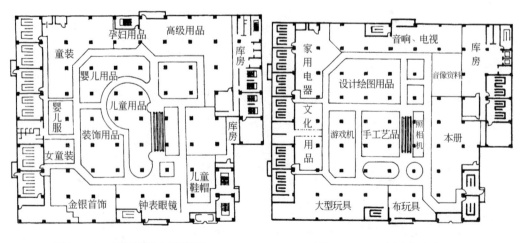

图 2.4-17　四层商场布局平面　　　图 2.4-18　五层商场布局平面

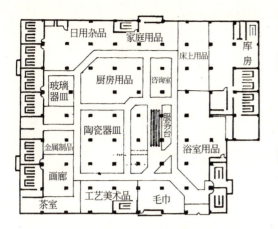

图 2.4-19 六层商场布局平面

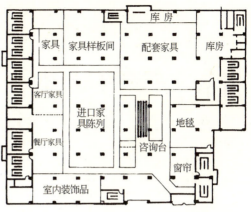

图 2.4-20 七层商场布局平面

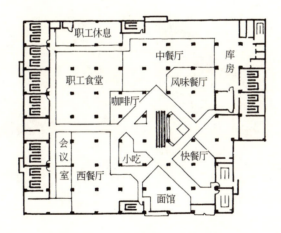

图 2.4-21 八层餐饮街布局平面

2.4.3 工程实例

1. 心齐桥百货(日本,大阪)

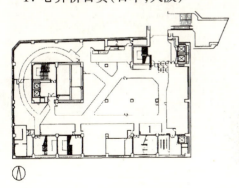

图 2.4-22 地下二层平面图

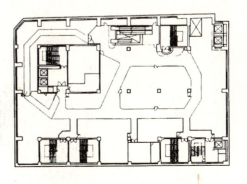

图 2.4-23 地下一层平面图

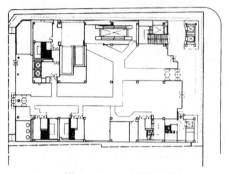
图 2.4-24 一层平面图

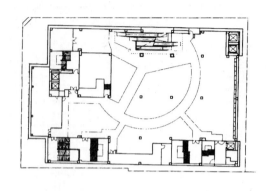
图 2.4-25 二层平面图

地下二层商场

三层商场

四层商场

五层商场

图 2.4-26 各层商场内景

2. 桑名百货店(日本)

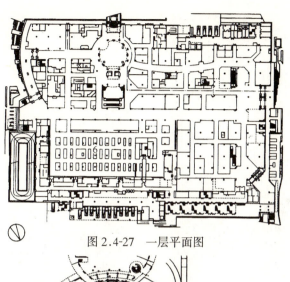
图 2.4-27　一层平面图

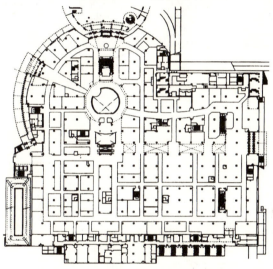
图 2.4-28　二层平面图

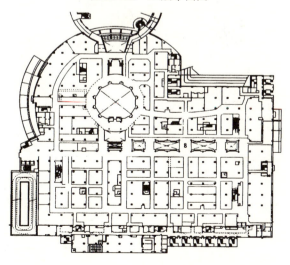
图 2.4-29　三层平面图

图 2.4-30 商场内景
左:商场回廊　　右:商场通道

3. 东京都原宿百货店

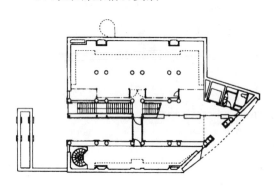
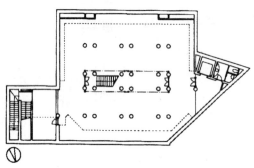

图 2.4-31 地下二层平面图　　图 2.4-32 地下一层平面图

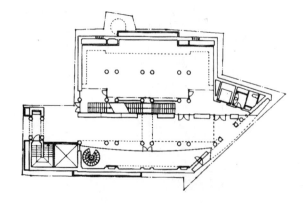
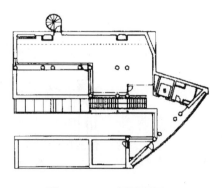

图 2.4-33 一层平面图　　图 2.4-34 三层平面图

图 2.4-35　一层楼梯

图 2.4-36　一层商场俯视

2.5　娱　乐　空　间

2.5.1　娱乐类室内设计的基础概念及方法

人们清楚的记得,半个世纪前,中国劳动人民还在为争取劳动权利和 8 小时工作制而奋斗。而今却已享受到每周 40 小时的新工时制,这是历史性进步。它说明我国经济和生产力水平有了极大发展,整体社会文明和劳动人民生活有了质的提高。科学地利用休闲时间是延长生命能量的最佳储存和增值方式。

2.5.1.1　娱乐空间分类

休闲为人们生活提供多维的时与空,满足人们各自的精神生活需求,目前常见的休闲娱乐类建筑室内设计有以下几类:

(1) 进修形式休闲场所。

利用节假日有计划的学习新知识和新技能等,这种进修式休闲活动,可为人们的发展开拓新的方向和积蓄力量。

(2) 娱乐形式及体育休闲场所

一是利用展览和演出场所,欣赏和观演影视作品、戏剧作品、音乐作品等,这类休闲生活有着永恒性。二是体育健身、球类比赛等是一种强身健体的积极休闲活动。一般这类活动方式对平时缺少运动的脑力劳动者最适宜。

(3) 游览型休闲

古代文人雅士四海云游留下千古绝唱,如今,假日旅游已成为中国人的一种生活方式。

尽管人们采取的休闲方式各不相同,但所追求的精神需求大都基本相同。满足人类求知,追求美和享受欢乐是各类休闲场所的共同追求,是很多企业发展科学化管理的目标。

2.5.1.2 娱乐类建筑室内空间环境设计程序一般多采取以下方式:

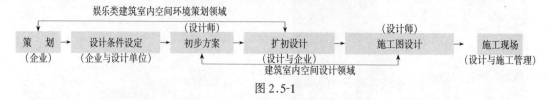

图 2.5-1

2.5.1.3 娱乐类建筑室内设计功能构成基本概念及关系

休闲娱乐类建筑的功能组织形式的特点是具有多样性,很难统一它们的内容,常用的功能组织基本原则和关系如下:

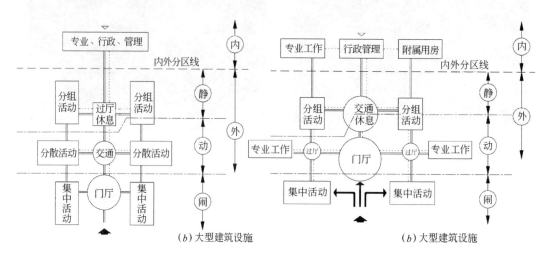

图 2.5-2 功能组织基本关系图

功能分区应以合理、便于管理为基本原则,分清对内管理和对外营业,按静、动、闹三类活动分区,畅通各功能空间的使用联系,在动线上要做到简捷流畅,在出入交通部位,设计明确表达各类活动用房相对位置关系。

不同规模的设施可随其交通空间组织方式的变换,采用不同形式的功能分区组织,在各功能组成空间部分与公用交通空间系统都存在着直接的组织关系,以灵活自由使用并扩展开放性强的功能分区框架。

图 2.5-3 表示文化馆类建筑内部功能构成关系图。

1. 娱乐类建筑室内设计平面布局的基础构成

在工程设计过程中,功能和技术要素成为内因,同时决定着使用空间的基本形态,也表现出一定的建筑构造形态。环境和审美要求作为外因,构造形态在很大程度上会产生制约作用。表现出建筑实体与空间形态能按照外部条件从某种主观规定性加以扩展,从而体现出对内部空间布局的影响。

2. 娱乐类建筑室内设计空间构成功能原则

设计要优先考虑具有较强发展能力的多样性空间,用各功能空间组成合理构架以满足、

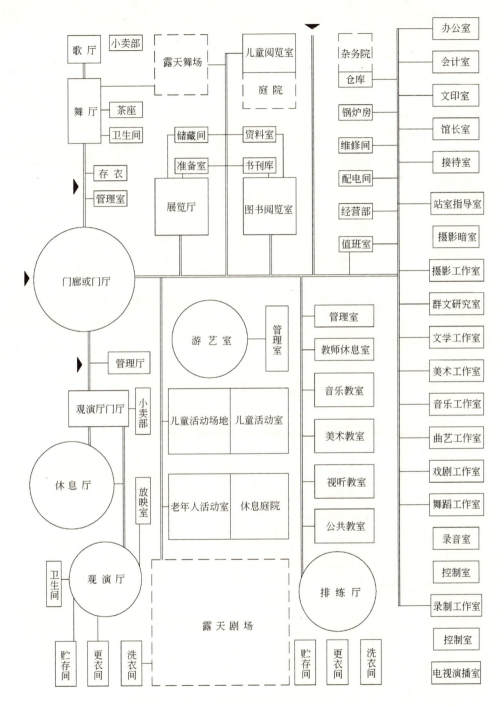

图 2.5-3 文化馆内部功能关系图

适应多变的功能空间需要。开放性的室内空间环境构架,是指能使内部主要活动场所在空间组合中具有继续扩展、延伸和生长的构架系统,新的活动空间可以在这样的框架上有序扩展、增殖。

3. 室内空间使用灵活性构成关系图(见图 2.5-5)。

639

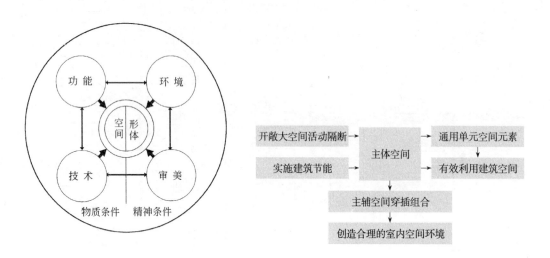

图 2.5-4　空间布局逻辑模式　　　图 2.5-5　室内空间灵活性构成关系图

2.5.1.4　娱乐类建筑空间尺度与标准

1. 娱乐类建筑室内设计标准

（1）平面布局　图 2.5-6 示例健身空间平面布局。

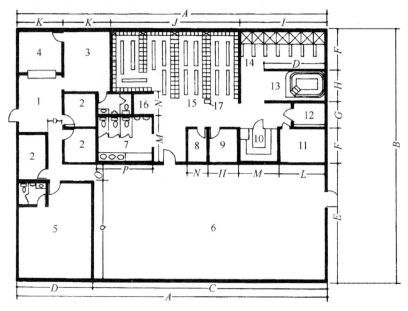

图 2.5-6　健身房平面图

1—主要入口及门厅；2—职员办公室；3—休息客厅；4—顾客接待柜台；5—护士办公室；6—练习大厅；7—洗手间；8—雾化吸入疗养室；9—按摩及日光室；10—桑拿浴；11—蒸汽浴室；12—涡流浴池；13—涡流发生设备间；14—淋浴室；15—更衣室；16—头发吹干室；17—体重称量

（2）与人体及健身器具有关的尺度

640

躯 干 练 习 器 表 2.5-1

腿 部 练 习 器	宽 度	长 度	高 度
超级拉力器	1016	1066	1752
妇女用拉力器	787	939	1701
躯干/手臂拉力器	1016	1955	2032
拉力器(平板装置式)	914	914	1575
后颈练习器	736	889	1955
后颈/肢干练习器	1016	1016	2286
躯干/手臂练习器	711	685	2235
躯干划桨练习器	762	889	1905
两侧胸部练习器	914	1905	2006
10°胸部练习器	952	1575	1663
40°胸/肩练习器	952	1727	1663
70°肩部练习器	952	1168	1663
双肩练习器	914	1220	1550
侧举练习器	749	1143	1550
头上压力器	724	1168	1485
躯干旋转练习器	914	1220	2032
腹部练习器	787	1117	1651
综合练习器	762	990	2235
背部下部练习器	1092	1651	1473
超级背部下部练习器	1092	1651	1473

房 间 尺 寸 表(m) 表 2.5-2

A	24.38	F	2.74	M	3.10
B	18.59	G	2.13	N	1.52
C	17.98	J	9.75	O	1.22
D	6.40	K	3.96	P	4.72
E	8.53	L	3.45		

手臂健美器、颈部健美器 表 2.5-3

预/肩练习器	584	1473	1752
4向颈部练习器	1041	914	1600
颈部转动练习器	889	914	1828
混合肱二头肌健美器	1066	787	1752
综合肱二头肌练习器	965	939	1371
肱二头肌练习器	1651	1220	1244

健身器的尺寸参考表(m) 表 2.5-4

腿 部 练 习 器	宽 度	长 度	高 度
两侧臀和背部练习器	1092	1905	1930
臀部弯曲练习器	838	1700	1245
腿部伸展练习器	508	1473	1550

续表

腿部练习器	宽度	长度	高度
腿部综合练习器	812	2664	2032
腿部弯曲练习器	508	2133	1524
臀部外展练习器	635	1828	1422
臀部外展肌外展练习器	635	2133	1270
双蹲练习器	736	2311	1955
超级双蹲练习器	736	2311	1955

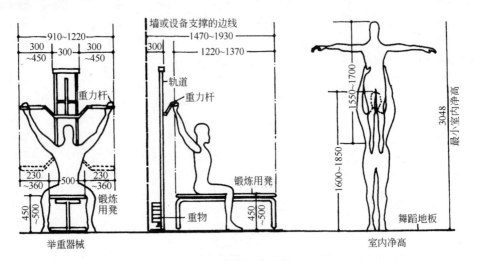

图 2.5-7 常用人体尺度一

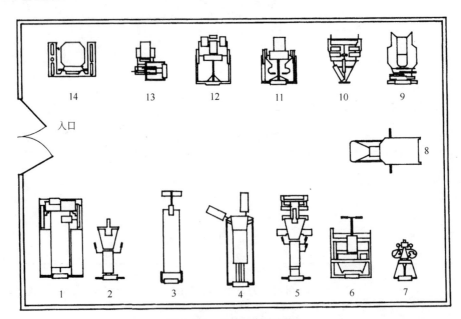

图 2.5-8 健身器材布置图

1—两侧臂及背部；2—腿部伸展练习器；3—腿部扭动练习器；4—臀部外展练习器；5—双蹲练习器；
6—超强拉力器；7—划桨练习器；8—两侧胸部；9—双肩练习器；10—综合练习器；11—肱二头肌扭动；
12—肱三头肌练习；13—背部下部；14—腹部练习器

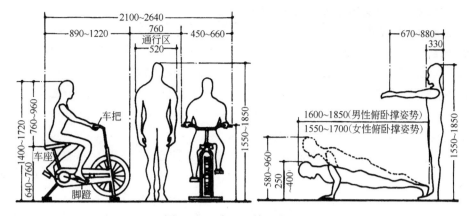

图 2.5-9　常用人体尺度之二

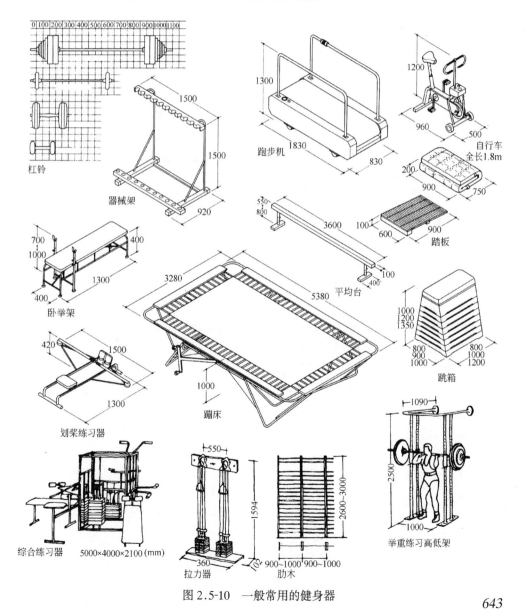

图 2.5-10　一般常用的健身器

2.5.2 娱乐类建筑健身俱乐部室内空间构成

1. 健身俱乐部室内空间构成

健身俱乐部是大众性业余康乐活动的娱乐消费设施。其经营包括提供健康咨询、训练指导和卫生保健等综合性较强的服务场所。室内空间构成包括主体训练指导空间和辅助服务空间两大部分。设施主要是为城市环境服务。中型以上的设施室内空间中宜增设餐饮小吃等经营服务空间。

2. 健身俱乐部室内空间环境构成及设计

练习大厅内设置各种健身器材,在这里人们进行各种健美操和体能器械训练,大厅室内净高一般不小于3.5m。用于健美训练时,选择一侧墙面设置扶手把杆和照身镜子。室内墙上处理应平整结实。在室内两米以下部分,要选择耐碰撞和污损的材质,墙体转角处应消除尖锐角,最好处理成圆弧形。地面要使用有弹性的材料,同时要考虑减噪吸声措施。

运动后洁身是健身运动场所不可缺少的辅助设施,可根据需要设置桑拿浴、蒸气浴等健身洗浴设备。设置简单的保健按摩设备,以配合训练的需要。有条件的场所最好能有适量的室外练习指导场地,以弥补室内空间环境的不足。

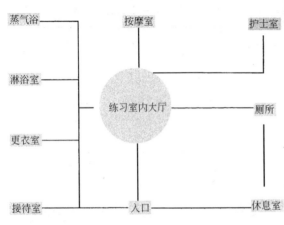

图 2.5-11 健身俱乐部室内空间构成关系图

2.5.2.1 保龄球馆室内空间环境设计

保龄球是近年传入我国的一项大众娱乐性运动,保龄球大厅球道有多种多样的布置,数量也不等。一般为4球道以上,有条件的场所增设了桌球厅、咖啡厅等附属设施。

1. 保龄球馆室内空间构成

国际通用标准为十瓶制保龄球场馆,其室内空间环境通常由球场区和综合服务区组合而成。球场区沿纵向排列球道,分别由助走道机房和球员座席空间组合成运动空间。专业型的比赛场馆在球员座席后部设置观众席。

球场的规模以球道的数量而定。一般的比赛都是在一对球道上进行,所以球场内的球道一般都以双数为排列组合。每增加一对球道,场地宽度需增加3.39m,起始的一对球道宽为3.45m。综合服务区一般包括出纳和办公用房,另外再设更衣室、男女厕所、咖啡酒吧和电讯机房等辅助空间。

(1) 保龄球场地一般设在建筑的底层和地下层最佳,如设在楼上应采取隔绝振动和消减噪音的措施。

(2) 球道和助走道地面必须选用优质木材,球道前段5m范围为落球区,需使用硬质木材。球道面板采用条形方木,一般为10cm厚。

(3) 球场区室内净高为3.1~3.5m。保龄球的返程应在球道下,高度43.18~60.96cm。

（4）如场内有结构柱时，两侧球道间距离不得小于柱宽加每侧1.3cm。球道起始处距柱应不小于60cm 见图2.5-12～图2.5-15及表2.5-5。

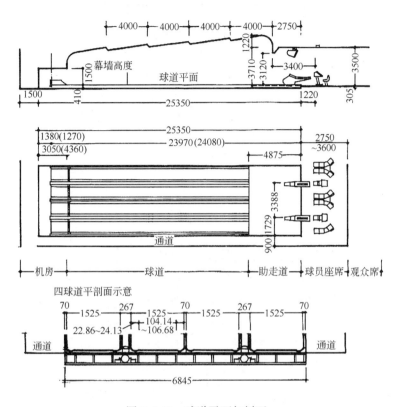

图 2.5-12　球道平面与剖面

保龄球场

保龄球场

图 2.5-13　球场内景

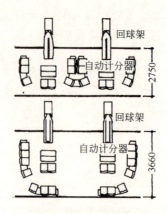

图 2.5-14 球员座席平面

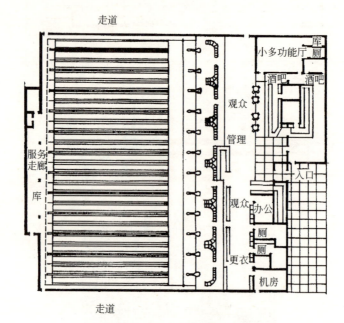

图 2.5-15 球道保龄球场布置图

保龄球球道宽度　　　　　　表 2.5-5

球 道 数	宽　度(m)	球 道 数	宽　度(m)
2	3.46	14	23.78
4	6.85	16	27.17
6	10.23	18	30.56
8	13.62	20	33.95
10	17.01	22	37.33
12	20.40	24	40.72

2.5.2.2 娱乐类建筑室内设计示例——某康乐城

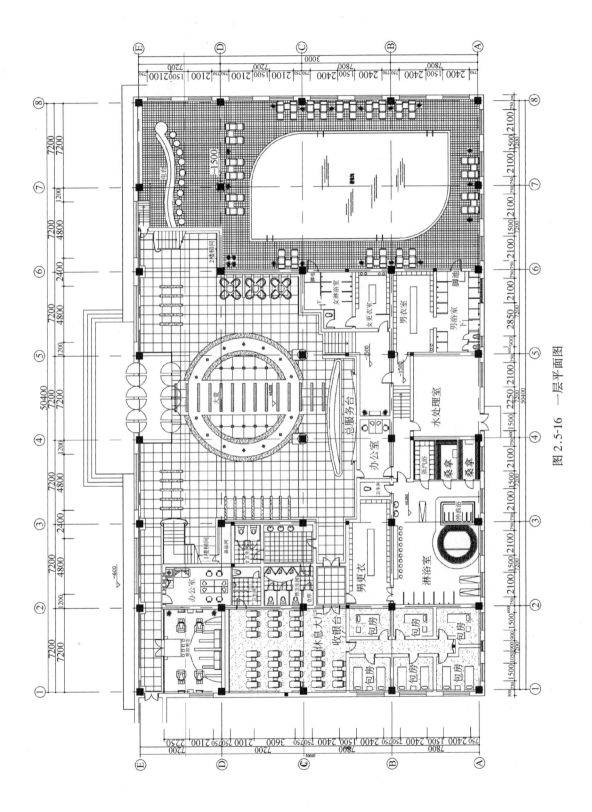

图 2.5-16 一层平面图

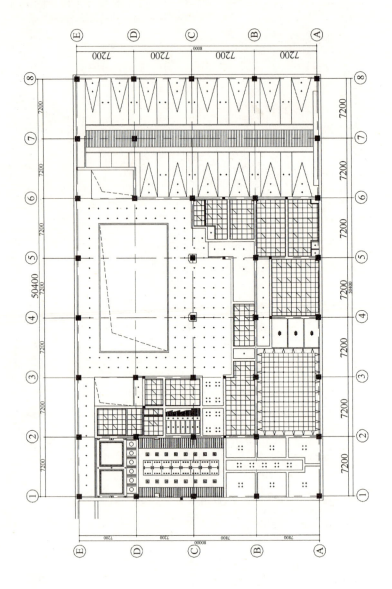

图 2.5-17 一层天花图

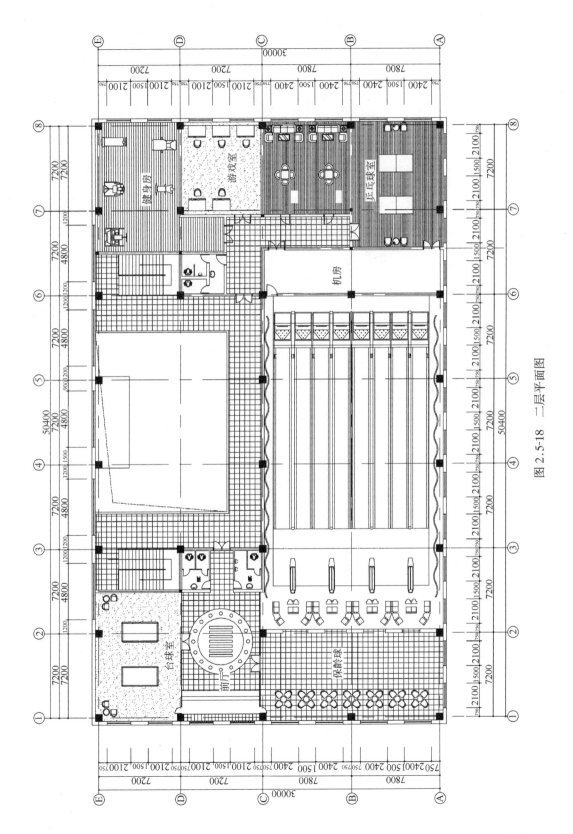

图 2.5-18 二层平面图

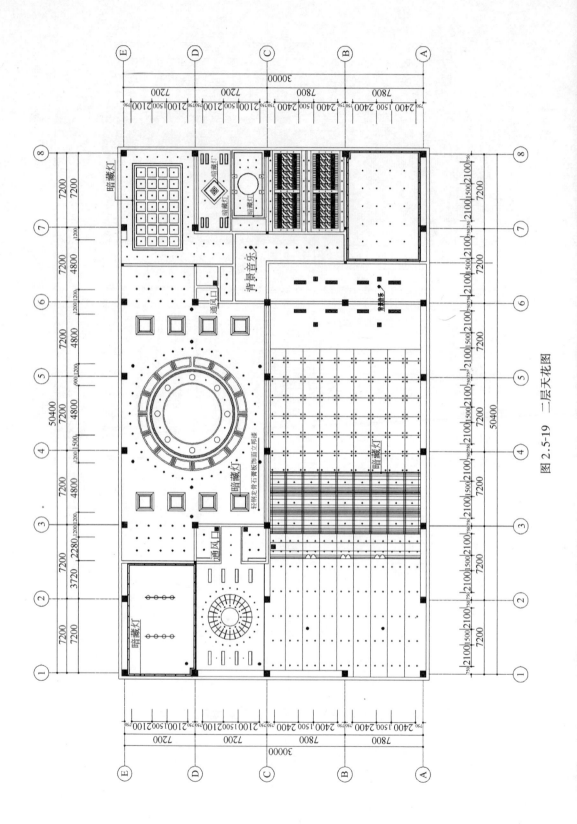

图 2.5-19 二层天花图

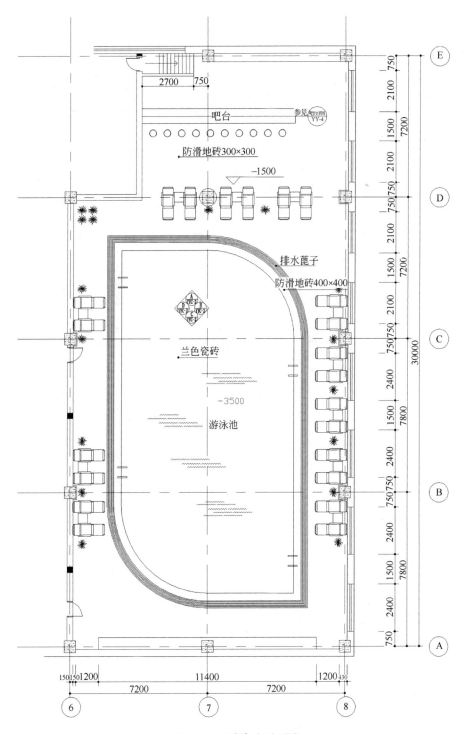

图 2.5-20 游泳池平面图

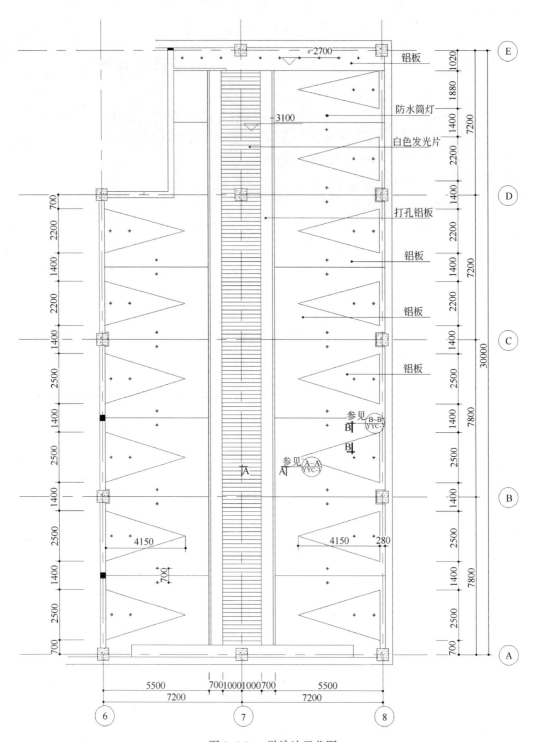

图 2.5-21 游泳池天花图

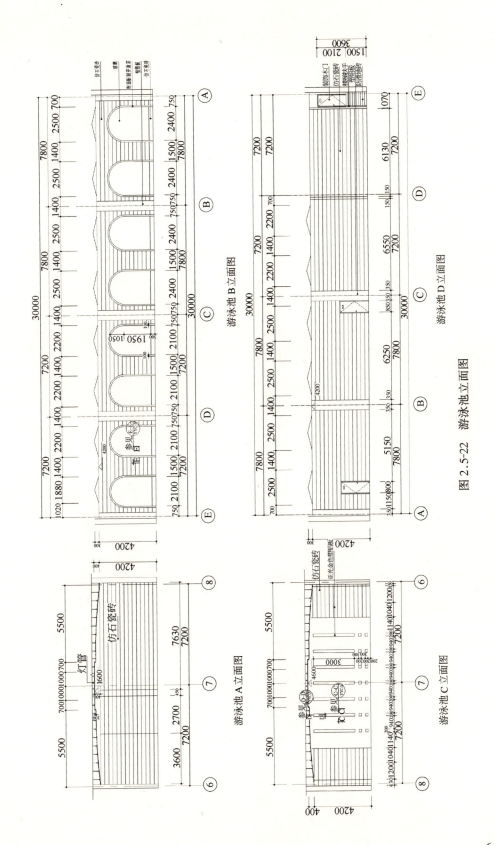

图 2.5-22 游泳池立面图

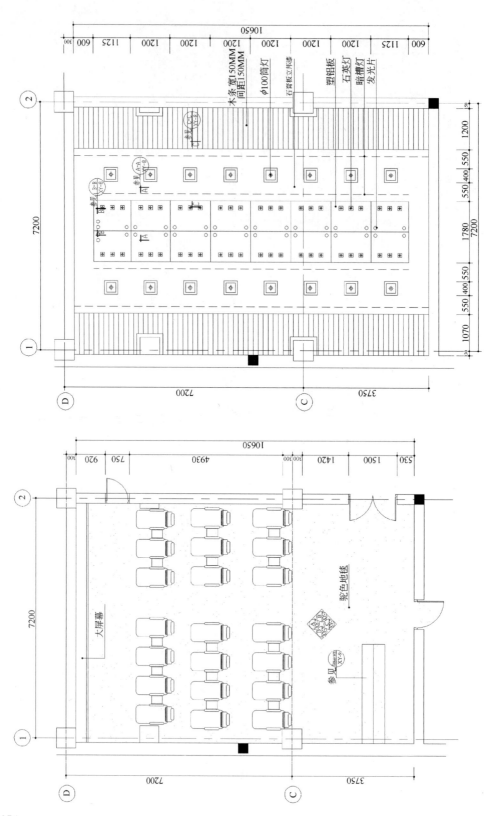

图 2.5-24 游泳池休息厅天花图

图 2.5-23 游泳池休息厅平面图

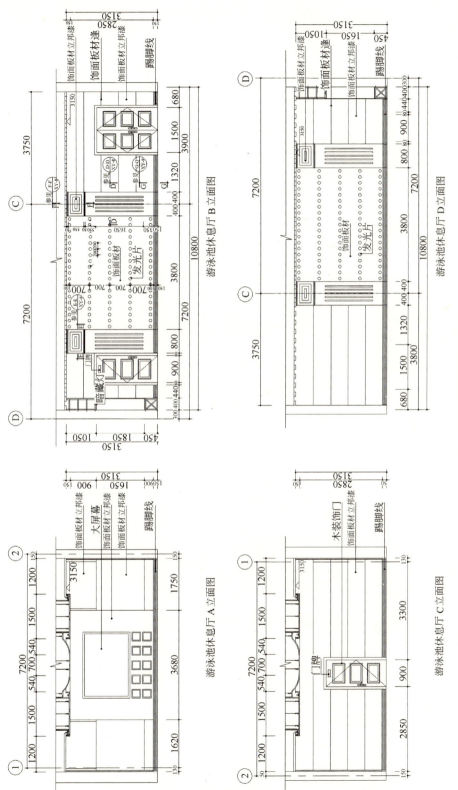

图 2.5-25 游泳池休息厅立面图

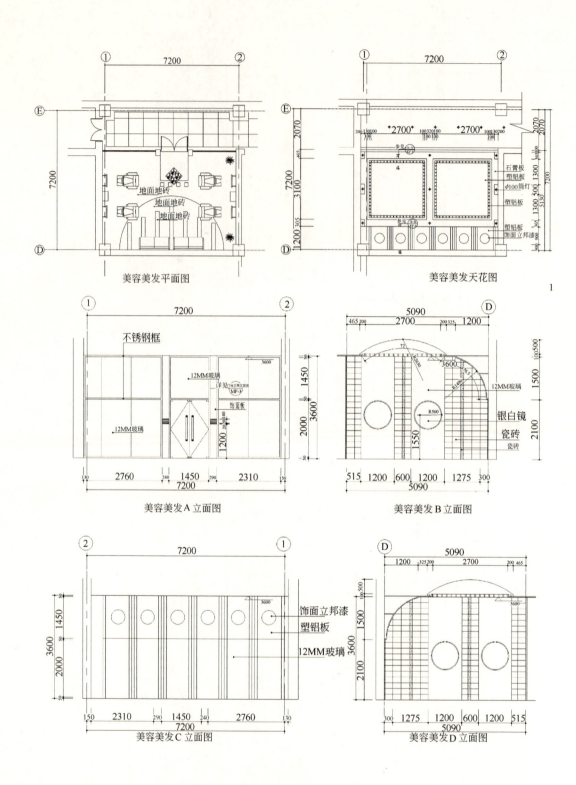

图 2.5-26 美容美发立面图

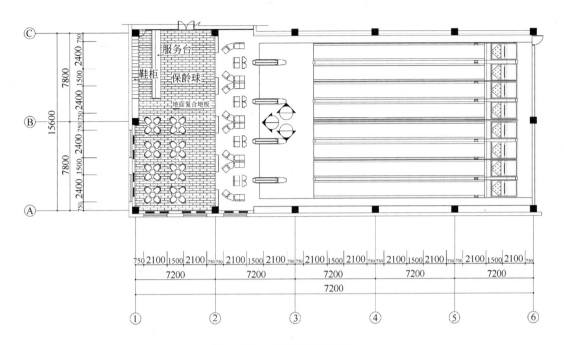

图 2.5-27 保龄球馆平面图

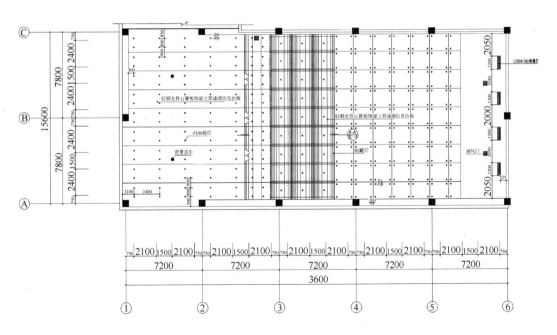

图 2.5-28 保龄球馆天花图

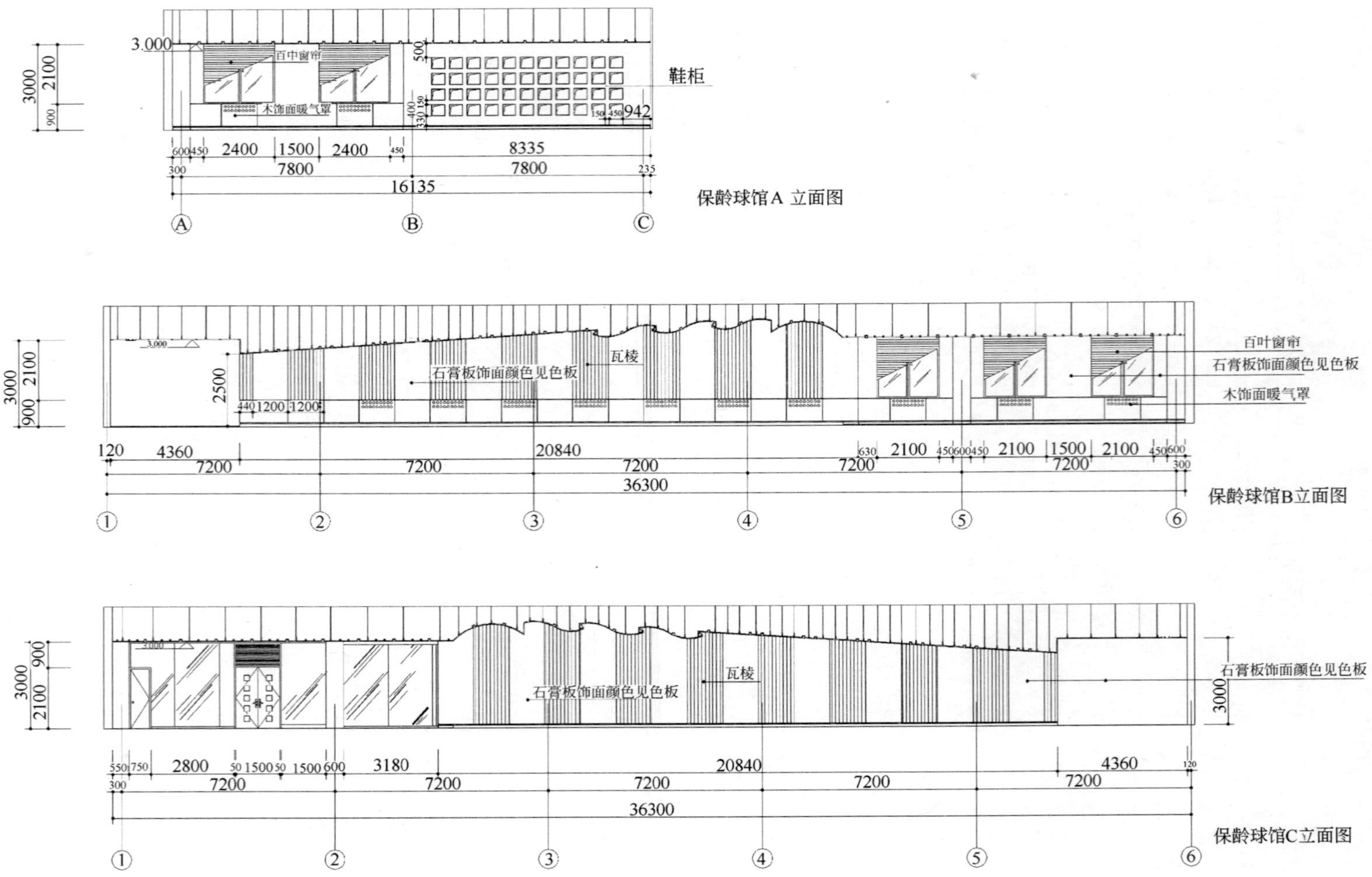

图 2.5-29 保龄球立面图

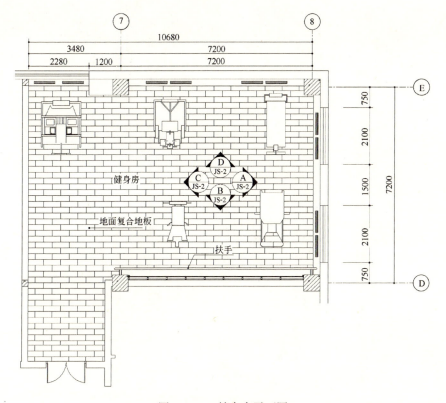

图 2.5-30　健身房平面图

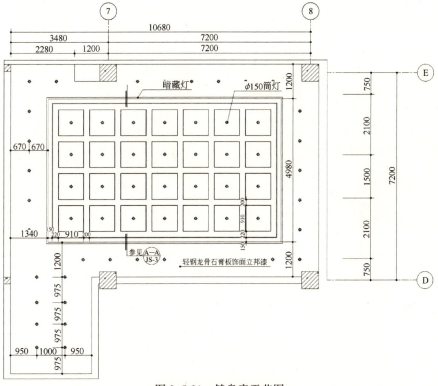

图 2.5-31　健身房天花图

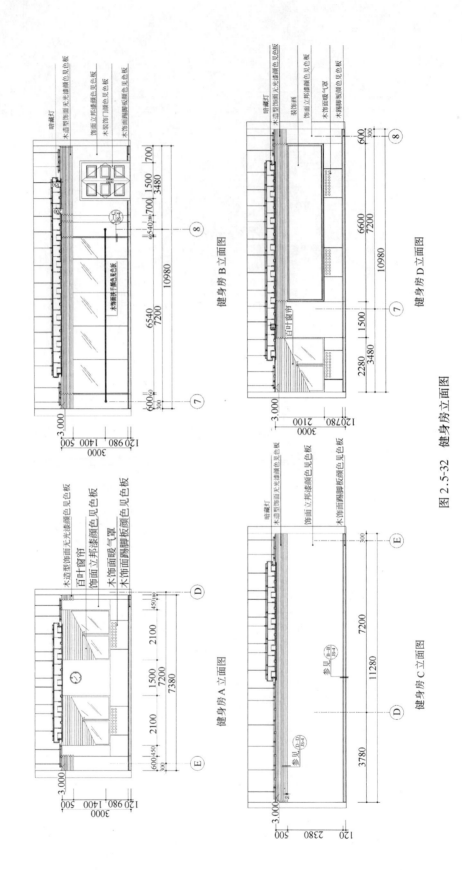

图 2.5-32 健身房立面图

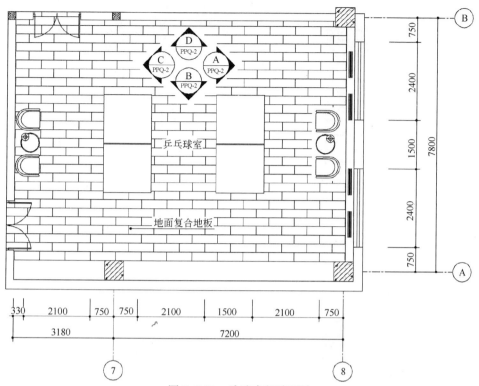

图 2.5-33 乒乓球室平面图

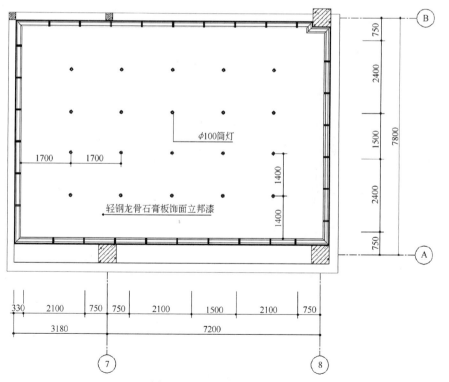

图 2.5-34 乒乓球室天花图

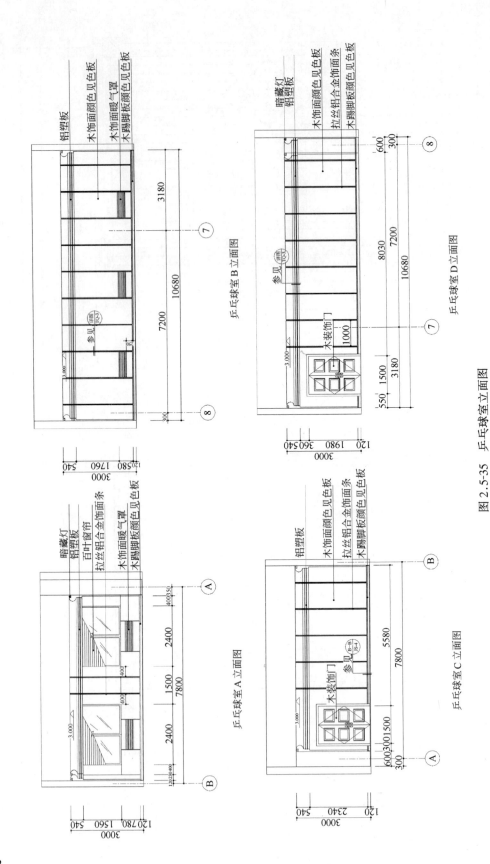

图 2.5-35 乒乓球室立面图

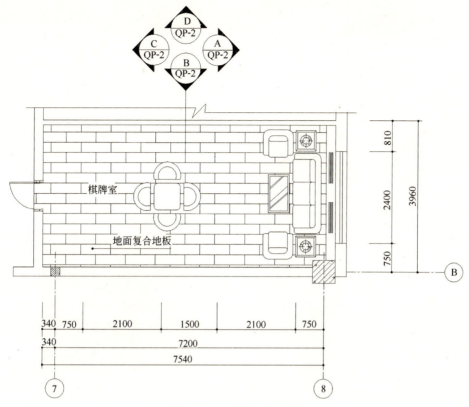

图 2.5-36 棋牌室平面图

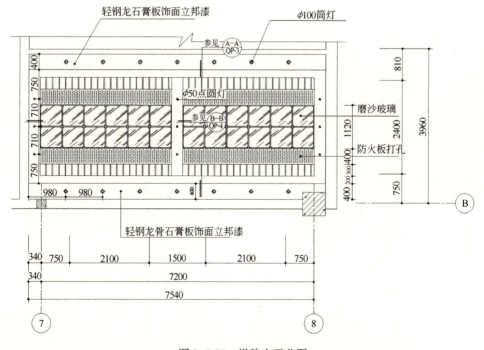

图 2.5-37 棋牌室天花图

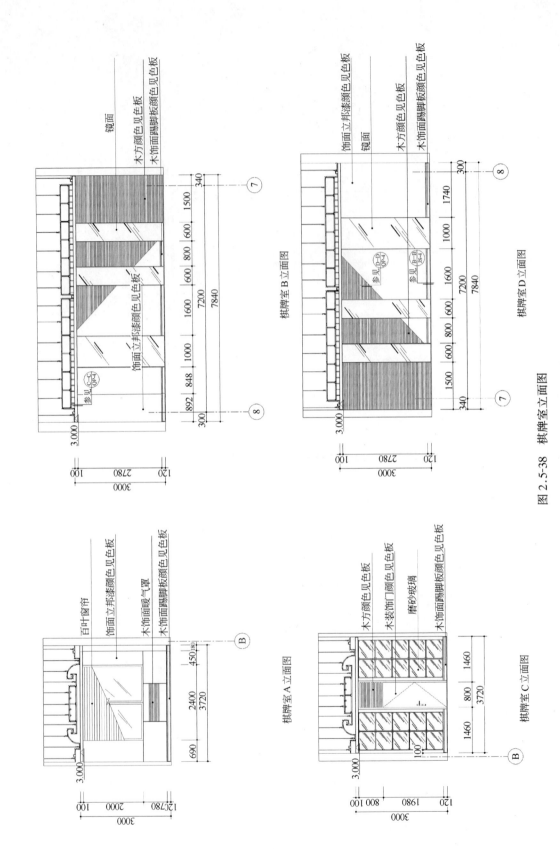

图 2.5-38 棋牌室立面图

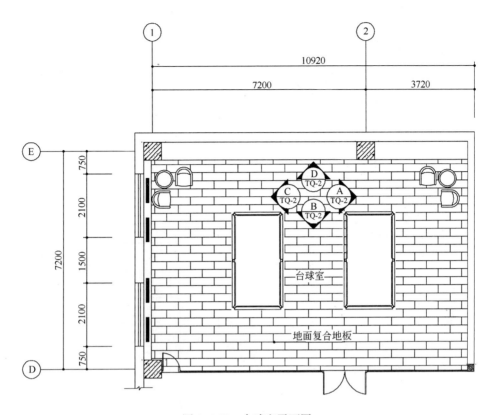

图 2.5-39 台球室平面图

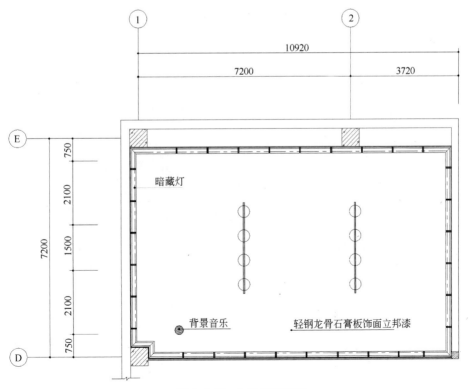

图 2.5-40 台球室天花图

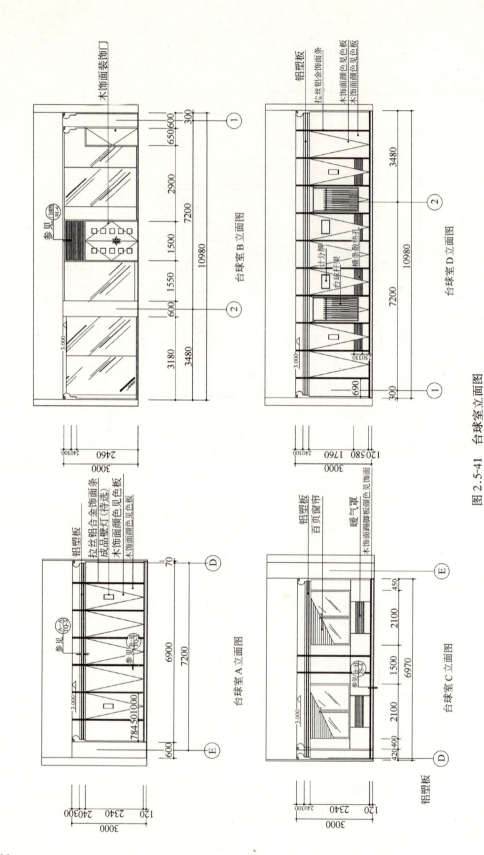

图 2.5-41 台球室立面图

主要参考书目

第一部分 理论基础

第1章

1 陈志华著．外国建筑史．北京：中国建筑工业出版社
2 同济大学,清华大学,南京工学院,天津大学编著．外国近现代建筑史．北京：中国建筑工业出版社
3 陈志华著．外国古建筑二十讲．北京：三联书店
4 罗小未,蔡琬英著．外国建筑历史图说．上海：同济大学出版社
5 (英)希拉里·弗伦奇著．建筑．刘松涛译．北京：三联书店
6 (英)帕瑞克·纽金斯著．世界建筑艺术史．顾孟潮,张百平译．安徽：安徽科学技术出版社
7 梁思成著．中国建筑史．天津：百花文艺出版社
8 中国建筑史编写组．中国建筑史．北京：中国建筑工业出版社
9 侯幼彬著．中国建筑美学．哈尔滨：黑龙江科学技术出版社
10 刘敦桢主编．中国古代建筑史．北京：中国建筑工业出版社,1984
11 朱伯雄主编．世界美术史．济南：山东美术出版社,1989
12 (英)休·昂纳,约翰·弗莱明著．世界美术史．毛君炎,李维琨,李建群,罗世平译．北京：国际文化出版公司,1989
13 键和田务等编著．设计史．台湾：艺风堂出版社,1992
14 (法)雅克·德比奇等著．西方艺术史．徐庆平译．海南：海南出版社,2000
15 吴庆洲编．世界建筑史图集．南昌：江西科学技术出版社,1999
16 陈增慧编．世界室内装饰史百图．北京：中国城市出版社,1995
17 矫苏平,井渌,张伟编著．国外建筑与室内设计艺术．北京：中国矿业大学出版社,1998
18 朱铭,荆雷著．设计史．济南：山东美术出版社
19 楼庆西著．中国古建筑二十讲．北京：三联书店,2001
20 张绮曼主编．室内设计经典集．北京：中国建筑工业出版社,1994
21 张绮曼编著．室内设计的风格样式与流派．北京：中国建筑工业出版社,2000
22 王受之著．世界现代设计史．新世纪出版社,1995
23 王受之著．世界现代建筑史．北京：中国建筑工业出版社,1999
24 吴焕加著．20世纪西方建筑史．郑州：河南科学技术出版社,1998
25 吴焕加著．20世纪西方建筑名作．郑州：河南科学技术出版社,1996
26 邬烈炎编著．解构主义设计．南京：江苏美术出版社,2001
27 韩巍编者．高科技派设计．南京：江苏美术出版社,2001
28 韩巍编著．孟菲斯设计．南京：江苏美术出版社,2001
29 詹和平编著．后现代主义设计．南京：江苏美术出版社,2001

第2章

1 来增祥,陆震伟编著．室内设计原理．北京：中国建筑工业出版社,1996

2　建筑设计资料集.第2版.北京:中国建筑工业出版社,1994

3　张绮曼,郑曙旸主编.室内设计资料集.北京:中国建筑工业出版社,1991

4　(日)小原二郎著.实用人体工程学.康明瑶,段有瑞译.上海:复旦大学出版社,1991

5　(日)相马一郎,佐右顺彦著.环境心理学.周畅,李曼曼译.北京:中国建筑工业出版社,1994

6　S.A.康兹,魏润柏著.人与室内环境.北京:中国建筑工业出版社,1985

7　Е.С.ПОНОМАРЕВА. ЦНТЕРЬЕР ГРАЖДАНСКИЙ ЗДАНИЙ. МИНСК: ВЫШЗЙЩАЯ ШКОЛА,1991

第3章

1　刘盛璜编著.人体工程学与室内设计.第1版.北京:中国建筑工业出版社,1997

2　常怀生编著.环境心理学与室内设计.第1版.北京:中国建筑工业出版社,2000

第4章

1　David Lloyd Jones. Architecture and the Environment——Bioclimatic Building Design. The Overlook Press,1998

2　John Farmer. Green Shift——Changing attitudes in architecture to natural world(Second edition). Architectural Press,1999

3　I. L. McHarg. Design with Nature. Natural History Press,1969

4　James Wines. Green Architecture. Taschen,2000

5　Klaus Daniels. The Technology of Ecological Building. Birkhauser Verlag,1997

6　Ken Yeang. Design with Nature:The Ecological Basis for Architectural Design. McGraw-hill Inc,1995

7　Public Technology Inc. US Green Building Council 编.绿色建筑技术手册——设计·建造·运行.王长庆等译.北京:中国建筑工业出版社,1999

8　周浩明,张晓东编著.生态建筑——面向未来的建筑.南京:东南大学出版社,2002

9　西安建筑科技大学绿色建筑研究中心编.绿色建筑.北京:中国计划出版社,1999

10　(西班牙)帕高·阿森西奥编著.生态建筑.侯正华、宋晔皓译.南京:百通集团、江苏科学技术出版社,2001

11　沈克宁,马震平.人居相依——应当怎样设计我们的居住环境.上海:上海科技教育出版社,2000

12　杨公侠.筑·人体·效能——建筑工效学.天津:天津科学技术出版社,2000

13　夏云,夏葵,施燕.生态与可持续建筑.北京:中国建筑工业出版社,2001

第二部分　技　能　基　础

第1章

1　(美)保罗·拉索著,图解思考.邱贤丰译.北京:中国建筑工业出版社,1980

2　(美)保罗·拉索著,建筑表现手册.周文正译.北京:中国建筑工业出版社,2001

3　张绮曼,郑曙旸主编.室内设计资料集.第1版.北京:中国建筑工业出版社,1991

4　(德)Ludwig Hilberseimer,(英)Kurt Rowland 著.近代建筑艺术源流.刘其伟编译.台湾:六合出版社,1976

5　(美)鲁道夫·阿思海姆著.艺术与视知觉——视觉艺术心理学.滕守尧,朱疆源译,北京:中国社会科学出版社,1984

6　(美)鲁道夫·阿思海姆著.视觉思维.滕守尧译.上海:光明报出版社,1986

7　(美)斯蒂芬·贝利,菲利普·加纳著.20世纪风格与设计.罗筠筠译.成都:四川人民出版社,2000

8　(美)爱德华·T·怀特著.建筑语汇.林敏哲,林明毅译.大连:理工大学出版社,2001

9　张宏,齐康著.性·家庭·建筑·城市——从家庭到城市的住居学研究.南京:东南大学出版社,2002
10　张利,关肇邺著.从 CAAD 到 Cyberspace——信息时代的建筑与建筑设计.南京:东南大学出版社,2002
11　日本室内装饰手法编辑委员会编.室内装饰手法.孙逸增,汪丽芬译.沈阳:辽宁科学技术出版社,2000
12　中国大百科全书总编辑委员会.中国大百科全书——建筑园林城市规划第 1 版.北京:中国大百科全书出版社,1988
13　清华大学建筑系制图组编.建筑制图与识图.第 2 版.北京:中国建筑工业出版社,1982
14　杨德昭著.怎样做一名美国建筑师.天津:天津大学出版社,1997
15　田学哲主编.建筑初步.第 1 版.北京:中国建筑工业出版社,1982
16　(日)吉田辰夫等著.实用建筑装修手册.余荣汉等译.第 1 版,北京:中国建筑工业出版社,1991
17　陈顺安主编.室内设计细部资料集.北京:中国建筑工业出版社,2000
18　张宝林主编.建筑施工图示例图集.第 3 版.北京:中国建筑工业出版社,2001
19　王炜民主编.室内装饰设计施工图集(1)(2).北京:中国建筑工业出版社,1997
20　张士炯主编.建筑装饰五金手册(1).北京:中国建筑工业出版社,1996
21　许炯主编.新型装饰材料手册(1).南京:江苏科学技术出版社,1994
22　史春珊主编.室内装饰设计与施工手册(1).第 1 版.沈阳:辽宁科技出版社,1981
23　廖淑勤主编.虚拟空间.北京:中国计划出版社,1998
24　贝恩出版有限公司.渲染巨匠.广东:世界图书出版公司,2000
25　(德)Verlag H. M. Nelte 著.德国室内设计.吴琼等译.大连:大连理工大学出版社,沈阳:辽宁科学技术出版社,2001

第 2 章

1　唐荣长主编.中华人民共和国建筑法及释义.北京:中国建筑工业出版社,2000
2　张维君主编.现代高级装饰工程招标投标及施工组织设计范例.第 2 版.北京:中国建筑工业出版社,2002
3　王朝熙主编.装饰工程手册.第 2 版.北京:中国建筑工业出版社,1994
4　(美)基恩.泽拉兹尼编.用演示说话.长春:长春出版社,2002
5　杨德昭著.怎样做一名美国建筑师.天津:天津大学出版社,1997
6　朱志杰著.建筑高级装饰施工与报价.北京:中国建筑工业出版社,1992
7　中国大百科全书编委会.中国大百科全书(建筑园林城市规划卷).第十版.北京:中国大百科全书出版社出版,1988
8　同济大学组编.一级注册建筑师考试教程.北京:中国建筑工业出版社出版,2000
9　陈顺安主编.室内装饰细部资料集.北京:中国建筑工业出版社,2000
10　(日)吉田辰夫等著.实用建筑装修手册(1)册.余荣汉等译.北京:中国建筑工业出版社,1991
11　田学哲著.建筑初步.第十版,北京:中国建筑工业出版社,1982

第 3 章

1　詹庆旋.建筑光环境.北京:清华大学出版社,1998
2　林若慈,张绍纲.建筑采光设计标准.北京:中国建筑工业出版社,2001
3　俞丽华.电气照明(第 2 版).上海:同济大学出版社,2001
4　彭扬华.简明建筑装修设计与施工手册.北京:中国建筑工业出版社,1999
5　建筑设计资料集(2)(4).第 2 版.北京:中国建筑工业出版社,1994
6　建筑声学设计手册.北京:中国建筑工业出版社,1987
7　伍作鹏,吴志强编著.建筑内部装修防火知识问答.北京:中国建筑工业出版社,1997
8　陈宝钰主编.建筑装饰材料.北京:中国建筑工业出版社,1999
9　葛勇主编.建筑装饰材料.北京:中国建材工业出版社,2000

10　高职高专教材编写委员会编.建筑装饰材料.北京:中国建筑工业出版社,2000
11　尤逸南,王炜民等.自己动手装修住宅.北京:中国建筑工业出版社,1998
12　许炳权.全国二级注册建筑师考试复习题.北京:中国建材工业出版社,2000
13　房志勇.建筑装修装饰构造与施工.北京:金盾出版社,2000
14　杨金铎.现代建筑装饰构造与材料.北京:中国建筑工业出版社,1994
15　刘建荣.建筑构造第一册.成都:四川科学技术出版社,1991
16　刘建荣.建筑构造第二册.成都:四川科学技术出版社,1991
17　杨金铎.房屋建筑学与建筑构造复习指南.北京:中国建筑工业出版社,1991
18　高明远.建筑设备技术(M).北京:中国建筑工业出版社,1998
19　万建武.建筑设备工程(M).北京:中国建筑工业出版社,2000
20　哈尔滨建筑工程学院,天津大学主编.供热工程.第2版.北京:中国建筑工业出版社,1985
21　陆耀庆主编.实用供热空调设计手册.第十版.北京:中国建筑工业出版社,1993
22　张兴国主编.水暖工长手册.第十版.北京:中国建筑工业出版社,1999
23　李娥飞编著.暖通空调设计通病分析手册.第十版.北京:中国建筑工业出版社,1991
24　潘云钢编著.高层民用建筑空调设计.第十版.北京:中国建筑工业出版社,1999
25　电子工业部第十设计研究院主编.空气调节设计手册.第2版.北京:中国建筑工业出版社,1995
26　清华大学空调工程教研组,同济大学供热通风教研室主编.空调调节.哈尔滨建筑工程学院通风及空气调节教研室审定.北京:中国建筑工业出版社
27　徐大图主编.工程造价的确定与控制
28　龚维丽主编.工程建设定额概论
29　龚维丽主编.工程建设定额基本理论与实务
30　胡明德主编.建筑工程定额原理与概预算
31　全国造价工程师考试培训教材编写委员会.工程造价的确定与控制
32　丛培径主编.建筑施工项目管理
33　全国造价工程师考试培训教材编写委员会.工程造价管理相关知识
34　尹贻林主编.工程项目管理
35　R.尼尔主编,秦川等译.国际工程项目管理综述
36　赵明杰编著.技术经济学.(第2版)

第三部分　专　业　设　计

第1章

1　(日)泷泽健儿,今田和成编.住宅设计要点集.第2版.北京:中国建筑工业出版社,2000
2　(日)小原二郎,加藤力,安藤正雄.室内空间设计手册.北京:中国建筑工业出版社,1999
3　苏丹.住宅室内设计.北京:中国建筑工业出版社,1999

第2章

1　黎志伟编著.办公空间设计与实务.广州:广东科技出版社,1998
2　邬峻编著.办公建筑.武汉:工业大学出版社,1999
3　(英)杰里来·迈尔森,菲利普·罗斯编著.创意办公空间.项宏萍,何宗军,苏剑鸣,梅小妹译.安徽:科技出版社,2001
4　宋杰.浅析人性化办公空间.2002
5　斯坦利·阿伯克龙比.世界建筑空间设计.办公空间3

6 邓庆尧.环境艺术设计
7 王小惠.建筑文化,艺术及其传播
8 沈福煦.人与空间的大趋势刍议
9 郑曙旸编著.室内设计程序.北京:中国建筑工业出版社,1999
10 朱保良,朱钟炎,王耀任编著.坡、阶、梯—竖向交通设计与施工.上海:同济大学出版社,1998
11 侯幼彬编著.中国建筑美学.第1版.哈尔滨:黑龙江科学技术出版社,1997
12 彭一刚编著.建筑空间组合论.第2版.北京:中国建筑工业出版社,1998
13 万书元编著.当代西方建筑美学.南京:东南大学出版社,2000
14 陈志华编著.外国古建筑二十讲.北京:三联书店,2002
15 建筑设计资料集(1),(2),(3),(4).北京:中国建筑工业出版社,1994
16 日本建筑学会编.建筑设计资料集成.物品2
17 邓雪娴,周燕珉,夏晓国.餐饮建筑设计.北京:中国建筑工业出版社,2002
18 赵向标主编.现代餐饮业实务全书.北京:国际文化出版公司,1996
19 朱小平著.室内设计第十版.天津:天津人民美术出版社,1990
20 王世慰主编.酒店餐厅装饰设计图集.第十版.沈阳:辽宁科学技术出版社,1993
21 来增祥,陆震纬编著.室内设计原理.上册第十版.北京:中国建筑工业出版社,1996
22 陈式桐,陈伯超著.酒楼、餐馆、咖啡厅建筑设计.沈阳:辽宁科学技术出版社,1993
23 日本店铺设计办会.商业建筑、企画设计资料集成(1),(2),(3).日本:商店建筑社,1959
24 人体尺度与室内空间.龚锦编译.天津:科学技术出版社,1987
25 韩放,李浩,何泽联著.商业购物空间设计与实务.广州:广东科技出版社,2000
26 (英)杰里米·迈尔森著.新公共建筑.贾珺,方晓风译.北京:中国建筑工业出版社,2002
27 百通集团.现代建筑集成(商业建筑).沈阳:辽宁科学技术出版社,1996
28 马怡西编著.设计时代.河北美术出版社,2002
29 日本照明学会编.照明手册.北京:中国建筑工业出版社,1985
30 荷兰 JB.DE 等著.室内照明.北京:轻工业出版社,1989
31 文化馆建筑设计方案图集.北京:中国建筑工业出版社,1987
32 史春姗,孙清军.建筑造型与装饰艺术.沈阳:辽宁科学技术出版社,1988
33 江正章.建筑美学.北京:人民出版社,1991
34 张敕.建筑庭园空间.天津:科学技术出版社,1990
35 (日)竹谷稔宏著.餐饮业店铺设计与装修.孙逸增,俞浪琼译.沈阳:辽宁科学技术出版社,2001